개정판

신편 기계공작법

기계공작법 교재편찬위원회

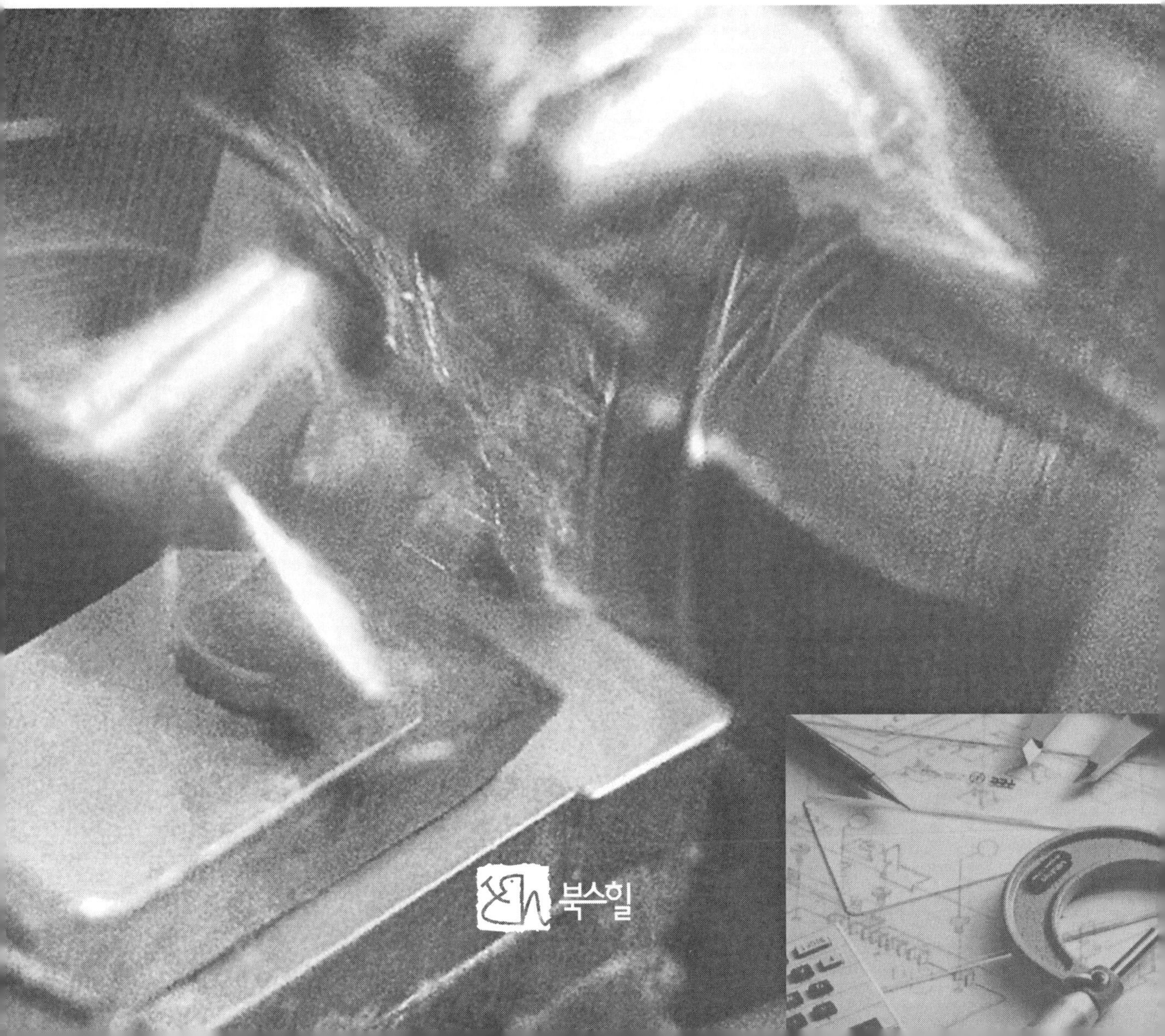

북스힐

머리말

기계공작법(機械工作法, mechanical technology)은 기계공학 분야에서 가장 기본이 되는 학문이다. 그렇기 때문에 광범위하며 이론과 관련 실무내용이 독립적이기도 하지만 서로 연계된 내용들이 많다. 따라서 이 책은 다양한 기계 제작(機械製作, manufacturing processes) 방법과 공정의 학문적 특성과 방대한 전문내용에 대한 공학적 기초와 다양한 전문지식을 새롭게 통합 재구성하였으며 서론과 여섯 개 장으로 분류하였다.

장으로는 주조, 소성가공, 용접 · 열처리, 절삭가공, 연삭과 숫돌 입자가공, 특수 정밀가공과 공작기계의 자동화 등으로 편성하여 전체의 장을 독립된 체제로 편찬함으로써 주어진 학습시간 그리고 산업현장에서 필요로 하는 전문 영역 중심의 학습이 가능하도록 하였다. 특히 기계 절삭가공에서는 절삭공구, 절삭 방법 등을 통합 제시하여 특정한 가공법에 대하여 여러 가지의 공작기계와 가공법이 사용될 수 있음을 예시하였다. 또한 급속하게 발전 보급되고 있는 생산 공정의 자동화와 전문화에 따른 수치 제어 공작기계, 산업용 로봇, 자동 창고 등 무인화 공장 등에 대한 기본적인 지식과 사례를 들었으며, 이해와 학습에 도움이 되도록 삽화를 새롭게 재구성하고 관련 사진도 최신의 것을 제시하여 설명하였다. 내용에 있어서는 넓고 다양한 전문지식과 기술내용을 지면의 제한으로 모두 기술하지 못하고 주요 부분만을 다루게 되었음을 아쉽게 생각한다. 학문적인 면이나 내용적인 면에서 미비한 점은 앞으로 보완할 기회가 있을 것을 기대하면서 관계자 여러분의 아낌없는 지적과 지도가 있기를 바란다.

본서에 인용된 단위는 SI 단위계와 CGS(또는 MKS) 단위계를 병용하고 있는 현장을 감안하였으며 그 환산자료를 부록에 실어 참고하도록 하였다.

본서는 이러한 관점과 내용으로, 깊은 이론보다는 실제적이고 다양한 가공 방법과 관련 지식을 평이하게 썼으며 4년제 대학 및 2년제 대학을 비롯하여 기능대학, 사내기술대학 등에서 기계공학을 전공하거나 관련 학과의 학생을 위한 기계가공 및 제작에 관한 교재 및 참고서로 사용할 수 있도록 하였다. 또한 만학을 희망하는 일반기술자와 현장기술자 그리고 국가기술자격시험을 대비한 예상문제와 연구과제 등의 자학 자습용 교재 또는 참고도서로 활용되기를 기대한다.

본서는 최신 기계공작법을 위주로 축소 재편집하였으므로 미흡한 내용이나 보다 깊은 지식은 원저의 해당 장을 참고하기를 당부한다.

끝으로 본서의 출간을 위하여 협조와 지원을 아끼지 않으신 북스힐 조승식 사장님과 편집팀 여러분께 깊이 감사를 표한다.

2006년 3월

편저자 씀

차 례

서 론 기계 제작의 개요

1. 기계공작법과 그 특징/3
2. 기계 제작 공정/7
3. 기계 재료/12
- 연습문제/ 17
- 연구과제/ 17

1장 주 조

1.1 원형 제작 / 21

1. 원형의 종류와 원형용 재료 / 22
   1) 원형의 종류/22
   2) 원형용 재료/27
2. 원형 제작법 / 27
   1) 원형 제작 시 유의 사항/28
   2) 원형가공용 공구와 기계/29

1.2 주형 제작/ 31

1. 주조 방안 / 31
   1) 주조 방안의 기초/32
   2) 주조 방안 계산/34
2. 주형 재료 / 38
   1) 주형 재료/38
   2) 주물사 관리/40
3. 조형작업의 분류와 설비/40
   1) 주형의 분류와 종류/40
   2) 조형용 공구/44
   3) 조형용 기계와 설비/45
4. 조형 방법/47
   1) 주형 제작/47
   2) 조형작업의 기계화/47

1.3 주조용 금속의 용해 / 49

1. 주조용 금속의 특성 / 49
   1) 금속의 응고/49
   2) 쇳물과 가스/51
2. 용해로와 부대 설비/ 52
   1) 용해로/52
   2) 계측 제어 및 온도계/58
3. 용해와 주입작업/ 60
   1) 주철의 용해/60
   2) 비철 합금의 용해/63

1.4 특수 주조와 후처리/ 66

1. 특수 주조/ 66
   1) 특수 조형법/66
   2) 특수 주조법/69
2. 주물의 후처리와 주조 결함/ 71
   1) 주물의 후처리/71
   2) 주물의 검사와 결함/73
   - 연습문제/ 77
   - 연구과제/ 78

2장 소성가공

2.1 소성가공의 개요 / 81

1. 소성가공의 특징과 분류/ 81
   1) 소성가공의 특징/81
   2) 소성가공의 분류/82
2. 소성가공의 기초 이론/ 83
   1) 금속의 소성변형 기구/83
   2) 금속 재료의 가공 경화와 재결정/85
   3) 열간가공과 냉간가공/87
3. 소성가공용 가열로/ 88
   1) 가열로의 구비 조건/88
   2) 가열로의 분류/89

2.2 단조가공/89

1. 단조가공의 개요 / 90
   1) 단조가공의 분류와 특징/90
   2) 단련효과와 가단성/92
2. 단조작업 / 93
   1) 단조용 재료와 단조 온도/93
   2) 열간 단조와 냉간 단조/95
   3) 단조용 공구와 기계/95
   4) 단조 방법/98

2.3 압연가공 / 101

1. 압연가공의 개요 / 101
   1) 압연가공의 기초/101
   2) 압연 설비/105
   3) 압연 방법/108

2.4 압출 · 인발 · 전조가공 / 112

1. 압출가공 / 112
   1) 압출가공의 형식과 방법/112
   2) 압출가공과 압출기계/114
2. 인발가공 / 116
   1) 인발가공의 개요/116
   2) 인발용 다이와 설비/117
   3) 인발가공법/119
3. 전조가공 / 120
   1) 나사전조/120
   2) 기어와 볼전조/122

2.5 판금 · 프레스가공 / 123

1. 판금가공/ 123
   1) 판금가공의 분류와 특징/124
   2) 판금가공의 기초/125
   3) 판금의 전개도와 결합 방법/130
   4) 판금가공용 기계/132
2. 프레스가공 / 135
   1) 프레스용 다이와 설비/135
   2) 프레스와 안전 장치/139
3. 그 밖의 성형법/ 143
   1) 특수 성형법/143
   2) 기타 성형가공/146

2.6 플라스틱가공 / 147

1. 플라스틱 재료/ 147
   1) 플라스틱의 종류와 성질/148
   2) 기계 재료용 플라스틱/151
2. 플라스틱가공/ 153
   1) 성형가공법/153
   2) 특수 성형법/156

- 연습문제/ 160
- 연구과제/ 161

3장 용접 · 열처리

3.1 용접과 융단/ 165

1. 용 접/ 165

1) 용접의 개요/165
2) 가스 용접/169
3) 아크 용접/174
4) 전기 저항 용접/179
5) 특수 용접/183
6) 납 접/188

2. 금속의 융단가공/ 189
1) 가스 절단/190
2) 아크 절단/192

3. 용접 결함과 시험 검사/193
1) 용접 결함/193
2) 용접부의 시험과 검사/197

3.2 열처리와 표면처리/ 198

1. 열처리/198
1) 열처리의 목적/198
2) 강의 변태와 담금질 조직/199
3) 철강의 열처리/201

2. 기계 재료의 표면 경화/207
1) 철강재의 표면 경화/208
2) 금속의 시멘테이션/211
3) 그 밖의 표면 경화/212

■ 연습문제/ 215
■ 연구과제/ 215

4장 절삭가공

4.1 기계 절삭가공의 개요/ 219

1. 절삭기구와 공작기계의 구성/220
1) 절삭기구와 공작기계의 분류/220
2) 공작기계의 구성/222

2. 절삭 이론/226
1) 절삭 이론의 기초/226
2) 절삭 조건의 선택/234

3. 절삭유제와 공구 재료/238
1) 절삭유제/238
2) 절삭용 공구 재료와 쾌삭강/240

4. 절삭공구/245
1) 바이트/245
2) 밀링 커터/249
3) 드릴과 리머/254
4) 나사 절삭용 공구/259
5) 기어 절삭용 공구/264

4.2 절삭가공용 공작기계/ 267

1. 선 반/ 267
1) 선반의 구조와 부속 장치/267
2) 선반가공/276
3) 선반의 종류와 특징/286

2. 플레이너와 셰이퍼 및 슬로터/ 289
1) 플레이너/289
2) 셰이퍼와 슬로터/294

3. 드릴링 머신과 보링 머신/302
1) 드릴링 머신/302
2) 보링 머신/309

4. 밀링 머신/314
1) 밀링 머신의 구조와 부속 장치/316
2) 밀링가공/324
3) 밀링 머신의 종류와 특징/328

5. 기어가공기계/331
1) 호빙 머신/331
2) 기어 셰이퍼/333

4.3 공작측정과 수기가공/335

1. 공작측정 / 335
1) 측정의 기초/335
2) 부품의 측정과 측정기의 종류/339
3) 게이지/346

2. 수기가공과 조립작업/353
1) 수기가공/353
2) 기계의 분해 조립/358
■ 연습문제/ 360
■ 연구과제/ 361

5장 연삭과 숫돌 입자가공

5.1 연삭가공 / 365

1. 연삭가공과 숫돌 재료/366
1) 연삭가공의 기초/366
2) 숫돌 재료와 숫돌바퀴/369

2. 연삭가공/375
1) 연삭 조건과 숫돌바퀴의 설치/375
2) 평면 연삭기와 그 가공/382
3) 원통 연삭기와 그 가공/385
4) 내면 연삭기와 그 가공/388
5) 그 밖의 연삭/391

5.2 숫돌 입자가공/393

1. 호닝과 슈퍼 피니싱/394
1) 호 닝/394
2) 슈퍼 피니싱/395

2. 래 핑/396
1) 랩과 래핑/397
2) 래핑 머신/398
■ 연습문제/ 399
■ 연구과제/ 399

6장 특수 정밀가공과 기계공작의 자동화

6.1 특수 정밀가공 / 403

1. 방전가공과 전자빔가공/403
1) 방전가공/403
2) 전자빔가공/405

2. 레이저가공과 플라즈마가공/407
1) 레이저가공/407
2) 플라즈마가공/409

3. 전해가공과 초음파가공/411
1) 전해가공/ 411
2) 초음파가공/ 412
3) 기타 특수 가공/ 413

6.2 기계공작의 자동화 / 416

1. 공작기계의 자동화/416
1) 공작기계의 자동화와 생력화/416
2) 생산 방식과 공작기계의 자동화/418
3) 치공구와 조립작업의 자동화/423
4) 자동화 공작기계/427
5) CAE/CAD/CAM 시스템/436

2. 산업용 로봇/438
1) 산업용 로봇과 메커트로닉스 및 FA/438
2) 산업용 로봇에 의한 생산의 자동화/440

3. 무인화 공장/442
1) FMC/442
2) FMS/443
3) 공장의 무인화/445
■ 연습문제/ 449
■ 연구과제/ 449

● 부 록/451
I. 원소의 물리적 성질 / 451
II. 단위환산계수 / 453
III. 단위의 접두어 / 456
IV. SI 단위계 / 456
V. 단위 기호 및 환산 / 457
VI. 그리스 문자 / 457

● 찾아보기/459

서 론

기계 제작의 개요

1. 기계공작법과 그 특징
2. 기계 제작 공정
3. 기계 재료

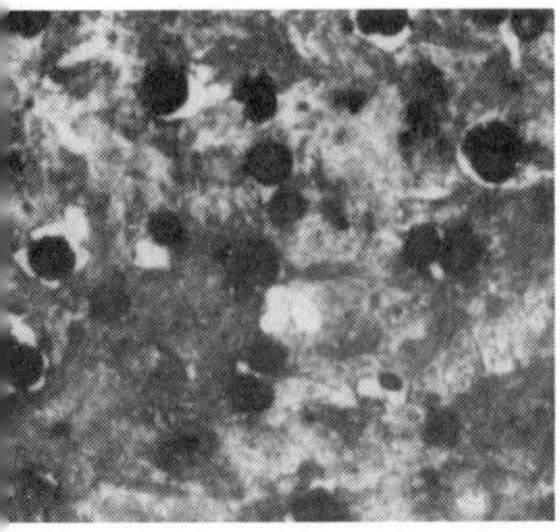

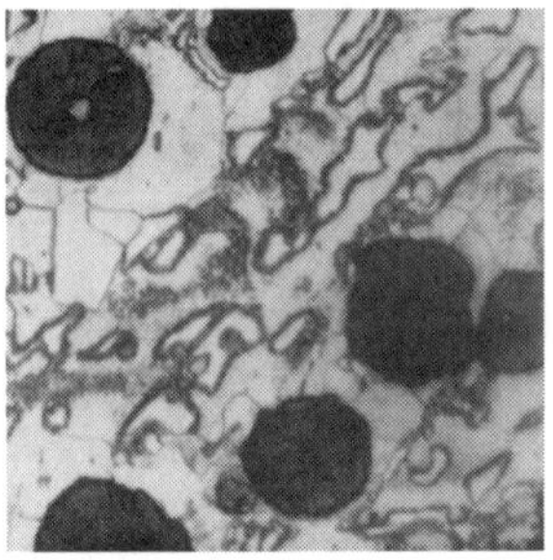

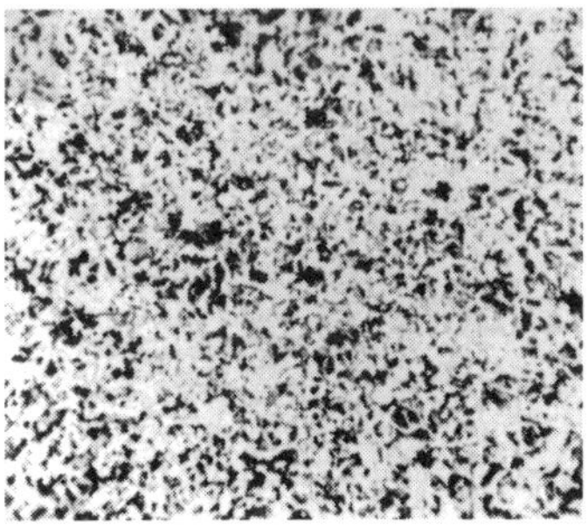

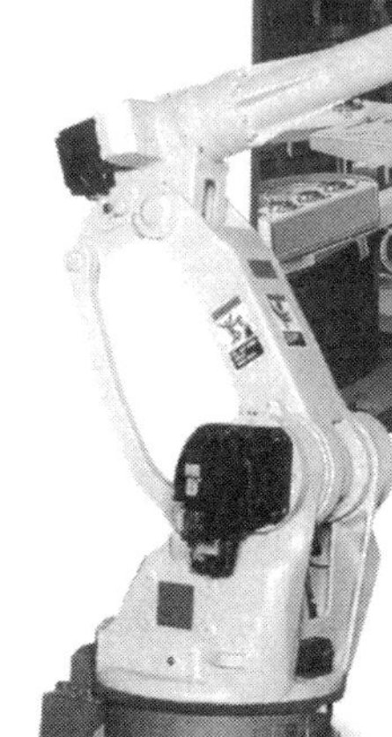

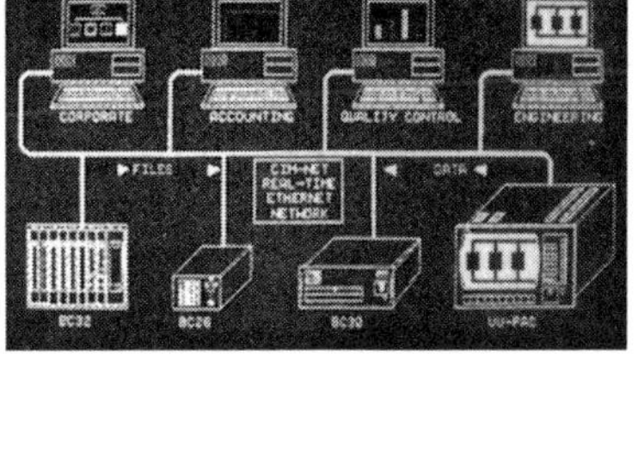

서 론

기계 제작의 개요

1. 기계공작법과 그 특징

기계공작법을 크게 나누면 비절삭가공(非切削加工)과 절삭가공(切削加工) 그리고 특수 가공(特殊加工)이 있다.

여기에 사용되는 재료에는 금속, 플라스틱, 목재, 고무, 피혁, 유리, 직물, 시멘트, 세라믹, 소결 재료 등 매우 많은 종류가 있으나 주로 금속 재료가 사용된다. 금속 재료를 가공하는 경우 그 외형을 변화시키는 대표적인 가공법은 다음과 같다.

① 금속을 용융한 다음 필요로 하는 모양으로 응고시키는 주조(鑄造, casting)
② 고체 금속의 소성을 이용하여 가공 변형시키는 소성가공(塑性加工, plastic working)
③ 주조 또는 소성가공으로 성형한 재료를 정확한 치수로 절삭하는 절삭가공(切削加工, machining of materials)
④ 절삭가공한 기계 부품을 정밀한 치수로 다듬질가공하는 연삭가공(研削加工, grinding work)

이 밖에도 금속 부재를 서로 접합하여 제품을 제작하는 용접, 납접, 리베팅 그리고 래핑, 초음파가공, 레이저가공, 및 소결(燒結) 등 특수 가공법이 있다.

1) 주조와 비절삭가공

(1) 주조법

금속을 용해하여 소정의 주형에 주입한 다음 응고시켜 원하는 모양의 금속제품을 제조하는 방법을 주조(鑄造, casting)라 하며, 주조에 의해 만들어진 제품을 주물(鑄物, castings)이라 한

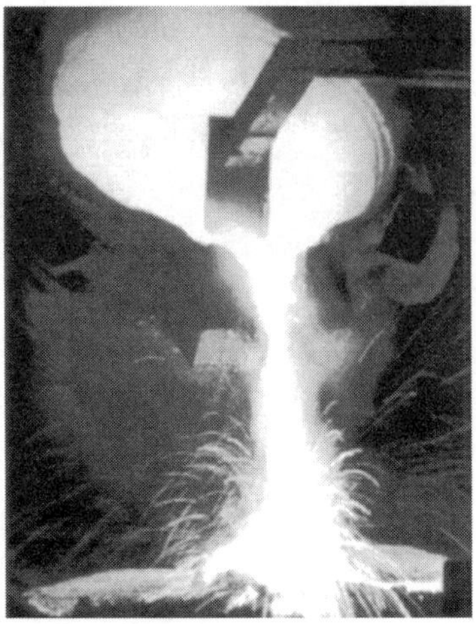

(a) 출탕작업

(b) 주조품

그림 1 용해와 주조품

다. 주물은 가정용구와 장식품 등의 일반용품을 비롯하여 자동차 기관과 부품, 농기구, 건설기계, 공작기계 등 모든 산업 분야에 걸쳐 널리 이용되고 있다.

그림 1 (a)는 용해 후 출탕작업, 그림 1 (b)는 주조품의 보기이다.

(2) 용접법

금속을 접합하는 방법 중에서 접합 부분을 가열하여 녹이고, 여기에 용접봉을 용해 보충하여 접합하는 방법을 용접법(熔接法, welding)이라 하며, 각종 구조물, 차량, 선박, 철도차량, 기계 제작 및 건축 등 산업 전반에 이용되고 있다. 대표적인 용접법으로는 가스 용접, 전기 아크 용접, 전기 저항 용접 등이 있다.

(3) 소성가공

가공할 재료에 힘을 가하여 원하는 모양으로 성형하거나 분리 또는 결합 등의 가공으로 제품을 만드는 공작법을 소성가공(塑性加工)이라 한다.

소성가공은 단조, 압연, 전조, 인발, 압출, 판금가공, 프레스가공 등 그 범위가 매우 넓으며 비절삭가공이 이에 속한다.

소성가공은 새로운 소재의 개발과 가공 기술의 발달로 판금소재의 대량 생산과 더불어 가전제품을 비롯하여 자동차, 철도차량, 선박, 항공기 등의 몸체와 부품 제작에 매우 중요한 가공법이다.

⬆ 압연강판 생산 라인

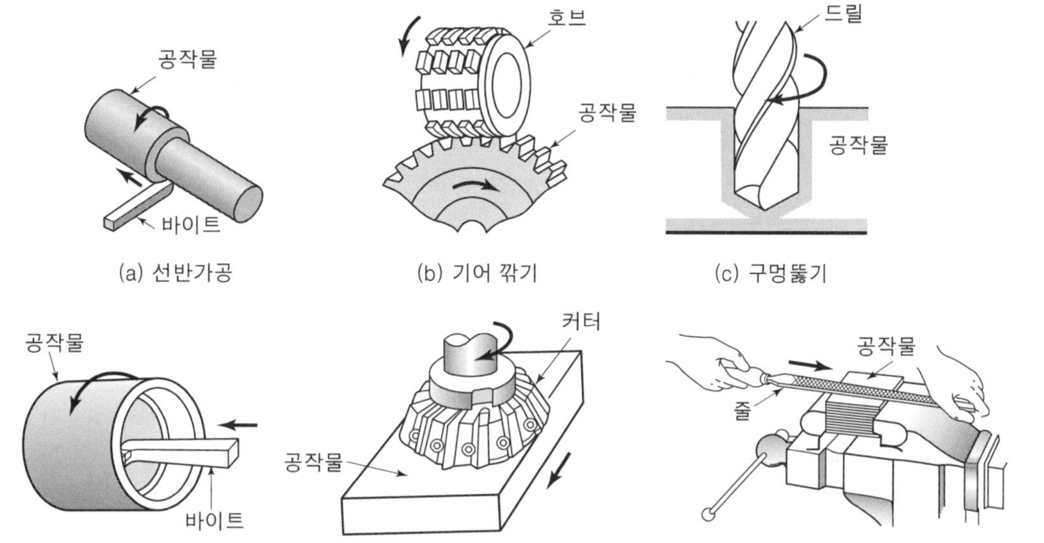

(a) 선반가공 (b) 기어 깎기 (c) 구멍뚫기
(d) 보 링 (e) 밀 링 (f) 평면 줄작업

그림 2 여러 가지 절삭가공법

2) 절삭가공과 연삭가공

(1) 절삭가공

단조, 주조 등으로 1차 가공하여 만든 부품 소재의 모양과 치수를 정확하게 가공하기 위하여 절삭공구로 쇳밥을 내면서 깎는 방법을 절삭가공이라 한다.

가공 수단으로는 공작기계에서 절삭공구를 사용하여 가공하는 기계가공법과 줄 등의 손공구를 사용하는 손다듬질(手技加工) 방법이 있다.

절삭가공은 금속 재료뿐 아니라 목재, 플라스틱, 석재, 유리 등 비금속 재료의 가공에 이르기까지 그 범위가 매우 넓다. 그림 2는 여러 가지 절삭가공의 보기이다.

(2) 연삭가공

공작물이 단단하거나 절삭가공만으로는 정밀가공이 어려운 경우에 연삭가공(研削加工, grinding work)을 하게 된다. 연삭가공은 미세한 숫돌 입자의 예리한 모서리의 하나하나가 작은 날끝으로 작용하여 일반 재료는 물론, 담금질한 강이나 초경 합금 그리고 유리, 석재 및 도자기 등의 비금속 재료 등 절삭가공이 어려운 단단한 재료의 가공이 가능하며, 치수가 정밀하고 매끈한 다듬질 면을 얻을 수 있는 가공 방법이다.

3) 특수 가공

초경 합금과 같이 매우 단단하여 구멍을 뚫을 수 없는 재료는 방전가공(放電加工, electro-discharge machining)이 효과적이다. 또한 전해작용을 이용한 전해가공(電解加工, electrolytic machining), 전자 에너지를 이용한 전자빔가공(electron beam machining)과 레이저가공(laser machining), 초음파가공(超音波加工, ultrasonic machining), 플라즈마가공(plasma machining) 등이 특수 가공에 속한다. 특히 이들 특수 가공은 독립적으로 채용하기 보다는 종래의 가공법과 조합하거나 특수 가공끼리 조합하는 경우가 많다. 이러한 가공법을 복합가공(複合加工)이라 하며, 독립가공에 비해 가공 능률과 정밀도를 향상시키고자 할 때 이용되고 있다.

4) 열처리

기계 재료 중 특히 철강 재료는 같은 성분을 갖고 있더라도 열처리 방법에 따라 그 조직을 크게 달리 할 수 있으며 이러한 열처리 조작으로 기계적 성질이나 그 밖의 성질을 변화시켜 기계 재료를 효과적으로 이용하고 있다. 특히 압연, 단조, 용접 또는 기계가공 등으로 경화된 철강 재료는 열처리에 의해 조직을 개선하거나 연화시킬 수 있다.

강의 열처리 방법에는 재질을 연하게 하여 기계가공을 쉽게 하는 풀림(annealing), 단단한 조직으로 하는 담금질(quenching), 조직을 미세화하고 균질한 표준 조직화하는 노멀라이징(normalizing), 담금질로 경화된 조직에 인성을 부여하는 뜨임(tempering) 등이 있다.

이 밖에 재료의 표면만을 경화할 목적으로 사용되는 표면 경화법으로는 침탄법(浸炭法, carburzing), 질화법(窒化法, nitriding), 화염 담금질(火炎硬化法, flame hardening), 고주파 담금질(高周波硬化法, induction hardening) 등이 있다.

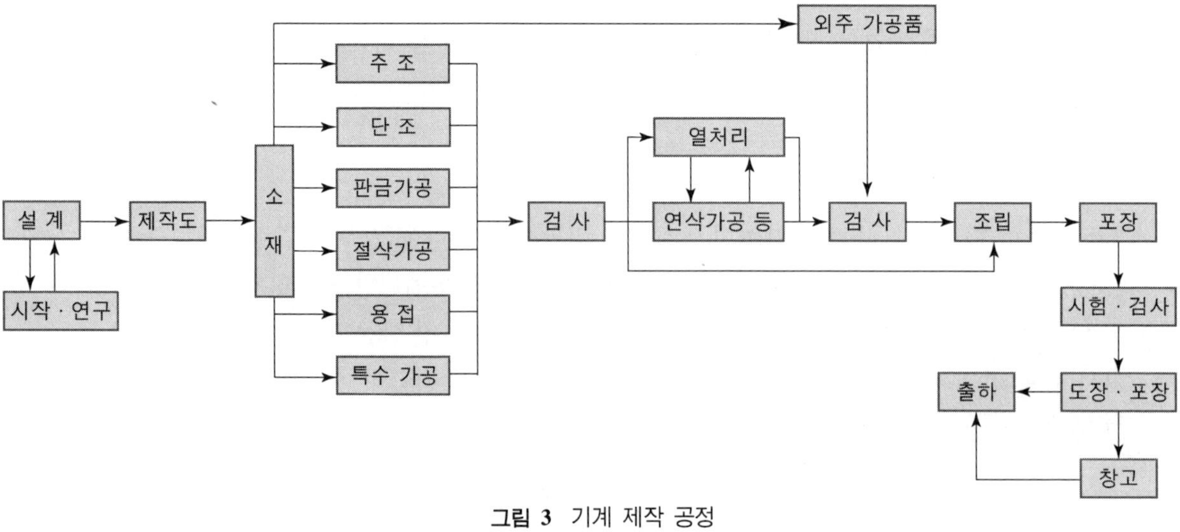

그림 3 기계 제작 공정

공정 관리의 자동화 ◐

2. 기계 제작 공정

기계 제작 공정은 제작할 기계의 종류, 제작 회사의 규모, 경영상의 특색 등에 따라 공정과 방법이 다를 수 있다. 일반적으로 그림 3과 같은 공정으로 작업이 이루어지고 있으며, 그 공정 관리도 그림과 같이 자동화되고 있다.

그림 3에서의 작업 순서는 외주 가공을 제외한 모든 공정을 자체 공장에서 수행할 경우이며, 상당수의 회사에서는 그 일부를 다른 전문 회사에 하청 주는 경우가 많이 있으므로, 회사마다 그 공정과 규모를 달리하고 있다.

1) 기계 설계와 생산 계획 및 연구 개발

(1) 기계 설계

기계 설계(machine design)란 제작하고자 하는 기계, 장치 부품 등을 정확하게 도면에 제시하기 위해 구안하는 일로 기계 제작에 있어서 제일 먼저 이루어지는 공정이다.

기계 설계는 제작할 기계 또는 장치가 요구하는 역할과 구조, 강도 등을 충분히 만족할 수 있는 재료의 모양, 크기, 재질 등 기본적인 설계 요건에 대한 기술적인 설계가 완성되면, 이것을 도면으로 작성하게 된다. 또한 자체 공장의 여건과 재료의 경제성, 제작 방법 등이 고려되어야 하며 특히 최근의 소비 경향을 감안하여 제품의 기능성 외에 겉모양과 색채 등 사용자에게 주는 인상과 편리성 등을 고려한 디자인이 강조되어야 한다. 최근에는 컴퓨터를 이용한 설계, 즉 CAD(computer aided design)가 보편화되고 있으며, 여기에 더하여 CAE(computer aided engineering)가 보급 활용되면서 설계의 기초 단계에서 시뮬레이션(simulation)하여 안전하고, 빠

(a) 안전도 설계

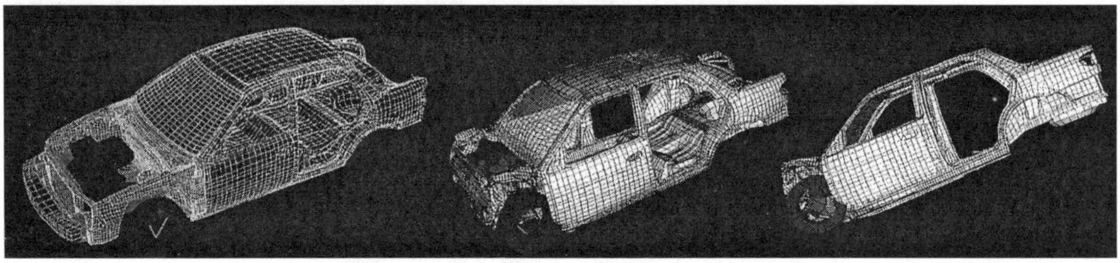

(b) 충돌 안전 해석

그림 4 자동차 안전 3차원 설계

른 설계가 이루어지고 있다. 그림 4는 자동차 안전에 대한 3차원 설계(3-dimension design)의 보기이다.

(2) 생산 계획

제품 제작의 기본 구상에 따라 완성된 도면이 도착되면 도면을 검토하고 공장의 생산 능력과 제품의 납기 등을 고려하여 기계 제작의 순서와 일정을 계획함과 동시에, 재료를 준비하고 기계와 공구를 선정 정비하고 확인한다. 이와 같은 일들을 일반적으로 생산 계획이라 하며, 생산 계획에서 가장 중요한 것은 어떠한 공작기계를 사용하며 어떤 제조 공정으로, 언제까지, 목표량의 제품을 만들어 소비자에게 공급하느냐 하는 것이다. 그리고 제작상의 난이도 제품 원가 등을 고려하여, 이것을 주조나 단조로 할 것인지, 또는 다시 절삭 또는 연삭 등의 기계가공이 필요한지를 결정하여야 한다. 그 밖에 가공, 조립, 검사 등을 전부 자기 공장에서 할 수 있는지, 아니면 어느 부분은 외주로 할 것인지를 검토하여 정하여야 한다. 최근에는 생산 계획을 일종의 경영 전략적 차원에서 CIM (computer integrated manufacturing) 시스템이 도입되고 있다. 이것은 CIM이 컴퓨터를 이용한 설계 생산 및 생산관리의 통합화(integration)라는 본래의 의미에서 그 목적을 통합화를 통한 합리화와 효율화를, 궁극적으로는 생산성 향상과 원가 절감 및 품질 개선에 의한 경쟁력 제고로 확대하고 있다.

(3) 연구 개발

모든 기계제품은 그 성능과 모양 및 품질 등을 새롭게 연구 개발하고, 이들을 생산하는 공정 기술 등 새로운 제품을 만들어내는 연구를 한다. 일반적으로 생산된 제품을 시장으로 보내게 되면 일정한 기간 동안 성장 제품이 되다가 점차 사양화되어 결국에는 시장에서 사라지게 된다. 이러한 기간을 제품의 수명 주기(壽命週期, life cycle)라 하는데, 이 주기는 기술의 발달에 따라 점차 짧아지고 있다. 오늘날은 기술 혁신을 통한 경쟁 시대이므로, 기존에 사용되고 있는 제품의 성능이나 품질을 지속적으로 개선하고, 새로운 제품을 연구 개발하지 않으면 기술 경쟁에서 뒤지게 된다. 신제품을 개발할 경우에는 아이디어(idea)를 창출하여 신제품을 구상하고, 이를 설계하여 시험 제품인 시제품(試製品)을 제작한다. 시제품은 여러 가지 시험과 품평 과정을 거쳐 성적이 좋으면 신제품으로 확정하고, 지금까지의 신제품 개발에 대한 자료를 토대로 보완하여 최종적으로 제품 설계를 하게 된다. 그러나 이러한 과정은 많은 시간이 소요된다. 이를 해결하기 위한 수단으로 등장한 것이 CAD/CAM/CAE와 CIM 등이라 할 수 있다. 많은 자료와 시뮬레이션을 통한 엔지니어링 구사로 신제품 개발 생산에 크게 기여하고 있다.

2) 생산 공정

(1) 부품 가공과 조립 및 검사

생산 계획이 확정되면 작업에 들어간다. 기계제품을 구성하고 있는 주된 재료는 주물, 봉재, 판재, 선재 등이다. 이들 재료는 기계공장, 판금공장, 용접공장, 조립공장 등에서 도면에 따라 가공된다. 가공된 부품은 모양과 치수 등을 검사하고, 합격된 부품을 조립공장에 보내 조립하게 된다. 부품 검사는 가공 도중에, 또는 부품이 완성된 다음에 하고 제품에 대한 검사는 그 부품이 조립된 최종 단계에서 제품의 모양과 치수 성능에 대하여 시험과 검사를 한다. 최근에

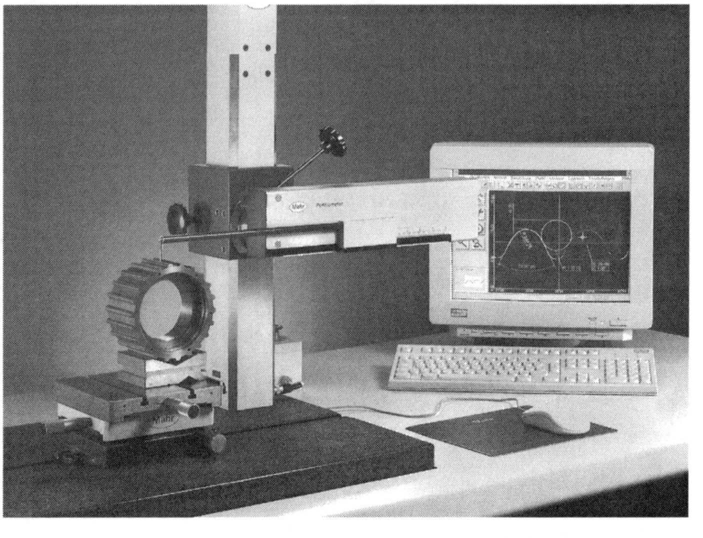

그림 5 검사의 자동화(기어 곡선)

그림 6 제품의 자동 포장

그림 7 자동 창고

는 이 분야도 그림 5와 같이 컴퓨터를 사용하여 자동화한 CAT (computer aided testing)가 도입되어 제품 생산의 생력화가 이루어지고 있다.

(2) 도장과 출하 · 반송

최종 검사에 합격한 제품은 지정한 대로 도장을 한다. 제품의 도장은 금속의 녹방지와 제품의 겉모양을 아름답게 하는 데 목적이 있으나 색채를 선택할 때는 공업 디자인 관점에서 신중한 고려가 있어야 한다. 포장과 출하도 소홀히 다룰 수 없는 중요한 일이다. 운반 도중에 제품에 손상이 생기는 일이 없도록 하여야 한다. 합리적인 포장과 출하 발송은 경제적일 뿐 아니라 발주자에게 주는 인상과, 제품의 가치에 주는 영향이 크기 때문이다. 최근에는 산업 로봇을 이용한 도장과 포장이 자동화되고 있으며, 그림 6과 같이 완성된 제품을 자동 포장기를 사용하여 포장함과 동시에 산업 로봇과 무인 반송차에 의해 그림 7과 같은 자동 창고에 반송 정리 관리하여 출하를 기다리게 된다.

3) 기계 공장의 조직과 무인화

(1) 기계 공장의 조직과 규모

기계제품을 제작하는 공장의 조직과 규모는 생산제품의 종류와 생산기술 수준에 따라 다르다. 일반적인 공장의 생산체제와 규모는 기계 제작 공정에 따라 각 공장이 정하거나 공장이 갖고 있는 규모와 설비에 따라 변경 조정하여 조직하게 된다.

그림 3과 같은 제작 공정에 부합되는 생산현장으로 목형공장(木型工場, pattern shop), 주물공장(鑄物工場, foundry), 단조공장(鍛造工場, forging shop), 열처리공장(熱處理工場, heat treatment shop), 기계가공공장(機械加工工場, tool machine shop), 조립공장(組立工場, fitting

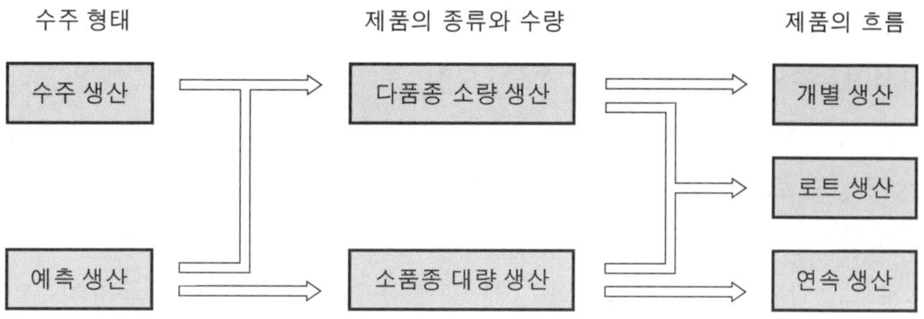

그림 8 생산 방식

and assembling shop), 검사시험실(檢査試驗室, inspection and testing room) 등 모든 조직을 갖고 있는 공장은 많지 않으며 어느 일부가 생략되거나 외주에 의존하게 된다. 또한 각종 금형과 공구, 지그 등을 제작 관리하는 치공구 공장, 전기기기, 전장품 등을 공급 보수 관리하는 전기 공작실 등도 필요하다. 그러나 기계공장의 조직은 제작 생산되는 제품의 종류, 회사의 규모 등에 따라 다르다. 그리고 좋은 기계를 효율적으로 제작하기 위해서는 기계공장에 연구 개발실, 설계 제도실, 생산 관리실 등의 지원 부서가 있어야 한다.

(2) 생산 방식

제품의 생산 방식은 생산 초기의 수주 형태에 따라 그림 8과 같이 주문을 받아 생산하는 수주 생산(受注生産)과 수요를 예측하여 제작하는 예측 생산(預測生産)으로 분류할 수 있다. 제품의 종류와 수량에 따르면 다품종 소량 생산(多品種少量生産)과 소품종 대량 생산(少品種大量生産)으로 분류한다. 제품 생산 공정의 흐름에 따르면 제품 한 개 한 개를 완성하는 개별 생산(個別生産), 동일 제품을 일정량씩 나누어 생산하는 로트 생산(lot 生産), 그리고 동일 제품을 생산 라인에서 연속적으로 대량 생산하는 연속 생산(連續生産)으로 분류한다.

(3) 생산의 자동화와 무인화

자동작업(automation operation)과 자동생산(automation production)의 합성의 뜻을 가지는 자동화(automation)는 1947년 미국의 Ford 자동차회사에서 자동차기관의 조립작업에 일관작업 방식(flow system)을 채택한 것을 시초로 이루어졌으며, 현대산업에서는 기계가공을 비롯한 모든 산업활동의 생력화(省力化)에 필수적으로 적용되고 있다. 최근에는 생산 공정에 메커트로닉스(mechatronics) 기술이 적용 확대되면서 산

그림 9 자동 조립 라인

업 로봇을 구사하는 가공의 자동화에서 조립, 도장, 포장작업 그리고 창고에 입고하고, 적기에 출고하는 물류 시스템을 이루어 자동 창고와 연계하는 무인화(無人化) 공장으로 발전하고 있다. 그림 9는 고정도, 고품질의 전자제품을 생산하는 FA system의 생산 라인의 보기이며, 기계 공작법에 대한 꾸준한 연구 개발로, 고속, 고정밀도의 조립용 로봇에서부터 전용 기계 및 검사 조정 시스템에 이르기까지 다양한 자동화 기계 및 생산 라인의 개발과 보급이 이루어지고 있다.

3. 기계 재료

기계와 장치는 그 사용 목적과 종류에 따라 많은 부품으로 구성되어 있으며, 이들 부품은 여러 종류의 재료를 사용하여 가공 생산된다. 자동차를 예로 하면, 철강 재료를 비롯하여 알루미늄, 동 합금, 플라스틱, 고무, 직물, 유리, 도료 등이 사용된다. 기계 재료는 이상과 같이 기계나 구조물의 설계 제작에 필요한 일반적인 재료 외에 기계 제작에 필요한 공구 재료, 공기, 윤활유, 절삭유 등도 기계 재료에 포함하고 있다.

좋은 기계 재료를 선택함으로써 기계나 장비의 성능을 향상시키고, 가공의 효율성을 높이는 등 경제적인 생산을 위해서는 사용할 재료의 성질과 가공성에 대해 잘 알고 있어야 한다.

기계 재료를 재질에 따라 분류하면 그림 10과 같다.

1) 기계 재료의 종류

(1) 금속 재료

금속은 기계 재료에 필요한 여러 가지 좋은 성질을 가지고 있으므로 오래전부터 기계용 재료

- 기계 재료
  - 금속 재료
    - 철강 재료
      - 순철 — 전해철
      - 강 — 탄소강, 합금강
      - 주철 — 보통 주철, 특수 주철
    - 비철 금속 재료
      - 구리와 그 합금
      - 알루미늄과 그 합금
      - 마그네슘과 그 합금
      - 타이타늄과 그 합금
      - 니켈과 그 합금
      - 아연, 납, 주석과 그 합금
      - 귀금속 등
  - 비금속 재료
    - 무기질 재료 — 유리, 시멘트, 석재 등
    - 유기질 재료 — 플라스틱, 목재, 고무, 피혁, 직물 등
  - 신재료
    - 뉴 세라믹, 초합금, 형상 기억 합금, 제진 합금, 비정질 합금, 초전도 합금
    - 반도체, 초소성 합금 등

그림 10 기계 재료의 분류

의 대부분을 차지하고 있다.

금속 중에서 철은 자원이 풍부하고, 강도가 크며, 제련 가공이 용이하고 대량 생산이 가능해지면서 가격이 비교적 싸므로 금속 재료의 대부분을 차지하고 있다. 철강 이외의 금속을 비철금속이라 하는데, Cu, Al, Zn, Pb, Sn, Ni, Cr, W, Mg, Sb, Be, Cd 등의 비철 금속이 기계 재료로 많이 사용되고 있다.

금속 재료는 용도에 따라 기계나 구조물의 주요 구성 부분에 쓰이는 구조용 재료, 특수 용도에 쓰이는 특수용 재료 및 특수 기능을 갖고 있는 기능성 재료로 크게 나눌 수 있다. 특수용 재료에는 공구용 재료, 베어링용 재료, 스프링 재료, 내식 재료, 내열 재료 및 자성 재료 등이 있다.

(2) 비금속 재료

금속 재료는 요구되는 모든 조건을 만족시키지 못하는 경우도 있어, 열을 받는 부분이나 단열 부분 및 전기 절연 부분에는 비금속 재료를 사용할 때가 많다.

최근 화학 공업의 발달과 더불어 강도와 내구성이 금속 재료와 대등한 성질을 가진 플라스틱과 내열성과 내마멸성이 뛰어난 세라믹과 같은 비금속 재료가 개발되어, 특수 조건의 기능성이 요구되는 부품에 이들 재료가 많이 쓰이고 있다.

이 밖에 기계공업에 쓰이는 비금속 재료에는 기계 기초용 재료인 석재, 시멘트, 연삭용 재료, 윤활제, 절삭제, 고무, 유리, 가죽, 페인트 및 접착제 등이 있다.

(3) 신재료

신소재(新素材), 새로운 금속 재료, 신금속(新金屬) 등으로 불리는 신재료(新材料)는 새로운 과학 기술에 따라, 물성(物性)연구, 재료설계, 재료가공, 시험평가 등의 연구를 통하여 기존(旣存) 소재의 결점을 보완하거나 우수한 새로운 특성을 창출(創出)함으로써

① 지금까지 없었던 전혀 새로운 기능이나 성질을 가지는 재료
② 지금까지 사용되어 온 재료보다 더 우수한 특성을 가지는 재료로

고도의 기능과 구조 특성을 갖춘 부가가치가 높은 재료를 말한다. 이러한 신재료는 특정 산업의 기술혁신을 촉진하고, 새로운 소재를 개발하는 계기가 되고 있다.

현재 연구개발되어 이용되고 있는 신재료의 분야에는 금속계(金屬系) 신소재(新素材), 복합재료(複合材料), 뉴 세라믹스(fine ceramics), 고성능성 고분자 재료 등이 있다. 그리고 금속계 신재료에는

① 초합금(超合金, supper alloy)과 같이 극한 상태에서도 사용이 가능한 구조 재료
② 비정질 합금(非晶質合金), 초전도 합금(超電導合金), 형상 기억 합금(形狀記憶合金), 초소성

합금(超塑性合金), 제진 합금(制振合金) 등과 같은 새로운 기능을 갖는 합금 등이 있다.

2) 기계 재료에 요구되는 성질

기계 재료는 여러 가지 기계 또는 구조물의 구성 재료로 사용되므로, 그 구조나 기능에 알맞은 성질과 성능을 갖고 있어야 한다. 기계 재료는 각 부품이 제 기능을 발휘하는 데 필요한 강도와 물리 화학적 성질은 물론, 원하는 모양과 치수로 가공하기 위한 가공성 및 제품 생산과 관련된 경제성이 우수하여야 한다. 기계 재료에 요구되는 일반적인 성질을 요약하면

① 주조, 소성가공, 용접 및 절삭성 등의 가공성이 좋아야 한다.
② 열처리 및 표면 처리성이 좋아야 한다.
③ 경량화가 가능하여야 한다.
④ 강인성, 연성 등의 안전성이 높아야 한다.
⑤ 재료의 보급과 대량 생산이 가능하며, 값이 싸야 한다.

표 1 기계 재료에 요구되는 성질

물리적 성질	기계적 성질	생산가공학적 성질	화학적 성질
비 열	비 중	주조성	내산성
융 점	인장강도	단조성	내알칼리성
열전도율	압축강도	압연가공성	내산화성
팽창계수	전단강도	디프드로잉성	내수성
전기전도도	굽힘강도	기계가공성	내유성
자화강도	피로 특성	용접성	내지성(耐脂性)
자기포화	탄성계수	납접성	내광유성
잔류자기	충격값	수축성	전지형성능(電池形成能)
자기저항	고온 특성	표면가공성	자원환경성
투자율	경도 내마멸성	자원환경성	
	윤활성	열처리성	
	내식성	가공 경화성	

이 밖에 특수 조건에 알맞은 성질도 필요하다. 즉 사용 조건이나 환경에 대한 내식성, 내산성 및 내열성 그리고 인간 공학적 측면에서의 구조와 기능에도 알맞은 성질을 가지고 있어야 한다. 기계 재료는 표 1과 같이 여러 가지 성질을 갖고 있으나, 설계 및 생산에 필요한 성질은 기계적 성질과 생산 가공학적 성질이다.

3) 기계 재료의 가공성

기계 재료 중에서 가장 많이 사용되고 있는 금속 재료는 그 성질을 이용하여 알맞는 가공을

하게 되는데, 이와 같은 가공에 적합한 성질을 가공성(加工性, workability)이라 한다.

(1) 가융성

금속 재료를 높은 온도로 가열하면 녹아서 유동성(流動性)을 갖는 액상이 되는데, 이러한 금속 특유의 성질을 가융성(可融性, fusibility)이라 한다. 이 성질을 이용한 가공법에는 주조(casting)가 있으며, 이에 대한 가공성을 주조성(鑄造性)이라 한다. 유동성(流動性, fluidity)은 금속이 가열되어 용융된 상태에 있는 용융 금속이 가지는 점성(viscosity)에 관한 성질로서 주조의 난이성(難易性)을 나타내는 성질이다.

(2) 전연성

가열한 금속을 가압하거나 해머 등으로 타격하면 변형된다. 이와 같이 금속 재료는 외부로부터 힘을 받으면 늘어나거나 펴지는데, 이와 같이 변형하는 성질을 전연성(展延性, malleability)이라 한다. 이 성질을 이용한 가공법에는 단조(鍛造, forging), 압출(押出, extrusion), 압연(壓延, rolling), 인발(引拔, drawing), 프레스가공(프레스 加工, press-working) 등이 있다.

(3) 절삭성

금속을 바이트와 같은 날물로 가공할 때 가공물의 재질에 따라 절삭의 용이성이 다르다. 즉 단단한 재료와 연한 재료는 가공의 난이에 차이가 있다. 이러한 성질을 절삭성(切削性, machinability)이라 한다. 넓은 뜻으로는 절삭에 사용되는 공구의 능력까지도 표시하는 경우가 있다. 수량적으로는 절삭된 재료의 양과 절삭에 소요된 에너지(energy)와의 비율(比率)로 표시한다. 때로는 절삭된 표면의 정밀도(精密度)를 비교하여 절삭성을 표시하는 경우도 있다. 이 성질을 이용한 가공법에는 절삭(切削, cutting), 연삭(研削, grinding) 등이 있다.

(4) 접합성

금속 재료의 가융성(可融性)을 이용하여 접합할 금속 재료의 일부분에 열(熱)을 가하여 용해(熔解)하고, 두 부분을 서로 접합(接合)하거나 접합할 부분에 전기를 보내어 전기저항열로 가열 압접하는 방법 그리고 접할 부분에 땜납을 매개체로 접합하는 방법 등이 있다. 접합성(接合性)을 이용한 가공법에는 용접(熔接, welding), 단접(鍛接, forge welding), 납땜(soldering) 등이 있다.

4) 기계 재료의 선정

기계는 많은 부품으로 구성되어 있다. 이들 각 부품에 대한 재료는 사용되는 조건과 환경에서 그 기능을 충분히 발휘할 수 있는 특성과 기계공작에 필요한 가공성 및 생산가에 미치는 경제성을 고려하여 선택하여야 한다. 이와 같은 조건을 충족시키기 위해서는 다음과 같은 사항이 검증 되어야 한다.

① 각 기계 부품에 요구되는 기능을 충분히 분석하여, 하중의 종류와 크기 등의 부하 조건으로부터 강도나 그 밖의 기계적 성질을 검토하고, 각 부품의 사용 조건이나 사용 환경을 고려하여 내마멸성, 내식성, 내열성 등의 필요성이 검토되어야 한다.

② 소재(공작물)를 필요한 모양과 치수로 가공하기 위한 기계공작에 대한 재료의 적합성, 즉 주조성, 소성가공성, 용접성, 절삭성 등의 가공성이 검토되어야 한다.

이 밖에도 소재의 가격과 구입의 용이성 등 경제성도 조사되어야 한다. 기계 재료를 재료의 종류, 조성, 성질 및 모양 등에 따라 일정한 규격으로 분류, 생산 보급하면 그 선택이 용이하고 경제적이다. KS에서는 기계 재료에 가장 많이 사용되는 금속 재료에 대한 규격을 KS D로 규정하고 있다.

연습문제

1. 기계공작법과 그 특징

1. 기계공작법의 종류와 특징을 설명하시오.
2. 절삭가공과 연삭가공을 비교 설명하시오.

2. 기계 제작 공정

3. 기계 설계, 생산 계획 및 연구개발의 뜻을 말하시오.
4. 기계 제작 공정을 요약 설명하시오.
5. 기계 생산 방식을 요약 설명하시오.
6. 생산의 자동화와 무인화를 설명하시오.

3. 기계 재료

7. 기계 재료를 분류하시오.
8. 최근에 개발 사용되고 있는 신소재와 용도를 열거하시오.
9. 기계 재료에 요구되는 생산공학적 성질을 열거하고 표로 작성하시오.
10. 기계 재료에 요구되는 가공성을 요약하시오.

연구과제

1. 특정 제품 생산 공정을 예로 들어 공정도를 그려보시오.
2. 제품의 수명 주기가 어느 정도인지 그 사례를 조사하시오.
3. 완성 제품의 물류 시스템의 자동화에 대해 조사하시오.
4. 기계 공장의 무인화에 대해 알아보시오.
5. 기계 재료의 가공성을 표로 정리하시오.
6. 기계 재료 선정에 있어서 검토되어야 할 충족 조건을 열거하시오.

1 장

1장

주조

1.1 원형 제작
1.2 주형 제작
1.3 주조용 금속의 용해
1.4 특수 주조와 후처리

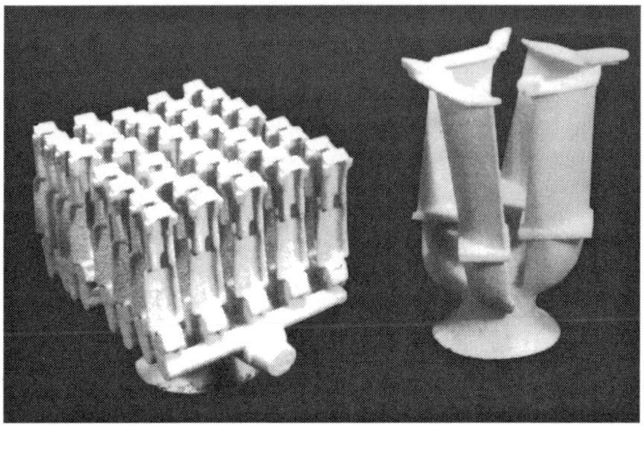

1장 주 조

주물은 인류가 금속을 알게 되면서 이미 사용하기 시작한 가장 오래된 역사를 가진 금속 성형 기술로, 우리나라는 불교의 전래와 더불어 크게 발전되었다. 초기에는 가마, 쟁기 등 일상생활과 농기구에 사용되었으며, 범종, 거울 등의 공예품의 제조로 문화 향상에 크게 공헌하였다.

주조 공정에는 주형을 만드는 원형이 필요하다. 주조는 복잡하거나 대형인 제품을 비교적 쉽게 만들 수 있으므로, 가정용구와 장식품 등 일반용품을 비롯하여 자동차 엔진블록과 부품, 농기구, 방적기계, 광산기계, 공작기계, 산업 설비 등 모든 산업 분야에 걸쳐 널리 이용되고 있다.

주물은 몇 그램의 작은 것에서 수백 톤에 이르기까지 제품의 모양과 크기, 정밀도, 수량 등 목적에 따라 여러 가지 주조법이 개발되어 사용되고 있다.

또한 주조에 쓰이는 금속도 주철, 주강을 비롯하여 비철금속인 알루미늄 합금, 동 합금, 아연 합금 등 그 종류가 다양하다.

현재, 우리나라의 주물 공업은 그 동안 중점적으로 육성하여 온 중화학공업의 급성장과 자동차, 조선공업 등 유관 산업의 고도화에 따라 규모와 기술면에서 선진국 수준에 달하고 있다.

그림 1-1은 설계 후 주물의 제조 공정을 원형 제작 → 조형 → 용해 → 주입 → 주물 꺼내기 → 청정 → 검사의 순서를 도식화한 보기이다.

1.1 원형 제작

주물에 필요한 주형을 만들기 위해서는 먼저 목재, 플라스틱 또는 금속 등으로 주물과 유사한 형을 만들어야 하는데, 이것을 원형(原型, pattern)이라 한다. 원형 제작 방법은 주조할 제품

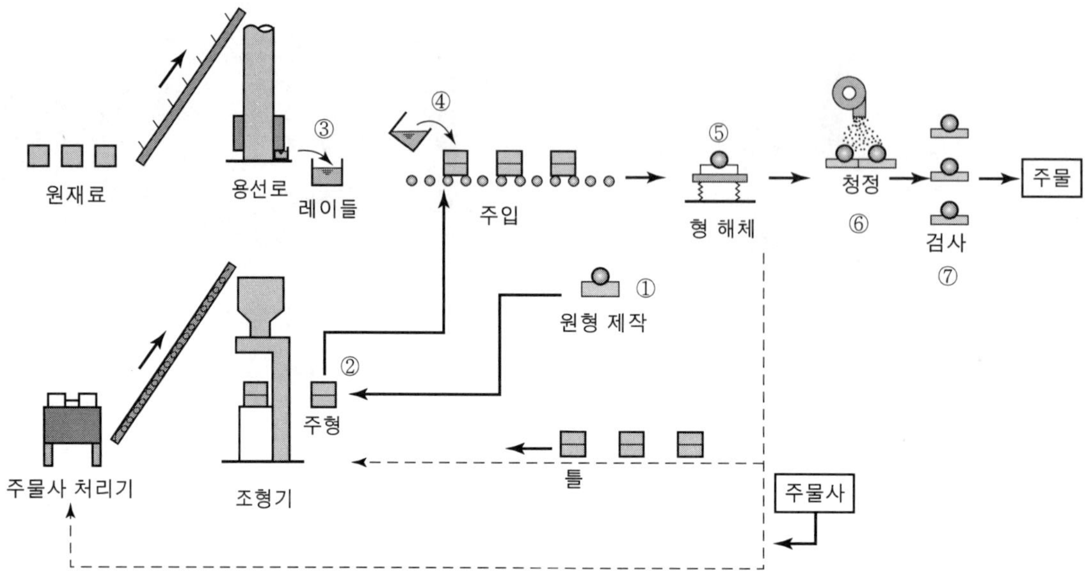

그림 1-1 주물의 제조 공정

의 생긴 모양과 주조 방안에 따라 결정한다. 따라서 원형 제작자는 주어진 도면으로부터 정확한 입체감(立體感)을 가지고, 가공될 중요 부분 등을 판단한 다음 조형작업과 기계가공 등의 제작 공정을 고려하여 원형을 제작하여야 한다. 특히 1개의 원형으로 다량의 주물을 생산하는 경우에는 주형 제작과 기계가공 등에 대한 충분한 검토가 있어야 한다. 또한 원형의 가격은 주물의 원가에 크게 영향을 끼치므로, 원형의 종류와 제작 방법을 잘 선정해야 한다.

원형 제작은 현재 기계 제작의 독립된 한 분야로 생각할 수 있을 정도로 기계 제작 분야에서 중요한 위치를 차지하고 있다.

1. 원형의 종류와 원형용 재료

1) 원형의 종류

원형(原型, pattern)은 재질, 구조, 조형 방법 등에 따라 분류하기도 하나 일반적으로 목형(木型, wood pattern), 금형(金型, metal pattern), 플라스틱형(合成樹脂型, plastic pattern), 특수형 등으로 분류하고, 기능면에서는 외형과 코어형으로 크게 구분하고 있다.

(1) 기능에 따른 원형의 분류

1 현 형

주물의 모양과 거의 같은 원형으로, 조형작업이 편리하도록 원형의 일부에 코어 프린트(core print)를 붙이거나, 원형을 두 부분 또는 그 이상으로 분할하여 만든 원형을 현형이라 한다.

현형에는 그림 1-2와 같이 단체형, 분할형, 반편형이 있다.

2 겹침형

2개로 분할한 원형으로 조형이 용이하지 않을 때에는 그림 1-3 (a)와 같이 3개 이상의 여러 층(조각)으로 분할할 수 있게 만드는데, 이것을 겹침형이라 한다.

3 골격형

주물이 크고, 모양이 비교적 단순하면서 제작 개수가 적을 때는 원형 재료와 가공비를 절약하기 위하여 그림 1-3 (b)와 같이 목재로 뼈대를 만드는데, 이것을 골격형이라 한다.

4 부분형

기어나 바퀴와 같이 모양이 대칭이면서 같은 모양의 몇 개 부분으로 분할할 수 있을 때에는 그 일부분만을 원형으로 만들어 주형의 일부분을 이어가면서 조형하고, 이들의 조합이 주형 전체가 이루어지도록 한다. 이러한 경우에 사용되는 원형을 부분형이라 한다. 그림 1-3 (c)는 부분형으로 대형 기어의 치형을 조형하는 보기를 나타낸 것이다.

5 정반형

조형기계에 사용하는 원형은 정반에 원형을 부착한 정반형(pattern plate)으로, 탕도와 주입

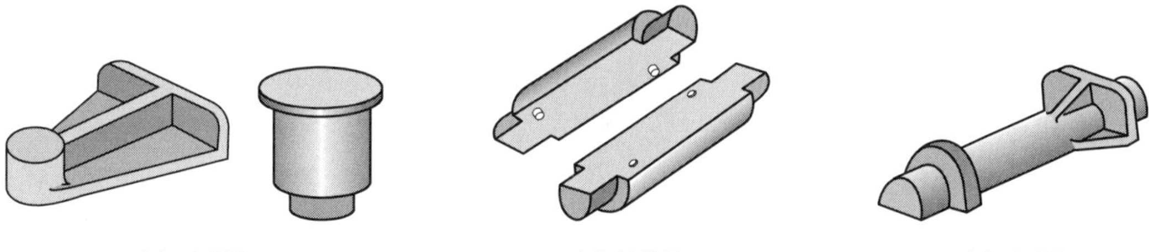

(a) 단체형 (b) 분할형 (c) 반편형

그림 1-2 현 형

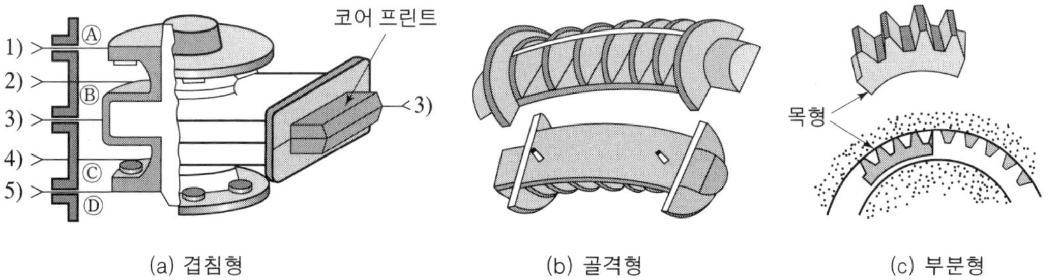

(a) 겹침형 (b) 골격형 (c) 부분형

그림 1-3 겹침형, 골격형 및 부분형

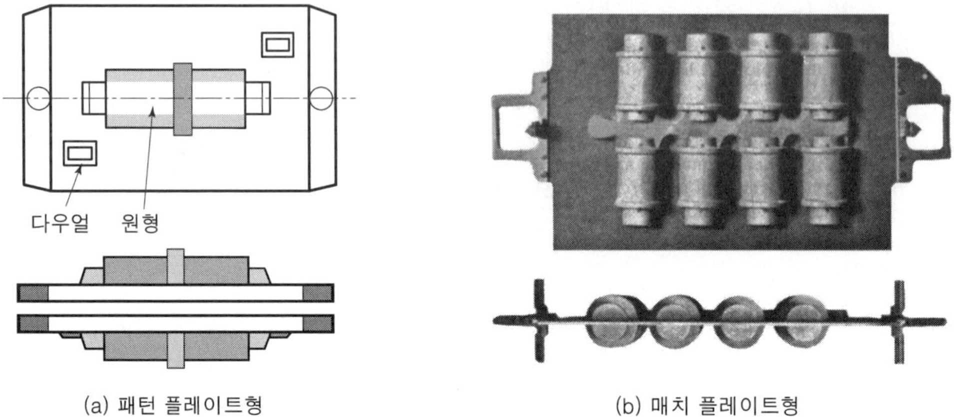

그림 1-4 정반형

구 등이 원형의 일부로 설치되어 있다. 정반형은 정반의 한쪽 면에만 원형이 설치되어 있는 것으로 필요에 따라서는 그림 1-4 (a)와 같이 분할형의 2개의 정반에 각기 고정한 것이 있는데, 이것을 패턴 플레이트(pattern plate)라 한다. 그림 1-4 (b)는 정반의 양쪽 면에 분할형을 반쪽식 고정한 것으로, 매치 플레이트형(match plate pattern)이라 한다. 정반형은 기계 조형용으로, 소형이면서 대량 생산에 적합하고, 원형 재료로는 주철, 알루미늄, 플라스틱 또는 목형이 사용된다.

6 판 형

긁기판이라고 하는 원형으로 일정한 중심축의 주위를 회전시키거나, 안내판에 따라 움직여 주물사를 긁어 내면서 주형을 만드는 원형을 통틀어 판형(板型)이라 한다. 판형은 원형과 주물의 모양이 전혀 다르므로, 원형만으로는 주물의 모양을 예측하기 어렵다. 판형은 목형 제작이 용이하고 경제적이나, 조형작업에는 많은 시간과 기능이 요구되며, 주형의 정밀도를 기대하기

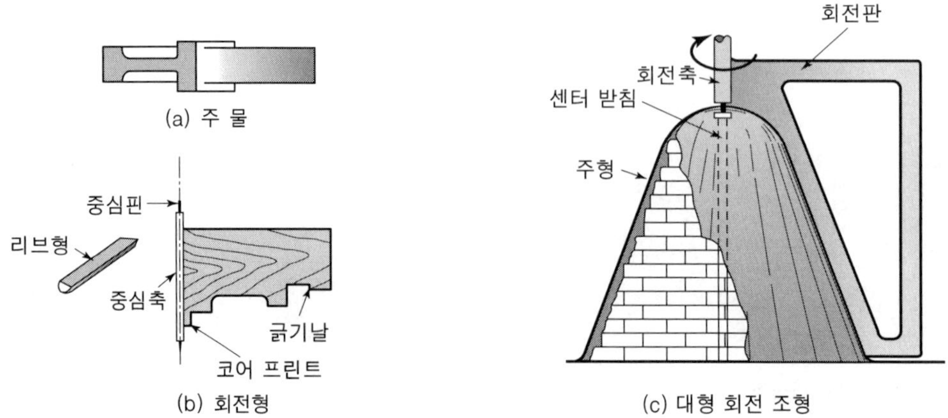

그림 1-5 회전형

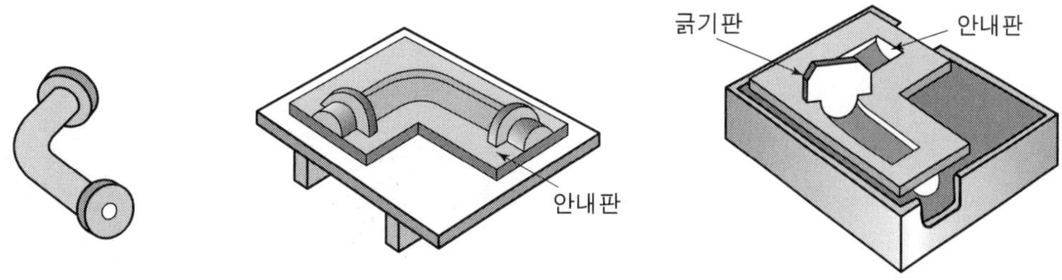

(a) 주 물 (b) 긁기형 (c) 긁기 조형

그림 1-6 긁기형

어려운 단점이 있다. 판형에는 그림 1-5와 같은 회전형과 그림 1-6과 같은 긁기형이 있다.

7 코어형

그림 1-7 (a)와 같이 속이 빈 주물을 만들 때는 그림 1-7 (d)와 같은 코어가 필요하다. 즉 그림 1-7 (c)와 같은 코어형(core box)과, 그림 1-7 (b)와 같은 목형에 코어를 받쳐 주는 코어 프린트(core print)가 있다. 코어형은 코어 프린트를 포함한 원형의 구조에 따라 여러 종류가 있다.

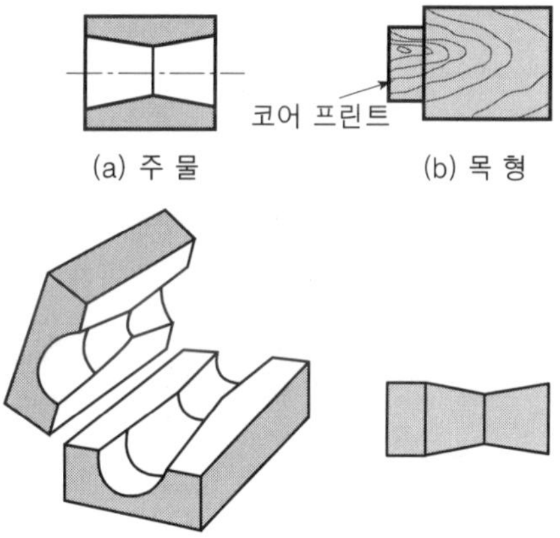

(a) 주 물 (b) 목 형 (c) 코어형 (d) 코 어

그림 1-7 코어형의 구성

(2) 재료에 따른 원형의 분류

원형은 재료에 따라 목형, 금형, 수지형, 석고형, 왁스형, 현물형, 특수형 등으로 나눌 수 있다.

1 목 형

주물의 제작 수량이 적고 사용 횟수가 많지 않는 경우에 적당하며, 크고 작은 복잡한 주물의 원형으로 광범위하게 이용되고 있다. 특히 대형 주물의 조형작업에는 가볍고 취급이 용이한 목형이 사용된다.

2 금속 원형

목형과 같은 용도로 쓰이는 금형에는 조형기에 쓰이는 매치 플레이트(match plate)와 정반형, 셸 주형 등에 쓰이는 금형, 인베스트먼트 주조법의 왁스(wax) 원형과 풀 몰드 원형을 만드는 데 쓰이는 금형, 이 밖에 쇳물을 직접 주입하는 주형으로 쓰이는 다이 캐스팅 금형 등 그 용도가 다양하다. 산업용 기계의 발달로 치수가 정확하고 표면이 아름다운 주물이 필요하게 되었고, 또 제작 수량이 많아지면서 그림 1-8과 같은 내구성이 우수하고 정밀도가 높은 금속제 원형인 매치 플레이트형이 기계 조형에 이용되고 있다.

3 석고형

석고로 만든 원형은 미술 주물, 섬세한 부분이 있는 주물의 제작에 많이 이용된다. 석고형 제작 방법으로는, 석고를 직접 가공하여 원형으로 하는 방법과, 목재 또는 왁스 등으로 먼저 모형을 만들고, 이것을 석고 원형으로 재생시키는 방법이 있다. 그러나 그 자체가 원형으로 이용되는 경우보다 매치 플레이트 금형이나 플라스틱형 등을 제작할 때 상대형으로 이용되는 경우가 많다. 그림 1-9는 수지형 제작에 필요한 석고형의 제작 및 단면의 보기이다.

그림 1-8 매치 플레이트형

(a) 석고 채우기 (b) 완성된 석고형 (c) 석고형 단면

그림 1-9 석고형 제작 및 단면의 보기

4 왁스형

밀랍, 파라핀(paraffin), 로진(rosin) 등을 배합하여 만든 원형을 왁스형(wax pattern)이라 한다. 제품 수량이 1개일 때에는 직접 성형할 수도 있으나, 같은 것이 여러 개일 때에는 복제하여 만든다.

5 플라스틱형

페놀(phenol) 수지나 폴리스티렌(polystrene) 수지 등으로 만든 원형을 플라스틱형(plastic pattern) 또는 합성 수지형(合成樹脂型)이라 한다. 플라스틱은 목재와 같이 가공이 쉽고 가벼우며, 금속과 같이 내구력이 좋고, 원형 제작 시간이 짧으면서 복제가 용이한 이점도 있다.

2) 원형용 재료

원형용 재료로는 주로 목재, 금속, 합성 수지 이외에 석고 및 시멘트 등이 있으며 부재료로는 접착제, 못, 도료 등이 있다. 일반적으로 원형용 재료로서 필요한 성질은 다음과 같다.

(1) 목형 재료

목재는 가공하기 쉽고, 가벼워서 취급이 용이하고 값이 싸므로 오래전부터 원형용 재료로 많이 이용되고 있다. 그러나 사용 또는 보관 중에 변형되기 쉽고 내구성이 약하며, 사용 횟수가 많을 경우 손상되기 쉬운 결점이 있다. 따라서 이러한 결점을 보완하기 위해서 마멸되거나 파손되기 쉬운 목형의 일부분을 금속 또는 합성 수지로 보강하기도 한다.

(2) 금속 원형 재료

금속 원형 재료로는 일반적으로 알루미늄 합금, 동 합금, 주철 등이 사용되고 있는데, 이 중 내열성과 내마멸성이 우수한 주철이 가장 많다.

(3) 플라스틱형과 석고형 재료

1 플라스틱

상온 경화로 형을 정확하게 재현할 수 있으면서 기계적 성질과 가공성이 좋다. 수지 재료에는 에폭시 수지계(epoxy resins)와 페놀 수지계(phenolic resins)가 널리 이용되고 있다. 플라스틱은 습기에 의한 수축이나 팽창이 없고, 매끄러운 주물 표면을 얻을 수 있는 등의 장점이 있어 원형용 재료로 그 이용이 확대되고 있다.

2 석 고

석고는 소석고로 시판되고 있는 것을 원형용 재료로 사용한다. 사용할 때 소석고에 물을 섞어 놓아 두면, 먼저 분해, 방출한 결정수에 해당하는 물이 화학적으로 결합해서 석고로 되돌아가 응고 경화한다. 응고 시에는 수축하지 않고 약간 팽창하므로 정확한 치수의 원형을 만들 수 있는 장점이 있다.

2. 원형 제작법

원형 제작자는 도면을 보고 제작할 제품의 모양, 크기, 제작 개수, 주요 부분이나 가공 부분 등을 정확하게 파악하고, 이에 따른 경제적인 원형 제작 방안을 세워야 한다. 이 밖에 설계상의 미비점이나 부적당한 곳 또는 주조와 관련한 개선해야 할 사항을 알아야 한다.

1) 원형 제작 시 유의 사항

(1) 상 · 하형, 분할면의 결정

주형에 있어서 상형과 하형 및 분할면의 결정은 결함이 없는 좋은 주물을 얻을 수 있고 조형 작업의 용이성 측면에서 매우 중요한 사항이므로, 많은 경험을 필요로 하는데, 일반적으로 다음과 같은 조건이 만족되어야 한다.

① 주물의 중요한 면을 하형으로 한다.
② 주형 제작이 용이하고 합상(조립)할 때 주형이 안전하여야 한다.
③ 코어의 위치가 안정하고, 가스의 배출이 용이하여야 한다.

(2) 가공치수와 모양

1 수축 여유

주형에 주입된 금속은 응고 냉각 과정에서 수축하게 된다. 따라서 원형의 치수는 수축되는 양만큼 크게 만들어야 한다. 이와 같이 수축에 대한 보정량을 수축 여유(shrinkage allowance)라 한다.

2 가공 여유

주조 후 가공할 주물은 그 가공 부분에 여분의 살을 덧붙여 원형을 만드는데, 이것을 가공 여유(finishing allowance)라 한다. 가공 여유를 너무 두면 가공비가 많이 들고 주물의 무게가 증가하므로 될 수 있는 대로 작게 하는 것이 좋으나, 금속의 종류, 주물의 모양, 치수, 조형 방법, 원형 뽑기의 난이도, 가공 정도 등을 고려하여 정한다.

3 원형 기울기

조형작업을 할 때 주형이 파손되는 것을 막고 원형 뽑기를 쉽게 하기 위하여, 제품 치수가 허용하는 한도 내에서 원형의 수직선에 대하여 기울기 여유를 두는데, 이것을 원형 기울기(draft taper)라 한다.

4 라운딩

주물의 구석이나 모서리 부분이 예리하면 원형을 주형에서 뽑아낼 때 주형이 파손되기 쉬울 뿐 아니라 주입 후 쇳물이 응고할 때 결정 입자는 주물 표면의 직각 방향으로 성장하는 경향이 있으므로, 결정립의 경계가 생기며, 그 부분에 불순물이 모여 편석이나 수축 현상이 일어나 약한 경계면과 수축공이 생기기 쉽다.

이와 같은 결합 현상을 없애기 위하여 구석과 모서리 부분을 둥글게 하는데, 이것을 라운딩

(rounding)이라고 한다.

(3) 원형의 검사와 관리

1 원형의 검사

원형이 구비하여야 할 주요 요건은 현도의 내용이 입체화되고, 모양과 치수가 정확한 주물이 만들어질 수 있어야 한다. 따라서 원형을 검사할 때에는 원형과 현도가 일치되었는지를 확인하여야 하는데, 이때 현도의 치수가 틀림없다고 단정할 수는 없으므로, 필요에 따라 기계 제작 도면과 비교하여 검사하여야 한다.

원형은 주물을 만들기 위한 하나의 도구이므로, 조형작업이나 주조방안 등의 여러 가지 요구사항에 대하여도 충분히 고려되었는지를 확인하여야 한다.

2 원형의 관리

원형을 관리하는 목적은 다음에 동일한 주조품을 주문 받았을 때, 보존된 원형을 재사용하여 원형 제작 비용과 시간을 줄여 주조품의 생산 원가를 낮추는 데 있다.

2) 원형가공용 공구와 기계

(1) 목공구

목형 제작용 공구에는 일반 목공구와 같은 측정기, 주물자, 대패, 톱, 송곳, 해머, 줄, 박음끌, 밀끌, 송곳, 공작칼, 금긋개 등이 있다.

1 끌

대패를 사용할 수 없는 좁은 홈이나, 구멍 및 곡면 또는 대패를 사용할 수 있는 면이라도 절삭량이 많을 경우에는, 밀끌로 거친 절삭을 하면 작업 능률을 높일 수 있다.

끌의 종류에는 그림 1-10과 같이 끌 자루의 머리에 고리(ring)가 있고 없음에 따라 박음끌과 밀끌로 크게 나뉜다. 끌은 날의 모양과 용도 등에 따라 평끌, 홈끌, 원형끌, 인두끌, 긁기끌 등이 있다.

2 공작칼

목형 제작은 조각과 같은 가공 부분이 많기 때문에, 공작칼은 용도가 많다. 가장 많이 쓰이는 직선날 공작칼은 칼날이 짧은 것과 긴 것의 두 가지가 있다. 짧은 것은 바깥 면을 깎는 데 편리하고, 긴 것은 작은 원형 부분의 정밀한 가공에 쓰인다.

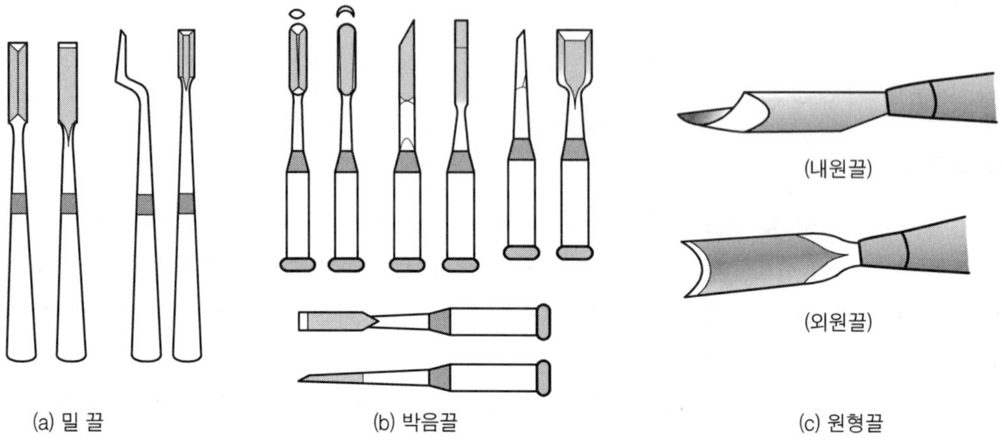

그림 1-10 끌의 종류

(2) 원형 제작용 기계 설비

① 원형 제작용 기계

목형 제작에 주로 사용되는 목형 제작용 기계에는 목공 선반(wood turning lathe), 기계 띠톱(band sawing machine), 기계 원판톱(circular sawing machine), 기계 목공 대패(wood working planer) 등이 있다. 그 밖의 목공기계로서는 목공 드릴링 머신(wood drilling machine), 기계 실톱(fret sawing machine), 사포 연마기(sandpaper machine), 톱 연마기(saw sharpener), 만능 목공기(wood milling machine), 각형 기계 끌(hollow chisel machine) 등이 있다. 그림 1-11은 원형 가공용 각종 기계를 보여주고 있다.

② 보조 설비

목형을 제작하는 데는 목공구뿐만 아니라 이에 필요한 보조 설비가 있어야 한다. 아무리 좋은 목공구가 마련되어 있어도 작업에 필요한 보조 설비가 없거나 불안전하면 효율적인 작업이 어려워진다. 보조 설비에는 작업대, 절삭대, 클램프(clamp), 목공 바이스(vise) 등이 있다. 원형 제작에 사용되는 여러 가지 공구, 즉 대팻날, 끌, 목공 선반용 바이트(bite) 등의 연삭에 사용되는 공구 연삭기, 각종 숫돌 등은 목형 제작용으로 반드시 있어야 하는 보조 설비이다. 이 밖에 수지형 제작을 위한 각종 기기, 가열로, 건조로, 압축기, 도장용 설비 등도 있어야 한다.

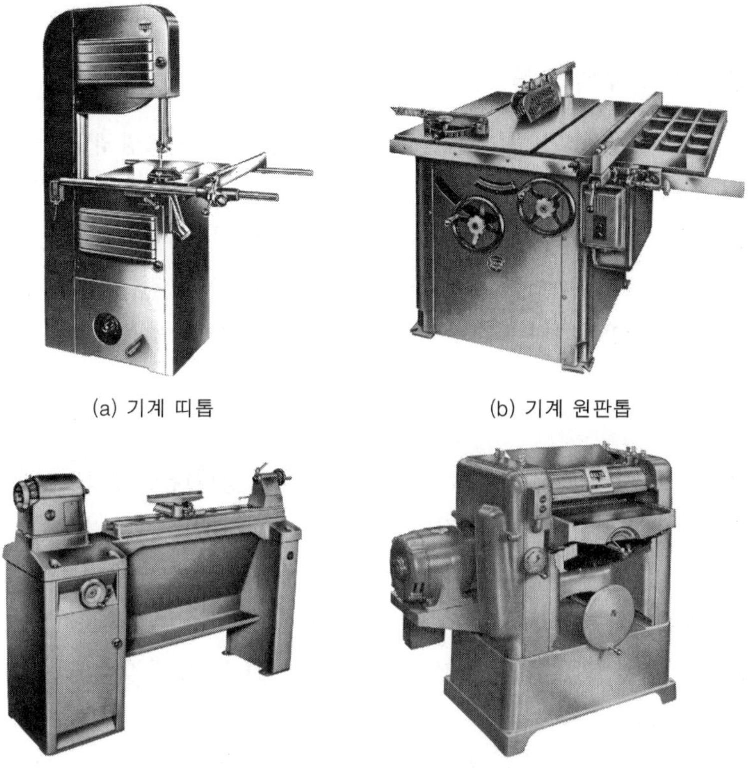

(a) 기계 띠톱 (b) 기계 원판톱

(c) 목공 선반 (d) 기계 목공 대패

그림 1-11 원형가공기계의 종류

1.2 주형 제작

1. 주조 방안

넓은 의미에서의 주조 방안(casting plan)은 주어진 제작 도면에 제시된 주물을 어떠한 방법으로 주조할 것인지를 검토하여 그 방안을 세우는 모든 과정이 포함된다. 그러나 좁은 의미에서의 주조 방안은 주형을 어떤 방법으로 조형하느냐를 결정하는 수단으로 원형과 주형의 제작 방법을 결정하게 된다. 주조 방안을 결정하는 데는 쇳물의 성질과 유동성, 응고 등에 관한 기초적인 이론에서부터 주물의 후처리에 이르기까지 잘 알고 있어야 한다. 또한 주조 방안과 관련되는 사항들은 주물의 종류, 모양, 크기 등에 따라 달라지기 때문에 어떤 이론적인 일정한 방법이나 기준만을 가지고 주조 방안을 세우면 만족할 만한 결과를 얻기 어렵다. 그러므로 많은 경험과 실제의 결과를 종합하여 주조 방안을 세워야 좋은 주물을 생산할 수 있다.

1) 주조 방안의 기초

(1) 주형의 구성과 각 부의 명칭

결함이 없는 건전한 주물을 만들기 위해서는 주형 내부의 제품 모양의 빈 공간만으로는 불충분하다. 즉 주형의 외부로부터 깨끗한 용융 금속이 유입될 수 있는 통로와 주형에서 발생하는 가스의 배출 및 쇳물의 수축에 의한 결함의 방지 등을 위한 여러 가지 조치가 필요하다.

주형의 구조는 주물의 모양, 크기 및 주조 방안 등에 따라 달라진다. 예를 들면 틀주형의 경우 각부 명칭은 그림 1-12와 같다.

(2) 탕구비

탕구, 탕도 및 주입구의 단면적과 비율은 쇳물이 흐르는 상태나 슬래그의 혼입, 또는 주입 시간 등에 영향을 주는데, 이때 이들 단면적의 비를 탕구비(湯口比)라 하며 S : R : G[1]로 나타낸다.

탕구비는 주조 방안을 세울 때 매우 중요한 값이 된다. 그러나 이 관계를 쇳물의 화학 성분과 주형의 모양 및 주입 온도 등에 따라 일정하지 않으며, 실험값이나 실제의 경험값도 각각 다른 결과를 가져올 때가 많다.

일반 공장에서는 주철의 경우 $S < R > G$, 주강, 동 합금 및 경 합금일 때에는 $S < R < G$의 비율로 하고 있다. 탕구비의 형식에는 그림 1-13 (a)와 같은 압력 주입식(pressurized gating system)과 그림 1-13 (b)와 같은 비압력 주입식(unpressurized gating system)이 적용된다. 그림 1-13 (c)는 실제 보기이다.

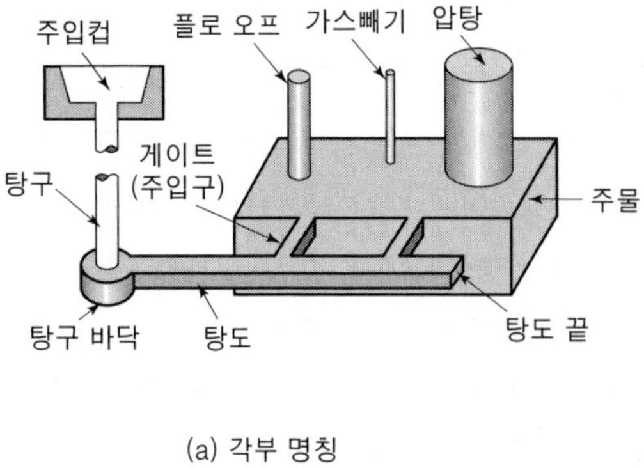

(a) 각부 명칭

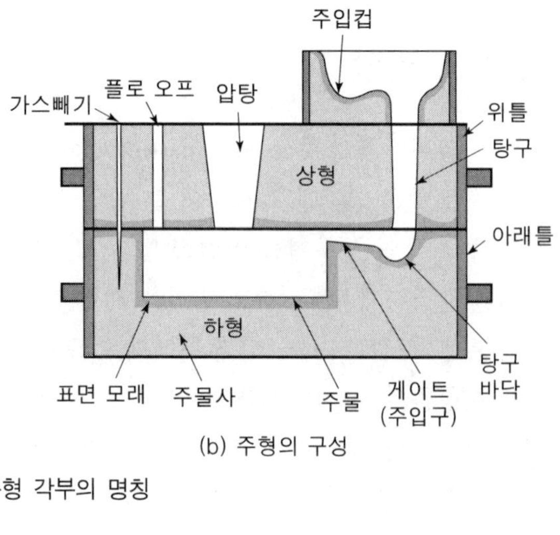

(b) 주형의 구성

그림 1-12 주형 각부의 명칭

1) S = sprue, R = runner, G = gate

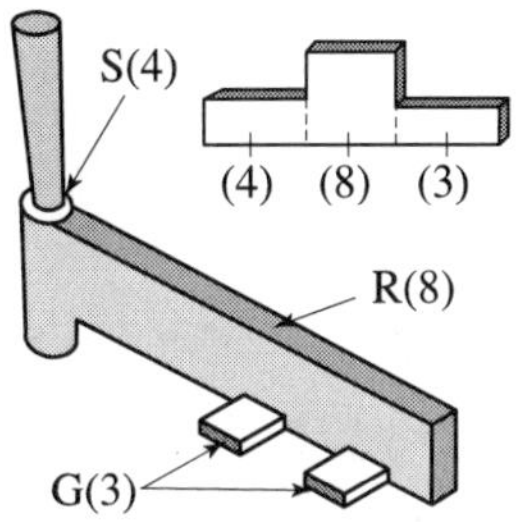

(a) 압력 주입식(S:R:G=4:8:3)

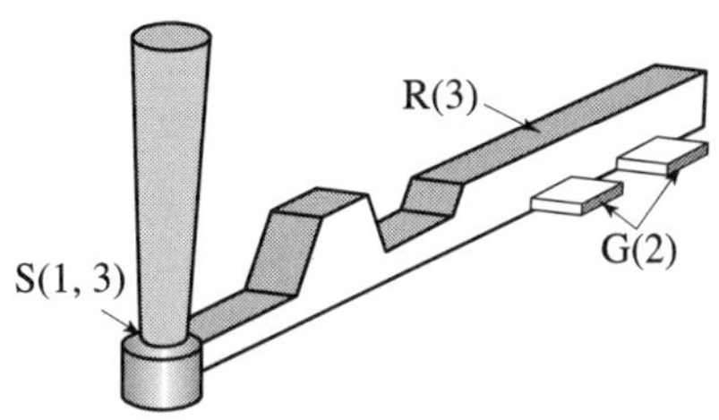

(b) 비압력 주입식(S:R:G=1:2:3:2)

(c) 실제 사례

그림 1-13 탕구비의 형식

(3) 압 탕

주입된 쇳물이 주형 속에서 냉각될 때는 응고 수축에 따른 부피의 감소가 일어나게 되므로, 쇳물을 계속 보급하기 위하여 응고되기 전에 압력을 가할 수 있는 기능을 하는 것을 압탕이라 한다. 압탕의 크기나 위치에 대해서는 경험적으로 처리되어 왔으나, 요즈음에는 신뢰성이 있는 이론적인 기준값을 얻을 수 있으며 컴퓨터에 의한 수축 모의 시험 소프트웨어(soldification imitation software)의 개발로 그림 1-14와 같이 수축 부위와 압탕의 크기와 모양까지 제시하고

(a) 주 물

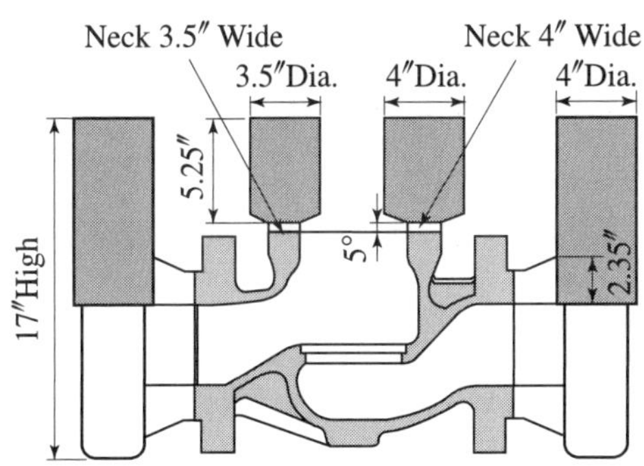

(b) 압탕의 크기와 위치

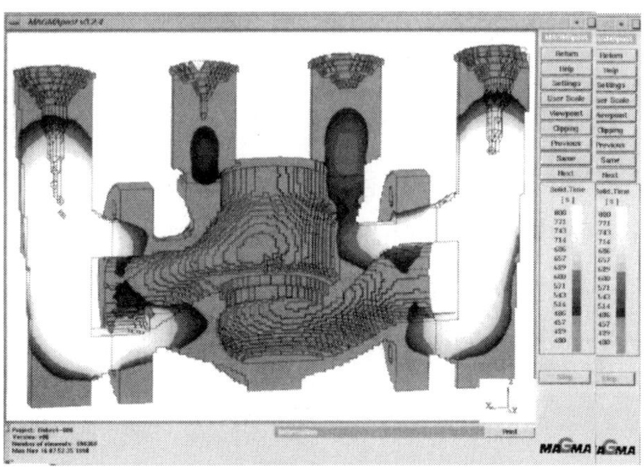

(c) 시뮬레이션

그림 1-14 수축 모의 시험에 의한 압탕의 결정

있으므로, 약간의 수정만 하면 실제로 적용할 수 있게 되어, 압탕의 크기를 계산하는 데 많은 시간을 단축할 수 있게 되었다.

2) 주조 방안 계산

화학 성분이 같은 쇳물이라도 주입 온도에 따라 쇳물의 유동성에 미치는 영향은 크다. 따라서 주물의 모양 및 필릿(fillet) 두께에 따라 주입 온도를 조절할 필요가 있다. 비철 합금 주물과 같이, 주입 온도가 기계적 성질에 영향을 주는 것도 있으므로, 결정을 잘해야 한다. 주입 온도는 여러 가지 요소를 종합하여 결정하는데, 일반적으로 표 1-1을 기준으로 하고 있다.

표 1-1 각종 주물의 주입 온도

주물 재질	주입 온도[℃]
청동 주물	1,150 ~ 1,200
황동 주물	1,050 ~ 1,150
알루미늄 합금 주물	670 ~ 760
주철 대형 기계 주물	1,350 ~ 1,360
주철 소형 기계 주물(생형)	1,350 ~ 1,400
주철 잉곳 케이스	1,265 ~ 1,280
대형 주강	1,520 ~ 1,540
소형 주강	1,540 ~ 1,560

주입 속도는 주조 방안을 세우는 데 매우 중요한 요소이며, 탕구, 탕도, 게이트의 크기와 모양 그리고 탕구비 등에 따라 달라진다. 그러므로 주입 속도, 즉 주입 시간을 미리 결정한 다음, 이것을 기준으로 하여 탕구비를 정하는 것이 일반적이다.

(1) 주입 계산

1 주입 시간(pouring time)

탕구계의 크기를 정할 때 기초가 되는 주입 시간은 주입되는 쇳물의 무게, 필릿의 평균 두께 및 주형 강도 등을 고려하고, 실제의 주조 결과와 비교, 수정하여야 한다. 현장에서 사용하고 있는 가장 잘 알려진 것은 디터어트(H. W. Dietert)의 식으로, 주입 시간을 주물의 무게와 살 두께를 함수로 다음과 같이 표시하고 있다.

$$T = S\sqrt{W} \tag{1-1}$$

여기서 T : 주입 시간 [sec]
W : 주물의 무게 [kg]
S : 주철의 경우로서 필릿 두께에 따른 상수 〈표 1-2〉

표 1-2 주철 주물의 살 두께와 S 값

살 두께 [mm]	2.8 ~ 3.5	4 ~ 8	8.3 ~ 15.8
S	1.63	1.86	2.23

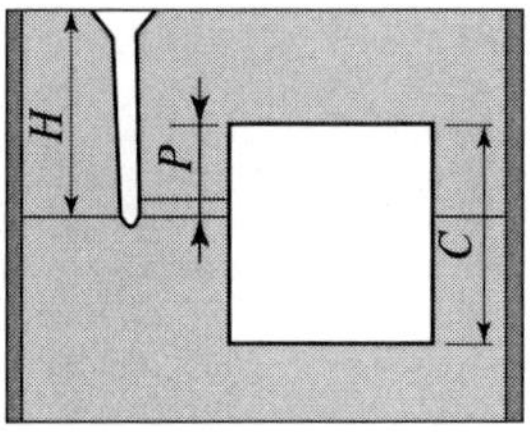

그림 1-15 유효 탕구의 높이

2 유효 탕구 높이(effective sprue height)

유효 탕구 높이는 그림 1-15에 따라 다음 식으로 구할 수 있다.

$$\text{유효 탕구의 높이} = E.S.H = \frac{2HC - P^2}{2C} \text{ (사이드 게이트)} \tag{1-2}$$

또는

$$\text{유효 탕구의 높이} = E.S.H = \frac{2HC - P^2}{2C} = \frac{2HC - 0}{2C}$$

$$= H \text{ (톱 게이트) } (\because P = 0) \tag{1-3}$$

여기서 H : 탕구의 높이
C : 주물의 높이
P : 주입구 윗부분에서의 주물 높이

3 주입구 넓이

주입구의 넓이는 탕구 및 탕도의 크기를 정하는 기초가 되며, 식 (1-4)로 구할 수 있다.

$$A = 2.0\sqrt{\frac{W}{E.S.H}} \tag{1-4}$$

여기서 A : 주입구의 단면적 [cm^2]
$E.S.H$: 유효 탕구의 높이 [cm]
W : 주물의 무게 [kg]

위의 식 (1-4)에 의하여 얻은 값과 선정된 탕구비로부터 탕구 및 탕도의 크기를 구할 수 있다. 물론 이 계산 값은 실제의 경험 값과 비교, 수정하여야 한다.

(2) 압탕과 주입 추 계산

1 압탕의 계산

압탕의 크기를 결정하는 방법에는 여러 가지가 있으나, 미국 해군(naval) 연구소의 비숍(H. F. Bishop)과 존슨(W. Johnson)에 의한 주강의 압탕 계산 방법이 기본이 되고 있다.

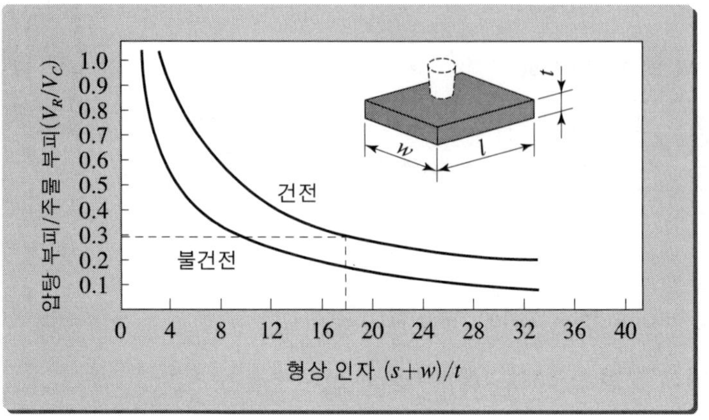

그림 1–16 형상 인자와 최소 압탕 비체적과의 관계

$$형상\ 인자(\text{shape factor}) = \frac{l+w}{t} \tag{1-5}$$

$$압탕과\ 주물의\ 부피의\ 비 = \frac{V_R}{V_C} \tag{1-6}$$

여기서 l : 길이 w : 너비
t : 두께 V_R : 압탕의 부피
V_C : 주물의 부피

이상의 관계로부터 압탕의 크기를 정하는 방법이다. 즉 그림 1–16과 같이 주물의 크기를 알고, 형상 인자를 구하면, 이 값으로부터 주물의 부피 V_R/V_C의 값을 알 수 있으므로, 필요한 압탕의 최소 부피를 구할 수 있다. 그림 1–16과 보기로부터

$$l + w/t = (18+18)/2 = 18$$

따라서

$$V_R/V_C \fallingdotseq 0.29$$

$$\therefore V_R = V_C \times 0.3$$

즉 압탕은 주물 부피의 약 30%에 해당하는 부피가 필요하다.

2 주입 추의 무게

주입 추의 무게를 알기 위해서는 쇳물이 주형에 가하는 압력을 알아야 한다.

주형에 쇳물을 주입하면, 주형의 각 부분은 투상 면적과 탕구의 높이에 비례하여 압력을 받게 된다. 압력은 주형의 각 부분에 가하게 되며, 코어에는 부력을 준다. 이와 같은 힘이 위틀의 무게보다 클 때에는 위틀을 들어올리게 되므로, 쇳물이 새거나 주형이 파괴된다. 따라서 위틀

과 아래틀을 클램프 등으로 잘 죄든지 무거운 주입 추를 위틀에 올려 놓아야 한다.

이때 주입 추의 무게 P [kg]를 구하는 식은 다음과 같다.

$$P = A \times H \times S \tag{1-7}$$

여기서 A : 주물을 위에서 본 투상 면적 [m^2]
H : 주물의 윗면에서 주입구의 탕면까지의 높이 [m]
S : 주입 금속의 비중량 [kg/m^3]

그러나 실제로는 쇳물이 흐를 때 큰 압력을 받게 되므로, 계산 값의 10～30%가량을 여유 있게 더하는 것이 안전하다.

보기 1

그림 1-17 (a)와 같이 A = 400 mm × 400 mm인 주철 주물을 만들 때, 필요한 주입 추의 무게는 얼마로 하면 안전한가? 여기서 H = 120 mm, S = 7,200 kg/m^{3}로 한다.

풀이 식 (1-9)에서 $P = (0.4)^2 \times 0.12 \times 7{,}200 = 138.24$ [kg]
약 138 kg이 위틀에 주는 총압력이 되므로, 10%를 더한 약 150 kg로 하면 안전하다.

$$\because\ 138 + \frac{138 \times 10}{100}$$

보기 2

그림 1-17 (b)와 같은 치수를 가진 주물에서 위틀이 받는 압력은 H가 120 mm 및 300 mm의 높이일 때 받는 압력의 합($P_1 + P_2$)이다. 이때 주입 추의 무게는 얼마로 하는 것이 안전한가? 여기서 S = 7,200 kg/m^{3}로 한다.

풀이 $P_1 = [(0.5)^2 - (0.3)^2] \times 0.12 \times 7{,}200 \fallingdotseq 138$ [kg]
$P_2 = (0.3)^2 \times 0.3 \times 7{,}200 \fallingdotseq 194$ [kg]
$\therefore P_1 + P_2 = 138 + 194 = 332$ [kg]
따라서 추의 무게는 약 350 kg으로 하면 안전하다.

$$\because\ 332 + \frac{332 \times 10}{100}$$

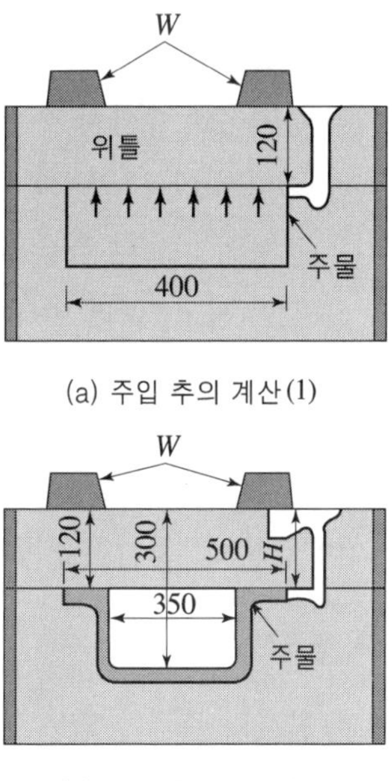

그림 1-17 조립형의 보기

2. 주형 재료

1) 주형 재료

주형 재료는 주형을 만드는 데 사용되는 모든 재료를 말하는 것으로, 모래형과 특수형 그리고 금형에 사용되는 재료가 있다.

(1) 주물사

주물사에는 모래에 점토분이 자연적으로 섞여 있어서 필요한 양의 수분만 공급하면 주물사로 쓸 수 있는 자연사가 있다. 또 모래에 점결제와 기타 첨가제를 인위적으로 첨가하여 주물사로 사용하는 합성사(배합사)가 있다.

1 주물사의 요건

주물사가 갖추어야 할 여러 가지 요건은 다음과 같다.

① 주형 제작이 쉽고, 원형의 치수와 모양을 정확하게 재현할 수 있을 것
② 주형의 취급이나 운반 또는 주입할 때 쇳물의 압력이나 충격에 견딜 수 있는 강도를 가질 것
③ 쇳물과의 반응이 적고, 높은 온도에서도 견딜 수 있을 것
④ 통기성이 좋아서 주입 시 주형 안에 생기는 가스의 배출이 쉬울 것
⑤ 주입된 다음에는 쇳물의 응고와 수축에 대하여 수축성이 있어야 하며, 응고된 다음에는 주형의 파괴나 주물을 주형에서 뽑아내는 작업이 쉬울 것
⑥ 값이 싸고, 여러 번 되풀이하여 사용할 수 있을 것

2 주물사의 종류

주물사는 넓은 의미에서는 주형 제작에 사용되는 모래를 포함하는 모든 주형 재료를, 좁은 의미에서는 주물사만을 뜻한다.

● **원료사**

주물사의 주체가 되는 원료사는 산지, 산출 상태, 가공 상태 등에 따라 여러 가지가 있다.

● **규사(silica sand)**

점토의 함유량이 2.0% 이하이며, 점결성이 없는 규석질의 모래를 규사라 한다. 규사에는 산출 상태에 따라 천연 규사(은사라고도 함)와 인조 규사가 있다.

● 산 사

규석질의 모래에 10∼15% 이상의 점토질이 천연적으로 혼합된 것으로서, 수분을 알맞게 첨가하면 그대로 주물사로 사용할 수 있는 모래를 산사라 한다.

● 특수사

내화도나 고온 팽창성 등으로 미루어 볼 때 규사는 이상적인 재료가 아니다. 따라서 이러한 결점이 실제적으로 크게 문제가 될 때에는 규산질 이외의 조성을 가진 특수사가 사용된다.

(2) 점결제와 보조제

1 점결제(binder)

원료사인 모래 알갱이만 가지고는 주형을 만들 수 없기 때문에, 모래알을 결합시켜 성형성을 좋게 하는 점결제가 필요하다. 점결제에는 무기 점결제와 유기 점결제가 있다.

2 보조제

주물사의 열적 성질을 향상시키고, 주형의 신축성을 돕는 외에 주물의 표면을 아름답게 하기 위하여 첨가하는 물질을 보조제 또는 첨가제라 하며, 석탄, 피치(pitch), 코크스 및 흑연가루 등 탄소계, 나무 및 곡식가루, 당밀, 규석가루 및 산화철 등이 있다.

(3) 도형제와 이형제

1 도형제(coating agent)

● 흑연 및 숯가루

주형의 내화도를 높이고, 환원 가스를 발생시키는 도형제에는 흑연이나 숯가루 등의 탄소계 물질이 많이 사용되는데, 탄소 성분이 많고 회분이 적을수록 좋다.

● 운모가루

생형 표면에는 일반적으로 활석(talc)가루가 많이 쓰인다. 이것은 가루 그대로 사용할 때가 많지만, 내열성이 낮기 때문에 큰 주물에는 사용할 수 없다.

2 이형제(parting agent)

주형작업을 할 때, 상형(cope)과 하형(drag) 또는 원형과 주물사가 서로 붙는 것을 막기 위하여 사용되는 것을 이형제(parting agent)라 한다. 모래형이 상형과 하형이 붙는 것을 막을 때에는 고운 규사나 강모래와 같이 점토분이 없는 것을 건조시켜 사용하는데, 이것을 특히 분리사

(parting sand)라 한다. 원형과 주물사가 붙는 것을 방지하는 데에는 니스, 래커, 실리콘 기름 등을 표면에 분사한다.

2) 주물사 관리

항상 일정한 성질을 가진 주물사를 공급하려면 올바른 배합과 조정이 필요하다. 경제적인 면에서도 한 번 사용된 주물사를 회수하여 다시 배합 조정한 다음, 주물사의 성질을 재생시키는 일이 중요하다. 주물사의 조정과 회수는 그림 1-18(점선 부분)에서 알 수 있듯이, 주물공장에서 중요한 공정 중의 하나이다.

주물사의 혼련이나 묵은 모래의 처리 등을 기계화하는 것은 단순히 인건비를 절약하는 것뿐만 아니라, 작업을 일정하게 하여 주물사의 관리 효과를 높이려는 데 있다.

대규모의 주물공장에서는 많은 양의 모래를 처리하기 때문에, 그림 1-19와 같은 모래의 분리, 분류, 배합, 혼사 등의 개별 작업이 연속적이면서 종합적으로 이루어지는 종합 처리 장치를 이용한다.

3. 조형작업의 분류와 설비

1) 주형의 분류와 종류

주형의 종류는 분류 방법에 따라 여러 가지로 나누고 있으나 모래 주형의 경우 일반적으로 그림 1-20과 같이 분류하고 있다.

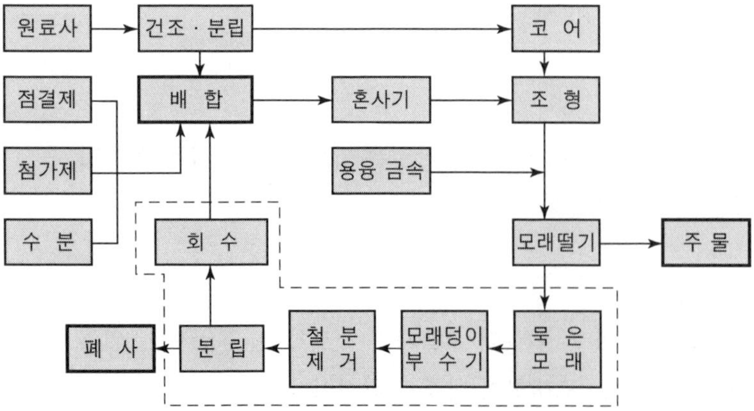

그림 1-18 주물사 배합 처리 공정도

그림 1-19 주물사 배합 처리 장치

- 모래 주형
  - 주형의 건조 상태에 따라
    - 생 형
    - 반건조형(표면 건조형)
    - 건조형
  - 주형 틀에 따라
    - 틀 주형(주물 상자 이용)
    - 혼성 주형(바닥과 상자의 혼성)
    - 바닥 주형
    - 피트 주형
  - 원형의 종류에 따라
    - 현형 주형
    - 회전 주형
    - 긁기 주형
    - 소모성 원형 주형(풀 몰드법)
  - 조형작업에 따라
    - 손 주형
    - 기계 주형
    - 특수 주형

그림 1-20 주형의 분류

(1) 주형의 건조 상태에 따른 분류

① 생형(生型)

6～9%의 수분과 점결제 등을 함유하고 있는 주물사를 사용하여 조형한 후, 건조시키지 않은 상태에서 용융 금속을 주입한다. 작업 공정이 간편하여 생산 속도는 빠르지만 용융 금속의 주입 시에 다량의 수증기가 발생되므로, 주형의 통기도가 좋지 않으면 가스에 의한 결함이 발생할 염려가 있다. 생형은 강도가 약하여 대형 주물의 생산에는 적합하지 못하다.

② 건조형(乾燥型)

생형 주형보다 강도를 높이고, 수분에 의한 결함을 없애며, 통기도를 향상시키기 위하여 주형을 일정한 온도에서 건조시킨 것이다. 그러나 건조작업에 많은 시간이 소요되므로 대량 생산에는 적합치 못하다.

③ 반건조형(표면 건조형)

주형 표면에 도형제를 바른 후에 버너나 적외선 램프 등을 사용하여 생형 주형의 표면만을 건조시켜 수분을 제거하고 주형 강도를 높인 것이다.

(2) 주형 틀에 따른 분류

① 개방 주형

그림 1-21 (a)와 같이 주형 틀을 사용하지 않고 주물공장의 바닥에 주물사를 수평으로 한 다음, 원형의 주위를 알맞게 다져서 만든 주형을 개방 주형(開放鑄型, open sand mold) 또는 바닥

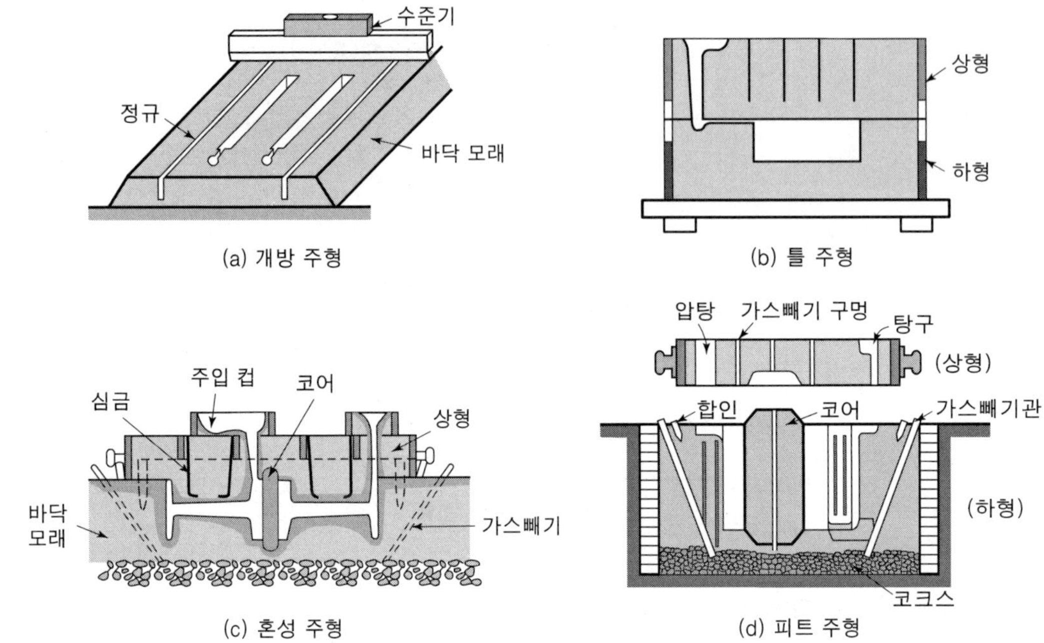

그림 1-21 주형 틀에 따른 분류

주형이라 한다. 이 방법으로 주조한 주물은 상면이 공기와 접촉하여 거칠고 정확한 모양과 치수를 얻을 수가 없으므로 주형 틀, 코어 메탈과 같이 치수와 모양이 중요하지 않는 주물 주조에 이용된다.

2 틀 주형

2개 또는 3개의 주형 틀을 겹쳐 사용하는 조형법을 틀 주형(flack mold)이라 하며, 가상 많이 사용된다. 일반적으로 그림 1-21 (b)와 같이 상형과 하형을 1조로 한 틀 주형 방법이다.

3 혼성 주형과 피트 주형

그림 1-21 (c)와 같이 바닥을 하형으로 하고, 상형은 주형 틀을 사용하여 조형한 후 조립한 것을 혼성 주형(bed-in mold, floor mold)이라 한다. 이 조형법은 주입 시에 많은 가스가 발생되므로 가스빼기에 유념하여야 한다. 특히 하형이 깊거나 커서 그림 1-21 (d)와 같이 피트를 사용한 주형을 피트 주형(pit mold)이라 하며 대형 주형 주물에 이용된다.

(3) 원형의 종류에 따른 분류

1 현형 주형

현형 주형에 사용되는 원형에는 단체형과 분할형이 있는데, 조형하기 쉽도록 여러 부분으로

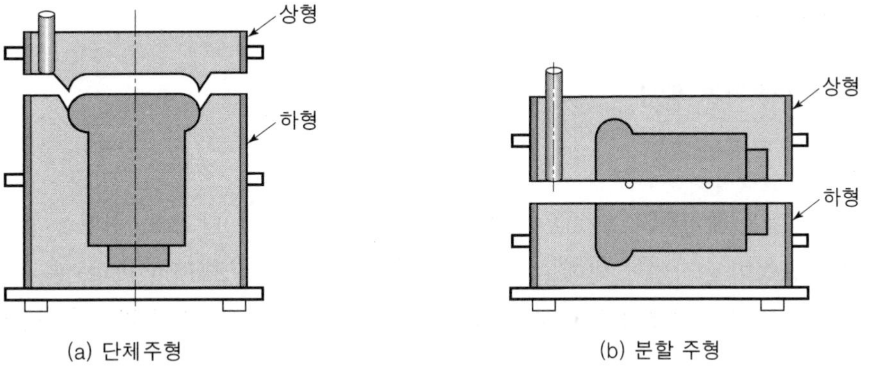

그림 1-22 현형 주형

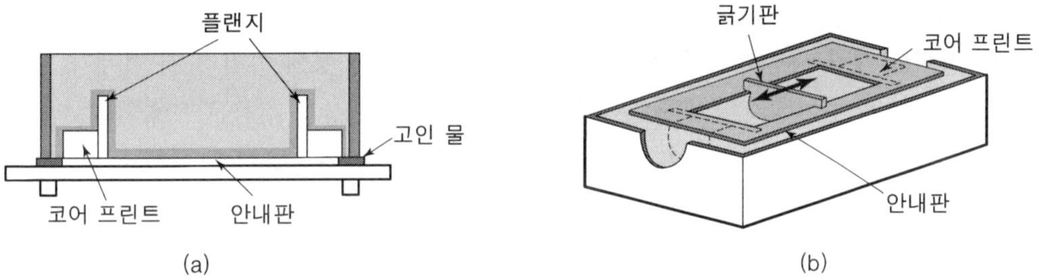

그림 1-23 긁기 주형

분할되어 있다. 그림 1-22는 단체형과 분할형을 사용한 현형 주형의 보기이다.

2 긁기 주형(strickling mold)

그림 1-23과 같이 모양이 제품과 전혀 다르며, 얇은 판상의 원형으로 조형하므로 많은 숙련이 요구된다. 그림 1-23은 긁기형으로 플랜지가 있는 파이프의 하형 주형을 조형하는 보기이다.

3 회전 주형(sweeping mold)

원형의 제작이 쉽고 값이 싸지만, 조형 시간이 길고 상당한 숙련을 필요로 하므로, 비교적 대형이고 제작 개수가 적은 경우에 주로 사용된다. 그림 1-24는 풀리 휠(pulley wheel)을 회전형

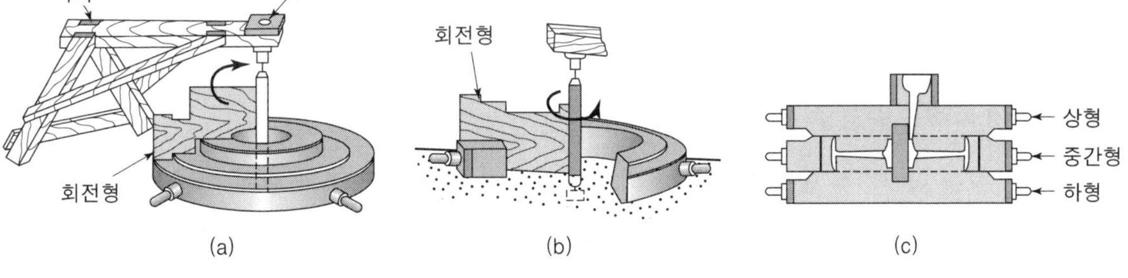

그림 1-24 회전 주형

으로 조형하는 보기이다.

(4) 조형작업에 따른 분류

1 손 조형

주형 틀에 원형을 배치하고 그 주위에 주물사를 채워 스탬프로 다지고, 원형을 뽑아, 손질하는 등의 조형 공정이 손작업에 의해 이루어지는 조형작업을 손 조형이라 한다. 손 조형은 제품의 수가 적거나 원형의 구조가 복잡하여 기계 조형이 어려운 경우, 소규모 주물공장에서 사용된다.

2 기계 조형

조형작업에도 대량 생산과 주물의 균질화를 위하여 조형 공정에 여러 가지 기계가 사용되고 있다. 그러나 기계 조형에서는 복잡한 주물이나 어느 크기 이상의 주물은 조형할 수 없고 원형도 단체형이나 분할형만 가능하다. 주물사의 철저한 관리와 연속작업을 위한 반송 시설 등이 필요하다.

2) 조형용 공구

(1) 주형 틀

일반 조형작업에는 주입 금속의 종류와 주물의 크기 및 그 모양에 따라 알맞는 주형 틀(molding flask)이 필요하다.

주형 틀은 위아래 2개 또는 그 이상의 틀로 되어 있으며, 이때 위쪽의 주형 틀을 위틀, 아래쪽을 아래틀 또 가운데 부분이 사용될 때에는 이것을 가운데틀(cheeks)이라 한다.

주형 틀은 그 재료에 따라 그림 1-25와 같이 나무틀(wood flask), 금속틀(metal flask) 그리고 1개의 주형 틀을 가지고 여러 개의 주형을 제작할 때 사용하는 개폐식틀(snap flask) 등이 있다.

개폐식틀을 사용할 때에는 쇳물의 압력에 견딜 수 있도록 주형의 바깥쪽에 씌우는 그림 1-25 (b)와 같은 테이퍼틀(taper flask) 또는 개폐식틀 안에 미리 끼워 조형하는 그림 1-25 (e)와 같은 철판띠(iron band)를 사용한다. 대형 주물에는 주철 및 주강으로 주조한 것을, 단독 또는 볼트로 조립하여 사용한다.

(2) 조형용 손공구

주형을 다지거나 손질할 때 사용되는 손공구에는 그림 1-26과 같이 여러 가지가 있으며, 이 밖에도 기발침, 수준기, 주물자, 컴퍼스, 먼지 불개, 해머, 토치 램프(torch lamp) 등이 필요하다.

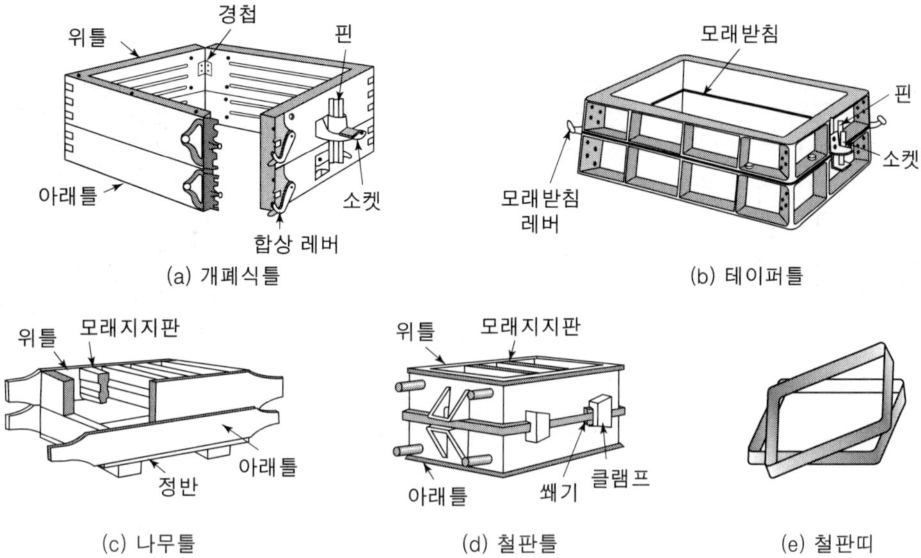

그림 1-25 주형 틀의 종류

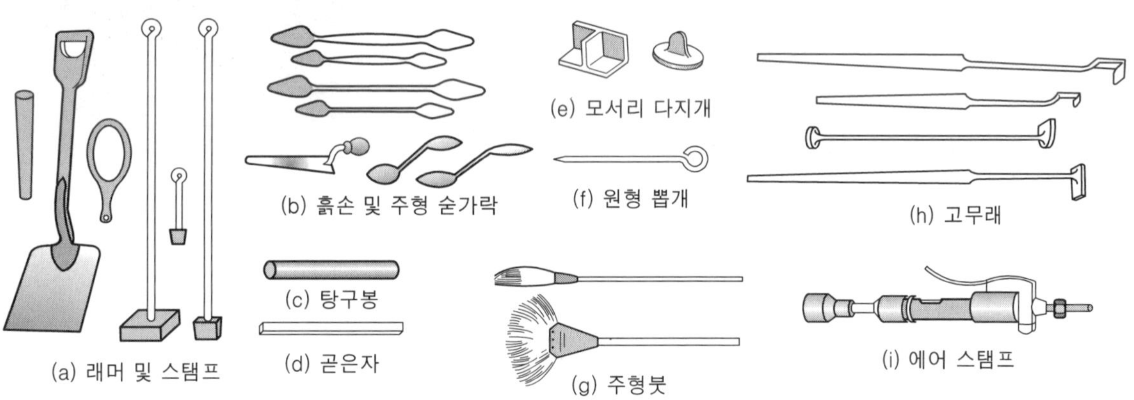

그림 1-26 조형용 손공구

3) 조형용 기계와 설비

(1) 스퀴즈 조형기

주형 틀 속에 넣은 주물사를 평판으로 압축하여 다지는 조형기(molding machine)를 스퀴즈 조형기(squeeze molding machine)라 한다. 이 조형기는 주형이 커서 모래의 층이 두꺼울 때에는 위아래 주형의 경도가 달라지며, 특히 주형 표면의 경도가 낮아지는 결점이 있다. 그림 1-27 (a)는 스퀴즈식 조형기의 작동 원리, 1-27 (b)는 조형기계의 보기를 나타낸 것이다.

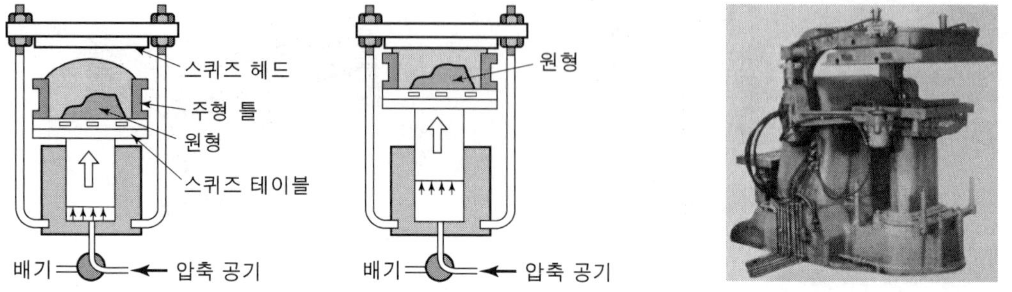

(a) 원 리 (b) 조형기계

그림 1-27 스퀴즈식 조형기와 원리

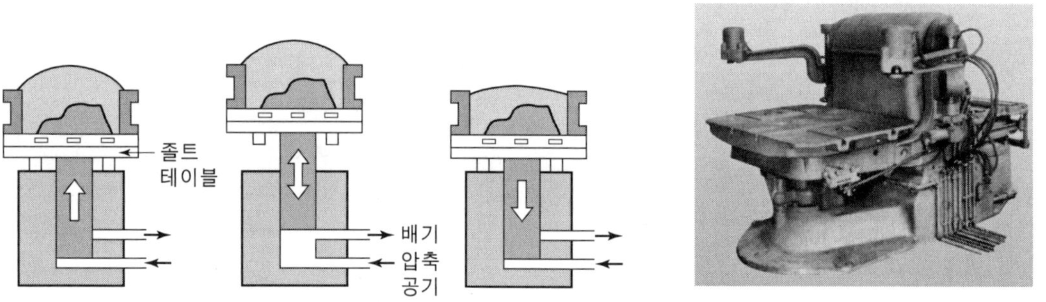

(a) 원 리 (b) 조형기계

그림 1-28 졸트식 조형기와 원리

(2) 졸트 조형기

주물사를 넣은 주형 틀을 위아래로 진동시켜 다지는 조형기를 졸트 조형기(jolt molding machine)라 한다. 이 방법은 모래층이 두껍거나 모양이 복잡한 주물이라도 잘 다질 수 있다. 그러나 스퀴즈식과는 달리 주형 표면(원형의 면)의 경도는 높일 수 있지만, 주형 상면의 경도가 낮은 것이 결점이다. 그림 1-28 (a)는 졸트식 조형기의 작동 원리, 그림 1-28 (b)는 조형기계의 보기이다.

(3) 졸트-스퀴즈 조형기

압축형과 진동형의 장점을 같이 살리기 위하여 두 가지를 병용한 방식의 조형기를 졸트-스퀴즈 조형기(jalt-squeeze molding machine)라 하며, 주형 틀의 주물사를 진동시킨 다음 평판으로 주형을 압축하여 조형하는 방법이다.

4. 조형 방법

1) 주형 제작

(1) 코어 제작법

코어는 파이프나 방열판과 같이 내부가 빈 주물을 주조할 때 주물 내부의 빈 공간을 만들기 위해 사용되는 것으로, 주형의 중요한 부분이다. 코어는 조형하기 전에 별도로 만들어 보관하였다가 주형 작업 중에 필요한 위치에 맞추어 넣는다. 그림 1-29는 코어 제작의 보기이다.

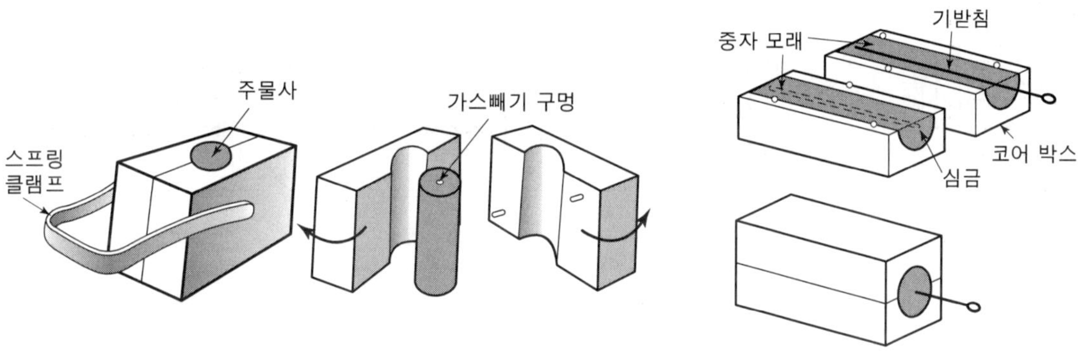

(a) 수직 코어 (b) 수평 코어

그림 1-29 코어 제작

(2) 조형작업의 순서

조형작업은 원형의 종류, 크기 및 주물의 생산 수량, 주물공장의 규모나 시설 등에 따라 가장 효율적인 방법을 선택하여야 한다.

조형작업에서 가장 기본이 되는 틀 주형에서 분할형을 사용한 경우 조형 공정은 그림 1-30과 같이 [하형 조형] → [상형 조형] → [원형 뽑기] → [상하형 합상] 의 순서로 이루어진다.

([원형 뽑기]와 [상하형 합상] 사이: [코어 안치])

2) 조형작업의 기계화

조형기계는 간단한 것으로부터 모든 작업을 자동화할 수 있는 복잡한 것도 있지만, 공장의 생산 규모와 방법에 따라 알맞은 설비와 관리 방법을 선택하는 것이 중요하다.

기본적인 기계 조형작업 공정은 주물사의 보급, 조형, 위아래 주형의 조립 및 운반 등을 기계적으로 하게 되어 있다.

조형기계에 사용되는 주형 틀은 그림 1-31 (a)와 같은 고정식 틀이 사용되는데, 대규모 주물

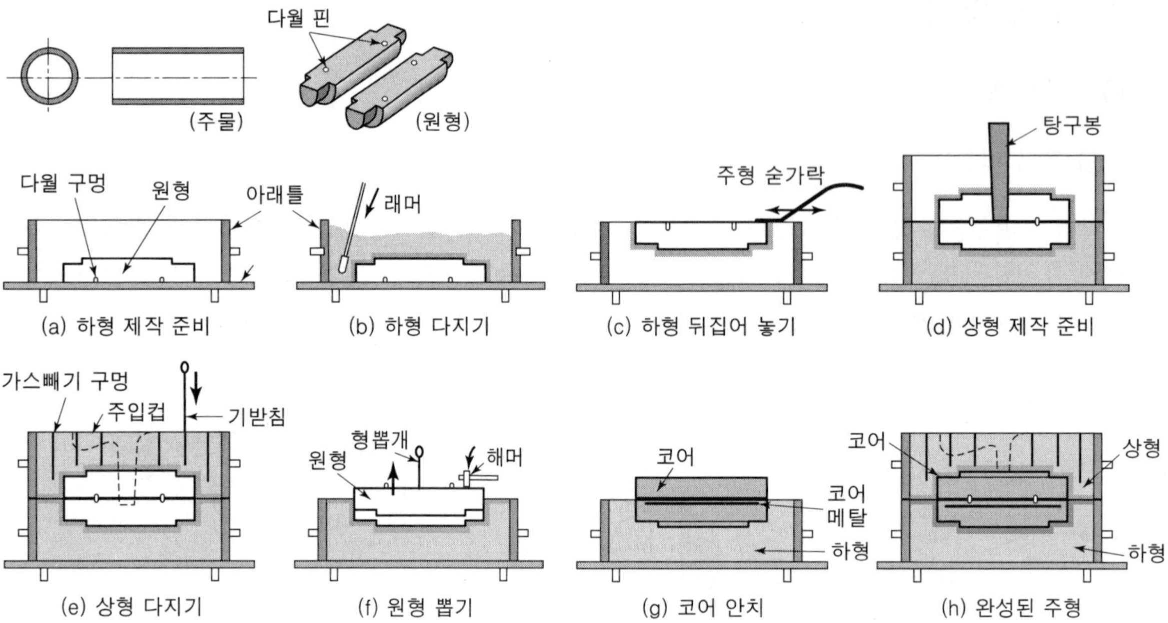

그림 1-30 틀 조형작업 순서

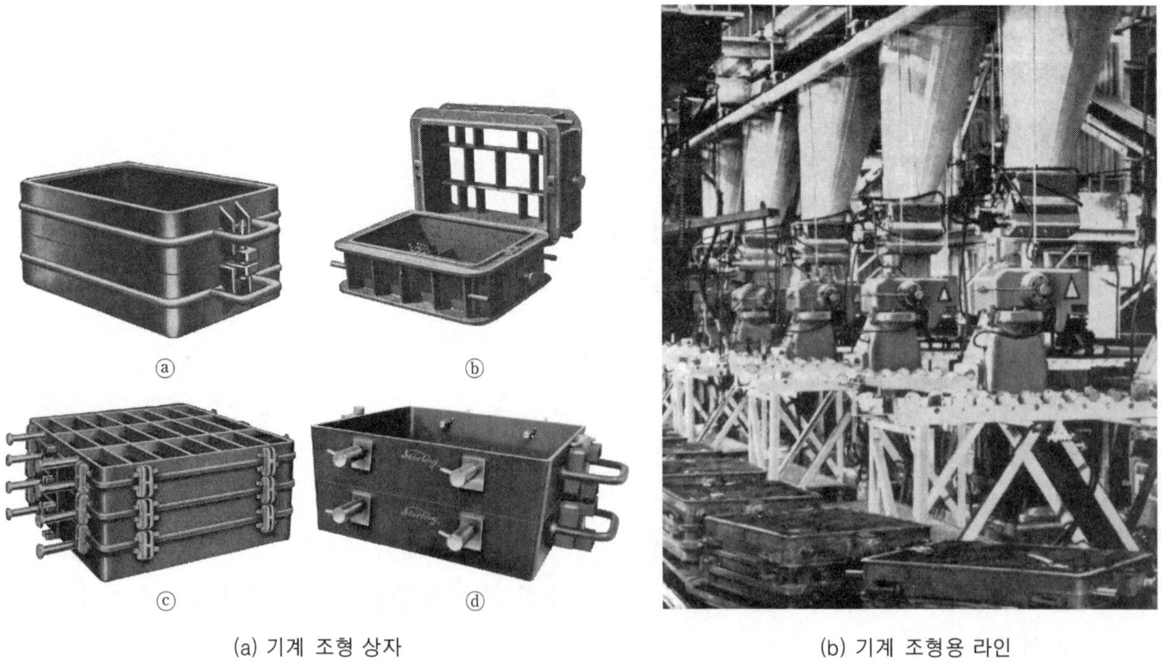

그림 1-31 기계 조형

공장에서의 연속 작업에서는 주형 상자의 측면에 가이드 레일이 있는 것을 사용한다. 그림 1-31 (b)는 기계 부품을 대량 생산하고 있는 주물공장에 적용하고 있는 졸트 - 스퀴즈 방식의 조형 공정과 기계 조형 라인의 보기이다.

1.3 주조용 금속의 용해

주물을 제조하려면 먼저 고체 상태의 원료 금속을 용해하고, 주물의 성질에 알맞은 재질이 되도록 화학 조성을 조정하거나 불순물을 제거한 다음, 주형 각 부분에 쇳물이 잘 주입될 수 있는 온도로 승온 유지하여야 한다.

주조용 금속에 따라 용융점에 도달하여 용해되면 다시 어떤 목적 온도 이상으로 가열하여 필요한 성분으로 조성하게 된다. 이와 같이 용해작업은 용해용 금속 재료에 따라 알맞게 이루어져야 하는 점에서 주조 공정 중 중요한 작업이다. 용해작업에는 용해로를 비롯한 장입 설비, 주입용구, 온도계 등 각종 부대 설비와 기구가 필요하다.

1. 주조용 금속의 특성

주조용 금속 및 합금은 용융 상태로부터 응고되는 과정과 응고할 때 일어나는 현상, 응고 후의 냉각 과정 등 특성이 매우 복잡하며, 주물의 품질에 많은 영향을 끼친다.

1) 금속의 응고

(1) 응고의 진행

용융 금속이 주형 안에 주입된 후의 응고 진행 형식을 보면, 그림 1-32에서 알 수 있듯이 주형 벽으로부터 응고가 시작되어 점진적으로 내부에 응고층과 용융 금속이 분명하게 구분된 상태로 진행하는 순금속과, 어떤 범위에서 고상과 액상이 공존하여 경계가 분명하지 않은 일반 주조용 합금이 있다. 이러한 고상과 액상의 공존 상태는 합금의 성질과 주입 후 냉각 상태에 따라 변화하게 되므로, 주조작업에서는 중요한 특성이다.

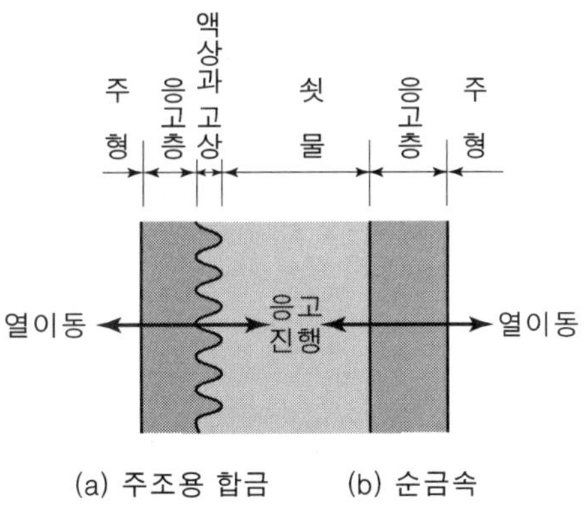

그림 1-32 응고의 진행 형식

(2) 응고할 때 일어나는 현상

1 응고 수축과 수축공(shrinkage cavity)

비스무트(Bi)를 제외한 대부분의 합금은 응고됨에 따라 부피가 줄어든다. 그림 1-33에서 간단한 모양의 주물이 응고할 때 쇳물의 응고 과정과 압탕 효과를 살펴보면, 그림 1-33 (a)와 같이 처음 주형에 충만된 쇳물은 응고 초기에 탕면이 조금씩 내려가다가 점차 내부가 응고함에 따라 탕면은 오목해진다. 이때 윗면의 쇳물 응고는 지연되지만, 어느 시기에 가서는 탕면에도 응고가 일어나서 주물 내부에 빈 부분이 생긴다. 이와 같이 응고 수축에 따른 주물 표면의 오목부분이나 내부의 빈 부분을 수축부 또는 수축공이라 하며, 주물 결함의 원인이 된다.

2 수축과 주조 응력

금속이나 합금은 응고된 다음에도 냉각되기 때문에, 새로운 수축이 진행되며, 주물의 모양과 필릿 두께에 따라 냉각 속도가 고르지 못한 부분에 주조 응력(casting stress)이 생기게 된다. 일정한 온도에서의 주조 응력이 그 온도의 재료 강도보다 커지면 균열이 생기거나 주조 후 약간의 충격으로도 파괴된다. 주조 후의 기계가공으로 필릿의 두께가 달라지면 주조 응력은 균형을 잃게 되어 변형을 가져오기도 한다.

(3) 응고 조직

쇳물이 주형에 주입되어 주형 벽에 접한 액상의 온도가 결정(crystal)의 핵을 생성하기에 충분할 만큼 냉각되면, 이때 생성된 핵은 그림 1-34와 같이 주형 벽의 수직 방향에서 주물 내부의 액상 속으로 성장이 진행된다. 그 결과 순금속의 경우 응고가 조용히 진행되면 주상결정

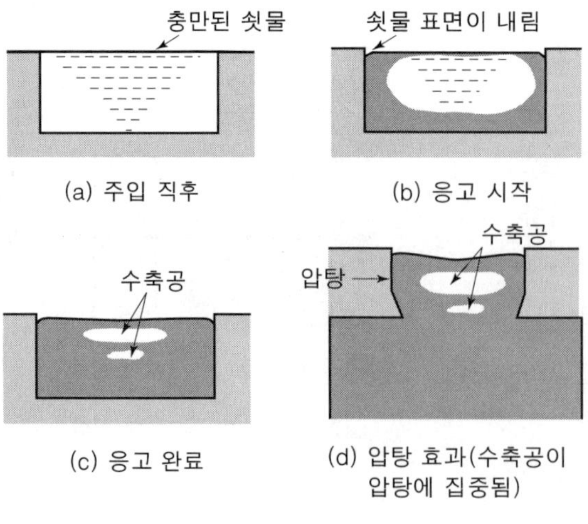

그림 1-33 쇳물의 응고 과정과 압탕 효과

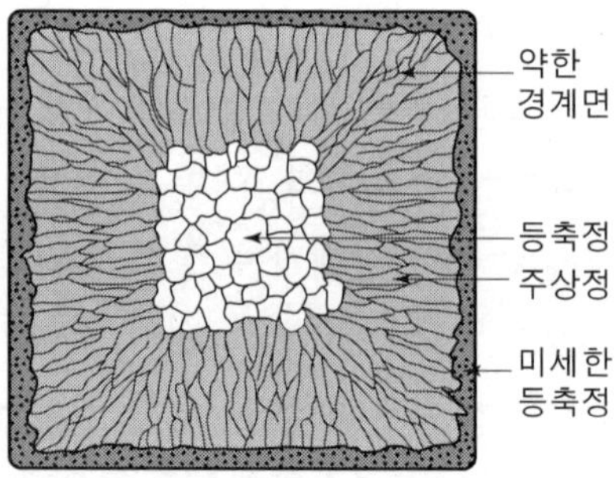

그림 1-34 응고 조직

(columnar crystal)으로 되며, 고용체 합금 주물의 경우에는 응고가 진행될 경우에 구상의 조대 결정(large equiaxed crystal)이 정출된다. 특히 급속한 응고가 진행될 때에는 바깥쪽에 미세한 등축정층이 나타난다.

2) 쇳물과 가스

(1) 쇳물 속의 가스

가스는 용융 금속 또는 고체 금속에 존재하며, 온도 및 상(phase)의 변화에 따라 양이 달라진다. 특히 주물에서는 쇳물이 응고할 때 가스가 발생되어 밖으로 방출되는데, 외곽부의 응고로 방출되지 못한 가스가 주물 속에 남으면 작은 가스 구멍과 핀 홀 등이 생기는 원인이 된다. 금속이 응고할 때 방출되는 가스는 거의 일산화탄소, 수소 및 질소(N_2)이다. 대다수의 금속은 용해할 때 수소를 흡수하게 되는데, 가스가 용융 금속 속에 용해되어 있는 양은 온도와 관계되며, 용융 또는 응고할 때, 진공 상태일 경우에는 외부로부터의 가스 흡수는 없다. 최근에 진공 용해법이 이용되고 있는 것도 가스의 영향을 피하기 위한 방법의 하나이다.

그림 1-35는 용해 과정에서 수소에 의한 가스의 발생과 기포가 생기는 과정을 보여 주고 있다.

(2) 쇳물 속의 가스 제거

용해 후 쇳물 속에서 기포의 원인이 되는 가스를 제거하는 것은 쉬운 일이 아니므로, 그 침입을 방지하는 것이 더 효과적이다. 특히 용해용 금속 재료 및 고체 연료로부터의 가스 침입을 막는 데 힘써야 한다. 쇳물에는 대기 중의 습기나 연료 가스 중의 수분으로부터도 수소가 흡수된다.

수소를 제거하는 방법에는 산소와 같은 산화성 가스를 강제적으로 쇳물 속에 불어넣어 수소

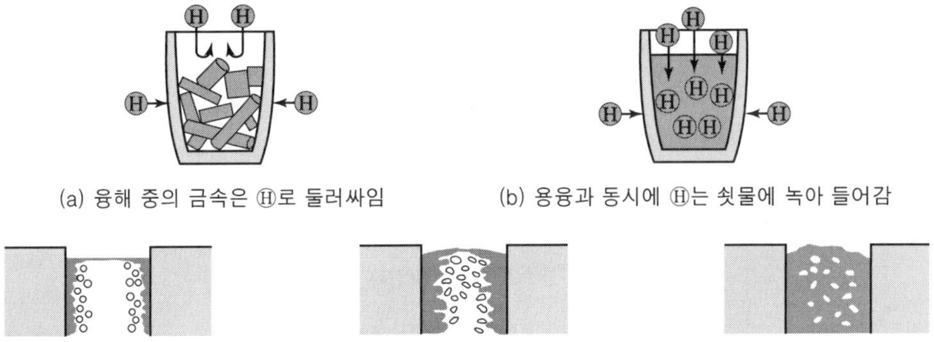

(a) 융해 중의 금속은 Ⓗ로 둘러싸임

(b) 용융과 동시에 Ⓗ는 쇳물에 녹아 들어감

(c) 응고가 시작되면 응고층의 Ⓗ가 방출되기 시작하여 기포가 생김

(d) 응고 진행과 더불어 Ⓗ는 더욱 많아지고 일부는 밖으로 방출됨

(e) 위쪽이 고화되면 남은 기포 때문에 위쪽이 볼록해짐

그림 1-35 수소에 의한 기포의 발생 과정

를 몰아내는 방법이 있다. 산소는 다른 원소와 친화력이 강하므로, 강철일 때에는 철보다 친화력이 강한 Mn 및 Si 등을 가하여 산소를 흡수시켜 안전한 산화물로 만든다. 이렇게 하는 것을 탈산(deoxidation)이라 하며, 이러한 목적에 사용되는 원소, 화합물 및 합금 등을 탈산제(deoxidizer)라 한다. 쇳물의 가스량은 주위의 압력이 낮아지면 감소한다. 따라서 진공 중에서는 이론적으로 가스를 쇳물 밖으로 배출시킬 수가 있다. 그러나 대형의 진공 장치는 일반적인 방법이 될 수 없으며, 한정량의 특수강이나 비철계 합금에만 적용되고 있다.

그 밖에 불활성 가스를 용융 금속에 불어넣는 방법, 용융된 쇳물을 일단 서랭, 응고시킨 다음 급속하게 다시 용해, 주입하는 방법 등도 이용된다.

2. 용해로와 부대 설비

1) 용해로

주물의 용해에 쓰이는 용해로는 표 1-3과 같이 그 종류가 많다. 용해로를 선택할 때에는 금속의 종류, 용해량, 요구되는 품질 및 연료 조건 등을 고려하여야 한다.

(1) 큐폴라

큐폴라(cupola)는 주철의 용해에 가장 많이 이용되고 있는 용해로이며, 원통형의 노 안에 용해용 재료와 고체 연료를 번갈아 넣고, 노 아래쪽에서 점화, 송풍하여 연료를 연소시키면 그 연

표 1-3 주조용 용해로의 종류

<table>
<tr><th>종 류</th><th colspan="2">형 식</th><th>열 원</th><th>주물의 재질</th><th>용해량</th></tr>
<tr><td>큐폴라</td><td colspan="2">냉풍식
열풍식</td><td>코크스</td><td>일반 주철</td><td>1~20t/h</td></tr>
<tr><td>도가니로</td><td colspan="2">자연 송풍식
강제 송풍식</td><td>코크스, 중유, 가스</td><td>동 합금, 경 합금
기타 비철 합금</td><td><300kg</td></tr>
<tr><td rowspan="4">전기로</td><td rowspan="2">아크식</td><td>직접
아크식</td><td>전력 (저전압 고전류)</td><td>주강, 특수 주철</td><td>1~200t</td></tr>
<tr><td>간접
아크식</td><td>전력 (저전압 고전류)</td><td>동 합금, 특수 강
특수 주철</td><td>1~10t</td></tr>
<tr><td rowspan="2">유도로</td><td>고주파</td><td>전력(주파수 :
1,000~10,000Hz)</td><td>특수 강</td><td>20~10,000kg</td></tr>
<tr><td>저주파</td><td>전력(주파수 :
50~60Hz)</td><td>동 합금,
경 합금, 주철</td><td>200~10,000kg</td></tr>
<tr><td>반사로</td><td colspan="2"></td><td>중유, 가스</td><td>다량의 동 합금,
경 합금, 주철</td><td>500~50,000kg</td></tr>
</table>

소열로 재료가 연속적으로 가열 융해하면서 1,400~1,550℃의 쇳물을 얻을 수 있다.

1 큐폴라의 특징

일반적으로 큐폴라의 특징으로 다음과 같은 점을 들 수 있다.

① 장입 재료와 코크스가 직접 접촉하여 용해가 이루어지므로 열효율이 높다.
② 장시간 연속 조업할 수 있어 대량 생산에 알맞다.
③ 노의 구조가 간단하여 설비비가 적게 든다.
④ 조업 중에 성분의 변화가 일어나기 쉽고, 수정과 재질 변경 등 노 운전의 세밀한 조절에 숙련이 요구된다.
⑤ 주철 용해에 적합한 용해로이므로 주철 이외의 금속이나 합금의 용해에는 알맞지 않다.

2 큐폴라의 구조

큐폴라를 이루고 있는 일반 구조는 그림 1-36 (a)와 같이 바깥쪽은 원통형 간판이며, 안쪽에

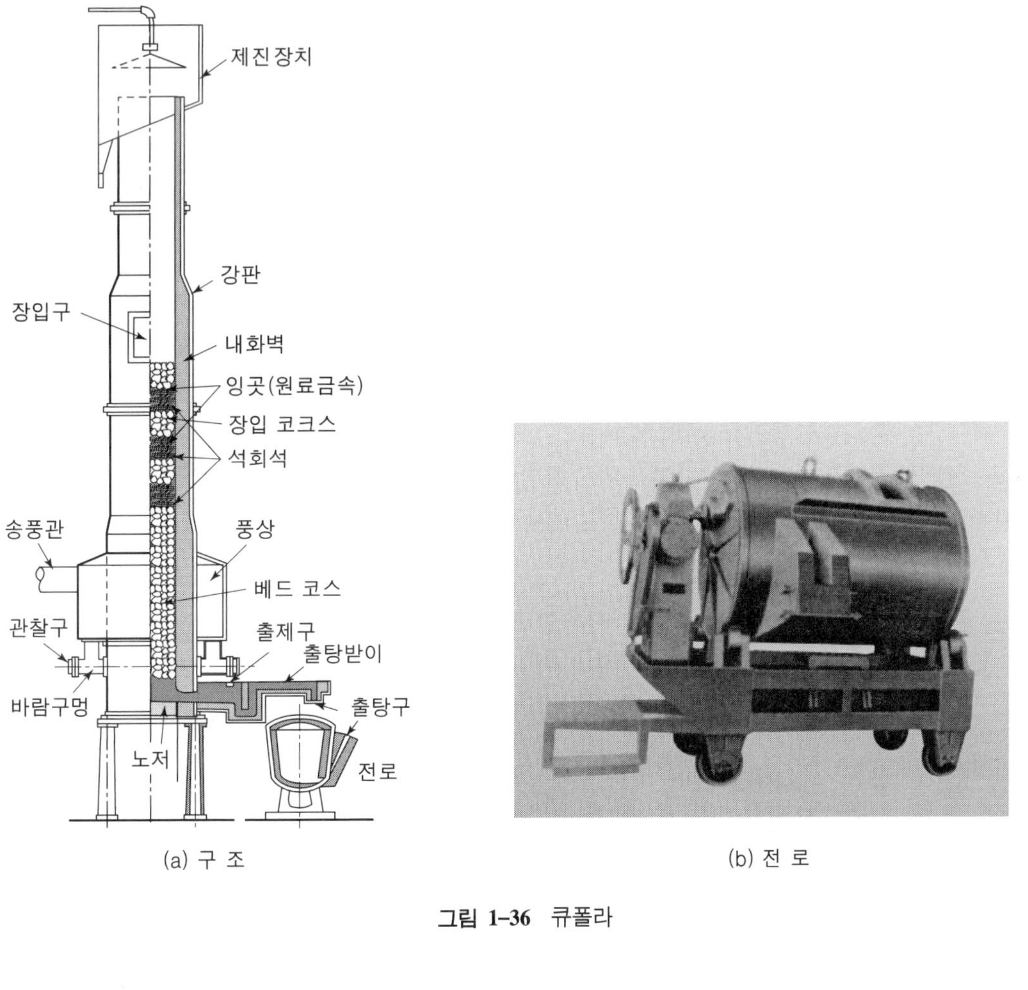

(a) 구 조 (b) 전 로

그림 1-36 큐폴라

는 내화 벽돌로 라이닝되어 있다. 위쪽에는 용해용 재료 장입구가 있으며, 코크스, 석회석 및 원료 금속을 차례로 장입한다. 코크스를 연소시키기 위한 공기는 외부에 설치된 송풍기로부터 노의 중간 아래쪽의 바람 상자에 일단 채운 다음, 풍속 조절 후, 바람 상자 아래쪽에 있는 바람 구멍을 통하여 노 안으로 들어간다. 용해된 쇳물은 점차 노 아래에 고이게 되는데, 적당한 시기에 출탕구(tapping spout)를 열어 노 밖으로 빼낸다. 그림 1-36 (b)는 전로(fore hearth) 또는 쇳물받이(receiver)의 보기이다.

(2) 도가니로

주로 비철 금속의 용해에 사용하는 노이며, 노 안에 설치한 도가니 안에서 금속을 용해시킨다. 도가니로(crucible furnace)는 구조가 간단하고 설비비가 적게 들어 예로부터 많이 사용되어 오고 있다.

도가니로의 특징을 요약하면 다음과 같다.

① 용해되는 금속이 연료 가스와 직접 닿는 일이 적으므로, 쇳물이 산화되거나 불순물이 섞이는 일이 적다.

② 여러 종류의 금속을 차례로 계속하여 용해할 때에도 도가니만 바꾸어 주면 되고, 실험용, 소량 용해 등 이용 범위가 넓다.

③ 설비는 간단하나 외부로부터의 간접적인 열을 이용하므로 열효율이 떨어진다.

④ 높은 온도에서는 도가니의 강도가 한정되어 있으므로, 양이 많거나 융점이 높은 재료의 용해에 알맞지 않다.

1 도가니로의 종류와 구조

도가니로는 송풍 방식에 따라 자연 송풍식과 강제 송풍식으로 분류하며, 사용하는 연료에 따라 코크스나 괴탄을 사용하는 고체 연료식, 기름을 사용하는 액체 연료식, 가스를 사용하는 기체 연료식 및 전기를 사용하는 전열식으로 분류한다. 도가니로의 설치 방식에 따라 고정식, 피트식 및 가경식으로 분류한다.

고정식인 가스 도가니로의 일반적인 구조는 한 노에 1개의 도가니를 사용하는 것이 보통이지만, 필요에 따라서는 2~4개를 넣어 사용할 때도 있다. 그림 1-37 (a)는 가경식 도가니로의 보기로, 용융 금속을 노에서 옮길 때, 퍼내거나 도가니를 들어 올리는 불편 없이 직접 노의 본체를 기울여 출탕할 수 있다. 그림 1-37 (b)와 (c)는 비철 금속 용해에 많이 사용되고 있는 고정식과 피트식(pit type)의 보기이다.

2 도가니

비철 합금용에는 보통 흑연 도가니가 사용된다. 흑연 도가니는 50%가량의 흑연에 강도를 높

(도가니)

(a) 가경식

(b) 고정식

(c) 피트식

그림 1-37 도가니로의 종류

이기 위하여 30～40%의 내화 점토, 10～20%의 샤모트 벽돌이나 활석(滑石, tale) 등을 배합한 것으로, 압축강도는 60 kg/cm² 이상이다.

흑연 도가니에는 규격을 표시한 번호가 있는데, 그 값은 1회에 구리 합금을 용해할 수 있는 용량을 나타낸 것이다. 즉 150번 도가니는 1회에 150 kg의 동 합금을 용해할 수 있다.

(3) 전기로

전류의 열작용에 의하여 금속을 용해하는 노를 전기로(electric furnace)라 하며, 노 벽을 고온으로 유지할 수 있고, 용해 금속에 불순물이 혼입되는 일이 적어 특수강의 용해에 사용된다.

전기로는 일반적으로 다음과 같은 특징이 있다.

① 쇳물의 온도를 저온에서 고온까지 광범위하고 정확하게 조절 유지할 수 있다.
② 열효율이 약 60%가량으로서, 작은 용량의 노에서부터 큰 용량의 노까지 설치할 수 있다.
③ 주조용 금속의 용해 손실이 매우 적다.

④ 쇳물의 성분 조절이 쉽고, 인건비가 절약된다.

1 아크로

아크로는 전극과 장입 재료 사이에서 아크를 발생시켜 열원으로 직접 이용하는 직접 아크로 방식과, 전극간에 아크를 발생시켜 복사열을 이용하는 간접 아크로 방식이 있다.

에로우(Heroult)식 아크로

직접 아크로의 대표적인 것으로 그림 1-38 (a)와 같이 2～3개의 탄소 전극과 장입 재료 사이에 아크를 직접 발생시켜 용해하는 방식이며, 제강 및 주강의 용해에 널리 사용된다. 노상의 라이닝 재료와 슬래그의 성질에 따라 염기성로와 산성로로 구분한다. 전원은 삼상 교류의 저전압 고전류로 한다.

디트로이식 요동형 아크로(Detroit rocking furnace)

간접 아크로의 대표적인 것으로 그림 1-38 (b)와 같이 탄소 전극 사이의 아크의 열과 이 열에 의하여 가열된 노 안의 복사열로 재료를 용해한다. 동 합금이나 스테인리스와 같이 화학 성분을 고르게 할 필요가 있는 특수 합금의 용해에 사용된다.

2 유도로

1차 코일에 고압의 교류 전류를 공급했을 때 생기는 저전압의 유도 전류를 용해용 재료(쇳물)에 전도하여, 그 저항열로 가열, 용해하게 되어 있다. 1차 코일에 공급하는 전력의 주파수에 따라 고주파로와 저주파로로 구분한다.

고주파로(high frequency induction furnace)

유도로 그림 1-39와 같이 도가니 모양의 노 둘레에 동관으로 1차 코일을 감고, 노 안의 용해

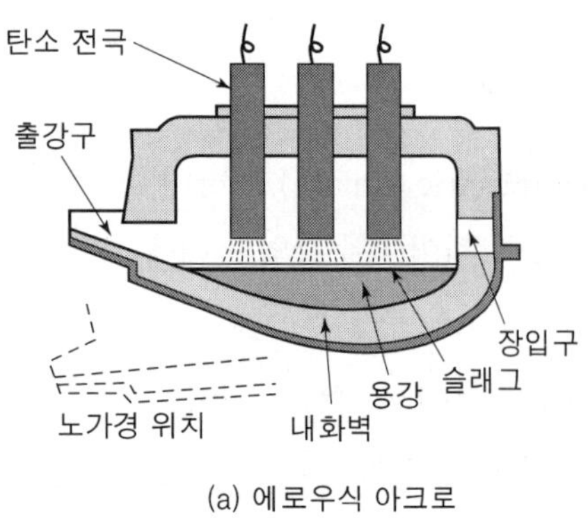

(a) 에로우식 아크로

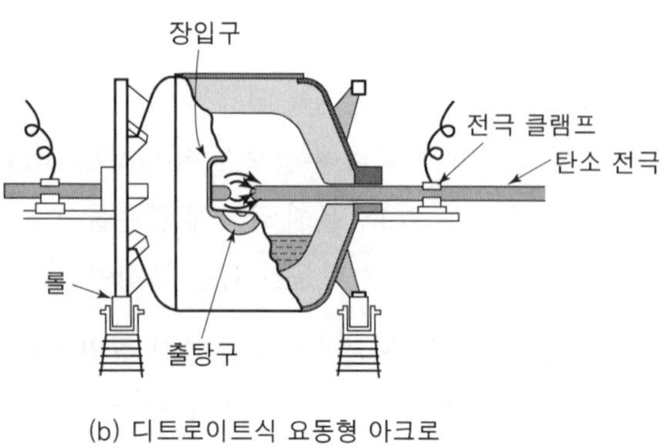

(b) 디트로이트식 요동형 아크로

그림 1-38 아크로의 종류

용 재료를 2차 쪽으로 하여 고주파 전류를 통하면, 재료는 유도 전류의 저항열로 가열 · 용해된다. 이때 1차 코일인 동관의 과열을 막기 위한 냉각수 장치가 있다. 고주파로는 용해 시간이 짧고, 고온 용해를 할 수 있으며, 맴돌이 전류에 의하여 쇳물을 저어 줄 수 있으므로, 화학적 성분이 균일하고 성분 원소의 손실도 적어 합금 배합에 알맞다.

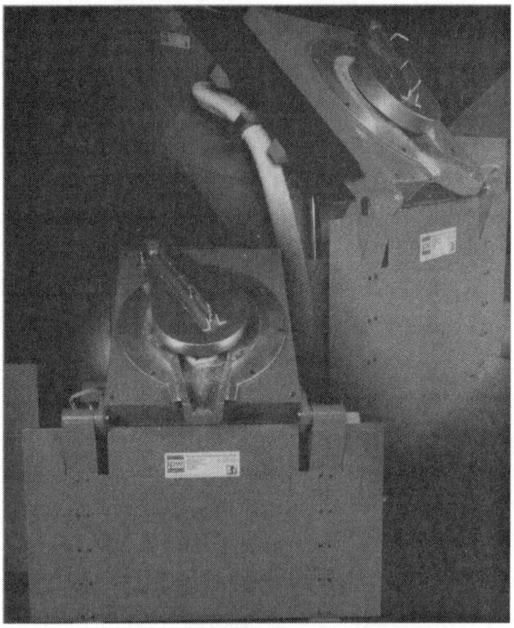

유도로

● **저주파로**(low frequency induction furnace)

저주파로는 50～60 Hz의 교류 전력을 이용하는 것인데, 2차 코일 쪽의 열이 약하므로 그림 1-39 (b) 와 같이 1차 코일을 노 안에 설치한 것이다. 저주파로는 상온인 재료를 그대로 용해하기는 어렵고, 용해 시초에는 2차 쪽에 미리 쇳물을 넣은 다음 조업을 시작하여야 하므로, 연속 작업이 아닐 때에는 알맞지 않다. 요즈음에는 고주파로와 같이 철심이 없는 것도 있으며, 대규모의 주철 주물 공장에서는 큐폴라에서 용해, 출탕된 쇳물의 온도 및 화학 성분을 2차적으로 조절하기 위하여 사용되고 있다.

2) 계측 제어 및 온도계

(1) 계측 제어 장치

용해작업에 있어서 조업 조건이 달라지면 주물의 재질도 변동되기 쉬우므로, 조업을 자동화

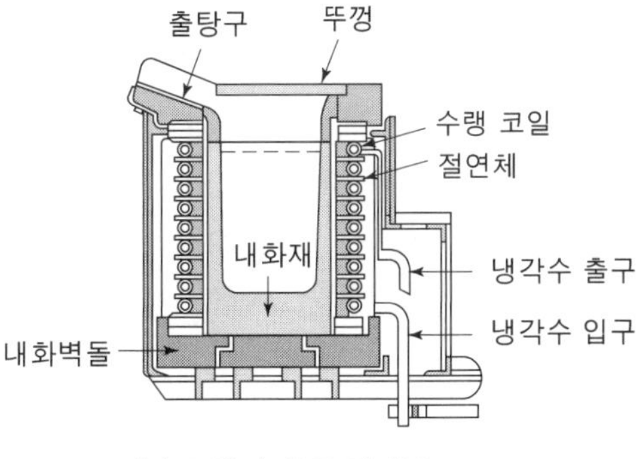

(a) 고주파 유도 전기로

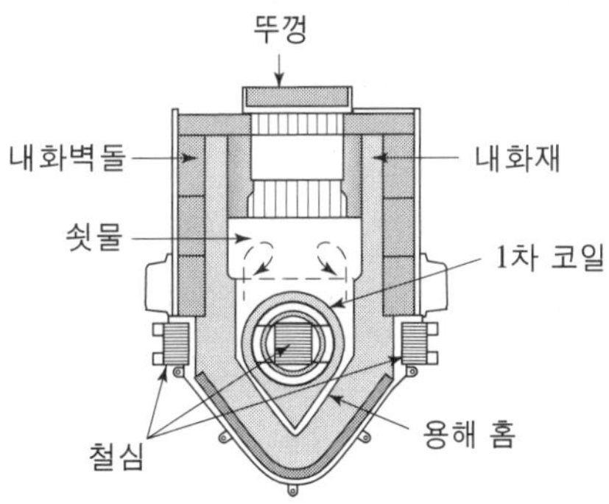

(b) 저주파 유도 전기로

그림 1-39 유도로의 종류

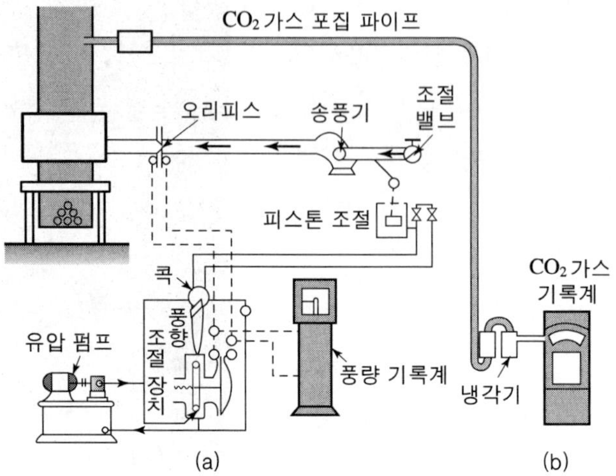

그림 1-40 유압식 풍량 자동 제어 및 CO_2 가스 분석 장치

하고 용융 금속의 재질을 고르게 하기 위하여 용해 관리에 필요한 여러 가지 계측 및 제어 장치가 필요하게 된다.

큐폴라에 있어서는 작업 중 송풍량이 일정하게 공급되도록 조정하는 풍량 자동 제어 장치가 있다. 이것은 풍량의 검출부와 검출된 풍량에 따라 이를 정상적인 풍량이 되도록 조정하는 작동부로 구성되어 있으며, 일반적으로 많이 사용되는 것은 압축 공기식과 유압식이 있다. 그림 1-40 (a)는 유압식 풍량 자동 제어 장치의 구조, 그림 1-40 (b)는 노황을 판단하기 위한 노정 가스의 분석 장치의 보기이다.

(2) 온도 측정 및 제어 장치

1 온도 측정기

● **광고온계**(optical pyrometer)

휘도(輝度, brightness)를 측정하여 간접적으로 온도를 알 수 있게 한 것으로, 측정 범위는 700~2,000℃이고, 휴대할 수 있으므로 주철 및 주강 용해 현장에서 많이 이용되고 있다. 측정할 때에는 온도계의 렌즈를 통하여 측정물을 보았을 때, 그림 1-41 (a)의 ⓑ와 같이 측정물과 필라멘트의 휘도가 일치하도록 저항기를 조절하고, 온도를 읽는다. 이때 램프의 필라멘트에 통하는 전류가 모자라면 그림 ⓐ와 같이 필라멘트는 검게 보이며, 너무 세게 흐르면 그림 ⓒ와 같이 밝게 보인다. 그림 ⓑ는 알맞게 조정된 것으로 필라멘트를 구별할 수 없게 된다. 그림 1-41 (b)는 광고온계의 구조를 나타낸 것이다.

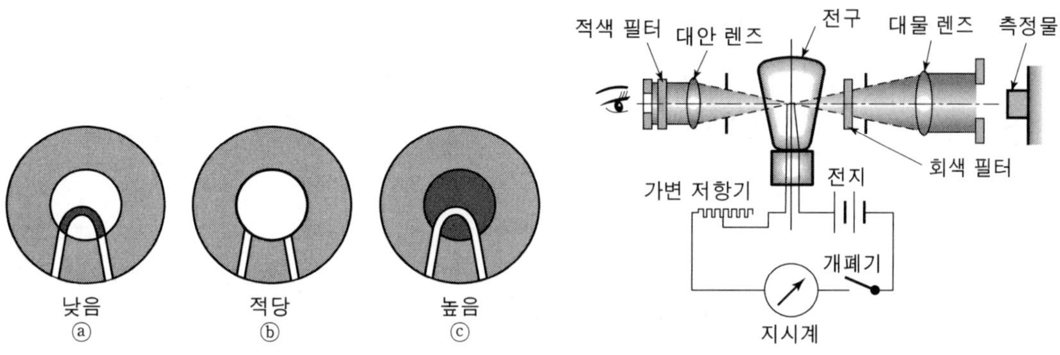

(a) 광고온계의 휘도 조정 (b) 광고온계의 구조

그림 1-41 광고온계

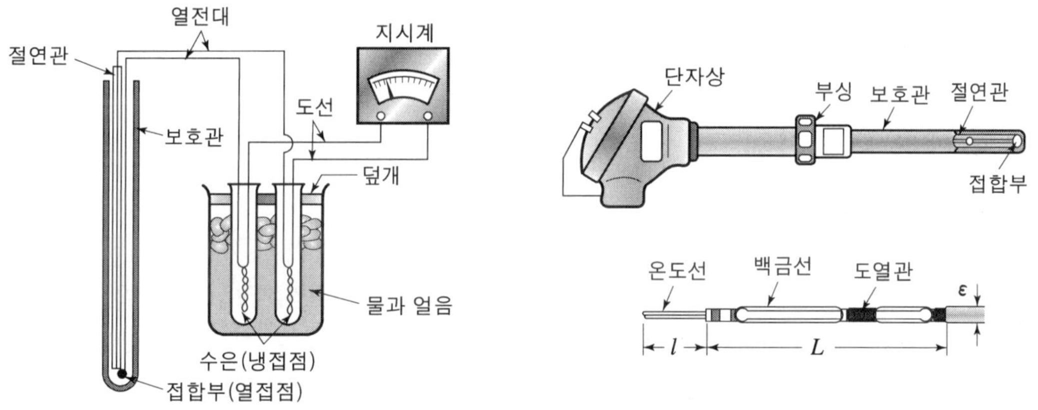

(a) 원 리 (b) 열전쌍의 구조

그림 1-42 열전쌍 고온계

● 열전쌍 고온계

지시열전 고온계(指示熱電高溫計, thermo-couple pyrometer)라고도 부르며, 열전쌍을 이용한 고온계로 그림 1-42와 같이 다른 두 종류의 금속 또는 합금선의 양쪽 끝을 접속하고, 양 접점에 온도차를 두면 온도차에 비례하여 기전력이 생겨 금속선에 전류가 흐른다. 열전 고온계는 이 원리를 이용하여 측정 온도가 지시계에 나타나도록 한 것이다.

2 온도 제어 장치

정밀한 용해 관리에 있어서는 용해로의 온도 제어가 중요하다. 용해로와 전로 등의 온도 측정과 관리를 위한 온도의 검출에는 측정 위치, 측정 시기 등의 문제가 있으며, 노 안의 온도 분포, 노의 형식 및 열원에 따라 차이가 있게 된다. 그림 1-43 (a)는 용해로의 온도 제어 회로이

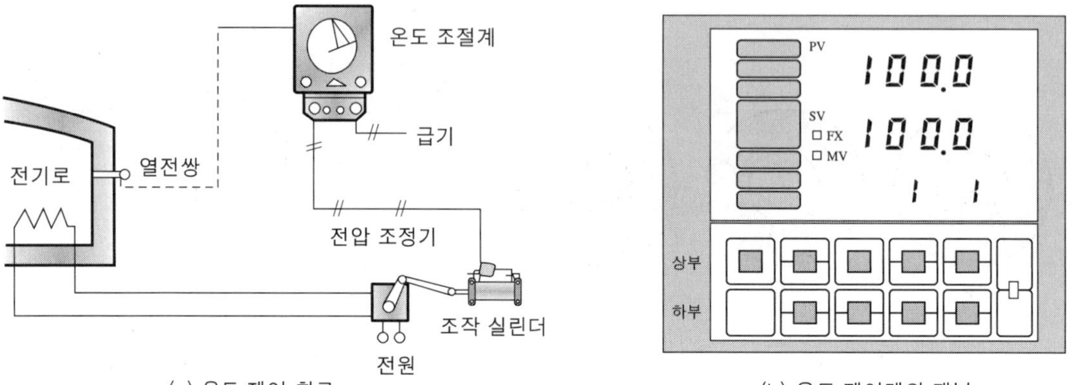

(a) 온도 제어 회로　　(b) 온도 제어계의 패널

그림 1-43 온도 제어 장치

고, 그림 1-43 (b)는 온도 지시 패널의 보기이다.

3. 용해와 주입작업

1) 주철의 용해

주철 용해용 노에는 아크식 전기로 또는 유도 전기로 등도 사용되지만, 대표적인 것은 큐폴라가 사용된다. 큐폴라는 조업이 비교적 쉽고 연속 출탕이 가능하며, 쇳물의 탄소량이 비교적 안정되는 등의 이점이 있어 오래전부터 널리 보급 사용되고 있다. 그러나 좁은 성분 범위나 재질의 균질성이 요구될 때에는 조업할 때 충분한 주의를 기울이고, 계측기 및 자동 제어 장치 등의 이용이 필요하다.

큐폴라 조업

(1) 용해용 장입 재료

1 코크스와 용제

큐폴라용 코크스의 성질은 일반 연료용 코크스와는 달리 강도, 회분, 고정 탄소량, 발열량 및 입도 등에 따라 큰 영향을 주므로, 강도 및 발열량이 크고, 황 성분이 적은 것일수록 좋으며, 고정 탄소는 85～90%, 발열량은 7,000～8,500 kcal/kg인 것이 좋다. 표 1-4는 코크스의 규격을

표 1-4 코크스의 규격

급 별	규 격				
	회 분	휘 발 분	황	강도[%]	입도[%]
A	4.0	1.5	< 0.75	> 50 mm 90	> 50 mm 90
B	7.5	1.5	< 0.65	> 50 mm 88	> 50 mm
C	10.0	1.5	< 0.65	> 50 mm 85	> 50 mm

표 1-5 주물용선

[KS D 2103]

종 류			화 학 성 분[%]				
			C	Si	Mn	P	S
1종	1호	A	> 3.40	1.40 ~ 1.80	0.30 ~ 0.90	< 0.300	< 0.050
		B	> 3.40	1.81 ~ 2.20	0.30 ~ 0.90	< 0.300	< 0.050
		C	> 3.30	2.21 ~ 2.60	0.30 ~ 0.90	< 0.300	< 0.050
		D	> 3.30	2.61 ~ 3.50	0.30 ~ 0.90	< 0.300	< 0.050
	2호		> 3.30	1.40 ~ 3.50	0.30 ~ 1.00	< 0.450	< 0.080

나타낸 것이다.

큐폴라에 사용되는 용제(flux)로 석회석이 많이 사용되며, 슬래그의 유동성을 좋게 하기 위하여 형석을 첨가할 때도 있다.

2 선 철

주물용 원료로서 오래전부터 사용되어 온 것은 선철 또는 주물용선(鑄物用銑, foundry pig iron)이다. 선철은 강이나 주철을 용해 제조할 때 원재료로 사용하며, 고로선, 전기로선, 재생선 또는 주물용선, 제강용선 등 그 종류가 매우 많다. 주철용 선철을 KS 규격에서 1종(회주철용), 2종(가단 주철용), 3종(구상흑연 주철용)으로 분류하고 있으며, 1종의 성분 범위는 표 1-5와 같다.

3 강철 파쇠

원료 금속으로 강철 파쇠(steel scrap)를 사용한 강인 주철 제조법이 보급되면서 강철 파쇠의 사용량이 많아지고 있다. 이것은 강철 파쇠를 큐폴라 안에서 가탄(加炭)시키고, 노전 접종 처리에 의하여 흑연의 형상 분포 및 바탕의 조직을 개량하는 용해 방법이다.

4 파쇠와 회수철

주철 주물의 폐품을 통틀어 파쇠(scrap)라 하며, 여기에는 잉곳 케이스, 자동차 엔진을 비롯하여 일반 기계 부품, 화학 공업용 기기의 폐품, 주철관 등 여러 가지가 있다. 이들을 사용할 때에는 화학 성분을 알기 위하여 종류에 따라 구분하고, 사용되었던 상황 등을 알아 두어야 한다. 회수철(return scrap)은 자체 공장의 부산물이기 때문에, 성분이나 그 밖의 성질을 잘 알 수 있으므로 재질에 따라 구분하여 사용한다. Ni, Cr 등의 원소가 첨가된 합금 주철은 이들을 되풀이하여 사용함으로써 첨가 원소의 양이 증가되므로 주의하여야 한다.

5 합금철(ferro-alloy) 및 기타

합금철은 Si나 Mn 등의 특정한 원소를 많이 함유한 선철의 일종으로서, 보통 제3원소를 첨가하거나 성분을 조정할 때에는 순금속보다 용융점이 낮고 산화 소모가 적은 합금철이 사용된다. 특히 원료 금속으로서 강철 파쇠의 사용량이 증가됨에 따라 보통 주철의 용해에도 Si나 Mn 등을 노 안에 첨가, 조정할 필요가 있기 때문에 Fe/Si와 Fe/Mn이 많이 사용되고 있다. 그 밖에 Cu, C 등을 함유한 합금철도 있다.

(2) 큐폴라의 용해 관리

1 용해 온도와 온도 측정

주철의 용해 온도는 노의 능력이나 조업법을 정하는 데 매우 중요한 요소이다. 주조작업에서 용해작업은 원료 금속의 용해뿐만 아니라, 합금 원소의 첨가나 성분 조정 등을 위하여 고온 용해를 위한 것으로, 용해 출탕된 쇳물의 탈황이나 접종(接種, inoculation) 처리를 위해서는 출탕 온도가 높아야 한다. 쇳물의 온도는 노의 조업 상태, 쇳물의 재질 및 유동성 등에 깊은 관계가 있다. 쇳물의 온도 측정에는 광고온계, 방사 고온계 및 열전 고온계 등이 사용된다.

2 노전 검사

주철 용해에서 노전 검사는 출탕 후 쇳물의 상태를 신속히 시험하고, 노의 조업과 주입에 대해 적당한 조치를 취하기 위하여 쇳물의 성질, 모양, 응고 상황 및 칠의 깊이 등을 검사하는 방법으로 용해 조업에서는 중요한 자료로 사용된다.

● **쇳물 표면의 무늬 모양**

주철 용해에서 쇳물이 냉각되어 약 1,400°C 이하의 온도가 되면 쇳물의 화학 조성, 산화 정도 및 온도 등에 따라 쇳물의 표면에 얇은 산화막이 생기고, 이 막이 끊기거나 이동하면서 내부의 산화되지 않은 쇳물이 나타나 아름다운 무늬를 만든다. 이러한 쇳물 표면의 무늬로부터 세밀한 조성을 판단하기는 어렵지만, 어느 정도의 성분 범위를 추측할 수가 있으므로 쇳물의 보조적 관리가 가능하다.

● **칠 시험**

시험편의 칠 깊이나 너비를 측정하고, 파면의 조밀도로부터 주조할 제품의 주물 두께와 칠 조

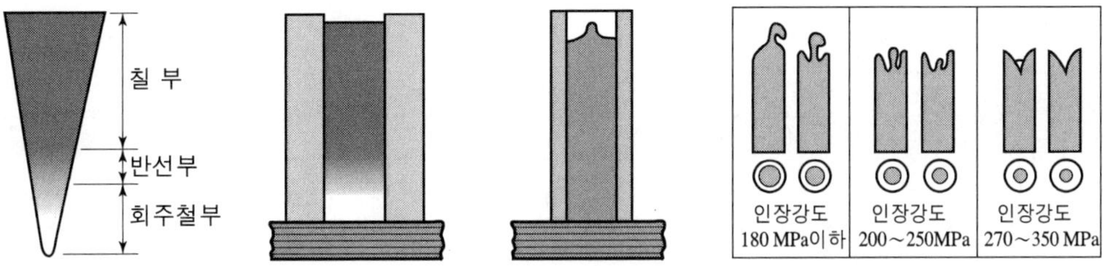

(a) 쐐기형 (b) 판 형 (c) 원통형 (d) 원통형 칠 시험 결과 사례

그림 1-44 칠 시험

직과의 관계, 쇳물의 화학 성분, 접종의 필요성 유무 및 접종제의 첨가량 등을 노전에서 신속하게 알고 처리하기 위하여 칠 시험을 한다. 보통 사용되고 있는 것에는 그림 1-44 (a)와 같은 쐐기형 시험과 그림 1-44 (b)와 같은 강제판(强制板) 시험, 그림 1-44 (c)와 같은 원통형 시험 등이 사용된다. 그림 1-44 (d)는 원통형 시험의 결과에 따른 기계적 성질과의 비교 사례를 보여주고 있다.

③ 조업 기록

큐폴라의 조업은 연속적으로 용해가 진행되므로, 조업 중에 노 안에 변동이 생기면 쇳물의 온도나 화학 성분을 일정하게 유지할 수 없게 된다. 이것이 큐폴라의 큰 결점이 되므로 치밀한 작업 관리가 필요하다. 큐폴라 용해의 관리에는 조업 중의 재료 장입 시간, 송풍량, 송풍압, 출탕 온도, 노의 상태 및 노전 시험 등의 결과에 대하여 세밀하게 기록하고, 그 결과를 분석, 검토하여 적절한 조치를 취하도록 한다.

2) 비철 합금의 용해

(1) 동 합금의 용해

① 주원료와 모합금

동 합금 주물은 주성분 외의 배합 성분이나 함유되는 원소에 따라서는 불순물로서 주물의 성질에 큰 영향을 주는 것도 있으므로, 좋은 주물을 얻기 위해서는 먼저 알맞은 원료 금속을 선택하는 것이 중요하다. 일반적으로 주물의 종류에 따라 불순물 허용량의 한도가 요구되며, 합금에 따라서는 알루미늄, 탄소, 규소 등도 해로운 원소가 될 수 있다. 그러나 동 합금의 원료 금속은 값이 비싸므로 파쇠나 절삭 가루 등이 사용되는데, 여기에는 유해 원소가 혼입되어 있어 재질을 나쁘게 하거나 주물 결함의 원인이 될 수 있다.

동 합금 주물용 주원료에는 동지금(銅地金), 동설(銅屑), 동합금설(銅合金屑), 회수재(回收材) 그리고 모합금(母合金) 등이 있다. 표 1-6은 동 합금 주물의 주원료인 전기동의 규격다.

표 1-6 전기동의 성분

[KS D 2341]

종 류	Cu [%]	불순물 (ppm 이하)							
		As	Sb	Bi	Pb	S	Fe	Ag	계
1종	99.99 이상	5.0	4.0	2.0	5.0	15.0	10.0	25.0	65.0
2종	90.90 이상	30.0	30.0	10.0	50.0	50.0	50.0	–	–

2 청동계 합금의 용해

청동을 새로운 원료 금속으로부터 합금 용해하여 제조할 때에는 용융점이 높은 구리를 먼저 융해하여야 하는데, 미리 노와 도가니를 충분히 가열하고, 예열된 구리를 장입하여 짧은 시간 안에 용해한다. 용해 초기에는 될 수 있는 대로 낮은 온도의 쇳물에 아연을 목표량보다 10～12%가량 더 첨가하여 잘 저은 뒤, 주석과 납을 첨가시킨다. 분위기는 약산화성으로 한다. 이때 아연은 산화된 쇳물을 환원시키며, 주석과 납의 산화도 막는다. 합금 배합이 끝난 쇳물은 소정의 주입 온도보다 50～100℃ 높게 가열한다. 가열 온도를 높이는 것은 쇳물 관리에 매우 중요하다. 가열된 쇳물은 탈가스(degasing) 처리를 하여 흡수된 수소 가스를 배제하고, 신속하게 탈산 처리를 한 다음 온도를 측정하여 주입한다. 청동의 용해 온도와 주입 온도는 주물 형상과 크기, 주형의 종류, 주조 방안 등에 따라 다르나 표 1-7을 기준으로 한다.

3 황동계 합금의 용해

구리 중에 아연이 5%가량 첨가되면 쇳물의 수소 흡수량은 현저하게 감소하며, 10% 가량에서는 응고 시에 화합물 가스인 수증기에 의한 기포의 발생이 거의 없어진다. 따라서 7 : 3 황동, 6 : 4 황동은 아연의 연소로 거의 완전한 탈가스가 이루어져 좋은 쇳물을 쉽게 얻을 수 있다. 그러나 이러한 증발에 따른 아연의 소모는 합금 조성을 변동시키므로, 아연의 연소 손실을 생각하여 배합량보다 1～3%를 더한다. 아연 손실을 억제하기 위하여 쇳물 표면을 숯 부스러기로 덮어 대기와의 접촉을 막음으로써 아연의 증발과 산화를 막는다. 용해할 때 붕사나 유리가루를 쇳물 표면에 뿌릴 때에는 도가니가 손상되기 쉬우며 제거하기가 어려우므로 주의하여야 한다. 주입 온도가 너무 높으면 아연의 증발이 많아져 화학 성분의 변동이 커지며, 너무 낮으면 탈가스의 효과가 나빠져 기포의 원인이 된다. 뿐만 아니라 압탕 효과가 불충분하게 되어 수축공이

표 1-7 청동 주물의 용해 온도와 주입 온도

종 별		용해 온도[℃]	주입 온도[℃]
2종	BC 2	1,200～1,250	1,100～1,150
3종	BC 3	1,250～1,300	1,150～1,200
6종	BC 6	1,150～1,200	1,050～1,000
7종	BC 7	1,200～1,250	1,100～1,150

표 1-8 황동 주물의 용해 온도와 주입 온도

종 별		용해 온도[℃]	주입 온도[℃]
1종	YBsC 1	1,150 ~ 1,200	1,100 ~ 1,150
2종	YBsC 2	1,080 ~ 1,130	1,000 ~ 1,050
3종	YBsC 3	1,030 ~ 1,080	980 ~ 1,030

생기는 원인이 되므로, 알맞는 주입 온도로 하여야 한다.

황동의 용해 온도와 주입 온도는 표 1-8을 기준으로 한다.

(2) 알루미늄 합금의 용해

알루미늄 합금 주물은 화학 성분에 따라 여러 가지 성질을 가지게 되는데, 배합 원소로서 첨가하는 경우를 제외하고는 보통 Fe, Cu, Mg, Mn 등이 불순물의 한도량을 넘어 주물에 함유되면 성질을 떨어뜨리게 되므로, 각각 상당한 순도를 가진 주원료를 사용하여야 한다. 특히 Al-Mg계 합금은 불순물이 많은 알루미늄 잉곳을 사용하면 기계적 성질이나 내식성을 저하시키게 된다. 따라서 여러 알루미늄의 파쇠를 다시 용해하여 얻은 재생 잉곳은 기계적 성질을 중요시하는 주물에 사용하면 좋지 못하다. 표 1-9는 알루미늄 잉곳의 KS 규격이다.

표 1-9 알루미늄 잉곳의 화학 성분 [KS D 2304]

종류의 기호	화학 성분 (질량분율 %)										
	Si	Fe	Cu	Mn	Mg	Zn	Ti	Ga	V	기타 개재물	Al
	상한값										하한값
99.995[a]	0.0020	0.0020	0.0020	0.001	0.0030	0.001	0.001	0.002	0.001	0.001	99.995
99.990[a]	0.0030	0.0030	0.0040	0.001	0.0010	0.004	0.001	0.002	0.001	0.001	99.990
99.99[a]	0.0040	0.0030	0.0020	0.001	0.0010	0.004	0.002	0.0030	0.001	0.001	99.99
99.98[a]	0.006	0.006	0.0020	0.002	0.002	0.004	0.002	0.003	0.001	0.001	99.98
99.97[a]	0.008	0.008	0.004	0.003	0.002	0.005	0.002	0.004	0.001	0.001	99.97
99.94[a]	0.030	0.030	0.005	0.010	0.010	0.010	0.005	0.02	–	0.010	99.94
99.70[a]	0.01	0.20	0.01	–	0.02	0.03	0.02	0.03	0.03	0.03	99.70
99.7E[a, b]	0.07	0.20	0.01	0.005	0.02	0.04	–	–	–	0.03	99.70
99.6E[a, c]	0.10	0.30	0.01	0.007	0.02	0.04	–	–	–	0.03	99.70

이 표에 규정되어 있지 않은 "–"의 화학 성분은 주문자의 요구가 있는 경우에 한해 분석 결과를 제출한다.

[a] As은 기타 개재물에 포함해 0.009% 이하, Cd, Hg, Pb은 기타 개재물에 포함해 합계가 0.0095% 이하가 되게 제조하고 주문자의 요구가 있는 경우에 한해 분석 시험 결과를 제출한다.

[b] B, Cr은 기타 개재물에 포함해 각각 0.04% 이하, 0.004% 이하, Mn, Ti, Cr, V의 합계는 0.020% 이하로 하여 분석 시험 결과를 제출한다.

c B, Cr은 기타 개재물에 포함해 각각 0.04% 이하, 0.005% 이하, Mn, Ti, Cr, V의 합계는 0.030% 이하로 하여 분석 시험 결과를 제출한다.

알루미늄 합금 주물의 첨가 원소인 Si, Cu, Ni, Mn, Fe 등은 알루미늄보다 용융점이 높기 때문에, 그대로 첨가하면 균일한 합금의 쇳물을 얻기 어렵고, 산화에 의한 소모가 심하여 합금 조성이 변동되기 쉬우므로, 보통 모합금으로서 첨가한다.

알루미늄은 짧은 시간 안에 용해하여 알맞은 온도로 가열하는 것이 중요하다. 용해로는 온도 조절이 쉽고 연소 가스가 쇳물에 접촉하지 않는 구조라야 하므로, 코크스에 의한 용해작업에서는 주의하여야 한다.

1.4 특수 주조와 후처리

1. 특수 주조

1) 특수 조형법

보통의 주물사를 사용하는 일반적인 사형(砂型) 외에 특수 점결제를 사용한 모래 주형이나, 특수한 주형 제작법으로 조형한 주형을 특수 주형이라 하며, 그 조형법을 특수 조형법이라 한다.

(1) 셸 몰드법

셸 몰드법(shell molding)은 독일의 크로닝(J. Croning)이 제2차 세계대전 중에 발명하여, 1947년 미국에 소개된 주조법으로, 크로닝법(Croning process) 또는 C법(C-process)이라고도 하는데, 이 원리는 열경화성 수지의 성질을 이용한 방법이다.

즉 가열한 금형을 이용하여 원형을 얇은 셸로 복제하고, 이것을 조합하여 셸 주형을 만들고, 여기에 쇳물을 주입하여 주조하는 방법이다(그림 1-45).

셸 주형은 제작 소요 시간이 단축되고, 표면이 아름다우며, 정밀도가 높다. 작업에 있어서 숙련이 요구되지 않는 등의 이점도 있어 경량 주물의 대량 생산에 알맞은 주조법이다. 최근에는 소형 자동차용 크랭크축, 캠축 등의 대량 생산에 이용되고 있다.

(2) 인베스트먼트법

인베스트먼트법(investment process)은 가용성의 원형을 만들고, 이것에 슬러리(slurry) 상태의 주형 재료를 피복하여 외형을 만든 다음, 원형을 용융 제거하여 공간을 만들고, 여기에 쇳물을 주입하는 방법이다. 이 주조법에서는 왁스로 원형을 제조하므로 로스트 왁스법(lost wax)이라고도 한다.

이 주조법은 기계가공이 불가능한 재질의 주물이나 모양이 복잡하고, 정밀한 제품 및 고융점 합금 주물의 주조에 널리 쓰인다. 치수 정밀도나 표면의 평활도 등은 우수하나 생산성이 높지

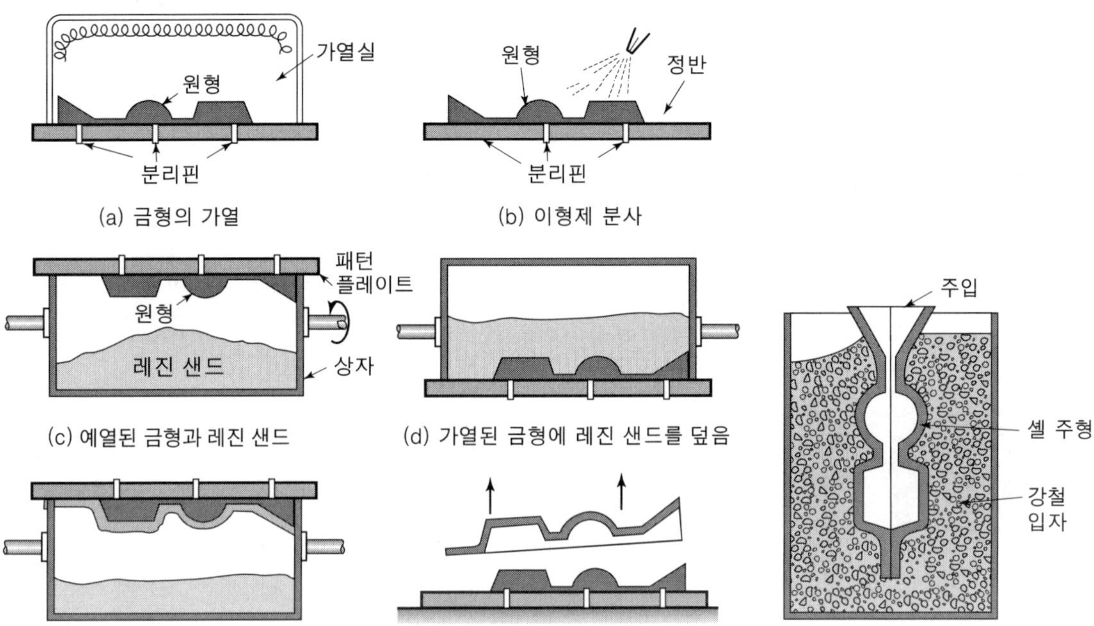

그림 1-45 셸 몰드의 제작 공정

못하고, 원가가 비싸므로 일반 기계 제품 생산에는 비경제적인 주조법이다.

그림 1-46은 인베스트먼트 주형의 제작 공정의 보기이다.

(3) CO_2법

CO_2법(CO_2 process)은 규사에 규산나트륨(Na_2SiO_3)을 주성분으로 한 점결제 4~6%를 첨가한 주물사로 주형을 만들고, 여기에 그림 1-47과 같은 방법으로 이산화탄소를 약 20초 동안 불어 넣으면 신속하게 경화된 주형을 얻게 된다. 이때 일어나는 화학 반응은 식 (1-8)과 같다.

$$Na_2SiO_3 + CO_2 + H_2O \rightarrow Na_2CO_3 + H_2SiO_3 \tag{1-8}$$

(4) 풀 몰드법

풀 몰드법(full molding)은 발포성 폴리스티렌으로 만든 소모성 원형에 내화재를 바른 후 건조하여 원형으로 사용하는 방법으로, lost-foam 또는 lost-pattern 주조법이라 한다. 원형을 주형에서 빼내지 않고 주물사 속에 묻힌 상태에서 주입구를 통하여 쇳물을 주입하면, 그 열에 의하여 원형이 소실되고, 그 자리에 쇳물이 채워져서 주물을 만드는 방법으로 일반 주조 개념과 다른 특징을 갖고 있다.

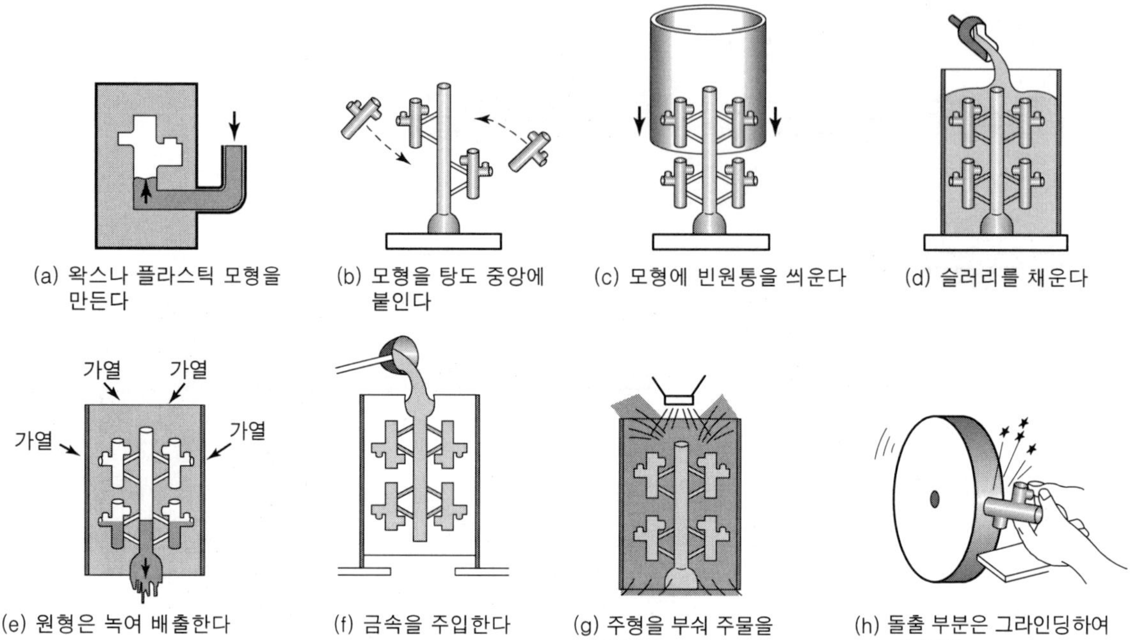

(a) 왁스나 플라스틱 모형을 만든다 (b) 모형을 탕도 중앙에 붙인다 (c) 모형에 빈원통을 씌운다 (d) 슬러리를 채운다

(e) 원형은 녹여 배출한다 (f) 금속을 주입한다 (g) 주형을 부숴 주물을 꺼낸다 (h) 돌출 부분은 그라인딩하여 제거한다

그림 1-46 인베스트먼트 주형 제작 공정

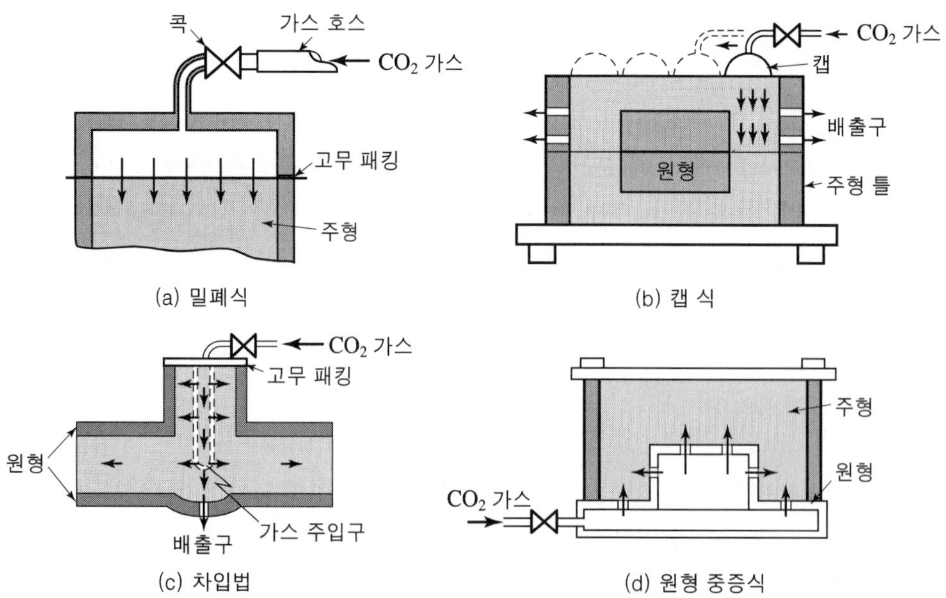

(a) 밀폐식 (b) 캡 식 (c) 차입법 (d) 원형 중증식

그림 1-47 CO_2 가스 주입 방식

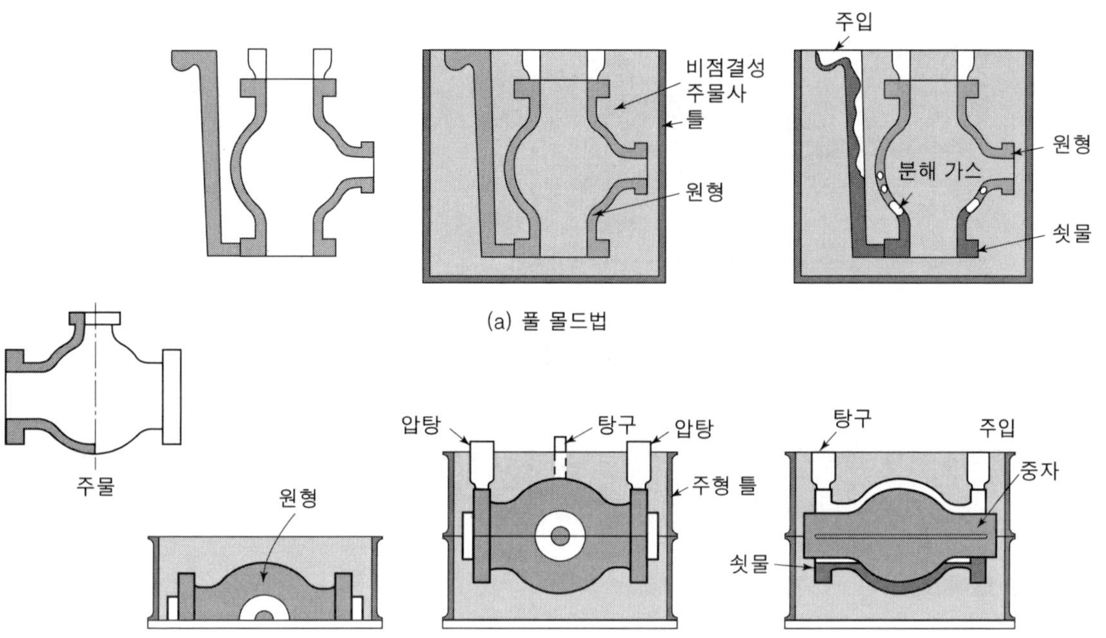

(a) 풀 몰드법

(b) 일반 조형법

그림 1-48 풀 몰드법과 일반 조형법의 비교

풀 몰드형은 복잡한 형상의 주물도 원형을 빼내지 않고 만들 수 있으며, 코어도 별도로 만들 필요가 없다. 쇳물은 원형이 주입에 따라 서서히 기화되면서 생긴 주형 내 공간에 주입된다. 비교적 크고 단순한 주물로, 주입 온도가 높은 주철 주물에 이용되고 있으나 최근에는 소형 주물과 경 합금의 대량 생산에 적용하는 방법이 실현되고 있다. 그림 1-48은 일반 조형과 풀 몰드법을 비교한 것이다.

2) 특수 주조법

(1) 원심 주조법

고속으로 회전하는 원통형의 주형에 용융 금속을 주입하고, 주형의 안쪽 면에 밀착한 상태에서 응고시켜, 치밀하고 건전한 원통형 주물을 생산하는 방법을 원심 주조(centrifugal casting)라 한다. 원래 대량 생산을 필요로 하는 주철관과 같은 원통형 주물의 주조를 위하여 개발된 것인데, 요즈음에는 소형 실린더 라이너, 또는 구리 합금의 원통형 주물 및 베어링 메탈 등의 주조에도 이용되고 있다.

원심 주조법에는 기본형으로 그림 1-49 (a)와 같은 수평형(horizontal type)과 그림 1-49 (b)와 같은 직립형(vertical type)이 있으며, 수평형은 주철관과 같이 긴 원통형의 주조에 알맞고, 직립형은 피스톤 링, 기어 등의 높이가 낮은 주물, 또는 원통형이 아닌 쇳물을 가압 주조하는

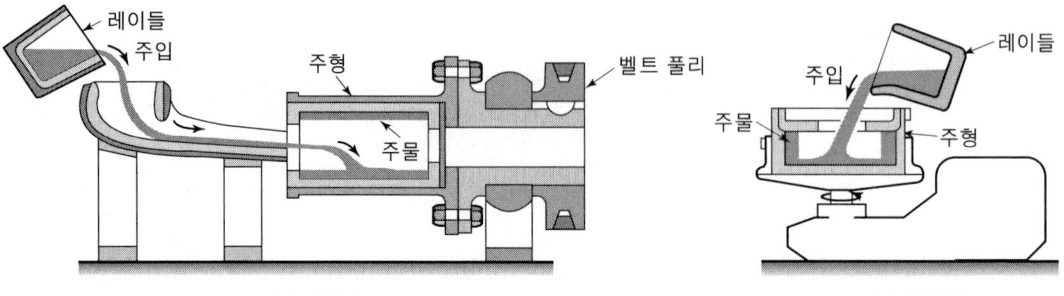

그림 1-49 원심 주조법의 형식

경우에 이용된다. 주형은 원심력에 견딜 수 있게 금형이나 금형의 내부에 규사와 페놀 수지를 혼합한 셸 등으로 라이닝하거나 모래나 흑연을 도형하여 사용한다.

(2) 다이 캐스팅

쇳물 또는 반용융 상태의 금속을 금형에 압입하여 주조하는 방법을 다이 캐스팅(die-casting)이라 한다. 다이 캐스팅은 주물 치수가 정밀하고, 구멍이나 나사 등을 가공하지 않고 주조 상태로 사용할 수가 있으며, 외형의 기계가공 공정을 크게 절감시킬 수 있다.

요즈음에는 다이 캐스팅 주조 기술이 점차 개선되어 비교적 크고 복잡한 제품의 주조도 가능하게 되었으며, 일반 기구나 자동차 부품, 전기 및 통신 부품 등에 이용이 확대되고 있다.

다이 캐스팅 머신은 쇳물의 가압 방법에 따라 수동식, 수압식, 압축 공기식, 유압식 등이 있다. 또 주입 방법에 따라 열가압실형(hot chamber type)과 냉가압실형(cold chamber)이 있다. 그림 1-50은 냉가압실형 다이 캐스팅의 주조 순서를 나타낸 것이다.

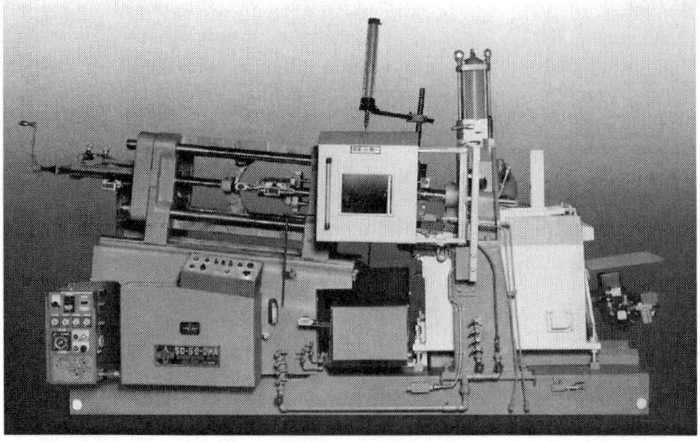

유압식 고속 전자동 열가압 실형 다이 캐스팅 머신

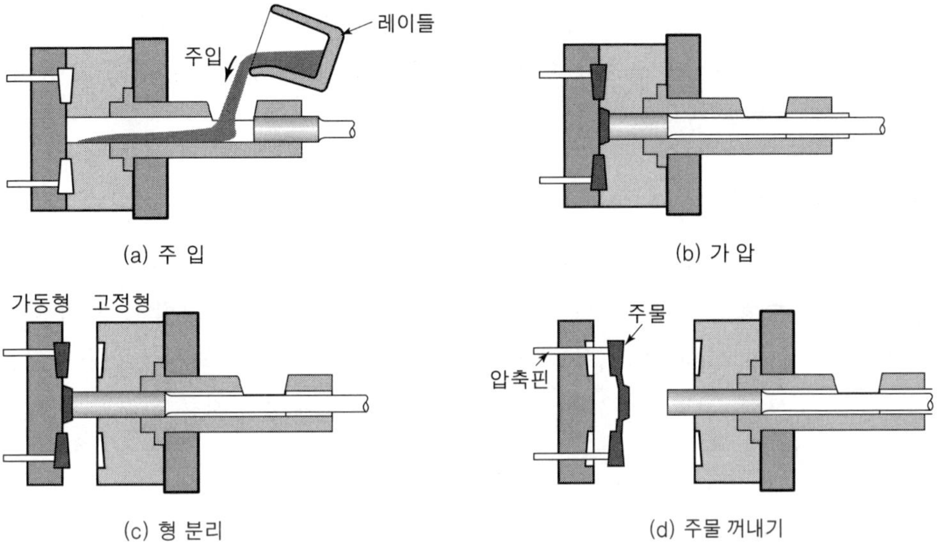

그림 1-50 다이 캐스팅 머신의 주조순서(냉가압실형)

(3) 칠드 주조법

그림 1-51은 칠드롤 주형의 보기로서 롤의 양쪽 지지부는 상형과 하형인 모래형으로 하고, 롤의 몸체는 금형을 사용하여 몸체의 표면만을 칠드화하는 주조법이다. 이와 같은 방법으로 단단해진 표면을 칠드층이라 하고, 이 주물을 칠드 주물이라 한다.

칠드(chilled)화된 부분의 경도는 보통 쇼어로 표시하는데 일반적으로 HS 55～70 정도이다.

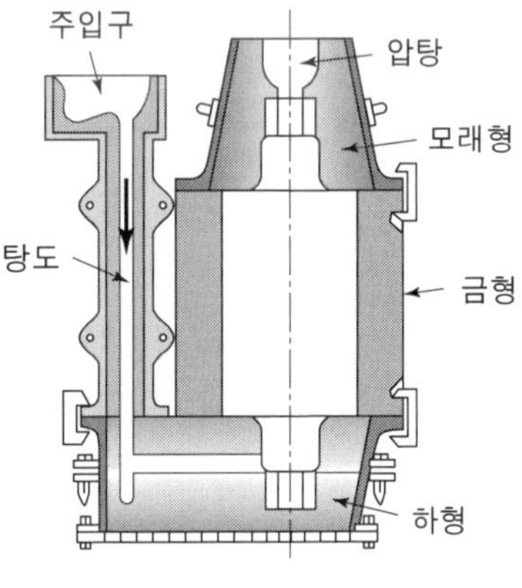

그림 1-51 칠드 주조법

2. 주물의 후처리와 주조 결함

1) 주물의 후처리

주물은 재질상의 품질뿐만 아니라, 표면의 깨끗한 정도가 상품으로서의 가치를 결정하는 중요한 요소가 되므로, 주조 후의 후처리작업은 일반 조형과 용해작업 못지 않게 중요하다. 주물의 후처리작업에는 모래떨이와 청정(淸淨) 및 탕구계의 절단작업이 주가 된다.

쇳물을 주형에 주입 후 응고한 다음에 완성품인 주물로 만들려면, 다음과 같은 후처리작업을 거쳐야 한다. 응고된 주물을 주형에서 꺼내어 코어와 주물사를 털어 내고 탕구, 탕도, 압탕 등을 절단 제거하여, 재질이나 용도에 알맞는 열처리(heat treatment)를 한다. 필요에 따라 보수(용접)를 하며, 주물 표면을 깨끗이 하고, 그 밖의 후처리를 한다. 그리고 화학 성분 검사, 기계적 성질 시험, 비파괴 시험 등의 검사를 하고, 그 결과를 기록 관리하며, 주물 결함(불량 주물)의 원인을 파악하고 그 대책을 세운다. 이와 같은 후처리는 매우 중요하며, 조형 및 용해작업에 못지 않은 기술과 설비를 필요로 한다.

(1) 주형 상자의 해체

대형 주물은 주입 후 냉각되기까지 1～2일간을 기다려야 하는데, 소형 주물은 주입 후 3～6시간 정도 지나면 주형 상자에서 꺼낸다. 주형 상자를 해체할 때에는 그림 1-52와 같은 주형 해체 기계(shake out machine)를 사용한다. 그림 1-52 (a)는 다양한 크기의 주물 상자를 단독으로 처리할 수 있으며, 그림 1-52 (b)는 분리 후 주물사와 주형 상자를 운송할 수 있는 연속식 설비의 보기이다.

(2) 모래떨이와 청정(cleaning)

주형으로부터 꺼낸 그대로의 주물은 표면 모래, 코어 모래 등이 부착 또는 소착되어 있기 때문에 이것을 제거하여야 한다. 이러한 부착물은 소형 주물에서는 와이어 브러시(wire brush)나 정으로 떨어 내고, 큰 주물이나 작업량이 많을 때에는 공기 그라인더(air grinder)와 공기 치퍼(pneumatic chipper)를 사용한다. 모래떨이에 사용되는 장비로는 압축 공기로 모래를 주물 표면에 뿌려 주는 샌드 블라스트(sand blast)와 모래 대신 강철 쇼트를 사용하는 쇼트 블라스트(shot blast)가 있다.

쇼트 블라스트는 보통 회전되는 날개의 원심력에 의하여 모래를 고속으로 사출시켜 주물 표면을 깨끗이 한다.

(a) 단동식

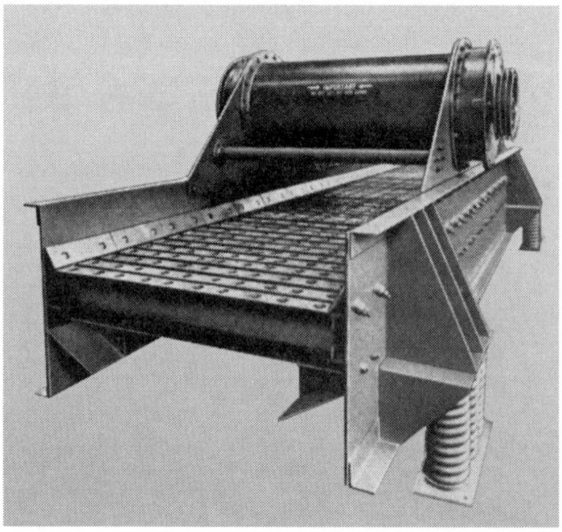

(b) 연속식

그림 1-52 셰이크 아웃 머신

(3) 탕구계의 절단

주조 후 주물에 남아 있는 탕구나 핀(fin) 등은 보통 정이나 그라인더로 자를 수 있지만, 압탕과 같이 단면이 큰 것은 기계로 절단하는 사례도 많기 때문에, 대규모 공장에서는 압탕 전용 절단기를 설치하는 경우가 많다. 주강이나 구상 흑연 주철에는 산소 절단기를 사용한다.

그림 1-53은 주입구와 탕도 및 압탕을 절단하는 보기이다.

그림 1-53 주입구 및 탕도 · 절단

2) 주물의 검사와 결함

(1) 주물의 검사

주조 후 주물 제품의 검사는 치수의 오차, 기포, 주물 표면 및 조직 불량, 편석, 주조 후 내부 응력의 발생, 강도 부족, 주입 불량 등 주물 결함의 종류에 따라 그 방법도 여러 가지가 있지만, 일반적으로 직접법과 간접법으로 크게 나뉜다.

직접 검사에서는 기본적인 외관 검사, 치수의 오차나 모양 및 외부의 결함을 검사한다. 간접 검사에서는 파면, 조직, 재질 및 수압 검사를 하며, 화학 분석도 하게 된다. 이상과 같은 검사 내용을 정리하면 그림 1-54와 같다.

(2) 주조 결함

불량 주물을 분류하는 방법에는 제조 과정, 모양, 재질, 기술 및 관리 방법 등 발생 원인에 따른 것과, 내부와 외부 등 발생 장소에 따른 것, 또는 보수나 폐기 등에 따른 것 등 그 종류가 많고 복잡하다. 이와 같이 불량 주물의 원인은 한 가지일 수도 있으나 복합되는 경우가 더 많다. 불량 주물의 원인을 작업 공정별로 살펴보면, 조형작업의 관리 불량에 의한 것이 가장 많고, 주조 방안과 용해작업 및 화학 조성 등도 중요한 인자임을 알 수 있다.

1 기포(blow)

● **가스 구멍(blow hole)**

둥근 모양의 가스 구멍으로서, 쇳물 속에서 가스가 발생하거나 공기가 말려 들어가서 생긴다. 쇳물 중의 가스가 발생되어 생긴 것은 그림 1-55 (a)와 같이 절삭가공 중에 나타나며, 코어에 의한 가스 구멍은 코어에 가까운 표면이나 그 근처에 생긴다. 메탈이나 채플릿 근처에도 생긴다.

- 주물의 시험 검사법
  - 직접법
    - 외형 검사
      - 형상 검사
      - 외관 검사
      - 치수 검사
    - 비파괴 시험
      - 방사선 투과 시험
      - 초음파 탐상
      - 자기 탐상
      - 음파 방출 시험
      - 침투 탐상
  - 간접법
    - 기계 시험
      - 인장 시험
      - 압축 시험
      - 경도 시험
      - 굽힘 시험
      - 충격 시험
      - 피로 시험
    - 조직 검사
      - 매크로 검사 — 육안 검사
      - 마이크로 검사
        - 현미경 검사
        - 전자현미경 검사
    - 화학 분석
      - 정량 분석
      - 정성 분석

그림 1-54 주물의 검사법의 분류

(a) 가스 구멍 (b) 핀 홀

그림 1-55 가스 구멍과 핀홀

● **핀홀**(pin hole)

그림 1-55 (b)와 같이 주물 표면의 일부 또는 전면에, 그리고 표면을 절삭하였을 때 나타나는 미세한 구멍이 산재되어 있는 것이다.

2 수축집(shrinkage cavity)

주입 후 쇳물이 응고할 때 쇳물이 수축률에 의하여 생긴 것으로, 수지상 결정(dendrite)인 거

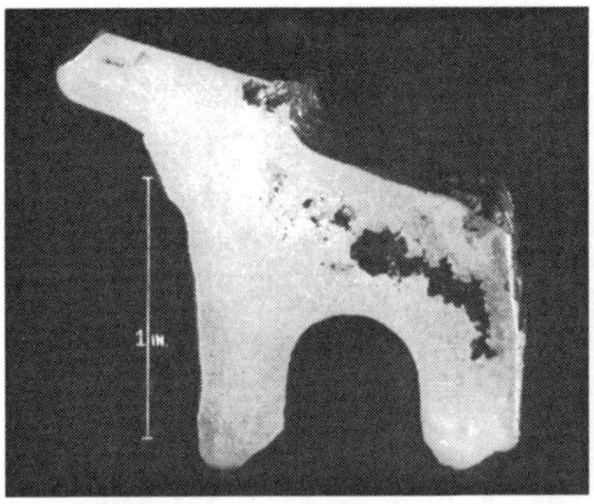

(a) 수축집

(b) 슬래그 개재물(산화물)

(c) 모래 구멍

그림 1-56 수축집과 개재물 및 모래 구멍

친 구멍이다. 수축집은 그림 1-56 (a)와 같이 주물 속에 나타나는 경우와 효과가 없는 압탕이 원인으로 외부에 오목한 모양으로 나타나는 것이 있다.

3 개재물(inclusion)

모양이나 크기가 불규칙적이며, 모래나 슬래그(slag) 등의 불순물이 쇳물 속에 말려 들어가 쇳물 안에 남은 것으로서, 개재물(介在物)이 제거된 것은 기포와 혼동되기 쉽다.

이것은 개재물의 종류에 따라 그림 1-56 (b)와 같은 슬래그 개재물, 그림 1-56 (c)와 같이 모래 개재물에 의해 생긴 모래 구멍 등이 있다.

4 균열(crack)

주물이 응고될 때, 또는 응고된 다음에도 주물에 주조 응력이 작용하여 주물에 금이 생기는 것이며, 이를 고온 균열이라고도 한다.

5 주탕 불량(misrun)과 쇳물 경계(cold shut)

주탕 불량은 쇳물이 완전하게 주형 내를 채우지 못한 것으로 그림 1-57 (a)와 같이 측면 부분이나 살이 얇은 주물 또는 그림 1-57 (b)와 같이 코어의 상면에서 많이 볼 수 있다. 쇳물 경계는 주형 안에서 두 줄기 이상 쇳물의 흐름이 합류하는 점에서 완전히 융합되지 않은 것이다.

6 코어의 떠오름(core raise)

쇳물의 부력으로 코어를 상형면으로 밀어 올려 필릿의 두께가 고르지 않게 된 것이다.

예를 들면 그림 1-58 (a)는 채플릿을 사용하지 않았을 때에 일어나는 결함으로, 단면에서 보여 주는 것과 같이 아래쪽의 필릿 두께가 두껍다.

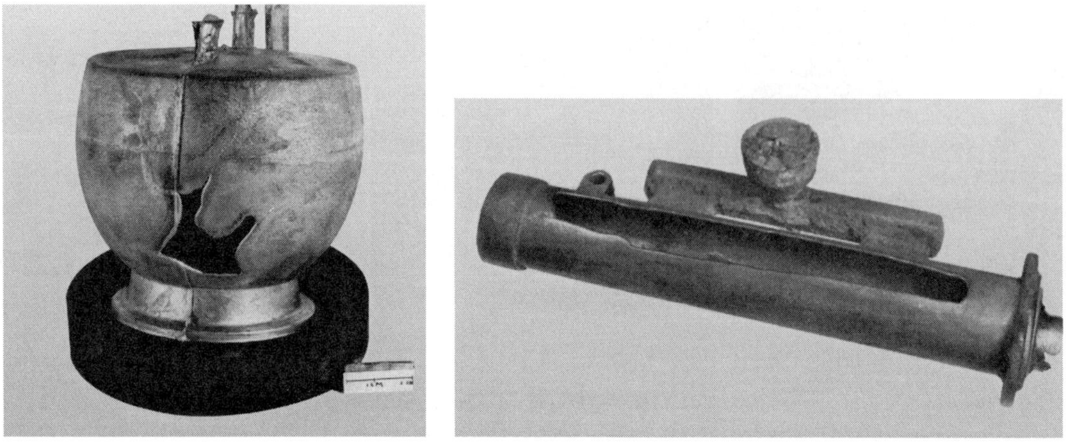

(a) 측 면 (b) 상 면

그림 1-57 주탕 불량

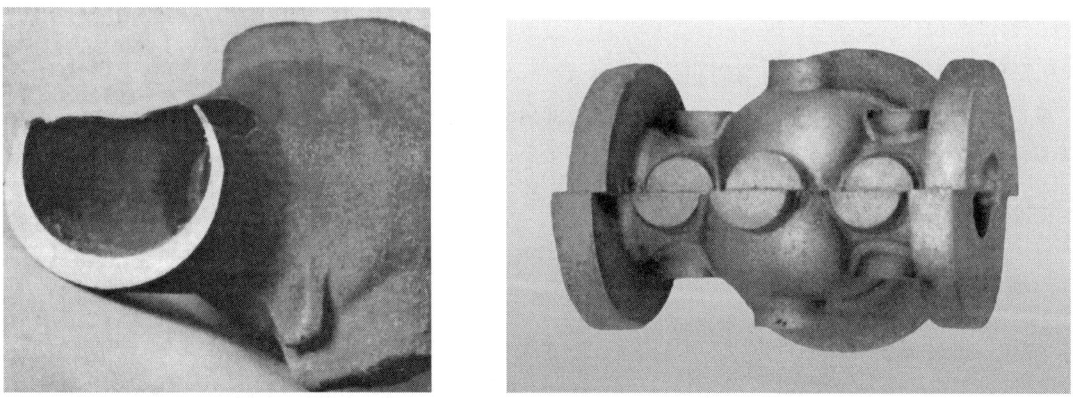

(a) 코어의 떠오름 (b) 어긋남

그림 1-58 코어의 떠오름과 어긋남

7 그 밖의 결함

그 밖의 주물 결함으로서는 거친 표면(rough surface), 소착(fusion) 및 흠집(scab) 등의 표면 결함과 그림 1-58 (b)와 같은 어긋남(mismatch), 치수 불량, 재질 경화 등 종류가 많으며, 각각 다른 특징 및 복잡한 원인을 가지고 있다. 따라서 이러한 주물 결함을 줄이는 문제가 주조 기술의 중요한 부분을 차지하고 있다.

연습문제

1.1 원형 제작

1. 주조작업에서 원형(pattern)의 기능과 역할을 설명하시오.
2. 주물의 제조 공정을 도식화하시오.
3. 원형의 종류와 특징을 요약 설명하시오.
4. 원형 제작에서 유의할 사항을 열거하시오.
5. 원형 제작용 공구와 기계 설비에는 어떤 것이 있는지 열거하시오.

1.2 주형 제작

6. 주조 방안의 의미와 중요성에 대하여 설명하시오.
7. 탕구비의 형식에 어떤 것이 있으며 그 특징을 제시하시오.
8. 그림과 같은 주물(250×320×25 t)을 주조할 때 주입 추의 무게는 얼마로 하는것이 안전한가?
9. 주물사의 종류와 그 특성을 요약 설명하시오.
10. 주형을 분류하시오.
11. 회전형과 긁기형의 용도와 장점을 말하시오.
12. 주형작업용 기계의 형식과 구조를 요약 설명하시오.

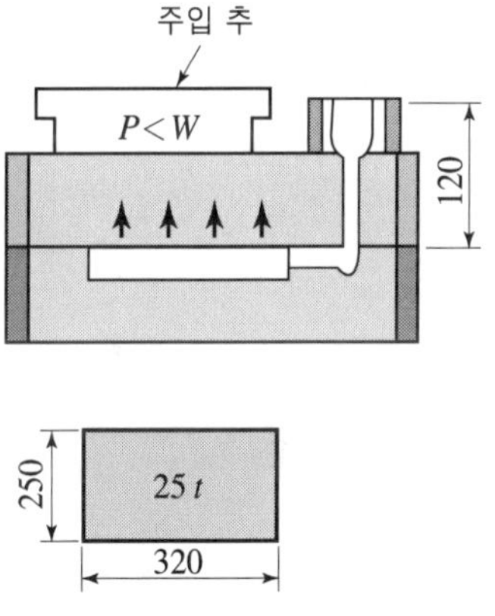

그림 1-59 주입 추의 계산

1.3 주조용 금속의 용해

13. 주철의 주조 특성을 설명하시오.
14. 주입된 쇳물의 응고 진행 상태와 수축공이 생기는 과정을 설명하시오.
15. 주조용 용해로의 종류와 형식, 열원, 용도 등에 대하여 표로 작성하시오.
16. 큐폴라의 구조와 특징을 요약 열거하시오.
17. 용해용 고온계의 종류를 들어 특징을 설명하시오.
18. 주철 용해에서 노전 시험법과 목적을 설명하시오.

1.4 특수 주조와 후처리

19. 셸 몰드법과 인베스트먼트법을 설명하시오.
20. CO_2법의 원리와 조형 공정을 설명하시오.
21. 원심 주조법의 원리와 이용 사례를 설명하시오.

22. 다이 캐스팅 머신의 형식과 특징을 설명하시오.
23. 주물의 후처리작업의 범위와 중요성을 설명하시오.

연 구 과 제

1. 우리나라 주조 기술의 현황에 대해 조사하시오.
2. 주물사 관리를 위한 시험 방법을 설명하시오.
3. 스퀴즈 조형기와 졸트 조형기의 원리를 비교 설명하시오.
4. 용해로의 종류와 특징을 설명하시오.
5. 청동계와 황동계 합금의 용해 특성을 설명하시오.
6. 특수 조형과 특수 주조법을 열거하고 특징을 설명하시오.

2장

소성가공

2.1 소성가공의 개요
2.2 단조가공
2.3 압연가공
2.4 압출 · 인발 · 전조가공
2.5 판금 · 프레스가공
2.6 플라스틱가공

2장

소성가공

2.1 소성가공의 개요

재료에 가해지는 외력의 크기가 작을 때에는 가했던 힘을 제거하면 원래의 상태로 되돌아간다. 이와 같이 변형이 남지 않고 처음 상태로 되돌아가는 성질을 탄성이라 하고, 이러한 변형을 탄성변형(彈性變形, elastic deformation)이라 한다.

그러나 가해진 힘이 어떤 한도 이상이 되면 변형의 크기와 외력의 비례 관계가 없어지게 되고, 힘을 제거한 다음에도 재료에 일어났던 변형은 남게 된다. 이러한 성질을 소성이라 하며, 이때의 변형을 소성변형(塑性變形, plastic deformation)이라 한다. 모든 재료는 어느 한도까지는 탄성을 지니고 있지만, 그 한도를 지나면 소성을 나타내게 된다. 소성을 갖고 있는 재료에 소성변형을 일으켜, 원하는 모양의 제품을 만드는 가공기술을 소성가공(塑性加工, plastic working)이라 한다. 공업제품 중에는 금속 재료나 플라스틱 재료를 소성가공한 부품을 조립한 제품이 많다.

1. 소성가공의 특징과 분류

1) 소성가공의 특징

소성가공은 주로 금속을 소성변형하여 공업적인 수단으로 활용되는 가공 방식이다. 이 가공법은 제품을 생산하기 위한 가공법 중에서 절삭가공과 용접 등을 제외한 모든 소성변형을 수반하는 가공을 의미한다.

금속 재료는 가공 방법에 따라서 재료의 조직과 기계적 성질이 달라진다. 예를 들면 압연할 때에는 길게 늘어나나 옆으로는 잘 펴지지 않으며, 단조할 때에는 잘 펴진다. 프레스가공을 할 때에는 이들의 중간 정도로 펴지고 길이 방향으로는 아주 조금 늘어난다. 그리고 압연재의 방향성이 가공에 영향을 나타내기도 한다. 또 금속 재료의 소성은 재료에 따라 다르고, 같은 재료라 하더라도 온도에 따라 다르게 나타난다.

일반적으로 금속 재료를 고온으로 가열하면 재질이 물러지는 동시에 소성이 커진다. 소성가공의 특징을 요약하면 다음과 같다.

① 정확한 치수의 제품을 대량 생산할 수 있다.
② 가공에 의해 조직이 개량되고, 강한 성질을 가지게 할 수 있다.
③ 재료의 손실이 적고, 가공면이 깨끗하며 균일한 품질을 얻을 수 있다.

금속가공법 중 소성가공은 그 범위가 매우 넓으며 단조가공, 압연가공, 압출가공, 인발가공, 전조가공, 판금가공, 프레스가공 등이 이에 속한다.

그림 2-1은 주요 소성가공법을 나타낸 것이다.

2) 소성가공의 분류

재료가 소성가공되어 제품이 되기까지에는, 소재로 가공되는 첫 단계의 소성가공과 이들 소재를 사용하여 제품을 만드는 2단계의 소성가공을 받게 된다. 일반적으로 전자의 가공을 1차 가공, 후자의 단계를 2차 가공이라 한다. 이 분류에 따르면 1차 가공은 주로 압연, 단조, 인발, 압출가공에 의해 철강 재료와 비철 금속 재료의 소재를 만드는 가공이고, 2차 가공은 판금 프레스가공에서 이루어지는 전단, 굽힘, 드로잉, 스피닝 등의 가공 그리고 여러 가지 모양으로 성형하는 단조, 압출, 전조가공에 의해 각종 기계 부품과 자동차, 냉장고 등의 본체를 만드는 가공이다. 표 2-1은 소성가공법을 1차 가공과 2차 가공으로 분류한 보기이다.

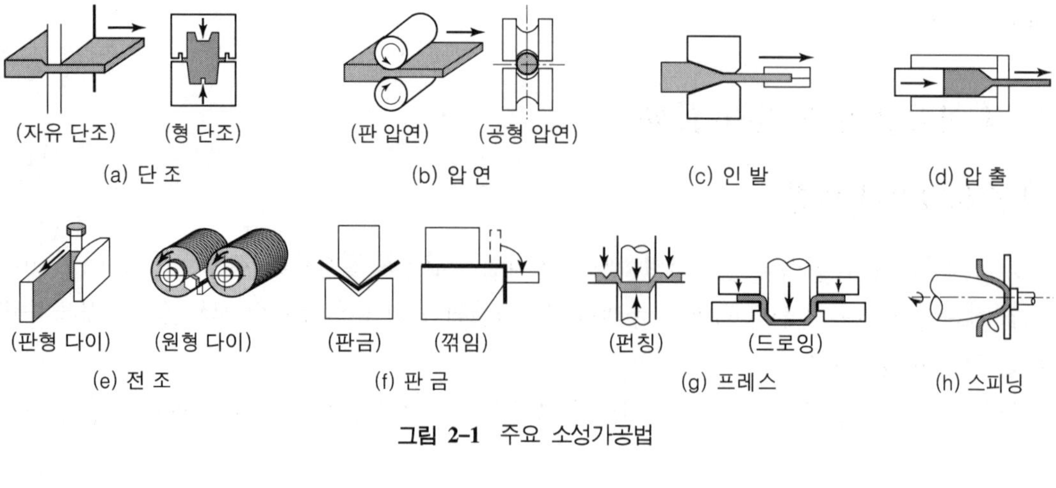

그림 2-1 주요 소성가공법

표 2-1 소성가공의 분류

분 류	가공법	제품의 종류
1차 가공	단조가공 압연가공 인발가공 압출가공	정, 집게, 크랭크축 등 판, 봉, 선, 관, 형재 봉, 선, 관재 봉, 관, 형재
2차 가공	판금, 프레스가공, 전단가공 굽힘가공	기계, 기구, 구조물 등의 골조 등 외장에 사용되는 부품
	성형가공 단조가공(냉간 단조)	기계 구조부의 요소 부품
	전조가공	나사, 기어, 축 등

2. 소성가공의 기초 이론

1) 금속의 소성변형 기구

금속 재료의 외력에 의한 소성변형은 고체의 금속을 물질적으로 균질한 연속체로 취급하는 재료역학, 특히 소성역학의 대상이 된다. 그러나 고체 금속은 금속 조직학적 측면에서는 불균질 연속체인 다결정체라 할 수 있다. 결정립 내와 입계의 역학적 관계가 다르므로 소성변형도 미시적으로는 결정립 단위로 생각하여야 하는 현상이다.

또한 금속이 원자의 집합체라고 생각하는 원자론에 의하면 금속은 불연속적 입자 구조의 물질이다. 따라서 소성변형은 구성 입자 간의 역학적 관계로 이해될 수 있다.

금속 재료의 탄성변형은 원자 사이의 거리 변화에 기인하는 것이나, 소성변형은 결정의 변형에 그 원인이 있다. 외력이 가해지면 결정 내에서 인접하여 있는 평행한 격자면에 서로 미끄럼이 일어나며, 이러한 미끄럼이 여러 개 중복되어 소성변형이 일어난다. 금속의 소성변형을 설명하는 원리에는 슬립, 쌍정 등이 있다.

(1) 슬립(slip)

황동의 표면을 전해 연마하고 가볍게 부식시켜 결정립을 잘 볼 수 있게 한 다음 이것을 약간 변형시켜 표면을 현미경으로 관찰하면 그림 2-2와 같이 하나하나의 결정립 안에 미세한 평행선이 보인다. 그러나 이들 평행선은 결정립 안에 머물고 있으며 일정한 결정립까지는 연장되어 있지 않고 있다. 이 평행선은 변형에 의해서 생긴 것으로, 결정의 슬립선(slip line)이라 한다.

보통 금속 재료는 다결정으로 되어 있으나, 그림 2-3은 금속의 소성변형 과정을 생각하기 위해서 전체가 1개의 결정으로 형성되어 있는 단결정으로 본 경우이다.

금속에는 결정 특유의 미끄러지기 쉬운 면과 방향이 있는데, 금속에 외력이 가해지면 미끄러지기 쉬운 방향의 분력에 의해 특정한 면이 미끄러져 그 미끄럼의 집적(集積)으로 그림 2-3 (b)

×500(×7/10)

그림 2-2 황동 표면에 나타난 슬립선

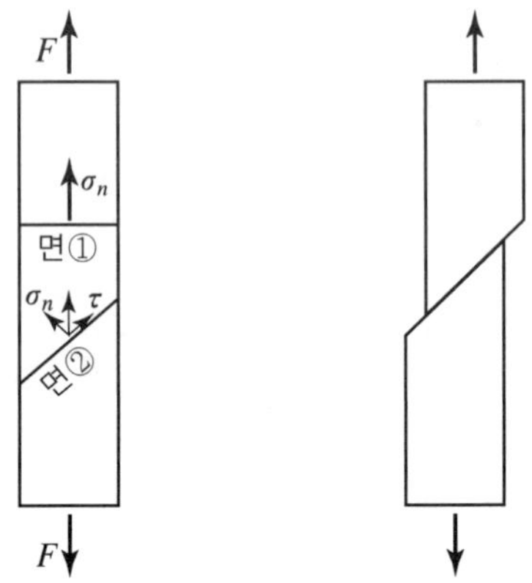

(a) 원자면에 생기는 수직응력과 전단응력　　(b) 단결정의 슬립

그림 2-3 판결정의 미끄럼변형

와 같이 변형이 생기게 된다. 미끄럼에 의한 변형의 보기를 단결정으로 만든 봉상의 시험편을 인장하여 소성변형시키면 표면에는 육안으로 볼 수 있는 무늬 모양이 많이 나타난다. 이것은 그림 2-4와 같이 외력에 대하여 일정한 각도를 이루는 시험편 중의 평행한 결정면이 외력에 의해 생기는 전단력의 작용으로 정해진 결정 방향에 슬립 형상이 생긴다. 이어서 슬립 방향이 점차로 인장 방향으로 향하면서 결정이 회전하게 되어, 표면에 엇갈림이 생겨 미끄러지는데, 이것을 슬립(slip)이라 한다. 이와 같이 결정이 미끄러진 면을 슬립면(slip plane), 미끄럼 방향을 슬립 방향(slip direction)이라 하고, 이와 같은 변형을 결정의 슬립변형(slipping deformation)이라 한다.

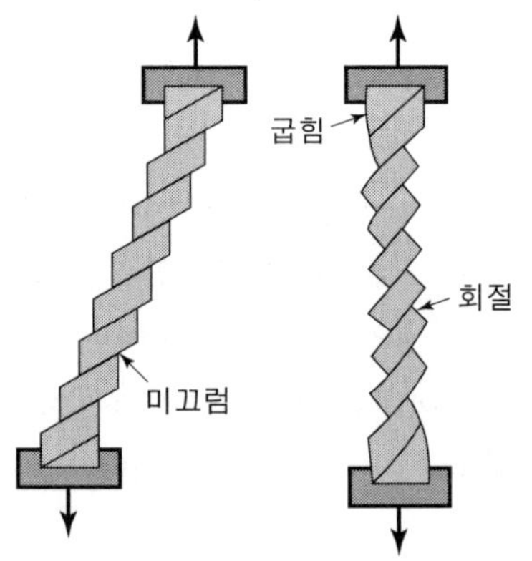

(a)　　(b)

그림 2-4 미끄럼에 의한 단결정의 변형

소성변형이 진행되면 슬립에 대한 저항이 점차 증가하고, 저항이 증가하면 금속의 경도와 강도도 증가한다. 이것을 변형에 의한 가공 경화(work hardening) 또는 변형 경화(strain hardening)라 한다.

(2) 쌍 정

쌍정이란 특정 평면을 경계로 하여 처음 결정과 경정면(鏡晶面) 대칭의 관계에 원자 배열을 갖는 결정의 부분을 말한다. 그 경계가 되는 면을 쌍정면(雙晶面, twinning plane)이라 부르며, 전단이 일어나는 방향을 쌍정 방향(雙晶方向, twinning direction)이라 한다. 쌍정 형성(雙晶形成, twinning place)은 원자의 집단적인 이동에 의하여 형성되는 것이 특징이다.

(3) 다결정의 변형

대부분의 금속 재료는 다결정체로 그 변형 거동이 단결정과는 다르다. 단결정으로 된 재료를 잡아당기면 단결정 부분은 변형이 용이하게 일어나지만, 서로 결정 방향을 가지는 다결정 부분은 인접한 결정립과 관련하여 복잡한 미끄럼이 생기고 변형도 많이 일어나지 않는다. 이것은 미끄럼 방향이 각각 다르므로 상호 간섭이 일어나서 미끄럼이 방해되기 때문이다. 실제 다결정 금속체에서는 결정 방향이 서로 다른 무수한 결정 입자가 집합되어 있으므로, 이와 같은 간섭이 무수히 일어난다. 따라서 결정 입자가 미세할수록 소성변형이 일어나기 힘들다. 결정 방향이 서로 다른 다결정 금속에 같은 방향의 변형을 주면 그림 2-5 와 같이 동일 방향으로 배열되어 결정의 집합 상태가 섬유를 묶어 놓은 모양과 비슷한 조직인 섬유상 조직(纖維狀組織, fiber structure)이 된다.

2) 금속 재료의 가공 경화와 재결정

(1) 가공 경화

금속을 소성가공하면 소성기구에 대한 저항이 전체적으로 일어나면서 소성변형을 한 금속 재료에는 변형 저항의 증가에 따라 가공 경화가 일어난다. 일반적으로 금속을 냉간가공하면 굳어지고 강해지는 특징이 있다.

철강 재료뿐만 아니라 금속 재료는 일반적으로 고온이 될수록 연해지고 소성이 좋아진다. 따라서 금속 재료의 가공은 주로 고온에서 이루어진다.

그림 2-6은 0.12%C, 0.40 Mn의 조성인 연강을 상온 압연하였을 때의 기계적 성질의 변화를 나타낸 것이다. 가공도의 증가에 따라 인장강도가 커짐을 볼 수 있다. 그러나 연신율은 이와 반

그림 2-5 섬유상 조직(80% 변형)

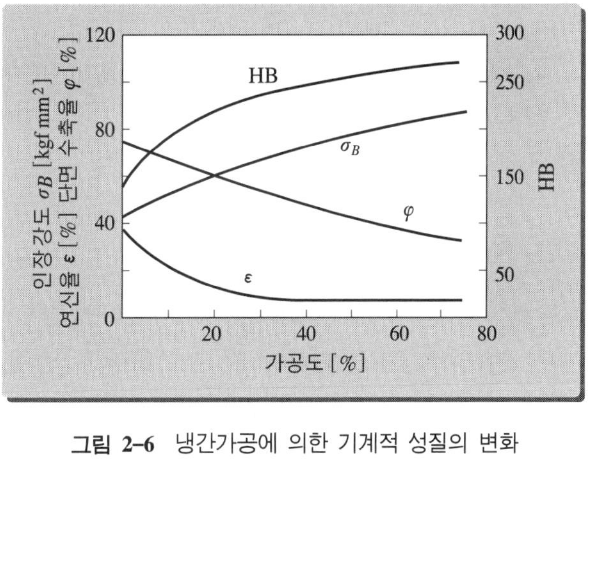

그림 2-6 냉간가공에 의한 기계적 성질의 변화

대로 처음에는 감소율이 커지고 나중에는 거의 일정해진다. 이에 비해 물리적, 화학적 성질에는 큰 변화가 없다.

(2) 회 복

냉간가공을 계속하면 가공 경화가 일어나서 더 이상의 냉간가공이 불가능해진다. 이것을 일정한 온도 이상으로 가열하면 그림 2-7과 같이 가공에 의하여 증가되었던 강도와 경도 등이 급격히 저하되고, 반대로 연성이 급격하게 회복되어 가공하기 쉬운 상태로 된다.

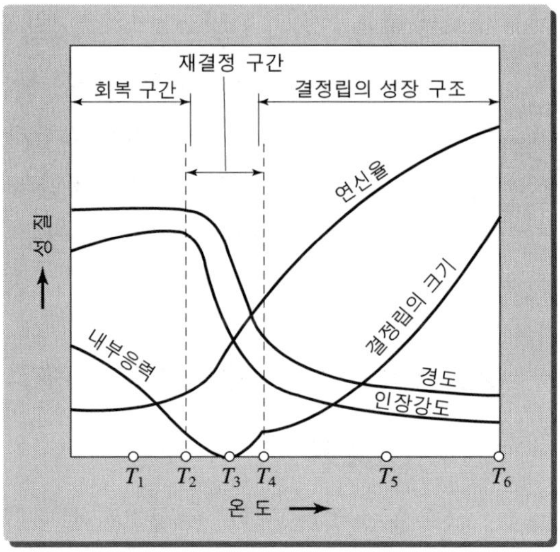

그림 2-7 냉간가공한 금속의 가열에 약한 성질의 변화

일반적으로 가공한 재료를 고온으로 가열하면, 내부응력의 제거, 연화, 재결정, 결정 입자의 성장과 같은 현상이 일어난다. 특히 연화 현상은 재결정 이전의 것과 재결정에 직접 관계되어 일어나는 것으로 구분하는데, 앞의 현상을 회복(recovery)이라 한다. 금속의 회복은 냉간가공으로 금속이 받은 물리적 · 기계적 성질의 변화를 비교적 낮은 온도 범위의 가열에 의하여 가공 전의 결정립의 모양이나 결정의 방향에 변화를 일으키지 않고 물리적, 기계적 성질만을 변화하는 회복 과정이다.

(3) 재결정

가공 경화된 금속 재료를 가열하면 그 내부에 새로운 결정립의 핵이 생기고 이것이 성장하여 전체가 변형이 없는 결정립으로 치환되어 다시 연화되는데, 이 과정을 재결정(recrystallization)이라 한다. 냉간가공의 양, 즉 가공도가 적거나 풀림 온도가 낮을 때에는 재결정이 일어나지 않고 회복만이 일어나는 경우도 있으나 재결정이 일어나는 경우에는 이에 앞서 반드시 어느 정도의 회복이 일어난다. 재결정에 따라 나타나는 현상에서 중요한 것은 강도와 연신율과 같은 역학적 성질이 변화하는 점이다.

(4) 재결정 온도

재결정 온도(再結晶溫度, recrystallization temperature)는 재결정이 일어나는 온도라 할 수 있으나 금속의 가공도에 따라 변할 뿐 아니라, 가열 온도, 가열 시간 등에 따라 달라진다. 따라서 금속마다 재결정 온도를 얼마라고 표기하는 것은 엄밀한 의미에서 정확한 표현이 아니다. 일반적으로 철의 재결정 온도는 450°C라고 하고 있지만 이 경우에는 '재결정을 인정할 수 있는 최

표 2-2 재결정 온도와 융점의 관계

금 속	재결정 온도[℃]	용융점[℃]	금 속	재결정 온도[℃]	용융점[℃]
Fe	450	1,636.5	Mg	150	650
Ni	600	1,453	Zn	상온	419.5
Cu	200	1,083	Sn	상온 이하	231.5
Al	150	660	Pb	상온 이하	327.4

저의 온도'를 뜻하는 온도로 가열 속도, 가열 시간에 관계없이 재결정이 인정되는 최저의 온도를 가리키는 경우이다.

따라서 실제에 있어서는 1시간에 95% 재결정이 완료되는 온도의 뜻으로 사용되는 경우가 많다. 재결정이 일어나는 것은 풀림 전에 가해진 가공의 정도에 따라 변하게 되므로, 재결정 온도를 언급할 때에는 필히 가공도를 나타내야 한다.

표 2-2는 이상과 같은 의미의 재결정 온도를 나타낸 것이다.

3) 열간가공과 냉간가공

일반적으로 재결정 온도를 중심으로, 이보다 높은 온도에서의 가공을 열간가공 또는 고온가공(hot working)이라 하며, 반대로 낮은 온도에서의 가공을 냉간가공(cold working)이라 한다. 그러나 냉간가공은 가공 도중에 가공 경화와 내부응력이 생겨 가공이 어렵게 되므로 가공을 계속하려면 가공 중에 연화 풀림을 하여야 한다.

일반적으로 금속 재료는 고온이 될수록 변형 저항이 감소되어 변형능이 증가되므로 열간가공은 소성가공을 용이하게 한다. 따라서 공업적인 변형가공은 열간가공에서 1차적인 거친 가공을 하고 난 다음 냉간가공에서 마무리 가공하는 것이 경제적이고 일반적이다.

예를 들면 압연 공정에서 냉연 강판은 두께 5 mm까지는 열간 압연을 하고, 그 다음 공정부터 냉간 압연을 하고 있다. 그림 2-8은 금속 재료의 변형능을 나타내는 연성과 가열 온도와의

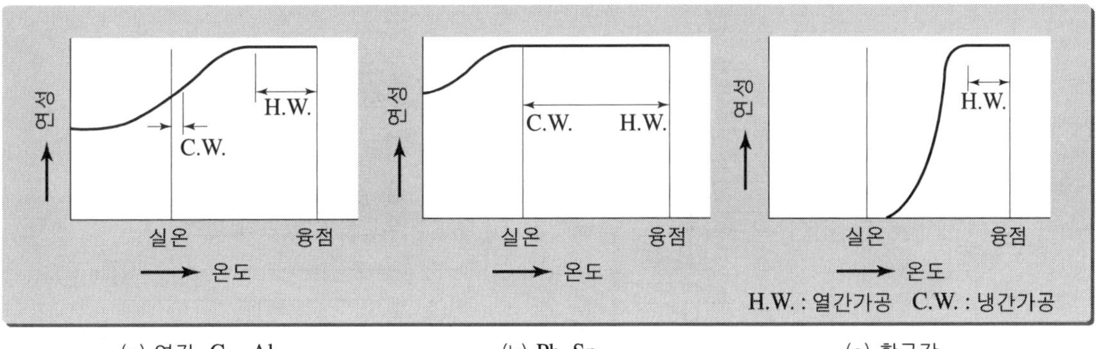

(a) 연강, Cu, Al (b) Pb, Sn (c) 합금강

그림 2-8 열간가공과 냉간가공의 비교

관계를 3개의 유형으로 나누어 비교한 것이다. 그림 2-8 (a)는 연강, 동, 알루미늄의 경우로 고온뿐만 아니라 실온에 가까운 온도 범위에서도 연성이 있으므로 상온에서 소성가공이 가능하다. 그러나 Pb, Sn와 같은 저융점 재료에 있어서는 재결정 온도가 실온 가까이 있으므로 그림 2-8 (b)와 같이 실온에서 용융점 가까이까지 넓은 범위에 걸쳐 연성을 갖고 있어 열간가공에 포함된다. 또한 합금강의 경우에는 그림 2-8 (c)와 같이 실온에서는 거의 연성이 없으므로 용융점 가까운 고온에서의 열간가공이 적용된다.

3. 소성가공용 가열로

1) 가열로의 구비 조건

열가공에서는 소재를 가열하는 데 필요한 각종 가열로가 사용된다. 일반적으로 보통강과 특수강을 압연하거나 단조하기 위해서는 1,100～1,300℃로 가열하고, 표면과 내부의 온도차가 30～70℃가 되게 균일한 온도 분포로 유지 관리되어야 한다.

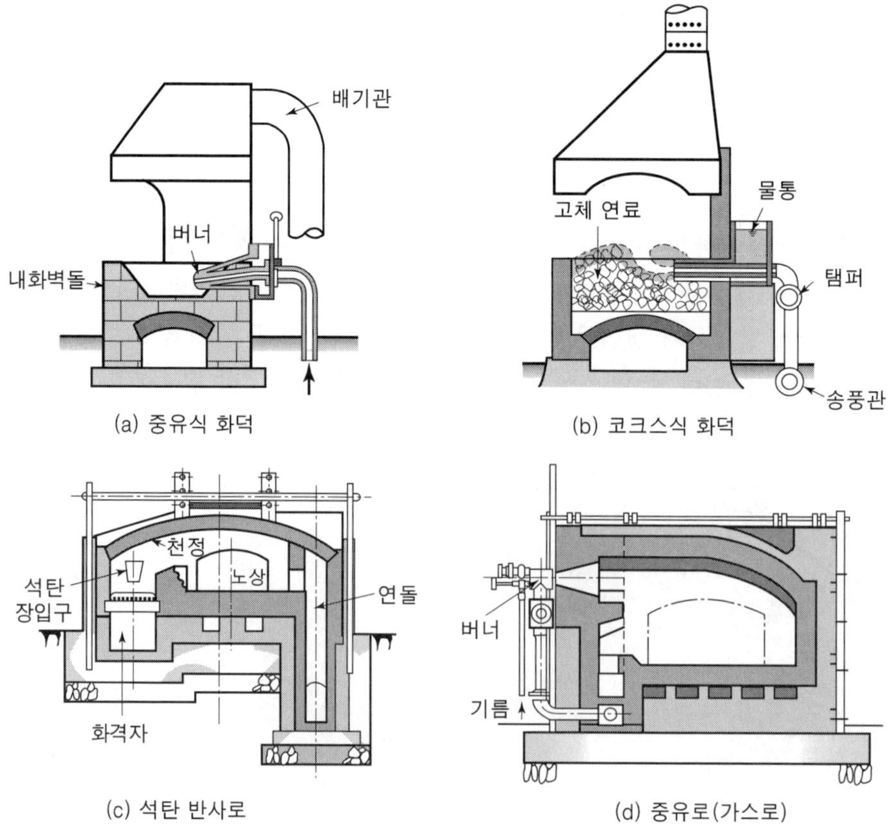

(a) 중유식 화덕
(b) 코크스식 화덕
(c) 석탄 반사로
(d) 중유로(가스로)

그림 2-9 가열로의 종류

가열로는 열효율이 높고, 온도 제어가 용이하며, 노 내의 온도 분포가 균일하고, 유지 및 보수가 용이하여 오래 쓸 수 있어야 한다.

연료로는 보통, 기름, 고로 가스, 천연 가스 및 이들의 혼합물이 있으며, 특수한 경우에는 전기가열 또는 고체 연료나 이들의 분말을 연료로 사용하기도 한다.

소성가공용으로 많이 사용되고 있는 가열로에는 소규모의 단조용으로 사용되는 화덕을 제외하면 단조용과 압연용이 사용 연료나 구조면에서 큰 차이가 없다.

2) 가열로의 분류

가열로는 용도, 가열 재료, 사용 연료, 가열 방법, 구조 등에 따라 분류하거나 가열 목적에 따라 나누기도 한다.

그림 2-9는 일반적으로 많이 사용되고 있는 가열로의 종류와 구조, 그림 2-10은 가스 또는 전기를 열원으로 하는 박스형 대차로의 보기이다.

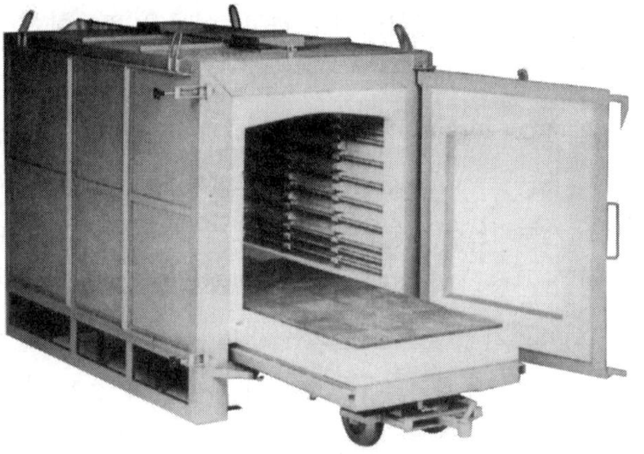

그림 2-10 박스형 대차로의 보기

2.2 단조가공

금속 재료를 적당한 온도로 가열한 다음 외력을 가하여 필요한 모양과 치수로 가압, 성형하여 소재 또는 제품을 만드는 소성가공법을 단조(鍛造, forging)라 한다. 단조는 금속가공법 중에서 가장 오래된 공작법의 하나이다. 간단한 단조작업은 전통적으로 대장간에서 해 온 것처럼 무거운 손 해머와 모루(anvil)를 사용하여 작업하지만, 현대화된 단조작업에서는 다이세트, 단조용 프레스나 기계 해머와 관련 설비를 사용하여 개개의 제품을 생산한다. 단조작업을 통하여 금속 재료의 조직이 개선될 수 있으므로, 단조품은 우수한 강도와 인성을 가지게 된다. 따라서 단조품은 응력을 복합적으로 많이 받는 중요한 용도, 예를 들면 항공기의 이착륙용 기어나 제트 엔진의 부품, 대형 엔진의 크랭크축 등에 신뢰성 있는 기계 요소로 사용될 수 있다. 일반적인 기계용 단조품에는 커넥팅 로드, 터빈의 축, 기어, 공구 및 철도와 수송기계의 구조용 부품 등이 있다.

1. 단조가공의 개요

1) 단조가공의 분류와 특징

(1) 단조가공의 분류

단조의 기본 작업에는 그림 2-11과 같이 늘이기, 업세팅(upseting), 단만들기, 넓히기(swaging), 굽히기, 구멍뚫기, 자르기 등이 있다. 이러한 작업은 실제의 변형 과정에 대한 것이고, 단독으로 실시하기도 하고, 이들을 조합하여 실시하기도 한다. 단조작업에는 자유 단조와 형 단조로 크게 분류할 수 있다. 또 작업 방법에 따라 손 단조(hand forging), 해머 단조(hammer forging)와 프레스 단조(press forging)로 분류하기도 한다.

자유 단조(自由鍛造, open die forging)는 형을 사용하지 않는 단조법으로, 대형 단조품과 제조 개수가 적은 경우에 단조 프레스 또는 기계 해머를 사용하고 있다. 이에 대해 형 단조는 금형을 사용하여 소재에 대해 전체적으로 외력을 가하여 성형하는 형 단조(型鍛造, closed die forging)가 있다. 형 단조는 기어, 공구류, 크랭크축, 캠축 등 비교적 복잡한 형상의 기계 부품 제작에 이용되며, 대량 생산이 가능하여 많이 이용되고 있는 가공법이다. 이 밖에도 냉간 단조(冷間鍛造, cold forging)에는 회전 스웨징(rotary swaging), 냉간 성형(冷間成形, cold forging),

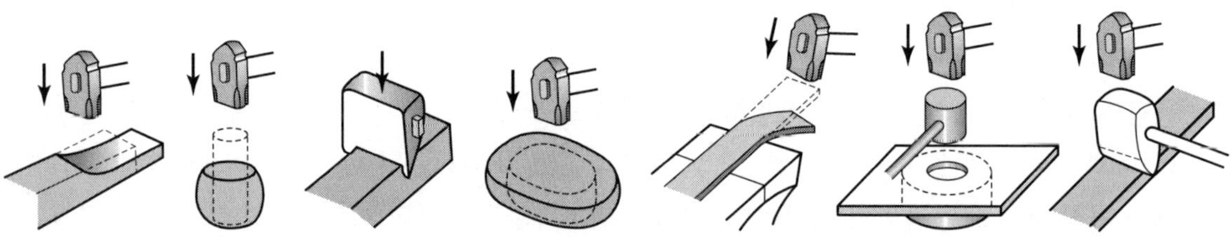

(a) 늘이기 (b) 업세팅 (c) 단만들기 (d) 넓히기 (e) 굽히기 (f) 구멍뚫기 (g) 자르기

그림 2-11 단조의 기본 작업

- 단 조
  - 열간 단조 (hot forging)
    - 해머 단조(hammer forging)
      - 자유 단조(free forging or open die forging)
      - 형 단조(stamping, or drop forging or closed die forging)
    - 프레스 단조(press forging)
    - 업셋 단조(upset machine forging)
    - 압연 단조(roll forging)
  - 냉간 단조 (cold forging)
    - 헤딩(cold heading)
    - 코이닝(coining)
    - 스웨징(swaging)

그림 2-12 단조가공의 분류

코이닝(coining), 압연 단조(壓延鍛造, roll forging) 등이 있다. 이들을 정리 요약하면 그림 2-12와 같이 분류할 수 있다.

(2) 단조가공의 특징

단조는 주로 열간가공이며, 가장 오래된 금속가공법으로, 그림 2-13 (a)와 같이 해머를 사용하여 금속 재료를 손으로 두들겨 바라는 모양으로 만들었으나, 그 후 제품을 신속하게 만들거나 큰 제품을 가공하기 위하여 점차적으로 그림 2-13 (b), (c), (d)와 같이 기계 해머와 프레스를 사용하게 되었다. 이와 같은 단조기술과 단조기계의 큰 발전은 여러 가지 기계 요소의 대량생산과 증기기관의 터빈 날개와 같은 복잡한 것에 이르기까지, 단조에 의한 제품 생산을 가능하게 하였다.

단조의 특징은 강철 등을 가열하여 해머와 같은 단조 기계로 때려서 원하는 모양으로 가공하는 작업으로, 재료 내부에 주조에서 생긴 기포나 불순물이 제거되거나 압착되며, 거칠고 큰 결정 입자는 파괴되어 미세하고 치밀하며 강한 조직으로 된다.

따라서 기계 부품 중 중요한 기계 요소는 단조가공법에 의해 가공되고 있다. 그러나 단조는 조건에 알맞는 재료이어야 하는 제한이 있으며 복잡하고 큰 제품의 제조에는 가공상의 어려움과 경제적으로 불리한 점이 있다. 그림 2-14는 크랭크축을 단조가공한 것과 절삭가공한 제품의 단면을 비교한 것이다.

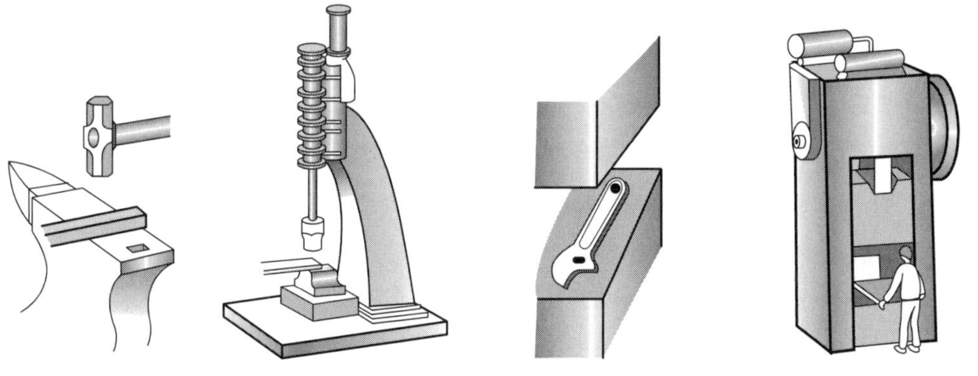

(a) 인력 단조 (b) 기계 해머 단조 (c) 형 단조 (d) 프레스 단조

그림 2-13 단조가공의 발전

(a) 단조품 : 단조한 크랭크축의 단류선을 나타낸 것으로, 단류선이 윤곽에 따라 형성되고 있다

(b) 절삭가공품 : 큰 소재로부터 절삭가공한 크랭크축으로, 조직의 흐름이 단절되어 있어 단조품에 비해 약하다

그림 2-14 단조와 절삭가공의 섬유상 조직 비교

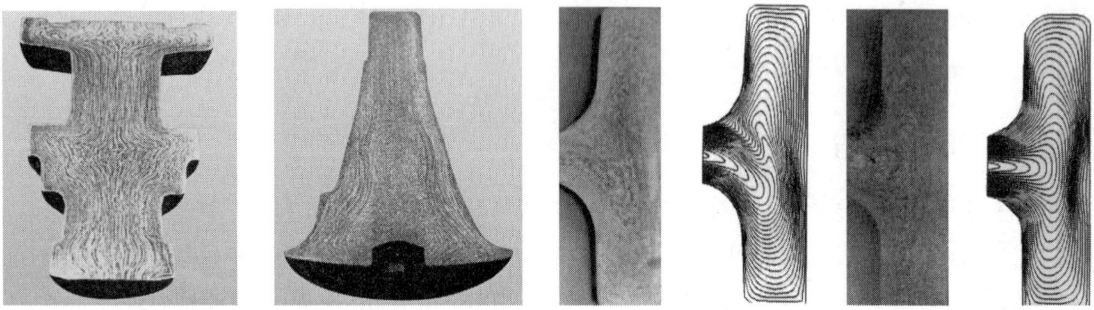

(a₁) (a₂) (a₃) (b₁) (a₄) (b₂)

(a_1), (a_2), (a_3), (a_4) : 강의 설퍼 시험(sulfur print test)
(b_1), (b_2) : AFDEX(Adviser for Forging Design Expert)에 의한 시뮬레이션

그림 2-15 단조품의 단류선

단조가공에 의하면 다음과 같은 작용으로 결정 조직을 균일화하는 효과가 있다.

① 단조가공에 의해 주조 조직인 조대(粗大)한 주상정 조직이 파괴되고 가스 구멍, 수축공들을 압착하여, 국부적인 편석을 확산시켜 균일화한다.
② 금속을 절단이나 절삭 없이 원하는 모양으로 만들고, 그림 2-15와 같이 연속적인 섬유 조직인 단류선(鍛流線, flow line)을 갖게 한다.

2) 단련효과와 가단성

(1) 단련효과

단조가공을 하는 목적의 하나는 재료의 성질을 개선, 향상시켜 내부 결함을 줄이고 안정성을 높이기 위한 것으로 이를 단련(鍛鍊, forging)이라 한다. 단련효과(鍛鍊效果, forging effect)가 재료의 내부까지 충분히 미치도록 하기 위해서는 알맞은 온도에서 충분한 양의 단조가공이 이루어져야 한다. 단련효과를 변형량으로 표시하는 것은 정확하지는 않지만, 주어진 소성변형 정도를 나타내는 단련효과의 지수로서, 단조비 또는 단련 성형비(鍛鍊成形比, forging ratio)를 사용한다. 예를 들면 그림 2-16과 같이 지름 D_0, 길이 L_0의 재료를 축선에 수직 방향으로 단조하여 단면적 A_0을 A_1로 감소시키고, 길이를 L_0에서 L_1로 증가시켰을 경우에 L_1/L_0 또는 A_0/A_1으로 단조비를 표시한다.

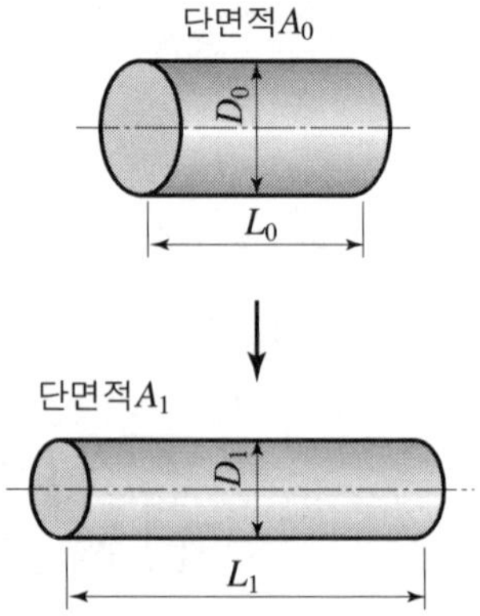

그림 2-16 실제 단련의 단련비 표시법

(2) 가단성

대형 강괴의 단조

단조에 적합한 재료의 성질을 가단성(可鍛性, forgeability)이라 하며, 단조작업 중에 소재가 균열을 일으키지 않고 변형 능력이 좋은 것으로 정의된다.

가단성을 정량화(定量化, quantification)시키기 위해 여러 가지 시험법이 개발되었으나, 일반적으로 사용되는 시험에는 원주형 시편을 압축하여 배가 나온 옆면에 균열이 생기는지를 관찰하는 업세팅 시험이 있다. 균열이 생길 때까지 많은 변형을 받을수록 금속의 가단성은 양호하다고 할 수 있다. 업세팅 시험은 온도 및 변형 속도를 변화시켜 가면서 할 수도 있다. 철, 동, 알루미늄 등 순도가 높은 것은 가단성이 커서 단조하기 쉽지만, 기계 재료는 강도, 인성, 경도 등 제품이 요구하는 조건을 만족시켜야 하므로 가단성은 다소 떨어지더라도 알맞은 기계적 성질을 가지고 있어야 한다.

2. 단조작업

1) 단조용 재료와 단조 온도

(1) 단조용 재료

1 단조용 강재

강재는 단조가공용 소재로 가장 많이 사용되고 있는 재료이며, 소재 표면의 상처, 스케일, 탈탄, 내부 편석, 개재물, 가스 구멍 등이 없는 것이 좋다.

금속의 가단성(forgeability)은 성분이 순수할수록 좋아진다. 해가 되는 원소 중에서 C는 극히 나쁘고, P, S 성분도 가단성을 저해한다. 특히 P는 냉간취성(冷間脆性, cold shortness)을, S는 적열취성(赤熱脆性, red shortness)을 높이는 원소이다. 비금속 개재물은 단조 시 변형되지 않고, 주위의 금속 응집을 방해하게 되므로, 가공도가 커지면 이들 개재물이 섬유상이 되어, 단조재에 기계적 성질의 이방성을 갖게 하는 원인이 될 수 있다.

2 단조용 비철 금속 재료

비철 금속도 단조용으로 사용되지만 강재와 같이 첨가 원소가 적을수록 가단성이 좋다.

● **경 합금**

순 Al일수록 가단성이 우수하고, Al−Cu−Mg계의 합금이 단조가 가장 어렵다. 특히 Cu의 함유량이 많아질수록 가단성이 떨어진다. 이런 경우에는 저속 압축에 의한 가공이 바람직하다. 따라서 수압기, 크랭크 단조기 등을 사용한다. 그리고 비교적 저온에서 가공하게 되므로 윤활에 의한 효과도 현저하다.

● **동 합금**

순동일수록 가단성이 극히 좋으며, 황동도 20%Zn까지는 열간가공성, 특히 압연성이 우수하다. 일반적으로 $\alpha+\beta$ 조직의 합금과 네발황동(Naval brass)은 가단성이 좋다. 이에 비해 Pb, Bi, Sb 등은 동 합금의 취성을 증가시켜, 가단성을 나쁘게 한다.

(2) 단조 온도와 가열 온도

금속 재료는 일반적으로 온도가 높을수록 단조성이 커져서 단조가공이 쉬워진다. 단조 온도에는 최고 가열 온도와 단조 종료 온도가 중요하다. 재료를 가열할 때 최고 가열 온도가 지나쳐서 과열되면 재료의 표면에 부분적인 탈탄과 연소 또는 조대한 조직상이 나타난다. 이에 따라 재료는 약해지고 균열이 생기고 단조가 불가능하게 되거나 단조 결함의 원인이 된다. 표 2−3은 각종 재료의 최고 단조 온도와 단조 종료 온도의 기준을 나타낸 것이다.

표 2−3 단조 온도

재 료	최고 단조 온도 [℃]	단조 종료 온도 [℃]	재 료	최고 단조 온도 [℃]	단조 종료 온도 [℃]
탄소강(0.1%C)	1,352	750	크로뮴강(13%C)	1,280	850
탄소강(0.3%C)	1,290	790	스테인리스강(18−8)	1,300	850
탄소강(0.5%C)	1,250	820	고속도강	1,200	1,000
탄소강(0.7%C)	1,170	850	전기동	870	760
탄소강(0.9%C)	1,120	900	4−6 황동	790	620
니켈강(3%Ni)	1,250	850	알루미늄 청동	870	690
니켈 · 크로뮴강(3%)	1,250	800	인청동	800	650
크로뮴 · 바나듐강	1,250	850	단조용 알루미늄 합금	450	360

2) 열간 단조와 냉간 단조

(1) 열간 단조

열간 단조는 소재를 재결정 온도 이상으로 가열하여 가압 또는 타격에 의해 성형하는 단조로 고온에 의한 높은 단조성으로 낮은 하중을 이용할 수 있는 단조법이다. 열간 단조에는 자유 단조와 형 단조가 있다. 자유 단조는 선박용 대형 크랭크축, 발전기의 로타, 원자로의 압력용기 등의 가공에 이용되며, 중량은 5 MN(약 500 kgf)의 대형 제품에서 100 N(약 10 kgf)의 소형 제품에 이르기까지 폭넓게 이용되고 있다. 또한 형 단조는 치수가 정밀하고 복잡한 모양의 제품 단조에 알맞다. 그러나 자유 단조에 비해 가공에 필요한 힘이 커짐에 따른 강력한 프레스가 필요하고 형의 제작비가 높고, 형을 조립하는 등 준비에 많은 시간이 소요되므로 대량 생산용이 아니면 적용되지 않는다.

(2) 냉간 단조

냉간 단조는 열간 단조와 같이 가열 장치가 필요 없고, 가열에 의한 산화막도 형성되지 않으므로 표면의 가공 상태와 치수가 정밀하다. 또한 제품의 기계적 성질이 우수하여 볼트, 너트 등 나사류를 비롯한 자동차 부품, 건설 기계 등 각종 기계 부품의 성형에 이용되고 있다. 냉간 단조는 압출, 업세팅, 압인가공 또는 이들을 조합한 성형법의 총칭이라 할 수 있다.

3) 단조용 공구와 기계

(1) 단조용 공구

단조용 공구에는 그림 2-17과 같은 앤빌(anvil), 스웨이지 블록(swage block) 및 손해머, 집게, 다듬개, 정, 탭 등이 있다. 앤빌은 소재를 단조할 때 사용되는 받침대이며, 스웨이지 블록은 앤빌의 일종으로 소재를 여러 가지 모양으로 성형할 때 사용할 수 있다. 그 밖에 구면의 다듬질에 사용하는 스냅(snap)과 구멍뚫기용 펀치 등이 있다.

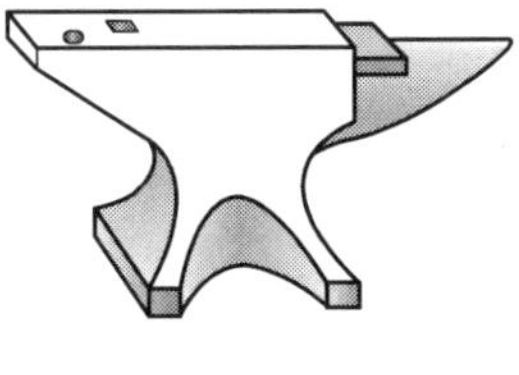
(a) 앤 빌

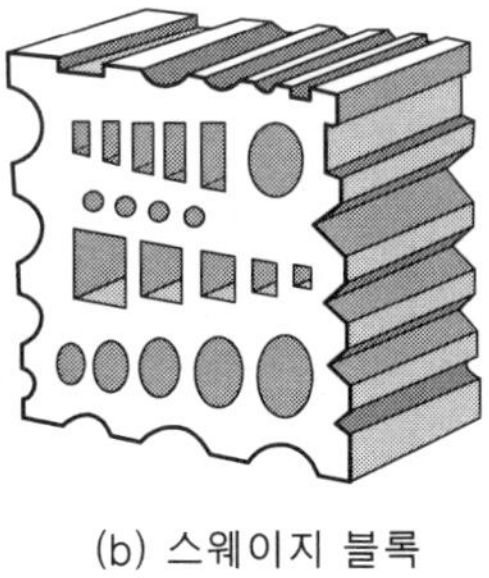
(b) 스웨이지 블록

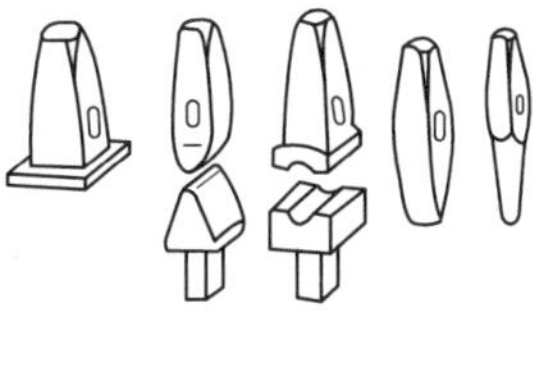
(c) 각종 다듬개

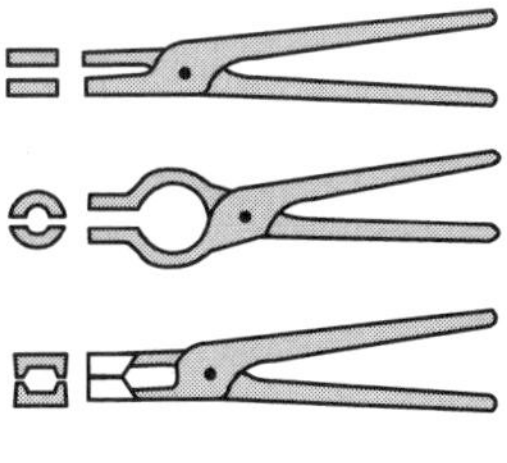
(d) 공구 집게

그림 2-17 단조용 공구

(2) 단조용 기계

1 단조 해머

단조용 해머는 힘의 전달 수단에 따라 공기 해머, 증기 해머, 스프링 해머, 낙하 해머, 단조용 프레스, 수압 프레스 등이 있다.

● 공기 해머

공기 해머(air hammer)는 압축 공기로 해머 머리를 상하 운동시키는 기계로 공기 압축 장치 부분과 해머 머리가 직결된 타격 부분으로 구성된다. 압축 공기는 해머 머리를 위로 올리는 데에만 사용하는 구조와 타격할 때에도 함께 작용하는 구조가 있다. 공기 해머는 해머 실린더의 밸브를 조절함으로써 해머 머리의 낙하 거리 및 낙하 속도를 조절할 수 있으며, 필요에 따라 타격의 강약을 조절할 수 있다. 공기 해머의 용량은 낙하 부문의 전체 무게를 톤(ton)으로 표시한다. 그림 2-18은 공기 해머의 보기이다.

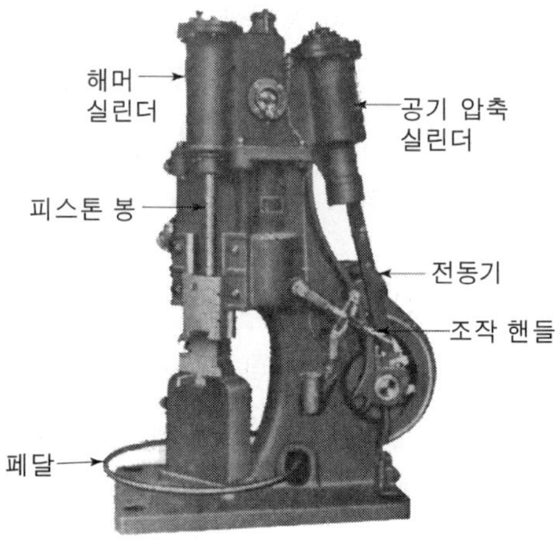

그림 2-18 공기 해머

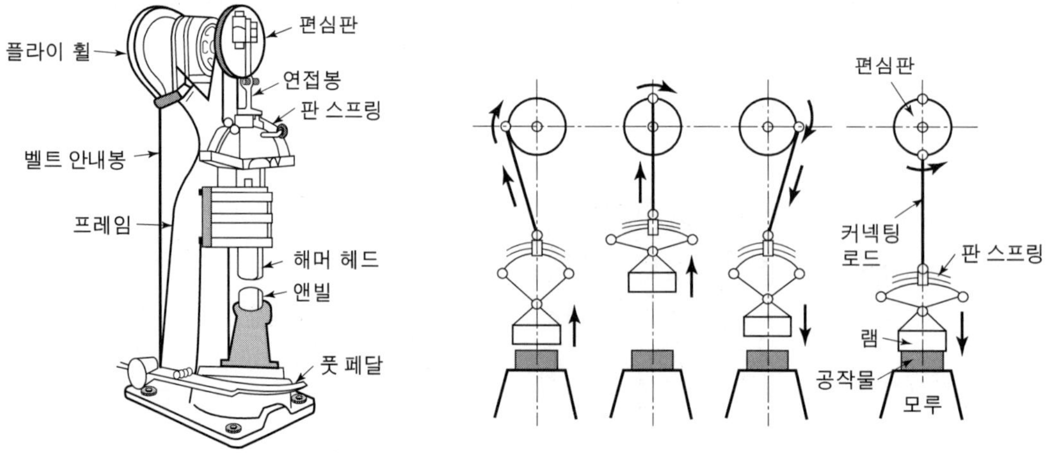

(a) 구 조　　(b) 작동 원리

그림 2-19 스프링 해머

● **스프링 해머**

스프링 해머(spring hammer)는 크랭크의 회전 운동에 의한 기계적 타격력을 스프링에 의하여 증가시킬 수 있는 구조로 되어 있다. 주로 공구 등의 작은 제품의 자유 단조에 사용된다. 그림 2-19 (a)는 스프링 해머의 구조, 그림 2-19 (b)는 작동 원리를 나타낸 것이다.

● **드롭 해머**

벨트(belt), 판(board), 체인(chain), 로프(rope) 등을 이용하여 해머를 일정 높이에 올려 놓고, 이것을 자유낙하시켜 공작물에 타격을 가하는 단조용 기계를 드롭 해머(drop hammer)라 한다. 보통 해머의 낙하 거리는 2~4 m이며, 비교적 가벼운 해머라 하더라도 타격력이 큰 것이 특징이다. 작업의 성질상 자유 단조보다 형 단조에 사용된다.

2 단조용 프레스

프레스는 소재에 저속 운동으로 가공력을 가하는 기계로 작업 시에 해머와 같은 진동이나 소음이 적고, 금형을 매개로 가공력을 재료에 균일하게 가할 수 있는 장점이 있다. 또한 해머와 같이 타격력을 받쳐 주는 단단한 기초가 없어도 된다. 그러나 공작물에 가해지는 큰 힘을 프레스 자체가 지탱하여야 하므로 프레스 몸체가 단단하여야 한다. 그림 2-20은 750 ton 단조 프레스와 단조의 보기이다.

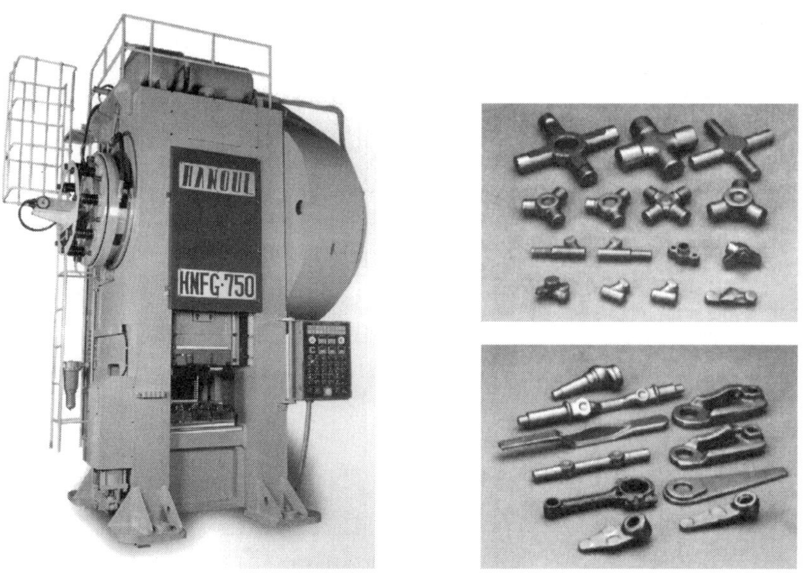

(a) 단조 프레스 (b) 단조제품

그림 2-20 단조 프레스(750ton)와 제품의 보기(한일프레스 catalogue)

4) 단조 방법

(1) 형 단조

1 단조형의 형식

제품의 모양을 반대로 조각한 금형 사이에 소재를 압축하여 성형하는 단조법을 형 단조(型鍛造, die forging)라 하며, 주로 열간가공에 이용된다. 금형에 의한 구속은 정도에 따라 그림 2-21 (a), (b), (c)와 같이 세 형식이 있으며, 개방형은 형에 의한 구속이 비교적 적어 자유 단조에 가까우나 이용에 한계가 있다. 또한 밀폐형은 가압 시에 잉여 재료를 수용할 곳이 없어서 형 내의 압력이 지나치게 높아진다. 따라서 일반적으로 사용되고 있는 형 단조에는 그림 2-21 (b)와 같은 반밀폐형이 사용되고 있다.

2 밀폐 단조와 폐속 단조

형 단조는 새롭게 개선한 밀폐 단조(密閉鍛造)와 폐속 단조(閉束鍛造) 방식이 사용되고 있다. 밀폐 단조는 금형 구조를 그림 2-22 (a)와 같이 개선하여 단조품의 주위에 생기는 여분의 귀가 생기지 않도록 소재의 흐름을 용이하게 하여 여분의 소재를 형 내에 수용하여 하중이 과대해지는 것을 방지해 주는 방식이며, 압인가공(壓印加工)이 밀폐 단조의 일종이다. 폐속 단조는 그림

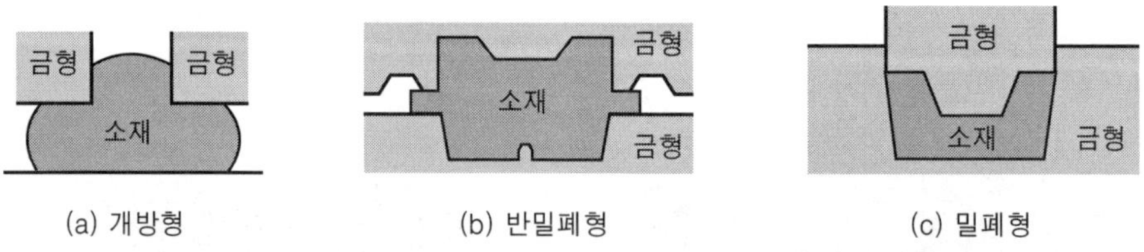

그림 2-21 단조형의 형식

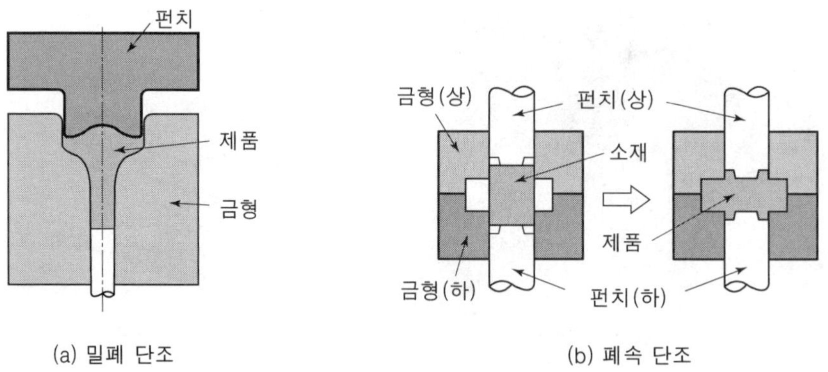

그림 2-22 밀폐 단조와 폐속 단조

2-22 (b)와 같이 소재의 외주를 금형으로 구속한 상태에서 펀치를 압입하여 성형하는 방법으로, 펀치의 동작을 제어함에 따라 재료의 흐름을 조절할 수 있다. 또한 소재에 높은 정수압적 응력의 발생으로 형과의 마찰도 적어져서 결함도 방지된다. 자동차용 소형 부품을 중심으로 공기 조화기 부품, 농업용 기계 부품 등 대량 생산에 이용된다.

3 형 단조 공정

형 단조(die forging)는 반밀폐형인 상하 한 쌍의 형을 사용하며, 하형은 앤빌 위에 고정하고 상형은 램, 즉 해머에 고정한다. 소재를 하형에 놓고 램을 앤빌 위에 낙하시키면 소재는 금형 속에서 변형, 충만되어 성형된다. 단조 과정은 그림 2-23 (a)와 같은 복식형 다이를 사용하며, 그림 2-23 (b)의 성형 공정과 같이 예비 성형, 거친 성형, 다듬 성형, 따내기 순으로 단조된다.

(2) 업세팅에 의한 단조

소재가 원형 단면일 때에는 업세팅한 다음 북 모양이 되어도 횡단면은 원형을 유지하나, 원형 이외의 단면일 때에는 마찰 저항 때문에 횡단면의 형태도 변하고, 내부의 결정 입자 모양도 균일하지 못하다. 가늘고 긴 재료의 일부분을 업세팅할 때에는 그 부분만을 가열하여 이것을 길이 방향으로 업세팅한다.

그림 2-24는 환봉을 여러 가지 조건하에서 업세팅하였을 때의 결과를 나타낸 것이다.

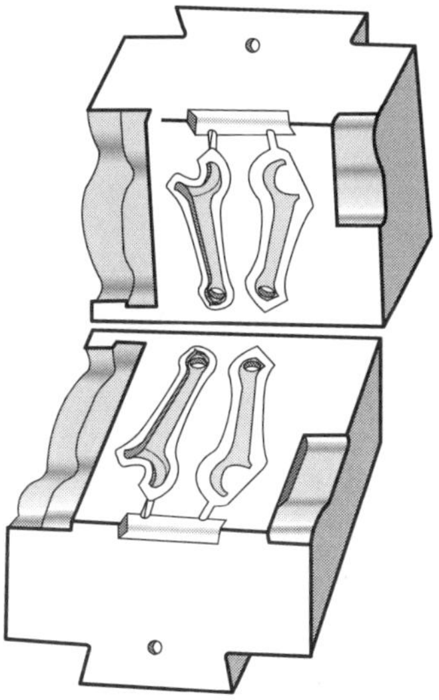

(a) 복식형 다이

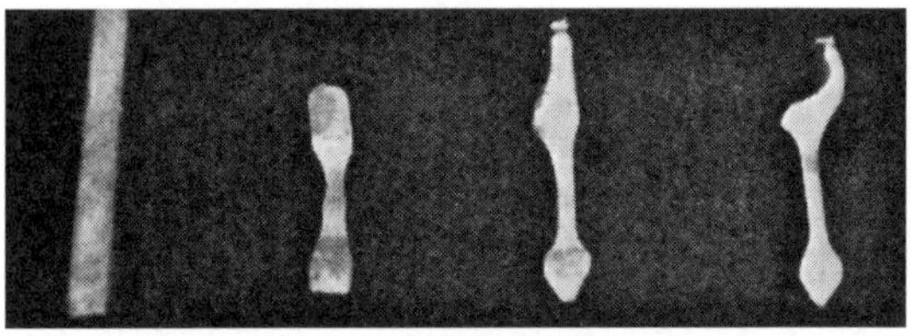

(소재) (예비 성형)

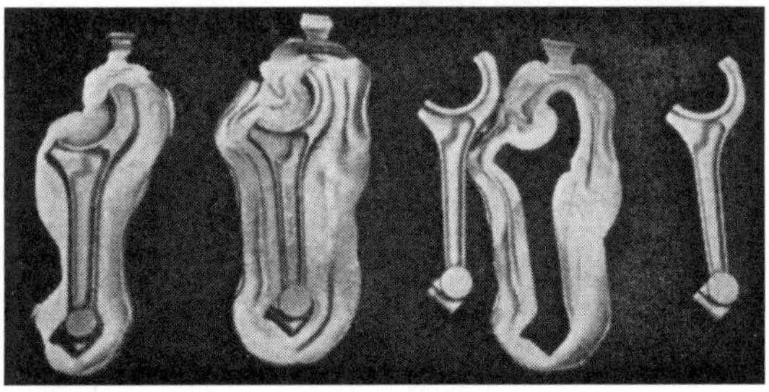

(거친 성형) (다듬 성형) (따내기) (제품)

(b) 성형 공정

그림 2-23 커낵팅 로드의 형 단조 공정

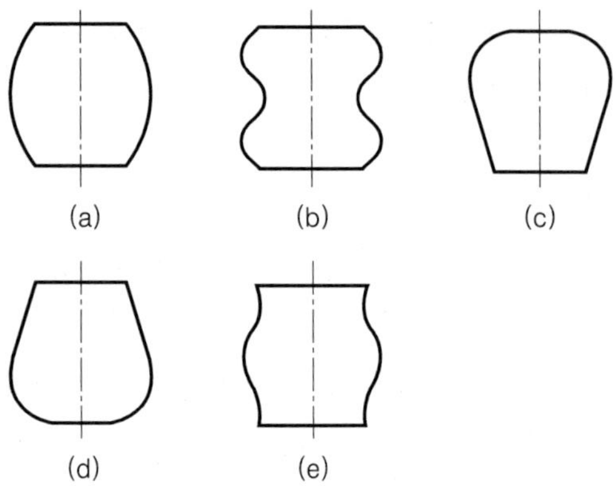

(a) 내외, 상하 모두 균일하게 가열되고 가압도 충분할 때
(b) 변형 압력이 불충분하고, 중앙부 온도가 너무 낮을 때
(c) 변형 압력이 불충분하고, 모루가 작고 밑 부분의 온도가 낮을 때
(d) 밑 부분이 고온이며, 모루 위에 낙하시키고 위의 온도가 낮을 때
(e) 중앙부의 온도가 적당하나, 위아래 양쪽의 온도가 너무 낮을 때

그림 2-24 환봉을 업세팅한 결과

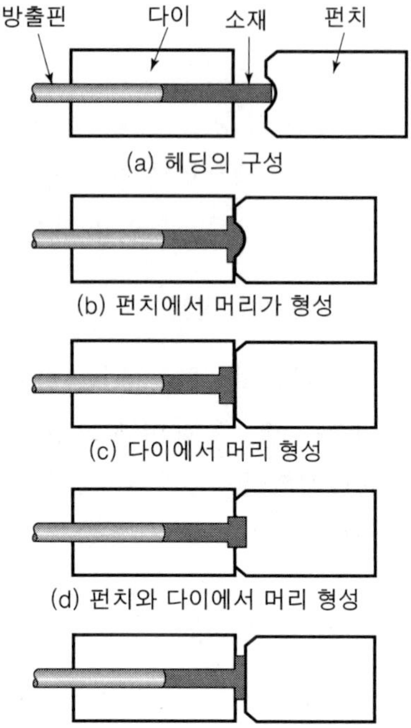

그림 2-25 볼트나 리벳의 헤딩 방식

1 헤 딩

헤더(header)를 사용하여 환봉의 소재에 머리를 가공할 때에는 그림 2-25와 같이 (b), (c), (d), (e)의 방식이 있다. 헤딩작업(heading)은 그리퍼 다이(gripper die)로 소재 한쪽을 단단히 고정하고 펀치로 축 방향에 강하게 타격을 가하여 소재의 끝 부분에 볼트, 리벳, 못, 기타 체결용 부품의 머리 부분을 성형한다. 주로 냉간 단조로 이루어진다.

2 업세팅

업세팅(upsetting)은 봉재의 끝 부분이나 중간부를 축 방향으로 압축하여 지름이 큰 부분을 가진 제품을 만드는 가공으로, 열간에서 큰 변형에 의한 형 단조에 비해 소재에 타격이나 압축력을 가하여 성형하는 단조법으로 리벳, 볼트, 너트 등의 소형 제품은 주로 냉간 단조로 제조한다. 업세팅을 하면 가공부의 재료 조직이 미세화되고, 섬유의 흐름이 연속되므로 기어(gear) 소재 등의 제조에 적합하다.

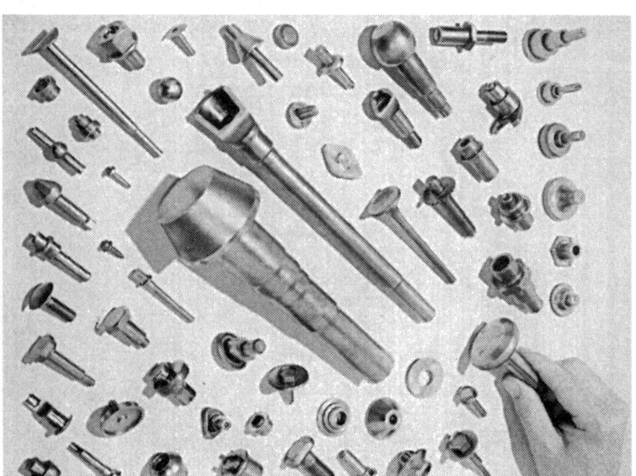

냉간 단조품

2.3 압연가공

⬆ 열연 다듬 압연기(포항제철 brochure)

소성변형이 비교적 잘되는 금속 재료를 상온 또는 고온에서 회전하는 롤 사이로 통과시켜 여러 가지의 판재, 형재, 관재 등의 소재를 만드는 가공법을 압연(rolling)이라 한다. 압연가공은 주조 조직을 파괴하고, 기포나 수축공 등을 압착하여 고르고 양질의 소재를 얻을 수 있는 가공법이다. 또한 주조나 단조와는 달리 변형이 연속적으로 이루어지므로, 치수와 재질이 균일한 제품을 다량으로 얻을 수 있고 생산비도 적게 들어, 금속가공법 중에서 2차 가공의 소재가 되는 판재, 형재, 봉재, 선재 및 관재 등은 대부분이 압연가공에 의해 제조되고 있다. 이에 따라 압연가공은 정밀하고 대량 생산을 고속으로 할 수 있게 하기 위한 기술적인 노력이 경주되면서 많은 발전을 이룩한 금속가공법이다.

1. 압연가공의 개요

1) 압연가공의 기초

(1) 열간 압연과 냉간 압연

금속의 압연은 재결정 온도 이상에서 작업하는 열간 압연(熱間壓延, hot rolling)과, 재결정 온도 이하에서 작업하는 냉간 압연(冷間壓延, cold rolling)으로 크게 나눌 수 있다.

열간 압연은 치수가 큰 재료를 압연할 때 많이 사용되는 것으로, 주조 조직도 개선할 수 있고 기계적 성질도 향상시킬 수 있으며, 변형이 잘되어 가공에 소요되는 동력도 적게 드는 장점을 가지고 있다. 이에 대해 냉간 압연은 재료의 두께나 단면이 작은 경우 및 압연의 마무리작업에 많이 사용되는 가공으로, 치수가 정확하고 표면이 깨끗하며, 강한 제품을 얻을 수 있다. 열간 압연판에서는 거의 이방성(異方性, anisotropic)이 없으나, 냉간 압연판은 이방성을 나타내므로 2차 가공에서 주의하여야 한다. 예를 들면 판재를 프레스가공하거나 충격 압출가공을 하면 가공재에 귀가 생길 경우가 있으며, 굽힘가공을 할 경우에는 균열이 생기는 일이 있으므로 굽힐 방향에 주의해야 한다.

(2) 압연 공정

압연 제품은 종류에 따라 강괴로부터 제품까지의 중간재를 만드는 분괴 압연과 중간재에서 판재, 봉재, 형재 등의 제품을 만드는 중후판 압연, 박판 압연, 형강 압연, 봉 · 선재 압연 및 특수 압연 등이 있다. 특수 압연에는 타이어, 압연 성형법, 만네스만(Manesmann)법이나 플러그 밀(plug mill)법 등도 있다.

종래의 제강공장에서의 압연 공정은 제강로에서 용융 · 조정된 용강을 강괴(ingot)로 만들어 균열로 또는 가열로에 넣어서 열간 압연 온도로 가열한 다음, 분괴 압연기에 넣어 블룸(bloom), 빌릿(billet) 또는 슬래브(slab) 등의 반제품으로 압연하였다. 그러나 현대화된 대규모의 제강공장에서는 용강을 연속 주조하여 분괴 공정을 거치지 않고 반제품을 얻는 연속 주조법(連續鑄造法, continuous casting)을 채택하고 있다. 그림 2-26은 연속 주조기를 설비한 일관작업 공정에서 박판을 주로 압연하는 압연작업 공정의 보기이다.

(3) 압연 기구

압연 중의 재료는 회전하는 원통형 롤에 의하여 상하 양면에서 압축되어 얇아지는데, 압연의

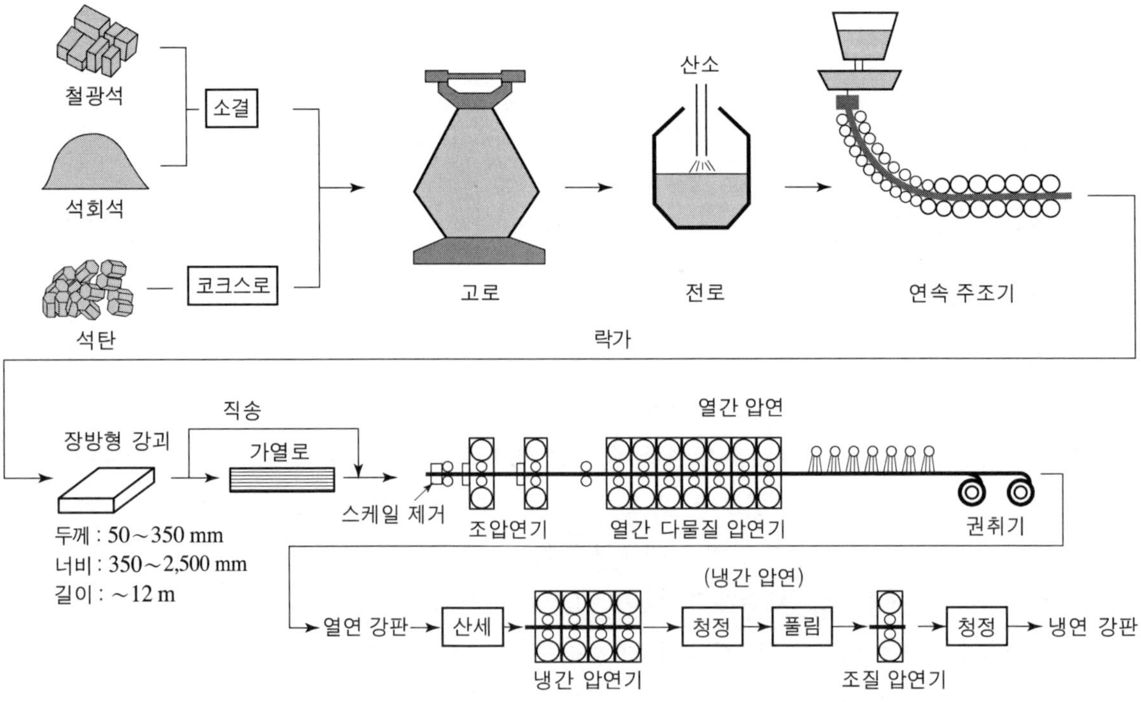

그림 2-26 강판 압연의 일관작업 공정

가공도는 압하량(壓下量) 또는 압하율(壓下率)로 표시하며, 식 (2-1), (2-2)로 나타낸다.

$$압하량 = h_0 - h_1 \tag{2-1}$$

$$압하율 = \frac{h_0 - h_1}{h_0} \times 100\% \tag{2-2}$$

여기서 h_0 : 압연 전 재료의 두께
h_1 : 압연 후 재료의 두께

이때 압연에 의하여 재료의 너비는 약간 넓어지며, 크기는 롤의 지름, 압하량, 압연 속도, 재질 및 단면 형상과 크기, 온도 및 롤면의 윤활 상태 등에 따라 다르나, 근삿값은 식 (2-3)으로 구할 수 있다.

$$b_1 - b_0 = 0.35\sqrt{R(h_0 - h_1)} \times \frac{h_0 - h_1}{h_0} \tag{2-3}$$

여기서 h_0 : 압연 전 재료의 너비
h_1 : 압연 후 재료의 너비
R : 롤의 반지름

너비는 약간 넓어지므로 두께의 감소분은 대부분이 길이의 증가로 된다. 판이 롤에 들어갈 때의 속도보다 롤에서 나올 때의 속도가 길이의 증가분만큼 더 빨라진다. 롤의 원주 속도는 일정하므로, 그림 2-27에서 판이 롤과 접촉되어 있는 P, G, Q 위의 모든 위치에서 판의 속도와 롤의 원주 속도가 같아지지는 않는다. 입구의 P점에서는 판의 속도가 느리며, 출구의 Q점에서는 판의 속도는 오히려 빨라져서, 롤에 대한 판의 상대적 방향이 도중에서 반대가 된다. P와 Q의 중간의 어느 점에서(도형의 G점) 롤의 원주 속도와 판의 속도가 같아지는데, 이 점을 등속

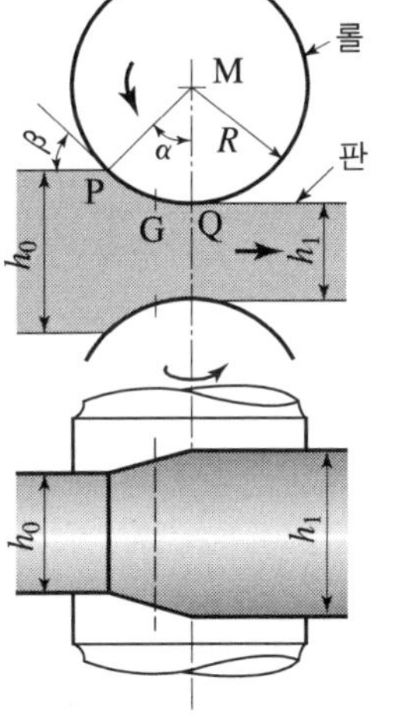

그림 2-27 압연에 의한 판의 변형

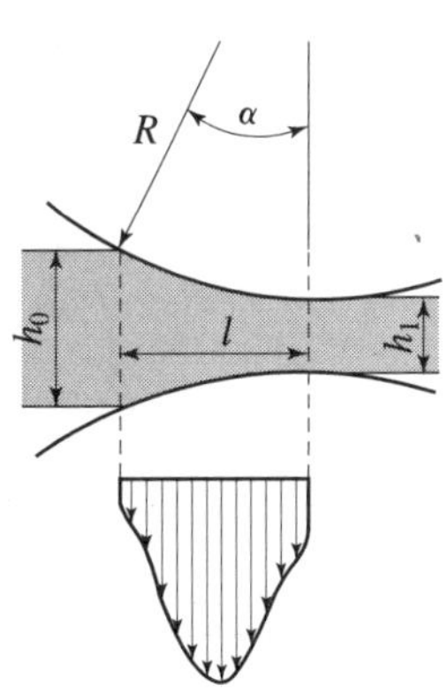

그림 2-28 압연 압력의 분포

점(no slip point)이라 한다.

그림 2-27에서 접촉각을 α, 롤과 판의 마찰각[1)]을 β라 하면, 롤 압연에서는 다음과 같은 관계가 있다.

$\alpha \leq \beta$ 일 때 : 판은 롤과의 마찰에 의해 물려 들어가 압연이 된다.

$\alpha > \beta$ 일 때 : 미끄러져서 물려 들어가지 못한다.

압연 중에 롤과 판과의 접촉면에 작용하는 압력의 분포는 그림 2-28과 같이 입구보다는 출구쪽이, 가공 경화에 의해 압력이 전반적으로 커진다. 그리고 중간의 미끄럼이 없는 점 부근이 최대 압력이 된다.

(4) 압연에 의한 결정 및 조직 변화

1 결정립의 변화

모든 금속 재료는 고체 상태에서 일정한 원자 배열을 하고 있는 결정체이다. 실제 금속 재료의 조직은 결정립이 많이 모여서 다결정 조직이 된다. 이러한 조직을 가지는 금속 재료를 압연하면 결정 격자의 일부가 결정면에 따라 이동해서 슬립을 일으킨다. 원자가 가장 밀집되어 있는 격자면에서 가장 먼저 슬립이 일어나는데, 이 면을 슬립면이라 한다. 압연가공을 하면 결정립은 압연 방향으로 늘어난다.

2 조직의 변화

압연할 때의 재료의 조직은 가공 온도에 따라 달라지는데, 열간가공에서는 그림 2-29에서와 같이 압연 과정에서 늘어난 결정립이 바로 회복되어 재결정 입자의 성장을 일으켜 결정립이 조

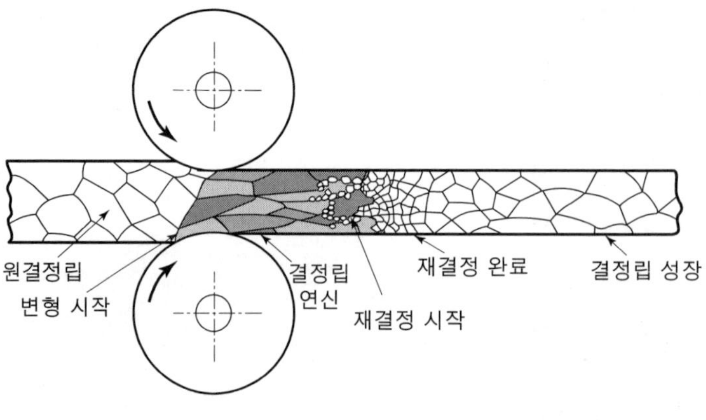

그림 2-29 열간가공에서의 조직 변화

---

1) 판의 마찰각 : 마찰계수를 μ라 하면 $\mu = \tan\beta$ 가 된다.

대화되므로 계속해서 압연할 수 있다. 가공을 끝내는 온도, 즉 마무리 온도에 따라 결정립의 크기는 달라지며, 마무리 온도가 낮을수록 결정립은 미세화된다. 냉간가공에서는 재료의 조직이 변형률(가공도)에 따라 섬유상 조직이 다르게 나타난다. 이와 같이 재료가 섬유상 조직이 되면 여러 가지 성질이 달라진다. 예를 들면 냉간 압연 강판에서는 압연 방향 및 세로 방향에서 채취한 시험편의 강도, 항복점, 연신율 등을 시험해 보면 서로 다른 값을 나타내는 것을 알 수 있다.

2) 압연 설비

(1) 압연기의 형식과 종류

압연기는 일반적으로 그림 2-30과 같이 롤의 수, 회전 방향, 배치 방식 및 배열 등의 형식에 따라 분류하고 있으며, 이 밖에 제품에 따라 분류하기도 한다.

1 제품에 따른 종류

- 분괴 압연기

고성능을 목적으로 하는 고속화, 대형화 및 자동화가 진행되고 있으며, 특히 슬래브 압연기에는 유니버설(universal) 방식이 채용되고 있다.

- 후판 압연기

종래의 2단, 3단 압연기는 받침 롤이 있는 4단 압연기로 발전하였다. 그 후에는 제품의 품질 향상을 위하여 자동 판 두께 제어 장치, 롤 베어링 장치가 일반적으로 설치되었다.

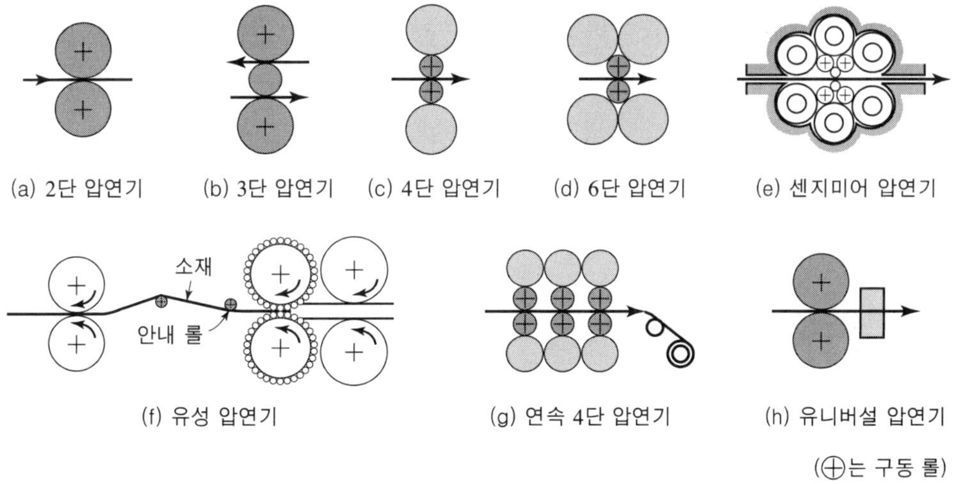

그림 2-30 압연기의 형식

● 열간 대강 압연기

판의 수요 증가에 따라 열간 대강 압연기는 압연기 중에서도 가장 현저히 발전했는데, 완성 압연기의 스탠드 수도 종래 6기가 표준이었으나 이미 7기의 압연기가 사용되고 있으며, 새로 건설된 압연기는 8기 또는 그 이상이 실현되고 있다.

● 형강 압연기

종래 형강 압연에 사용되었던 공형 롤이 유니버설 롤화됨에 따라 생산의 능률화, 자동화, 대형화가 이루어졌다. 봉강 압연기는 전 연속식의 배열을 하여 다른 압연기와 같이 자동 치수 제어, 컴퓨터 제어가 실현되고 있다.

2 롤의 배치 방식에 따른 종류

● 2단식 압연기(two high mill)

가장 간단한 형식의 것으로, 스탠드 내에 지름이 같은 2개의 롤이 상하에 있어 재료를 롤에 통과시켜 압연을 하고, 롤 상부로 다시 되돌려 먼저 위치로 운반하여 압연을 되풀이 할 수 있게 된 것으로 그림 2-30 (a)와 같다. 그리고 2단식 압연기를 그림 2-31 (a)와 같이 일직선으로 여러 대 배치한 것을 2단 연속식 압연기(continuous two high mill)라 한다. 그리고 그림 2-31 (b)와 같이 1회 압연할 때마다 롤의 회전 방향이 반대로 역전하는 압연기를 2단 역전식 압연기(two high reversing mill)라 한다.

● 3단식 압연기(three high mill)

그림 2-30 (b)와 같이 3단식으로 한 것으로, 서로 인접한 각 롤은 압연할 때 각각 반대 방향으로 회전하게 되어 있다. 이것은 롤을 역전하지 않고 재료를 쉽게 왕복시켜 가공할 수 있으므로, 대형 재료의 압연에 편리하다. 박판을 지름이 큰 롤로 압연하면 힘이나 일량이 커지므로, 그림 2-32와 같이 중간 롤의 지름을 아주 작게 하여 압연 소요 동력을 줄이고 작업 효율을 좋게 하고 있다. 이것을 라우드식 3단 압연기(lauth's plats mill)라 한다.

(a) 2단 연속식 압연기

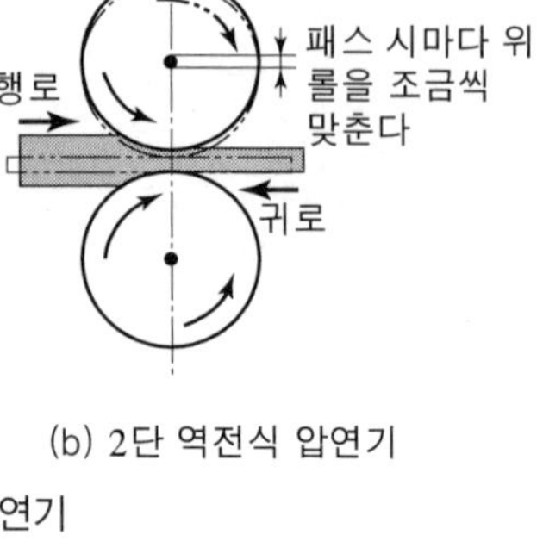

(b) 2단 역전식 압연기

그림 2-31 2단식 압연기

● **4단식 압연기(four high mill)**

그림 2-30 (c)와 같이 지름이 작은 한 쌍의 작업 롤의 위아래에 지름이 큰 롤을 받쳐 굽는 것을 방지하는 동시에 압연 동력을 적게 한다. 주로 냉간 압연기에 많이 사용되고 있으며, 표면이 깨끗한 판재를 얻을 수 있다.

● **4단 연속식 압연기**

그림 2-33과 같이 4단 압연기를 몇 대 연속시킨 것으로, 각 롤 사이 또는 최종 롤과 코일링 장치 간에 인장력을 주게 되며, 큰 판을 냉간 압연할 때 쓰인다.

● **6단식 압연기**

그림 2-30 (d)와 같이 상하 받침 롤의 개수를 6개로 한 6단 압연기이다. 판 두께가 0.02 mm 정도로 얇고, 치수가 정확한 판을 냉간 압연할 때 이용된다.

● **센지미어 압연기(sendzimier cluster mill)**

그림 2-30 (e)와 같이 작업 롤의 지름을 되도록 작게 한 것으로, 6단, 12단, 20단 등 3종류가 있다. 작업 롤의 지름이 6∼65 mm인 압연기로 정밀하고 매우 얇은 박(箔)을 압연할 수 있으며, 주로 스테인리스강의 냉간 압연에 많이 이용된다.

● **유성 압연기(planetary mill)**

그림 2-30 (f)와 같이 지름이 큰 받침 롤 주위에 지름이 작은 작업 롤을 많이 배치한 압연기로 1회에 90% 정도의 압하율까지 가능하다.

● **유니버설 압연기(universal high mill)**

그림 2-30 (h)와 같이, 수평 롤과 수직 롤로 조합되어 1회의 공정으로 재료의 두께와 너비를

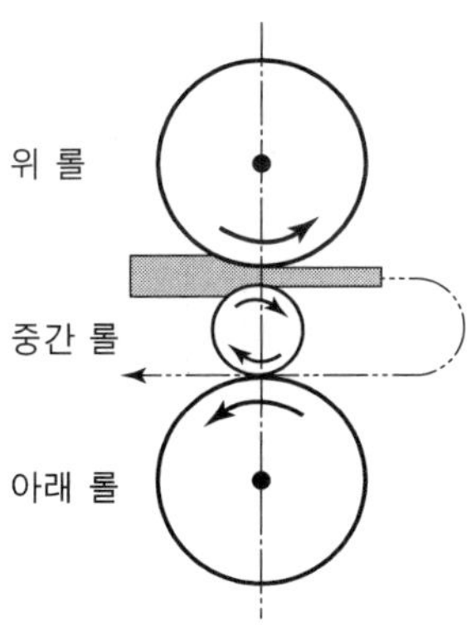

그림 2-32 라우드식 3단 압연기

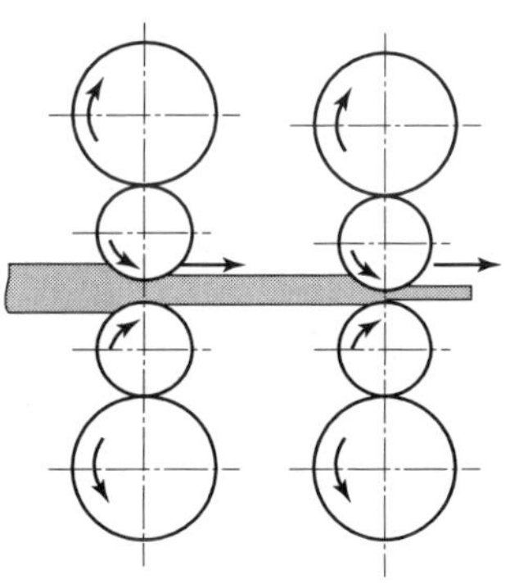

그림 2-33 4단 연속식 압연기

동시에 압연할 수 있다.

(2) 압연기의 구조

압연기는 재료와 맞물려 압연을 실행하는 롤(roll), 베어링을 수용하는 하우징(housing), 롤의 회전력을 전달하는 피니온(pinion)과 스탠드(stand), 원동기 및 이들을 연결하는 스핀들과 커플러(coupler) 등으로 이루어져 있다. 그림 2-34는 압연기의 구조를 나타낸 것이다.

3) 압연 방법

(1) 판재 압연

판재 압연에는 균일한 두께의 제품을 얻기 위하여 4단식 압연기가 많이 사용되며, 특히 넓은 박판을 연속적으로 압연할 경우에는 열연 압연기와 냉연 압연기를 병용하여 사용한다. 강판은 제품의 두께에 따라 박판과 중후판으로 나누며, 제조 방법에 따라 열간 압연 강판과 냉간 압연 강판으로 구분한다.

1 박판 및 중판 압연

3 mm 미만인 강판의 박판은 저탄소 강판, 스테인리스 강판, 전자 강판(電磁鋼板), 고장력 강판(高張力鋼板) 등이 있으나 가장 많이 쓰이는 것은 0.03～0.12%C의 저탄소 강판이다. 이들 강판은 최종 가공 상태에 따라 열연 강판(熱延鋼板)과 냉연 강판(冷延鋼板)으로 분류한다. 요즈음 급격한 박판 수요의 증가에 따라 박판의 생산은 소재를 연속 압연기에 의해 길이가 길고 너비가 넓은 강판 코일(coil strip)을 만든 후, 이것을 소정 규격으로 절단하여 제품화한다.

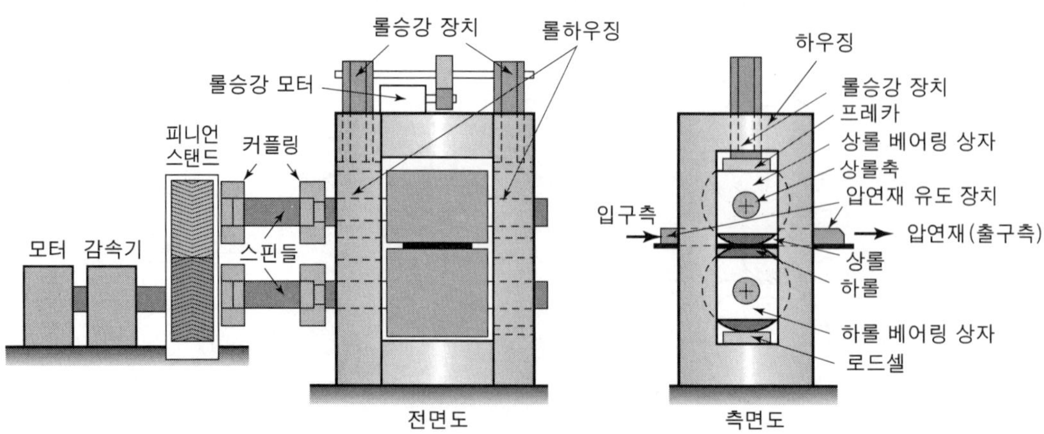

그림 2-34 압연기의 구조

2 중후판 압연

전기 강판의 압연

후판은 선박, 교량, 압력 용기, 차량, 파이프, 기계 구조물 등에 광범위하게 공급되고 있어, 중공업의 기간 자재로서 중요한 몫을 담당하고 있다. 현재 공업적으로 생산되고 있는 제품의 치수는 너비가 1.0 ~5.5 m, 두께가 4.5~300 mm이고, 길이는 최대 30 m 정도이다. 일반적으로 두께 3 mm를 넘는 강판을 중후판이라 하며, 보통 3~6 mm를 중판, 6 mm 이상의 것을 후판, 150 mm 이상의 것을 극후판이라 한다. 이들 중후판은 모두 열간 압연으로 제조된다. 재질은 탄소강이 대부분이나 특수 강으로는 강인 강판, 합금 강판, 스테인리스 강판도 있다.

(2) 형재 압연

형재(形材)는 압연품의 길이가 단면에 비하여 현저하게 긴 재료로, 몇 대의 공형 롤 압연기를 통하여 그림 2-35와 같은 단면 형상으로 성형하여 압연한다. 형재의 용도는 건축, 교량, 선박, 차량, 기계 장비 등 그 사용 범위가 넓으며, 오래된 강재의 대표적인 품종이다. 그러나 기계가공 기술이 절삭 중심에서 용접 조립으로 전환되면서, 강판이나 강관류의 수요 증가에 따라 형강의 생산량은 다소 감소되고 있다. 이들 형강은 열간 압연에 의해 제조되는데, 압연 방법에 따라 공형 압연(孔型壓延法)과 유니버설 압연으로 나뉜다.

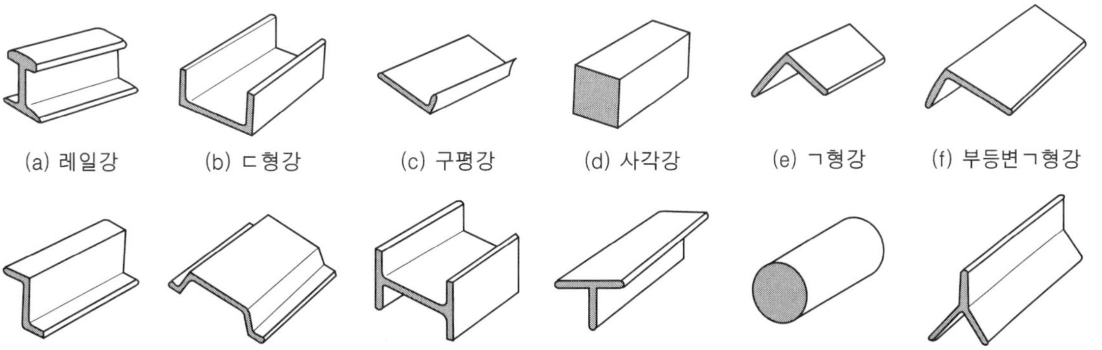

그림 2-35 형재의 종류

1 공형 압연

ㄱ형강, ㄷ형강, H형강, 시트 파일(sheet pile), 펜스 포스트(fence post), 레일강(rail steel) 등을 제조하는 공형 압연법에서 형강을 열간 압연하는 경우에는 너비 방향의 변형을 규제하고 소정의 제품 형상을 얻기 위하여 형강의 모양에 따라 그림 2-36과 같이 상하 롤에 공형을 만들어, 이들 공형을 순차적으로 통과할 수 있도록 배열한다.

H형강의 절단

2 유니버설 압연

형강에 사용되는 유니버설 압연기는 그림 2-37 (a)에서와 같이 동일 단면에 수평 롤과 수직 롤을 배치한 압연기로, 수평 롤은 전동기(motor)로 구동하고 수직 롤은 압연재의 마찰력에 의해 구동된다. 그림 2-37 (b)는 유니버설 압연 공정의 보기이다.

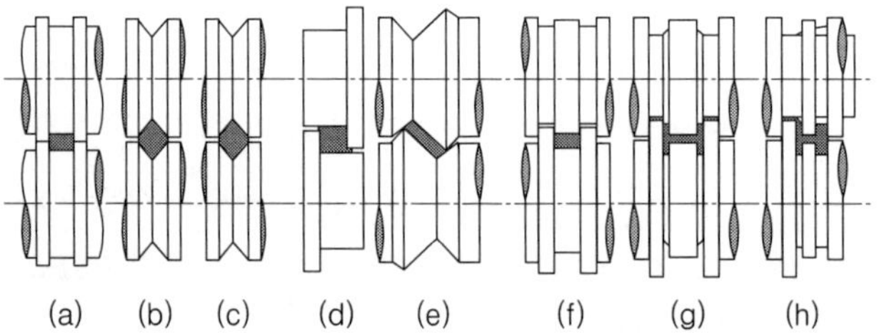

그림 2-36 여러 가지 모양의 공형 롤

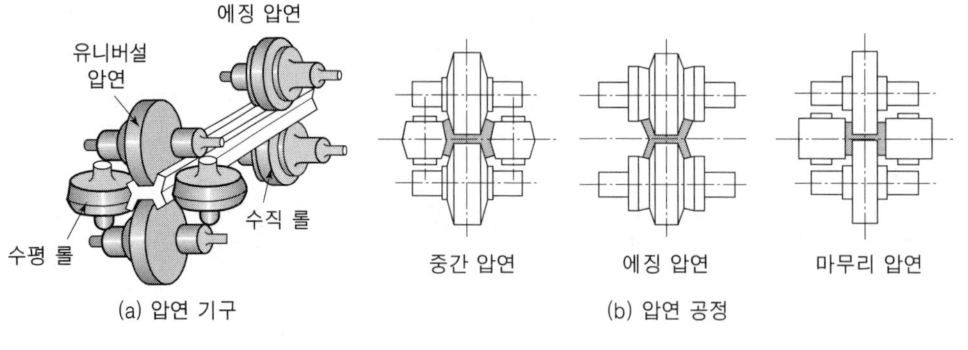

그림 2-37 H형강의 유니버설 압연

(3) 봉 · 선 압연

봉 · 선(棒線)이란, 봉강(棒鋼)과 선재(線材)를 총합한 이름이다. 봉강(bar)은 길게 늘인 봉상의 형강으로 대변의 크기가 10～100 mm이고, 단면의 형상에 따라 원형강, 평강, 4각강 등이 있으며, 기계 부품인 축, 볼트, 너트, 스프링 등의 소재와 철조 콘크리트의 보강재로 사용된다.

1 선재 압연

선재(線材, rod)는 보통 5～15 mm의 원형 단면의 것으로 열간 압연 후는 코일상으로 말아서 출하하며, 못, 철선, 와이어 로프, 피아노선, 케이블, 나사, 볼트 등의 소재로 사용된다. 그림 2-38은 빌릿을 가열하여 조 압연, 중간 압연, 마무리 압연의 각 공형 롤을 통해 일정한 치수로 만든 다음 냉각 장치에서 냉각한 다음 자동 권선기(自動卷線機)에서 지름이 약 5~15 mm, 무게 800~3,000 kg 정도의 크기로 말아 완성하는 선재의 압연 공정의 보기이다.

2 봉재 압연

봉재 제조 공정은 그림 2-39와 같으며, 압연기는 주로 3단식의 수평 압연기가 사용되며, 제품의 품질 향상, 특히 표면의 흠을 감소시키기 위하여 수직 압연기도 사용된다. 압연기에서 나온 압연재는 활 모양의 리피터(repeater)에 의하여 다음 스탠드의 공형으로 유도되어 압연 완성된다.

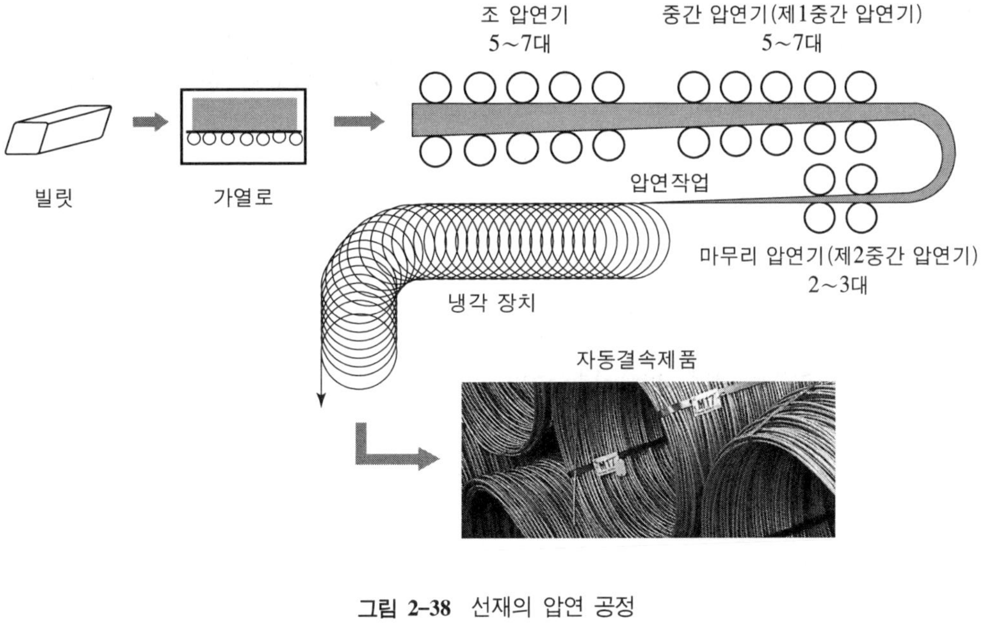

그림 2-38 선재의 압연 공정

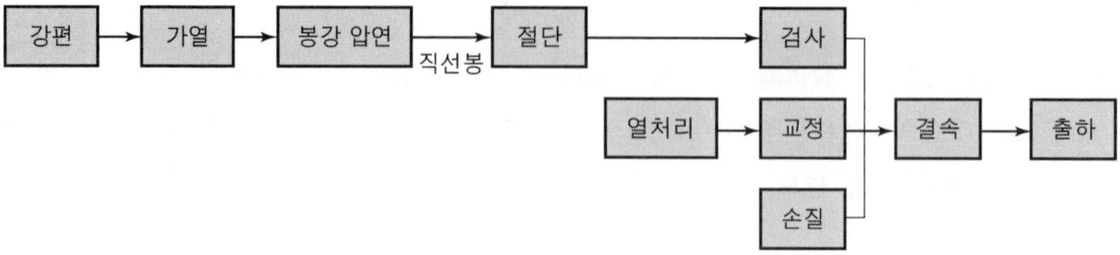

그림 2-39 봉재의 제조 공정

2.4 압출 · 인발 · 전조가공

1. 압출가공

알루미늄, 동, 아연 합금 등과 같이 소성이 큰 재료의 빌릿(billet)을 압출 컨테이너(container)에 넣고 램(ram)으로 압력을 가하여 다이의 구멍으로 밀어 내면, 단면이 일정한 각종 형상의 단면재와 관재 및 선재 등의 제품을 만들 수 있다. 이 가공법을 압출가공(extrusion)이라 한다.

압출가공에 의하면 중간 소재를 다량으로 생산할 수 있어 작업 공정의 단순화가 가능하다. 최근에는 각종 강철 및 특수 강도 압출가공을 실시하는데, 대부분은 압연가공이 어려운 관재 및 이형 단면재의 가공에 이용된다. 그림 2-40은 알루미늄합금 압출가공품의 보기이다.

그림 2-40 압출가공제품

1) 압출가공의 형식과 방법

(1) 압출 형식

압출가공법은 압출할 소재를 가공하는 램의 방향과 제품이 압출되는 방향이 같으냐 반대이냐에 따라 전방압출[2)](前方押出, forward extrusion)과 후방압출[3)](後方押出, backward extrusion) 그리고 피마자 기름이나 내열 그리스 등의 압력 매개체 중에서 소재를 가입하여 압출하는 정수압압출(淨水壓押出, hydrostatic extrusion) 방법이 있다. 소재를 상온에서 가공하느냐 가열하여

---

2) 전방압출 : 직접압출(直接壓出, direct extrusion)이라고도 한다.
3) 후방압출 : 간접압출(間接壓出, indirect extrusion)이라고도 한다.

가공하느냐에 따라서도 냉간압출과 열간압출법으로 구분하고 있다.

그림 2-41 (a)는 소재를 가압하는 램의 방향과 제품이 압출되어 나오는 방향이 같은 전방압출이고, 그림 2-41 (b)는 제품의 램의 진행 방향과 반대 방향으로 압출되는 후방압출법이다. 그림 2-41 (c)는 압력 매개체를 사용한 정수압압출법이다. 후방압출법은 램 끝에 다이가 붙어 있고, 압출 컨테이너의 끝은 막혀 있다. 따라서 압출 과정에서 컨테이너 벽과 빌릿 사이에 상대적인 운동이 없으므로 마찰력이 작고, 이에 따라 압출에 필요한 압출력이 전방압출인 경우보다 적다.

(2) 관재의 압출

속이 비어 있는 제품인 관을 압출 제조할 때에는 그림 2-42 (a)와 같이 처음부터 구멍이 있는 빌릿을 사용할 때에는 램의 끝에 맨드릴을 붙여서, 맨드릴과 다이 사이의 간격이 관의 두께를 결정하는 압출 방법이다. 그러나 속이 찬 빌릿을 사용할 경우에는 그림 2-42 (b)와 같이 스파이더(spider)가 있는 맨드릴(mandrel)을 사용하여 램을 소재에 밀어 넣어 소재를 맨드릴과 컨테이너 사이로 간접압출하는 방법이다.

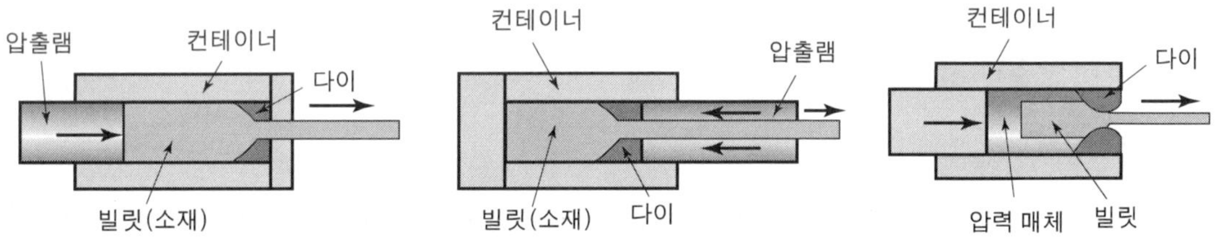

(a) 전방압출 (b) 후방압출 (c) 정수압압출

그림 2-41 압출 형식

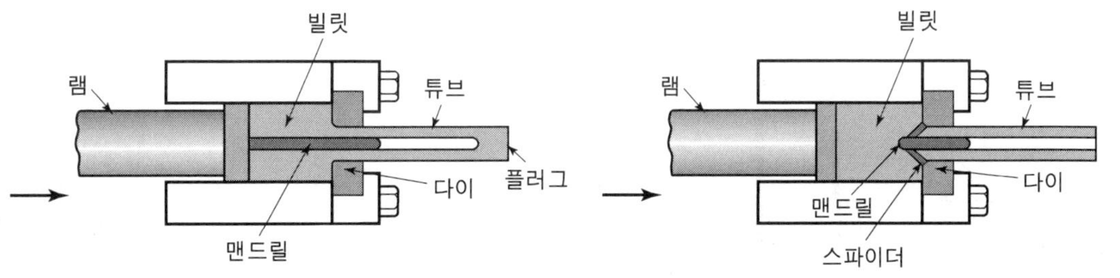

(a) 중공 소재로부터 직접압출 (b) 맨드릴과 다이 사이로 간접압출

그림 2-42 관재의 압출

2) 압출가공과 압출기계

(1) 열간압출과 냉간압출

1 열간압출

열간가공을 하면 재료의 소성은 더욱 증가하고 변형 저항은 감소된다. 따라서 한 공정으로 매우 큰 가공, 즉 가는 제품으로 압출하거나 복잡한 다면 형상으로 압출가공할 수 있다. 또한 상온에서 가공할 수 없는 재료도 압출할 수 있다.

그러나 압출용 공구는 내열성과 내마멸성이 요구되며, 윤활제도 고온, 고압에 견딜 수 있는 것이어야 한다. 또한 공구는 가공에 의해 변형되는 재료의 표면과 접하게 되므로, 이에 견딜 수 있어야 하는 등 재질상 어려운 문제점이 많다.

2 냉간압출

냉간압출에서는 열간압출에 비하여 공구에 가해지는 압력이 커지므로, 가공의 한계는 주로 공구의 강도로 결정된다. 그러나 냉간압출제품은 가공 경화에 의하여 단단한 제품을 얻을 수 있으므로, 비교적 작은 제품의 제작에 적용된다. 납, 주석, 마그네슘, 경 합금 등의 비철 재료는 오래전부터 크랭크 프레스나 토클 프레스와 같은 동력 프레스에 의한 충격적인 하중으로 변형 속도를 크게 하여 냉간압출을 하여 왔다.

(2) 충격압출과 정수압압출

1 충격압출

크랭크 프레스와 같이 충격적인 힘을 가할 수 있는 기계를 사용하여 속이 빈 짧은 컨테이너를 만드는 압출 방법을 충격압출(impact extrusion)이라 하며, 보통 냉간가공으로 한다. 그림 2-43은 많이 사용되고 있는 얇은 원통 용기의 충격압출, 그림 2-44는 얇은 튜브의 충격압출

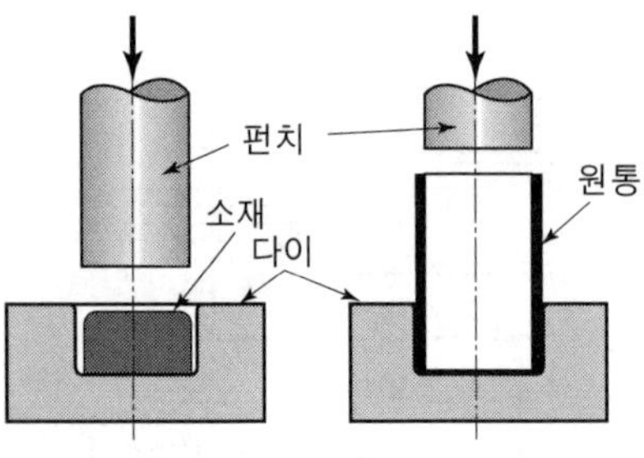

그림 2-43 원통용기의 충격압출

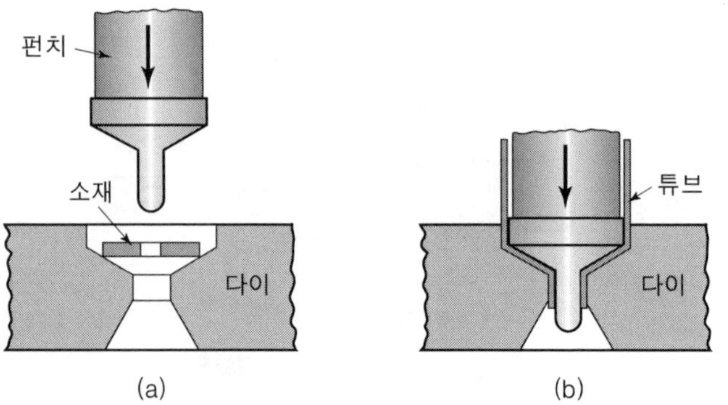

그림 2-44 튜브의 충격압출

의 보기를 나타낸 것으로, 충격압출은 납, 주석, 아연, 알루미늄, 구리 및 그 합금으로부터 여러 가지 튜브, 전기기기, 카메라 부품 등을 제조하는 데 적용된다.

압출되는 속이 빈 용기의 벽 두께는 펀치와 다이의 틈새와 같으며, 용기의 벽 두께는 지름의 2～3% 정도까지, 깊이는 지름의 4～6배 정도까지 한 공정으로 만들어진다. 충격압출제품인 용기의 단면 형상은 그림 2-45와 같이 여러 가지가 있으며, 제품의 밑 부분의 형상은 그림 2-46과 같은 형상이 있다.

2 정수압압출

보통의 압출 방법은 그림 2-47 (a)와 같이 소재와 다이, 컨테이너 사이의 큰 마찰력이 작용하여 압출가공에 여러 가지 어려움이 있다. 그러나 그림 2-47(b)와 같이 고압 액체를 압력 매

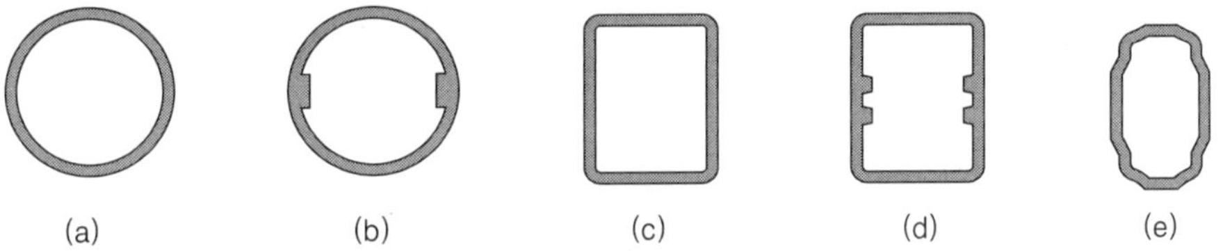

그림 2-45 충격압출로 만든 용기의 횡단면

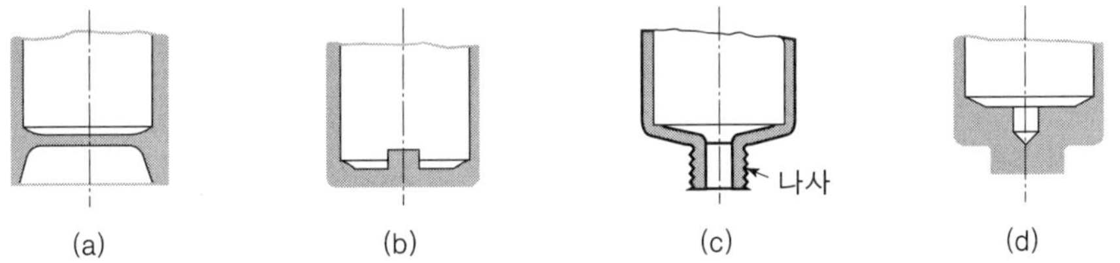

그림 2-46 충격압출로 만든 용기의 밑 부분 형상

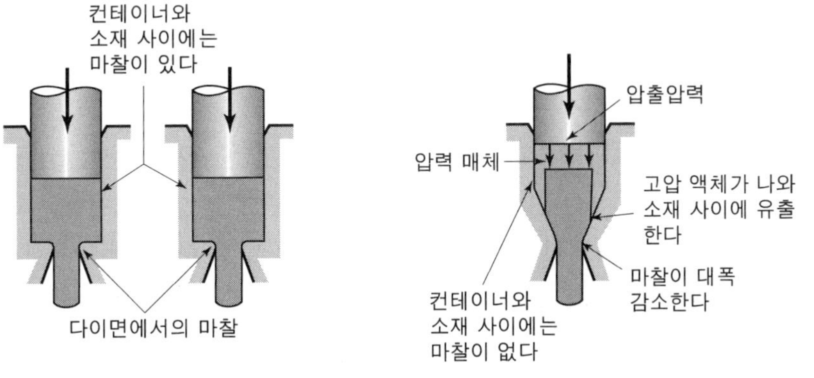

그림 2-47 보통압출과 정수압압출의 비교

체로 하여 압출을 하면, 소재와 컨테이너의 접촉면 사이에 유체 윤활 상태가 발생하여 접촉면의 마찰력은 고압하에서 연성이 증대하고 더불어 재료가 쉽게 변형된다. 이와 같이 고압의 액체를 사용한 압출법을 정수압압출(hydrostatic extrusion)이라 한다. 정수압압출법을 이용하면 냉간압출이 곤란하였던 6:4 황동, 마그네슘, 기타 여린 재료도 균열을 일으키지 않고 냉간압출이 가능하다.

(3) 압출기계

압출기(press for extrusion)는 컨테이너, 램, 다이 등으로 구성되어 있으며, 컨테이너는 특수강으로 제작되어 있어 큰 가압력에도 견딜 수 있는 충분한 강도를 갖고 있다. 압출기에는 설비의 형식에 따라 대용량의 소재를 압출하는 데 적합한 용량이 1,000~1,500 ton 정도인 수평식과 비교적 소용량의 소재를 압출하는 데 적합하며 용량이 300~1,000 ton 정도인 수직식이 있다. 압력의 형식에 따라 기계압식, 수압식, 유압식이 있는데, 유압식이 구조가 간단하고 조작이 용이하여 많이 사용된다. 그림 2-48은 유압식 압출기의 보기이다.

그림 2-48 압출기의 보기

2. 인발가공

1) 인발가공의 개요

그림 2-49와 같이 다이의 구멍보다 큰 일정한 단면의 소재를 구멍의 크기와 모양으로 줄이는 가공법을 인발(引拔, drawing)이라 한다. 압출은 압출력에 의한 소성변형인데 비해 인발은 다이의 바깥쪽에서 작용하는 인장력(tensile force)으로 소재를 변형시켜 가공한다. 따라서 압출과 인발에 의해 가공되는 제품의 종류는 유사하지만, 가해지는 힘의 작용 방법은 다르다. 인발은 강선, 송전선, 케이블선 등과 같이 가늘고 긴 선의 제조와 길지는 않으나 정밀 나사, 스프링, 전자기기에 사용되는 소재의 제조에 사용된다. 인발가공에 의하면 공업적으로 수 10 μ의

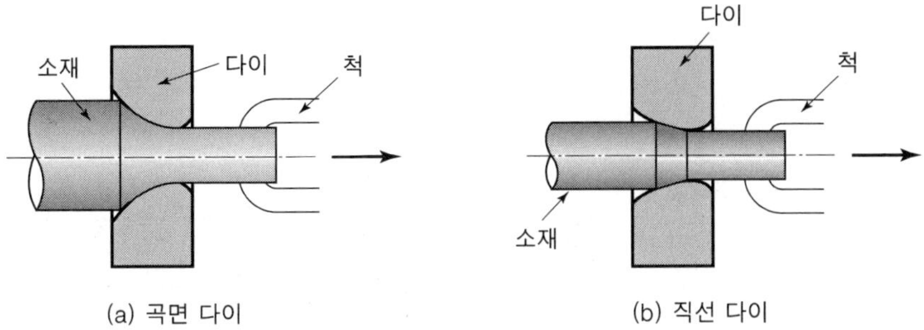

그림 2-49 다이에 의한 인발

정밀도를 용이하게 얻을 수 있다. 지름이 작은 선재의 인발을 특히 와이어 드로잉(wire drawing)이라 한다. 인발은 열간 인발가공과 냉간 인발가공의 두 가지로 분류되는데, 대개의 경우 상온에서 가공하는 냉간 인발로, 재료의 굵기가 가늘고 가공에 큰 힘이 소요되지 않는 재료를 가공하는 데 사용되는 방법이다.

2) 인발용 다이와 설비

(1) 드로잉 다이

드로잉 다이의 구성은 보통 그림 2-50과 같이 재료의 입구에 맞닿는 도입부, 재료의 단면을 감소시키는 안내부, 가공재의 치수를 정확하게 가공하는 정형부, 가공재가 나가는 출구부 등 네 부분으로 구성된다. 도입부의 열린각 2β를 도입각, 안내부의 각 2α를 다이각, 출구부의 각 2γ를 출구각이라 한다. 도입부의 모양은 직선(직선 다이, 원뿔 다이)과 곡선(곡면 다이, 원호 다이)이 있다. 연한 재료를 인발작업할 때, 단면 감소율을 크게 할 경우에는 α가 크거나 곡률 반지름이 작은 도입부의 것이 사용되고, 경한 재료인 경우 단면 감소율을 적게 하고자 할 때에는 α가 작거나 곡률 반지름이 큰 도입부의 다이가 사용된다.

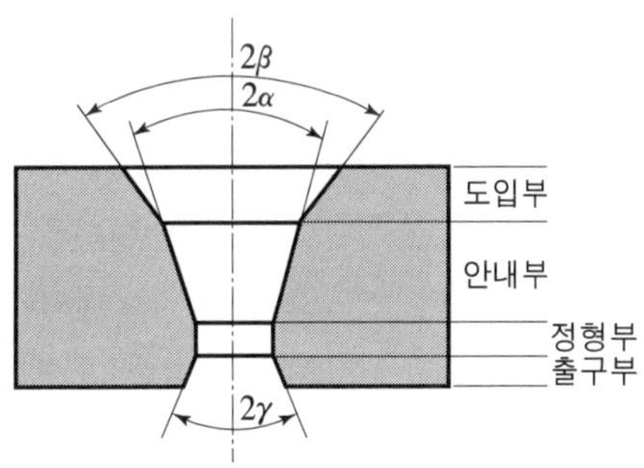

2α : 다이각 2β : 도입각
2γ : 출구각(60° 정도)

그림 2-50 드로잉 다이의 구조

(2) 와이어 드로잉 머신

지름 5 mm 이하의 선을 뽑는 데 사용되는 인발기계를 와이어 드로잉 머신(wire drawing machine)이라 한다. 와이어 드로잉 머신에는 그림 2-51과 같이 단식과 연속식이 있으며, 드럼 축의 방향에 따라 수평식과 직립식이 있다.

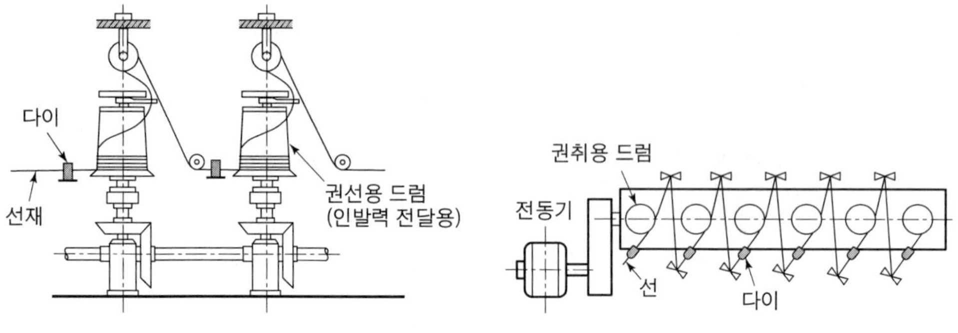

(a) 단 식 (b) 연속식

그림 2-51 와이어 드로잉 머신의 형식

(3) 드로잉 벤치

일정한 치수의 다이와 가공 맨드릴(mandrel)을 사용하여 관재 또는 봉제를 드로잉하는 설비를 드로잉 벤치(drawing bench)라 한다. 구조는 그림 2-52와 같이 드로잉 재료의 끝 부분을 잡아당기기 위해 고정하는 그리퍼(gripper)가 달린 드로잉 헤드(드로잉 차)가 프레임 상면을 따라서 이동할 수 있게 되어 있으며, 드로잉작업에는 동력이 사용된다. 플러그(plug)를 넣은 관을 드로잉할 때에는 드로잉 벤치의 끝에 있는 지지대에 플러그를 고정시켜 인발한다. 벤치의 길이는 20～30 m 정도이며, 체인의 속도는 10～20 m/min가량이나 처음에는 저속으로 구동한다.

연속 드로잉 머신

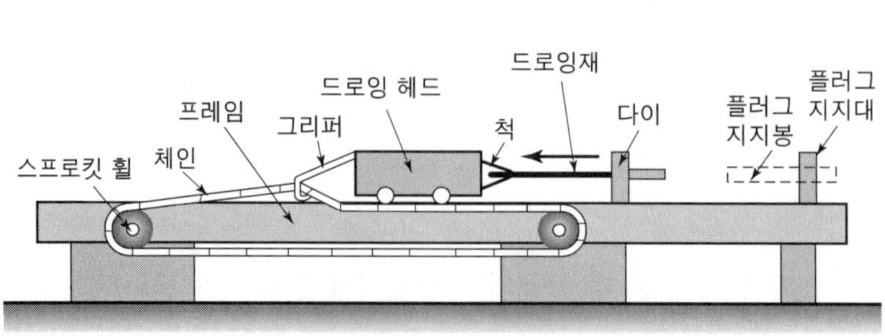

그림 2-52 드로잉 벤치

3) 인발가공법

(1) 와이어 드로잉

와이어 드로잉은 사용 재료의 종류에 따라 제조 공정이 다르지만, 강선의 제조는 5～10 mm의 지름으로 열간 압연한 코일상의 와이어 로드(wire rod)를 소재로 그림 2-53과 같은 공정을 거쳐 제조한다.

이 공정에서 열처리는 재료를 연화시켜 가공성을 좋게 하기 위한 처리인데, 연강선의 경우에는 풀림을 하고, 경강선은 파텐팅(patenting) 처리를 한다. 파텐팅은 와이어 드로잉에서 실시하는 특별한 열처리법으로 탄소가 0.25% 이상인 강에 실시한다.

그림 2-54는 파텐팅 처리의 보기이다. 특히 최근에는 경강 선재에 높은 인장강도가 요구되고 있어, 합금 성분 조절보다 가공법을 개량하려는 노력이 커지고 있다.

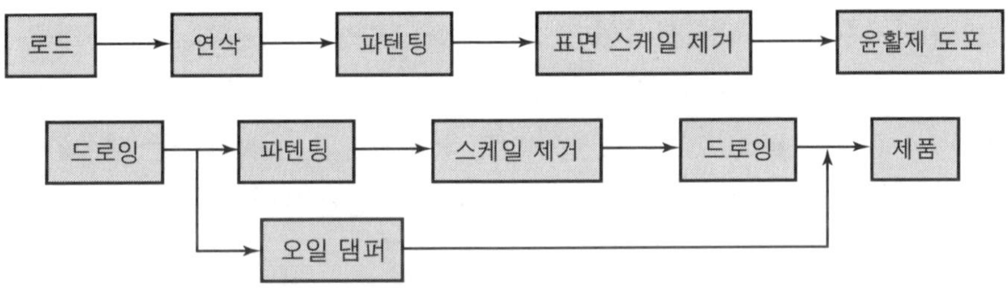

그림 2-53 강선의 제조 공정

(2) 봉재 드로잉

봉재 드로잉은 다른 가공법에 비해 비능률적이면서 경제적으로도 불리하여 이용에 한계가 있다. 예를 들면 봉재의 길이는 드로잉 벤치의 프레임 길이에 제한을 받으며 가공 속도도 느리고, 자동화가 어렵다. 봉재 드로잉은 와이어 드로잉과 같이 다이를 사용하는 경우와 그림 2-55와 같이 롤 다이를 사용한다. 롤 다이를 이용하는 경우에는 마찰이 적고 비교적 균일한 변형을 줄 수 있다.

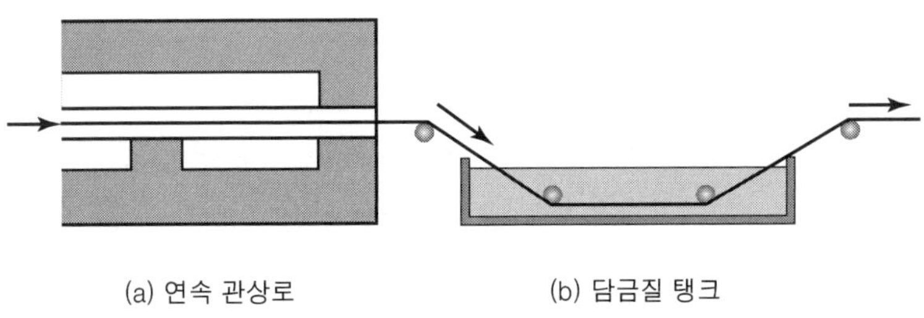

그림 2-54 파텐팅 처리

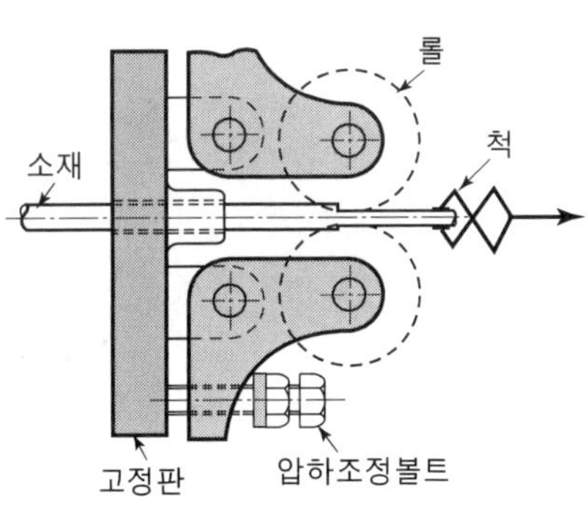

그림 2-55 롤 다이에 의한 인발

3. 전조가공

표면에 특정 홈이 있는 다이나 롤을 사용하여 회전하는 재료에 국부적으로 강하게 누르면 재료의 표면 부분이 다이 또는 롤 표면에 따라 소성변형된다. 이와 같이 소재 또는 소재와 공구를 회전시키면서 제품의 표면을 가공하는 가공법을 전조(轉造, rolling)라 한다. 종래에 절삭가공에 의해 생산되었던 나사, 기어, 볼(ball), 스플라인 축(spline shaft) 등의 가공에 전조가공이 이용되고 있다.

전조가공에 의하면 나사 및 기어면이 가공 경화되고 금속 조직도 절단되지 않고 치밀한 섬유조직이 되므로 강도 및 피로강도 등이 높고 또 칩을 내지 않는 관계로 소재도 절약되며 비교적 정밀도가 높은 균일한 제품의 대량 생산에 적합하다.

1) 나사전조

다이 표면이 나사형인 판 또는 롤상의 전조 다이를 소재에 밀어 넣어 회전시키면 소재 표면층이 소성가공되어 나사의 모양이 성형되는데, 이 가공법을 나사전조(thread rolling)라 한다.

그림 2-56 (a) 절삭나사와 (b) 전조나사의 단면을 비교하면, 절삭나사는 섬유조직이 나사산에서 절삭으로 인해 중단되었는데, 전조나사는 재료의 표면이 다이의 나사산의 면에 따라 섬유상 조직을 가지고 있다.

특히 전조하게 되면, 그림 2-56 (c)와 같이 나사의 굴곡부 표면이 소성가공으로 경화되어 극

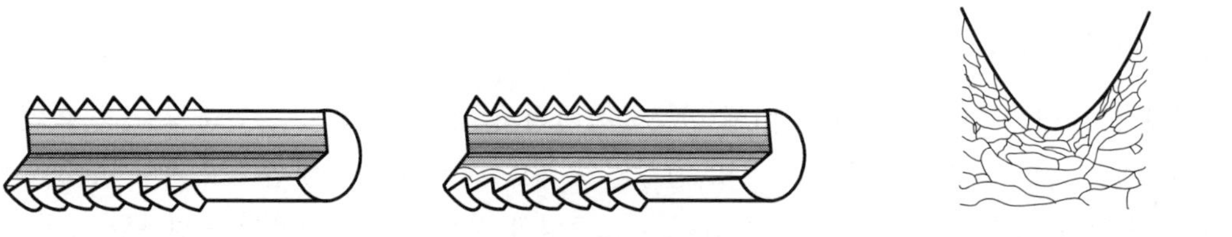

(a) 절삭나사 (b) 전조나사 (c) 전조나사의 굴곡부 조직

그림 2-56 전조나사의 섬유 조직 비교

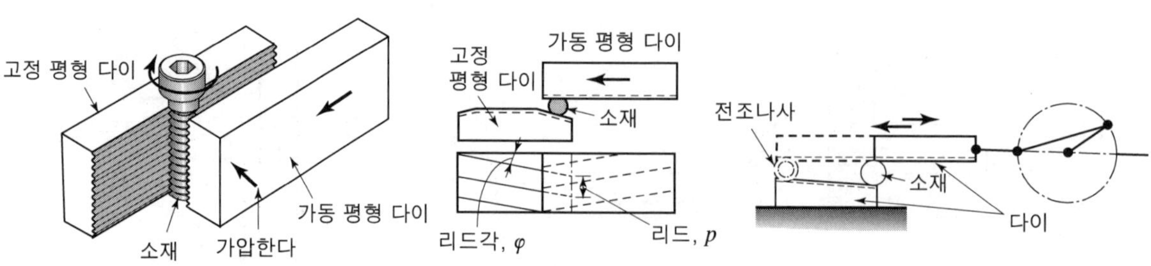

(a) 전조 방법 (b) 전조 기구 (c) 전조기의구성

그림 2-57 평형식 나사전조용 다이와 전조 기구

히 미세하고 경한 조직으로 된다. 전조나사에 사용되는 재료는 보통 나사용강, 강인강, 풀림 상태의 공구강, 황동, 경 합금 등이 있다.

(1) 평형 다이식 나사전조

그림 2-57과 같이 한 쌍의 장방형 평형 다이를 사용하여 한쪽은 고정시키고, 다른 한쪽은 고정 다이에 평행으로 왕복 운동하도록 되어 있다. 나사 소재를 소재 입구에 놓으면 돌기판에서 전조를 시작할 위치로 옮겨져 다이가 이송하면서 성형된다.

평형 나사식 전조는 소재의 공급과 배출이 쉬워 대량 생산에 적합하다. 소재가 다이에 물리면 5~6회 회전하여 나사산이 완성된다.

(2) 원형 다이식 나사전조

그림 2-58과 같이 롤상의 전조 다이를 사용하는 것으로 2개의 롤을 사용하는 2원형 다이식

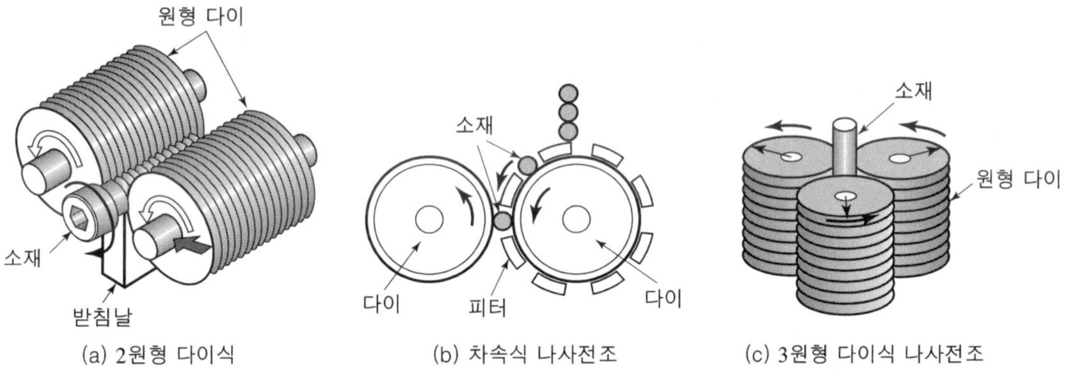

그림 2-58 원형 다이식 나사전조의 형식

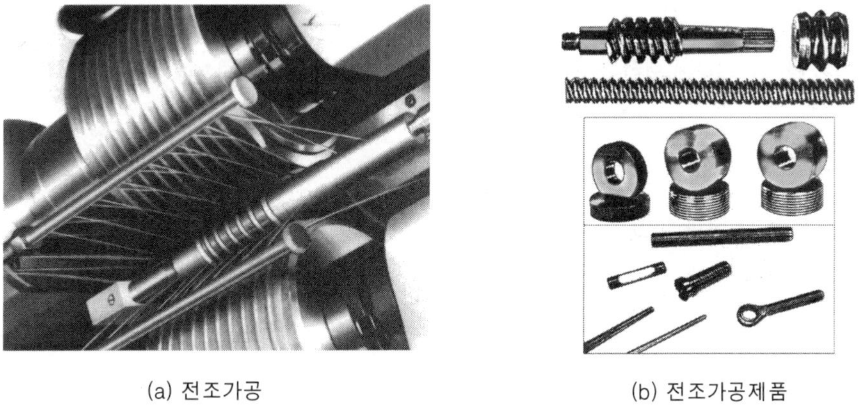

그림 2-59 원형 다이식 전조작업과 제품

과 3개의 롤을 사용하는 3원형 다이식이 있다. 그림 2-58 (b)는 주속에 차이가 있어 차속식(差速式)이라 하며, 소재를 공급하게 되면 연속적인 가공이 가능하다. 그림 2-59 (a)는 2원형 다이식 나사전조가공, 그림 2-59 (b)는 전조가공품의 보기이다.

유압식 나사전조기

2) 기어와 볼전조

(1) 기어전조

기어는 일반적으로 절삭, 연삭 등에 의해 만들어지나, 작은 기어의 경우에는 나사전조와 같은 전조법으로 만들 수 있다. 전조기어는 재료의 절약뿐만 아니라 이의 결정 구조가 미세하게 밀집된 섬유상 조직으로 되어 기어의 강도를 높일 수 있다. 기어의 전조도 판상 또는 롤상의 전조 공구 표면에 있는 이를 소재에 압착시켜 회전시키면, 이가 형성되어 기어를 가공하게 된다. 기어 전조가공은 보통 냉간에서 하고 있으나, 모듈(module)이 약 3 이상인 경우나 경한 재료의 경우에는 열간가공을 한다. 그림 2-60은 기어의 전조 형식의 보기이다.

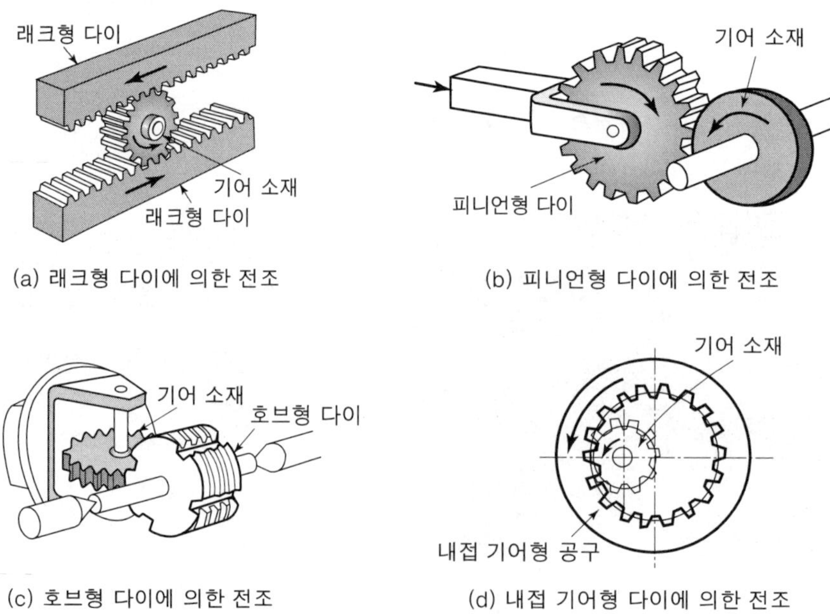

그림 2-60 기어의 전조 형식

(2) 볼전조

압연단조의 형태로서 환봉이나 선재로 되어 있는 소재를 그림 2-61 (a)와 같이 서로 교차되어 회전하는 공형 롤 모양의 두 다이(die) 사이로 이송시키면서 볼(ball)을 연속적으로 가공하는 전조 형식으로 볼전조(ball rolling)라 한다.

공형의 홈은 볼을 형성하는 가공면으로, 전조의 초기에는 원형 소재에 홈을 만들고, 최종 공정에서 전단하여 마무리 성형한다. 그림 2-61 (b)는 볼전조기의 구조이다.

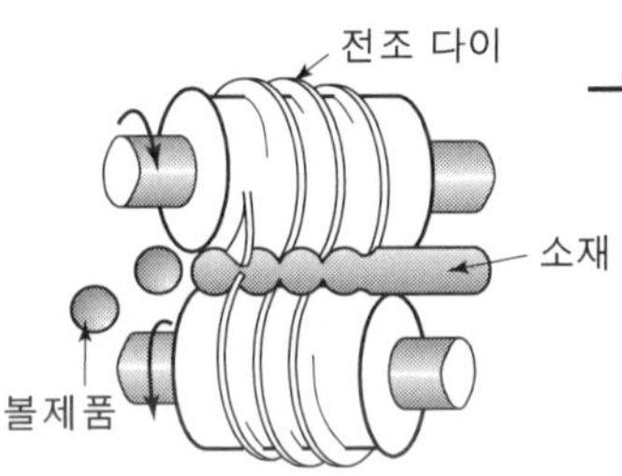

(a) 볼의 전조 공정

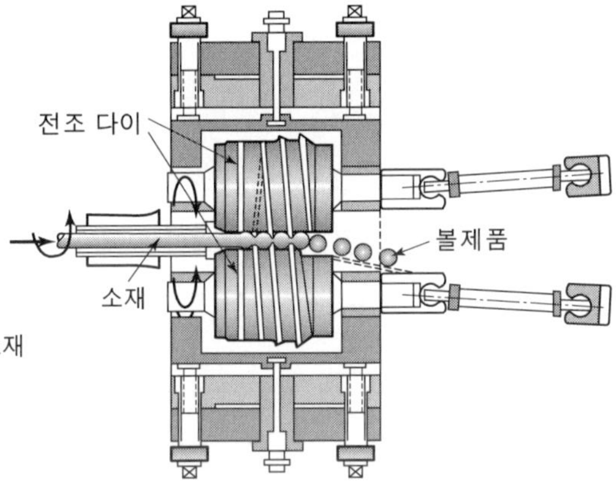

(b) 볼전조기의 구조

(c) 제품의 보기

그림 2-61 볼전조

2.5 판금 · 프레스가공

1. 판금가공

소성이 있는 연강이나 동, 알루미늄 등의 얇은 금속 판재를 소재로 하여 여러 가지 제품을 만드는 가공을 판금 · 프레스가공(sheet metal stamping) 또는 판금 · 프레스작업(press working of sheet metal)이라고 하며, 같은 개념에서 일반 판금과 프레스가공을 모두 총칭하는 넓은 의미로 사용된다.

판금가공은 오래전부터 무기나 장신구를 만들기 위하여 금속 판재를 해머로 두들겨 성형하였다. 그 후 15세기에 이르러 처음으로 기계 프레스가 등장하면서 주로 건축 금속 장식물 등이 다량으로 만들어지게 되었으며, 그 후 자동차, 항공기, 철도차량 등의 발달에 따라 판금가공 기술이 급속하게 발전하였다.

1) 판금가공의 분류와 특징

판금가공에는 수공구를 사용하는 수공판금가공과 프레스를 비롯한 각종 기계를 사용하는 기계판금가공이 있다. 종래에는 일반적으로 얇은 판재의 가공을 판금가공이라 하고, 비교적 두꺼운 판재의 가공을 제관(boiler making)이라 하여 구분하였다. 그러나 근래에 와서는 새로운 판금용 기계가 개발되고, 대용량화하고 있어 이들을 뚜렷이 구분하기가 매우 어렵게 되었다.

(1) 판금가공의 분류

판금가공에는 여러 가지 종류가 있으나, 일반적으로 다음과 같이 분류할 수 있다.

1 작업 과정에 따른 분류

- **전단가공(shearing)**

전단에 의해서 판금 재료를 필요한 모양과 치수로 자르는 전단 및 따내기 가공 등

- **성형가공(forming)**

판금을 소성변형시켜 여러 가지 모양으로 만드는 가공으로, 굽힘가공, 드로잉(drawing)가공 등

- **접합가공**

두 판재의 이음부를 접어서 잇는 심(seam), 리벳을 이용하는 리벳 이음, 땜납을 이용하는 납땜 및 용접 등

2 작업 방법에 따른 분류

- **수공판금**

주로 수공구와 얇은 금속판을 사용한 각종 판금제품, 미술품 또는 시작품 가공 및 수리작업 등

- **기계판금**

판금용 기계를 사용하여 소재를 자르거나 따내는 전단, 굽힘 및 성형가공 등

이 밖에도 가공 재료의 두께에 따라 박판가공과 후판가공으로 분류하기도 한다.

(2) 판금가공의 특징과 용도

1 판금가공의 특징

종래에는 수공판금법으로 만들던 판금제품이 프레스와 각종 판금기계가 사용되면서, 판금가

공이 기계 제조 분야에서 중요한 자리를 차지하고 있다. 그 요인과 특징을 요약하면 다음과 같다.

① 기계적 성질이 개선되고 제품이 가볍고 튼튼하다.
② 동일 판재로부터 연속가공되므로 제품이 균일하다.
③ 재료의 손실이 적고 제조 원가가 싸다.
④ 대량 생산이 가능하고 자동화가 용이하다.
⑤ 비교적 간단한 설비와 공구로 가공할 수 있다.
⑥ 용접작업으로 조립하면 복잡한 모양이나 각 부분의 두께와 강도가 다른 제품을 생산할 수 있다.
⑦ 수리, 개조가 쉽다.

2 판금가공제품

판금제품은 합금과 압연 기술의 발달로 필요한 재질의 판금 재료가 다량으로 생산 공급되고, 새로운 판금가공 설비의 개발과 판금가공 기술의 발전으로 좋은 판금제품을 만들 수 있어, 여러 산업 분야에 널리 응용되고 있다. 이에 따라 종전의 주조품과 단조품이 판금제품으로 대체되면서 각 산업 분야에서 활용되고 있다.

① 가정용 기구 : 취사 기구, 냉장고, 세탁기 등
② 유체 수송 설비 : 냉 · 난방 덕트, 가스 배출관 등
③ 철골 구조물 : 기중기, 철탑, 교량, 건축물 등
④ 압력 용기 : 보일러, 탱크 등
⑤ 석유 화학 설비 : 증류탑, 볼 탱크, 배관, 장치 설비 등
⑥ 수송 설비 : 자동차, 철도차량, 선박, 비행기 등
⑦ 우주 산업 설비 : 인공 위성 부품, 로켓과 연소통 등
⑧ 레저 설비 : 시소(seesaw), 그네, 미끄럼틀 등

이 밖에도 많은 산업 분야에 널리 활용되어 종래의 주물과 단조품들이 판금제품으로 제작되고 있으며, 앞으로 판금가공제품의 이용은 더욱 확대될 전망이다.

2) 판금가공의 기초

판금을 가공할 때 판재가 받는 변형의 상태에 따라 전단가공과 성형가공으로 크게 나눌 수 있다. 전단가공이란 전단기에 의해 판재를 자르거나 펀치와 다이로 구멍을 따내는 가공을 말하며, 성형가공은 판재를 굽히거나 조리기하는 등 원하는 모양으로 성형하는 가공을 말한다.

(1) 전단가공

1 전단가공의 종류

● **블랭킹**

그림 2-62와 같은 펀치(punch)와 다이(die)를 프레스에 설치하여 판금 재료로부터 그림 2-63 (a)와 같이 목적하는 형상의 제품을 따내는 가공을 블랭킹(blanking)이라 한다. 이 가공에서 제품은 블랭크(blank)가 되므로 다이는 원하는 제품의 치수로 가공하고 펀치는 어느 정도 틈새(clearance)가 생기도록 여유를 주어 작게 만든다.

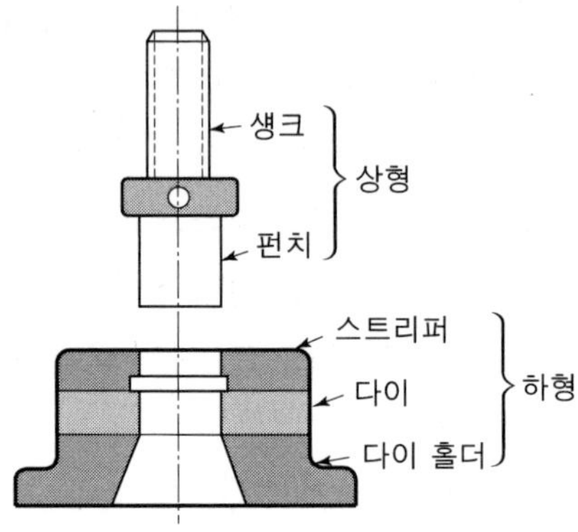

그림 2-62 다이와 펀치

● **펀 칭**

따내기와는 반대로, 판금에 목적하는 형상의 구멍을 맞뚫는 가공을 펀칭(punching)이라 한다. 그림 2-63 (b)와 같이 구멍이 뚫린 쪽이 제품이 되며, 이 가공을 피어싱(piercing)이라고도 한다.

● **전단과 분단**

판금 재료를 직선 또는 곡선에 따라 절단하는 가공을 전단(shearing)이라 한다. 이 가공에서 직선의 전단은 보통 직선날 전단기를 사용하나, 곡선의 전단은 회전날 전단기를 사용하는 경우가 많다. 그림 2-63 (c)는 프레스에서 펀치와 다이에 의해 전단한 보기이다. 특히 그림 2-63 (d)와 같이 나누는 전단을 분단(parting)이라 한다.

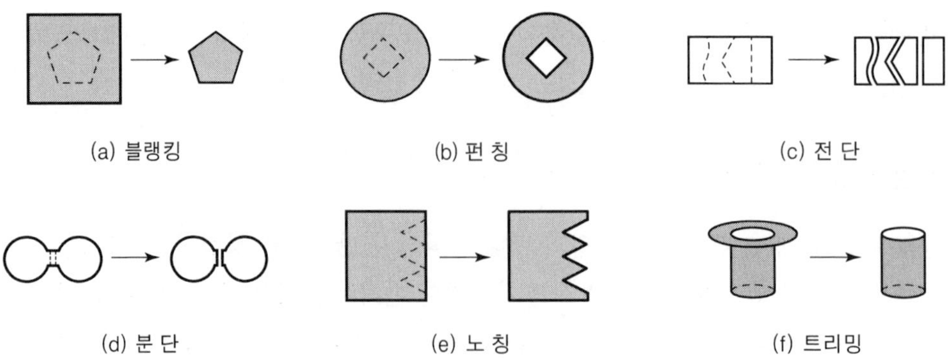

그림 2-63 전단가공의 종류

● 노 칭

소재의 일부분을 그림 2-63 (e)와 같이 따내는 가공을 노칭(notching)이라 한다.

● 트리밍

그림 2-63 (f)와 같이 성형한 제품의 불규칙한 크기의 바깥 테두리를 소정의 형상 및 치수로 절단하는 가공을 트리밍(trimming)이라 한다.

● 끝손질(shaving)

따내기나 구멍을 뚫은 제품의 자른 자리는 거칠다. 이것을 깨끗하게 하기 위해 펀치와 다이 사이에 틈새가 없도록 공구로 가공물의 테를 조금 깎아 내어 끝손질하는 작업으로 일종의 절삭 가공이다.

2 전단 변형 기구

전단 기구는 가공 방법, 재료의 지지 방법, 전단되는 윤곽의 모양 및 그 밖의 가공 조건 등에 따라 다소 다르게 나타난다. 그림 2-64 (a)는 전단가공의 보기로, 전단 변형 기구는 일반적으로 위아래 한 조의 다이를 사용하여 공구측에 직각인 공구면을 가지는 전단날로 가공할 때에는 윗날이 내려와서 아랫날의 위에 있는 판재에 닿은 다음, 더 내려가면 그림 2-64 (b)와 같이 재료의 내부에 전단응력과 인장응력 및 압축응력이 생기는데, 특히 날이 닿는 부분에 집중된다. 계속 힘을 가하면 항복점(yield point)을 지나 소성변형이 진행되며, 날끝 부분의 집중응력이 어느 한계에 다다르면 그림 2-64 (c)와 같이 압력 f 외에 공구의 측면에서 측압력 g가 작용하여 공구의 날끝이 쐐기작용을 하게 된다. 쐐기작용은 펀치가 하강함에 따라 커지고 그림 2-64 (d)와 같이 균열이 생기면서 재료가 절단되기 시작한다. 날 옆쪽에 생기는 인장응력에 날끝의 집중 압축응력과의 쐐기작용으로 재료에 날끝이 들어가 갈라진 틈이 더욱더 커지면 전단이 완료된다.

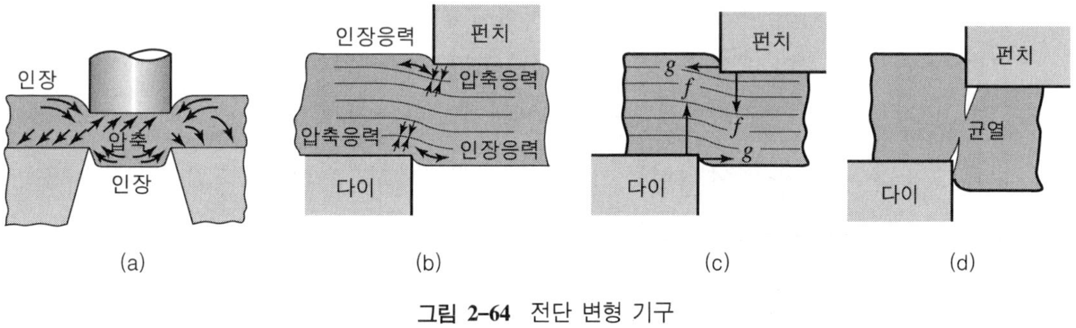

그림 2-64 전단 변형 기구

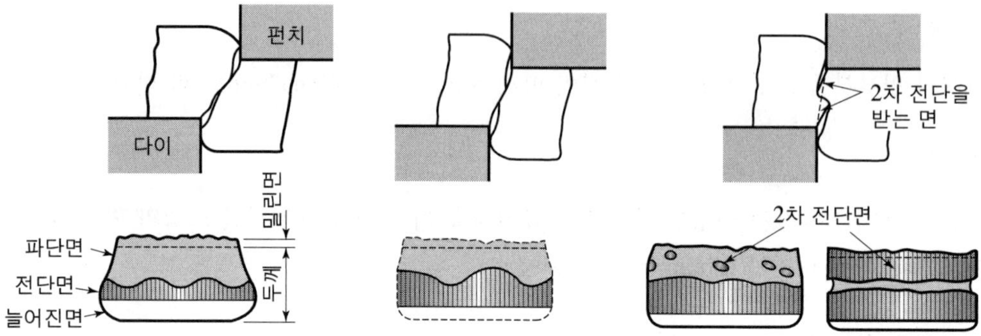

(a) 크 다 (b) 알맞다 (c) 작 다 (d) 너무 작다

그림 2-65 공구 틈새와 전단면의 관계

3 전단면의 모양과 틈새

전단면의 모양은 틈새가 적당하면 그림 2-65 (b)와 같이 균열이 서로 대칭이 되어 비교적 깨끗한 전단면을 얻을 수 있다. 틈새가 너무 작아지면 그림 2-65 (c) 또는 (d)와 같이 균열이 서로 어긋나게 되어 2차 전단 현상이 생겨 전단부가 지저분하게 된다. 반대로 틈새가 너무 커도 그림 2-65 (a)와 같이 균열이 어긋나게 되어 깨끗한 전단면을 얻을 수 없다. 날 사이의 틈새는 판의 두께, 경도, 전단 방법 등에 따라 결정된다. 틈새는 연강, 황동에서는 판두께의 $\frac{1}{20}$, 반경강에서는 $\frac{1}{16}$, 경강에서는 $\frac{1}{4}$이 보통이며, 단단한 재료일수록 틈새를 크게 한다.

(2) 성형가공

판재의 소성을 이용하여 원하는 모양으로 굽히기, 접기, 조리기 등의 가공을 통하여 여러 가지 용기, 기계부품, 자동차와 비행기의 몸체 등의 부품을 만드는 가공법을 성형가공이라 한다.

1 굽힘가공

● 굽힘가공의 종류

판재의 굽힘 형식을 크게 나누면 그림 2-66 (a), (b), (c)와 같이 세 가지가 있다.

그림 2-66 (a)와 같이 펀치와 다이를 사용하여 구부리는 형 굽힘
그림 2-66 (b)와 같이 판재의 한쪽을 고정하고 다른 쪽을 굽히는 접어 굽힘
그림 2-66 (c)와 같이 굽힘 롤에 판재를 보내어 구부리는 롤 굽힘

이 밖에 그림 2-66 (d)와 같이 다이를 사용한 끝 마무리, 그림 2-66 (e)와 같이 롤을 사용하여 파이프를 성형하는 굽힘가공이 있다.

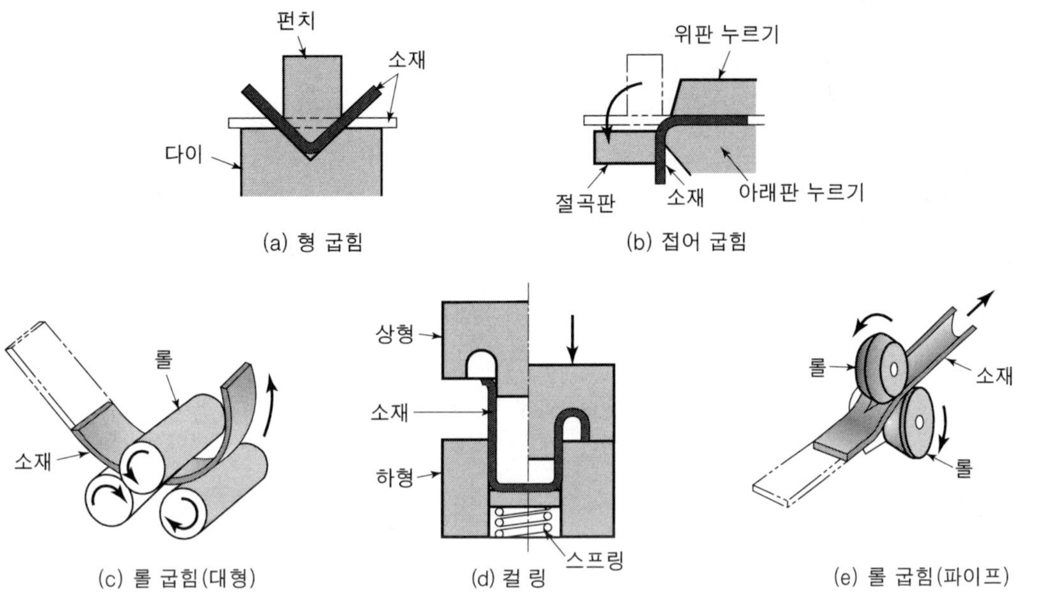

그림 2-66 굽힘가공의 종류

● 굽힘에 필요한 힘

굽힘에 필요한 힘은 재질, 제품 모양 및 가공 방법 등에 따라 다르다. 그림 2-67과 같이 V형 자유 굽힘의 경우 굽힘에 필요한 힘 P는 식 (2-4)로부터 근삿값을 얻을 수 있다.

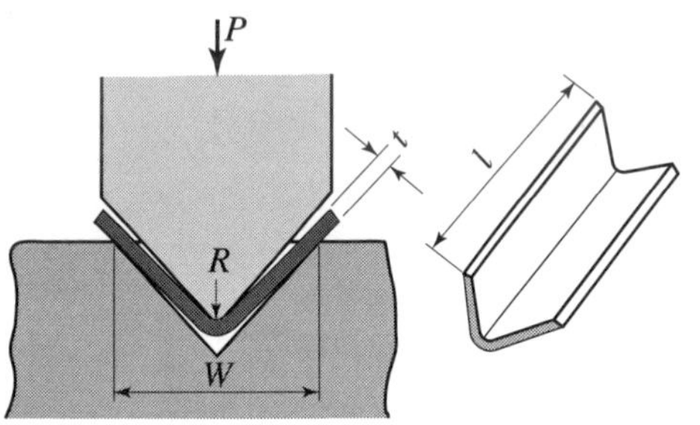

그림 2-67 V형 자유 굽힘

$$P\,[\text{kg}] = \frac{C \times l \times t^2 \times \sigma_B}{W} \qquad (2-4)$$

여기서 t : 판 두께 [mm] l : 판의 너비(굽힘선의 길이) [mm]
σ_B : 판의 인장강도 [kgf/mm^2] W : 다이홈의 너비 [mm]
C : 보정계수(V굽힘 : 1.0 ~ 13, U굽힘 : 2.0 ~ 3.0)

일반적으로 굽힘의 최종 단계에서 소재를 형틀에 꼭 맞도록 밀착시키려면, 식 (2-4)로 계산한 힘보다는 큰 힘이 필요하다.

● 스프링 백

굽힘가공에서 외력을 제거하면 그림 2-68 (a)에서와 같이 탄성에 의하여 처음 상태로 약간 되돌아가는데, 이 현상을 스프링 백(spring back)이라 한다. 일반적으로 스프링 백의 양은 항복점이 높고 경한 재료일수록 크고, 같은 재료에서는 굽힘량이 작을수록 크다. 하중과 형의 상태와 가공 방법 등에 따라 크게 다르므로 굽힘가공에서는 실제 가공하여 먼저 이 양을 알아낸 다

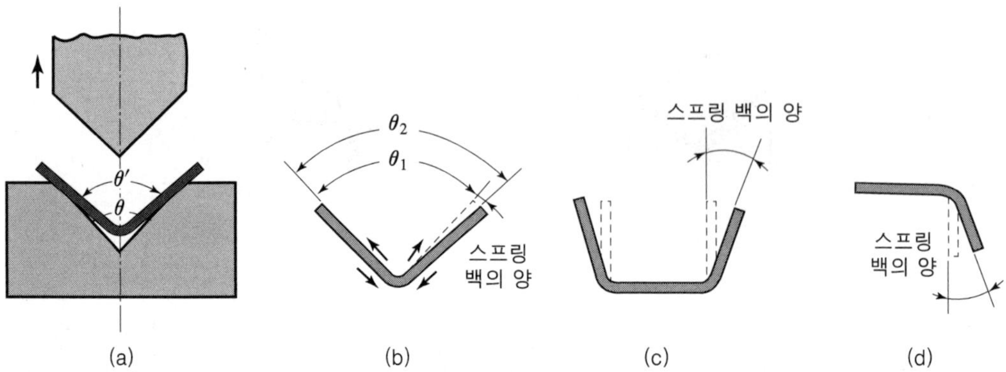

그림 2-68 스프링 백

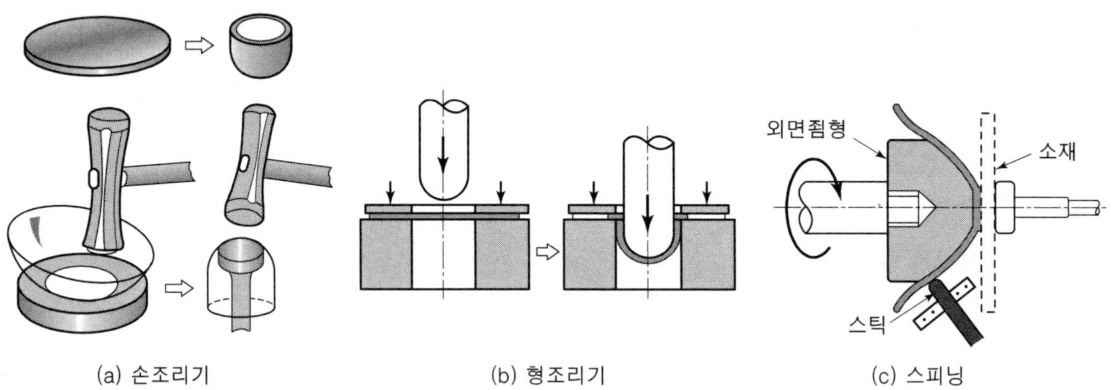

그림 2-69 조리기의 종류

음 형을 수정하여야 한다.

2 드로잉

판재를 사용하여 이음매가 없는 용기를 성형하는 가공법을 드로잉(drawing) 또는 조리기 가공이라 한다. 드로잉에는 그림 2-69와 같이 손조리기, 형조리기 및 스피닝(spinning) 등이 있다.

3) 판금의 전개도와 결합 방법

(1) 판금의 전개도

입체의 표면을 하나의 평면 위에 펼쳐 놓은 도형을 전개도(展開圖, development drawing)라 한다. 전개도는 판금 공작에 필요한 기본 화법으로, 상자나 원통 등을 제작할 때에는 제작도에 따라 전개도를 작성하여야 한다.

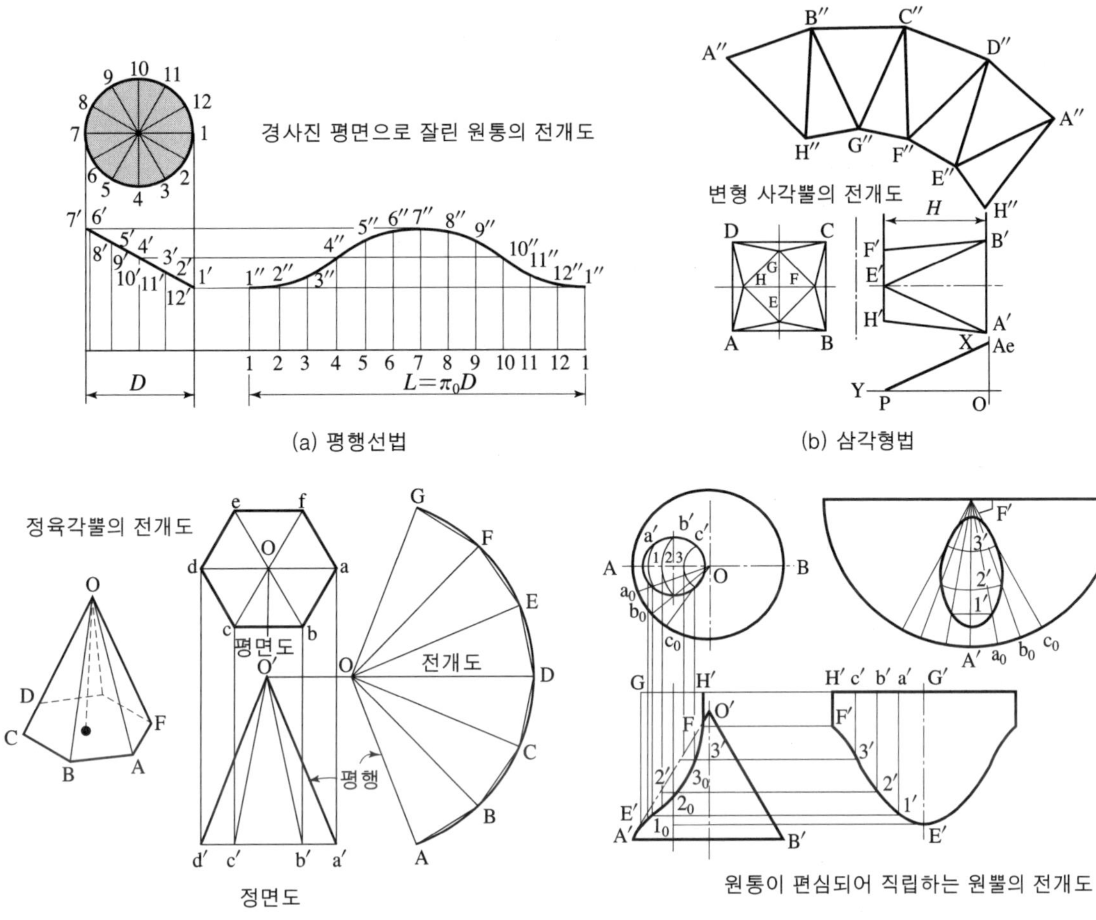

(a) 평행선법 (b) 삼각형법

(c) 방사선법 (d) 혼합법

그림 2-70 전개도법의 보기

전개도법에는 그림 2-70 (a)와 같은 평행선법, 그림 2-70 (b)와 같은 삼각형법, 그림 2-70 (c)와 같은 방사선법의 세 종류가 있다. 복잡한 제품은 그림 2-70 (d)와 같이 이들 세 가지 방법을 부분적으로 조합한 혼합법이 쓰이기도 한다.

(2) 판금의 결합

각종 판금제품을 제조하는 과정에서 판재를 서로 접합하는 일이 많다. 이때 모재의 종류, 재질, 크기, 두께 및 요구되는 접합강도 등을 생각해서 가장 적당한 방법을 택한다. 접합법에는 기계적인 방법 이외에 접합부를 용융해서 접합하는 용접법(熔接法), 접합부를 가열하여 압력을 가해서 접착하는 압접법(壓接法), 결합부에 금속 납을 용입시켜 접착시키는 납땜 등이 있다. 판금가공에서 결합 방법을 분류하면 그림 2-71과 같다.

- 결합법
  - 기계적 결합법
    - 볼트, 너트 결합
    - 리벳 결합
    - 시밍
  - 야금적 결합법
    - 용접
      - 가스 용접
      - 아크 용접
      - 기타
    - 압접
      - 전기저항 용접
      - 단접
      - 기타
    - 납땜
      - 연납접
      - 경납접

그림 2-71 판금 결합법의 분류

4) 판금가공용 기계

(1) 절단용 기계

1 동력 전단기(power shear)

동력용 전동기는 플라이휠의 회전력을 이용하여 수평으로 고정된 아랫날에 대하여 윗날이 상하 운동을 하는 구조로, 그 사이에서 판재를 잘라 내는 박판 전단용 기계이다.

2 갭시어

6～16 mm의 두꺼운 후판 전단에는 그림 2-72 (a)와 같은 갭시어(gap shear)가 사용되며, 기계 전단기(machinical shears), shearing machine, squaring shear 등으로 부르고 있다. 그림 2-

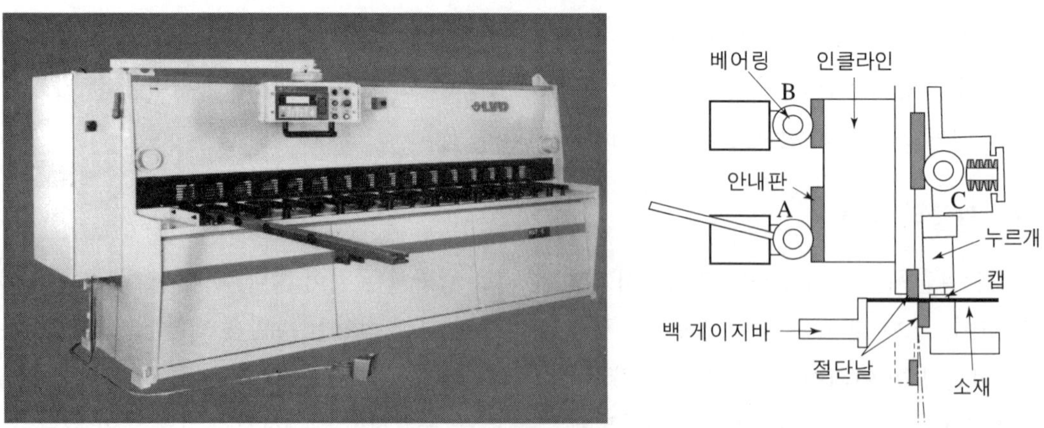

(a) 전단기 본체 (b) 날의 작동기구

그림 2-72 갭시어와 날의 작동기구((주)본실업 brochure)

72 (b)는 윗날의 구동을 정밀하게 하기 위한 날의 작동기구를 보여주고 있다.

3 둥근날 전단기

원형의 윗날과 아랫날을 회전시키고, 그 사이에 판재를 넣어서 원형, 직선, 임의의 곡선으로 절단할 때 사용한다. 그림 2−73 (a)는 둥근날 전단기 중 많이 사용되는 갱 슬리터(gang slitter)와 롤러 시어(roller shear)의 날의 기구이다. 그림 2−73 (b)는 롤 시어의 구조로 서큘러 시어(circular shear)라고도 한다.

4 레이저 절단기

그림 2−74 (a)는 레이저 절단기의 보기로, 핵심이 되는 구성 요소에는 CNC 제어 장치, laser 발진기, 서보 증폭기와 모터 등이 있다. 레이저 절단기는 긴 축으로 laser head가 이동하고, 짧은 축으로 작업 테이블이 이동하면서 절단한다. 그림 2−74 (b)는 레이저가공제품의 보기이다.

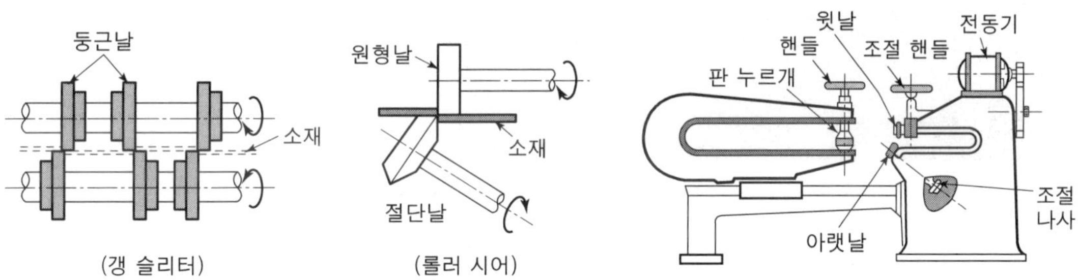

(갱 슬리터) (롤러 시어)

(a) 날의 구조 (b) 롤러 시어

그림 2−73 둥근날 전단기의 형식

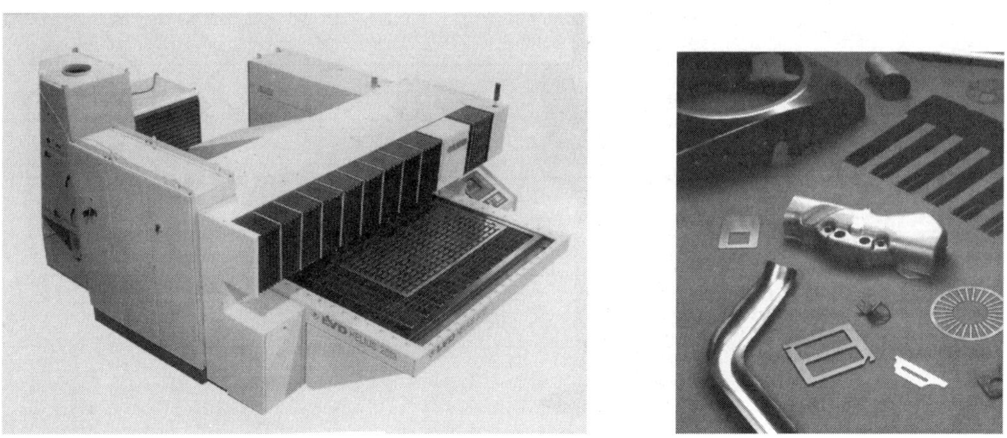

(a) 레이저 절단기 (b) 절단제품

그림 2−74 레이저 절단기와 제품

(2) 성형기계

1 절곡기

판재의 끝을 구부려 접는 기계를 절곡기(folding machine) 또는 스트레이트 브레이크(straight brake)라 하는데, 판재를 위 누르개판과 아래 누르개판 사이에 끼워 누르고, 굽힘판을 회전시켜 꺾어 굽힘가공을 하는 기계이다. 그림 2-75는 스트레이트 브레이크와 굽힘 사례의 보기이다.

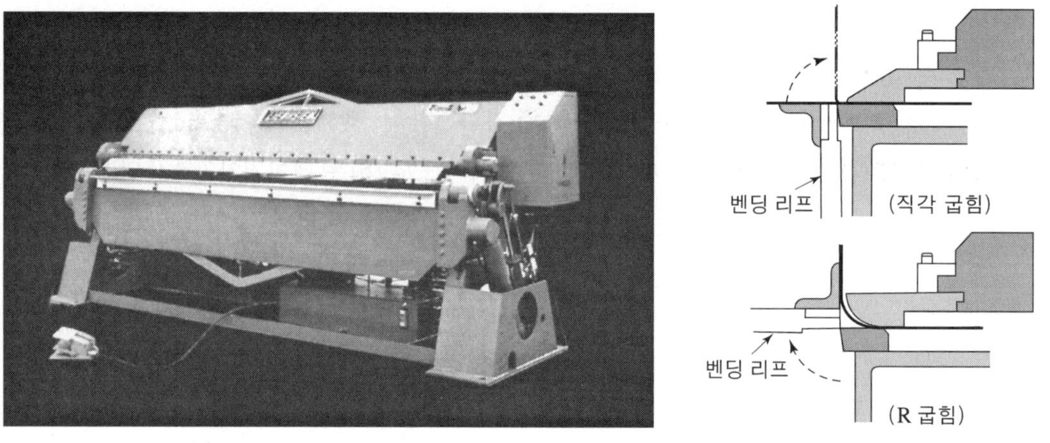

(a) 스트레이트 브레이크 (b) 굽힘 사례

그림 2-75 스트레이트 브레이크

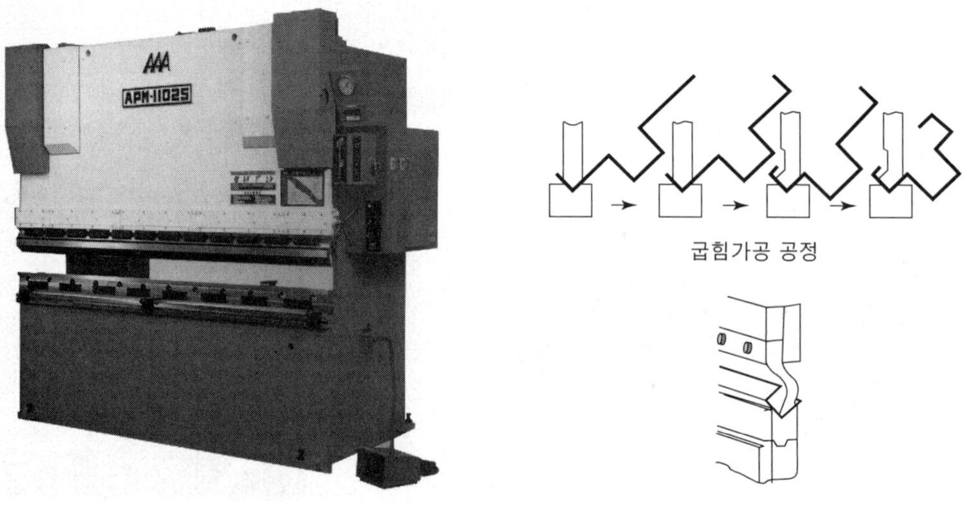

(a) 프레스 브레이크 (b) 굽힘가공

그림 2-76 프레스 브레이크와 굽힘가공

2 프레스 브레이크(press brake)

비교적 긴 판재를 직선으로 굽히는 데 사용되는 굽힘 전용 기계로 긴 판재의 각종 변형가공도 할 수 있어 여러 판금가공에 널리 활용되고 있다. 그림 2-76 (a)는 프레스 브레이크의 보기이며, 그림 2-76 (b), (c)는 여러 가지 굽힘 공정의 보기이다.

3 벤딩 롤러

판재를 둥글게 굽히는 데 사용되는 기계를 벤딩 롤러(bending roller)라 한다. 그림 2-77은 그 보기로서, 보통 3개의 롤로 구성되어 있으며 아래의 2개가 구동되고, 위의 롤은 상하로 조정하며 가공물의 굽힘 반지름을 조정할 수 있는 구조로 되어 있다.

(a) 벤딩 롤러의 외형

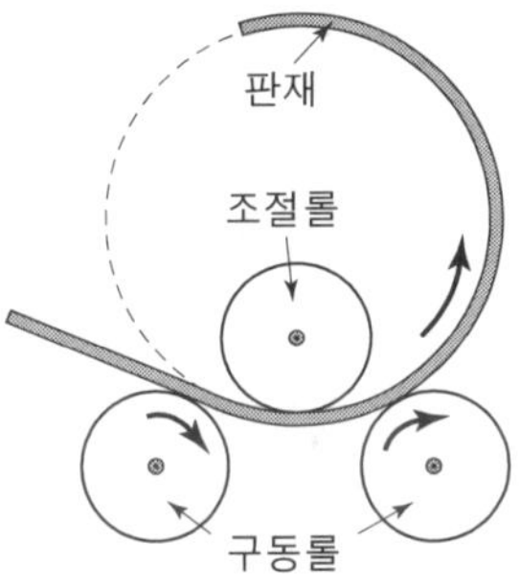

(b) 굽힘 원리

그림 2-77 벤딩 롤러

2. 프레스가공

펀치와 다이 사이의 소재에 힘을 가하게 하는 기계를 프레스(press)라 하며, 프레스로 소재를 가공하는 일을 프레스가공이라 한다. 판금가공용 프레스는 넓은 의미에서 공작기계의 일종으로, 선반이나 밀링 머신과 같이 절삭가공하는 기계는 아니다. 프레스는 동력원으로부터 전동된 회전 운동 에너지를 직선 운동 에너지로 바꾸어 프레스에 설치한 금형을 가압하여 판재를 원하는 치수와 모양으로 자르거나 성형가공하는 판금용 기계이다.

1) 프레스용 다이와 설비

(1) 프레스용 다이

펀치와 다이는 가공되는 물품에 직접적으로 영향을 줄 뿐만 아니라 압축, 충격, 마찰 등을 받기 때문에, 강도나 마멸에 대하여 잘 견딜 수 있는 재료를 선택해야 한다. 프레스가공에 있어서 펀치의 단면 모양은 제품의 모양에 따라 여러 가지가 있으며, 둥근 펀치에 대해서는 KS B 4118에 규정되어 있다. 그림 2-78은 프레스 금형의 보기로, 외형 따내기 금형의 구조를 나타낸 것이다.

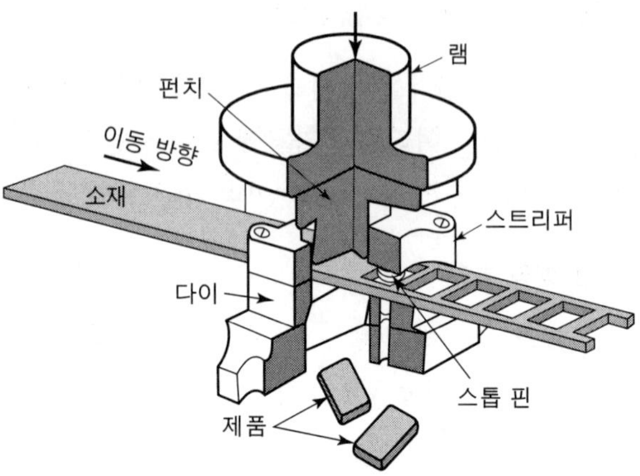

그림 2-78 외형 따내기 금형

1 틈 새

펀치와 다이 사이의 틈새(clearance)가 적당하지 않으면 깨끗한 전단면을 얻을 수 없다. 펀치와 다이의 적당한 틈새는 재료의 종류, 두께, 경도, 정밀도 등에 따라 달라진다. 표 2-4는 일반 작업에 적용되는 각종 재료의 틈새를 나타낸 것으로 주로 판 두께 3 mm 이하에 적용되고 있다. 3 mm 이상에서 특별한 요구가 없을 때에는 이들의 값에 1.5～2.0배를 적용한다.

표 2-4 일반적인 틈새(t는 판 두께) [단위 : mm]

재 료	틈 새	재 료	틈 새
순 철	6～9% t	황동(연질)	6～10% t
연 강	6～9% t	인청동	6～10% t
경 강	8～12% t	양 은	6～10% t
규소강	7～11% t	알루미늄(경질)	6～10% t
스테인리스강	7～11% t	알루미늄(연질)	5～8% t
동(경질)	6～10% t	알루미늄 합금(경질)	6～10% t
동(연질)	6～10% t	알루미늄 합금(연질)	6～10% t
황동(경질)	6～10% t	납	6～9% t

2 전단각

따내기 다이는 펀치의 아랫면과 다이의 윗면을 평면으로 다듬질하지만, 이와 같은 다이를 사용하여 전단하게 되면 펀치와 다이의 날 전체가 동시에 전단작용을 하므로, 프레스에 큰 압력과 충격을 주게 된다. 이러한 현상을 방지하기 위하여, 다이 또는 펀치에 전단각(shear angle)을 주면, 20～30% 정도 소요 동력을 감소시킬 수 있다. 예를 들면 그림 2-79 (a)는 다이에 전단각을 준 것이고, 그림 2-79 (b)는 펀치에 전단각을 준 것이다. 외형 따내기에서는 다이에, 구멍뚫기의 경우에는 펀치에 전단각을 주는 것이 좋다.

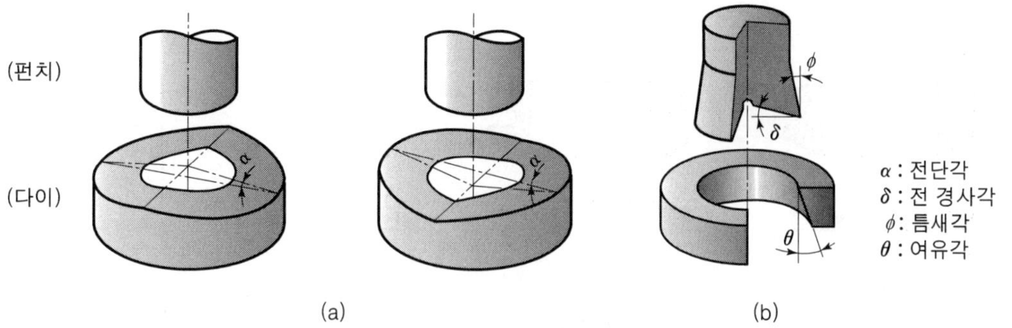

그림 2-79 전단각의 보기

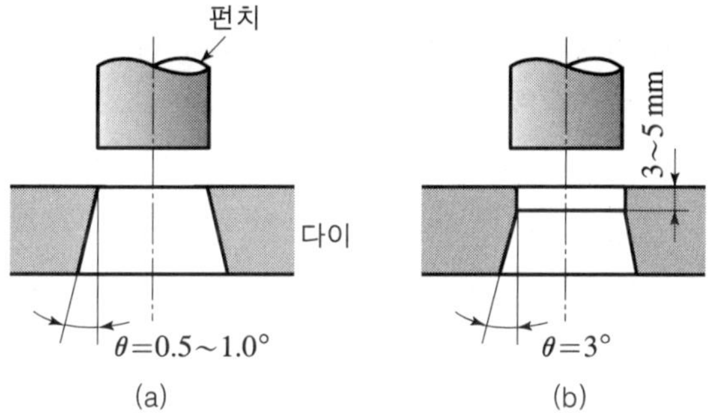

그림 2-80 다이의 슬립 앵글

3 슬립 앵글

다이의 슬립 앵글(slip angle)은 그림 2-80 (a)와 같이 다이의 입구에서 0.5~1.0° 정도가 되게 한다. 얇은 판재용 다이는 그림 2-80 (b)와 같이 3~5 mm의 평행부를 두고, 거기에서 3° 정도의 슬립 앵글을 둔다.

(2) 보조 장치

1 다이 홀더

프레스가공 중에 생기는 충격 하중에 견디고, 다이를 고정하고 분리하기 쉽게 하기 위하여 다이 홀더가 사용된다. 다이 홀더(die holder)에는 그림 2-81과 같이 플랜지가 있는 것, 플랜지에 고정 홈이 있는 것, 더브테일을 붙인 것 등이 있다.

특히 소형 금형의 상형에는 섕크(shank)가 있으며, KS B 4111로 규정하고 있다. 플랜지에 홈을 파서 프레스 베드에 고정하는 경우에는 작은 금형의 경우 2곳에, 큰 금형의 경우에는 4~6곳에 설치한다.

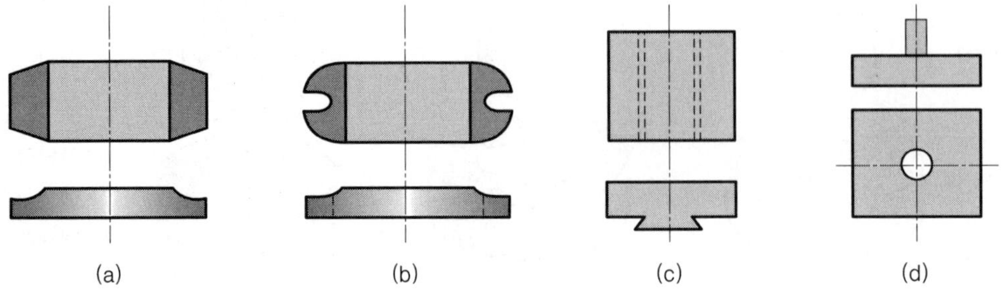

그림 2-81 다이 홀더의 종류

2 다이 세트

금형 전체의 강도 유지와 가공 압력을 2차적으로 받도록 하기 위해 다이나 펀치를 그림 2-82와 같은 다이 세트(die set)에 설치한다.

다이 세트는 충분한 강도가 없으면 다이나 펀치가 파손되는 원인이 되므로, 충분한 강도와 일정한 두께가 필요하다. 금형용 다이 세트는 일반적으로 주물을 사용하나, 강도를 필요로 하는 것은 기계 구조용 탄소강(機械構造用炭素鋼)을 사용한다. KS에서는 프레스 금형용 다이 세트를 KS B 4115로 규정하고 있다.

3 가이드 포스트와 부시

금형 가이드는 상형과 하형의 위치를 일정하게 유지하기 위한 것으로, 금형 가이드가 없는 다이 세트에 비하여 정밀도를 향상시키고 금형의 수명도 연장된다. 또한 복잡한 금형이나 충격이 가해지는 금형은 가이드 포스트가 옆으로 움직이는 것을 방지한다. 가이드 포스트는 KS B 4116과 4117에서 규정하고 있다.

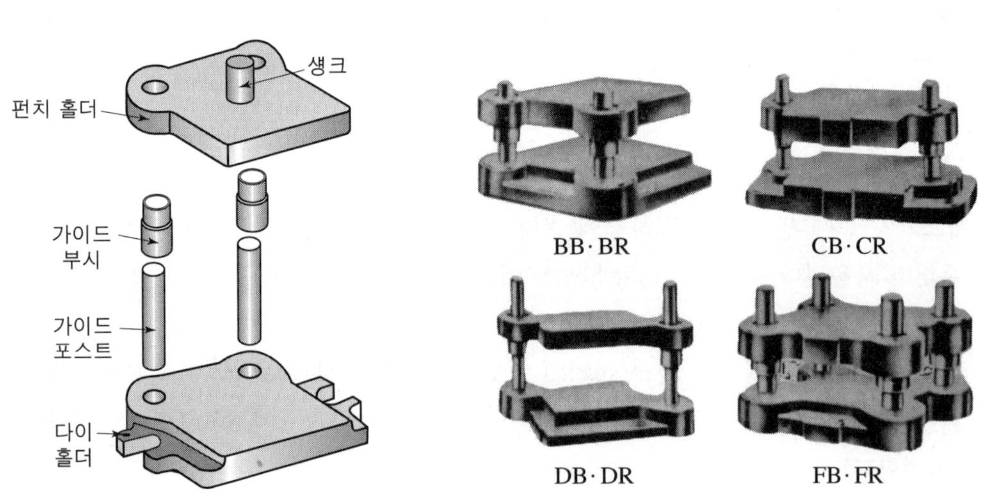

그림 2-82 프레스 금형용 다이 세트의 종류

4 판 누르개

따내기할 때 판금 재료를 다이 위에 놓은 상태 그대로 펀칭하게 되면, 그림 2-83 (a)와 같이 판금 재료의 바깥 둘레에 변형이 발생한다. 이것을 방지하기 위해서는 그림 2-83 (b)와 같은 판 누르개(blanking holder)를 사용한다.

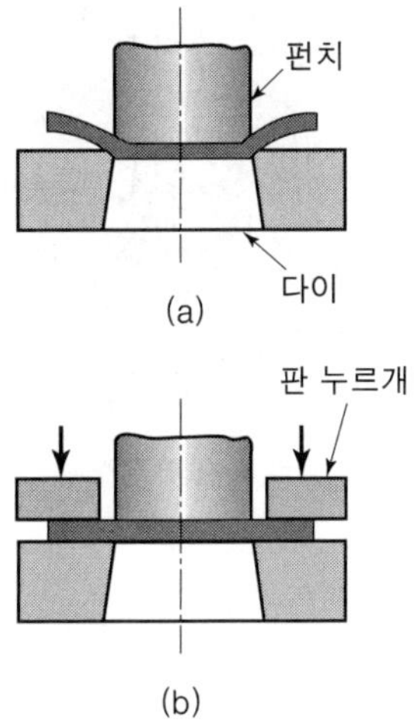

그림 2-83 판 누르개의 기능

2) 프레스와 안전 장치

(1) 프레스

프레스는 동력원이나 작동 방식과 기구 그리고 프레임 형식 등에 따라 여러 가지로 분류하고 있다. 동력원에 따라 인력 프레스, 기계 프레스 그리고 액압 프레스가 있으며, 슬라이터의 수에 따라 단동식과 복동식이 있다. 큰 힘이 들지 않는 경우에는 사람의 힘으로 움직이는 인력 프레스도 있다. 프레스는 일반적으로 표 2-5와 같이 분류하고 있다.

표 2-5 프레스의 분류

구 분	분 류	형 식	구동기구
인력 프레스	핸드 프레스	나사 프레스	나사
		편심 프레스	캠
	풋(foot) 프레스	너클 프레스	레버
동력 프레스	기계 프레스	크랭크 프레스	크랭크
		토글 프레스, 너클 프레스	토글, 너클
		마찰 프레스	마찰판, 나사
		캠 프레스	캠
	액압 프레스	수압 프레스	수압
		유압 프레스	유압

1 인력 프레스

● **핸드 프레스**

핸드 프레스(hand press)는 손의 힘을 이용하여 구동시키는 프레스로, 작동 기구에 따라 그림 2-84와 같이 나사식 프레스, 편심식 프레스, 래크식 프레스 등으로 나눈다.

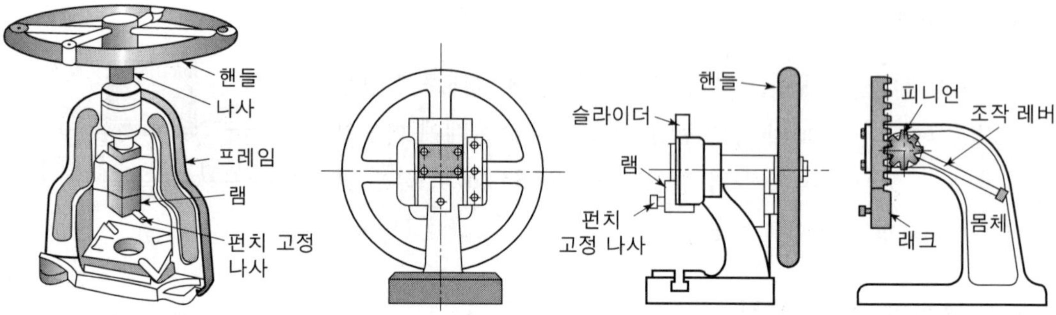

(a) 나사 프레스 (b) 편심 프레스 (c) 래크 프레스

그림 2-84 핸드 프레스

● **풋 프레스**

풋 프레스(foot press)는 그림 2-85와 같은 구조로, 발의 힘을 가공력으로 이용한 프레스이다. 주로 얇은 판재를 가공하는 가내 공업에 이용되었으나 현재는 그 사용이 줄어들고 있다.

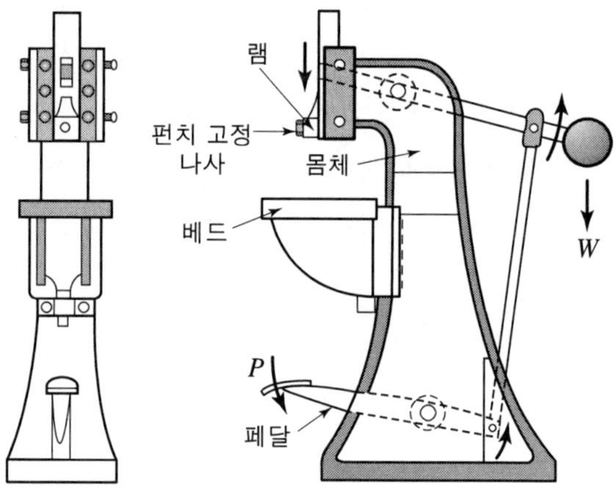

그림 2-85 풋 프레스

2 동력 프레스(power press)

● **기계 프레스**

펀치를 고정하는 슬라이드의 구동에 기계력을 이용한 프레스를 기계 프레스(mechanical press)라 한다. 기계 프레스는 액압 프레스에 비해서 가공 속도가 빨라 생산적이므로 판금가공에 가장 많이 사용되고 있다.

a) **크랭크 프레스**(crank press) : 프레스 중에서 가장 많이 사용되며, 파워 프레스라고도 한다. 플라이휠의 회전을 직선 운동으로 바꾸어 프레스에 필요한 슬라이더에 상하 운동을 준다. 보통은 그림 2-86 (a)와 같이 크랭크가 1개인 단동식 크랭크 프레스(single crank press)가 사용되며, 너비가 넓거나 디프 드로잉에서는 그림 2-86 (b)와 같이 크랭크가 2개인 복동식 크랭크 프레스(double crank press)가 사용된다.

b) **너클 프레스**(knucle press) : 플라이휠의 회전 운동을 크랭크 기구를 사용하여 왕복 운동으로 바꾸고, 이것을 3개의 링크(link)로 구성된 너클 기구를 이용하여 역비(力比)가 큰 직선 운동을 얻는 구조이다. 너클 프레스는 가공의 마지막 단계에서 큰 힘을 얻을 수 있으므로 주로 성형, 압인, 축박기, 압출가공 등에 사용한다. 그림 2-86 (c)는 너클 프레스의 보기이다.

c) **토글 프레스**(toggle press) : 너클 프레스와 혼용하는 경우가 있는데, 여러 개의 링크가 조합하여 연결된 토글 기구로, 많은 링크를 매개체로 동력이 전달되므로 가압 속도는 느리나 가압 충격이 적어 대형 드로잉, 압인, 압출가공 등에 알맞다.

d) **링크 프레스**(link press) : 구동 방식은 크랭크 프레스와 같이 주축에 회전 운동이 전달되고 주축의 끝에 있는 링크 기구의 독특한 기능에 의하여 슬라이드 운동 속도가 하사점 부

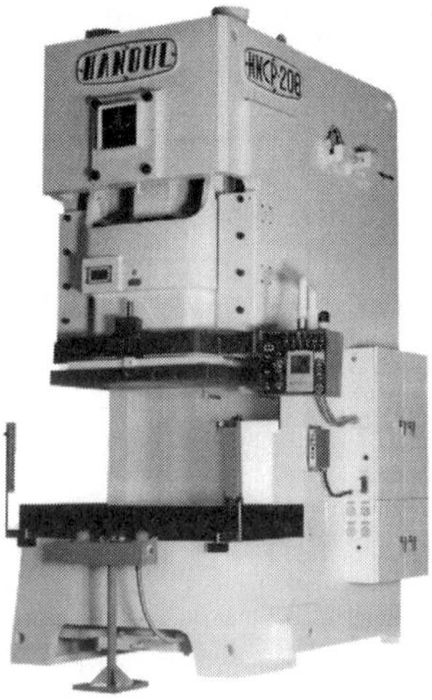

(a) 단동식 크랭크 프레스

(b) 복동식 크랭크 프레스

(c) 너클 프레스

(d) 링크 프레스

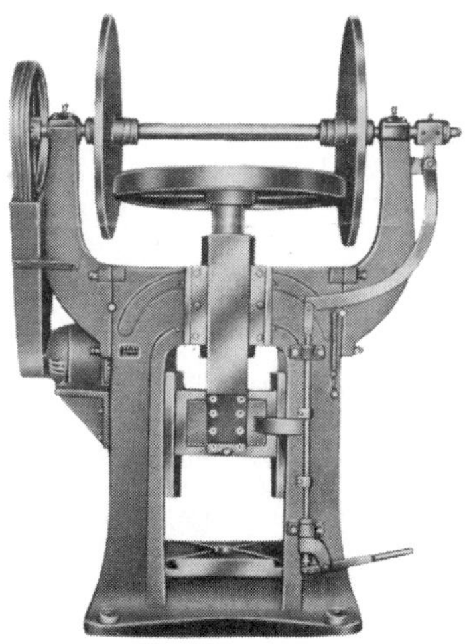

(e) 마찰 프레스

(f) 유압 프레스

그림 2-86 프레스의 종류

NC 피더를 이용한 트랜스퍼 로봇 라인의 보기(한얼프레스 제공)

근에서 느린 속도로 성형가공하게 되어 정밀 블랭킹, 피어싱 및 드로잉 등에 적합하다. 그림 2-86 (d)는 링크 프레스와 링크의 기구를 나타낸 것이다.

e) 마찰 프레스(friction press) : 그림 2-86 (e)와 같이 수평축에 고정한 2개의 마찰차의 측면과 수직축 끝에 고정된 탄력차를 마찰차(플라이휠)의 좌우 어느 한쪽 면에 접촉시켜 접촉면의 마찰에 의하여 나사축에 전등되는 에너지를 이용하여 가압작용을 하는 프레스이다.

f) 액압 프레스(hydraulic press) : 수압이나 유압으로 작동하는 프레스로, 압축된 액체를 실린더에 보내면, 램이 왕복 운동을 하게 된다. 액압 프레스는 행정을 자유롭게 변경할 수 있으며, 압력 조정이 가능하다. 가압 상태를 길게 유지할 수 있을 뿐만 아니라 전 공정에 걸쳐 가압력이 일정하고 과부하에 대해 안전한다. 그러나 가공 속도가 느리고 기계값이 고가인 것이 결점이다. 액압 프레스는 크게 프레스 본체, 압력 장치와 운전 장치 및 배관으로 구성되어 있으며, 용도에 따라 수십 톤에서 수만 톤의 대형 프레스가 있다. 그림 2-86 (f)는 대형 유압 프레스의 보기이다.

(2) 안전 장치

프레스작업에서 안전 장치란 일반적으로 작업점에 있어서의 방호 장치를 뜻하고 있으나, 벨트, 기어 및 페달 등의 커버도 프레스작업에 있어서 중요한 안전 장치에 포함된다. 프레스의 안전 장치는 현장작업에서 작업자의 손을 보호하는 중요한 장치이다.

작업점의 방호 장치인 안전 장치는 다음과 같은 기본 조건을 구비하여야 한다.

① 작업 능률을 떨어뜨려서는 안 된다.
② 내구성에 있어 오래 사용할 수 있어야 한다.

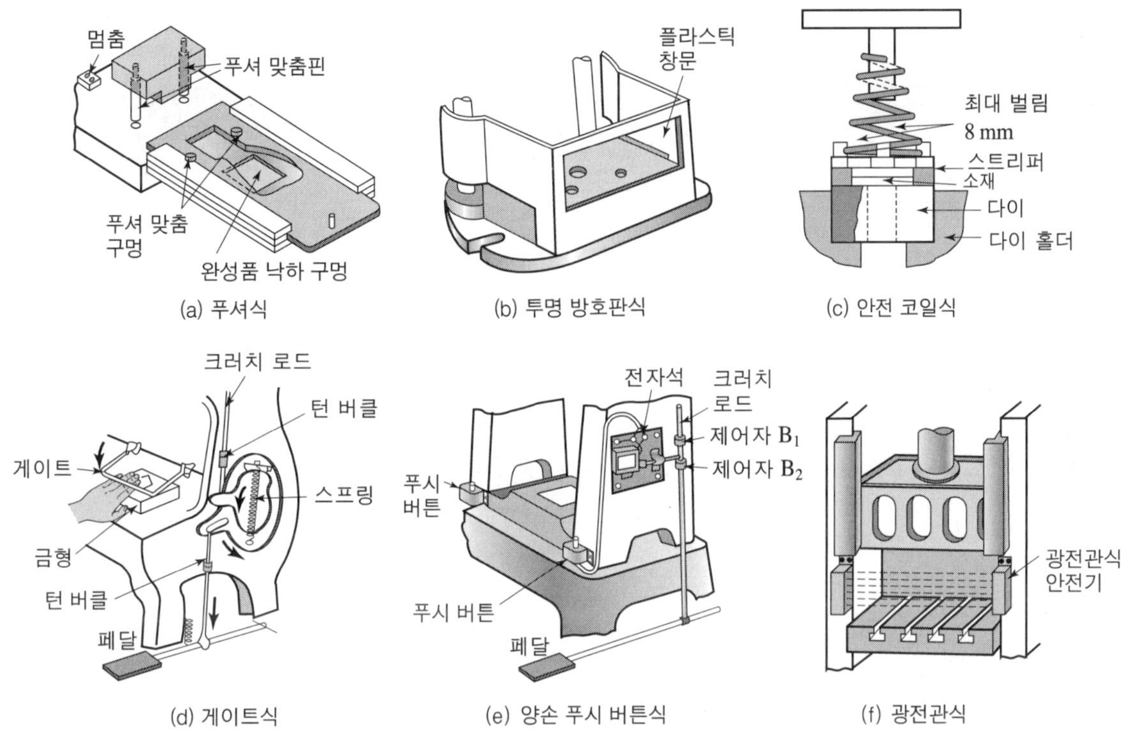

그림 2-87 프레스작업 안전 장치의 보기

③ 구조적인 결함으로 고장이 있어서는 안 된다.

④ 작업자에게 불쾌감을 주어서는 안 된다.

⑤ 기존 프레스에 장치할 수 있어야 한다.

⑥ 가볍고, 조립과 분해가 쉬워야 한다.

이상과 같은 조건들을 만족할 수 있는 안전 장치에는 여러 가지 형식이 있으나, 일반적으로 현장에서 사용되고 있는 안전 장치는 그림 2-87과 같은 기본적인 형식이 주로 사용되고 있다.

3. 그 밖의 성형법

1) 특수 성형법

(1) 게이린법

그림 2-88 (a)와 같이 프레스 베드 위에 놓인 성형 다이 위에 블랭크를 놓고, 위틀에 채워 있는 고무 탄성에 의해 그림 2-88 (b)와 같이 밀어 눌러, 다이의 모양으로 성형하는 성형법을 게이린법(Guerin process)이라 한다. 이 방법은 1939년경 제2차 대전에 항공기 제작에 이용한 방

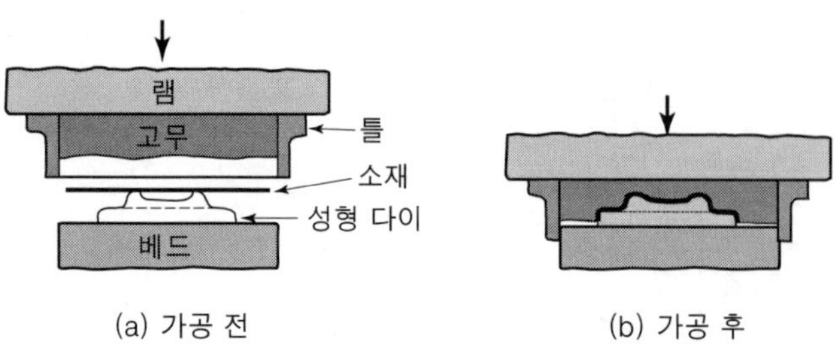

그림 2-88 게이린법

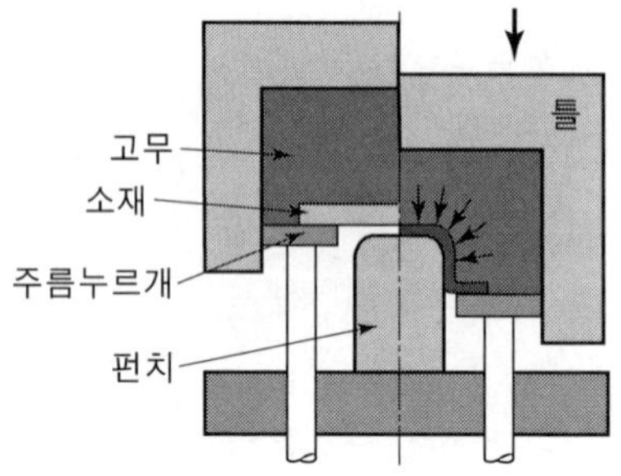

그림 2-89 마폼법

법으로 펀치 또는 다이 어느 한쪽만을 만들면 되고 상대형은 생략할 수 있어 깊이가 얕은 부품이나 소량 생산에 이용되고 있다. 그러나 주름이 생기기 쉽고, 깊은 수직벽이 있는 드로잉에는 알맞지 않다.

(2) 마폼법

그림 2-89와 같이 틀에 채워진 고무 속에 블랭크를 펀치로 밀어 넣어 성형하는 방법으로 마폼법(marform process)이라 한다. 이 방법은 게이린법과 유사하나 다른 점은 판 누르개(blank holder)의 역할을 하는 부판(浮板)이 있으며, 블랭크는 고무의 압력에 따라 펀치와 같은 모양으로 성형된다. 고무의 압력은 주름 누르개로 조절할 수 있으며, 형 드로잉보다 깊은 것과 복잡한 드로잉을 할 수 있다.

(3) 하이드로폼법

마폼법의 고무 대신에, 액체를 이용한 성형법을 하이드로폼법(hydroform process)이라 한다. 액체는 고무막으로 밀폐되어 있으며 압력은 펌프로 조절한다. 이 방법은 블랭크 홀더가 고정되

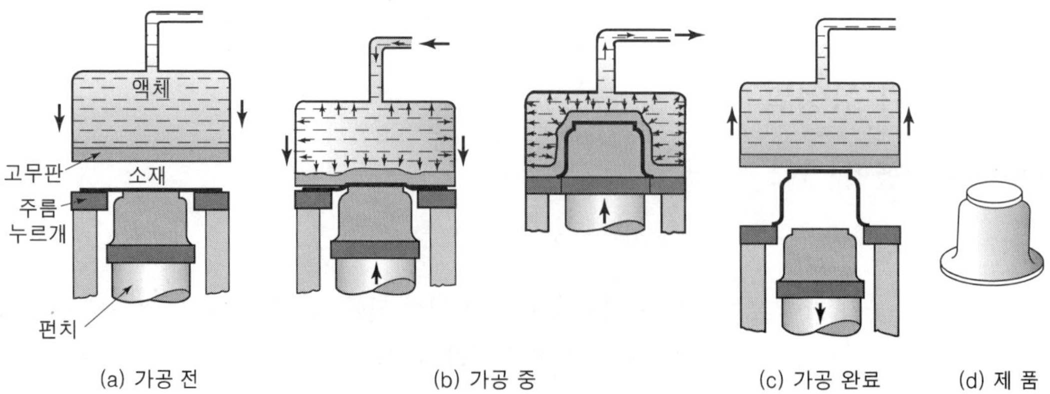

그림 2-90 하이드로폼의 성형 공정

어 있고, 다이로 펀치가 움직이게 되어 있다.

이 방법은 마폼법과 같이 깊거나 복잡한 모양의 제품을 성형할 수 있다. 그림 2−90은 하이드로폼법에 의한 성형 공정의 보기이다.

(4) 스탬핑

펀치와 다이 사이에 판금 재료를 놓고 형에 새겨진 요철 부분을 재료에 밀어 눌러서 옮기는 가공법을 스탬핑(stamping)이라 한다. 스탬핑에는 엠보싱(embossing)과 코이닝(coining)이 있다.

1 엠보싱

그림 2−91 (a)와 같이 장식이나 재료의 보강을 위하여 판재의 앞면과 뒷면이 서로 반대가 되는 파형이나 홈을 만드는 가공법을 엠보싱이라 한다. 이 가공법은 비교적 얇은 판재의 가공에 이용되며, 가공에 의한 판의 두께 변화가 거의 없으므로 프레스의 용량이 작아도 된다.

2 코이닝

그림 2−91 (b)와 같이 형의 요철 부분을 소재의 면에 찍어 내는 가공법을 코이닝(coining)이라 한다. 이 가공법은 판의 두께를 변화시켜 요철부를 가공하는 것으로, 제품의 표면과 뒷면의 가공된 요철은 아무런 상관 관계가 없다. 그림 2−91 (c)와 같이 주화, 메달, 그 밖의 장식품 등의 여러 가지 그림이나 문자 등은 이 방법으로 가공한다.

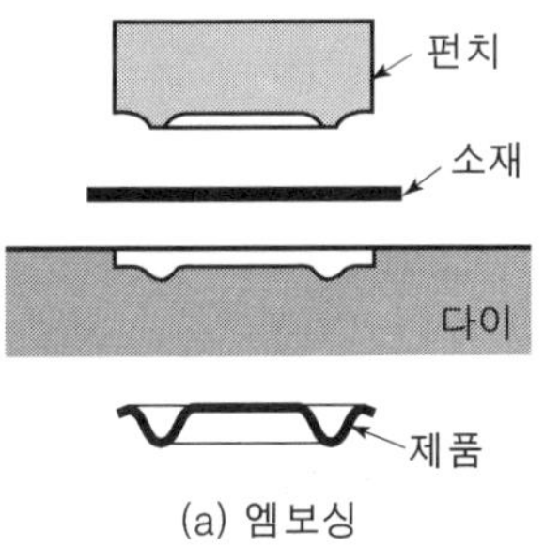

(a) 엠보싱

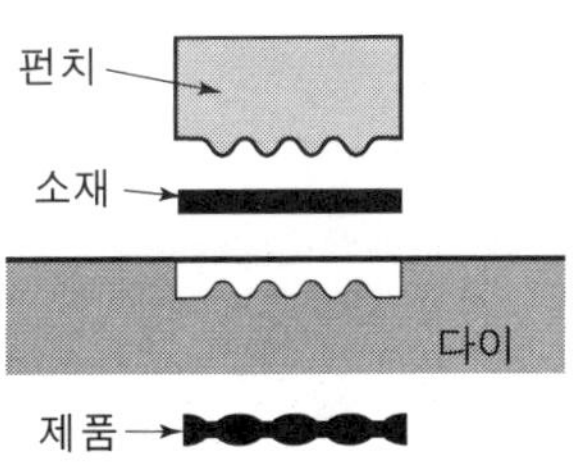

(b) 코이닝

(c) 코이닝제품

그림 2−91 엠보싱과 코이닝

2) 기타 성형가공

(1) 폭발 성형

폭발 성형은 그림 2-92 (a), (b)와 같이 화약을 수중에서 폭발시켜, 매체인 물이 전달하는 충격압으로 판재(소재)를 다이와 같이 성형하는 가공법과 그림 2-92 (b), (c)와 같이 간접적인 폭발력을 이용한 성형법이 있다. 다이 내의 공기는 그림 2-92 (a), (c)와 같이 진공펌프와 연결되어 있으며, 타출가공, 압출가공 등의 판금가공에도 응용되고 있다.

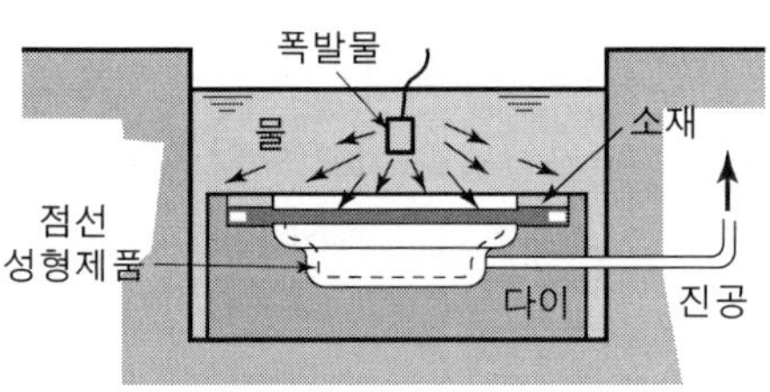

(a) 액압 직접 성형

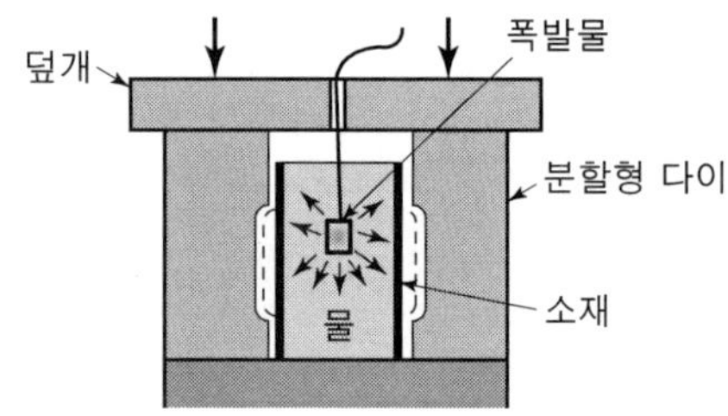

(b) 액압 벌진가공

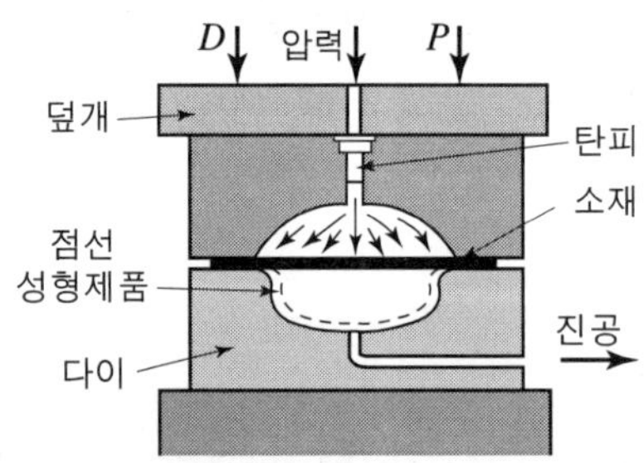

(c) 기압 직접 성형

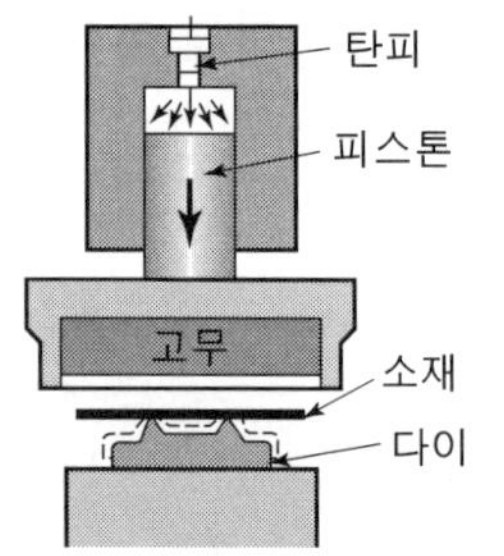

(d) 기압 간접 성형

그림 2-92 폭발 성형의 종류

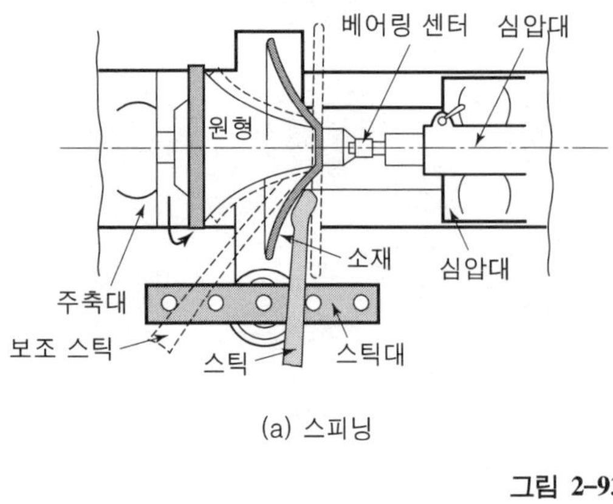

(a) 스피닝

(b) 스피닝 작업

그림 2-93 스피닝

(2) 스피닝

선반의 기본 구조인 주축대와 심압대를 구비한 공작기계에 그림 2-93과 같이 주철, 경질의 목재 또는 플라스틱으로 만든 원형을 주축대의 회전판에 고정하고, 여기에 판금 재료를 대고 심압대로 밀어 준 상태에서 고속으로 회전시키면서 스틱(stick) 또는 롤로 원형에 밀어 붙이기를 되풀이하면 원형과 같은 모양으로 성형된다. 이때 성형은 제작할 판금제품의 내면과 같다. 이러한 가공법은 이송나사 없이 손으로 성형하므로 숙련이 요구될 뿐만 아니라 안전에 유의하여야 한다.

2.6 플라스틱가공

1. 플라스틱 재료

20세기는 플라스틱의 시대라고 할 정도로, 플라스틱 제품은 우리의 생활용품과 공산품 재료로서 없어서는 안 될 중요한 재료이며, 그 용도도 일용품, 섬유류, 전자 공업 재료, 기계 재료 그리고 접착제에 이르기까지 광범위하다.

플라스틱 재료에는 여러 가지 종류가 있으나, 그 원료는 석유, 석탄, 천연 가스, 소금 등에서 얻는다. 플라스틱은 고분자 물질로서 많은 분자가 결합하여 만들어진 것으로, 구조가 간단한 몇 개의 저분자 물질에 촉매를 가하든가, 가열, 가압하기도 하고, 증류와 같은 조작에 의하여 화학 반응을 일으켜 점차 많은 분자를 결합하여 만든다.

염화비닐 수지는 석유화학공업의 발달에 따라 분해한 에틸렌으로부터 만들게 되었으며, 경제적이므로 많이 쓰이고 있다. 제조된 수지 재료는 원색 그대로 성형 재료로 사용할 때도 있으나 용도에 따라 색을 내기 위한 착색제, 수지의 성형성을 높이기 위한 가소제 등을 첨가하여 알갱이로 만들어 플라스틱제품의 성형 재료로 사용한다. 종래에 금속 재료로 제조하여 사용하던 기계 구조와 부품용 재료가 플라스틱으로 대체되는 경우가 많아지고 있다. 특히 플라스틱 재료는 강도의 요구도가 그다지 크지 않고 내약품성, 내마멸성, 충격의 흡수 등이 중요시되는 기계 요소용 재료에 사용되는 경우가 많다. 최근에는 우수한 품질의 합성 수지가 개발되어 부품 재료는 물론 구조용 강재의 대용으로 까지 실용화가 이루어지고 있다.

1) 플라스틱의 종류와 성질

(1) 플라스틱의 분류와 특성

1 플라스틱의 분류

합성 수지는 특성에 따라 열가소성 수지와 열경화성 수지로 크게 분류하고 있다.

● **열가소성 수지**

열가소성 수지(熱可塑性樹脂, thermoplastic resin)는 주로 선 모양의 고분자로 이루어진 것으로 가열하면 가소성을 나타내므로 여러 가지 모양으로 성형할 수 있다. 냉각시키면 성형된 모양이 그대로 굳는데, 가열하면 다시 유동체(fluid)로 된다. 폴리에틸렌, 폴리염화비닐, 폴리스티렌, 아크릴 수지 등과 같은 고분자 화합물이 여기에 속한다.

● **열경화성 수지**

열경화성 수지(熱硬化性樹脂, thermosetting resin)는 액상 또는 분말 형태의 반제품으로 생산 가공한다. 경화제를 첨가하거나 가열 가압하여 거대 분자로 된 반제품으로 조밀한 망상으로 이루어진다. 이것을 가열하면 경화되는 성질을 가지며, 한 번 경화시키면 불용융성 물질이 된다.

2 플라스틱의 특성

기계 재료로 쓰이는 합성 수지는 합성된 유기 물질로 열이나 압력을 가하면 쉽게 변형되는 성질이 크기 때문에, 이 성질을 이용한 성형 가공 기술의 개발로 플라스틱 가공제품이 가정용품과 사무용품 및 기계 재료로 많이 쓰이고 있다.

합성 수지는 금속에 비하여 내열성이 떨어지나, 값이 싸고 성형이 쉬우며, 가볍고 전기절연성이 좋다. 표 2-6은 플라스틱의 종류와 특성 및 용도를 요약한 것이다.

(2) 플라스틱의 성질

합성 수지의 성질은 종류, 합성법 등에 따라 다르며, 나날이 새로운 성질과 특성이 있는 플라스틱 재료가 개발되어 생산되고 있는데, 일반적인 성질은 다음과 같다.

① 가소성이 우수하여 임의의 제품 성형이 가능하며, 성형물의 절삭, 접합 및 표면 처리가 쉽다.
② 전기절연성이 좋다.
③ 산, 알칼리, 기름, 약품류에 잘 견딘다.
④ 잘 타지는 않으나 금속에 비해 내열성이 떨어진다.
⑤ 가볍고 무색 투명하며, 임의로 착색이 가능하다.

표 2-6 플라스틱의 종류와 용도

합성 수지명		특 징	용 도
열경화성 수지	페놀 수지	전기절연성, 강도 내열성이 양호(알칼리에 약함)	전기기기, 통신기기, 기계 부품, 도료, 접착제
	멜라민 수지	내수성, 내약품성이 우수하며 표면 경도가 크다.	화장판, 식기, 전기 부품, 적층판, 섬유가공, 도료
	디알릴푸탈레이트 수지	저압 성형이 가능, 전기절연성, 안정성, 내열성 양호(다소 비싸다)	전기절연 재료, 화장판
	에폭시 수지	금속이나 무기 물질과의 접촉성 양호, 전기절연성, 내약품성 양호	접착제, 도료, 전기절연 재료, 유리섬유 강화 플라스틱
	규소 수지	전기절연성, 내열성, 방수성 양호, 액상, 고무상, 수지상 등(비싸다)	전기절연 재료, 윤활유, 이형제(離型劑), 도료
열가소성 수지	염화비닐 수지	내약품성, 전기절연성 양호(내열성 약함, 연소에 의해 염화수소 가스 발생)	포장용, 농업용, 필름, 전선 피복, 관(管)이음
	염화비닐리덴 수지	염화비닐 수지보다 내열성, 내약품성 양호, 습기나 기체가 통하기 어렵다.	식품 포장용 필름, 섬유
	초산비닐 수지	무색 투명, 전기절연성, 내약품성 양호(연화점 낮다)	폴리비닐알코올의 원료, 에멀션 도료, 접착제
	폴리비닐 알코올	온수에 용해된다.	비닐론 섬유, 폴리비닐아세탈의 원료, 유화(乳化)제
	폴리스티렌	무색 투명, 전기절연성, 내약품성, 내유성 양호	잡화, 완구, 식탁용품, 전기 부품, 포장 단열용 발포폼
	ABS 수지	강인, 광택 양호, 내약품성, 내유성 양호	전기기기 하우징, 자동차 부품, 포장 단열용 발포폼
	메타크릴 수지	무색 투명, 내후성, 광학적 성질 양호	디스플레이, 방풍유리, 조명기구, 잡화
	폴리에틸렌	가볍고 유연, 전기절연성, 내약품성, 내수성 양호(인쇄, 접착성이 나쁘다)	포장, 농업용 필름, 병, 전기절연 재료, 잡화 운반 상자
	폴리프로필렌	폴리에틸렌과 비슷하지만 보다 투명하고 연화점 높고 반복 굽힘에 잘 견딤	폴리에틸렌과 유사, 컨테이너, 식기
	불소 수지	내약품성, 내마모성, 열안정성, 전기절연성 양호(비싸다)	전기절연 재료, 내약품 재료 축받이
	폴리아미드	강인, 내유성, 내마멸성 양호(흡수성이 높다)	디스플레이, 방풍유리, 조명기구, 잡화
	폴리아세탈	폴리아미드와 비슷한 성질, 내크립성, 내용제성 양호(분해 시 포르말린 냄새 발생)	기어, 베어링, 부시, 캠 스위치 등, 전기, 전자, 기계, 자동차 부품, 사무기기, 일용품, 건축자재 등
	폴리카보네이트	강인, 전기적 성질, 내열성, 내한성, 내후성이 좋고 투명	전기 부품, 기계 부품, 잡화, 창유리, 포장 필름
	폴리페닐렌옥사이드	강인, 내열성, 내크립성, 전기적 성질, 내수증기성 양호	전기 부품, 기계 부품

⑥ 장기간 햇볕을 쬐거나 외기에 접하면 색깔이 변하고 표면이 거칠어져 경도와 강도가 감소한다.

합성 수지는 그 종류, 합성 방법, 충전제의 유무 등에 따라 성질이 달라진다.

1 기계적 성질

플라스틱의 기계적 성질은 금속과 많이 다르지만, 구조 재료로 사용되는 것은 결정성이 강한 플라스틱으로 역학적 거동이 금속과 유사한 점이 많이 있다.

플라스틱의 구조는 매우 복잡하여 재료에 따라 역학적으로 다른 거동을 나타내므로 각각의 경우를 검토하지 않으면 안 된다. 그러나 온도가 높아지면 플라스틱과 금속은 분자 및 원자의 운동이 활발해져서 외력에 대한 저항력이 감소하고 변형이 커지기 때문에 형상이 서로 비슷한 거동으로 생각한다. 표 2-7은 플라스틱의 기계적 성질을 나타낸 것이다.

2 내열성 및 내식성

● 내열성

플라스틱은 거의 모두가 유기 재료이기 때문에, 금속보다도 온도에 의한 성질의 변화가 현저해서 기계 장치로 사용되는 경우 적용에 제한을 받게 된다. 따라서 플라스틱은 보통 상온에서

표 2-7 플라스틱의 기계적 성질

종 류		인장강도 [kgf/cm²]	연신율 [%]	압축강도 [kgf/cm²]	경도 [HB]
열가소성 수지	폴리에틸렌	11 ~ 130	200 ~ 550	–	R11
	폴리스틸렌	350 ~ 630	1 ~ 3.6	800 ~ 1,100	M65 ~ 90
	폴리염화비닐(경질)	350 ~ 630	2 ~ 40	550 ~ 900	D70 ~ 90(H.S)
	폴리염화비닐(연질)	70 ~ 250	200 ~ 400	70 ~ 250	–
	폴리염화비닐리덴	210 ~ 350	<250	140 ~ 190	M50 ~ 65
	폴리아미드(나일론)	490 ~ 770	90	500 ~ 900	R111 ~ 118
	아크릴 수지	490 ~ 630	3 ~ 10	850 ~ 1,250	M85 ~ 105
	폴리테트라플루오르에틸렌	110 ~ 210	100 ~ 200	120	D50 ~ 65(H.S)
	폴리크로트리플루오르에틸렌	400	35 ~ 100	2,250 ~ 5,600	R11 ~ 115
열경화성 수지	페놀 수지	470 ~ 560	1.0 ~ 1.5	700 ~ 2,100	M124 ~ 128
	효소 수지	420 ~ 910	0.5 ~ 1.0	1,750 ~ 2,450	M115 ~ 120
	멜라민 수지	420 ~ 910	0.6 ~ 0.9	1,750 ~ 3,000	M110 ~ 125
	실리콘 수지	130 ~ 300	–	1,100 ~ 1,700	M89
	폴리에스테르(경질)	420 ~ 700	<5	900 ~ 2,550	M70 ~ 115

사용하며, 사용 온도는 보통 50～200℃ 이내이다. 내식성이 큰 불소 수지나 열경화성 수지에 속하는 규소 수지는 250℃ 정도까지 사용할 수 있다. 이들은 내열성 합성 수지로 이용된다. 표 2-8은 플라스틱의 사용 온도 범위를 나타낸 것이다.

표 2-8 플라스틱의 사용 온도 범위

플라스틱 종류	사용 온도[℃]
폴리에틸렌	70
폴리염화비닐	80
나일론	140
멜라민	100
에폭시	150

● 내식성

플라스틱이 널리 이용되는 이유의 하나는 우수한 내식성에 있다. 특히 화학 기계 장치의 부품으로 근래에 더욱더 많이 쓰여지는 것은 일반 플라스틱은 약산이나 약알칼리 용액에 견디며, 특수한 불소 수지는 거의 모든 화학 약품에 침해되지 않는 우수한 내식성을 가지고 있기 때문이다.

2) 기계 재료용 플라스틱

(1) 기계 부품용 플라스틱

① 볼트, 기어, 래크, 캠, 롤

볼트, 기어, 래크, 캠 및 롤 등은 뛰어난 인장강도와 내충격성, 내피로성 및 고온에서의 안정성을 갖추고 절삭 또는 성형에 의해서 정밀한 치수로 만들 수 있어야 한다.

여기에 적합한 플라스틱으로는 폴리아미드, 폴리아세탈, 폴리카보네이트, 폴리페닐렌설파이트, 폴리에테르술폰, 표적층 페놀 수지, 유리강화 포화 폴리에스테르 등이 있다.

② 슬라이딩 베어링, 부시, 습동부, 밸브라이너 마찰면

습동부와 마찰면에 사용되는 경우에는 윤활제가 없을 때도 마찰계수가 작고 내마멸성이 좋으며 치수 안정성, 내열성, 내식성이 우수하여야 한다. 이러한 조건에는 불소 수지, 폴리아미드, 폴리아세탈, 고밀도 폴리에틸렌, 폴리프로필렌 함유 페놀 수지 등이 적당하다.

③ 하우징, 컨테이너, 각종 케이스

하우징, 컨테이너 등은 양호한 내충격성과 강인성이 요구되며 높은 인장강도와 치수 안정성과 성형 및 가공이 용이하고 값이 싸야 한다. 여기에 알맞은 플라스틱으로는 ABS 수지[4], 폴리카보네이트, 변성 폴리페틸렌옥사이드, 내충격성 폴리스티렌, 폴리프로필렌, 고밀도 폴리에틸

---

4) ABS 수지 : 폴리스티렌(PS)의 일종으로 내충격성, 내약품성, 광택, 전기적 특성, 가공성 등이 우수하여 가전제품 케이스, 자동차 부품, 문구, 헬멧 등 용도가 다양하다.

렌, 초낙산 섬유소, 변성 아크릴 수지, 폴리우레탄, 유리 강화 폴리에스테르 및 에폭시 수지 등이 있다.

(2) 특수 목적용 플라스틱

1 내식용 플라스틱

플라스틱 재료의 특성 중에는 내부식성을 들 수 있으며 이로 인해 화학공업에서 플라스틱의 중요성이 인정되고 있다. 그러나 플라스틱의 내약품성은 종류에 따라 각각 다르기 때문에 목적에 따라 적합한 플라스틱을 선택해야 한다. 내식 재료로는 각종 파이프, 밸브, 덕트(duct), 보디(body) 그리고 각종 판재와 용기류 등에 사용된다.

2 전기 · 전자용 플라스틱

TV, 전기 세탁기 등 가전제품에는 도선 피복, 전자 부품의 외장재, IC 포장재 등 많은 부품에 플라스틱이 사용되고 있다. 또 플라스틱의 전기적 특성은 전기절연성이다.

3 강화 플라스틱

열경화성 수지는 단독으로는 성형하기 힘들고, 강도도 그다지 높지 않기 때문에 강도를 높이기 위해 유리섬유를 비롯한 높은 강도의 보강재(補强材)와 함께 성형에 적합한 저압 적층용의 열경화성 수지가 개발되면서 강도가 높은 복합 성형품이 구조 재료와 건축자재 분야에서 폭넓게 이용되고 있다. 강화 플라스틱용 보강재로서는 유리섬유를 비롯하여 카본섬유, 면(綿), 마(麻) 등의 섬유가 사용된다. 이들에 대해서 합성 수지로는 폴리에스테르 수지를 비롯하여 에폭시 수지, 페놀 수지, 푸란 수지 등의 열경화성 수지가 주로 사용된다. 강화 플라스틱은 유리섬유를 보강재로 한 열경화성 수지인 FRP(fiber reinforced plastics)와 열가소성 수지를 사용한 FRTP(fiber reinforced thermo-plastics)가 있다. 또한 유리섬유로 강화한 것을 GRP(glass-fiber reinforced plastics) 또는 GRTP라고도 한다. 최근 우수한 성능을 공업적으로 인정받고 있는 탄소섬유 강화 에폭시 수지[5)](carbon-fiber reinforecd plastics : CFRP) 및 알라미드[6)] 섬유 강화 에폭시 수지(KEVLAR[7)]-fiber reinforced plastics : KFRP)가 있다. 이들 고강도 섬유 재료는 항공 · 우주산업, 자동차, 선박 등에서 사용되며, 특별히 ACM(advanced composite materials : 선진 복합 재료)라고 부르기도 한다.

---

5) CFRP(炭素纖維强化 플라스틱) : 탄소섬유를 폴리에스테르 수지로 경화시킨 것

6) 알라미드 : 합성 유기섬유 중에서 방향족 폴리아미드계의 것을 알라미드 섬유라 하며, 'KEVLAR'이 대표 제품명이며, 약간의 화학 구조 차에 따라 등급이 다른 제품이 있다.

7) KEVLAR : Du point사 제품으로 분자 배열이 규칙적이기 때문에 탁월한 기계적 강도를 갖고 있으며, 로프나 케이블, 안전작업복, 선박이나 항공기 및 스포츠 등의 강화재로 사용된다. 유사 제품에 NOMEX가 있다.

2. 플라스틱가공

플라스틱가공은 판재나 봉재 등을 사용하여 자르거나 구부려 붙이는 등의 가공 방법과 플라스틱 원료를 금형이나 컨테이너에서 가열하여 사출 · 압축 등의 방법으로 성형하는 가공이 포함된다. 플라스틱의 성형가공은 필요한 모양을 만드는 1차 가공과 이것을 제품화하기 위하여 끝손질을 하는 2차 가공으로 나뉘는데, 넓은 뜻에서의 성형은 1차 가공과 2차 가공을 통틀어 말하기도 한다.

플라스틱 사출 성형기

1) 성형가공법

(1) 압축 성형

분말 또는 입상(粒狀, pellet)의 재료를 그림 2-94와 같이 금형에 넣고 적당한 온도로 가열하여 압축 성형하는 방법을 압축 성형법(壓縮成形法, compression molding)이라 한다. 열경화 수지를 금형 속에 넣고 가열하면 온도가 상승함에 따라 유동성이 생기는데, 성형할 수 있는 상태가 되면 가압해서 성형한다. 성형 후 경화가 시작되어 완전 고화되면 성형이 끝난다. 이때의 성

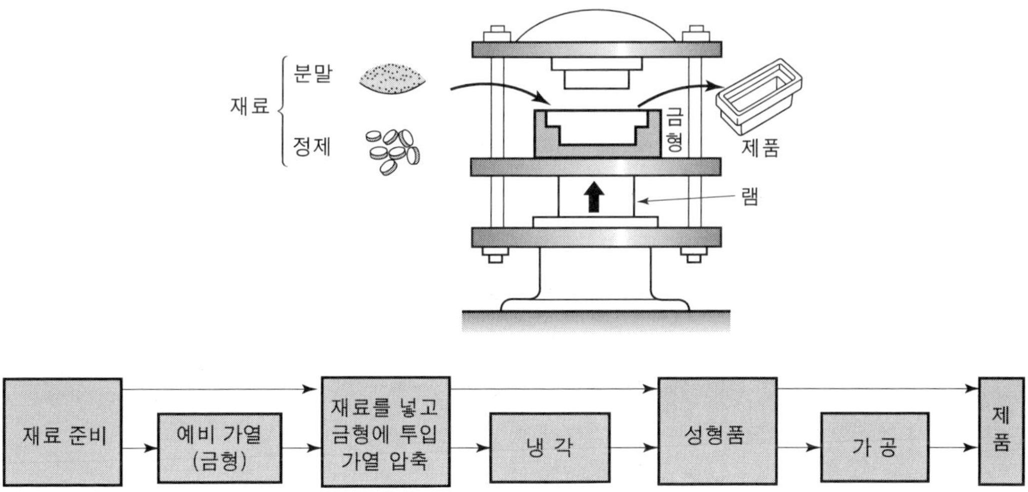

그림 2-94 압축 성형법

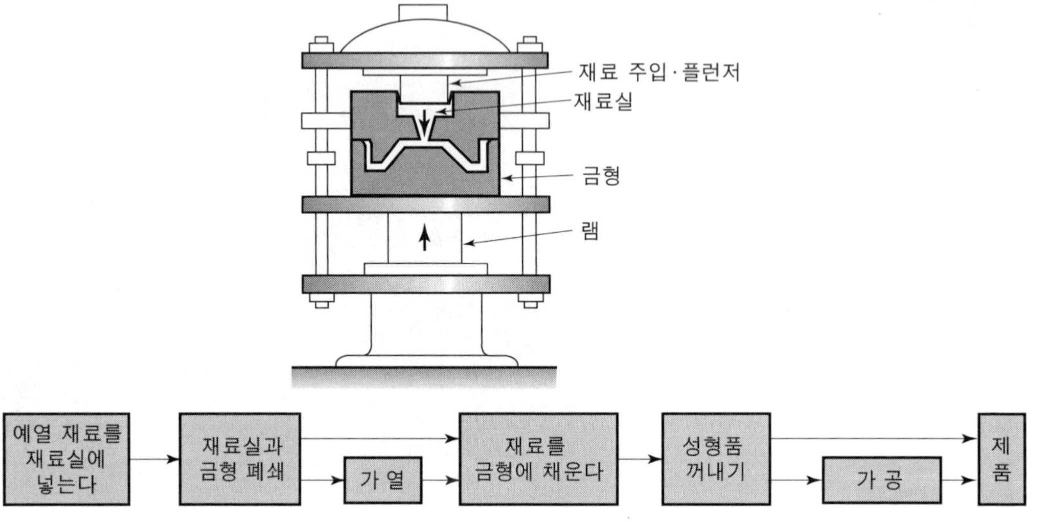

그림 2-95 트랜스퍼 성형법

형 온도와 압력은 성형 재료에 따라 다르나, 150℃ 정도에서 성형이 이루어진다.

압축 성형기는 수동식에서 전동식으로 발전하였으며, 요즈음에는 전자동식, 슬라이드식 등이 개발되어 사용되고 있다.

(2) 이송 성형

이송 성형법(移送成形法, transfer molding)은 트랜스퍼(transfer) 성형법이라고 하는데, 예열 가소화된 재료를 그림 2-95와 같이 금형의 트랜스퍼 포트에 공급하고, 이것을 플런저로 가압하여 폐쇄된 금형에 주입시켜 성형하는 방법이다. 이 방법에 의하면 압축 성형법에 비해 압력이 1/3 정도이고 성형 시간도 짧으며, 섬세하고 복잡한 모양도 성형할 수 있다.

(3) 적층 성형

얇은 플라스틱과 종이, 직물, 매트 등을 서로 겹쳐 쌓은 상태에서 가열, 가압 경화시켜 단일체로 성형하는 방법을 적층 성형법(積層成形法, laminated molding)이라 한다. 이때 가해지는 압력에 따라 저압 적층은 0～50kg/cm^{2}에서, 보통 적층은 50～100 kg/cm^2, 고압 적층은 100～300 kg/cm^{2}에서 성형하는 경우를 말하며, 페놀 수지, 멜라민 수지 등과 같은 축합형의 수지를 사용한 경우에 적용된다. 유리섬유 매트나 직물을 사용하여 성형하는 강화 플라

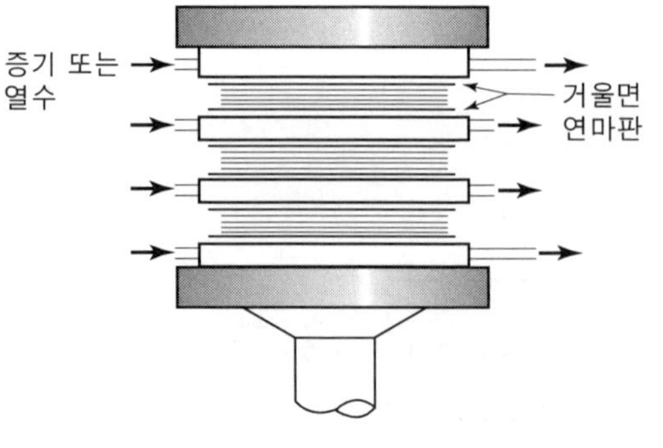

그림 2-96 적층판의 성형

스틱은 저압 적층의 대표적인 성형법이다. 적층 성형에서는 적층판, 화장판, 기어, 베어링, 안전모 등을 만들며 각각 적합한 성형법이 사용된다. 적층판은 일정한 크기로 제단한 여러 종류의 소재를 쌓아 겹치게 하고, 그림 2-96과 같이 프레스에 쌓아 놓은 상태에서 가열, 가압 성형한다.

(4) 사출 성형

사출 성형법(射出成形法, injection molding)은 열가소성 수지의 성형에 많이 사용되고 있는 대표적인 성형법으로, 입상(粒狀)의 재료를 호퍼(補給器, hopper)에 넣고, 일정량을 가열통에 보내고, 가열 후 금형에 사출하여 성형하는 방법이다.

요즈음에는 성형 조건의 설정과 관리를 컴퓨터를 이용한 프로그램에 의해 전자동으로 고품질의 제품을 성형할 수 있으며, 열경화성 수지도 성형할 수 있다. 연속 성형 주기는 10~30초로 짧아서, 제품을 능률적으로 대량 생산할 수 있는 성형법이다.

1 플런저형

플런저형(planger type)은 그림 2-97과 같이 성형기의 호퍼에 일정량의 성형 재료를 넣고, 가열실에 왕복 플런저로 밀어 넣어 가열하여, 가압 플런저로 금형에 사출하면 성형과 동시에 냉각된다.

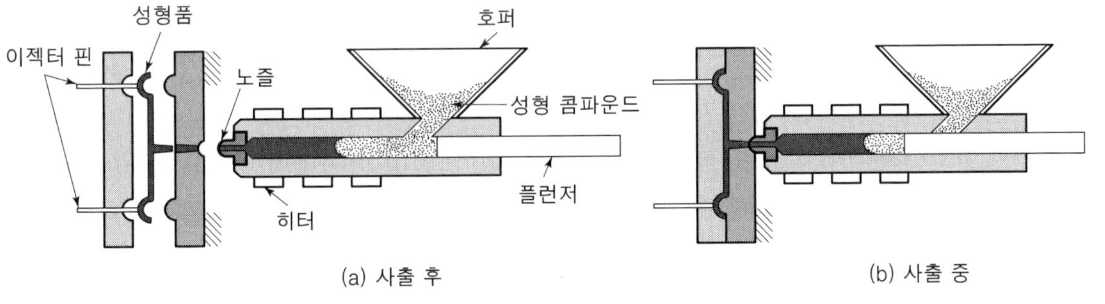

그림 2-97 플런저형 사출 성형기의 구조

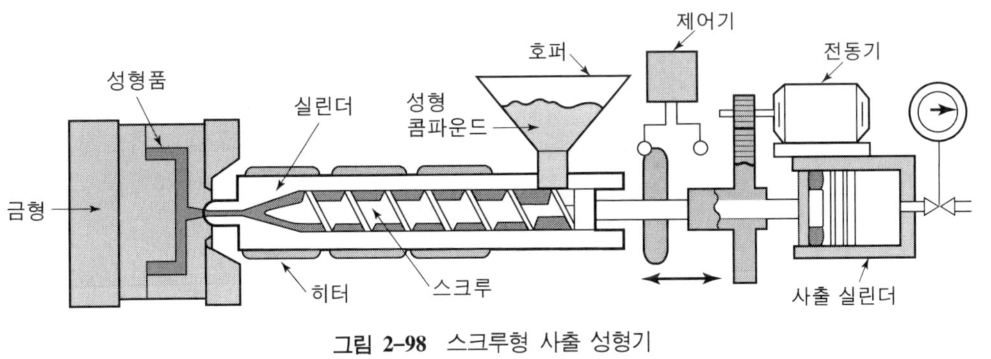

그림 2-98 스크루형 사출 성형기

2 스크루형

스크루형(screw type)은 그림 2-98과 같이 플라스틱 원료와 첨가제를 호퍼로 공급하면 스크루가 회전하면서 원료는 실린더 내에서 가열, 용융되어 혼합된다. 용융한 수지는 1회 사출량이 채워지면 사출 실린더를 통해 금형 속으로 사출되어 성형이 이루어진다.

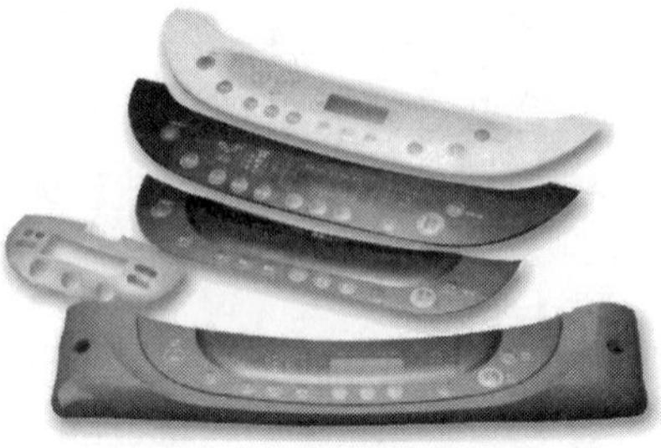

(a) 패 널

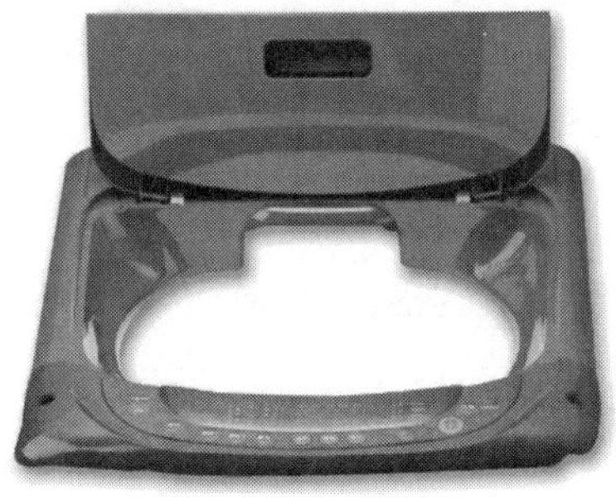

(b) 톱 커버 세트

사출 성형한 세탁기 패널의 보기

(5) 압출 성형

압출 성형(押出成形, extrusion molding)은 압출기에서 가열, 연화한 열가소성 플라스틱을 압출시켜 다이의 구멍 모양과 같은 단면을 갖고 있는 동일 단면을 가지는 파이프, 시트, 피복 전선 등과 같은 제품을 연속적으로 제조하는 가공법이다. 그림 2-99는 단축 압출 성형기의 구조를 나타낸 것이다.

2) 특수 성형법

(1) 블로 성형

블로 성형(blow molding, blow forming)이란 압출과 사출 성형을 병용한 것으로, 우선 길이가 짧고 가는 관상(管狀)의 패리슨(parisn)을 압출 또는 사출하고, 이 중간 제품인 관상의 성형품을 다이 속에 넣고 가열한 후 그 속에 공기를 불어넣어 속이 빈 제품을 만드는 성형법으로 취입 성형(吹入成形)이라고도 한다.

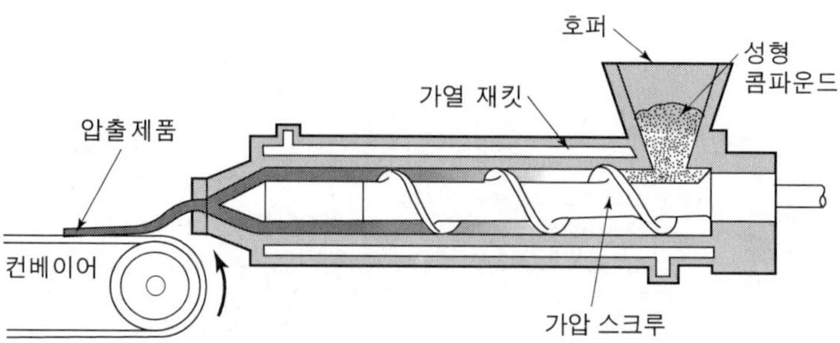

그림 2-99 압출 성형기의 구조

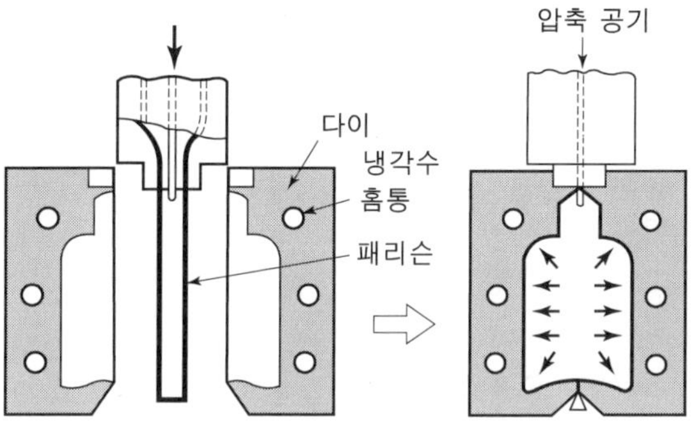

(a) 패리슨 압출 (b) 성형

그림 2-100 압출 · 블로 성형법

압출 · 블로 성형제품의 보기

1 압출 · 블로 성형

원료 수지를 예비 성형 다이로 시트 또는 관상의 패리슨을 성형 압출하고, 이것을 다이 안에 도입하여 성형하는 방법이다. 예비 성형된 플라스틱의 모양에 따라 열간 시트법과 열간 관상법이 있다. 열간 시트법은 압출기 앞쪽에 시트 다이를 붙여 두 장의 시트를 압출하고, 이것을 금형에 끼운 후 시트 사이에 공기를 불어 넣어 성형하는 방법이다. 열간 관상법은 블로 성형의 가장 일반적인 성형법이며, 그림 2-100 (a)와 같이 먼저 압출기로부터 관상으로 된 패리슨을 압출하여 내민 다음 금형을 닫으면 밑 부분이 접착되며, 그림 2-100 (b)와 같이 가운데로 압축 공기를 불어넣어 성형한다.

2 사출 · 블로 성형

사출 성형으로 관(parisn)을 만들고, 이것을 금형 속에 옮겨 블로 성형을 하는 방법이다. 그림 2-101은 사출기를 이용한 블로 성형법의 공정을 나타낸 것이다. 먼저 용융된 재료를 그림

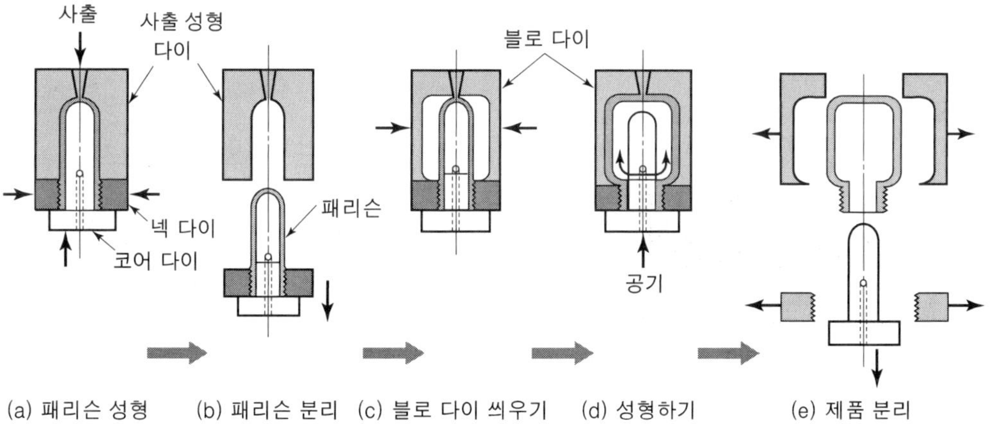

(a) 패리슨 성형 (b) 패리슨 분리 (c) 블로 다이 씌우기 (d) 성형하기 (e) 제품 분리

그림 2-101 사출 · 블로 성형 공정

2-101 (a)와 같이 사출 성형기로 다이에 사출하여 패리슨을 만든 다음, 냉각되기 전에 (b)와 같이 겉에 있는 다이를 떼고, (c)와 같이 블로 다이를 씌운 다음, (d)와 같이 코어 다이의 중심에서 압축 공기를 불어넣어 성형한다. 이 방법은 압출 블로 성형법보다 생산성이 낮고 치수 등이 정밀도가 떨어지나, 화장품 병과 같은 비교적 작은 병을 성형할 때 많이 이용된다.

(2) 강화 플라스틱의 성형

플라스틱의 성질을 보완 개선하기 위한 방법으로, 열경화성 수지뿐만 아니라 열가소성 수지에도 유리섬유, 카본섬유, 면 등을 조합한 강화 플라스틱인 FRP(fiber reinforced plastics)제품이 성형가공되고 있다. 강화 플라스틱은 여러 가지 성형법이 있으나 일반적으로 개방 성형법과 폐쇄 성형법으로 분류한다.

1 핸드 레이업 성형법

오목 또는 볼록형인 단일형을 사용하며 수작업으로 제품을 만드는데, 그림 2-102 (a)와 같이 소재를 형의 표면에 붓고 그 위에서 수지를 묻힌 핸드 레이업용 롤로 표면에 문질러 발라 수지를 기재에 함침시키면서 목적한 두께가 될 때까지 이 조작을 되풀이 하여 성형하는 방법을 핸드 레이업 성형(hand ray-up forming)이라 한다.

보강재로서는 유리섬유 매트가 주로 사용되는데 요구되는 제품의 강도에 따라서 여러 가지 직물도 사용되고, 필요에 따라서 매트와 직물의 혼성 구조로 하는 경우도 있다.

2 스프레이업 성형

스프레이업 성형(spray-up forming)은 성형 현장에서 금형의 형면(型面)상에 수지와 함께 스프레이하는 방식이며 스프레이한 다음에는 롤로 표면을 평활하게 한다. 핸드 레이업 성형에 비해서 두께가 고르지 못하고, 성형품의 표면이 약간 조잡해지는 경향이 있으나 숙련자가 성형한

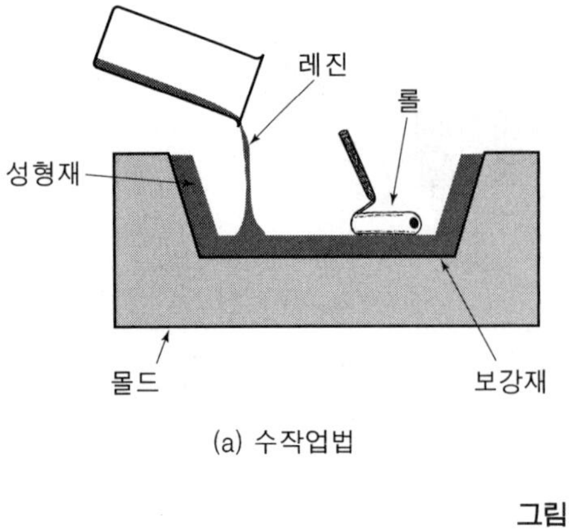

(a) 수작업법

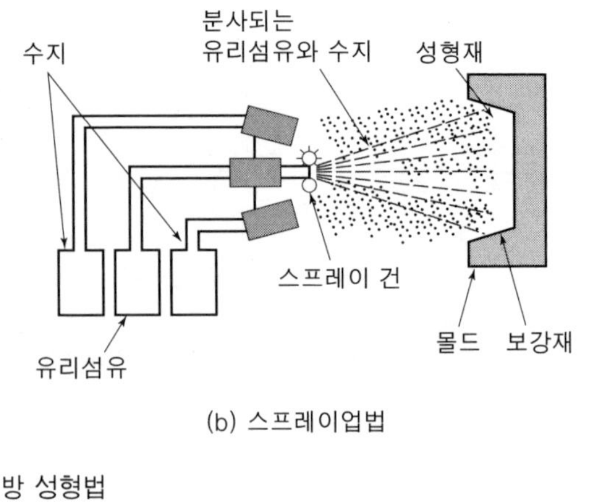

(b) 스프레이업법

그림 2-102 개방 성형법

경우에 손색이 없는 제품을 얻을 수 있다.

그림 2-102 (b)는 스프레이업법의 원리로, 유리섬유와 수지를 스프레이 건(spray gun)으로 다이에 뿌려서 성형하는 방법이다. 보트 및 대형 제품의 성형에 이용된다.

3 레진 인젝트 성형

레진 인젝트 성형(resin injection forming)은 FRP로 자웅(雌雄) 한쌍의 형을 만들고 유리섬유를 형 속에 넣어 형을 닫아 클램프한 다음 수지와 촉매의 혼합물인 수지액을 주입구로 고속 주입하여 경화한다. 이 방법은 생산성이 좋고, 성형품의 양면이 모두 매끄러운 특징이 있으며, 중간 정도 크기의 제품 양산에 적합한 가공법이다.

(3) 2차 가공법

1차 가공으로 제조된 플라스틱의 시트나 필름을 절단하고, 이것에 외력을 가하여 필요한 모양으로 성형하는 가공법과 절단한 부품들을 연결하거나 결합하는 용접 등을 총칭하여 2차 가공이라 한다. 2차 가공에는 열 성형(thermo-forming)과 냉간 성형(cold-forming)이 있다. 플라스틱의 냉간 성형은 금속의 냉간 소성가공 기술을 플라스틱가공에 응용한 것이며, 극히 일부가 실용화되고 있다. 2차 가공이 완성되면 성형품의 표면에 도장, 도금, 인쇄 등의 표면 장식과 포장이 뒤따른다.

연습문제

2.1 소성가공의 개요

1. 소성가공법을 1차 가공과 2차 가공으로 분류하여 표로 작성하시오.
2. 열간가공법과 냉간가공법을 비교 설명하시오.
3. 가공 경화와 회복에 대하여 설명하시오.
4. 소성가공용 가열로의 종류와 특징을 열거하시오.

2.2 단조가공

5. 단조가공에 의한 조직의 변화 특성을 설명하시오.
6. 단조용 재료의 종류와 구비 조건을 설명하시오.
7. 형 단조의 종류와 특징을 설명하시오.
8. 다음 용어를 설명하시오.

   ① 단류 ② 단조비 ③ 형 단조

2.3 압연가공

9. 압연에 의한 결정 및 조직의 변화를 도식화하여 설명하시오.
10. 압연기의 형식을 설명하시오.
11. 다음 용어를 설명하시오.

    ① 선재 압연 ② 센지미어 압연기 ③ 유성 압연기 ④ 개공형

2.4 압출 · 인발 · 전조가공

12. 압출가공과 인발가공을 비교하시오.
13. 다음의 용어를 요약 설명하시오.

    ① 파텐팅 처리 ② 데드 메탈 ③ 정수압압출 ④ 드로잉 벤치
14. 강선의 인발 공정을 도식화하여 설명하시오.
15. 전조의 특징을 절삭가공과 비교 설명하시오.
16. 나사의 전조 형식을 들고 그 특징을 설명하시오.

2.5 판금 · 프레스가공

17. 판금가공의 특징과 용도를 설명하시오.

18. 다음 용어를 요약 설명하시오.
    ① 스프링 백 ② 컬링 ③ 스피닝 ④ 전개도
19. 절단용 기계의 종류와 특징을 설명하시오.
20. 다음에 대하여 설명하시오.
    ① 다이 세트 ② 틈새 ③ 전단각 ④ 슬립 앵글
21. 프레스의 종류와 특징을 설명하시오.
22. 엠보싱과 코이닝의 차이점을 비교 설명하시오.

2.6 플라스틱가공

23. 플라스틱의 성질을 금속 재료와 비교하여 장점을 설명하시오.
24. 열가소성 수지와 열경화성 수지의 차이점을 설명하시오.
25. 기계 부품용 플라스틱의 종류와 특성을 설명하시오.
26. 강화 플라스틱의 종류와 용도를 설명하시오.

연구과제

1. 주요 소성가공의 종류와 특징을 설명하시오.
2. 가공도와 재결정 온도의 관계를 설명하시오.
3. 단조가공에 의한 재질 개선 효과를 설명하시오.
4. 압연기를 롤의 배치 방식에 의해 분류하고 특징을 설명하시오.
5. 굽힘가공의 종류와 용도를 설명하시오.
6. 프레스에 사용되는 안전 장치의 실제 적용 사례를 들어 설명하시오.
7. 폭발 성형법의 원리와 응용 사례를 설명하시오.
8. 사출 성형의 형식과 특징을 설명하시오.

3장

용접 · 열처리

3.1 용접과 융단

3.2 열처리와 표면처리

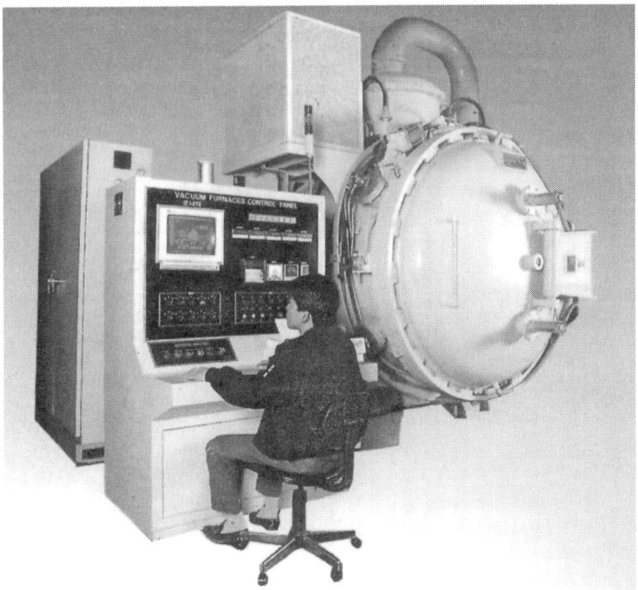

3장 용접 · 열처리

3.1 용접과 융단

1. 용 접

1) 용접의 개요

고체 상태의 금속 재료에 열이나 압력 또는 열과 압력을 동시에 가하여 두 개의 재료를 서로 접합시키는 가공 기술을 용접이라 하며, 일반적으로 단조, 프레스, 주조, 절단, 분말야금 등에 의해 소정의 모양과 치수로 제작된 부재(소재)를 용접 조립하여 제품화하는 경우에 많이 적용된다.

금속을 결합하는 방법에는 기계적 접합(機械的接合)과 야금적 접합(冶金的接合) 방법이 있다. 기계적 방법은 금속을 볼트, 리벳, 키(key) 및 핀(pin), 심(seam) 등으로 결합하는 방법으로, 리벳과 심 방법 외에는 분해 또는 해체가 가능하다.

야금적 접합은 고체 상태의 금속을 접합하기 위하여, 그 접합 부분을 용융하여 여기에 용접봉을 용해 보충하여 접합하는 방법으로 이를 용접[1](熔接, welding)이라 한다. 또한 접합부를 고온으로 가열하고 용접봉을 사용하지 않고 모재(母材)를 서로 가압하여 접합하는 압접(壓接)이 있으며, 이를 총합하여 용접이라 한다. 용접은 주로 영구적인 결합에 사용된다.

---

1) 용접 : 溶接, 鎔接, 熔接 등의 한자를 사용하고 있는데, 금속임을 강조하기 위하여 '鎔' 이라고 쓰기도 하고, 금속을 액체 상태에서 결합한다는 의미로 '溶' 이라 쓰는데, 모든 금속이나 비금속은 열을 가해 접합한다는 광범위한 의미로 한자로 '熔接' 이라고 쓰는 추세이다. 용접에서 압접(preasure welding) 및 납땜(soldering)과를 구분할 때에는 융접(融接, fusion welding)이라 한다.

이 밖에 모재는 용해하지 않고 모재보다 융점이 낮은, 금속(연납, 경납)으로 접합하는 방법을 납땜(soldering)이라 하는데, 이 방법도 넓은 의미에서 용접에 속한다.

(1) 용접법의 분류

용접을 접합시키는 방법에 따라 분류하면, 그림 3-1과 같이 융접, 압접, 납땜의 세 가지로 크게 나눌 수 있다.

- 용접법
  - 융 접
    - 아크 용접
      - 비피복 아크 용접
      - 피복 아크 용접
      - 원자 수소 용접
      - 불활성 가스 아크 용접
      - 서브머지드 아크 용접
      - 이산화탄소 아크 용접
      - 플라즈마 아크 용접
      - 스텃 아크 용접
      - 일렉트로 가스 용접
    - 가스 용접
      - 산소 아세틸렌 가스 용접
      - 공기 아세틸렌 가스 용접
      - 산소-수소 가스 용접
    - 특수 용접
      - 전자 빔 용접
      - 일렉트로 슬래그 용접
      - 레이저 빔 용접
      - 테르밋 용접
  - 압 접
    - 저항 용접
      - 스폿 용접
      - 심 용접
      - 프로젝션 용접
      - 업셋 용접
      - 플래시 용접
      - 고주파 저항 용접
    - 고상 용접
      - 가스 압접
      - 마찰 용접
      - 초음파 용접
      - 냉간 압접
      - 단 접
      - 폭발 압접
  - 납 땜
    - 연납땜
    - 경납땜

그림 3-1 용접법의 분류

(2) 용접성과 용접의 응용

용접성(熔接性, weldability)이란 용접과 관련된 여러 가지 사항과 조건 중 모재에 대한 용접의 난이도를 나타내는 성질이다. 즉 모재가 선택된 용접법에 의해 바라는 강도와 용접비드를 갖는 용접부를 얻을 수 있는지의 여부를 나타내는 정도이다. 용접성은 같은 모재에 대해서도 용접봉과 용접 조건에 따라 좌우된다. 어떤 용접법 또는 용접봉으로는 용접성이 나쁘나, 다른 용접법 또는 용접봉을 사용하면 용접성이 좋은 경우도 있으므로 특정 재료에 대한 용접성을 단정적으로 말할 수는 없다.

1 주요 금속의 용접성

● 강

탄소강은 탄소 함유량에 따라 영향이 있으며, 저탄소강일수록 용접이 용이하다. 탄소 함유량이 0.5% 이상이 되면 냉각할 때의 경화가 현저해지면서 균열이 생기기 쉽다. 합금강에서도 첨가된 원소의 종류와 양이 많아질수록 용접 결함이 생기기 쉽다.

● 주 철

재질이 취약하고, 고온에서도 연성이 없으며, 용접 후 냉각할 때 백선화(白銑化)되기 쉽다. 주철 중의 탄소가 용접 중에 탄소 가스로 되면서 용접부에 균열과 조직 불량 등 많은 결함을 남기므로 탄소강에 비해 용접이 어렵다.

● 동과 동 합금

열의 전도성이 좋으므로 용접부에서 열의 방출이 많아지고, 열팽창계수도 비교적 크므로 모재의 형상에 따라서는 균열이 생기기 쉽다. 용접부에 산화 등이 생성되고 결정립계에 편석이 정출되어 취약해지며, 동이 함유하고 있는 산소가 기포 발생의 원인이 된다. 황동의 용접에서는 아연의 증발로 용접부의 성분이 달라지는 등 강에 비해 용접이 어렵다. 특히 전기의 전도성이 높으므로, 전기 저항 용접은 매우 어렵다.

● 알루미늄과 그 합금

알루미늄과 그 합금에 대한 용접은 기술의 발달로 상당 수준의 용접이 가능하게 되었으나, 고온에서 산화되기 쉽고, 형성된 산화물은 융점이 약 2,700℃로 높고, 비중이 약 4.0으로 표면에 형성된 산화물은 용착을 방해하며 내부에 형성된 산화물은 표면에 떠오르지 않는다. 알루미늄의 용접은 용접 시에 산화를 방지할 목적으로 사용한 용제는 부식을 촉진하고 열팽창계수가 커서 변형이 크다는 등으로, 용접성이 저탄소강에 비해 떨어진다.

2 용접의 응용

산업이 급속하게 발전하면서 각종 금속 및 합금의 개발로 이들 금속의 접합 방법도 새롭게 발전하고 있다.

용접 기술은 기계 부품을 가공, 생산하거나 수리를 하는 데에 주된 가공법의 하나로, 대규모 공정에서부터 현장작업에 이르기까지 널리 사용되고 있다. 그 적용 분야도 선박, 항공기, 차량, 공작기계, 산업기계, 압력용기, 교량, 건축 및 해양 구조물, 우주선 등의 제작과 보수 및 해체작업 등 폭넓게 사용되고 있다. 또 새로운 용접 기술인 전자 빔 용접, 플라즈마 아크 용접, 레이저 빔 용접 등이 개발되어 현대 과학의 첨단을 걷고 있는 원자로, 우주 개발, 해양 개발 산업 등에도 널리 사용되고 있다.

용접작업의 특성인 단순한 반복작업과 열악한 작업 환경 및 위험으로부터 벗어나기 위하여, 산업 로봇을 도입한 자동화가 작업 공정에 도입됨으로써 용접작업의 무인화가 이루어지고 있다.

(3) 용접 이음부의 형식과 자세

1 용접 이음의 형식

용접에 사용되고 있는 기본 이음 형식에는 맞대기 이음(butt joint), 덮개판 이음(strapped joint), 겹치기 이음(lap joint), 플러그 이음(plug welding), T 이음(tee joint), 모서리 이음(corner joint), 변두리 이음(edge joint) 등이 있다. 대표적인 용접 이음의 기본 형식은 그림 3-2와 같다.

용접부의 단면은 맞대기 용접(butt welding, groove welding), 필릿 용접(fillet welding), 플러그 용접(plug welding), 덧살올림 용접(built-up welding) 등에 따라 여러 형식이 있다.

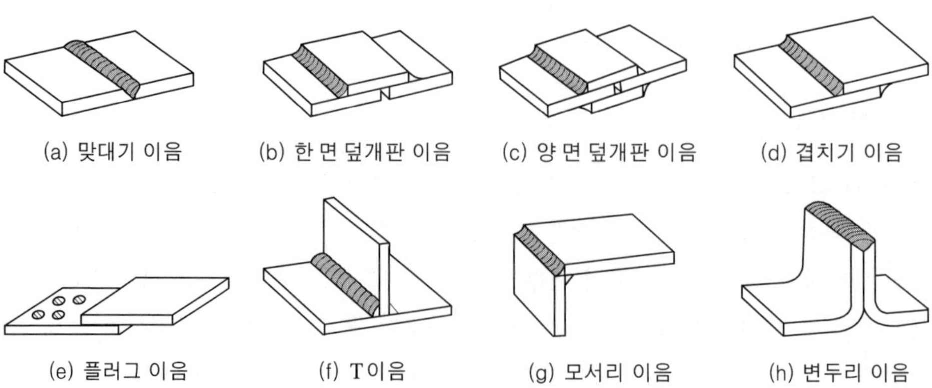

그림 3-2 용접 이음의 기본 형식

2 용접 자세와 기호

● **용접 자세**

용접 대상물이 소형이고 단순한 모양의 것은 작업대에서 하향 자세로 용접한다. 그러나 구조물이나 탱크와 같이 조립 과정에서 용접부의 위치가 달라지는 경우에는 용접 자세를 바꾸어 가면서 시공하여야 한다. 용접 자세는 일반적으로 그림 3-3과 같이 4가지 기본 자세가 있다.

● **용접 기호**

용접 구조물을 제작할 때, 설계자는 강도 계산을 하여 도면을 작성하게 되는데 도면이나 치수만으로는 용접 기술자가 보아도 용접 방법을 알 수가 없게 된다. 따라서 도면에는 용접 방법을 나타내는 용접 기호나 가공법 등을 기입한다. 용접부의 기호 및 표시 방법은 한국공업규격 KS B 0052로 규정하고 있다.

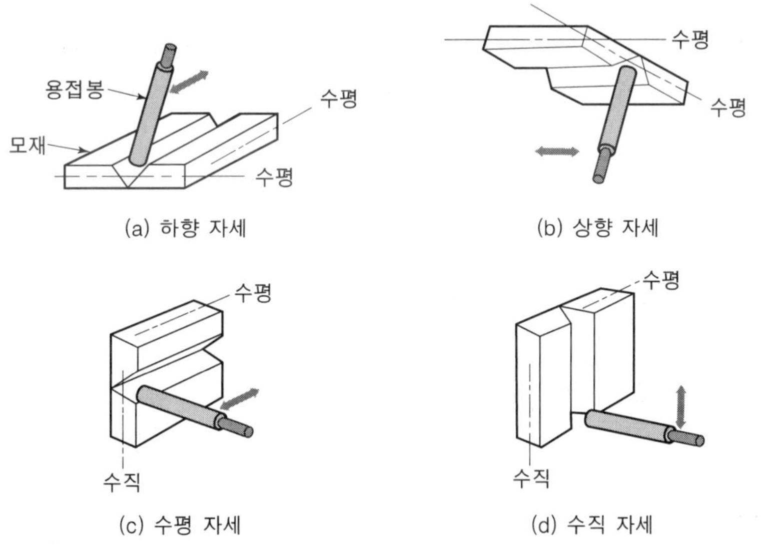

그림 3-3 용접 기본 자세

2) 가스 용접

가스 용접은 아세틸렌 가스, 수소 가스, 도시 가스, LP 가스 등의 가연성 가스와 산소와의 혼합 가스의 연소열을 이용하여 용접하는 방법이다. 이 중에서 산소-아세틸렌 가스 용접(oxy-acetylene gas welding)이 가장 많이 사용되고 있으며, 산소-아세틸렌 가스 용접을 요약하여 가스 용접이라고도 한다.

(1) 가스 용접의 개요

1 용접용 연소 가스와 카바이드

● 용접용 연소 가스

가스 용접에 사용되는 산소는 그 자체가 연소하는 것이 아니라, 다른 물질의 연소를 돕는 힘이 강한 조연성 기체이다. 가스 용접에 사용되는 연료 가스로는 아세틸렌 가스(C_2H_2)가 가장 많이 사용되며, 이 밖에 수소 가스(H_2), LP 가스, 도시 가스, 프로페인 가스(C_3H_8), 뷰테인(C_4H_{10}) 등의 천연 가스와 메테인 가스(CH_4) 등이 사용되고 있다.

● 카바이드

카바이드(CaC_2, calcium carbide)는 칼슘과 탄소의 화합물인 탄화칼슘이며, 물을 가하면 아세틸렌 가스가 발생한다. 시판되고 있는 공업용 카바이드는 불순물을 포함하여 회갈색 또는 회흑색을 띠고 있으며, 때로는 약간 청색 또는 적색을 띠기도 한다. 비중은 2.2～2.3(약 80%의 순도)으로 대단히 여물며, 순도가 나빠지면 비중이 증가하며, 융점은 2,300°C이다. 아세틸렌 발생기 내에서 카바이드에 물을 작용시키면, 다음과 같은 반응에 의하여 쉽게 아세틸렌 가스가

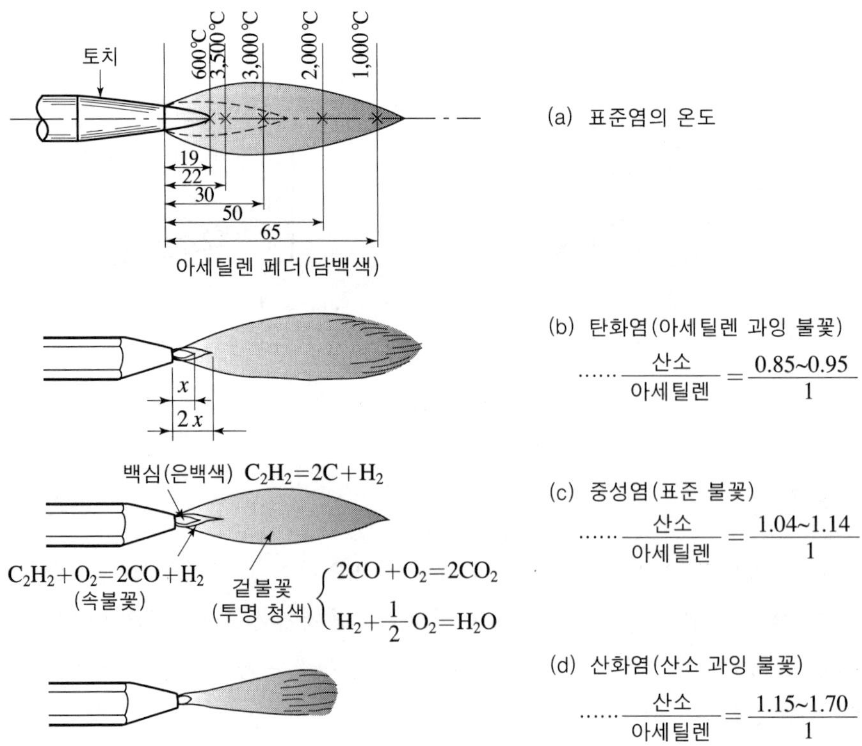

그림 3-4 산소-아세틸렌 화염

발생하고 백색의 소석회[$Ca(OH)_2$]가 남는다.

$$CaC_2 + 2H_2O = Ca(OH)_2 + C_2H_2 \tag{3-1}$$

이러한 발열 반응으로, 보통 사용하고 있는 카바이드 1 kg당 230~280 L의 가스를 얻을 수 있다.

2 산소-아세틸렌 화염

산소 - 아세틸렌(oxy-acetylene flame)은 토치(torch) 내 혼합실의 아세틸렌과 산소비에 따라 그림 3-4 (b)와 같은 탄화염(炭化炎, 過剩炎, carbonizing flame), 그림 3-4 (c)와 같은 중성염(中性炎, 標準炎, neutral flame) 또는 그림 3-4 (d)와 같은 산화염(酸化炎, 酸化過剩炎, oxidizing flame)이 된다. 그림 3-4 (a)는 표준염의 화염 온도를 나타낸 것이다.

용접에 사용되는 화염은 표 3-1과 같이 용접 금속의 종류에 따라 다르나 대부분의 경우에는 중성 화염이 사용된다.

표 3-1 여러 가지 금속과 용접 화염의 종류

금속의 종류	녹는점[℃]	용접 화염	두께 1 mm에 대한 토치 능력[L/h]
연 강	약 1,500	중 성	100
경 강	약 1,450	아세틸렌 약간 과잉	100
스테인리스강	1,400~1,450	아세틸렌 약간 과잉	50~75
주 철	1,100~1,200	중 성	125~150
동	약 1,083	중 성	125~150
알루미늄	약 660	중 성	50
황 동	880~930	산소 과잉	100~120

(2) 가스 용접 장치

산소 - 아세틸렌 가스의 주요 용접 장치에는 그림 3-5와 같이 토치, 산소 봄베(bombe), 용해 아세틸렌 봄베(또는 아세틸렌 가스 발생 장치), 압력 조정기, 호스(hose) 등이 필요하다. 산소는 보통 고압 용기인 산소 봄베에 넣어 두고, 아세틸렌 가스는 용해 아세틸렌 봄베에 저장한 것을 사용한다.

아세틸렌 가스와 산소는 감압변을 통하여 토치의 능력에 맞도록 압력을 조절하여 토치 안에서 혼합한다. 혼합된 가스는 토치의 팁을 통하여 나오는데 이것에 점화하여 고온의 열원을 얻는다.

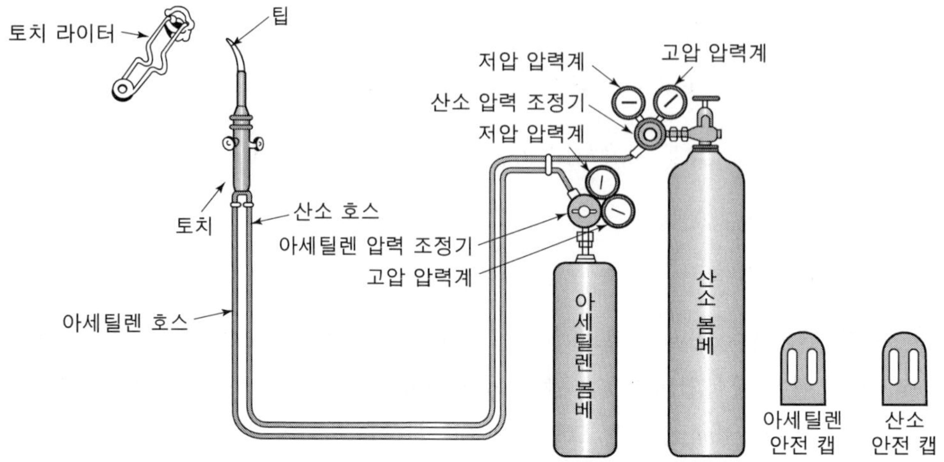

그림 3-5 가스 용접 장치

(3) 용접봉과 용제

1 가스 용접봉

산소-아세틸렌 가스 용접에 사용하는 용접봉을 용가재(filler metal)라고도 하며, 보통 비피복 용접봉이지만 아크 용접봉과 같이 피복된 용접봉도 있고, 때로는 용제(flux)를 심선 내부에 넣은 복합 심선 용접봉도 사용된다.

가스 용접용 용접봉은 원칙적으로 모재와 조성이 동일하거나 유사한 것이 일반적이다. 그러나 주철이나 특수강을 용접할 때에는 모재의 성분과 다른 특수 용접봉을 사용한다. 용접부는 용접 중에 금속학적 현상 때문에 용착 금속의 조성이 변화하므로, 용접봉의 선택에 주의해야 한다. 연강용 가스 용접봉의 규격은 KS D 7005로 규정하고 있으며, 아크 용접봉의 심선과 같이 인이나 황 등의 유해 성분이 극히 적은(0.040% 이하) 저탄소강이 사용된다.

용접봉의 지름은 1~6 mm가 사용되며, 모재의 두께에 따라 표 3-2와 같이 선택된다.

비철 금속용 가스 용접봉으로는 산화물의 혼입이 없고 결정립이 비교적 미세한 용착 금속을 얻을 수 있는 합금봉을 사용한다. 예를 들면 6 : 4 황동에 Mn와 Si를 함유한 가스 용접봉은 동합금의 용접이나 강의 경납땜(brazing)에 널리 사용한다.

표 3-2 연강의 판 두께와 용접봉의 지름표

모재의 두께	2.5 이하	2.5~6.0	5.0~8.0	7.0~10.0	9.0~15.0
용접봉의 지름	1.0~1.6	1.6~3.2	3.2~4.0	4.0~5.0	4.0~6.0

2 용제의 기능과 종류

가스 용접 중에 용융 상태로 된 금속은 공기 중의 산소와 접하게 되면 산화작용이 대단히 심하게 되며, 용융 금속과 그 합금 성분이 산화하여 용착 금속을 메지게 한다.

또한 산화작용에 의하여 모재 및 용접봉 중의 유용 성분이 감소할 뿐 아니라, 산화물이 용착 금속에 개재하거나 기포(blow hole)가 생겨서 용접부의 성질 및 기계적 강도를 저하시킨다. 적당한 용제(flux)를 사용하면 용접부에 개제하는 산화물을 용해하여 슬래그(slag)로 제거하고 작업 중에 용접부를 공기와 차단하여 산화를 방지하는 기능이 있다.

용제는 건조한 분말, 페이스트(paste) 또는 용접봉 표면에 피복한 것도 있다. 보통은 고체 분말을 물 또는 알코올에 개어서 용접 전에 브러시로 용접 홈과 용접봉에 발라서 사용하거나 용접 중에 용접봉에 묻혀 사용한다. 연강의 가스 용접에는 용제를 필요로 하지 않는다. 이것은 표준염을 사용하면 환원성 분위기가 되고 산화철이 어느 정도 용제의 작용을 하기 때문이다. 그러나 충분한 용제작용을 돕기 위하여 규산나트륨, 붕사, 붕산 등을 사용하는 경우가 있다. 표 3-3은 각종 가스 용접에 사용되는 용제의 보기를 나타낸 것이다.

표 3-3 각종 금속에 적당한 용제

용접 금속	용 제
연 강	특수한 경우 외에는 사용하지 않는다.
주철, 합금강	탄산나트륨 15%, 붕산 · 붕사 5%, 중탄산나트륨 70%
동 합금	붕산 · 붕사 75%, 염화리튬 25%
알루미늄, 알루미늄 합금	염화나트륨 30%, 염화칼륨 45%, 염화리튬 15%, 플루오린화칼륨 7%, 황산칼륨 3%

(4) 가스 용접법

1 가스 화염의 조절

용접을 위한 모재의 홈가공이 완료되면 산소와 가스를 열어 표준염을 만들어 가접(假接)을 한다. 표준염에서는 심염(心炎)의 끝에서 2~3 mm 떨어진 부분이 최고 온도 3,000~3,500°C가 되므로, 이 부분을 용접부에 접근시키면서 용접한다. 연강과 같이 일반 가스 용접을 하는 경우에는 산소와 아세틸렌 가스의 혼합비를 등량(等量)으로 한 등량 혼합염(等量混合炎)을 사용한다.

2 토치의 운봉

산소-아세틸렌 용접법은 용접 진행 방향과 토치의 팁이 향하는 방향에 따라 전진법과 후진법으로 나뉜다. 그림 3-6 (a)와 같이 오른쪽에서 왼쪽으로 용접해 나가는 방법을 전진법(前進

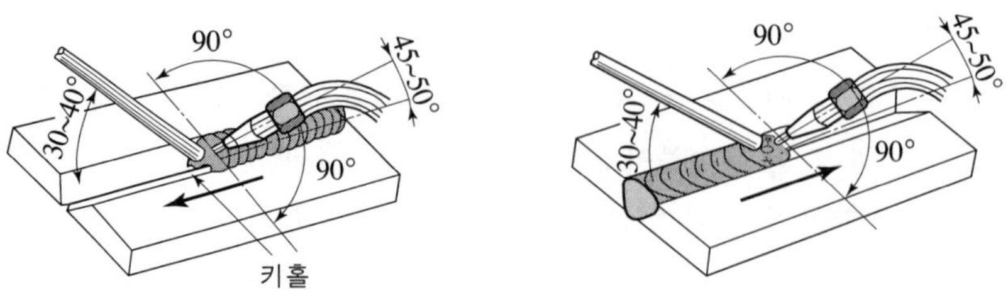

그림 3-6 산소-아세틸렌 용접법

熔接, fore hand welding)이라 하고, 그림 3-6 (b)와 같이 토치와 용접봉을 오른쪽으로 용접해 나가는 방법을 후진법(後進熔接, back hand welding)이라 한다.

전진법은 특히 3 mm 이하의 얇은 용접에, 후진법은 두꺼운 판의 용접에 적합하다.

3) 아크 용접

(1) 아크 용접의 개요

전기 회로를 구성하고 있는 금속 소재에 알맞는 전압의 전류를 통한 다음 약간 떼었을 때 그림 3-7과 같이 전극 사이에서 발생하는 강한 빛과 고열을 내는 화염인 아크(arc)가 발생한다. 이때 발생하는 고온의 열을 이용하여, 접합하려는 금속을 용해하여 직접 접합하거나 접합부에 다른 금속을 용해 보충하여 접합하는 용접법을 아크 용접(arc welding)이라 한다.

1 아크 현상과 특성

● **아크 현상**

용접봉과 모재 사이에 70～80 V의 전압을 걸고 용접봉 끝을 모재에 살짝 접촉시켰다가 떼면 청백색의 강한 빛을 내는 아크가 발생한다. 이 아크를 통하여 10～500 A(ampere)의 큰 전류가 흐르며, 이 전류는 금속 증기와 그 주위의 각종 기체 분자가 해리(解離, dissociation)한다. 이때 양전기를 띤 양이온(positive ion)과 음전기를 띤 전자(electron)로 전리(ionization)하여, 이들 각각 양이온은 음극으로, 전자는 양극으로 고속으로 끌려가면서 전류가 흐른다.

● **아크 특성**

두 전극 사이에서 발생한 아크(arc)에서 방사하는 빛은 강렬하여 육안으로 직접 볼 수 없다. 그러나 나전극봉(裸電極棒)의 아크는 그림 3-8과 같이 아크의 중심부를 점하고 있는 백열 부분인 아크 코어(arc core), 아크 코어의 주위를 흐르는 아크 스트림(arc stream), 그리고 이들을 감싸고 있는 연기 모양의 아크 플레임(arc flame)으로 구성되어 있다. 발생된 아크의 에너지를 빛으로 소모되는 것 외에는 대부분이 열로 전환되고, 이 열로 하여금 소재의 용해에 사용되면서

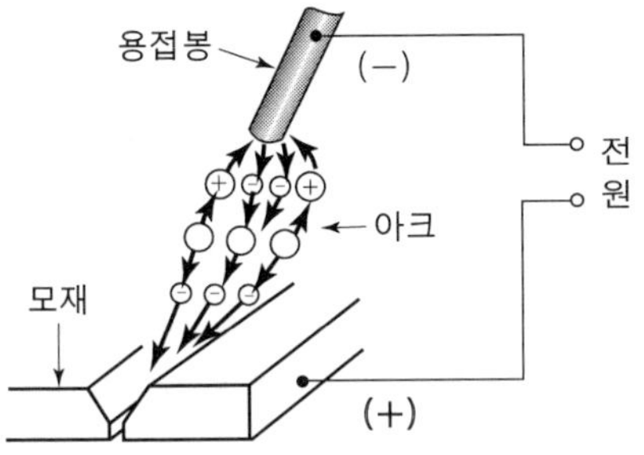

그림 3-7 용접 아크 발생

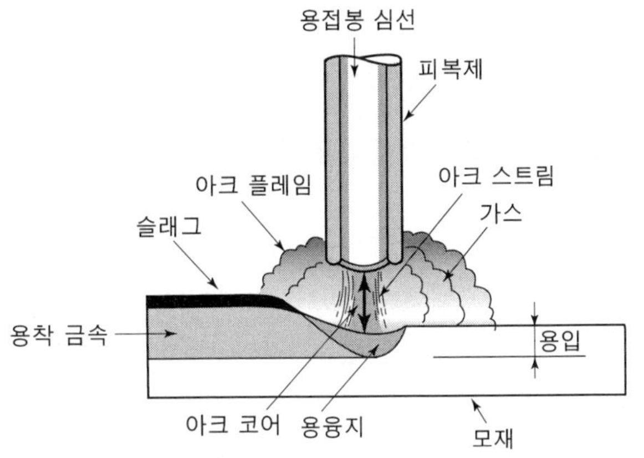

그림 3-8 아크 용접

용접이 이루어진다. 이때 발생하는 아크는 전리(電離, ionization)된 양이온이 음극(陰極)과 충돌하여 많은 열전자(熱電子)를 방출하게 되며, 이 열전자가 양극으로 끌려가면서 가속되고, 두 전극(電極)의 간극이 적당하면 전리된 가스가 전류의 통로가 되어, 아크의 발생과 전류의 흐름이 계속되면서 용융지(鎔融池, molten pool)가 형성되면서 용접이 이루어진다.

2 탄소 아크 용접과 금속 아크 용접

탄소 아크 용접은 그림 3-9 (a)와 같이 모재와 탄소 전극(炭素電極)으로 회로(回路)를 만들어 이 사이에서 아크를 발생시키고, 이 열로 모재와 용접봉을 용해하여 용접하는 방법을 탄소 아크 용접(炭素아크熔接, carbon arc welding)이라 하며, 전원으로는 직류가 사용된다. 이 용접법은 전력 소모가 많고 작업이 복잡하다는 결점이 있어 점진적으로 그 이용이 줄어들고 있다.

금속 아크 용접은 그림 3-9 (b)와 같이 모재와 용접봉 사이에서 아크를 발생시켜 용접하는 방법으로 이를 금속 아크 용접(金屬아크熔接, metal arc welding)이라 한다. 금속 아크 용접에 사용되는 용접봉은 용가재(熔加材)와 전극의 역할을 겸하게 되므로, 용접 방법이 간단하여 널

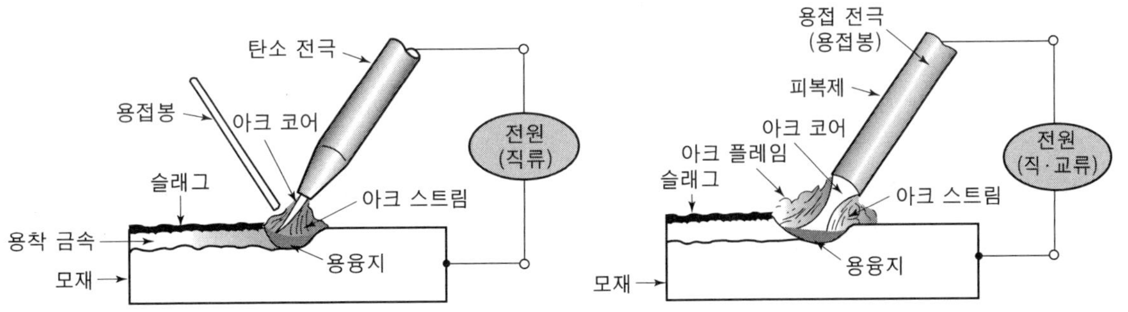

(a) 탄소 아크 용접

(b) 금속 아크 용접

그림 3-9 아크 용접의 형식

리 사용되고 있다. 그러나 용접작업 중에 금속 전극이 짧아지므로 모재의 간격을 일정하게 유지하여야 한다. 전원으로는 직류와 교류를 모두 사용할 수 있다.

(2) 아크 용접기와 용접봉

1 아크 용접기

아크 용접기(arc welder)는 아크 발생에 필요한 전력을 공급해 주는 장치로, 용접에 적합하도록 낮은 전압에서 큰 전류가 흐를 수 있도록 되어 있다. 용접기는 양극을 단락(short circuit)시켜도 전류가 일정한 한도 이상으로 흐르지 않도록 제어(control)되어 있으며, 일반 전기기기와는 달리 소손될 위험성이 거의 없다. 아크 용접기는 흐르는 전류의 방향에 따라 직류 아크 용접기와 교류 아크 용접기가 있다.

용접의 발달 초기에는 아크의 안정성이 좋은 직류 아크 용접기가 많이 사용되었으나, 그 후 피복 아크 용접봉을 개량하여 교류에서도 안정된 아크를 발생할 수 있게 되어, 교류 아크 용접기가 많이 이용되고 있다.

● 직류 아크 용접기

직류 아크 용접기(DC arc welding machine)는 아크가 안정하므로, 모재의 재질이나 판의 두께에 따라서 극성을 바꾸면서 용접을 쉽게 할 수 있다.

직류 아크 용접기에는 직류 발전기(DC generater)를 이용하는 발전기형과 교류 전원을 정류하여 직류를 얻는 정류기형이 있다. 종래에는 발전기형이 사용되었으나, 최근에는 정류기형이 많이 사용되고 있다.

● 교류 아크 용접기

현재 많이 사용되고 있는 교류 아크 용접기를 전류 조정 방법에 의하여 분류하면 가동 철심형, 가동 코일형, 탭 전환형 그리고 가포화 리액터형 등이 있다. 교류 아크 용접기의 규격은 KS C 9602에 종류에 따른 정격 및 특성이 규정되어 있다.

많이 사용하고 있는 가동 철심형 교류 아크 용접기는 코일을 감은 가동 철심을 움직였을 때 발생하는 누설 자속의 변동을 이용하여 전류를 조절하는 용접기로 가동 철심형(movable core type) 교류 아크 용접기라 한다. 이 용접기의 원리와 구조는 그림 3-10 (a)와 같이 변압기 철심 M_1, M_2 외에 제3의 가동 철심 M_3을 가동하여 누설 자속을 가감함으로써 용접 전류의 크기를 조정하는 구조로 보통 1, 2차 코일의 탭을 전환하여 전류를 크게 조정하고 세부 조정은 가동 철심 M_3이 하도록 되어 있다. 그림 3-10 (b)는 용접기의 구조, (c)는 외형의 보기이다.

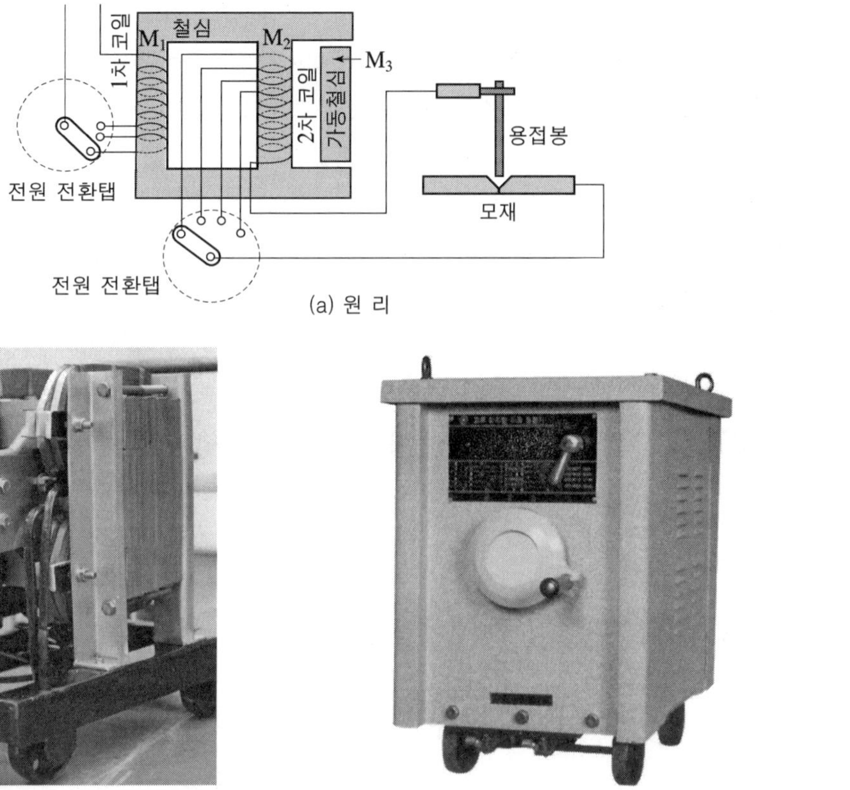

(a) 원 리

(b) 구 조

(c) 외 형

그림 3–10 가동 철심형 아크 용접기(Keum Ho Electric Co. brochure)

● **고주파 아크 용접기**

고주파 아크 용접기는 그림 3–11과 같이 2차 단자에 별도의 고주파 발생 장치를 첨가하면 모재와 용접봉 사이에 어떤 크기의 고주파 전압이 가해지거나 간극이 작아지더라도 불꽃 방전으로 인하여 모재와 용접봉 사이에 도체가 되어, 비교적 낮은 전압에서도 아크의 발생이 안전하게 지속된다. 따라서 얇은 판재의 아크 용접에 적합하다.

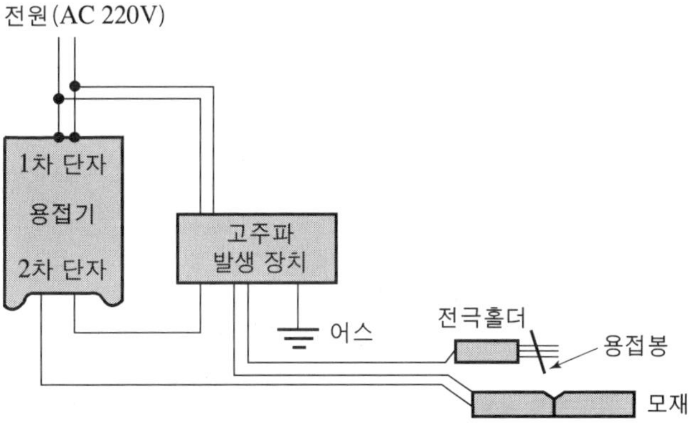

그림 3–11 고주파 아크 용접기 회로

2 아크 용접봉

아크 용접에서 용접봉(welding rod)은 용착 금속이 되므로, 용가제(filler metal)라고도 하며,

모재 사이에서 아크를 발생시키므로 이를 전극봉(electrode)이라고도 한다.

아크 용접봉에는 비피복 용접봉(bare electrode)과 피복 용접봉(covered electrode)이 있다. 비피복 용접봉은 탄소 아크 용접용으로 일부가 사용되나, 주로 자동이나 반자동 용접에 사용된다. 수동 아크 용접에서는 피복 아크 용접봉이 주로 사용된다.

피복 아크 용접봉은 일정 길이의 금속 심선(core wire)에 피복제를 발라서 건조시킨 것으로, 용접물의 재질에 따라 탄소강, 특수강, 구리 합금, 경 합금, 니켈 합금 등의 용접봉이 있다. 이들은 모재의 재질, 용접물의 사용 목적, 용접 자세, 사용 전류의 극성, 이음(joint) 모양 등에 따라 선택하여 사용되고 있다. 이들 용접봉 중에서 가장 많이 쓰이는 것은 연강용 피복 아크 용접봉이다.

비피복 용접봉은 탄소 아크 용접용으로 일부가 사용되나, 주로 자동이나 반자동 용접에 사용된다. 수동 아크 용접에서는 피복 아크 용접봉이 주로 사용된다.

(3) 아크 용접

1 수동 아크 용접

그림 3-12는 아크 발생법을 나타낸 것으로, 그림 3-12 (a)와 같이 용접봉 끝으로 모재 위에

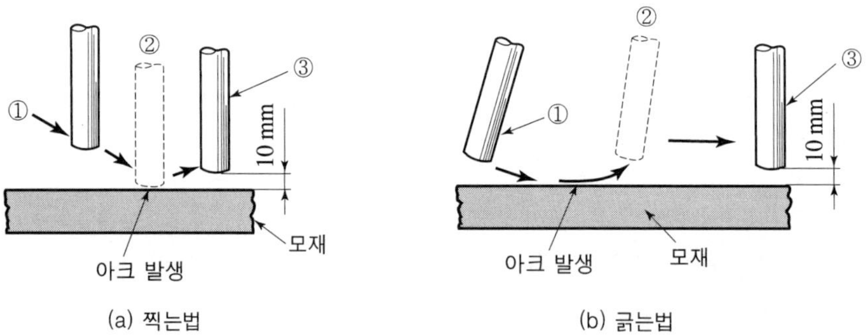

그림 3-12 아크 발생법

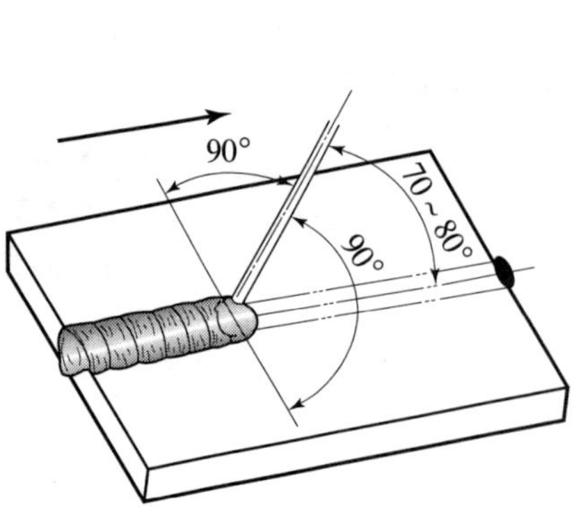

그림 3-13 용접봉의 각도

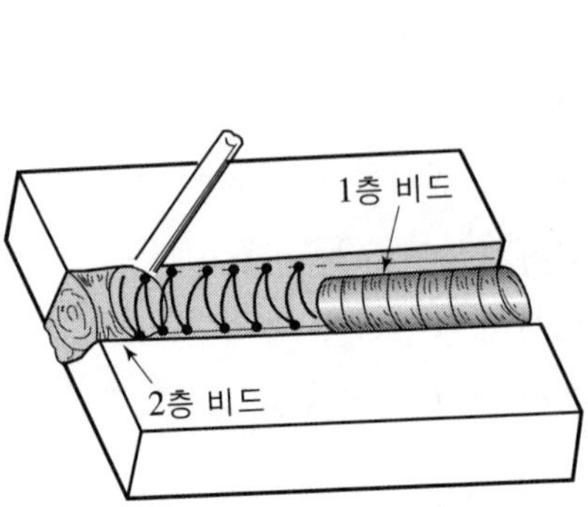

그림 3-14 2층 비드 만들기

살짝 찍어 아크를 발생시키는 방법을 찍는법(tapping method)이라 하며, 그림 3-12 (b)와 같이 모재 위를 용접봉으로 긁어 아크를 발생시키는 방법을 긁는법(scratch method)이라 한다. 직류 아크 용접에서는 찍는법을, 교류 아크 용접에서는 긁는법이 사용된다.

용접봉 각도는 그림 3-13과 같이 작업각의 경우에 90°, 진행각의 경우에 70~80°를 유지하며, 왼쪽에서 오른쪽으로 진행한다. 위빙 운봉을 할 때에는 그림 3-14와 같이 비드 너비 양 끝에서 잠시 머물러 충분한 용입이 되도록 하고, 중앙은 스쳐 지나가듯 조금 빠르게 하며, 용융지의 크기를 일정하게 만들면서 진행한다.

2 자동 아크 용접

자동 용접법은 직류와 교류 다 같이 사용할 수 있으며, 아크의 길이가 변하면 아크 전압에 의해 이송 속도가 자동으로 조절되므로 용접이 정확하게 이루어진다. 자동 용접은 손 용접에 비해서 전류를 크게 할 수 있을 뿐 아니라 용접 속도를 3~6배 높일 수 있고, 대량 생산에서는 생산비를 낮출 수 있다. 그림 3-15는 자동 아크 용접기의 보기로, 용접봉은 와이어릴(wire reel)에 감긴 것을 사용한다.

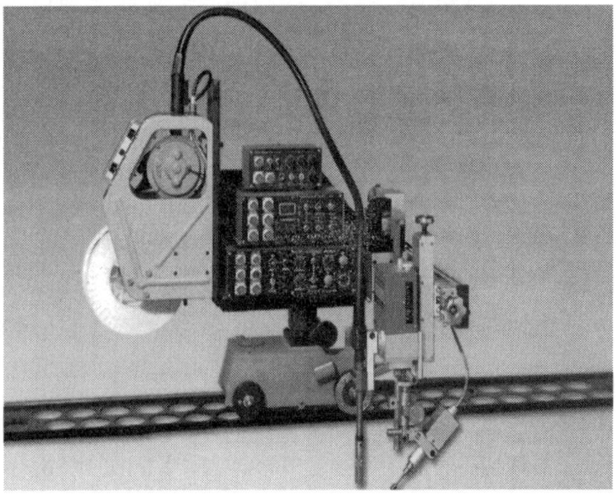

그림 3-15 자동 아크 용접기(HANIL Co. brochure)

4) 전기 저항 용접

용접하려는 금속을 접촉시킨 다음 접촉면과 직각의 방향에 전류를 통하면, 금속 자체의 전기 저항과 접촉부의 전기 저항으로 접촉면과 그 부근이 용융 상태 또는 이에 가까운 온도까지 급속하게 가열된다. 이때 양 금속을 가압하여 용착하는 결합법을 전기 저항 용접(電氣抵抗熔接, electric resistance welding) 또는 저항 용접(抵抗熔接, resistance welding)이라 한다.

전기 저항 용접은 가스 용접, 아크 용접에 비해 동일 작업의 반복 공정에 적합하므로, 소품종 대량 생산 등 제조공업의 전 분야에 사용되며, 주로 자동차, 항공기, 차량, 가전제품 등의 조립 생산에 사용되고 있다.

(1) 전기 저항 용접의 특징과 분류

1 전기 저항 용접의 특징

전기 저항 용접의 결과에 영향을 끼치는 요인으로는 용접 전류, 통전 시간, 가압력, 모재의 표면 상태, 전극의 재질 및 형상, 용접 피치 등 여러 가지가 있으나, 가장 중요한 요인으로는 용접 전류, 통전 시간, 가압력 등이며 이를 저항 용접의 3대 요소라 한다.

전기 저항 용접의 공통된 특징은 다음과 같이 요약할 수 있다.

〈장 점〉

① 작업 속도가 빠르며, 대량 생산에 적합하다.

② 이음 강도에 대한 효율이 높고, 제품 무게의 감소와 재료 절약이 가능하다.

③ 용접 공정이 자동적으로 이루어질 수 있으므로, 작업자의 숙련도나 기능이 별로 문제가 되지 않는다.

〈단 점〉

① 용접기의 용량에 비하여 용접 능력이 한정되며, 재질, 판 두께, 용접 재료에 제한을 받는다.

② 비파괴 검사가 어렵다.

③ 용접기에 각종 제어 장치가 있어 구조가 복잡하고, 설비비가 많이 든다.

- 저항 용접
  - 겹치기 저항 용접
    - 스폿 용접
    - 심 용접
    - 프로젝션 용접
  - 맞대기 저항 용접
    - 업셋 용접
    - 플래시 용접
    - 버트 심 용접

그림 3-16 전기 저항 용접의 분류

2 전기 저항 용접의 분류

전기 저항 용접은 용접 방법에 의하여, 그림 3-16과 같이 용접의 형식으로부터 겹치기 저항 용접과 맞대기 저항 용접으로 크게 분류한다.

(2) 전기 저항 용접법

1 겹치기 저항 용접

겹치기 저항 용접(lap resistance welding)에는 스폿 용접, 심 용접, 프로젝션 용접이 있으며 주로 박판의 겹치기 용접에 이용된다.

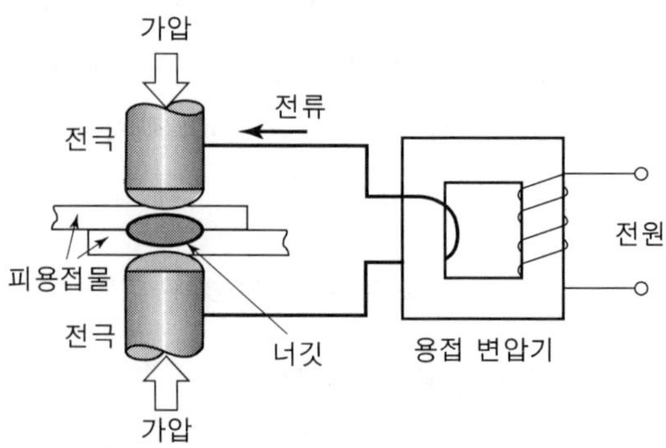

그림 3-17 스폿 용접의 원리

● **스폿 용접**

접합할 2매의 판을 그림 3-17과 같이 두 전

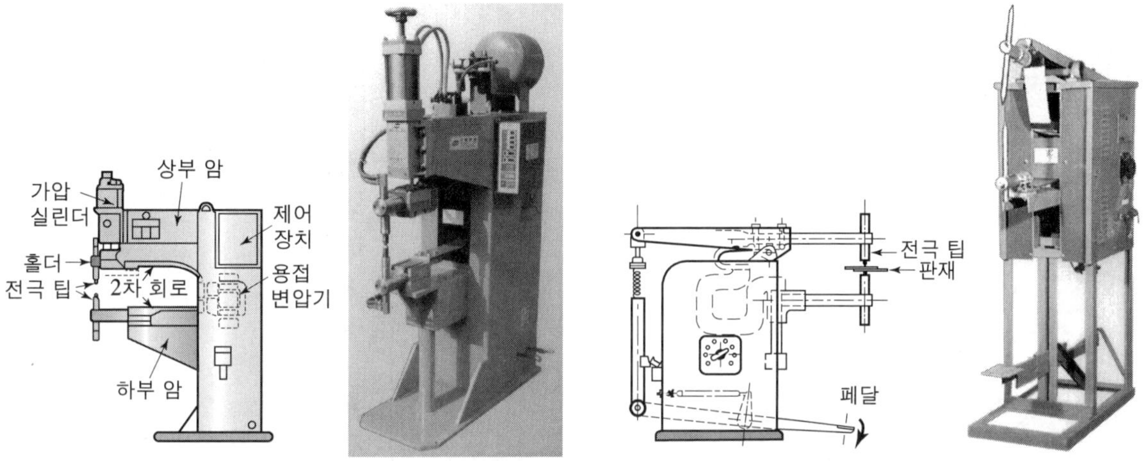

(a) 프레스형 (b) 레버형

그림 3-18 스폿 용접의 형식(신화전기 brochure)

극 사이에 끼워 놓고 가동 전극을 내려 판에 접촉된 상태에서 전류를 통하면, 전극간에 끼워 놓은 판의 접촉부에 열이 집중되면서 순간적으로 가열되고 이 온도가 용접에 알맞는 온도에 달했을 때 가압하여 용접하는 방법으로, 이를 스폿 용접(點熔接, spot welding)이라 한다.

스폿 용접기의 형식에는 정치식(定置式)의 경우는 그림 3-18 (a)와 같은 프레스형과 그림 3-18 (b)와 같은 레버형이 있다.

● 심 용접

심 용접(seam welding)은 스폿 용접을 연속적으로 반복하는 형식이다. 그림 3-19와 같이 롤 전극 사이에 판재인 용접물을 끼워 전극을 회전시키면서 용접부에 전류를 통함과 동시에 압력을 가하여 판재를 연속적으로 용접하는 방법이다. 주로 기밀, 유밀을 필요로 하는 용기 등의 이음부의 용접에 이용된다. 그림 3-20 (a)는 심 용접의 적용 사례, 그림 3-20 (b)는 심 용접기의 보기이다.

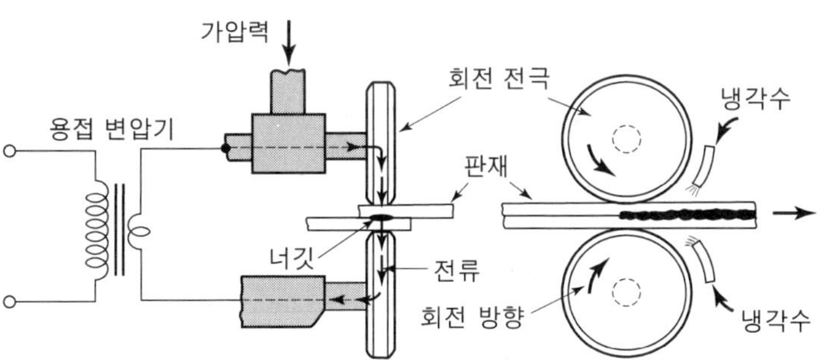

그림 3-19 심 용접법의 원리

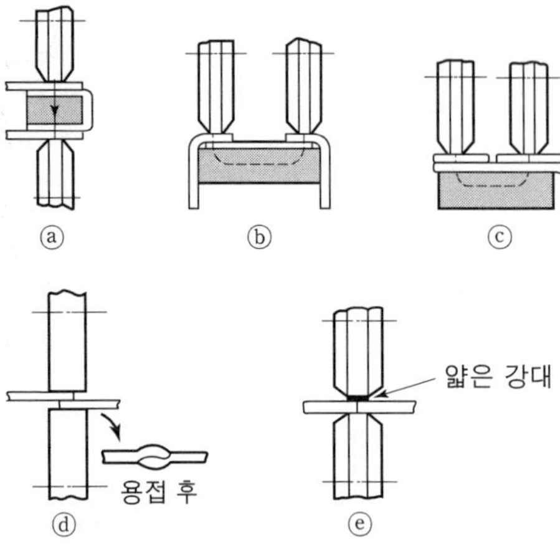

(a) 심 용접의 적용 사례

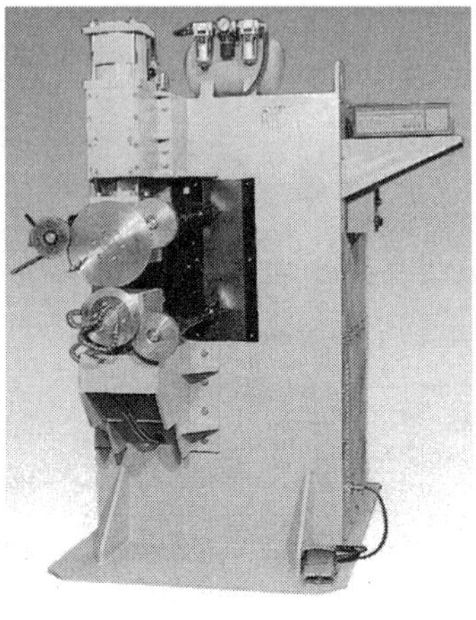

(b) 심 용접기

그림 3-20 심 용접기(금호전기 brochure)

2 맞대기 저항 용접

● 업셋 용접

환봉이나 선 등을 서로 맞대고 접합할 때 이용되는 용접법을 업셋 용접(upset butt welding)이라 한다. 그림 3-21 (a)와 같이 용접할 두 개의 봉을 일직선이 되도록 고정하고, 양 단면을 접촉한 다음, 전류를 보내고, 접촉부가 용가 온도(熔加溫度)가 되었을 때 축 방향으로 가압하여 용접하는 방법이다.

● 플래시 용접

플래시 용접법(flash welding)은 그림 3-21 (b)와 같이 용접할 2개의 소재에 적당한 전압을 걸고 단면을 가볍게 접촉시키면, 여기에 대전류가 집중적으로 통하여 접촉점에서 불꽃이 일어

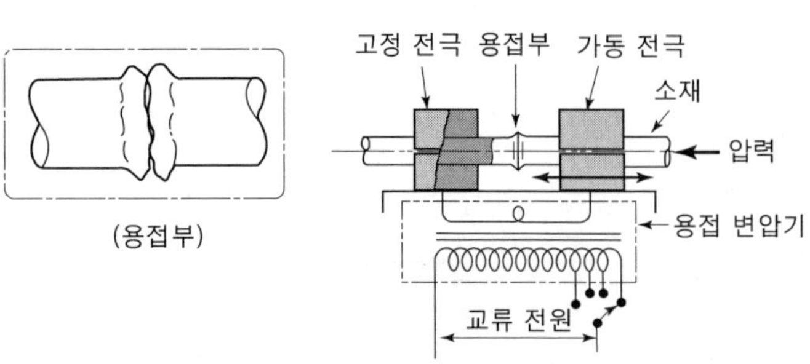

(a) 업셋 용접

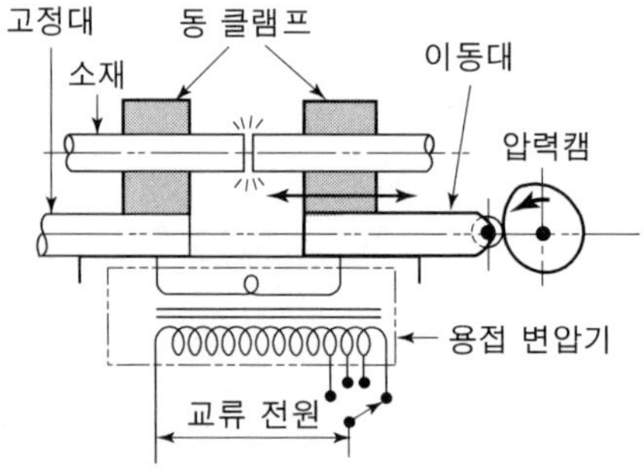

(b) 플래시 용접

그림 3-21 맞대기 저항 용접

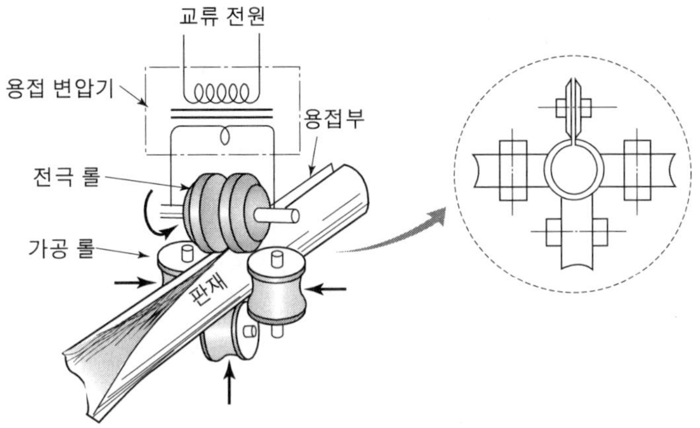

그림 3-22 맞대기 심 용접(용접관의 제조)

나면서 급속히 가열된다. 업셋 용접과 유사하나 용접 열원으로 일부는 저항열을 이용하고, 그 중심은 아크열을 이용하는 점이 다르다. 용접 중에 아크에 의해 용융한 금속이 불꽃으로 비산되므로 이를 불꽃 용접 또는 플래시 용접이라 한다.

플래시 용접법은 주로 단면이 큰 재료의 용접에 이용된다. 제철업에서는 스트립(strip)의 접속이나 전선관용 코일의 접속에, 자동차 공업에서는 스티어링 샤프트(steering shaft), 프레임, 밸브 등의 이음에, 그리고 철도용 레일, 형강, 평강, 환강, 파이프 등의 이음에 사용된다.

● 맞대기 심 용접

맞대기 심 용접(butt seamed welding) 또는 버트 심 용접이라고도 하며, 업셋 용접과 심 용접법의 원리를 동시에 적용하는 용접 방법으로 용접관의 이음매를 용접하는 저항 용접법의 하나이다.

용접관을 연속적으로 생산하는 공정에서는 모재인 대강(帶鋼)이 롤에 의해 자동적으로 성형되는 최종 과정에서 관의 이음매 부분을 그림 3-22와 같이 독립된 바퀴 모양의 롤 전극으로 저주파 전류를 통전하면 이음매 부분이 급격하게 가열되고, 동시에 양측면과 아래의 가압 롤로 가압하면서 용접이 진행된다. 이 용접법은 용접관의 대량 생산에 이용된다.

5) 특수 용접

(1) 특수 아크 용접

1 서브머지드 아크 용접

용접봉의 공급과 이송 그리고 비드의 동작 등을 자동화시킨 자동 용접법의 일종이다. 이 용접법은 아크가 용제 속에서 발생하여 보이지 않는 상태에서 용접하므로 이를 서브머지드 아크 용접(submerged arc welding : SAW) 또는 잠호 용접(潛弧熔接)이라 한다. 유사한 용접법으로

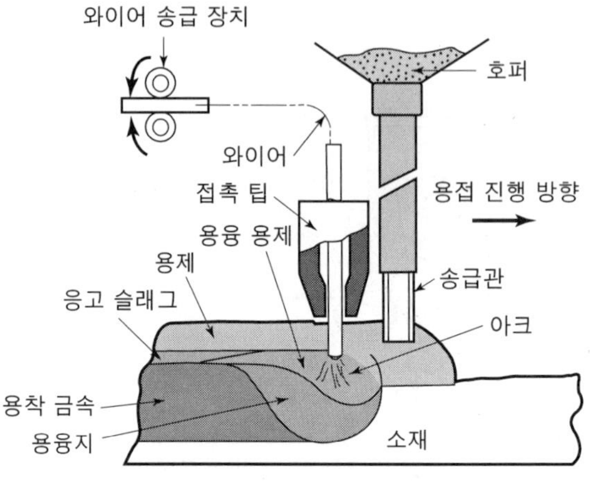

그림 3-23 서브머지드 아크 용접 원리

개발 회사명을 따서 이름 붙인 유니온멜트 용접(union melt welding), 리컨 용접(Licoln welding) 등이 있다.

서브머지드 아크 용접법은 그림 3-23과 같이 모재의 이음 표면에 미세한 입상의 용제를 송급관을 통하여 공급하고, 그 용제 속에 연속적으로 전극 와이어를 송급하여, 용접봉 끝과 모재 사이에 아크를 발생시켜 용접한다. 이때 와이어의 이송 속도를 조정함으로써 일정한 아크 길이를 유지하면서 용접을 계속 하게 된다.

2 불활성 가스 아크 용접

다른 원소와 화합하기 어려운 불활성 가스(inert gas)를 사용하여 대기 중에서 아크와 용융지를 보호할 수 있게 한 용접법을 불활성 가스 아크 용접(inert gas arc welding) 또는 이너트 가스 금속 용접(metal inert gas welding)이라 하며, 여기에 사용되는 가스를 실드 가스(shielding gas)라 한다.

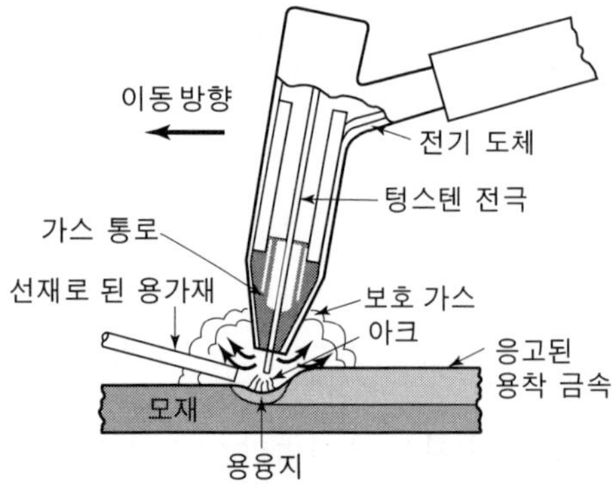

(a) TIG 용접

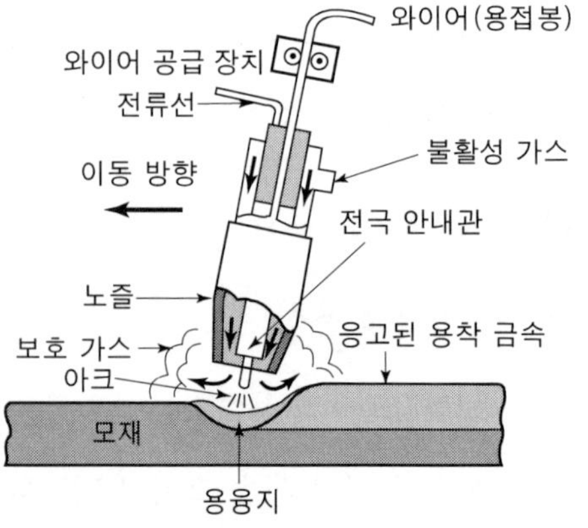

(b) MIG 용접

그림 3-24 불활성 가스 아크 용접

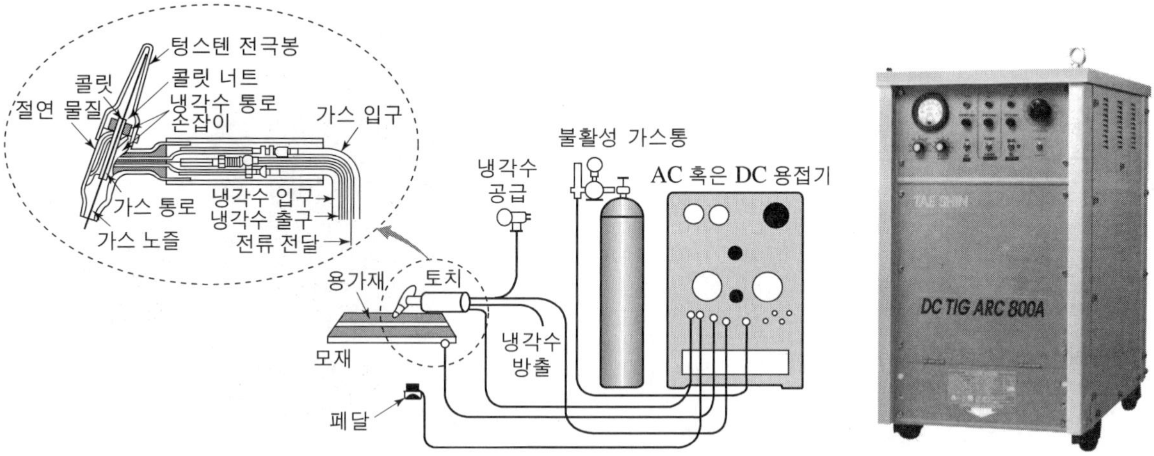

(a) 용접 장치의 구성 (b) 용접기(전원)

그림 3-25 TIG 용접 설비

현재 많이 사용되는 실드 가스로는 아르곤(Ar)과 헬륨(He)이 있다.

불활성 가스 아크 용접에는 그림 3-24 (a)와 같이 전극으로 텅스텐봉을 사용하고, 용접봉을 별개의 용가재로 사용하는 TIG 용접(TIG welding, inert gas shielded tungsten arc welding)과 그림 3-24 (b)와 같이 금속선을 전극으로 사용하는 MIG 용접(MIG welding, inert gas shielded metal arc welding)이 있다.

불활성 가스 아크 용접법은 공업 재료로 사용하는 모든 금속에 적용되는 우수한 용접법으로 다음과 같은 장점을 갖고 있다.

① 불활성 가스 중에서 용접하므로, 용접 후 슬래그 또는 잔류 용제를 제거하기 위한 후처리가 필요 없다.
② 산화막이 강한 금속 또는 산화물이 생기기 쉬운 금속도 쉽게 용접할 수 있다.
③ 아크가 극히 안정되고 전자세 용접이 가능하며, 열의 집중이 좋으므로 용접 능률이 높다.
④ 얇은 판의 용접에서도 좋은 용접부가 얻어지며, 언더컷도 잘 생기지 않는다.

그림 3-25는 수동식 TIG 용접 장치의 보기이며, 이 밖에 와이어의 송급을 자동으로 하는 반자동식과 와이어의 송급과 토치의 이동을 모두 자동으로 하는 전자동식이 있다.

3 CO_2 아크 용접

이산화탄소 아크 용접(CO_2 gas shield arc welding)은 불활성 가스 금속 아크 용접에 쓰이는 아르곤, 헬륨과 같은 불활성 가스 대신에 값이 싼 이산화탄소

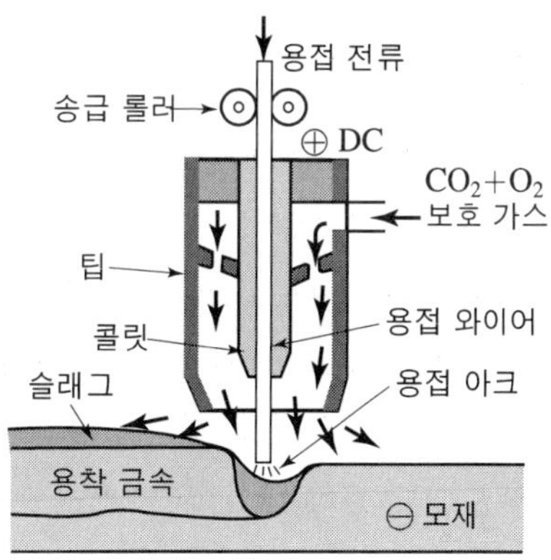

그림 3-26 이산화탄소 아크 용접법의 원리

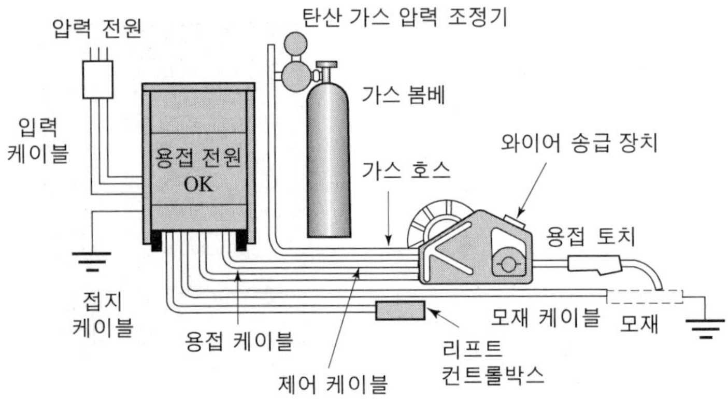

(a) 용접 장치의 구성

(b) 용접기

그림 3-27 반자동 CO_2 아크 용접 장치(조흥전기 brochure)

(CO_2)를 사용하여 경제적으로 강제를 자동 또는 반자동으로 용접하는 방법이며, 그 원리는 그림 3-26과 같다.

이산화탄소는 용융 금속을 공기 중의 질소로부터 보호하게 되는데, 불활성 가스가 아니므로, 아크와 같이 고온 상태에서는 CO와 O_2로 분해되어 산화성 분위기의 생성으로 용착 금속을 산화시키거나 기공 및 그 밖의 결함이 생기기 쉽다. 이를 방지하기 위해 Mn, Si 등의 탈산제를 많이 함유한 Mn-Si계 와이어와 여기에 값싼 이산화탄소와 산소 등의 혼합 가스를 쓰는 CO_2-O_2 아크 용접법이 개발되었다.

그 후 CO_2-Ar, CO_2-Ar-O_2 등 여러 가지 혼합 가스가 이산화탄소 아크 용접에 사용되고 있다.

그림 3-27은 반자동 CO_2 아크 용접 장치의 보기이다.

(2) 그 밖의 특수 용접

1 스터드 용접

지름이 5~16 mm의 강 또는 동제품인 환봉, 볼트, 못 등의 스터드(stud)를 모재 표면에 수직 또는 어떤 각도로 세워 접합하는 용접법을 스터드 용접(stud welding)이라 한다.

스터드 용접은 그림 3-28 (a)와 같이 모재와 스터드의 중간에 반도체로 만든 보조환(補助環, cartridge)을 끼워 놓고, 그림 3-28 (b)와 같이

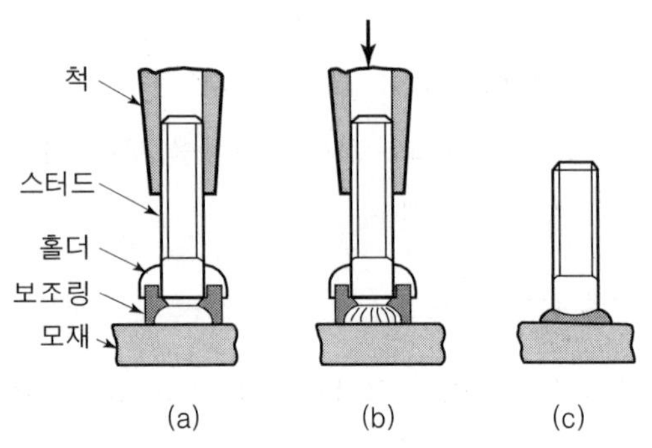

그림 3-28 스터드 용접 공정

스터드에 압력을 가하면서 통전(通電)하면, 스터드와 모재 사이에서 아크가 발생하여, 1초 이내에 모재의 접합부가 용융된다. 이때 보조환도 가열되어 무너지고 스터드는 가해지는 압력에 의해 모재와 밀착하게 될 때 전원이 자동적으로 차단되어 그림 3-28 (c)와 같이 용접이 완료된다. 여기서 보조환은 용가재와 용제의 기능을 갖게 된다.

아크 스터드 용식기(熔植機)는 용접용 전원, 제어 장치 및 용식총(熔植銃, stud welding gun) 또는 용식 헤드(stud welding head) 등으로 구성되어 있다.

2 테르밋 용접

알루미늄 분말과 산화철 분말을 약 1 : 3의 중량비로 혼합하여 점화하면 강한 환원작용에 의해 철과 알루미늄을 생성하면서 현저하게 높은 고열을 발생하는데, 이 반응을 테르밋 반응(thermit reaction)이라 하며 약 3,000℃의 열이 발생한다.

테르밋 반응은 금속 산화물이 알루미늄에 의하여 산소를 빼앗기는 반응을 총칭하는 것으로, 현재 실용되고 있는 철강용 테르밋제의 반응은 다음과 같다.

$$\left.\begin{aligned} 3FeO + 2Al &\rightarrow 3Fe + Al_2O_3 + 187.1\text{ kcal} \\ Fe_2O_3 + 2Al &\rightarrow 2Fe + Al_2O_3 + 181.5\text{ kcal} \\ 3Fe_3O_4 + 8Al &\rightarrow 9Fe + 4Al_2O_3 + 719.3\text{ kcal} \end{aligned}\right\} \quad (3-2)$$

이상과 같은 반응으로 산화철이 환원되면서 용융 상태의 순철로 되는데, 이 용융 금속을 용가재로 하여 모재의 용접에 사용하거나 열원으로 용접하는 용접법을 테르밋 용접(thermit welding)이라 한다. 테르밋을 이용한 용접 방법에는 테르밋 반응열로 용접부를 예열하여 용융 금속과 모재를 융합하는 용융 테르밋법과 테르밋 반응에 의해 생긴 고온의 용융 알루미늄과 환원된 용철을 단순히 용접부의 가열을 위한 열원으로만 사용하여 관이나 환봉을 맞대기 접합하는 가압 테르밋법이 있다. 테르밋 용접법은 철강제의 경우 주로 레일의 접합, 차축, 선박의 선미 프레임(stern frame) 등 비교적 큰 단면을 가진 주조나 단조품의 맞대기 용접과 용접 보수에 사용되며, 동제품에는 주로 전기용품 재료의 이음 분야에 이용되고 있다. 그림 3-29는 테르밋 용접법에 의한 레일의 용접 사례로, 주입 과정을 나타낸 것이다.

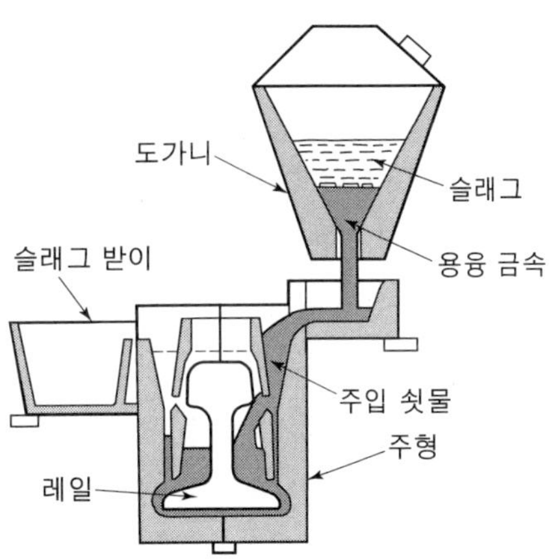

그림 3-29 레일의 테르밋 용접

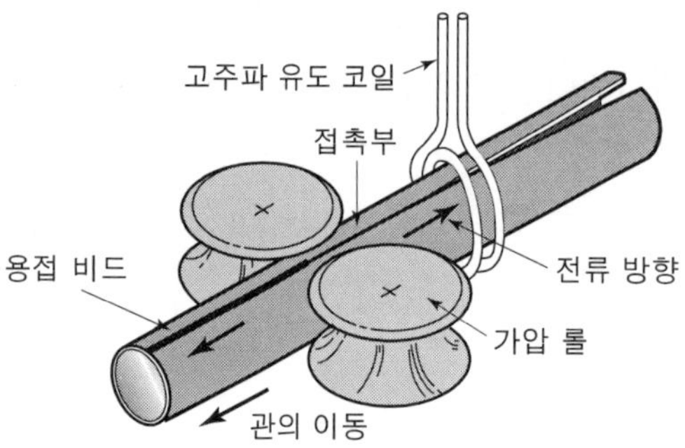

(a) 고주파 유도 용접

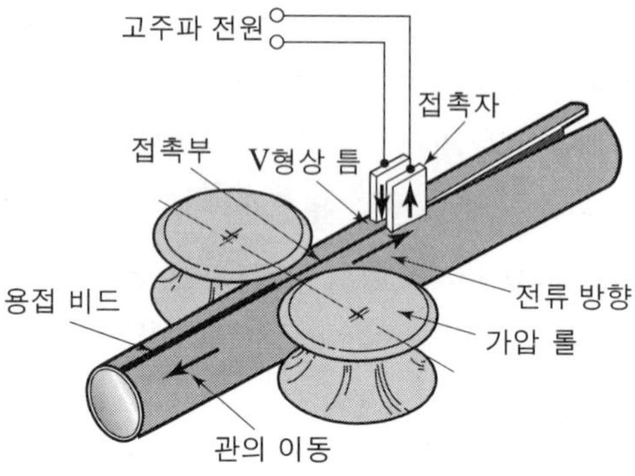

(b) 고주파 저항 용접

그림 3-30 고주파 용접법

3 고주파 용접

● 고주파 유도 용접

고주파 전류(高周波電流)를 코일에 보내고, 여기서 생기는 유도열로 용접할 소재를 가열하여 용접하는 방법을 고주파 유도 용접(高周波誘導熔接, high frequency induction welding)이라 한다. 고주파 유도 용접에 의한 용접관의 이음매 용접은 그림 3-30 (a)와 같이 파이프의 외주에 유도 코일을 끼워 놓고 여기에 고주파 전류를 보내면 파이프의 표면에 유도 전류가 흐른다. 이때 파이프의 접합부(장방향)가 V자형으로 벌어져 있으므로 이 단면에 따라 전류가 흐르면서 급속하게 가열된다. 이때 양쪽의 가압 롤로 가압하면 접합된다.

● 고주파 저항 용접

고주파 전류를 용접 소재에 직접 통전하여 접합부를 가열 접합하는 용접을 고주파 저항 용접(高周波抵抗熔接, high frequency resistance welding)이라 한다. 그림 3-30 (b)는 띠강을 파이프로 성형하고 그 접합할 단면을 용접하는 보기를 나타낸 것이다. 재료의 끝 부분에 접촉자(接觸子)를 통해 고주파 전류를 통전하면 전류는 파이프 소재의 접한 부분만 통전되고, 끝 부분에서 떨어진 부분이나 원주 방향에는 거의 통전되지 않는다. 따라서 접합부인 끝 부분만이 순간적으로 가열되므로 이때 가압 롤로 가압 접합하게 된다. 주파수를 높이면 가열 부분이 집중되므로, 200～2 kHz의 주파수를 사용한다.

6) 납 접

접합하려는 양금속 사이에 모재(母材)보다 용융점이 낮은 납(鑞, brazing filler)을 사용하여, 모재는 용융되지 않는 상태에서 금속을 접합하는 이음법을 납접(鑞接)이라 한다. 납접에 사용

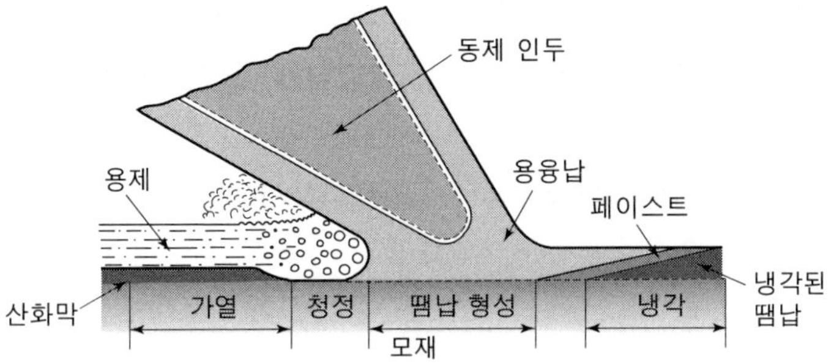

그림 3-31 인두 납접의 작용기구

되는 용가재인 땜납은 모재보다 용융점이 낮아야 하고 표면장력이 적고, 유동성이 좋아서 모재 표면에 잘 퍼지고, 좁은 틈도 잘 스며들 수 있는 성질을 가지고 있어야 한다.

땜납은 사용하는 납재의 용융점에 따라 450℃ 이하의 납을 연납(軟鑞, solder)이라 하고 그 이상의 납을 경납(硬鑞, braze metal)이라 한다. 납접에서는 용가재로 연납을 사용할 때를 연납땜(soldering), 경납을 사용할 경우를 경납땜(brazing)이라 한다.

그림 3-31은 연납땜 공정에서 일어나는 인두와 소재 사이에서 용가재와 용제의 작용기구를 나타낸 것이다.

2. 금속의 융단가공

금속을 절단하는 방법에는 기계적인 방법과 절단 부위를 가스나 아크의 열에너지를 이용하여 국부적으로 용융 절단하는 화학적 방법인 융단법(融斷法, fusion cutting)이 있다.

- 금속의 융단가공
  - 가스 절단
    - 수동 가스 절단
    - 자동 가스 절단
    - 특수 가스 절단
      - 분말 절단
      - 산소 창 절단
      - 수중 절단
  - 아크 절단
    - 탄소 아크 절단
    - 금속 아크 절단
    - 산소 아크 절단
  - 특수 절단
    - 플라즈마 절단
    - TIG 절단
    - MIG 절단
    - 레저 절단
  - 화염 가공
    - 에어 가우징 흠의 화염 가공
    - 가우징
    - 스카핑

그림 3-32 금속 융단법의 분류

용접 시공과 관련되는 화학적인 방법은 일반적으로 가열 절단(加熱切斷), 열 절단(熱切斷), 융단(融斷) 또는 용단(熔斷) 등으로 불리고 있는데, 여기서는 융단(fusion cutting)이란 용어를 사용하겠다.

융단법은 크게 가스 절단(gas cutting)과 아크 절단(arc cutting)으로 나뉘는데, 일반적으로 그림 3-32와 같이 분류하고 있다.

1) 가스 절단

강재의 절단 부분을 산소 · 아세틸렌 가스나 수소 가스 화염으로 가열하여, 고압의 산소를 불어 넣어 절단하는 방법을 가스 절단이라 하며, 주로 강재의 절단에 이용된다.

가스 절단법은 강재의 절단 부분을 그림 3-33과 같이 팁(tip)에서 나오는 산소-아세틸렌 가스 화염으로 약 850~900℃가 될 때까지 예열한 후, 팁의 중심에서 고압의 산소(절단 산소)를 불어 내면 철은 연소하여 산화철이 되고, 그 산화철의 용융점은 강보다 낮으므로 용융과 동시에 절단된다.

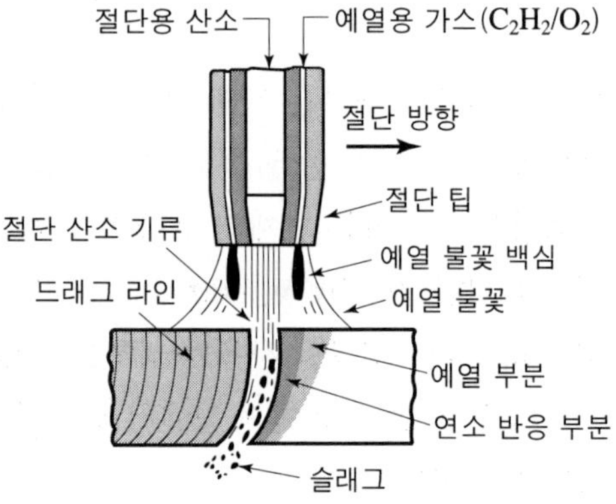

그림 3-33 가스 절단

금속의 가스 절단을 난이도에 따라 분류 비교하면 다음과 같다.

① 절단이 용이한 금속 : 순철, 연강, 주강
② 절단이 약간 어려운 금속 : 경강, 합금강, 고속도강
③ 절단이 꽤 어려운 금속 : 주철
④ 절단이 안 되는 금속 : 동, 황동, 청동, 알루미늄, 납, 주석, 아연

(1) 수동 가스 절단

수동 가스 절단에서는 먼저 예열 화염을 중성 화염으로 조정한 다음, 절단선의 왼쪽 끝을 가열하여 표면이 약 850~950℃ 정도가 되었을 때 절단 산소 밸브를 열어 절단을 시작한다. 이때 팁 끝과 연강판 사이의 거리는 속화염(inner flame)의 끝에서 1.5~2.0 mm 정도 떨어지게 한다. 또한 토치의 진행 속도도 알맞게 진행한다. 토치의 진행 속도가 너무 빠르면 절단이 중단되며, 너무 늦으면 절단면 위 모서리가 녹아서 둥글게 된다. 그림 3-34 (a)와 (b)는 수동 가스 절단의 절단 방향과 기본 자세를 그림 3-34 (c)는 절단 사례를 나타낸 것이다.

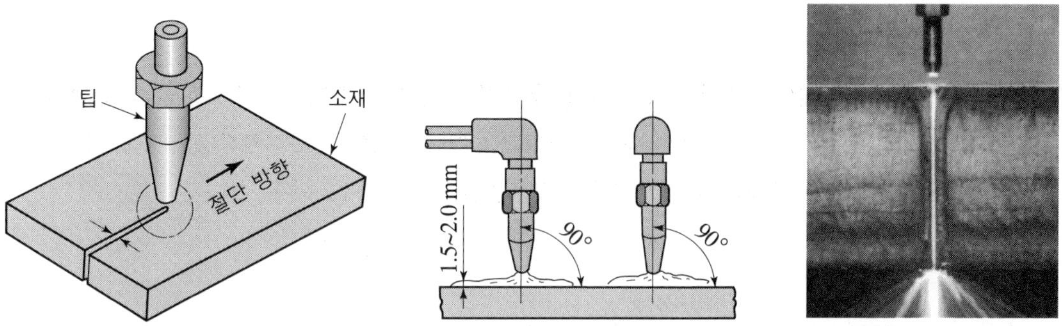

(a) 절단 방향 (b) 팁의 각도와 거리 (c) 절단 사례

그림 3-34 수동 가스 절단의 기본 자세

(2) 자동 가스 절단

강판, 파이프 등의 소재 절단가공을 자동화한 가스 절단법을 자동 가스 절단이라 하며, 강판에 놓인 직선 레일 위를 필요한 일정 속도로 주행하는 전동 대차에 토치를 부착하여 강판을 직선 또는 곡선으로 절단한다. 2개 또는 3개의 토치를 사용하면 일시에 여러 개를 자동으로 절단 가공할 수 있어 능률적이다.

자동 가스 절단기에는 직선으로 절단하는 것, 원통이나 곡선으로 절단하는 것, 그리고 파이프용 등 용도에 따라 여러 종류가 있다. 형판(型板, template)과 같은 모양으로 여러 개를 동시에 절단할 수 있는 형판 자동 가스 절단기는 토치를 원형에 맞추어서 이동시키는 트레이스(trace) 장치가 필요하다. 형을 트레이스하는 방식에는 수동식 이외에 기계식, 전자석식, 광전관을 사용하는 전자관식, 수치 제어식 등이 있다.

그림 3-35는 형 또는 도면을 이용하는 대신 수치 제어(numerical control) 방식을 이용한 NC 절단기의 보기로 그림 3-35 (b)와 같은 선박 구조물의 소재 제단에 많이 이용되고 있다.

(a) NC 절단기 (b) 선박 구조

그림 3-35 수치 제어 가스 절단

2) 아크 절단

아크열에 의해 금속을 국부적으로 가열 용해하여 절단하는 방법을 아크 절단(arc cutting)이라 한다. 절단면은 가스 절단면에 비해 매끄럽지 못하나 주철, 스테인리스강, 비철 금속과 같이 가스 절단이 어려운 금속의 절단이 가능하고, 절단 단가가 저렴하다.

(1) 탄소 아크 절단

탄소 아크 절단(carbon arc cutting)법은 탄소 또는 흑연 전극과 모재 사이에 아크를 일으켜 절단하는 방법으로, 전원은 직류, 교류 모두 사용하지만, 직류 정극성이 많이 사용된다.

전극봉은 전도성 향상과 산화 방지를 목적으로 전극봉 표면에 동 도금을 하여 사용한다. 흑연 전극봉은 탄소 전극봉보다 전기 저항이 적어서 더 많이 사용한다. 그림 3-36은 탄소 아크 절단의 회로를 나타낸 것이다.

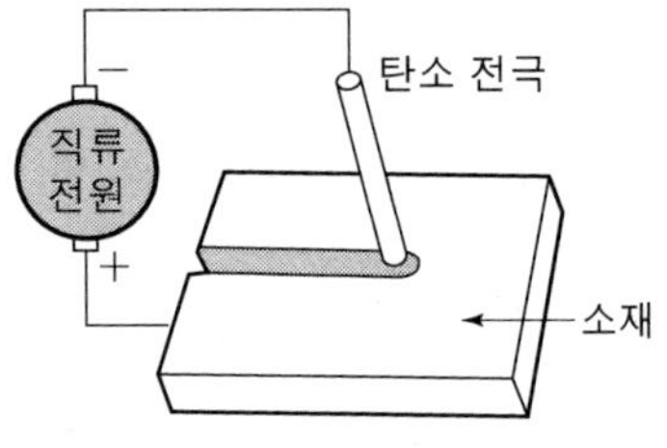

그림 3-36 탄소 아크 절단 회로

(2) 금속 아크 절단

탄소 전극봉 대신에 피복 용접봉을 사용하여 전단하는 방법을 금속 아크 절단(metal arc cutting)이라 하며, 비피복 용접봉은 거의 사용하지 않으므로 피복 금속 아크 절단(shield metal arc cutting)이라고도 한다. 전원으로는 직류 정극성이 적합하나 교류도 사용된다. 피복재는 발열량이 많고 산화성이 풍부하여, 연소 시에 다량의 가스를 방출시켜, 그 압력으로 절단을 촉진하는 동시에 절단층을 보호하며, 모재와의 단락(short) 방지 및 아크의 집중을 좋게 한다. 절단 조작 원리는 탄소 아크 절단의 경우와 같으며, 절단면은 가스 절단면에 비하여 매우 거칠다.

(3) 산소 아크 절단

그림 3-37과 같이 속이 빈 피복 용접봉과 모재 사이에 아크를 발생시켜, 예열된 모재 절단부에 원통 상의 전극 구멍의 끝에서 고압 산소를 분출하여 그 산화열로 절단하는 방법이다. 이와 같이 아크열과 고압의 산소를 이용한 가스 절단법을 산소 아크 절단(oxygen arc cutting)이라 한다. 산소 아크 절단은 아크의 예열 효과 외에 산소에 의한 산화 발열 효과 및 산소 분출의 기계적 에너지 등에 의하여 일반적인 아크 절단보다 절단 능력이 좋다.

또한 가스 절단이 되지 않는 스테인리스강 및 알루미늄 합금인 비철 금속의 절단도 가능하다. 전원은 보통 직류가 사용되나 교류도 사용된다. 절단면은 가스 절단면에 비하여 거칠지만, 절단 속도가 크므로 철강 구조물의 해체, 특히 수중 해체작업에 널리 이용되고 있다.

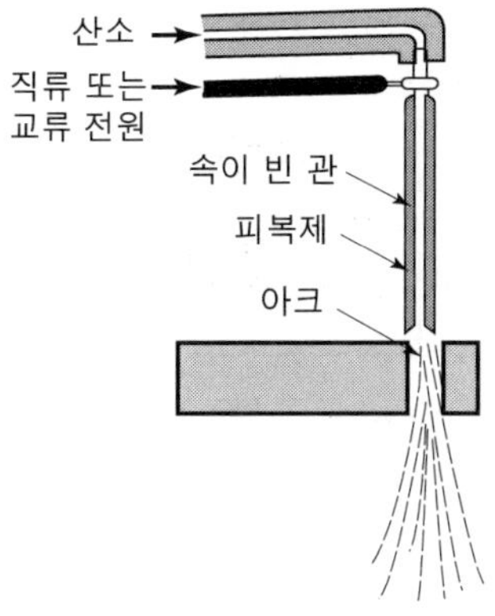

(a) 산소 아크 절단

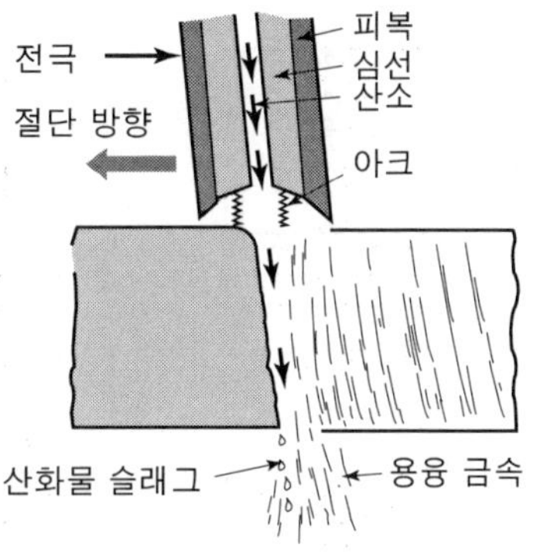

(b) 산소 아크 절단의 구조

그림 3-37 산소 아크 절단 방법

3. 용접 결함과 시험 검사

용접물에는 용접부의 급열과 급랭에 따른 조직의 변화와 성질상의 결함, 용접 실무의 미숙에 의한 치수와 구조상의 결함과 불량 등이 생긴다. 이와 같은 용접 결함은 용접의 신뢰도를 떨어뜨리므로, 지속적인 하중이나 충격 하중을 받는 제품, 특히 안전도가 중요한 고압 · 고하중의 제품에는 용접 결함이 없어야 한다.

따라서 완전한 용접 설계, 용접 시공, 재료 선택, 용접 기술 등이 요구되며, 용접 후에는 여러 가지 시험과 검사에 의해 용접부의 안전성과 신뢰성을 충분히 확인할 필요가 있다.

이들의 시험 · 검사에는 조직 검사, 기계적 검사 외에 비파괴 검사인 외관 검사, 누설 검사, 압력 시험, 방사선 투과 검사와 초음파 탐상 시험 등이 적용된다.

1) 용접 결함

용접물에는 짧은 시간의 국부적인 고온 가열로 금속학적 접합에 따른 팽창과 수축이 잔류응력과 변형으로 남게 된다. 또한 재질의 국부적 조직 변화에 의한 결함과 용접 기술의 불량에 의해 여러 가지 결함이 발생한다. 그림 3-38은 용접 이음에서 발생되는 여러 가지 변형을 나타낸 것이다.

(1) 구조상의 용접 결함

구조상의 용접 결함은 기계적 성질의 저하 원인이 되어 용접물의 안정성을 해치는 중요한 인자로 작용한다. 용접부에는 급격한 가열과 냉각에 의한 내부응력이나 조직의 변화로 생기는 결함과 각종 균열이 발생할 수 있다.

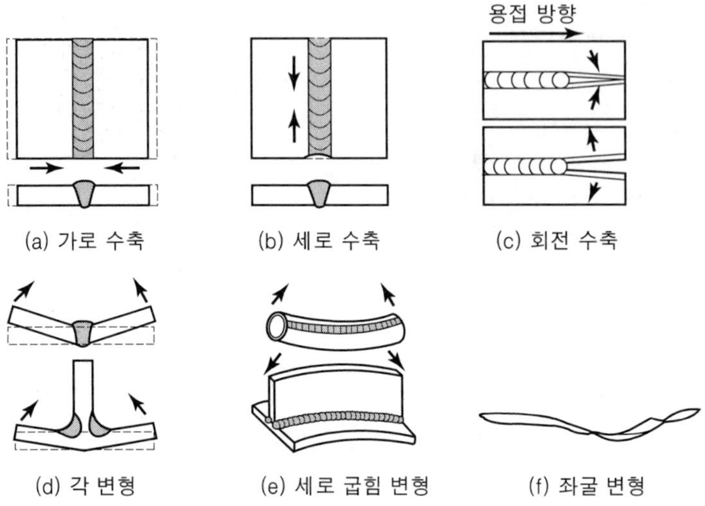

그림 3–38 수축과 변형

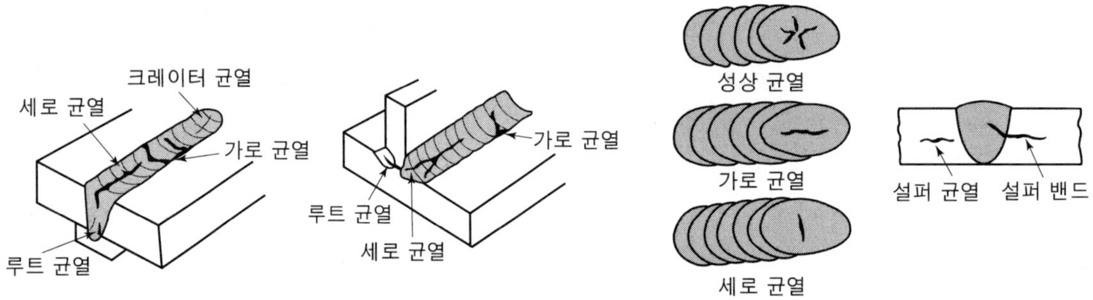

그림 3–39 용착부 균열의 사례

1 균 열

균열(龜裂, crack)은 용접부나 열영향부에 생기는데, 발생 온도에 따라서 고온 균열과 저온 균열이 있다. 고온 균열은 강재의 경우, 약 300℃ 이상의 비교적 높은 온도에서 발생하는 균열이다. 대부분 용접 금속에 황화물, 산화물 등이 국부적으로 용융하여 적열 메짐을 일으키기 때문이다. 저온 균열은 약 300℃ 이하에서 발생하는 균열로서 용착 금속의 응고, 냉각 때 생긴 내부응력과 외적인 구속력이 재료의 강도 이상이 되었을 때 생기며, 수소나 용접열에 의한 급랭에 따른 메짐에 의해서도 생긴다. 그림 3–39는 오스테나이트계 스테인리스강의 용착부 균열의 보기이다.

2 내부 결함

● 기공과 피트

용접에서 용착 금속 내에 포함되어 있는 가스나 응고할 때 생긴 일산화탄소, 또는 슬래그 등

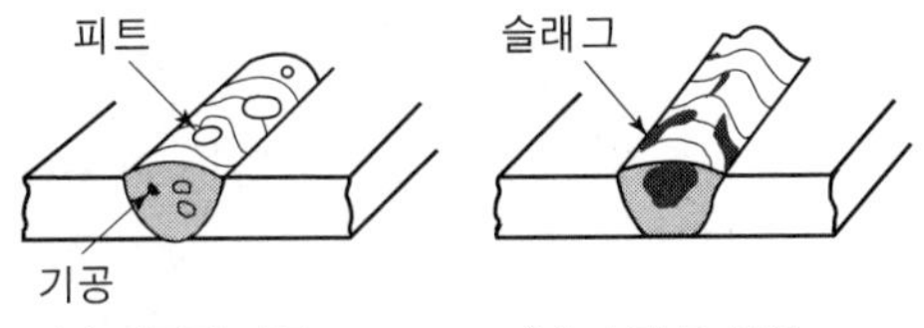

(a) 기공과 피트 (b) 슬래그 섞임

그림 3-40 기공과 슬래그

의 수분에서 생긴 수소 등의 가스가 밖으로 방출되지 못하여 생성된 작은 공간을 기공(blow hole)이라 한다. 그림 3-40 (a)는 용접부에 나타난 기공과 피트(pit)의 보기이다.

피트는 용접 과정에서 기공이 용착 금속 표면에서 거품이 되었을 때나, 가스가 반쯤 방출되었을 때 응고되어 생긴 모양을 말하며, 수분, 녹 및 모재의 특정 성분이 원인이 될 때가 많다.

● 인클루젼

용접 중에 용착 금속 내에 녹아 들어간 슬래그가 그림 3-40 (b)와 같이 용착 금속 내에 혼입되어 있는 결함을 슬래그 섞임(slag inclusion) 또는 개재물(介在物, inclusion)이라 한다. 불순물 섞임은 아래 보기 용접에 비하여 수직 및 위 보기 용접에서 많이 생기며, 기계적 성질과 내식성을 저하시킨다.

● 은 점

용접부를 파단하였을 때 보이는 물고기 눈 모양의 둥근 은백색의 메진 파면을 은점(銀點, fish eyes)이라 하며, 용착 금속 중의 수소 가스가 원인이 된다. 은점이 생기면 용착 금속의 연성을 감소시킨다.

3 선상 조직

아크 용접에서 생기는 특이한 조직으로, 보통 용접 상태보다 냉각 속도가 빠를 때 나타나기 쉽다. 이 조직은 모재의 벽에서 서리 모양의 미세한 주상결정(柱狀結晶)이 보이는 조직을 선상 조직(線狀組織, ice flower like stucture)이라 하며 그 주상정 사이에 가스와 비금속 개재물이 존재한다. 선상 조직은 냉각 속도와 응고 과정에서 주상정 간에 이산화규소(SiO_2), 산화알루미늄(Al_2O_3), 산화크로뮴(Cr_2O_3) 및 수소 등에 의해서 생긴다.

(2) 용접 불량

용접한 비드의 단면은 볼록형(convex), 평면형(flat shape), 오목형(concave) 등 3종류가 있다. 용접 결과 용접부의 단면이 이상과 같은 모양을 벗어날 때 불량 용접이 된다.

1 언더컷과 오버랩

● 언더컷

용접 전류가 과다해지면 용융이 지나쳐 그림 3-41 (a)와 같이 비드 가장자리에 홈 또는 오목부가 생기는데, 이것을 언더컷(undercut)이라 하며, 운봉법과 용접봉의 종류에 따라 영향을 받는다.

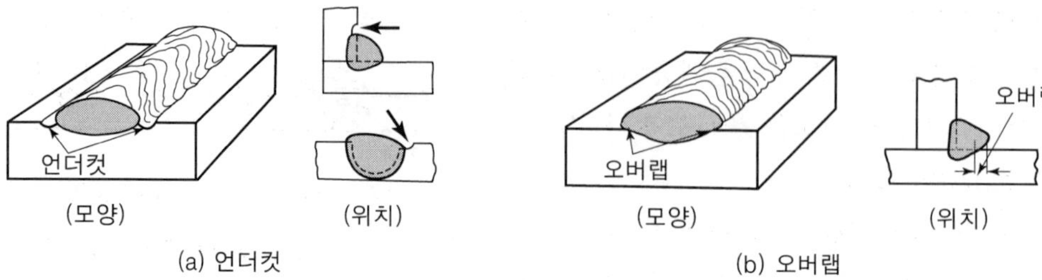

그림 3-41 언더컷과 오버랩

● 오버랩

그림 3-41 (b)와 같이 과잉의 용융 금속이 용착부 밖으로 덮인 비드의 상태를 오버랩(overlap)이라 한다. 오버랩은 운봉법이 나쁘거나 용접 전류가 낮아서 용접봉의 용융온도가 모재보다 낮을 때 일어난다.

2 융합 불량

용착 금속과 모재 또는 용착 금속 상호간의 융합이 잘 안된 상태를 융합 불량(融合不良)이라 한다. 아크가 너무 길거나 운봉 속도(travel speed)가 너무 빠를 때 생기는 결함으로 필릿 이음의 홈 용접에서 흔히 볼 수 있다.

3 용입 불량

용접 이음에서 개선부의 용입이 불충분한 경우를 용입 불량(熔込不良)이라 한다. 용접 이음에서 개선부의 저부가 용융 상태로 되기 전에 상부의 모재가 용융되어 일어나는 형상으로 I형, V형 맞대기 용접에서 루트 간극이 작을 때, 또는 용접 전류가 낮든가 용접 속도가 빠를 때, 그리

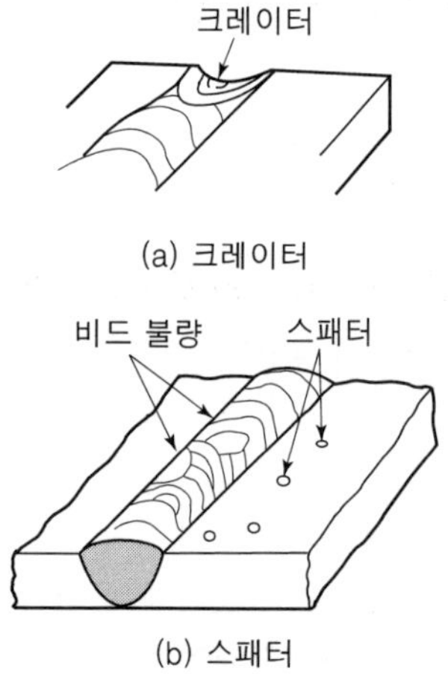

그림 3-42 크레이터와 스패터

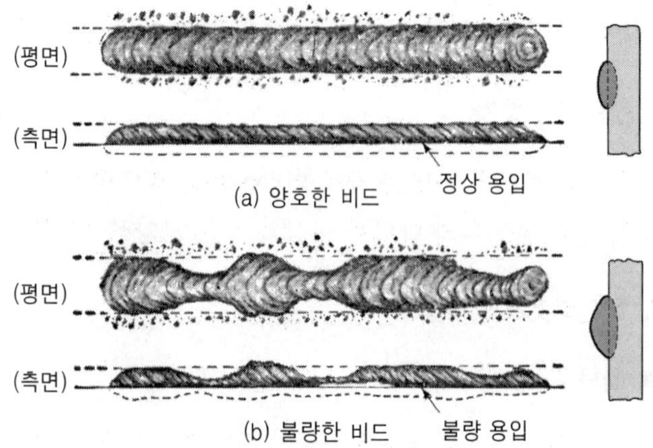

그림 3-43 직선 비드의 비교

표 3-4 용접부의 시험과 검사법

시험 영역	시험 내용
파괴 시험	기계적 시험, 화학적 시험, 물리적 시험, 야금학적 시험, 용접성 시험, 기타 시험
비파괴 검사	외관 검사, 누설 검사, 형광 검사, 침투 검사, 초음파 검사, 자기적 검사, 방사선 투과 검사, 자분 탐상 검사, 음향 검사, 맴돌이 전류 검사

고 아크의 길이가 너무 길거나 용접봉의 지름이 지나치게 큰 경우에도 일어나는 형상이다.

이 밖에도 그림 3-42 (a)와 같은 크레이터(crater), 그림 3-42 (b)와 같이 불규칙한 비드 그리고 용접 표면의 스패터(spatter) 등도 용접 결함에 포함된다. 그림 3-43은 직선 비드의 정상 여부를 비교한 것이다.

2) 용접부의 시험과 검사

용접 결과에 대한 용접부의 시험은 기계적 성질, 내식성, 내마멸성 등 어떤 특정의 성질을 조사하는 것이고, 검사는 이들의 시험 결과에 대한 합격과 불합격의 판정까지를 포함한 개념이다. 용접의 특성은 최적의 조건과 재료 그리고 숙달된 기술을 가지고 용접을 하더라도 용접열에 의한 모재의 성질 변화, 수축과 변형, 잔류응력의 발생 및 용접부의 화학적 조성과 현미경 조직 등에 변화가 생긴다. 이에 대하여 표 3-4와 같은 여러 가지 실험과 검사를 실시하여 용접부의 건전성과 신뢰성을 조사한다.

(1) 파괴 시험

용접부의 파괴 시험은 시험 목적에 따라 용접 부위에서 시험편을 채취하여 만들고 이것을 파괴나 변형 또는 화학적인 처리에 의하여 용접부의 조직과 기계적 성질이나 취성 파괴(brittle fracture)에 대한 성능 등을 조사하는 시험이다.

(2) 비파괴 검사

비파괴 검사는 재료나 제품의 재질, 형상, 치수에 변화를 주지 않고 시험편의 투과, 흡수, 산란, 반사, 누설, 침투, 탐상 등 현상의 변화를 검출하고 이를 표준물과 비교하여 시험

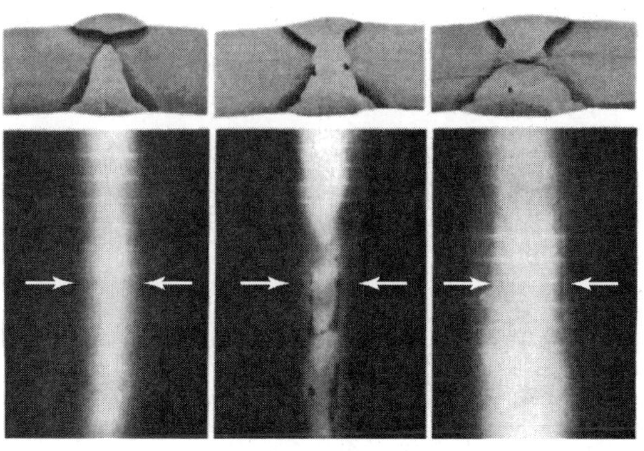

그림 3-44 용접부의 방사선 검사 사례

대상에 대해 이상의 유무나 크기, 분포 상태 등을 조사하는 검사법이다.

제품의 성질, 상태, 내부 구조 등을 제품 그대로의 상태에서 조사할 수 있으며, 제품의 신뢰성을 확인할 수 있다.

그림 3-44는 용접부의 방사선 검사와 결과를 나타낸 보기이다.

3.2 열처리와 표면처리

1. 열처리

금속 재료는 화학 성분이나 가공 방법이 같더라도 가열 온도, 가열 후의 유지시간, 냉각 속도와 그 방법 등을 달리하면 조작 전과는 뚜렷하게 다른 성질의 재료로 변화시킬 수 있다. 이와 같이 금속 재료에 대하여 가열, 유지, 냉각 및 그 밖의 조작을 알맞게 이용하여 금속 재료의 여러 가지 필요한 성질로 변화시키는 처리를 열처리(heat treatment)라 하며, 기계 제작 과정에서 빼놓을 수 없는 매우 주요한 공정으로 많은 연구 · 개선이 이루어지고 있다.

상자형 머플로

철강 재료는 다른 금속에 비해 열처리 효과가 크고, 열처리를 알맞게 하면 가공 효율과 재질을 향상시킬 수 있다. 또한 같은 조성의 금속이라도 열처리를 통해 용도를 넓히면서 부가 가치를 높일 수 있다.

1) 열처리의 목적

열처리는 합금의 열적 성질을 이용하여 고체 합금의 성질을 사용 목적에 따라 변화시키려는 적극적인 생산적 수단이다. 즉 금속과 관련되는 소정의 열, 시간 사이클에 따라 가열과 냉각 조작을 실시하는 금속의 질적 가공 방법이다. 여기에는 가열에 따라 금속 내에 일어나는 여러 가지 형상과 냉각에 따라 일어나는 안정 · 준안정의 여러 변화를 응용하게 된다. 실제 이루어지고 있는 열처리의 주된 목적은 다음과 같이 요약할 수 있다.

① 기계 재료로서 필요한 성질을 얻을 수 있다.

② 금속의 가공성을 개선한다.
③ 제조 공정으로서의 열처리로 다양한 성질을 얻을 수 있다.

금속은 종류, 성분, 제조 방법 등에 따라 성질이 각각 달라지므로, 열처리를 알맞게 하면 위에서 제시한 목적 중에서 한 가지 또는 몇 가지 특성을 겸비한 기계 재료를 개발하여 생산할 수 있다. 또한 열처리 방법을 연구하여 새로운 재료를 개발할 수도 있다.

금속의 성질에 영향을 주는 인자는 매우 많은데, 이들 요인을 변화시키면 금속의 성질도 변하게 된다. 열처리와 관련이 깊은 요인은 금속 조직이지만 이 조직은 열처리에 의해 결정립의 조정, 편석의 균질화, 흡수 혼입된 가스와 잔류응력의 제거 등이 이루어진다. 화학적인 열처리인 표면처리의 경우에는 표면층의 화학 성분을 변화시켜 표면의 성질을 개량한다.

2) 강의 변태와 담금질 조직

(1) 강의 변태

강에서는 온도와 조성에 따라서 많은 상들이 나타나고 있는데, 오스테나이트는 고온에서만 존재하고 있다. 대부분의 강에서 오스테나이트는 상온에서 존재할 수 없기 때문에 펄라이트나 마텐자이트(martensite) 등과 같은 최종 조직의 모상(parent phase)으로서 작용한다. 따라서 오스테나이트가 최종 조직의 성질에 크게 영향을 미치게 된다.

예를 들면 오스테나이트의 결정립 크기(grain size)는 최종 조직의 결정립 크기, 변태 속도 및 경화능(hardenability) 등에 크게 영향을 준다.

(2) 담금질 조직

변태점 이상으로 가열한 오스테나이트 상태의 강을 물이나 기름 속에서 급랭시키면 A_1 변태점 부근에서 급랭되어 변태가 끝나는 데 충분한 시간이 없어서, 변태의 전부 또는 대부분이 방해되어 오스테나이트와 펄라이트의 중간 조직인 마텐자이트, 트루스타이트 또는 소르바이트 등의 단단한 조직으로 남게 된다.

1 오스테나이트(austenite)

탄소 함유량이 많은 강을 담금질하였을 때 나타나는 조직이다. 담금질에 의하여 탄소가 γ 철 중에 고용된 상태 그대로 상온까지 남은 것으로서 마텐자이트 중에 혼합되어 존재하며, 전부 오스테나이트로 존재하는 일은 없다. 그러나 Ni강, Cr강 등 특수강에서는 오스테나이트 조직을 관찰할 수 있다.

2 마텐자이트(martensite)

오스테나이트 상태에서 급랭하면, 변태 도중에 탄소를 과포화한 상태로 고용된 α 철의 조직

(a) 마텐자이트 (미세한 침상 조직)　(b) 트루스타이트 조직 (미세한 페라이트와 시멘타이트의 혼합 조직)　(c) 소르바이트 조직 (시멘타이트의 입상화 조직)

그림 3-45 담금질 조직(×400×3/5)

으로 된다. 이것을 마텐자이트라 하고, 마텐자이트가 생기는 변화를 마텐자이트 변태라 한다. 마텐자이트는 강을 담금질할 때 생기며 열처리에서 대단히 중요한 조직으로 경도가 매우 높은 것이 특징이다. 마텐자이트는 고온으로부터 냉각 도중 일정 온도에 도달되면 자연적으로 일어나며, 그 온도 이하로 내려감에 따라서 변태량은 증가하게 된다. 그림 3-45 (a)는 마텐자이트 조직의 보기이다.

3 트루스타이트(troostite)

트루스타이트는 페라이트와 극히 미세한 시멘타이트와의 기계적 혼합 조직으로 강을 유랭하여 냉각 속도가 약간 느려지면, 제1단계 변태에서 생긴 마텐자이트 조직이 500℃ 부근의 온도에서 제2단계 변태가 다소 진행되는데, 이때 생기는 결정상의 조직이다. 그림 3-45 (b)의 흑색 부분이 트루스타이트이고, 흰색 부분은 마텐자이트이다. 마텐자이트를 300~400℃로 뜨임처리를 할 때 미세한 시멘타이트가 페라이트의 바탕에서 입상으로 석출된 조직도 트루스타이트와 같다. 트루스타이트는 마텐자이트보다는 경도가 높지 않으나 인성이 크다.

4 소르바이트(sorbite)

소르바이트 조직은 트루스타이트보다 약간 냉각 속도가 느린 경우에 나타난다. 시멘타이트가 트루스타이트의 경우보다도 알갱이가 크게 성장하여 석출된 것이며, 탄화물은 현미경으로 약 400배 이상에서 볼 수가 있다. 즉 조직은 미세한 입상 탄화물이 밀집된 것 같으나, 낮은 비율에서는 검게 보인다. 트루스타이트보다 강인성이 크고 연하며, 펄라이트보다는 단단하다. 그림 3-45 (c)는 소르바이트 조직의 보기이다.

표 3-5는 강의 담금질 조직의 경도를 비교한 것으로 마텐자이트가 시멘타이트와 유사한 경도를 갖고 있음을 보여주고 있다.

표 3-5 담금질 조직의 경도

조 직	경 도	
	브리넬 경도[HB]	로크웰 경도[HR]
페라이트	90	–
오스테나이트	155	9
펄라이트(0.9%C)	225	26
소르바이트(0.9%C)	275	34
트루스타이트(0.9%C)	400	47
마텐자이트	720	68.5
시멘타이트	820	74

3) 철강의 열처리

철강 재료는 같은 성분의 것이라도 열처리 방법에 따라서 조직이 크게 달라질 수가 있으므로, 필요에 따라 철강 재료의 기계적 성질이나 그 밖의 성질을 변화시켜 기계 재료를 효과적으로 이용할 수 있다.

압연 단조 또는 기계가공 등의 가공을 한 철강 재료는 보통 가공성만을 고려한 상태이므로, 가공한 제품은 필요한 성질과 강도 수준에 미치지 못하는 경우가 많다. 소재 상태로는 가공이 어렵거나 가공 횟수가 증가함에 따라 점차 다음 가공이 어렵게 되는 경우, 또는 용접, 기계가공 등에 의한 내부응력이 남아 있어서, 가공이 어렵거나 불량품의 원인 등이 생긴다. 이러한 경우에 필요한 기계적 성질 또는 물리 화학적 성질을 부여할 목적으로 열처리를 하게 된다.

(1) 강의 열처리

1 일반 열처리

● 풀 림

강을 적당한 온도로 가열하고 그 온도를 유지한 다음 서랭하는 조작으로, 강의 결정 조직을 조정하거나 가공 또는 담금질에 의해 내부에 생긴 응력의 제거, 연화, 절삭성 향상, 냉간 가공성 개선, 결정 조직의 조정 등을 위한 열처리 조작을 풀림(燒鈍, annealing)이라 한다. 풀림은 그 목적에 따라 완전 풀림(full annealing), 등온 풀림(isothermal annealing), 응력 제거 풀림(stress relief annealing), 연화 풀림(softening annealing), 구상화 풀림(spheroidizing annealing) 등이 있다.

● 노멀라이징

강의 결정 조직은 앞에서 이루어진 여러 가지 가공이나 열적 조작에 의해 달라지게 되므로 강의 조성에 대응하는 표준의 상태를 정할 필요가 있다. 이에 따라 일정한 열처리 조작으로 얻어지는 조직을 표준 상태로 하고 있으며 이 조작을 노멀라이징(燒準, normalizing)이라 한다. 노멀라이징의 목적은 결정 조직을 미세화하고, 냉간 가공, 단조 등에 의한 내부응력을 제거하며, 결정 조직, 기계적 성질, 물리적 성질 등을 표준화시키는 데 있다. 강을 표준화처리하면 취성이 저하되고 주강의 경우에는 주조 상태에 비해 연성, 인성 등의 기계적 성질이 현저하게 개선된다.

● 담금질

강을 오스테나이트로부터 냉각할 경우 도중의 변태가 저지, 억제되도록 급랭하여 마텐자이트 조직으로 변화시키는 조작을 담금질(燒入, quenching)이라 한다. 이 조직은 매우 단단하고 내마멸성과 내충격성이 우수하다. 강의 담금질은 오스테나이트 조직에서 마텐자이트 조직을 얻는 것이므로, 담금질할 때에는 우선하여 강을 오스테나이트 조직이 될 때까지 가열해야 한다. 그러나 담금질 온도는 강의 조성에 따라 다르며, 아공석강에서는 그림 3-46의 GS선 이상 30~50°C, 과공석강에서는 A_1 온도 이상 30~50°C가 적당한 담금질 온도이다. 그러나 가열 온도, 가열 시간 및 가열 속도에 따라 미용해 탄화물의 잔존, 결정 입도 등이 달라지고, 이것에 의하여 마텐자이트 변태에 현저한 영향을 준다.

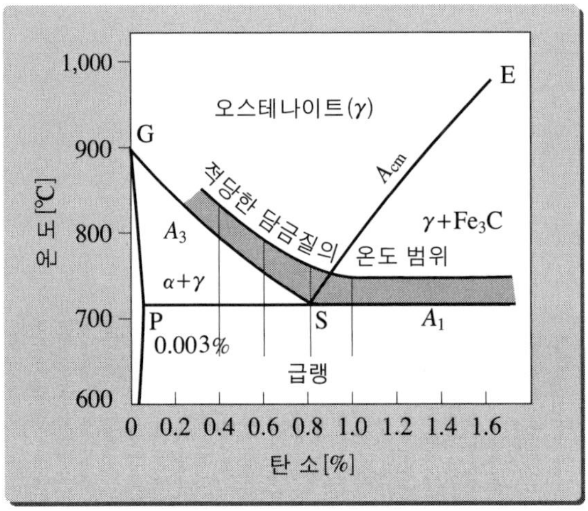

그림 3-46 탄소강의 담금질 온도 범위

● 뜨 임

강은 담금질한 상태에서는 재료 내부에 크고 작은 내부응력이 남아 있어 끝마무리가공을 하면, 응력의 평형이 깨져서 변형되거나 균열이 생긴다. 또 그대로 오래 사용하면 응력이 풀리면서 변형이 일어난다. 마텐자이트 조직은 취약하기 때문에, 표면부에 인장의 잔류응력이 남아 있으면 불안정하여 파괴가 일어나기 쉽다. 따라서 용도에 따라 적당한 인성을 부여하기 위해서는 담금질 후에는 반드시 뜨임(燒戾, tempering)처리를 하여 사용한다. 뜨임은 담금질에 의하여 생긴 조직을 변태 또는 석출을 진행시켜 안정한 조직으로 하고, 동시에 잔류응력을 감소시켜 필요로 하는 성질과 상태를 얻기 위하여 담금질한 강을 Ac_1점 이하의 적당한 온도까지 가열, 냉각시키는 조작이다.

② 특수 열처리

열처리법을 개선하여 재료를 더욱 강화하기 위하여 또는 크거나 복잡한 부품을 담금질할 때 균열이나 변형되는 것을 방지하기 위한 새로운 담금질법이 구안되어 이용되고 있다. 이것은 등온 변형 곡선에 의해 강의 변태 과정을 연구한 결과 얻어진 기술이다.

● 심랭처리

담금질제품

고탄소강에서 오스테나이트를 마텐자이트로 완전히 변태시키는 처리법을 심랭처리(深冷處理, deep cooling) 또는 서브제로처리(sub-zero treatment)라 한다. 마텐자이트는 대단히 경도가 크지만 메진 조직이다. 탄소 함유량이 많은 강은 담금질에서 실온이 되어도 마텐자이트 변화가 완전히 끝나지 않고, 다소의 오스테나이트가 남게 되는데, 이것을 잔류 오스테나이트(retained austenite)라 한다. 담금질한 강을 실온까지 냉각한 다음, 다시 계속하여 낮은 온도까지 냉각하면 변태는 계속되고, 잔류 오스테나이트는 적어진다. 심랭처리는 치수가 정확해야 하는 게이지(gauge), 볼 베어링(ball bearing) 등을 만들 때에 필수적인 열처리 공정이다. 심랭처리는 담금질한 직후 이루어지지 않으면 시간이 지나면서 잔류 오스테나이트가 안정화하여 처리 효과가 적어진다.

● 등온 변태처리

a) **오스템퍼링** : 오스테나이트의 등온 변태처리의 일종으로 그림 3-47 (a)와 같이 등온 곡선의 만곡점(knee) 또는 코(nose)와 M_s점 사이의 적당한 온도로 유지한 염욕 중에 담금질(오스테나이트 영역에서 급랭)하여 각부가 같은 온도로 될 때까지 유지함으로써 변태를 일으켜 베이나이트 조직으로 처리하는 열처리를 오스템퍼링(austempering)이라 한다. 이 방법은 냉각제의 온도를 적당히 변화시킴에 따라 강은 알맞은 경도와 인성을 갖도록 할 수 있으며 뜨임처리를 생략할 수 있다. 또한 가열에 따른 균열이나 응력 발생이 적고, HRC 40∼50 정도에서는 같은 경도의 열처리제품에 비해 충격값, 인성 및 피로강도가 크므로, 공구와 기계 부품의 열처리에 이용된다.

b) **마템퍼링** : 강을 오스테나이트 영역에서 그림 3-47 (b)와 같이 M_s점과 M_f점의 중간 온도의 염욕 중에 급랭하여, 등온 변태를 진행시킨 후 공기 중에서 냉각하는 열처리를 마텐퍼링(martempering)이라 한다.

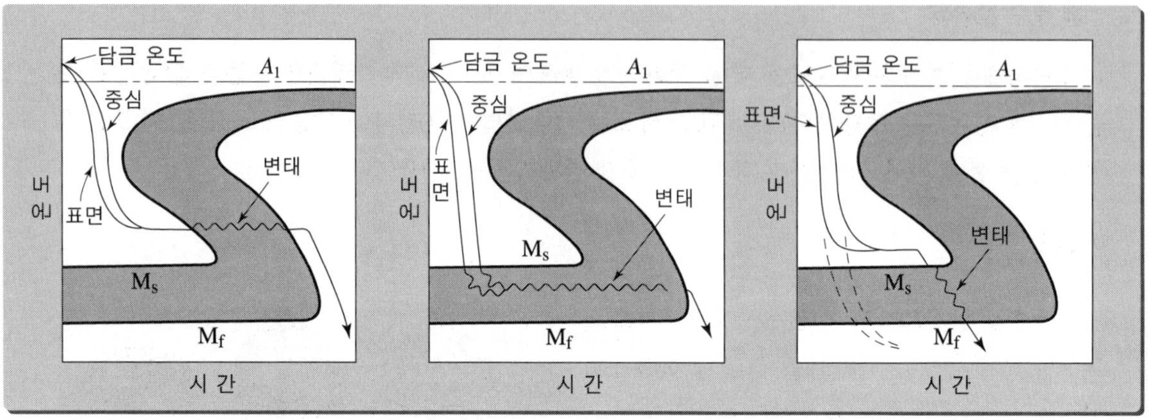

(a) 오스템퍼링 (b) 마템퍼링 (c) 마퀜칭

그림 3-47 등온 변태를 이용한 특수 열처리

c) 마퀜칭 : 오스테나이트 영역에서 그림 3-47 (c)와 같이 M_s점 바로 위의 온도를 갖는 염욕 중에 담금질하여 전체가 균일한 온도가 될 때까지 유지한 다음, 변태가 일어나기 전에 염욕로 밖에서 공랭하여 마텐자이트 조직으로 하는 열처리를 마퀜칭(marquenching)이라 한다. 이 방법은 오스테나이트의 영역에서 직접 M_s점 이하로 담금질하는 방법에 비해 담금질 온도차가 적다. 즉 염욕 중에서 가열하므로 강 내외의 온도차가 없으며, 또 마텐자이트화의 냉각 속도도 느리게 되어 마텐자이트의 생성이 전체적으로 고르게 진전된다.

(2) 열처리에 의한 강의 기계적 성질 변화

1 풀림과 노멀라이징에 의한 성질 변화

담금질하였거나 주조 상태 또는 그 밖의 가공으로 경화 또는 내부응력을 갖고 있는 강제품을 풀림하거나 노멀라이징 하게 되면 기계적 성질이 변하게 되는데, 대부분의 강은 노멀라이징을 하면 인장강도와 항복점이 증대하게 된다. 이러한 현상은 페라이트의 결정립과 펄라이트 조직이 미세화에 따른 결과이다.

표 3-6은 0.4%C인 단조 상태의 강(ϕ120 mm)을 800°C에서 풀림한 것과 800°C에서 8시간

표 3-6 강의 풀림과 기계적 성질

상 태	인장강도 [kgf/mm^2]	항복점 [kgf/mm^2]	연신율 [%]	단면 수축률 [%]
단조 상태	73.0	41.0	7.0	3.0
800°C 풀림	63.5	35.0	22.5	37.0
구상화 풀림	42.0	20.4	43.0	69.0

※ 0.4%C 강(ϕ120 mm)

가열하여 시멘타이트를 구상화한 것의 기계적 성질을 비교한 보기이다. 여기서 특이한 것은 시멘타이트의 구상화로 펄라이트가 분해하면 연성과 단면 수축률이 현저히 증가하는 것을 알 수 있다.

2 담금질과 풀림에 의한 성질 변화

그림 3-48은 표준 상태의 탄소강을 담금질하였을 때의 경도와 인장강도의 변화를 나타낸 것이다. 여기서 0.1~0.2%C 강은 담금질에 큰 영향은 없으나 0.4% 이상에서는 현저하게 경화됨을 보여주고 있다. 이러한 변화는 탄소강이 공업 재료로 많이 이용되고 있는 특성이라 할 수 있다. 최근에 와서는 0.1~0.2%C강에 있어서도 담금질에 의해 강도와 경도를 높일 수 있는 기술, 즉 저탄소 마텐자이트 조직인 구조용강이 사용되고 있다. 이 경우 담금질성을 돕기 위한 약간의 합금 원소가 첨가되므로 순수한 탄소강이라고는 할 수 없다.

3 담금질과 뜨임에 의한 성질 변화

담금질한 강을 뜨임하게 되면 담금질하였을 때의 강도와 경도가 어느 정도까지 저하된다. 금속 재료는 일반적으로 인장강도가 크면 연성이 나쁘고 취성을 갖는 경향이 있다. 강의 경우에도 담금질에 의해 경화되면 취약해지는데, 여기에 인성을 알맞게 부여하기 위한 열처리가 뜨임의 중요한 목적이다.

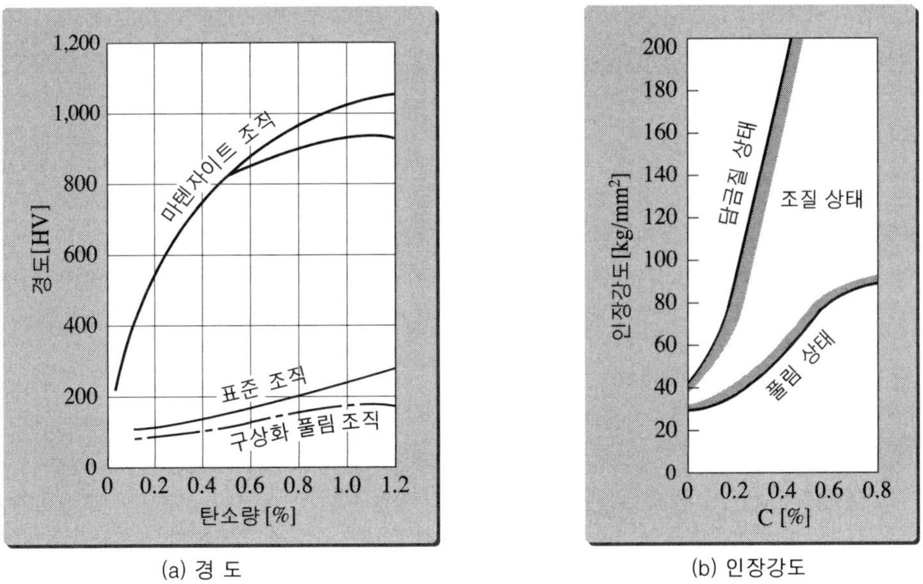

(a) 경 도 (b) 인장강도

그림 3-48 담금질에 의한 탄소강의 기계적 성질의 변화

(3) 냉각제와 냉각능

1 냉각제

공업용으로 사용되는 냉각제에는 각종 기름, 물, 염류의 수용액 등이 있다. 열처리용 냉각제는 값이 싸고, 변질이 안 되며, 고온으로 가열된 강을 냉각하는 능력이 커야 한다. 그 능력은 그림 3-49에서와 같이 냉각의 제1단계가 빨리 끝나고, 제2단계의 600~500°C 사이에서의 냉각 속도가 크며, 제3단계의 냉각 속도는 비교적 작은 것이 좋다.

2 냉각능

표 3-7은 각종 담금질액의 냉각 속도를 물의 경우와 비교한 것이다. 여기서 냉각 속도는 지

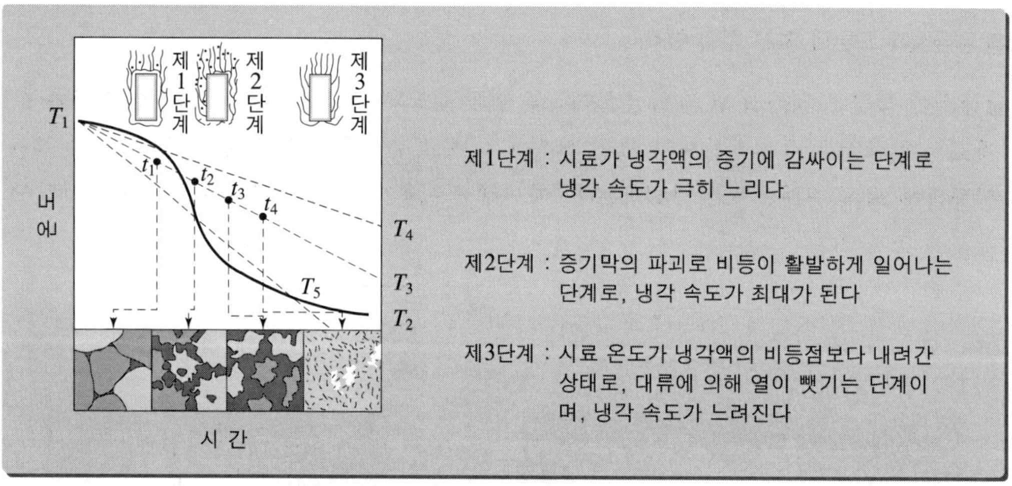

그림 3-49 강의 담금질 냉각 곡선

표 3-7 각종 냉각제의 냉각능 비교

냉 각 제	냉 각 능		냉 각 제	냉 각 능	
	750~550°C	200°C		720~550°C	200°C
10% NaOH액	2.06	1.36	물 50°C	0.170	0.95
10% HaCl액	1.96	0.98	비눗물 2%	0.077	1.16
10% H_2SO_4	1.22	1.49	물 75°C	0.047	1.31
물 0°C	1.06	1.02	물 100°C	0.044	0.71
물 18°C	1.00	1.00	액체 공기	0.039	0.033
물 25°C	0.72	1.11	공 기	0.028	0.007
채종유	0.30	0.055	진 공	0.011	0.004

※ 표준 18°C의 물

름이 4 mm인 Ni–Cr 강구(鋼球)를 860°C로 가열한 다음 720～600°C와 200°C의 냉각액 중에 담금질한 경우의 강구 중심의 값이며, 기준은 18°C의 물에 넣었을 때의 냉각 속도를 1로 하고, 이를 기준으로 하여 여러 가지 담금질액의 냉각 기능을 비교한 값이다. 물에 NaOH, H_2SO_4 등을 용해한 것은 냉각 속도가 커지는데, 물의 온도가 상승하게 되면 급속히 냉각능이 나빠진다. 그 이유는 온도가 높아지면 증기의 발생이 많아져서 제 1 단계의 냉각 과정이 길어지기 때문이다.

그러나 이와 같이 냉각액의 온도가 낮다 하더라도 증발한 기상에 감싸이게 되면 냉각 효과는 낮아진다. 담금질 효과를 높이기 위한 인위적인 수단으로는, 담금질액 또는 담금질 부품을 빠르게 움직여 증기막의 파괴를 도와서 제 2 단계의 냉각으로 이동시키는 방법이 강구되고 있다. 표 3–8은 3가지의 담금질액에 대하여 교반(攪拌)함으로써 냉각 속도가 어떻게 변화하는가를 보여주고 있다.

표 3–8 담금질 방법과 냉각능의 관계

담금질 방법	60°C의 기름	20°C의 기름	20°C의 염수
액정지, 시료정지	0.2	1.0	2.0
조용한 순환 또는 시료의 미동	0.3	1.1	2.1
보통 순환 및 시료 이동	0.4	1.4	–
강한 순환 또는 교반	0.6	1.8	–
격한 순환 또는 교반	1.0	4.0	5.0

※ 표준 20°C의 물, 정지

2. 기계 재료의 표면 경화

기계 요소에는 마찰 부분이 많고, 여러 가지 열악한 조건하에서 사용되는 경우가 많다. 예를 들면 기어, 클러치, 크랭크축, 캠, 스핀들 등에 사용되는 재료는 내마멸성과 강인성이 요구된다. 이와 같이 표면은 견고하게 하여 내마멸성이 크고, 내부는 강인하여 내충격성이 우수한 성질을 갖게 하는 기계 재료의 가공 수단으로 강의 표면 경화(surface hardening) 또는 부분 경화법이 사용된다. 공업적으로 활용되고 있는 강의 표면 경화 방법으로는

① 0.4～0.5%C 정도의 탄소강을 열처리하여 인성을 강화시킨 다음, 고주파 전류 또는 산소–아세틸렌 화염 등으로 필요한 부분의 표면만을 오스테나이트 상태가 될 때까지 재가열한 다음 담금질하는 화염 또는 고주파 담금질법

② 저탄소강에 필요한 부분에만 탄소를 침투시킨 다음 전체를 담금질하여, 탄소량이 높은 부분(표면)은 단단해지고 탄소량이 적은 내부는 경화되지 않고 인성을 갖게 하는 침탄법

③ 특수 강재로 만든 부품을 약 500°C의 암모니아 가스(NH_3) 중에서 장시간 가열하여 표면에만 경도가 높은 질화층을 만들어 경화시키는 질화법

등이 있다.

1) 철강재의 표면 경화

(1) 화염 담금질

0.4～0.5%C의 탄소강을 담금질한 다음 뜨임을 하면 강인하고 경도가 상당히 높은 재료를 얻을 수 있다. 이와 같은 탄소강을 사용하여 사전에 구조용강으로서의 목적에 알맞게 열처리를 한 다음 필요한 부분만을 산소－아세틸렌 화염 등으로 재가열하여 표면층만 담금질하여 경화시키는 방법을 화염 경화법 또는 화염 담금질(flame hardening)이라 한다. 중심부는 변태하지 않은 원래 조직 그대로의 이중 조직이 된다.

화염 경화의 깊이는 일반적으로 단면의 두께 및 용도에 따라 1.5～6 mm까지 가능하며, 기어의 잇면, 캠, 나사, 크랭크축, 선반 베드 등의 미끄럼면의 국부 경화에 이용된다.

화염 담금질에 이용되는 장치에는 여러 가지 종류가 있으나 일반적으로 그림 3－50과 같은 장치가 있다.

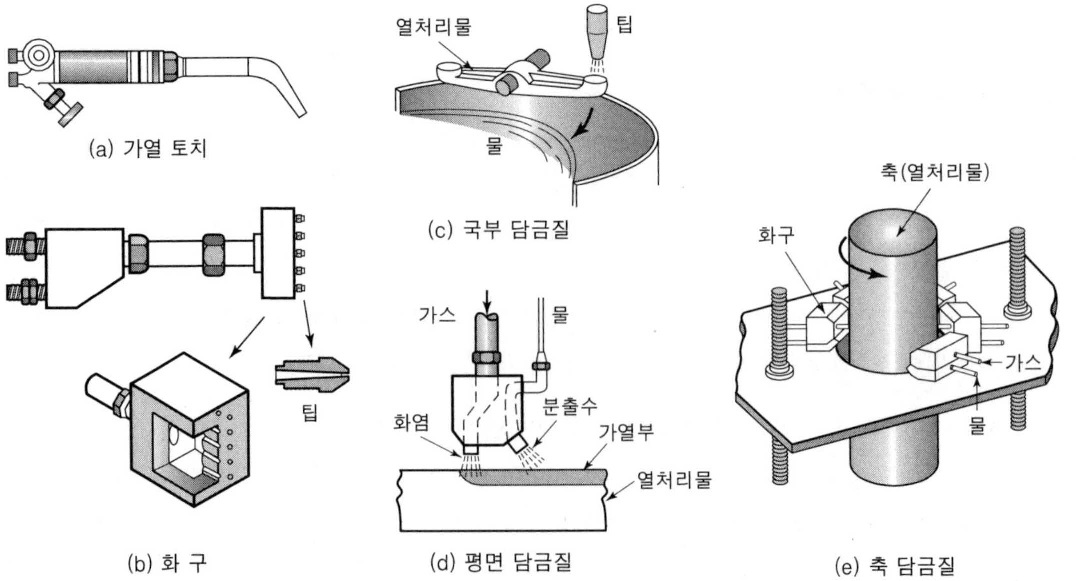

그림 3-50 화염 담금질 장치

(2) 고주파 담금질

고주파 담금질은 가열 시간이 수초라는 극히 짧은 시간에 이루어지므로, 보통 가열 때와 같이 표면의 산화, 탈탄 또는 결정 입자의 조대화 등이 일어나지 않는다. 그러나 고주파 담금질은 표면만 가열하므로 전체 변형은 적으나, 급열이나 급랭으로 인하여 재료가 비틀리거나 균열을 일으키는 경우가 있다.

내부 온도가 낮은 상태에서 가열된 표면을 급랭하므로 열처리 대상 물품의 크기에 따른 질량 효과 문제는 없다. 따라서 지름이 큰 경우에는 담금질성이 낮은 값이 싼 탄소강을 사용할 수 있다. 그림 3-51은 고주파 담금질용 유도자의 보기이다. 그림 3-52 (a)는 기어의 고주파 담금질을, 그림 3-52 (b)는 담금질한 기어의 기어 측면을 매크로 검사한 보기이다.

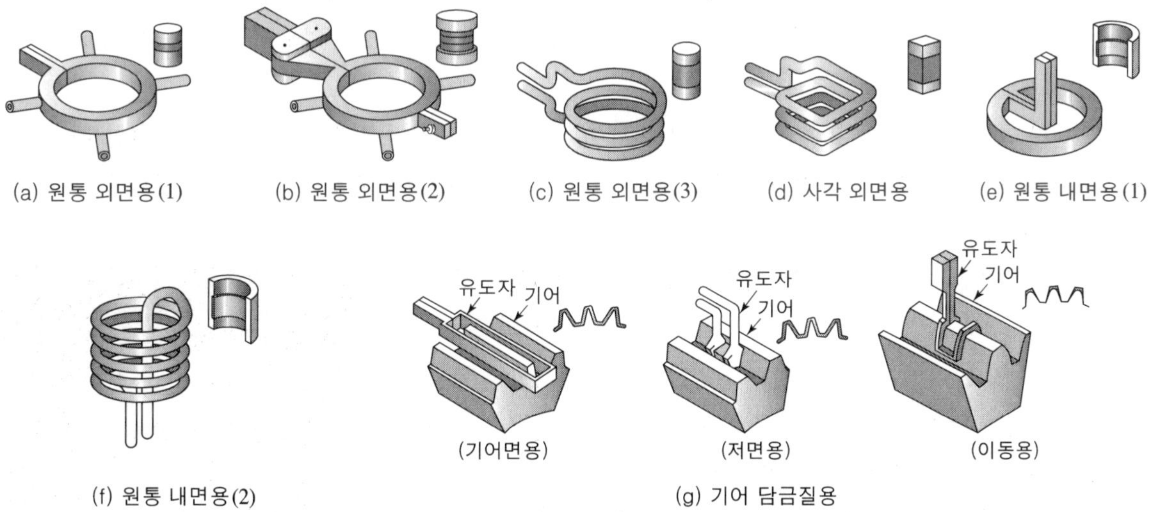

(a) 원통 외면용(1) (b) 원통 외면용(2) (c) 원통 외면용(3) (d) 사각 외면용 (e) 원통 내면용(1)

(기어면용) (저면용) (이동용)

(f) 원통 내면용(2) (g) 기어 담금질용

그림 3-51 고주파 담금질용 유도자의 종류

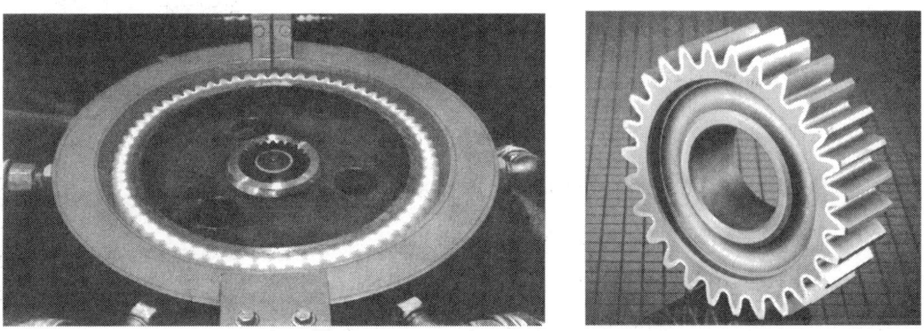

(a) 고주파 담금질 (b) 제 품

그림 3-52 기어의 고주파 담금질과 제품

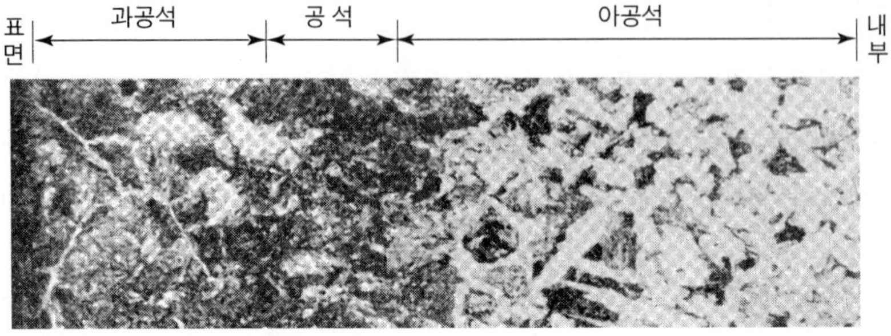

그림 3-53 침탄층의 현미경 조직(연강을 950°C에서 4 h 침탄)

(3) 강의 침탄 경화

강재의 표면만을 단단한 재질로 만들기 위한 표면 경화법이다. 0.2%C 이하의 저탄소강 또는 저탄소 합금강을 침탄제(浸炭劑) 속에 파묻고 오스테나이트 범위로 가열하여 그 표면에 탄소를 침입, 확산시켜 그 표면층만을 고탄소층으로 하는 열처리 조작 방법을 침탄(carburizing)이라 한다.

침탄 후 담금질하면 표면의 침탄층은 마텐자이트 조직으로 경화되고, 중심부는 강인한 저탄소강 성질이 그대로 남아 있어 이중 조직이 된다. 즉 표면은 내마멸성, 중심부는 강인성을 동시에 갖게 된다.

침탄법에는 침탄에 쓰이는 침탄제에 따라 고체 침탄, 가스 침탄 및 액체 침탄이 있다. 특히 액체 침탄에서는 질화도 동시에 어느 정도 이루어지므로 이것을 침탄 질화법이라고도 한다.

침탄층을 절단하여 현미경으로 보면 그림 3-53과 같이 그 표면에서부터 내부에 이르기까지 탄소 농도가 점차 감소되는데, 침탄되는 깊이는 사용하는 침탄제의 종류, 강재의 종류, 침탄 온도, 시간 등에 따라 결정된다.

(4) 강의 질화 경화

강재 표면에 질소(N)를 침투시켜 매우 단단한 질소 화합물(Fe_2N)의 층을 형성하는 표면 경화법을 질화(nitriding)라 한다. 이 방법은 질화알루미늄 또는 크로뮴 등을 함유한 질화용강을 가공 완료한 다음 암모니아 가스(NH_3) 중에서 약 500°C로 장시간 가열하여, 강의 표면에 단단하고 내식성이 높은 질화 화합물을 만들어 표면을 경화하는 방법이다. 그림 3-54는 질화처리제품의 보기이다.

그림 3-54 질화처리제품

2) 금속의 시멘테이션

강의 표면에 고온 확산법을 응용하여 원소를 침투시켜 합금 피막을 형성시키는 열처리를 시멘테이션(cementation)이라 한다. 여기서 침투시키는 원소가 금속인 것은 금속 시멘테이션(metallic cementation)이라 한다.

친화력이 강한 제품을 가열하여 그 표면에 금속을 피복시킴으로써 내열 · 내식성이 강한 합금 피복층을 얻는 방법이다. 예를 들면 철강제품의 표면에 Zn, Al, Cr 등을 피복 확산시키는 방법이 많이 사용되고 있다.

(1) 셰라다이징

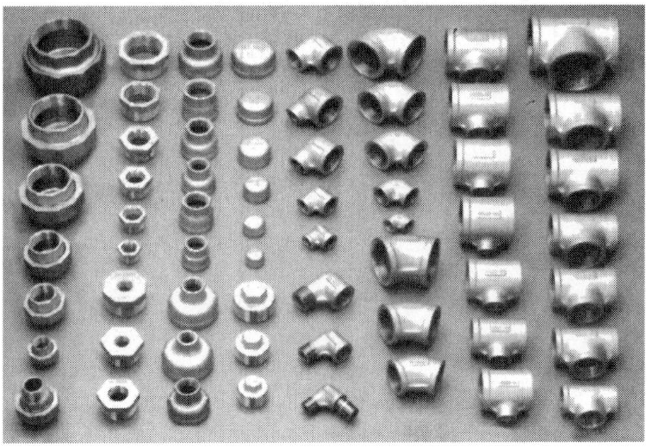

그림 3-55 셰라다이징한 파이프 이음쇠

철의 표면에 아연(Zn)을 침투 확산시키는 방법을 셰라다이징(亞鉛浸透法, sheradizing)이라 한다. 이 방법은 피복하려고 하는 철강제품의 표면을 먼저 깨끗하게 한 후 이것을 아연 분말(Zn와 ZnO 또는 Zn와 NH_4Cl)을 넣은 철제용기(鐵製容器) 내에 넣고 밀폐하여 가열한다. 가열 중에는 용기를 서서히 회전시키면 내부의 제품이 움직이면서 균일한 두께의 합금 피복층이 만들어진다. 아연 침투처리에 적합한 온도는 350～375°C 정도이며 이 온도에서 2～3시간 동안 처리하면 0.06 mm 정도의 침투층이 얻어진다. 셰라다이징에 의하여 침투처리한 것은 표면이 회색을 띠나 연마하면 본래의 아연 금속의 광택이 나타난다. 이 방법은 균일한 두께의 피막을 얻을 수 있어 볼트, 너트 등의 소형물의 내식성, 특히 담수에 대한 방청성(防清性)을 계량하는데 이용한다. 그림 3-55는 셰라다이징한 소형 파이프 이음쇠의 보기이다.

(2) 칼로라이징

알루미늄 및 알루미나(Al_2O_3) 분말에 소량의 염화암모늄(NH_4Cl)을 첨가 혼합한 침투제 속에서 강제품을 900～950°C로 2～3시간 가열하여 0.3～1 mm 두께의 내고온 산화성(耐高溫酸化性)이 우수한 Fe-Al 합금의 피복층을 철강제품의 표면에 형성시키는 방법으로 이를 칼로라이징(calorizing) 또 알루미늄 침투법(Al 浸透法, calorizing aluminizing)이라 한다.

Cu, 황동 등에 칼로라이징을 할 때에는 확산제 중의 알루미늄량을 감소시키고 처리 온도도

700～800℃로 낮춘다. Al_2O_3는 확산제 중의 알루미늄 농도를 조절하는 동시에 알루미늄 분말이 응집하는 것을 방지하기 위해서 첨가한다.

철강제품에 칼로라이징을 하면 우수한 내고온 산화성(耐高溫酸化性)을 가지며 고온에 노출되어 산화 소모하는 철강제품에 알루미늄의 침투 확산처리를 하면 현저한 효과가 있다. 일반적으로 칼로라이징처리를 한 것은 800℃ 정도까지의 가열에 대해서 우수한 내고온 산화성을 나타내며 그 이상의 고온인 경우에는 스테인리스강에 칼로라이징처리를 하여 사용한다.

(3) 크로마이징

강의 표면에 Cr을 확산시켜 경화층을 형성하는 처리법을 크로마이징(chromizing)이라 한다. 철강제품의 표면에 Cr을 침투시키는 방법으로는 확산제로서 금속 Cr 55%, Al_2O_3 45%의 분말의 혼합물을 사용하며 이 안에 철강제품을 묻거나 H_2와 같은 환원성 기체의 분위기 중에서 가열한다. 가열 온도가 높지 않으면 침투 속도가 늦어지므로 처리 온도는 1,300～1,400℃의 고온에서 3～4시간 정도 반응시켜야 한다.

저탄소강 표면에 Cr 침투처리를 하면 표면의 Cr 농도는 30% 이상에 도달하여 내식성이 많이 개선된다. 소재로는 0.2% 이하의 연강이 사용되며, 표면층은 고Cr의 조성으로 스테인리스강과 유사한 성질을 갖게 된다. 즉 대기 중 또는 수증기 속에서 내식성이 우수하며, 묽은 질산에 대해서도 우수한 내식성을 나타낸다.

3) 그 밖의 표면 경화

(1) 전해 질화법

전기 분해에 있어서 음극 효과(陰極效果)에 의해 발열하는 전기 화학적 현상을 응용하여 강재의 표면을 가열하여 담금질하는 방법을 전해 질화법(electrolyte hardening)이라 한다.

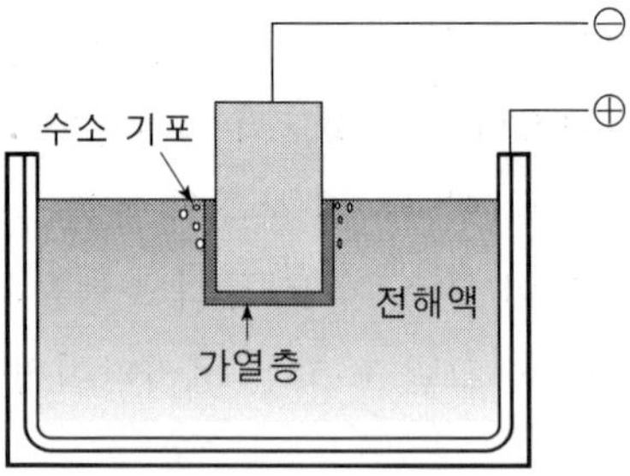

그림 3-56 전해 질화법

그림 3-56과 같이 담금질할 강재를 음극(−)으로 하여 전해액에 담그고 통전하면 음극 표면은 H_2와 수증기로 덮여 음극면과 액 사이의 가스층을 통하여 불안전한 아크 방전이 일어나는데, 이때 전류－전압이 불안정하게 되나 잠시 후는 아크가 안정하게 되어 음극이 적열된다. 음극이 담금질 온도가 될 때 전류를 끊으면 전해액이 냉각제가 되어 그대로 담금질처리가 된다. 가열 시간은 수초에 불과하다. 전해액으로는 5～10%의 $NaCO_3$ 수용액을 사용하며 200 V의 고압 직류(高壓直流)로 전해하며, 일반적으로 소형 부품을 자동화로 부분 담금질을 할 때 응용된다.

(2) 금속 용사법

용사기(溶射器, spray gun)를 사용하여 선상(線狀), 분말상(粉末狀)의 금속을 용융과 동시에 고압 가스나 공기로 분무 상태로 만들어 목적하는 소재의 표면에 분사(噴射)하여 피복층을 형성하는 방법이다. 이 방법을 열원으로부터 분류하면 가스식과 전기식이 있으며, 용사 재료의 형상에 따라 분류하면 선형(線形), 분말형(粉末形), 용탕형(熔湯形)이 있다. 이 밖에 가스 용선식 용사법(gas 熔線式熔射法, metallizing), 분말 용사법(粉末熔射法, metal powder spraying), 플라즈마화염 용사법(plasma 火炎熔射法, plasma flame spraying) 그리고 전기 용선식 용사법(電氣鎔銑式熔射法, electro spraying) 등이 있다. 금속 용사법은 거의 모든 소재를 대상으로 경화층의 형성이 가능하다. 용사 피막은 표면이 비교적 거칠고 기공률이 커서 윤활유의 침투가 용이하며, 산화물이 일부 혼입되어 내마멸성도 증가한다. 그러나 내식성은 그 밖의 표면처리법에 비하여 낮은 편이다. 용사 피막은 주로 내마멸성, 내열성, 단열성, 전기절연성 또는 광학적 성질의 개선을 목적으로 하며, 터빈 브레이드, 각종 기어, 베어링, 엔진 라이닝 및 우주 항공 재료 등에 널리 이용되고 있다.

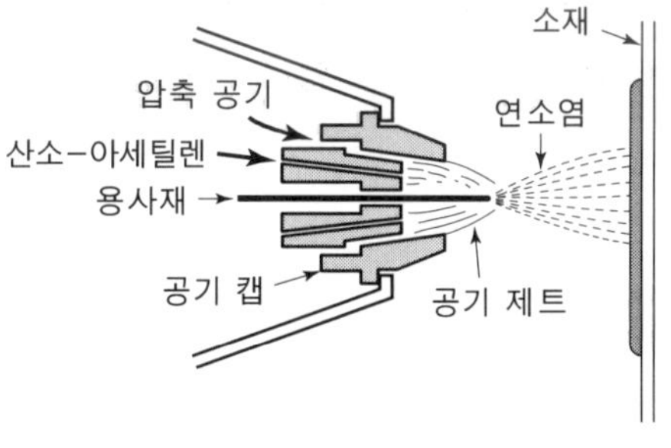

(a) 용선식

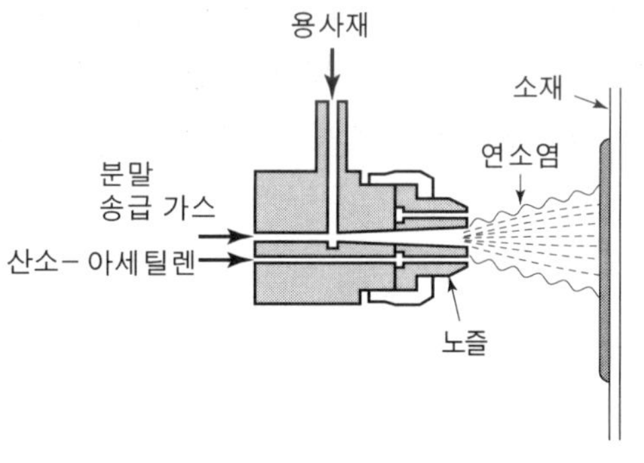

(b) 분말식

(c) 적용 사례(wire guide pulley)

그림 3-57 가스 용사기의 구조와 용사 원리

그림 3-57은 가스 용사법으로 (a)는 용선식, (b)는 분사식의 단면 구조와 용사의 원리를 그리고 (c)는 와이어 가이드 풀리(wire guide pulley)에 대한 적용 사례를 보여주고 있다.

(3) 쇼트 피닝과 마이크로 블라스팅

1 쇼트 피닝

금속 재료의 표면에 ϕ 0.5～1.0 mm의 작은 강철 입자를 고속으로 분사시켜 표면을 가공 경화하여 제품의 표면 경도를 높이는 처리 방법을 쇼트 피닝(shot peening)이라 한다. 쇼트 피닝 처리를 하면 인장과 압축강도에는 거의 영향이 없으나 휨과 비틀림의 반복 응력에 대한 재료의 피로 한도가 현저하게 증가한다.

2 마이크로 블라스팅

샌드 블라스팅(sand blasting) 및 쇼트 피닝(shot peening)과 유사한 가공법으로, 모래나 강철 입자 대신에 특수 제조된 미세 분말(media 또는 agent)을 고압의 공기로 가공물의 표면에 분사하여 1차 가공면의 백층(白層, white layer)과 연삭가공 흔적 등을 제거한 다음, 쇼트 피닝처리로 남아 있는 미세 균열(micro crack) 또는 미세 구멍(microparosity)을 닫아줌과 동시에 매끈한 표면으로 미세가공하는 정밀가공으로, 마이크로 블라스팅(micro-blasting)이라 한다. 이 가공법은 금형이나 정밀 기계 부품의 이형성 개선과 공구 수명을 연장하는 효과가 있다.

연습문제

3.1 용접과 용단

1. 주요 금속의 용접성과 특징을 설명하시오.
2. 용접 이음의 기본 형식을 설명하시오.
3. 가스 용접에 사용되는 용제의 종류와 기능에 대해 설명하시오.
4. 탄소 아크 용접과 금속 아크 용접을 비교 설명하시오.
5. TIG 용접과 MIG 용접의 원리와 특징을 비교 설명하시오.
6. 스터드 용접의 특징과 용도를 설명하시오.
7. 납접의 종류를 들고 특징과 용도를 설명하시오.
8. 다음의 용접 결함에 대해 설명하시오.
   ① 피트 ② 인클루젼 ③ 은점 ④ 언더컷
9. 용접 비드의 표면 결함의 종류와 특징에 대하여 설명하시오.
10. 가스 절단과 아크 절단의 장단점을 비교 설명하시오.

3.2 열처리와 표면처리

11. 일반 열처리의 종류와 목적을 설명하시오.
12. 담금질 조직에 대해 설명하시오.
13. 다음 열처리 용어를 설명하시오.
    ① 심랭처리 ② 마템퍼링 ③ 마텐자이트 ④ 소르바이트
14. 일반 담금법을 설명하시오.
15. 특수 열처리에 대해 설명하시오.
16. 철강재의 표면 경화법을 설명하시오.
17. 고체 침탄과 가스 침탄을 비교 설명하시오.

연구과제

1. 가스 용접에서 용제를 사용하지 않는 금속과 이유를 설명하시오.
2. 스폿 용접기의 종류와 특징에 대하여 설명하시오.
3. 자동차 차체 자동 조립에 사용되는 용접기의 종류를 설명하시오.
4. CO_2 아크 용접기의 구성과 특징에 대해 설명하시오.

5. 경납법의 종류와 용도를 설명하시오.
6. 용접 결함의 종류를 요약 설명하시오.
7. 탄소강의 담금질 온도 범위를 도식하여 설명하시오.
8. 냉각제와 냉각능에 대해 설명하시오.
9. 화염 담금질과 고주파 담금질을 비교 설명하시오.
10. 강의 침탄 경화법과 질화 경화법을 비교하고 특징을 설명하시오.
11. 금속 용사법의 특징과 용도에 대해 조사하시오.

4장

절삭가공

4.1 기계 절삭가공의 개요
4.2 절삭가공용 공작기계
4.3 공작측정과 수기가공

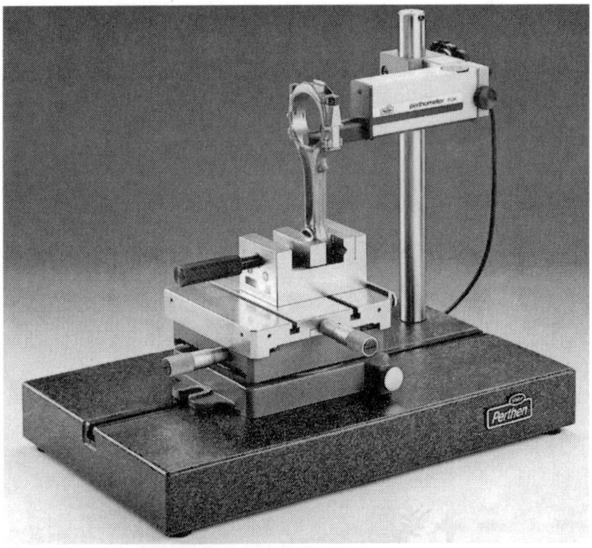

4장

절삭가공

4.1 기계 절삭가공의 개요

전자 기술의 도입에 따라 기계가공의 기계화와 자동화가 한층 확대되고 있어, 날이 갈수록 기계에 의한 산업 발전이 더해 가고 있다.

일반적으로 환봉, 각재, 판재 등의 소재 또는 주조, 단조 등으로 1차 가공된 공작물을 공작기계(工作機械, machine tool)를 사용하여 요구하는 모양과 치수로 가공하는 일을 기계가공(機械加工, machining)이라 한다. 공작기계는 바이트, 커터, 다이 등 여러 가지 공구를 사용하여 공작물을 가공하는 기계이며, 공작기계에 의해 가공된 여러 개의 공작물이 모여 각종 기계가 조립 생산된다. 특히 여러 가지 공구 중에서 바이트, 커터, 드릴, 리머 등의 날물을 사용하여 소재를 절삭하는 기계가공을 절삭가공(cutting)이라 한다. 이때 대상이 되는 소재(素材)를 공작물(工作物), 가공물(加工物, work) 또는 일감이라 하며 공작물은 요구하는 모양, 치수 및 표면 거칠기 등이 만족할 수 있도록 가공되어야 한다.

절삭가공은 바이트 또는 밀링 커터와 같은 절삭공구로 소재를 가공하는 경우와 숫돌바퀴로 가공하는 경우와 숫돌 입자를 사용하여 가공하는 경우가 있다. 이와 같은 모든 가공을 넓은 의미에서 절삭가공에 포함시키고 있다.

그러나 좁은 의미에서는 절삭공구에 의하여 비교적 큰 쇳밥을 내며 가공하는 것을 절삭가공, 숫돌에 의한 가공을 연삭가공, 그리고 숫돌 입자에 의한 가공을 숫돌 입자가공으로 구별하는 경우도 있다. 연삭가공과 숫돌 입자가공 방법을 정밀가공(精密加工)이라고 부르기도 한다.

1. 절삭기구와 공작기계의 구성

1) 절삭기구와 공작기계의 분류

(1) 절삭기구와 절삭 운동

1 절삭기구

공작물인 소재를 날물로 절삭하는 일을 절삭(切削, cutting)이라 하고, 사용하는 날물을 절삭공구(切削工具, cutting tool) 또는 공구(工具)라 한다. 이때 날물에 의해 절삭되어 나오는 절편(切片) 또는 절분(切粉)을 칩(chip)이라 한다. 절삭공구에는 날끝이 하나인 단인공구(單刃工具, single point tool)인 바이트(tool bit)와 원통형 공구로서 단면에 날이 있는 드릴(drill), 그리고 날이 많은 다인공구(多刃工具, multipoint tool)인 밀링 커터가 있다.

절삭가공에서는 여러 가지 가공 수단이 이용되는데, 공작물이 절삭되어 칩이 되어 나오는 상황은 매우 복잡하다. 즉 그림 4-1과 같이 바이트의 끝이 공작물에 파고 들어 화살 방향으로 움직이면 바이트 앞쪽에 있는 공작물의 일부가 눌려 큰 힘을 받아 소성변형을 일으킨다. 바이트 날끝 부근에 위치한 공작물의 일부는 뜯기고 바이트 앞쪽의 소성변형을 받은 부분은 칩이 되어 밀려 나온다.

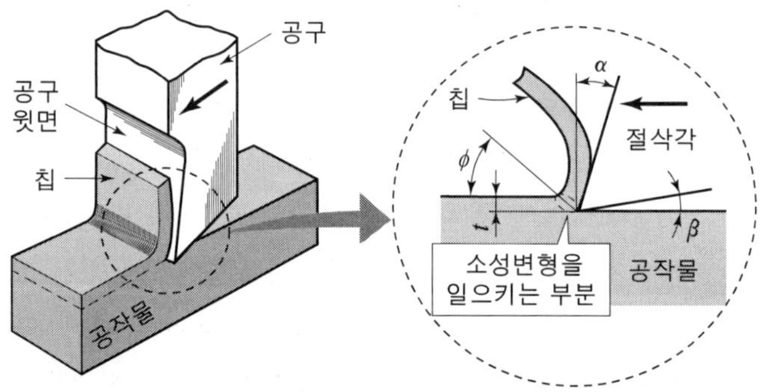

그림 4-1 절삭기구

2 절삭 운동

기계가공에서 절삭가공을 계속하기 위해서는 절삭공구의 날끝과 공작물의 절삭 부분과의 직접 접촉으로 절삭분(chip)을 내기 위한 절삭 운동(切削運動)이 필요하다. 절삭 운동은 그림 4-2와 같이 주절삭 운동(主切削運動), 이송 운동(移送運動), 위치 조정 운동(位置調整運動)의 세 가지 운동으로 이루어진다.

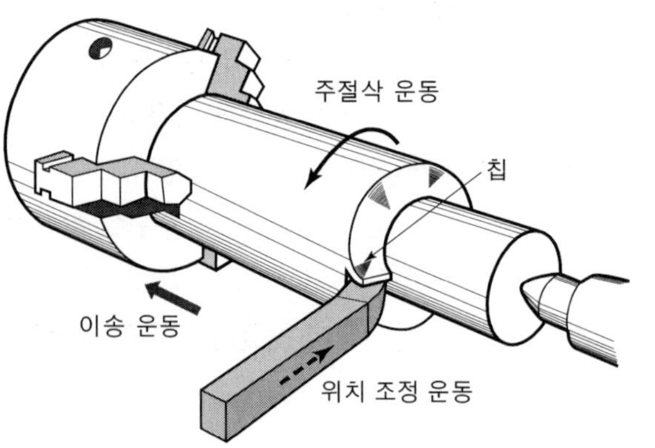

그림 4-2 절삭의 3운동

절삭가공은 공구와 공작물과의 상대 운동인 절삭의 3운동에 따라 여러 방식이 있는데, 그림 4-3은 공작기계에 사용한 경우로 평삭, 보링, 드릴링, 밀링의 절삭 운동의 보기를 나타낸 것이다.

(2) 공작기계의 분류

1 생산 양식에 따른 분류

● 범용 공작기계

범용 공작기계(汎用工作機械, general purpose machine tool)는 넓은 범위의 가공이 가능하며, 절삭 속도와 이송 속도를 광범위하게 변화시킬 수 있어 많이 사용되고 있는 공작기계이며, 드릴링 머신, 선반, 밀링 머신, 셰이퍼, 플레이너, 슬로터 등이 있다.

● 단능 공작기계

범용 공작기계를 단능화한 것으로, 한 종류의 가공품 제작에 적합한 공작기계를 단능 공작기계(單能工作機械, single purpose machine tool)라 한다. 단능 공작기계는 한 가지 공정의 가공만을 할 수 있는 구조로, 같은 종류를 대량 생산하는 데 적합하지만 모양과 치수가 다른 공작물의 가공에는 융통성이 없다.

● 만능 공작기계

범용 공작기계의 구조에 부속 장치를 설치하여 선반, 드릴링 머신, 밀링 머신 등이 갖고 있는

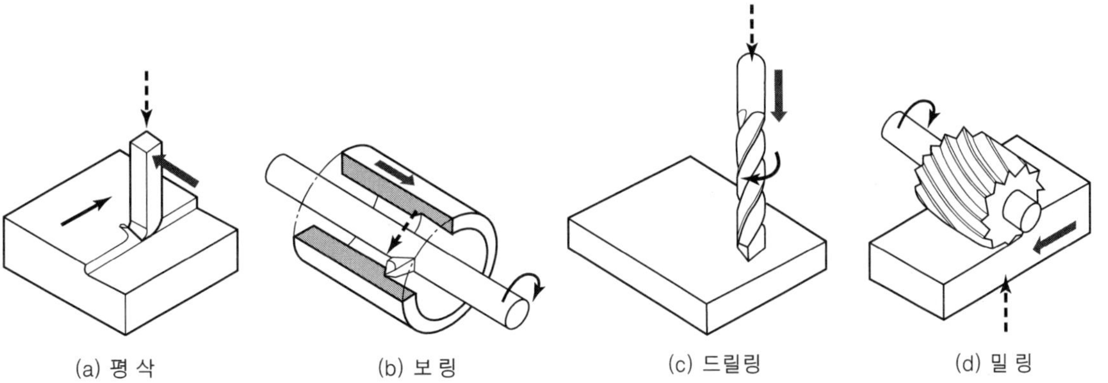

(a) 평 삭 (b) 보 링 (c) 드릴링 (d) 밀 링

공작기계	주절삭 운동 ⟶	이송 운동 ➡	위치 조정 운동 - - ->
(a) 평 삭	공작물(직선)	공 구	공 구
(b) 보 링	공구(회전)	공작물(공구)	공작물(공구)
(c) 드릴링	공구(회전)	공 구	공 구
(d) 밀 링	공구(회전)	공작물	공작물

그림 4-3 각종 공작기계의 절삭 운동

본래의 목적 이외의 한 대의 기계로 각종 가공을 할 수 있도록 제작한 다기능 공작기계를 만능 공작기계(萬能工作機械, universal machine tool)라 한다. 이 밖에도 한 대의 공작기계에서 2종 또는 3종의 용도로 사용되는 특수한 공작기계도 만능 공작기계에 포함하고 있다.

● 전용 공작기계

같은 종류의 제품을 대량 생산하는데, 알맞게 구조와 조작을 간소화한 공작기계를 전용 공작기계(專用工作機械, special purpose machine tool)라 한다. 전용 공작기계는 단종 전용 공작기계(單種專用工作機械)와 다종 전용 공작기계(多種專用工作機械)가 있다.

② 가공 방법에 따른 분류

공작기계를 가공 방법에 따라 분류하면 크게 절삭가공과 비절삭가공으로 분류하고 있다. 여기서는 절삭가공만 다루기로 하겠다.

● 절삭가공 공작기계

절삭공구에 의하여 쇳밥이 나오면서 가공하는 기계로서 선반, 밀링 머신, 셰이퍼, 플레이너 등이 이에 속한다.

● 연삭가공 공작기계

주로 정밀 공작에 사용하는 연삭기, 호닝 머신, 슈퍼 피니싱 머신, 래핑 머신 등과 같이 숫돌 입자(abrasive grain)를 공구로 사용하여 공작물을 가공하는 공작기계를 말한다.

● 특수 공작기계

전기 또는 작은 강구 등을 사용하여 공작물을 가공하는 공작기계를 말하며, 전해 연마기, 방전가공기, 초음파가공기, 쇼트 피닝 머신(shot peening machine), 레이저가공기 등이 있다.

2) 공작기계의 구성

(1) 공작기계의 기본 구성

① 프레임의 구조

공작기계 전체를 구성하는 데 기초가 되는 골격을 공작기계의 프레임(frame)이라 하며, 이를 구조체(構造體), 본체(本體), 기체(機體) 또는 몸체라고 한다. 또한 공작기계에 따라 베드(bed), 칼럼(column), 테이블(table) 등으로 불리고 있다. 프레임에는 여러 가지 운동과 기능을 하는 장치와 부품을 조립하여 공작기계를 구성한다. 공작기계는 일반기계와 달리 구성 재료가 필요한 강도를 갖고 있을 뿐 아니라 가공 중에 생기는 여러 가지 상태의 정적 및 동적 변형에 견딜

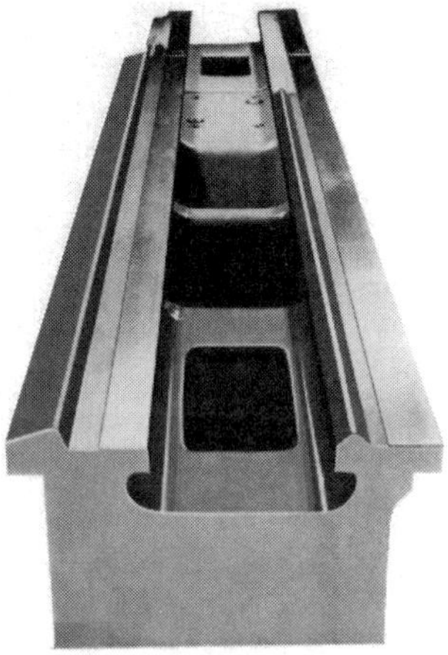

(a) 선반 베드

(b) 밀링 머신 프레임

그림 4-4 공작기계의 여러 가지 구조체(본체)

수 있는 충분한 강성(剛性), 강도(强度) 및 방진성(防振性)이 있어야 한다.

특히 가공 정밀도는 절삭가공 중에 생기는 진동의 크기에 좌우되며 이는 프레임의 구조와 형태에 크게 좌우된다. 그림 4-4는 공작기계 프레임의 여러 가지 구조 중에서 대표적인 선반 베드와 밀링 머신 프레임의 보기이다.

2 테이블과 칼럼

● 테이블과 미끄럼대

공작기계의 주운동 부분인 테이블과 미끄럼대는 공작기계의 안내면 상에서 움직인다. 테이블은 밀링 머신, 플레이너, 보링 머신 등에서 공작물을 위치시켜서 고정한다. 기계에 따라서는 테이블에 자동 이송 장치를 장착하여 1방향 내지 3방향으로 이송시키는 것도 있다.

● 칼 럼

칼럼은 수직 지지대로 문형(門型) 프레임에서 주축대를 안내한다. 대형 공작기계의 칼럼에는 리브(rib)를 붙여서 튼튼한 구조로 하며, 대형 주축대에는 동력을 감소시키기 위하여 평형추(平衡錐)를 달아준다.

3 안내면

공작기계에서 미끄럼 운동을 하는 부분에는 기하학적으로 정확한 운동을 부여하기 위해 안내면(案內面, guide)을 설치한다. 안내면은 ① 가공이 용이하고, ② 미끄럼 운동 부분을 움직이는 힘과 저항력의 작용선이 다른 곳에서 생기는 회전 모멘트의 영향을 되도록 덜 받게 한다.

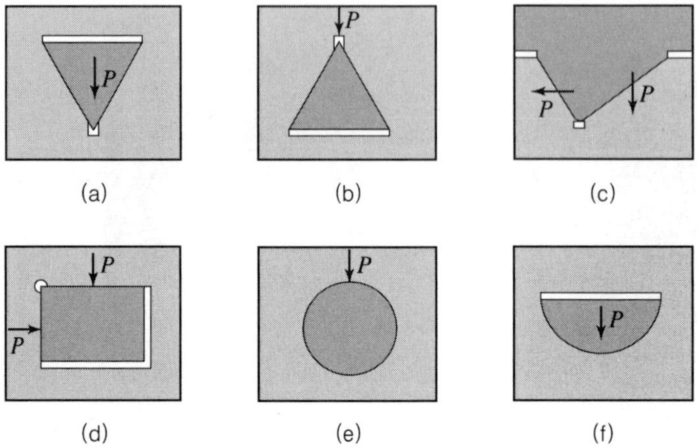

그림 4-5 직선 운동 안내면의 형식

③ 정확한 운동을 부여하기 위하여 미끄럼면 상호 간의 틈새를 필요 이상 커지지 않게 가공하고, 조정이 가능하도록 구상한다. 안내면에는 이 밖에도 압력 매개물과 구동 방식에 따라 유압식(油壓式), 정압식(靜壓式), 롤링 안내 방식이 있다. 또한 구조에 따라 원형, 평면형, 각주형 등의 기본형이 있으며, 운동 방식에 따라 직선 운동과 회전 운동을 하는 것이 있다.

직선 운동 안내면의 단면 모양은 그림 4-5 (a) 및 (b)와 같이 이등변 삼각형이나 그림 4-5 (c)와 같은 부등변 삼각형(不等邊三角形)도 있는데, 이것을 특히 더브테일(dovetail)이라 한다. 이들 중에서 그림 4-5 (b)는 역 V형 안내면(逆V形 案內面, inverted V shaped guide surface)이라 부르며 많이 이용되고 있는 형식이다. 또한 그림 4-5 (d)는 안내면의 두 면이 직각을 이루고 있어, 이를 각형 안내면(角形案內面)이라 한다.

4 주 축

주축(主軸, spindle)은 공작물 또는 공구를 고정하여 회전하면서 공작기계의 절삭력을 전달하는 부분이며, 자중(自重), 절삭 저항(切削抵抗), 구동력(驅動力) 등의 영향을 받는다. 공작물의 가공 정밀도 및 표면 거칠기의 정도를 높이기 위해서는 주축의 강성, 베어링의 지지 및 안내 장치가 매우 중요한 조건이 되므로, 주축의 설계, 재질, 베어링의 위치와 구조, 주축과 베어링의 끼워맞춤, 진동 등에 유의하여야 한다. 주축의 앞 끝 부분에는 보통 선반의 주축과 같이 척을 붙이는 나사나 센터를 끼워 넣는 테이퍼 구멍, 공구나 커터 아버(cutter arbor)를 넣어서 축심을 맞추거나 위치를 결정하기 위한 원추부, 원통부 또는 면판이나 척을 고정할 수 있는 플랜지가 부설되어 있는 것 등 여러 가지 형식이 있다.

5 주축 베어링

주축 베어링은 주축의 자중에 의한 처짐, 비틀림, 모멘트, 절삭작용에 의하여 일어나는 축 방향과 반지름 방향으로 작용하는 분력, 기어의 구동과 변형 등에 의한 진동을 받는다.

공작기계의 주축용 베어링에는 미끄럼 베어링(sliding bearing)과 구름 베어링(rolling bearing)이 사용된다.

● 미끄럼 베어링

주축용으로 사용하는 미끄럼 베어링에는 부시 또는 주축에 테이퍼 부분을 만들어, 베어링의 마멸에 대해 조정할 수 있게 하는 방법이 많이 있다. 그림 4-6 (a)는 부시의 외측에 테이퍼가 있는 베어링이고, 그림 4-6 (b)는 주축의 외측이 테이퍼로 되어 있어 부시의 마멸에 대해 조정이 가능하도록 한 베어링의 구조이다.

● 구름 베어링

주축에 사용하는 구름 베어링에는 볼 베어링(ball bearing), 롤러 베어링(roller bearing), 니들 롤러 베어링(needle roller bearing), 테이퍼 롤러 베어링(taper roller bearing), 드러스트 베어링(thrust bearing) 등이 있다. 축직각 방향(軸直角方向)의 힘을 받는 주축용으로는 볼 베어링과 롤러 베어링 및 니들 롤러 베어링을 병용하여 사용한다. 또 축 방향 및 축직각 방향에서 동시에 힘을 받는 경우에도 테이퍼 롤러 베어링(taper roller bearing) 또는 앵귤러 볼 베어링(angular contact ball bearing)을 사용한다. 축 방향만의 힘을 받는 경우에는 드러스트 베어링을 채택한다.

● 주축용 정압 베어링

그림 4-7은 고속 회전용 고정밀도의 정압 플레인 베어링의 보기로서, 이를 유체 베어링(fluid bearing)이라고도 한다. 연삭가공에서와 같이 고속 회전에서 높은 정밀도가 요구될 경우에는 롤러 베어링보다는 플레인 베어링이 사용되고 있다. 이것은 일정한 압력을 가진 윤활유를 축과 베어링 사이에 공급 순환시켜, 이때 숫돌 위치의 변위(變位)에 따라 베어링의 한쪽으로 치

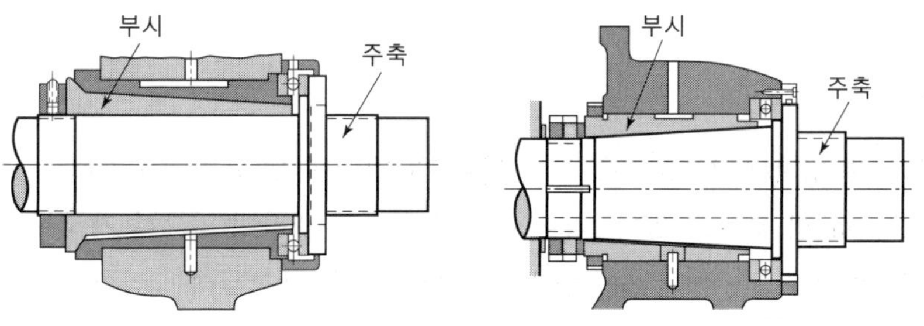

(a) 부시의 외측이 테이퍼로 된 것　(b) 주축의 저널이 테이퍼로 된 것

그림 4-6 미끄럼 베어링의 형식

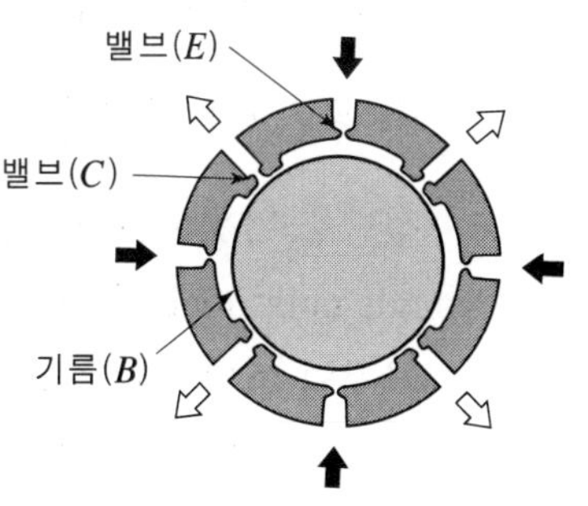

그림 4-7 정압 베어링의 원리

우치면 기름통에 압력차가 나타나며, 이 합력(合力)은 작용력(作用力)에 대하여 곧바로 반응하도록 되어 있으므로, 숫돌바퀴가 회전할 때와 하지 않을 때를 가리지 않고, 압유(壓油)의 압력차가 균형이 잡힐 때까지 축을 바로 잡아 주도록 설계되어 있어 정밀 연삭기 주축 등에 주로 쓰인다.

(2) 공작기계의 운전 방식

1 단독 운전 방식

각 공작기계마다 전속 전동기를 갖고 있는 형식이며 플랜지 조립형 전동기 또는 보통 전동기를 공작기계와 직결하여 운전하는 방식을 단독 운전 방식(單獨運轉方式) 또는 직결 단독 운전(直結單獨運轉)이라 한다.

전동기는 공작기계의 내부에 설치하는 경우가 많으며, 특수한 경우에는 전동기의 회전자(回轉子)를 공작기계의 주축과 직접 연결한 것도 있다. 전동기와 공작기계를 벨트, V벨트, 기어, 체인 등을 매개체로 사용하여 운전하는 경우에는 이를 간접 단독 운전(間接單獨運轉)이라 한다.

2 집합 운전 방식

여러 대의 공작기계에 1개의 전동기를 배치하는 방식으로, 전동기로부터 동력 전달 축을 운전하고, 이어서 동력 전달 축으로부터 여러 대의 공작기계를 운전하는 방식이다. 이 방식은 공작기계에 전달되는 동력 전달 축이 주축이냐, 중간축이냐에 따라 다른데, 공장 주축(工場主軸)으로부터 직접 공작기계를 운전하는 경우에는 이를 직접 집합 운전(直接集合運轉), 중간에 중간축을 사용하는 경우에는 이를 간접 집합 운전(間接集合運轉)이라 한다. 또한 1개의 전동기로 2개군 이상의 집합 운전을 할 경우에는 이를 복잡 집합 운전(複雜集合運轉)이라 하여 구별하는 경우도 있다.

2. 절삭 이론

1) 절삭 이론의 기초

(1) 공구 각부의 명칭과 구성

선반을 비롯하여 평삭, 형삭, 볼링 등에서 절삭을 하는 날이 한 개인 단인공구(單刃工具, single point tool)를 바이트(tool bit)라 부르고 있다. 바이트는 여러 가지 형상이 있으나 가장 기본적인 단인공구인 경우에도 절삭에 관여하는 공구면과 이것들이 서로 교차하여 나타나는 여러 가지 절삭날을 생각할 수 있다. 이들 날의 상대 위치에 따라 칩의 크기, 모양 및 생성과 절삭 저항에 영향을 끼치게 된다. 절삭날(cutting edge)에는 그림 4-8 (a)와 같이 주절삭날인 옆날(측면 절삭날)과 보조 절삭날인 앞날(전면 절삭날)이 있고, 절삭날면에는 공구의 위 경사면(상면, top face)과 측면(flank) 및 전면으로 각을 이루고 있다. 옆면 절삭날과 앞면 절삭날이 만나는 점은 일반적으로 곡선이 되는데 이를 노즈(nose)라고 하며, 이들이 바이트의 절삭에 관여하는 주요 부분이다. 바이트의 절삭에 관여하는 부분의 각도에 따라 절삭 현상도 여러 가지로 영향을 받으나, 이들 각도는 바이트만을 생각할 때의 공구각(工具角, tool angle)과 바이트와 공작물 간의 관계를 생각할 때의 작용각(working angle)으로 나누어 다루고 있다.

1 공구 각부의 명칭

● **옆날(橫切刃, side cutting edge)**

주로 절삭을 행하는 날의 부분으로 이송할 때 공작물에 쐐기작용을 하면서 절삭하는 날로 보통 직선으로 되어 있다.

● **앞날(前切刃, end cutting edge)**

가공면에 가까운 쪽의 날이며 옆날에 이어진다.

● **위 경사면(上傾斜面, rake top face)**

칩이 접촉되며 깎여 나가는 면

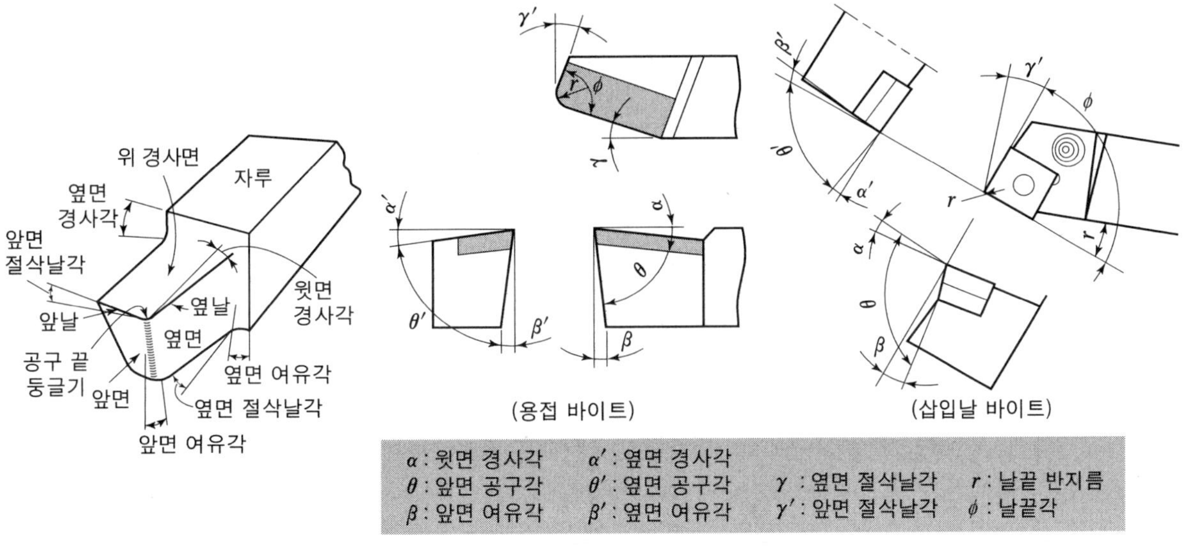

(a) 명 칭 (b) 기본 각도

그림 4-8 바이트 각부의 명칭과 기본각

● **여유면(餘裕面, flank, relief surface)**

절삭된 공작물의 가공면에 대항하는 날의 측면이며, 보통 측면(side flank)과 전면(end flank, end relief surface)으로 구별한다.

2 공구각(tool angle)

● **윗면 경사각(上面傾斜角, back rake angle)**

그림 4-8 (b)에서 섕크(바이트 자루)의 중심선에 평행하고 바이트의 저면에 직각인 단면에서 측정한 경사각(α), 여기서 옆날 끝이 뒤쪽면보다 높을 때를 (+), 그 반대일 때를 (−)의 경사각이라 한다. (−)경사각은 피절삭재에 대하여 절삭날 끝에 큰 절삭 저항을 발생시키는데, 단속 절삭에 유리하므로 초경 합금공구에 쓰이고 있다.

● **옆면 경사각(側面傾斜角, side rake angle)**

그림 4-8 (b)에서 측정한 경사각(α')

● **앞면 여유각(前面餘裕角, end relief angle)**

그림 4-8 (b)에서 앞날에 직각이고 저면에 직각인 단면에서 측정한 1차 여유면의 여유각(β), 이를 제1전 여유각(第一前餘裕角)이라고도 한다.

● **옆면 여유각(側面旅遊角, side relief angle)**

그림 4-8 (b)에서 옆날에 직각이고 저면에 직각인 단면 내에서 측정한 1차 여유면의 여유각(β'), 이를 제1횡 여유각(第一橫餘裕角)이라고도 한다.

● **옆면 절삭날각(side cutting edge angle)**

그림 4-8 (b)에서 옆날과 바이트의 중심선과 이루는 각(γ)

● **앞면 절삭날각(end cutting edge angle)**

그림 4-8 (b)에서 앞날과 바이트의 중심선에 직각인 평면과 이루는 각(γ')

● **날끝각(nose angle)**

그림 4-8 (b)에서 주절삭날인 옆날과 부절삭날인 앞날의 맞닿는 공구끝으로, 보통 반지름 r로 연결되어 노스부의 반지름 값을 노스 반지름이라 한다.

실제 절삭작업을 할 때에는 공작물에 대한 바이트의 고정 위치에 따라 공구각이 변한다.

(2) 칩의 형성과 저항

1 칩의 형성 기구

절삭가공에서 칩의 생성 상태는 공구의 모양, 공작물의 재질, 절삭 속도, 절입, 이송, 절삭유제 등에 따라 달라진다. 칩의 형성은 재료의 피삭성(被削性, machinability)과 밀접한 관계가 있는데, 절삭으로 얻게 되는 가공면의 품질은 절삭에서 발생되는 칩이 형성되는 양식에 따라 영향을 받는다.

● 유동형 칩

절삭가공을 진행함에 따라 공작물은 표 4-1 (a)와 같이 날끝에서 공구 윗면을 미세한 간격으로 계속 미끄럼 변형을 일으킨다. 이때 흘러나가는 모양의 칩을 유동형 칩(流動形 칩, flow type chip)이라 한다.

● 전단형 칩

표 4-1 (b)와 같이 열단형과 유동형의 중간 상태라고 볼 수 있는 과도적인 유형이다. 공구의 진행에 따라 공작물이 압축되면서 변형하며, 어느 정도까지 이르면 날끝부터 어떤 면에 연이어 전단을 일으키는 칩을 전단형 칩(前斷形 칩, shear type chip)이라 한다.

● 열단형 칩

바이트의 진행에 따라 날 전방의 공작물이 강하게 압축되어 그림 표 4-1 (c)와 같이 날끝부터 전방에 균열이 생기고, 연이어 전단이 일어나서 분리되는 칩을 열단형 칩(熱斷形 칩, tear type chip)이라 한다.

● 균열형 칩

주철이나 플라스틱과 같은 메진 재료를 저속으로 절삭할 때 그림 표 4-1 (d)와 같이 bc 방향으로 순간적으로 균열이 발생하여 모재로부터 분리된다. 여린 재료에서는 이 균열이 날끝부터 공작물 표면까지 순간적으로 발생하므로, 이를 균열형 칩(龜裂形 칩, crack type chip)이라고 하여 열단형과 구별한다.

● 빌트업 에지

연강이나 알루미늄과 같이 연성이 큰 재료를 절삭할 때, 미분의 칩이 절삭열에 의해 변질하여, 날끝에 부착하는 경우가 생긴다. 이러한 현상이 진전되면 가공 경화에 의해 날끝의 일부를 구성하여, 절삭날의 작용을 하게 된다. 이를 빌트업 에지(built-up edge) 또는 구성인선(構成刃先)이라 한다. 그림 4-9는 공구날 끝에 빌트업 에지가 나타나는 형성 모형으로, 이것은 절삭

표 4-1 칩의 형성

형 식	칩의 형성 과정	
	사 진	모형도
(a) 유동형		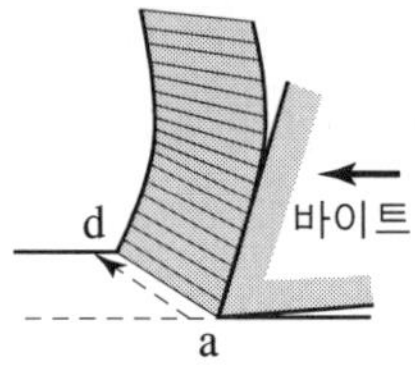
(b) 전단형	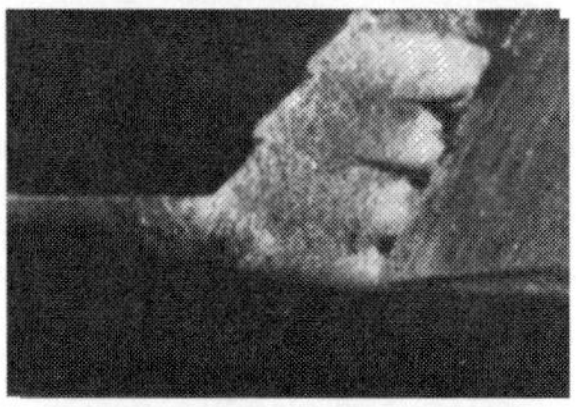	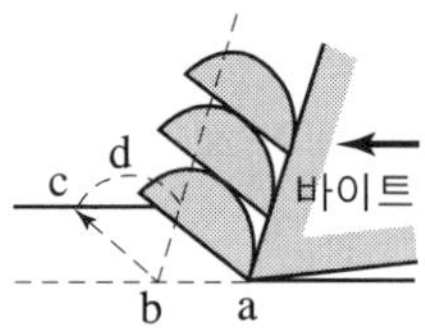
(c) 열단형	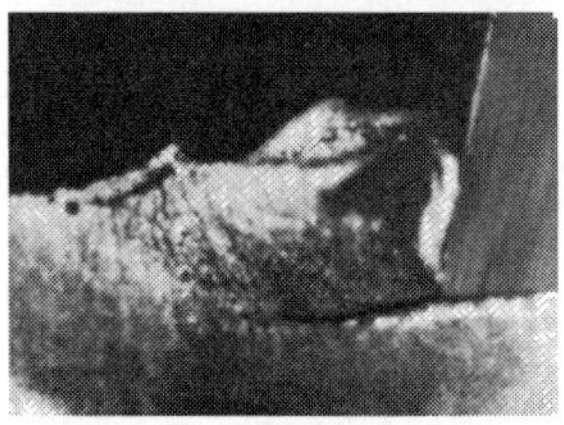	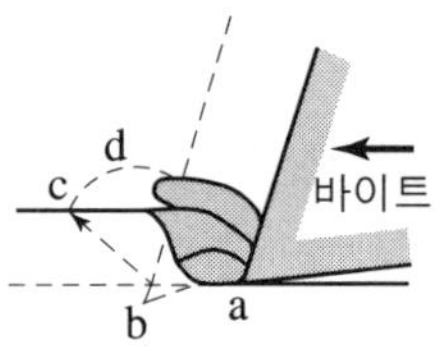
(d) 균열형	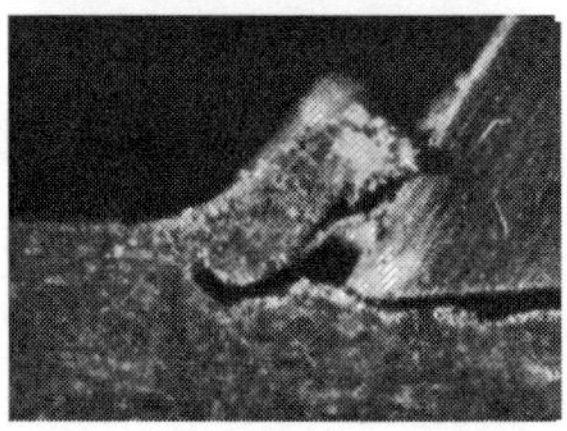	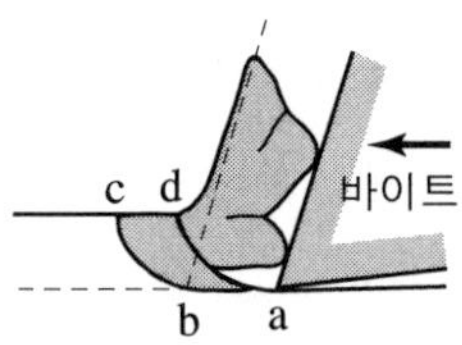

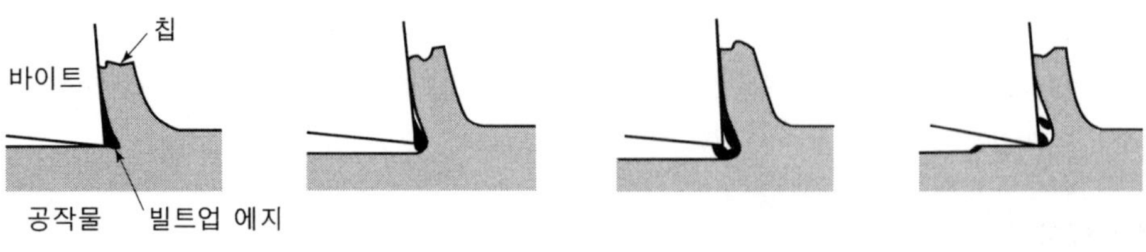

(a) 발 생 (b) 성 장 (c) 분 열 (d) 탈 락

그림 4-9 빌트업 에지의 형성 모형

영역에서 국부적인 고온, 고압에 의하여 공구의 절삭날 부근에 공작물의 미소 입자가 압착 또는 용착되어 나타나는 현상이다.

2 절삭 저항

날물인 바이트로 공작물을 절삭할 때 공구가 받는 저항력을 절삭 저항(切削抵抗, cutting resistance)이라 한다. 절삭 칩을 전단 변형시키는 데 필요한 힘(절삭력)과 칩과 공구 경사면과의 마찰력 그리고 날끝과 가공면과의 마찰력을 합한 힘과 같다.

● 3분력

절삭가공은 절삭의 세 가지 운동에 의하여 이루어지는데, 절삭 저항의 크기는 절삭에 필요한 동력을 결정하는 요소일 뿐만 아니라 공구의 수명, 가공면의 거칠기 등에도 많은 영향을 끼치게 된다. 절삭 저항은 보통 그림 4-10과 같이 3방향의 힘으로 나누어 생각할 수 있다. 이때 주절삭 운동 방향의 분력을 주분력(主分力), 이송 방향의 분력을 이송분력(移送分力), 절입 방향의 분력을 배분력(背分力)이라 한다. 그중 주분력이 가장 크며, 절삭 동력은 거의 주분력으로 결정하게 되므로, 주분력을 절삭 저항으로 하는 경우도 있다. 배분력은 바이트의 경사각을 크게 하면 작아지고, 경우에 따라서는 공작물로 끌려들어갈 때도 있다. 이송분력은 바이트의 고정 각도에 따라 변한다. 절삭 저항의 3분력의 크기 비율은 바이트의 옆면 절삭날각(side cutting edge angle)에 의하여 변화하는 외에 경사각의 영향도 받는다.

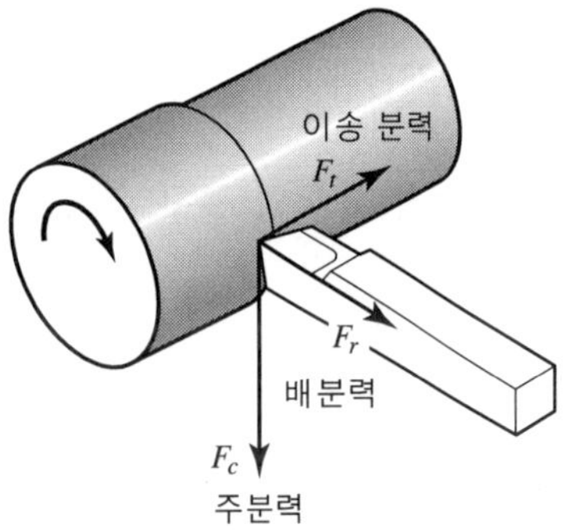

그림 4-10 절삭 저항의 3분력

● 절삭 저항의 계산

절삭 저항은 여러 가지 조건에 따라 변화하게 되는데, 대체적인 값은 Kronenberg[1)]의 식 (4-1)로부터 구할 수 있다.

$$P = K_s g \tag{4-1}$$

P : 절삭 저항(주분력) : [kgf]
K_s : 비절삭 저항 : [kgf/mm^2]
g : 절삭 넓이(切削面積) : [mm^2]

---

1) Kronenberg : Grundzuge der Zerspanugslehre I, 1954, p. 271.

비절삭 저항은 단위 넓이당의 절삭 저항으로 그 값은 다음과 같다.

주철 : $90 \sim 130$ [kgf/mm^2]
연강 : $100 \sim 200$ [kgf/mm^2]
경강 : $150 \sim 250$ [kgf/mm^2]
황동 : $70 \sim 100$ [kgf/mm^2]

절삭이 진행되는 동안에, 절삭 저항이 어떻게 변화하는가는 절삭 칩의 형성과 모양에 따라 크게 달라진다.

(3) 절삭 온도와 공구 수명

1 절삭 온도

절삭을 할 때 공급된 에너지는 여러 가지 형태의 절삭 저항으로 소비되며, 이 소비 에너지는 대부분이 열로 변하여 절삭 칩과 공작물 표면의 잔류응력 에너지로 남아 있게 된다. 또한 공구의 경사면에서 발생한 열도 대부분이 절삭 칩의 온도를 높이면서 제거된다. 이와 같이 발생한 열의 일부는 가공면과 절삭공구를 가열하여 온도가 올라간다. 따라서 바이트와 칩의 온도는 여기서 발생하는 열량과 절삭 칩의 온도를 높이거나 바이트를 통하여 외부로 발산되는 열량이 같아지는 온도까지 상승하는데, 이를 절삭 온도(切削溫度)라 한다.

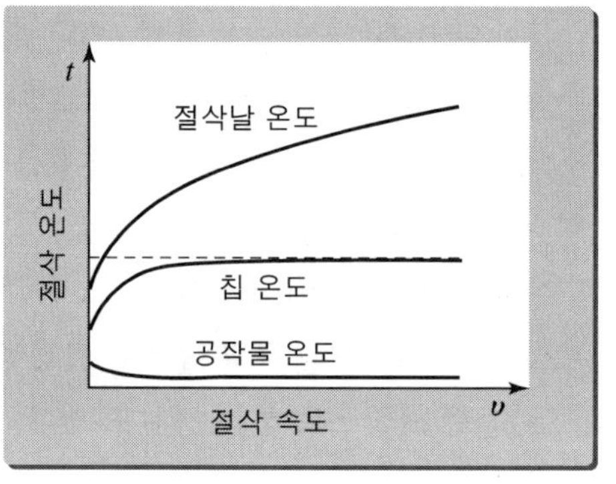

그림 4-11 절삭 속도와 절삭 온도와의 관계

일반적으로 절삭 속도가 느릴 때에는 칩의 흐름 속도가 느려지므로 절삭에 의해 발생한 많은 열의 일부는 공구로, 나머지는 공작물인 피삭재(被削材)로 전달된다. 그러나 칩의 흐름 속도가 빨라지면 공구 온도는 그림 4-11과 같이 칩의 온도보다 빠른 속도로 상승하게 되고 칩의 온도와 피삭재인 공작물의 온도는 거의 일정한 값을 유지한다.

특히 초경 합금공구, 고속도강 등은 공구강보다 공구 온도의 사용 한계가 수 배로 높은 것이 특징이다. 세라믹 공구는 절삭 온도가 고속도강의 5배 그리고 초경 합금보다도 높다. 그리고 세라믹 절삭공구의 온도는 칩 온도의 1.5~2.5배로 높아진다.

2 공구의 마멸

일반적으로 공작물의 경도가 높을수록 절삭 온도는 높아지고, 절삭 온도가 높아지면 공구의 날끝 온도가 올라가 공구의 마멸이 빨라진다. 이에 따라 절삭날은 사용이 불가능해지거나 파괴되는데, 그 과정을 요약하면

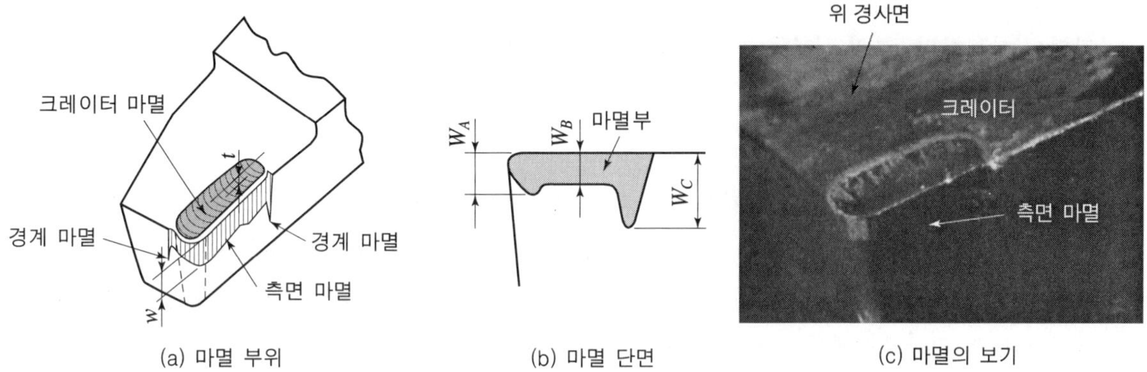

그림 4-12 크레이터 마멸 현상

① 마멸에 의하여 공구 옆면과 윗면이 변한다.
② 절삭날이 무디고 파괴 또는 파탄된다.
③ 높은 절삭열(마찰열)에 의하여 절삭날의 온도 상승으로 모양이 변하거나 용착된다.

이와 같은 현상은 절삭 속도의 과속 공구각과 공구날이 부적절하거나, 공작기계의 진동에 의한 떨림, 부적절한 절삭유제 등 여러 가지 원인으로 나타난다. 즉 그림 4-12 (a)와 같이 절삭날에서부터 짧은 거리의 공구 윗면을 크레이터 마멸(crater wear), 절삭날 아래쪽의 앞면과 측면에 나타난 마멸을 측면 마멸(flank wear)이라 한다. 크레이터는 고온에서도 경도를 유지하는 초경 합금이나 세라믹스공구보다는 고속도강공구에서 더 현저하게 나타나며, 전연성 재료를 가공할 때 연속 칩에 의하여 발생한다. 측면 마멸은 가공면이 공구 측면에 접하고, 마찰작용이 이루어지면서 나타나며, 공구의 측면 마멸로 인하여 가공면은 거칠어진다. 그림 4-12 (c)는 크레이터의 보기이다.

3 공구 수명

절삭공구의 절삭날이 마멸되면 절삭성의 저하로 가공 치수의 정밀도가 떨어지며, 표면 거칠기가 나빠지고, 소요 절삭 동력이 증가하게 된다. 일반적으로 절삭공구가 절삭을 시작해서 정상적인 절삭이 불가능할 때까지 실제 시간의 합을 공구 수명(工具壽命, tool life)이라 하며, 분으로 나타낸다. 공구의 수명은 마멸이 가장 주된 요인이며, 열도 그 원인이 된다. 공구는 일반적으로 다음과 같은 현상 가운데 어느 한 가지 현상이 나타나면 수명이 다 되었다고 한다.

① 날끝의 마멸이 어느 정도 달했을 때
② 가공한 다듬질면에 광택이 있는 무늬가 생길 때
③ 다듬질 치수에 어느 범위 이상의 변화가 나타날 때
④ 절삭 저항이 절삭 개시 시점의 값에 비해 일정 양만큼 증가했을 때

이상의 상황을 이용하면 고속도 공구강은 ② 또는 ④로, 초경 합금이나 세라믹스공구는 ①로 판단이 가능하다. 그리고 다듬질 절삭의 경우에는 ③으로 판단한다.

2) 절삭 조건의 선택

실제 절삭작업에서 좋은 절삭가공 결과를 얻기 위해서 요구되는 조건을 절삭 조건(切削條件)이라 한다. 일반적으로 절삭공구의 모양, 공작물의 재질 그리고 주절삭 운동과 이송 운동의 속도 등은 절삭에 소요되는 동력과 절미(切味) 및 다듬질면의 가공 정도에 크게 영향을 끼친다. 특히 실제의 절삭작업에서 주절삭 운동이나 이송 속도의 영향이 매우 크다.

(1) 절삭 속도

절삭가공에서는 가공면이 좋으면서 단위 시간당 절삭량인 절삭 효율을 높여야 한다. 절삭 효율을 높이려면, 절삭 속도, 절삭 깊이, 절삭 이송을 크게 하면 된다. 그러나 공작기계의 강인성과 동력에 제한이 있으므로 어느 정도 이상으로 크게 할 수는 없다. 또한 경제적인 절삭을 위해서는 공구의 수명도 고려되어야 한다. 절삭 속도는 주절삭 운동의 속도, 즉 절삭공구와 공작물과의 상대 운동 속도를 말하며, 일반적으로 공구가 재료를 1분 간 절삭하는 길이로 나타내며, 단위로는 m/min를 사용한다. 절삭 속도는 주절삭 운동의 방식에 따라 다음과 같이 두 가지로 나누어 생각할 수 있다.

1 주절삭 운동이 회전 운동인 경우

드릴링, 밀링 등과 같이 공구를 회전하여 절삭하는 경우와 선삭, 보링 등과 같이 공구를 고정하고 공작물을 회전시키면서 절삭하는 경우의 절삭 속도 v는 식 (4-2)로 구할 수 있다.

$$v = \frac{\pi DN}{1{,}000} \tag{4-2}$$

여기서 v : 절삭 속도[m/min]
D : 회전하는 공구 또는 공작물의 지름 [mm]
N : 회전하는 공구 또는 공작물의 회전수 [rpm]

실제의 절삭에서는 식 (4-2)의 D와 v가 조건으로 제시되고, N을 구하는 경우가 많이 있다. 이 경우에는 N의 값은 식 (4-3)으로 구한다.

$$N = \frac{1{,}000v}{\pi D} \tag{4-3}$$

2 주절삭 운동이 직선 운동인 경우

셰이퍼, 플레이너 등과 같이 주절삭 운동이 직선 운동에 의하는 경우에는 왕복 운동을 반복하게 된다. 즉 공작물 또는 절삭공구가 왕복 운동을 되풀이하면서 평면 절삭이나 형삭을 하는 경우이다. 이때 한 왕복 운동에는 절삭 행정과 절삭 행정을 위한 귀환 행정으로 이루어진다. 따라서 귀환 행정 속도를 절삭 행정 속도보다 빠르게 하여 가공 시간의 단축을 꾀하고 있다. 주절삭 운동이 직선 운동을 하는 경우의 절삭 속도 v [m/min]는 식 (4-4)로 구할 수 있다.

$$v = \frac{nL}{1{,}000\alpha} \tag{4-4}$$

여기서 n : 1분 간 절삭공구의 왕복 횟수
L : 행정의 길이
α : 1회 왕복하는 절삭공구에 대한 절삭 행정 시간의 비(보통 3/5~2/3)

다른 방법으로는 1회 왕복에 소요되는 시간 T [min]로부터 평균 속도 v_m [min]를 산출하여 절삭 속도 v [m/min]를 구하는 경우도 있다.

보기 1

다음과 같은 조건에서 작업할 경우, 절삭 속도를 구하여라.

1) 지름 150 mm의 공작물을 선반에서 가공할 때, 주축의 회전수를 1,200 rpm로 하고 바이트로 원통 선삭을 할 때
2) 지름이 80 mm인 평면 커터를 250 rpm으로 하여 평면 가공을 할 때

풀이 1) $v = \frac{\pi DV}{1{,}000} = \frac{3.14 \times 150 \times 1200}{1{,}000} = 565.2$ [m/min]

2) $v = \frac{\pi DN}{1{,}000} = \frac{3.14 \times 80 \times 250}{1{,}000} = 62.8$ [m/min]

(2) 이송량과 절입의 크기

절삭가공에서 공작물에 대한 바이트의 이송량과 절입의 깊이는 절삭량과 가공면의 거칠기, 그리고 절삭공구의 날끝의 수명 등과 관련이 있는 중요한 값이다.

1 이송량

이송량의 정의는 공작기계의 종류와 형식 등에 따라 다르며, 주절삭 운동의 형식과 절삭공구의 날수에 따라서도 표시 방법이 달라진다. 일반적으로는 선삭의 경우, 그림 4-13 (a)와 같이 1회전당 이송량 [mm/rev]이라 하며, 셰이퍼에서는 왕복 1회당 이송량 [mm/행정] 등으로 나타내며, 이를 단순히 이송 또는 이송량이라 한다. 선삭과 드릴링의 경우에는 1회전당 이송량이

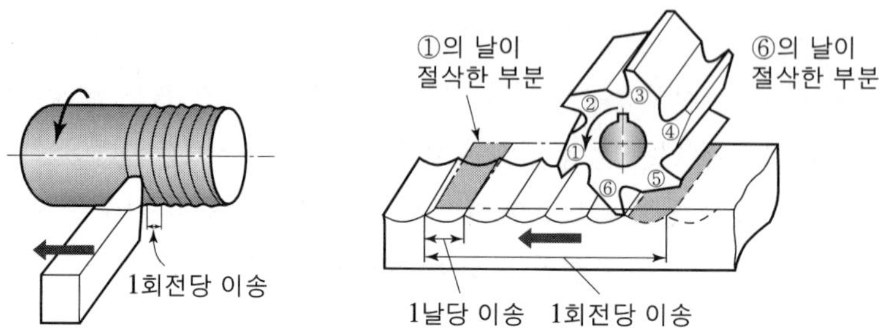

(a) 선 삭 (b) 밀 링

그림 4-13 이송의 표시 방법

실험적으로 정해져 있으므로, 주축과 연동(連動)하면 알맞는 이송 속도로 자동 이송이 가능하다. 특히 원주 상에 여러 개의 날이 있는 밀링 커터의 경우에는 그림 4-13 (b)와 같이 한 개의 날이 절삭하는 사이에 테이블의 이동량으로 이송을 나타내며, 이를 1매당 이송이라 한다.

이송량을 구하려면 원통 선삭에서는 그림 4-14 (a)와 같이 1회전마다 절삭되는 두께를 f_r [mm], 형삭에서는 그림 4-14 (b)와 같이 1행정마다 절삭되는 두께를 f_s [mm], 그리고 밀링(평삭)에서는 그림 4-14 (c)와 같이 1매의 커터날이 절삭하는 두께를 f_z [mm]이라 하면, 공작물과 절삭공구의 회전수 또는 왕복 운동의 횟수를 n, 절삭공구의 날수를 Z_n라 하면, 이송량 f [mm/min]는 식 (4-5)와 같이 나타낼 수 있다.

$$f = f_r n$$
$$f = f_s n \qquad (4-5)$$
$$f = f_z Z_n$$

여기서 f_r : 1회전당 이송
f_s : 1행정당 이송
f_z : 1날당 이송

2 절입량과 절삭 넓이

절입량은 그림 4-14에서와 같이 절삭공구의 날끝이 공작물의 가공면에 절입(切込)되는 깊이 t로 나타내며, 길이의 단위 [mm]로 표기한다.

또한 절삭량을 나타내는 방법으로 절삭 넓이(切削面積)에 칩의 단면적(斷面績), 절삭 단면적(切削斷面績) 등이 있는데, 이를 모두 (절입 깊이)×(공구의 절삭 폭)의 합으로, 선반에서는 (절입 깊이)×(이송)이 된다.

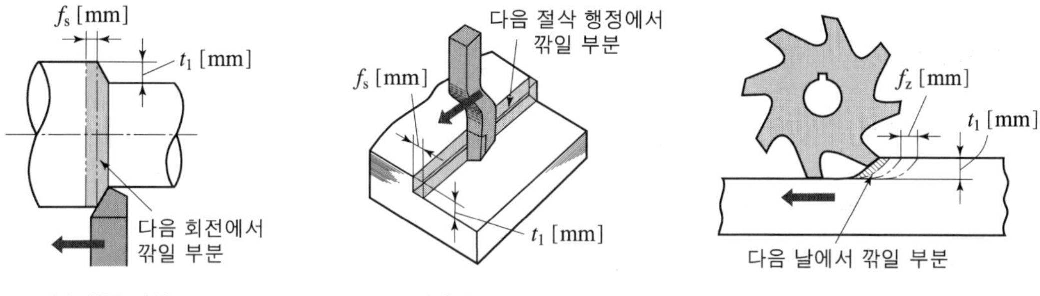

(a) 원통 선삭　(b) 형 삭　(c) 밀링(평삭)

그림 4-14 이송량과 절입량

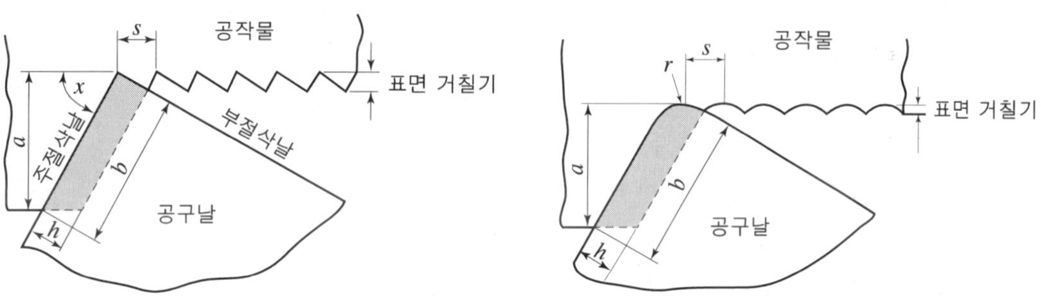

(a) 뾰족한 날끝 공구에 의한 선삭　(b) 둥근 날끝 공구에 의한 선삭

그림 4-15 절삭 단면적

일반적으로 절삭 넓이가 클수록 절삭 능률이 향상되지만, 절삭 저항도 비례하여 증가하게 된다. 또한 절삭 넓이를 일정하게 유지하면, 절삭 속도가 커질수록 절삭 능률이 향상된다. 절삭 넓이와 절삭 속도를 크게 하여 절삭하는 방법을 중절삭(重切削)이라 한다. 그러나 절삭 속도를 지나치게 크게 하면 공구날의 수명이 단축된다. 그림 4-15는 단인공구(單刃工具)의 날끝에 따른 선삭의 경우를 비교한 것이며, 절삭 깊이 a, 이송을 s라 할 때 절삭 단면적 S는 식 (4-6)으로 구할 수 있다.

$$S = s \cdot a \quad \text{또는} \quad S = h \cdot b \tag{4-6}$$

3. 절삭유제와 공구 재료

1) 절삭유제

(1) 절삭유제의 기능과 구비 조건

1 절삭유제의 작용

절삭 과정에서 일어나는 공구의 날끝과 공작물, 칩과 공구의 윗면 등에서 발생하는 마찰과 열은 가공면과 공구의 수명에 나쁜 영향을 주므로, 이를 방지할 목적으로 금속 또는 비금속의 절삭에 쓰이는 기름 또는 액체를 절삭유제(切削油劑, cutting oil), 절삭제(切削劑) 또는 절삭유(切削油)라 한다. 절삭유제를 사용하면 공구의 수명이 길어지고, 다듬질면을 좋아진다. 그 작용으로는 ① 공구의 날끝과 공작물의 가공면을 냉각하는 냉각작용, ② 공구의 경사 윗면과 칩과의 마찰을 줄여주는 윤활작용, ③ 절삭 칩을 제거하는 세정작용 등을 하게 된다.

절삭 영역의 열을 제거하여 공작물의 변형을 감소시켜 치수 정밀도를 높여 준다. 냉각제로는 물이 좋으나 공작물과 공구에 녹을 발생시키며, 윤활성이 없어 적합하지 못하다. 기름은 냉각성은 높지 않으나 녹을 방지하며, 윤활성이 좋아 효율적이다.

절삭유제는 칩과 공구 윗면 사이에서 윤활의 역할도 하며, 윤활작용으로 유동형 칩의 형태로 바꾸기도 한다. 이와 같이 절삭유제를 공급하면 마찰이 감소되고, 칩의 전단각이 증가하여 칩의 두께를 감소시킨다. 그리고 공구 끝에 나타나는 빌트업 에지의 발생을 억제하여 가공 표면의 정밀도를 향상시킨다.

2 절삭유제의 구비 조건

절삭유제의 구비 조건으로는 ① 사용 중에 칩으로부터 분리, 횟수가 용이하고, ② 변질이 안 되고, ③ 공작물과 공작기계가 녹스는 것을 방지하고, ④ 악취 등이 없이 위생상 무해하며, ⑤ 값이 싸야 하는 등의 조건이 요구된다.

(2) 절삭유제의 종류와 선택

일반적으로 수용성 절삭유제는 냉각작용이 크고, 불수용성 절삭유제는 윤활작용이 큰 특징이 있다. 절삭유제를 사용할 때에는 기계, 공구, 절삭 조건 등에 따라 알맞는 것을 선택하여야 하는데 일반적으로 충분한 양, 저속에서 중절삭할 때에는 윤활성이 큰 것을, 고속에서 경절삭할 때에는 냉각성이 큰 것이 요구된다.

1 절삭유제의 종류

절삭유제의 종류는 절삭유를 그대로 사용하는 불수용성 절삭유(不水溶性切削油)와 물로 희석

(稀釋)하여 사용하는 수용성 절삭유(水溶性切削油)로 크게 나뉜다.

● **수용성 절삭유제**

a) 알칼리성 수용액(水溶液) : 냉각작용이 좋은 물에 알칼리성 첨가제를 방부제(防腐劑)로서 혼합한 중크로뮴산 수용액이 있으며, 주로 연삭작업(研削作業)에 많이 사용된다.

b) 유화유(乳化油) : 광유(鑛油)에 비누를 첨가하면 유화(乳化)되는데, 냉각작용과 윤활성(潤滑性)이 좋고, 값이 싸므로 절삭제(切削劑)로 널리 쓰이며, 용도에 따라 물을 섞어 쓴다.

● **불수용성 절삭유제**

a) 광유(鑛油) : 경유(輕油), 머신 오일, 스핀들 오일 및 기타 광유 등이 있으며 윤활작용이 좋으나 냉각작용이 떨어지므로 경절삭(輕切削)에 쓰인다.

b) 동식물유(動植物油) : 돈유, 올리브유, 종자유(seed oil), 피마자유, 콩기름 등은 윤활작용(潤滑作用)과 냉각작용이 좋아 다듬질가공에 많이 쓰인다.

c) 첨가제 : 절삭제의 성능을 향상시키기 위해 첨가제(添加劑)로 황(S), 황화물(黃化物), 흑연, 아연 분말 등을 동식물계의 절삭제에 첨가하고, 인산염(燐酸鹽), 규산염 등은 수용성 절삭유에 첨가한다. 그리고 표면 활성(表面活性)을 위하여 사염화탄소(CCl_4)도 첨가한다.

2 절삭유제의 선택

절삭유는 공구의 수명을 늘리고 다듬질면을 좋게 할 목적으로 사용한다. 그러나 이 두 가지를 모두 만족하게 구비할 수 있는 절삭유제는 없으므로 절삭 조건에 따라 적당한 것을 선택하여야 한다.

표 4–2 절삭별 절삭유제의 선택

재 질	거친 절삭	다듬질 절삭	나사(screw) 절삭
연 강	수용성 유제	수용성 유제, 등유	수용성 유제, 종유
공구강	수용성 유제	각종 동식물유	종유(種油), 라드(lard)
합금강	수용성 유제	각종 동식물유, 수용성 유제 비눗물	벤졸, 테레빈유, 등유
주 강	수용성 유제	–	수용성 유제, 비눗물
가단 주철	–	유화유	종유(種油)
주 철	–	등유(칠드 주철용)	종 유
황 동	수용성 유제	–	종 유
청 동	수용성 유제	–	종 유
동	수용성 유제	–	종 유
알루미늄	수용성 유제	등 유	종유, 수용성 유제
두랄루민	–	등 유	종 유
실루민	수용성 유제	등 유	등유, 종유, 수용성 유제

절삭유제는 충분한 양을 사용하는 것이 좋으며, 저속에서 중절삭할 때에는 윤활성이 큰 것을 사용하고, 고속에서 경절삭할 때에는 냉각성이 큰 것이 필요하다. 표 4-2는 재질과 절삭별 절삭유제의 선택 사례를 나타낸 것이다.

2) 절삭용 공구 재료와 쾌삭강

(1) 절삭용 공구 재료

공구강은 열처리를 하여 사용하는 공구용 재료로 탄소공구강, 합금공구강 및 고속도강 등이 있다. 이에 반해 경질 합금은 일반적으로 열처리를 하지 않은 상태에서 사용하는 재료로 공구용 주조 합금, 소결 경질 합금, 다이아몬드 등이 있다.

최근에 와서는 인조 다이아몬드, 소결체 합금(燒結體合金), 피복 초경 합금(被覆超硬合金) 등 우수한 공구용 재료가 개발 이용되고 있으며 특히 세라믹스계에 속하는 Al_2O_3, SiC, ZrO_2, 다이아몬드, CBN의 분말은 연삭용 숫돌, 랩제 등 연삭공구용 재료로 중요하다. 그림 4-16은 각종 절삭용 공구의 보기이다.

그림 4-16 각종 절삭용 공구

1 공구강

● **탄소공구강**

탄소공구강은 가열 상태에서 공구의 모양을 형성하고, 그 다음에 주로 수랭에 의한 담금질로 경화하고 150~200℃의 온도에서 뜨임하여 사용한다. 탄소공구강은 상온 경도는 크나 온도가 상승함에 따라 경도는 현저하게 떨어진다. 또 값은 싸지만 담금질성이 좋지 못하다. 두꺼운 제품의 담금질에서는 담금질 균열(quench cracking)이 일어나며, 이를 방지하기 위해서는 시간 담금질(time quenching) 또는 열욕 담금질(hot bath quenching)을 하게 된다.

● **절삭공구용 합금공구강**

절삭공구용 합금공구강(切削工具用合金工具鋼, cutting tool alloy steel)은 C[%]가 높고 Cr, W

또는 소량의 V을 함유한 것이 있으나 주로 W－Cr강이 사용된다. W, V은 탄화물을 형성하는 힘이 강하며 W, C 또는 V_4C_3 등의 특수 탄화물은 내마멸성을 크게 높인다. Cr은 담금질성과 마텐자이트 자체의 인성을 향상시키고, Fe_3C 중에 많이 고용하여 경도도 높이므로 내마멸성과 인성을 향상시킨다. C[%]가 낮은 것에 Ni를 첨가하면 인성과 내충격성이 좋아서 목공용 톱날에 적합하다. 절삭가공용 합금공구강은 탭, 다이, 드릴, 원형톱, 띠톱, 쇠톱(hack saw), 줄 등과 같이 가공면이 좋고 인성이 요구되는 공구에 사용되며, 특히 정교한 손공구에 많이 사용되는 강종이다.

2 고속도강

고속도강(高速度鋼, high speed steel : HSS)은 주로 강력 절삭용으로 쓰이는 합금공구강으로 W, Cr 및 V 등 탄화물 형성화 원소(炭化物形成化元素)를 다량 함유하여, 이들의 탄화물 또는 복합 탄화물의 석출 경화에 의해 고온 경도가 현저하게 높은 강력 절삭용 고합금강이다.

고속도강은 풀림하여 연화하면 기계가공이 가능하므로 여러 가지 모양의 공구로 쉽게 성형할 수 있다. 또한 이것을 알맞게 담금질하여 뜨임을 하면 현저하게 경화하여 고온 경도, 내마멸성이 커지므로 절삭공구로 우수한 절삭 성능을 발휘한다. 고속도강은 금속 재료를 고속으로 절삭하여도 날끝이 600°C 정도까지의 고온에서 잘 견디는 우수한 성질을 갖고 있다.

3 경질 합금

● 주조 경질 합금

주조 상태에서 연마 성형하여 공구로 사용하는 합금을 주조 경질 합금(鑄造硬質合金, cast hard metal)이라 한다. 열처리를 하지 않아도 상온뿐만 아니라 고온 경도가 매우 높고, 내마멸성이 크므로 고속 절삭공구로 사용된다. 그러나 이 합금은 취약하며 단조가 불가하다.

이 합금에 속하는 대표적인 합금으로는 Co를 주성분으로 하는 Co－Cr－W－C계의 은백색의 스텔라이트(stellite) 합금이 있다. 스텔라이트는 1.5～3%C, 25～35%Cr, 15～20%W, 나머지 Co 조성의 것이 사용되고 있다. 스텔라이트의 고온 경도를 비교하면, 그림 4－17과 같이 고속도강은 600°C에서 급격히 감소되나, 스텔라이트는

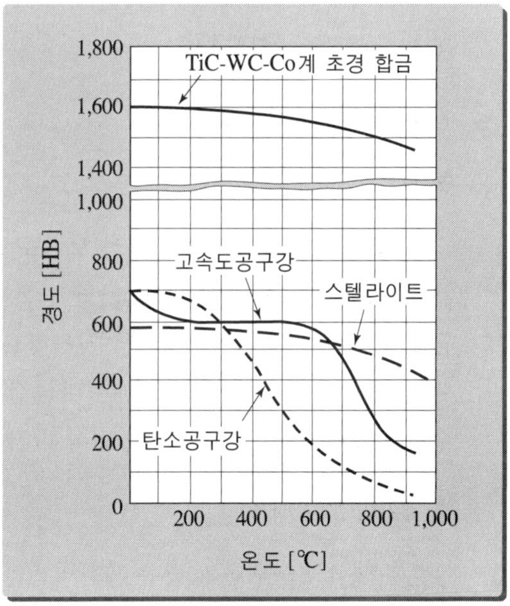

그림 4-17 공구용 재료의 고온 경도

1,000°C까지는 조금밖에 감소되지 않는다. 따라서 탄소공구강이나 고속도강에 비해 온도 상승에 따른 절삭 성능의 저하는 거의 나타나지 않는다.

● 소결 경질 합금

소결 경질 합금(燒結硬質合金, sintered hard alloy)은 경도가 높은 탄화물 가루에 철족 원소(鐵族元素)인 Co로 압축 성형하고 고온 소결(sintering)하는 분말 야금법에 의해 제조한 경질 합금으로 이 종류의 합금을 일반적으로 초경 합금(超硬合金)이라 한다.

이 합금은 경도가 매우 크고 내열성, 내마멸성이 우수하여 절삭공구는 물론 내열, 내마멸성이 요구되는 기계 부품에도 이용된다. 대표적인 상품명으로는 WC－Co계인 위디아(Widia), WC－TiC－Co계인 텅갈로이(Tungalloy), 카볼로이(Carboloy) 등이 있으며, 조성은 87～94%W, 5～13%Co이고, 소결 방법은 분말 야금법의 일환으로 환원성 분위기인 수소 기류 중에서 1,400～1,700°C로 가열, 소결한다. 현재 소결 경질 합금공구에 사용되는 화합물은 주로 경도가 큰 탄화텅스텐(WC), 탄화타이타늄(TiC), 탄화탄탈럼(TaC) 등의 경질 탄화물이다. 이들 탄화물을 공구로 사용하려면 고경도와 어느 정도의 인성이 있어야 하므로 인성이 큰 Fe족 원소인 Co, Ni 등을 결합제로 사용한다. 현재 소결 경질 합금으로 사용되는 주된 것에는 WC－Co계, WC－TiC－Co계, WC－TiC－TaC(NbC)－Co계, TiC－Ni－Mo계 등이 있다. 이 중에서 공구용 재료로 가장 많이 사용하고 있는 것은 WC를 Co로 소결한 WC－Co계와 WC 외에 TiC를 배합하고 이것을 Co로 소결한 WC－TiC－Co계의 2종류가 있다.

이들 합금의 경도는 모스 경도계로 측정하면 다이아몬드 10에 대하여 9.7～9.8로, 고속도강에 비하여 매우 단단하다.

4 그 밖의 경질 재료

● 피복 초경 합금

경 합금 또는 고속도강 공구를 모체로 하고 그 표면에 TiN, TiC 또는 Al_2O_3 등의 내마멸성의 얇은 막(5～7 μ)을 피복(coating)하여 절삭공구의 경도와 인성을 개선한 공구강을 피복 초경 합금(被覆超硬合金) 또는 코티드공구(被覆工具, coated tip)라 한다. 피복 초경 합금은 격한 단속 절삭(斷續切削)이나 정밀도가 높은 다듬질 절삭에는 알맞지 않으나 모재의 성능에 비하면 공구 수명이 길어지고, 보다 고속의 절삭이 가능하다.

● 세라믹 공구 재료

도자기, 타일, 벽돌과 같은 세라믹스를 전통 세라믹스(classical ceramics), 새로운 기계 재료로 사용하는 세라믹스를 파인 세라믹스(fine ceramics) 또는 뉴 세라믹스(new ceramics)라고 한다. 파인 세라믹은 성분별로 산화물계, 탄화물계, 질화물계로 나눌 수 있다. 세라믹공구

(cemented oxide tool)는 산화물계 중에서 가장 대표적인 알루미나 분말과 소량의 금속 또는 비금속 첨가물을 혼합하여 성형, 소결한 것이다.

세라믹공구는 초경 합금공구에 비해서 고속 절삭가공성이 우수하며, 고온 경도가 높고 내마멸, 내용착성(耐熔着性)이 우수하다. 그러나 초경 합금에 비하여 충격 강도가 낮으므로 거친 가공물의 절삭에는 적당하지 않다.

● 서멧공구 재료

서멧(cermet)이란 단어는 'ceramics + metal' 로부터 연유된 복합어로 금속 조직(metal matrix) 내에 세라믹 입자를 분산시킨 복합 재료이다. 서멧은 오래전부터 절삭공구, 다이, 치과용 드릴 등과 같은 내충격, 내마멸용 공구로 사용되고 있다.

서멧은 절삭용 공구로서 TiC 기지 합금과 Cr계 내식 내마멸 공구가 실용 재료로서 알려져 있다. TiC 기지 서멧은 TiC 입자를 Ni 혹은 Ni과 Mo을 결합제로 소결한 것으로서, WC를 함유한 초경 합금보다 내용착성, 내열성이 우수하다. 또 세라믹스공구보다 기계적 성질이 우수하며 열충격에도 강하다. 새롭게 개량한 TiC 서멧에 질소를 첨가하여 만든 TiC－TiN계는 초경공구 및 피복 초경공구보다 높은 절삭 속도에서 사용된다.

● CBN공구

입방정 질화 붕소(立方晶窒化硼素, cubic boron nitride : CBN)의 미결정(微結晶)을 금속 또는 특수한 세라믹스 결합제를 사용하여 초경 합금 기판(超硬合金基板)에 밀착시킨 공구이다. CBN공구는 초고압 고온에서 인공적으로 합성한 것으로 경도는 다이아몬드 다음으로 경(硬)하다. 이 소결체는 1,000℃ 이하에서는 초경 합금에 비해 경도가 매우 크고, 철계 피삭제는 1,000℃ 이하에서는 거의 반응하지 않는다. 따라서 초경 합금이나 다이아몬드공구로 절삭이 어려운 담금질강(HRC 60 이상), 칠드 주철, 초내열 합금의 고능률 절삭가공용으로 사용한다.

(2) 쾌삭강

가공할 재료에 대한 절삭의 용이성 여부에 대한 성질을 피삭성(被削性)이라 한다. 피삭성은 절삭 저항, 절삭 효율, 가공면의 거칠기에 의해 판단하게 되므로 절삭이 용이하고, 다듬질면이 양호하고 공구 수명을 길게 확보할 수 있는 절삭가공용 재료를 피삭성이 좋은 재료라 하며 그 대표적인 철강 재료에는 쾌삭강이 있다.

기계 구조용 강재는 절삭가공에 의해 소요의 모양과 치수로 가공하는 경우가 많으므로, 절삭공구에 의한 절삭의 용이 정도, 즉 절삭성(切削性)은 다량 생산작업에 필수적이고 매우 중요한 요소이다. 공작기계나 절삭공구의 발달과 생산의 고능률화에 따라 높은 정밀도와 피삭성이 좋은 재료가 요구되었다.

1 쾌삭강의 특징

강을 절삭할 때 쇳밥을 잘게 하고 피삭성을 좋게 하기 위하여 황, 납 등의 특수 원소를 첨가한 강을 쾌삭강(快削鋼, free-cutting steel)이라 한다. 쾌삭강은 절삭에 의해 발생하는 쇳밥이 연속되지 않도록 chip breaker 역할을 하는 성분 원소를 첨가하여 절삭 능률과 절삭 정도를 높인 강으로, 자동 공작기계의 발달 보급에 따라 그 수요가 증가하고 있다. 현재 사용되고 있는 쾌삭강에는 S량을 증가시킨 황(S) 쾌삭강, 납을 함유한 Pb 쾌삭강, S와 Pb의 각 절삭성 향상 효과를 이용한 S－Pb계,

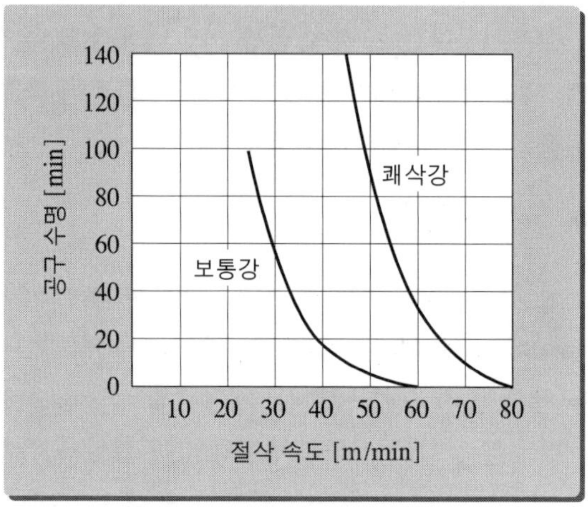

그림 4-18 쾌삭강의 절삭 속도와 수명

표 4-3 쾌삭강의 특성

(절삭면과 칩의 비교)

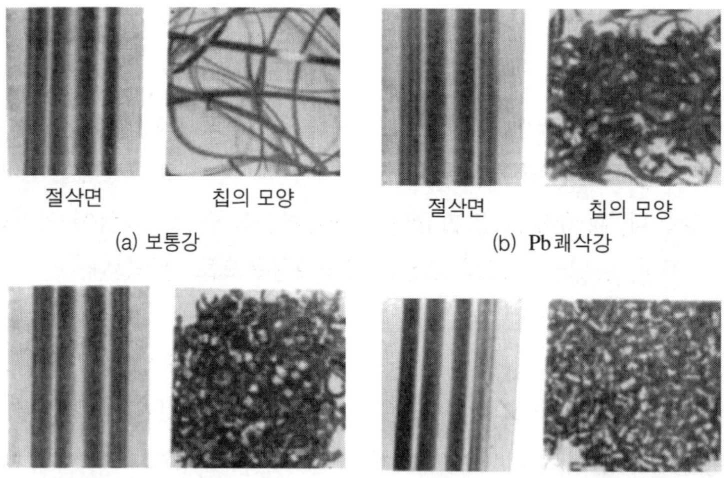

절삭면 칩의 모양

(a) 보통강

절삭면 칩의 모양

(b) Pb 쾌삭강

절삭면 칩의 모양

(c) S 쾌삭강

절삭면 칩의 모양

(d) 복합 쾌삭강

※ 절삭 조건
깊 이 : 2.0 [mm]
이 송 : 0.5 [mm]
속 도 : 60 [m/min]

(화학 성분)

구 분	C	Si	Mn	P	S	Pb
(a)	0.13	0.28	0.48	0.01	0.015	－
(b)	0.13	0.23	0.44	0.01	0.015	0.22
(c)	0.16	0.35	0.56	0.086	0.15	－
(d)	0.15	0.28	0.52	0.086	0.15	0.17

그리고 S와 Pb를 동시에 첨가하고 P를 약간 높인 S－P－Pb계의 복합 쾌삭강, 또는 제강할 때 Ca에 의해 생성된 탈산 생성물을 갖는 Ca 쾌삭강 등이 있다.

그림 4－18은 쾌삭강과 보통강의 피삭 속도와 공구 수명을 비교한 것이다.

2 쾌삭강의 절삭 비교

표 4－3은 쾌삭강의 특성(절삭면과 칩의 상태)을 나타낸 것으로, 4종류의 강을 같은 방향으로 선반에서 절삭하였을 때 피삭 칩(chips)을 비교한 것이다. 표 4－3의 그림 (a)의 보통강은 칩이 연속되어 있으나 0.22%Pb인 그림 (b)의 Pb 쾌삭강은 칩이 잘게 끊겨 있다. 또 그림 (c)는 S 쾌삭강의 보기로서 칩이 그림 (b)의 경우보다 더 잘다. 그림 (d)는 S＋Pb의 복합 쾌삭강의 보기로 칩은 가장 잘다.

4. 절삭공구

절삭가공에 사용하는 날물공구를 절삭공구(切削工具, cutting tool)라 한다. 공작기계의 기하학적 운동을 절삭공구에 의해 공작물을 절삭하는 기능으로 변환함으로써 절삭가공이 이루어진다. 따라서 높은 생산성과 경제성을 갖춘 양질의 제품을 만들기 위해서는 절삭공구의 구조와 날끝각 등의 역할과 기능이 매우 중요하다.

절삭공구는 작업의 종류와 공작기계, 공작물의 모양과 재질 등에 따라 여러 가지 종류가 있다. 각 절삭공구의 특징과 구조 등을 잘 파악하여 절삭작업의 능률을 높이고 정확한 가공을 꾀할 수 있어야 한다.

1) 바이트

선반가공, 셰이퍼가공, 플레이너가공 및 보링에 사용되는 절삭공구인 단인공구(單刃工具, single point tool)를 속칭으로 바이트[2)](tool bit)라 부르고 있으며 바이트에 대한 용어와 정의는 KSB 3702에 따르도록 하고 있다.

(1) 바이트의 구성

1 바이트의 공구각

바이트의 공구각은 바이트의 종류와 공작물의 재질 및 절삭 조건에 따라 달리한다. 일반적으로 바이트의 윗면 경사각은 직접 절삭력에 영향을 주며, 이 각이 크면 절삭성이 좋고 공작물의 표면도 깨끗하게 다듬어지지만 날끝은 약하다.

---

2) bit가 어원(語源)인 일본어 バイト

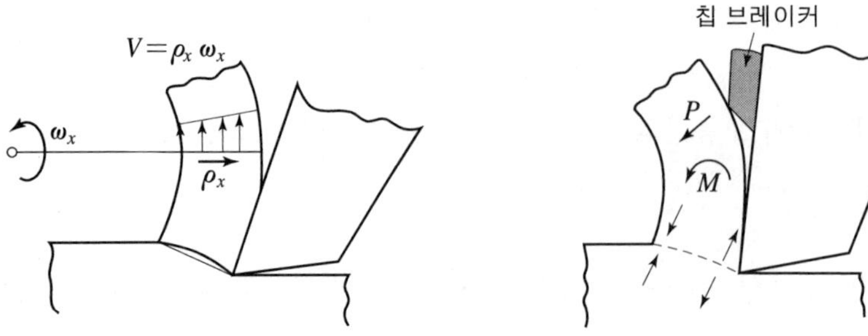

그림 4-19 칩 브레이커의 작용

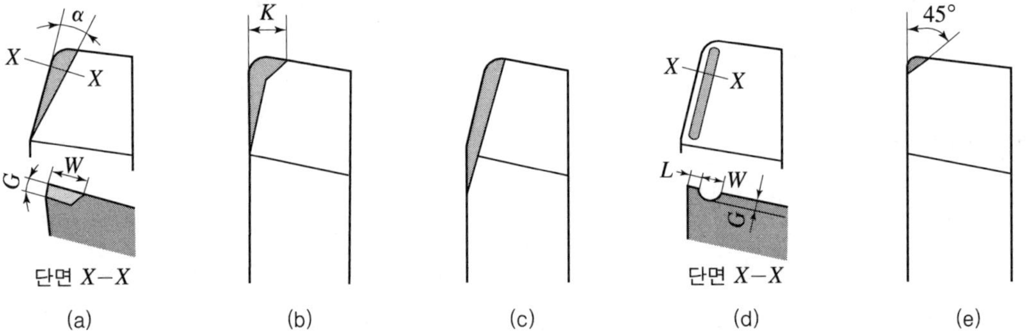

그림 4-20 칩 브레이커의 종류

여유각은 공구 날끝과 공작물의 마찰을 방지하기 위한 것으로, 너무 크면 날이 약해진다. 따라서 각 부분의 경사각과 여유각은 공작물의 재질과 절삭 조건에 따라 적절히 선택하여야 한다.

2 칩 브레이커

연한 공작물을 고속 절삭할 때 칩이 연속적으로 흘러나오면 위험하므로, 칩을 짧게 끊기 위하여 바이트 날끝의 윗면에 턱을 붙이면 강을 절삭할 때 그림 4-19 (b)와 같이 턱에 접하면서 *P* 방향으로 힘을 받아 *M*와 같이 변형되는데, 이를 칩 포머(chip former), 또는 칩 브레이커(chip breaker)라 한다. 그림 4-19 (a)는 턱이 없는 경우로서, 칩이 위쪽으로 향하게 된다. 칩 브레이커의 모양은 그림 4-20과 같이 여러 가지가 있다.

(2) 바이트의 종류와 방식

바이트는 모양, 용도, 재질 등에 따라 그림 4-21 (a)와 같은 단체 바이트(solid tool), 그림 4-21 (b)와 같은 경납땜 바이트(braged insert), 그리고 그림 4-21 (d)와 같이 완성 바이트 또는 단체 바이트를 고정할 수 있는 비트 툴(bit tool)이 있다. 그림 4-21 (c)는 인서트 날을 기계적으로 고정한 클램프 바이트(clamped insert)이다.

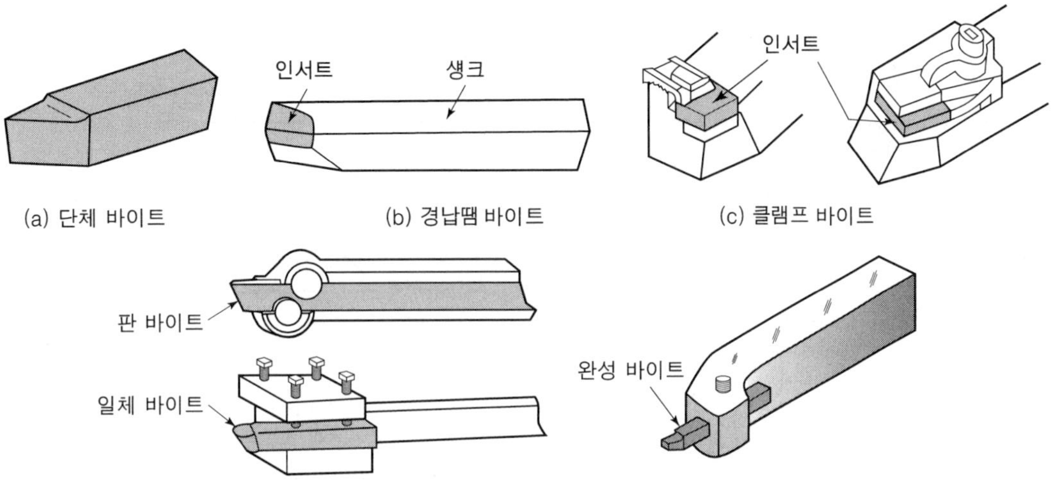

(a) 단체 바이트 (b) 경납땜 바이트 (c) 클램프 바이트

(d) 홀더 바이트

그림 4-21 바이트의 여러 가지 구조

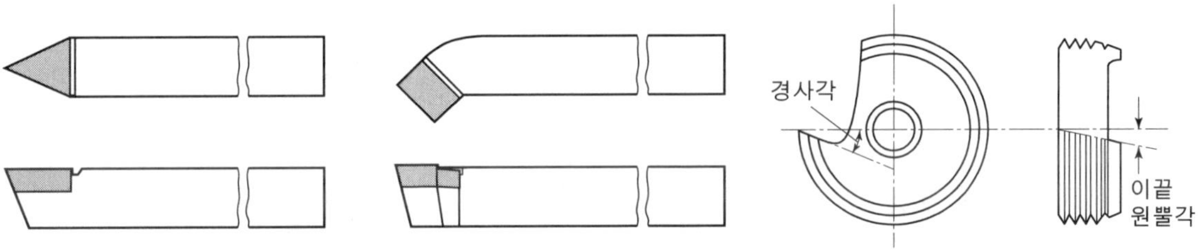

(a) 스트레이트 바이트 (b) 굽힘 바이트 (c) 서큘러 나사 바이트

그림 4-22 모양에 따른 바이트의 종류

1 바이트의 종류

● **모양에 따른 분류**

모양에 따라 분류하면 그림 4-22와 같이 스트레이트형, 굽힘형 및 서큘러형 나사 바이트 등이 있다.

● **기능에 따른 분류**

기능과 용도에 따라 분류하면 그림 4-23과 같이 절단 바이트, 총형 바이트, 보링 바이트 및 스프링 바이트 등이 있다. 또한 가공 목적에 따라 황삭용, 평면용, 절단용, 나사용 등으로 구분하기도 한다.

● **용도에 따른 분류**

바이트는 사용 공작기계에 따라 선반 바이트, 셰이퍼 바이트, 플레이너 바이트, 슬로터 바이트, 보링 바이트 등이 있다.

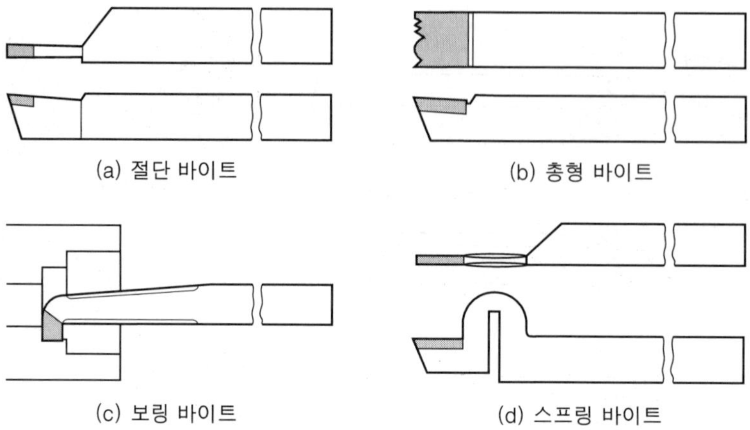

그림 4-23 기능 · 용도에 따른 분류

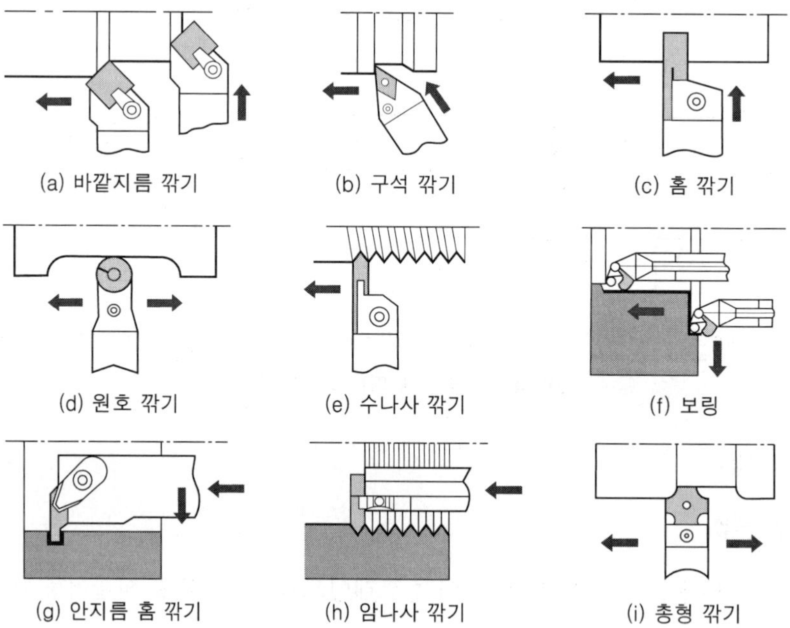

그림 4-24 인서트날 바이트의 사용

● 재질에 따른 분류

바이트 날의 재질에 따라 탄소강 바이트, 고속도강 바이트, 초경 합금 바이트가 있다. 절삭가공의 고속화 추세에 따라 초경 합금 위에 알루미나(AlO_3), 탄화타이타늄(TiC), 질화타이타늄(TiN) 등을 화학 증착시킨 코팅 초경 합금, 서멧(cermet), CBN(cubic boron nitride) 등 새로운 공구용 재료가 개발되어 고온 경도가 높고 인성이 뛰어난 재질의 바이트가 사용됨으로써 고속 정밀 절삭이 가능하게 되었다.

(코팅 인서트) (서멧 인서트) (세라믹 인서트) (CBN, PDC 인서트)

(a) 인서트날의 종류

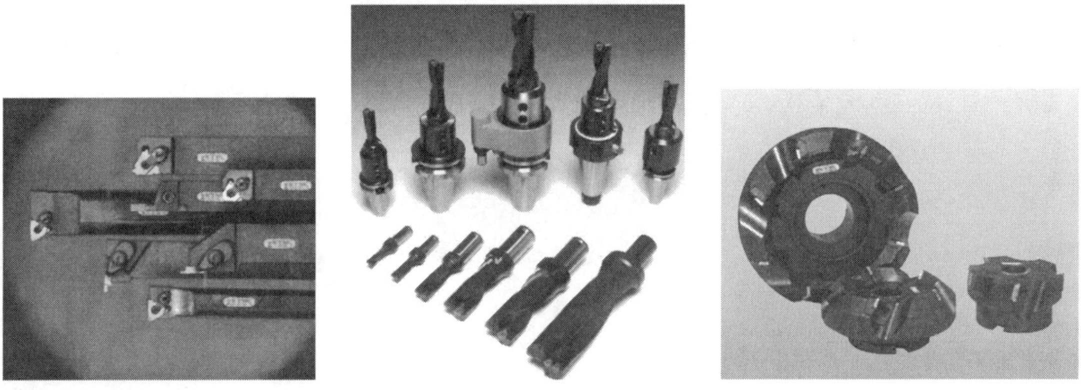

(각종 바이트) (엔드밀) (정면 밀링 커터)

(b) 사용 사례

그림 4-25 인서트날의 종류와 사용 사례

2 인서트날 바이트의 방식

인서트날 바이트(inserted teeth bite, inserted bite)는 고속도강 또는 초경 합금 조각(tip)을 기계적인 방법으로 날의 기능을 할 수 있게 홀더에 고정한 것으로, 이를 폐기식 바이트(廢棄式 바이트, throw away bite), 삽입날 바이트(挿入날 바이트), 심음날 바이트 또는 클램프 바이트(clamp bite)라 한다.

날을 고정하여 사용하는 방식에는 핀 고정식, 나사 고정식 및 클램프식이 있다. 삽입날 바이트는 날이 무뎌지면 재연삭하지 않고 새로운 팁으로 교환하여 사용하므로 이를 폐기식 바이트라 한다. 삽입 바이트의 사례를 들면 그림 4-24와 같이 모든 선삭가공에 이용되고 있다. 또한 밀링가공용 엔드밀과 정면 커터에도 다양하게 사용되고 있다. 그림 4-25는 양면으로 코팅한 삽입날 초경 합금 팁과 사용 사례이다.

2) 밀링 커터

밀링 커터(milling cutter)는 독일명 Fraser[3)]로부터 후라이스로 불리기도 하며 바이트, 드릴

3) 영문명 : milling cutter, 독일명 : Fraser, milling machine의 독일명 : Frasmachine.

과 같이 생산 현장에서 많이 사용되는 절삭공구로 종류 또한 다양하다.

(1) 밀링 커터의 구성과 공구각

1 밀링 커터의 구성

일반적으로 원통, 원추의 외주 또는 단면에 많은 날이 있는 회전하는 절삭공구로, 일체식과 별도의 날을 삽입하여 고정하는 삽입식(또는 심음식이라고 함)이 있다.

밀링 커터의 각부의 명칭은 커터의 종류에 따라 다소 다른 점이 있으나 그림 4-26은 플레인 밀링 커터를, 그림 4-27은 정면 밀링 커터의 구성과 각부 명칭을 나타낸 것이다.

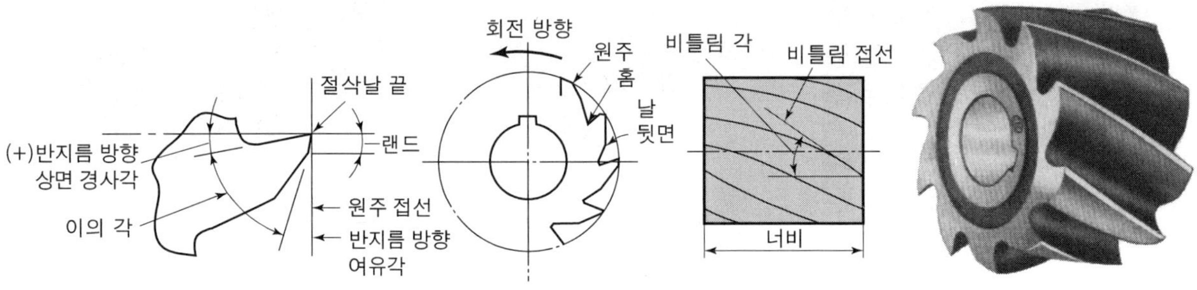

(a) 구성과 명칭 (b) 외 형

그림 4-26 플레인 밀링 커터

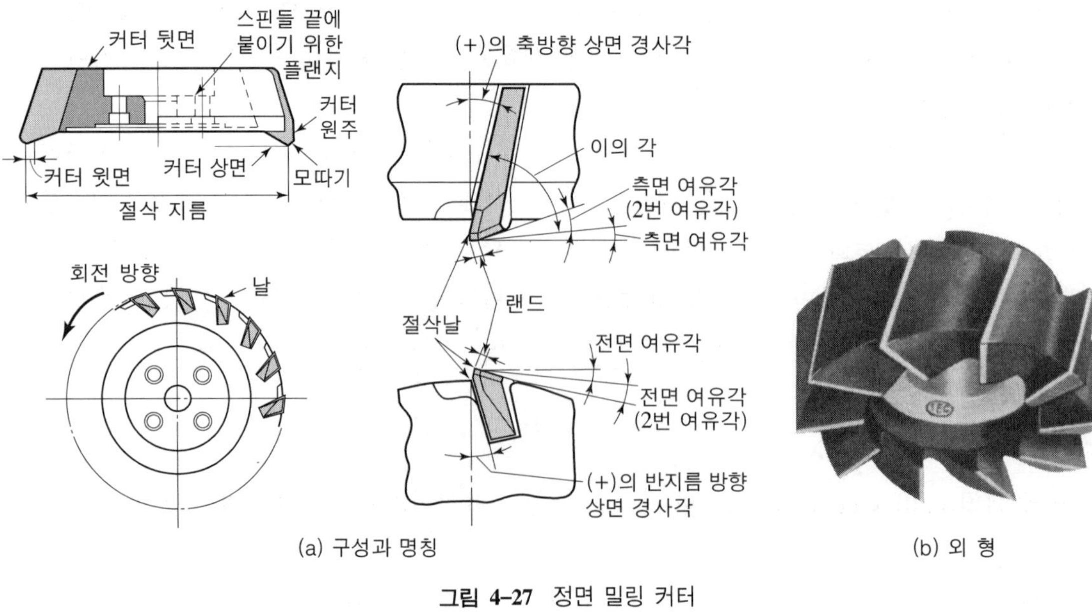

(a) 구성과 명칭 (b) 외 형

그림 4-27 정면 밀링 커터

2 밀링 커터의 공구각

정면 밀링 커터의 날은 반지름 방향과 축 방향으로 되어 있다. 이 각들을 각각 그림 4-26 (a)와 같이 반지름 방향 상면 경사각(半徑方向 上面傾斜角, radial rake angle) 및 그림 4-27 (a)와 같이 축방향 상면 경사각(軸方向上面傾斜角, axial rake angle)이라고 한다. 이 각들은 (+), (0), (−)의 상면 경사각을 가질 수 있다.

(2) 밀링 커터의 종류

밀링 커터의 기본적인 형은 수평 밀링에 사용하는 원통형의 외주를 절삭날로 한 플레인 밀링 커터(plain milling cutter)와 수직 밀링에 사용하는 원통의 끝 단면을 절삭날로 한 정면 밀링 커터(face milling cutter)가 있다. 그 밖에 이들을 합성한 형으로 각기 특성을 갖고 있다. 밀링 커터는 동일한 재료로 커터 전체를 만든 단체 밀링 커터, 밀링 커터 날 끝에 팁을 경납땜 또는 기계적으로 체결하는 삽입날 밀링 커터 등이 있다.

1 수평 밀링용

● **플레인 밀링 커터**

플레인 밀링 커터(plain milling cutter)는 가장 기본적인 것으로 그림 4-28 (a)와 같이 나선

(a) 플레인 밀링 커터 (b) 측면 밀링 커터

(c) 슬로팅 소 (d) 슬로팅 커터 (e) 각 밀링 커터

그림 4-28 밀링 커터의 종류(수평 밀링용)

각이 8∼15°인 경절삭용(輕切削用)과 나선각을 45∼60° 또는 그 이상으로 한 헬리컬 밀링 커터(helical milling cutter)인 중절삭용(重切削用)이 있다.

● **측면 밀링 커터**

측면 밀링 커터(side milling cutter)는 그림 4-28 (b)와 같이 비교적 날 폭이 좁으며, 원주와 양쪽 측면에 날이 있는 커터로, 주로 홈파기에 사용한다.

● **슬로팅 커터**

공작물을 절단하거나 너비가 좁은 홈의 절삭에는 그림 4-28 (c)와 같은 얇은 원판 주위에 날이 있는 메탈 슬로팅 소(metal slotting saw)를, 홈가공에는 그림 4-28 (d)와 같은 슬로팅 커터(slotting cutter)가 사용된다.

● **각 밀링 커터**

공작물의 경사면을 가공할 때 사용되는 밀링 커터로, 그림 4-28 (e)와 같이 원추면상과 측면에 날이 있어 45° 또는 60°의 경사각을 가공할 수 있는 편각 커터(single angle cutter)와, 양각 커터(double angle cutter)가 있다. 이 커터는 더브테일(dovetail)홈, V홈, 래칫바퀴(ratchet wheel) 등의 가공에 사용된다.

2 직립 밀링용

● **엔드밀**

그림 4-29 (a)와 같이 끝면에 4날, 2날, 둥근날 등이 있으며, 이를 엔드 밀링 커터(end milling cutter) 또는 엔드밀(end mill)이라 한다. 엔드밀은 직립 밀링 머신에서 홈가공, 평면 절

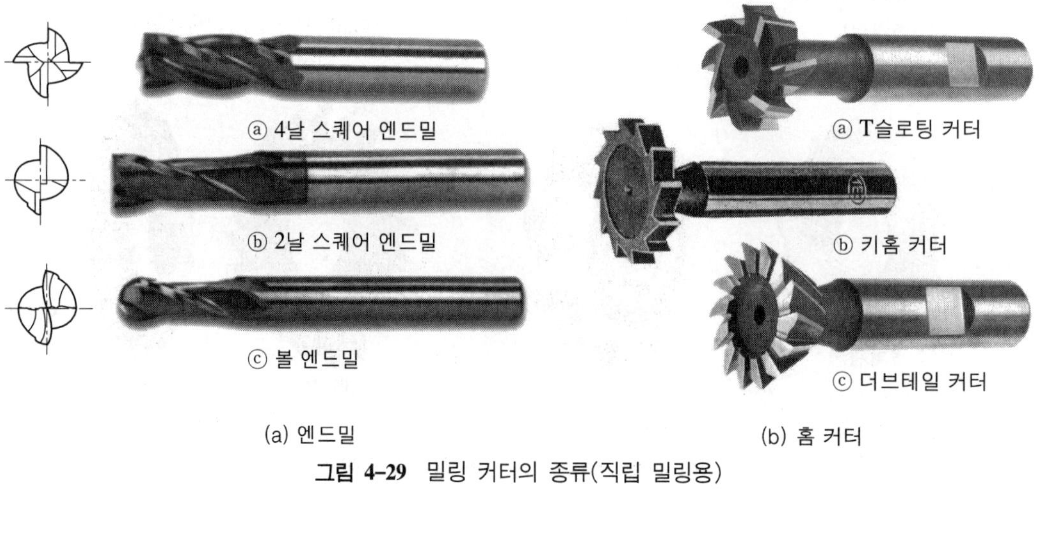

(a) 엔드밀 (b) 홈 커터

그림 4-29 밀링 커터의 종류(직립 밀링용)

삭, 성형가공 등에 다양하게 사용된다. 특히 모방 밀링과 CAD/CAM 공정에서 사용되는 절삭 공구에는 주로 둥근날 엔드밀(ball nose end mill)이 사용된다.

● 홈 커터

주로 홈가공에 사용되는 커터로, 그림 4–29 (b)와 같은 홈 커터(slotting cutter)가 있다. 그림 4–29 (b)의 ⓐ는 T홈 밀링 커터(T-slot milling cutter)의 보기이다. 이것은 엔드밀로서 좁은 T 홈을 가공하는 특수한 목적의 자루붙이 커터이다.

그림 4–29 (b)의 ⓑ는 반달 키홈 커터(woodruff key cutter), 그림 4–29 (b)의 ⓒ는 더브테일 홈가공용 커터의 보기이다.

3 총형 밀링 커터

총형 밀링 커터(formed milling cutter)는 곡선 윤곽(曲線輪廓)의 날을 가지고 있어 여러 가지 윤곽을 가공하는 데 쓰인다.

(a) 볼록 커터　(b) 오목 커터　(c) 인벌류트 기어 커터　(d) 특수 총형 커터

그림 4–30 총형 커터의 종류

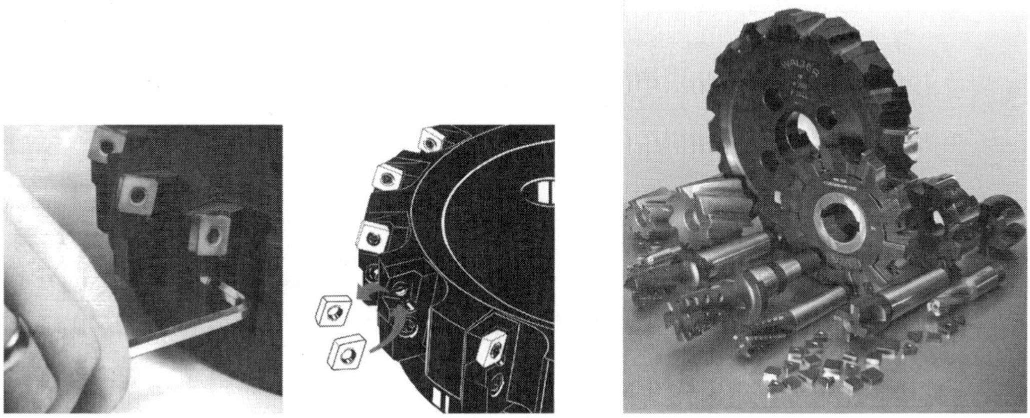

(a) 날의 조립　(b) 인서트날 커터의 구성　(c) 사용 사례

그림 4–31 인서트날 커터의 사례

총형 밀링 커터에는 그림 4-30과 같이 여러 가지가 있으며, 이를 총형 2번각 커터(form or cam relieved cutter)라고도 한다. 이것은 2번각 캠을 이용한 릴리빙 선반에서 가공하기 때문에 이 명칭이 붙게 되었다. 총형 윤곽 커터에는 기어 커터(gear cutter), 체인 스프로킷 커터(chain sprocket cutter), 오목 및 볼록 커터(concave and convex cutter), 코너 커터(corner rounding cutter), 스플라인 및 나사 커터(spline and thread cutter) 등이 있으며, 이들은 모두 표준형으로 제작되고 있다.

4 삽입날 커터

플레인 밀링 커터, 측면 밀링 커터 및 정면 밀링 커터 등은 그림 4-31 (a)와 같이 몸체의 날 부분에 초경 합금 등의 특수 공구날을 삽입 고정하여 사용한다. 최근에는 그림 4-31 (c)와 같이 엔드밀을 비롯하여 모든 커터에 사용하고 있으며, 날은 주로 초경 합금을 사용한다.

3) 드릴과 리머

(1) 드 릴

드릴(drill)은 공작물에 구멍을 뚫을 때 사용하는 절삭공구로, 보통 드릴이라 하면, 트위스트 드릴(twist drill)을 말한다. 드릴의 재료는 고속도강(SKH2 또는 SKH9)이 많이 사용되며, 합금

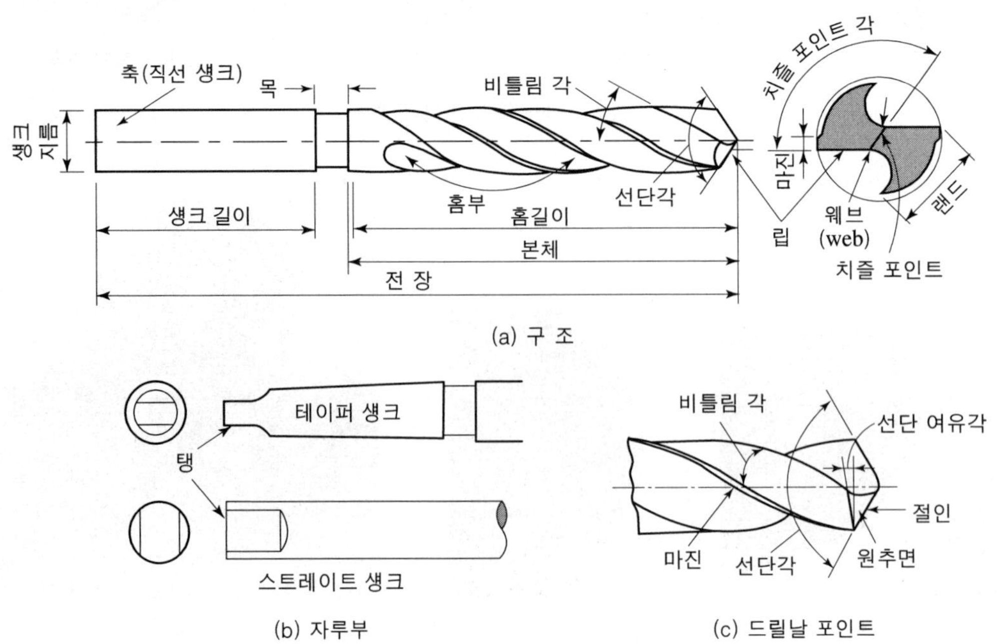

그림 4-32 드릴 각부의 명칭

공구강도 사용되고 있으나 공구 수명이 짧아 절삭날 부분에 초경 합금을 납접하여 사용할 때 몸체용 재료로 이용된다.

1 드릴의 각부 명칭과 기능

드릴의 구조는 그림 4-32 (a)와 같이 날 부분인 몸체와 자루 부분으로 되어 있으며, 드릴의 자루에는 그림 4-32 (b)와 같이 곧은 자루와 테이퍼 자루가 있다.

● 드릴의 선단부

드릴날 포인트(dirll edge point)라고도 하며, 드릴 끝의 날의 부분으로 드릴의 주된 기능인 절삭하는 일을 한다. 그림 4-32 (c)는 드릴 선단부의 명칭을, 그림 4-33은 드릴 선단부의 날각을 나타낸 것이다.

● 섕 크

섕크에는 스트레이트 섕크(straight shank)와 테이퍼 섕크(taper shank)가 있다. 스트레이트 섕크 드릴은 보통 0.2～13 mm의 드릴에 적용되며, 고정할 때는 드릴척(drill chuck)을 사용한다. 테이퍼 섕크 드릴은 10 mm 이상의 드릴에 적용되며, No.1～No.2 Morse Taper로 되어 있어 직접 드릴 머신의 스핀들 구멍에 끼워 사용한다. 드릴의 크기에 따라서는 1～2개의 드릴 소켓

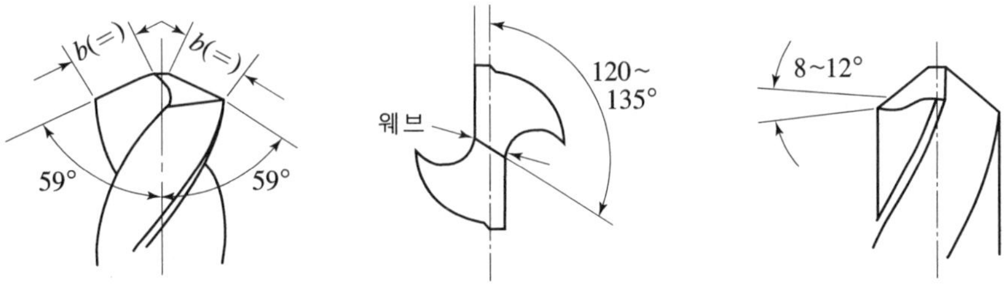

(a) 선단각 (b) 치즐포인트 각 (c) 선단 여유각

그림 4-33 드릴의 공구각

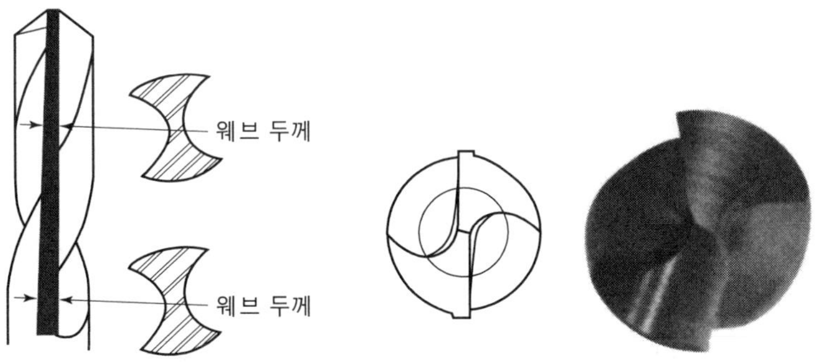

(a) 웨브의 단면 (b) 디 닝

그림 4-34 드릴날의 웨브와 디닝

(drill socket)을 사용하며, 테이퍼 섕크 끝의 탱(tang)은 드릴 머신의 스핀들 축의 홈에 끼워져서 드릴에 회전력을 전달한다.

● **보 디**

보디(body)는 드릴 포인트와 섕크 사이로, 세로홈(flute), 마진(margin), 보디 간극(body clearance), 웨브(web) 부분으로 구성되어 있다.

웨브는 세로홈이 파인 드릴날의 기둥이 되는 부분으로, 강도를 더하기 위하여 그림 4-34 (a)와 같이 섕크 쪽으로 갈수록 웨브 두께(web thicknees)가 두껍게 되어 있다. 따라서 여러 번 수정하여 드릴날의 길이가 짧아졌을 때에는 웨브가 두꺼워, 절삭 저항이 커지므로, 드릴의 절삭 저항이 커지지 않게 가늘게 수정하여야 한다. 웨브를 가늘게 할 때에는 그림 4-34 (b)와 같이 디닝(thining)[4]을 하게 되는데 이때 양쪽이 같아지도록 하고 또 드릴날의 중심 축과 일치되게 하여야 한다.

2 드릴의 종류와 특징

드릴은 사용하는 재료와 공작물의 조건 등에 따라 탄소강 드릴, 고속도강 드릴, 초경 합금을 끝에 붙인 팁 드릴(tipped drill)이 사용된다. 또한 그림 4-35와 같이 자루의 모양에 따라서 스트레이트 섕크 드릴, 테이퍼 섕크 드릴 등 종류가 다양하다.

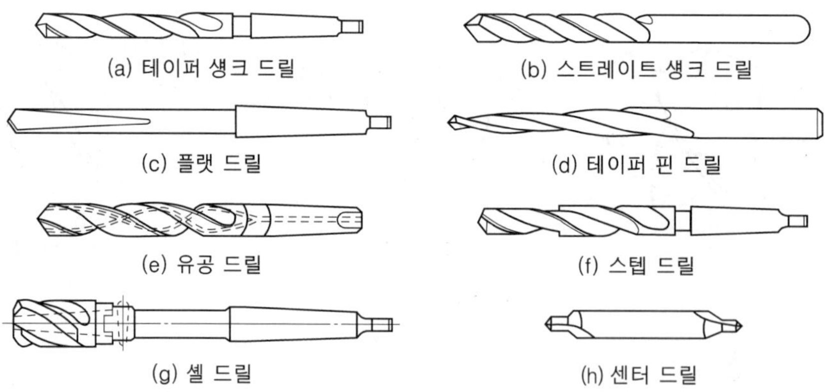

그림 4-35 드릴의 종류

(2) 리 머

리머(reamer)는 드릴로 뚫은 구멍의 내면을 확대 가공하거나, 정해진 치수로 정확하고 매끈하게 다듬질할 때에 사용되는 절삭공구이다. 또 파이프의 내면이나, 뚫은 구멍의 버(burr)를 제거할 때에도 사용된다. 리머에 의한 구멍의 다듬질을 리밍(reaming)이라 한다.

---

4) 디닝(thining) : 드릴의 절삭 저항을 줄일 목적으로 선단의 양쪽 일부를 연삭하여 웨브의 두께를 줄이는 방법이다.

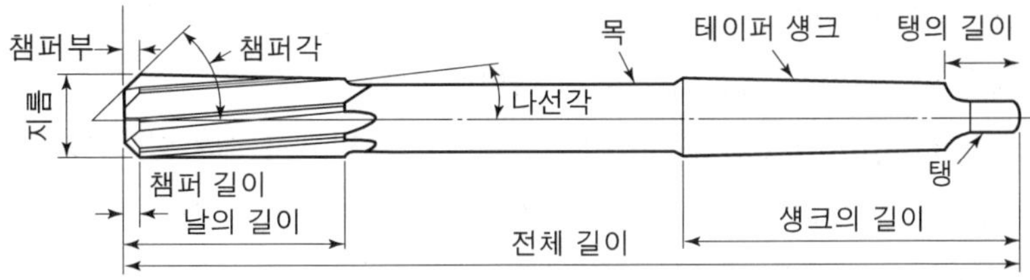

(a) 리머의 구조

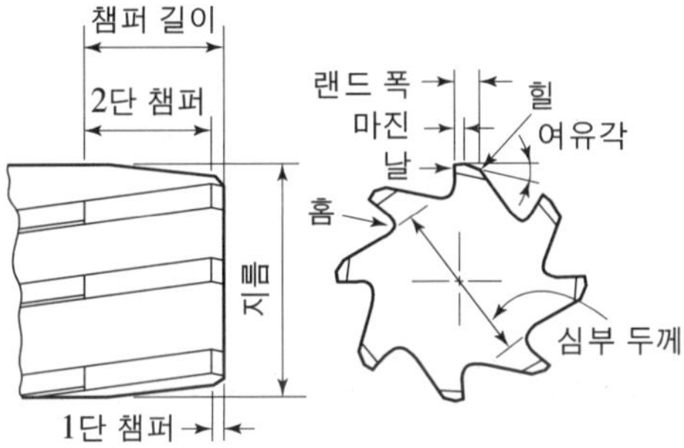

(b) 핸드 리머

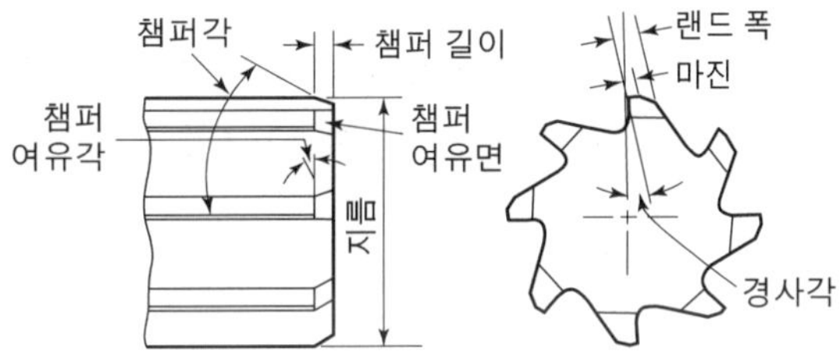

(c) 기계 리머

그림 4-36 리머의 구조와 각부 명칭

1 리머의 구조와 각부 명칭

리머는 보통 그림 4-36 (a)와 같이 챔퍼각(angle of chamfer), 몸통(body), 목(neck) 및 생크(shank) 등으로 구성되어 있다.

2 리머의 종류와 특징

리머에는 수동인 핸드 리머(hand reamer)와 드릴프레스나 선반 등 공작기계를 이용하는 기계 리머(mechanic reamer)가 있다.

● 핸드 리머

솔리드 리머(solid reamer)는 그림 4-37 (a), (b)과 같이 곧은 생크에 직선홈과 나선홈(flute)으로 되어 있고, 챔퍼각은 1°, 여유각은 5～10°를 표준으로 하고 있다. 자루부(shank)의 지름

(a) 곧은날 핸드 리머

(b) 나선날 핸드 리머

(c) 조정 리머

(d) 테이퍼 리머

그림 4-37 핸드 리머의 종류

은 리머의 날지름보다 0.002～0.005 mm 가늘게 되어 있어, 가공한 리머 구멍에 관통시킬 수 있고, 또 마모의 한계를 알 수 있는 일종의 게이지 역할을 한다.

절삭용 날(또는 랜드, land)은 세로홈을 사이에 두고 같은 간격으로 배치되어 있는 것이 보통이나, 채터링(chattering)을 방지하기 위하여 불규칙하게 배치한 것도 있다. 그림 4-37 (c)는 조정 리머, 그림 4-37 (d)는 테이퍼 리머의 보기이다.

● **기계 리머**

a) 처킹 리머(chucking reamer) : 공작기계에 장착하여 사용하며, 그림 4-38 (a)와 같이 날부의 길이가 핸드 리머에 비해 짧고 선단의 챔퍼각이 45°, 여유각은 5～10°가 표준이다.

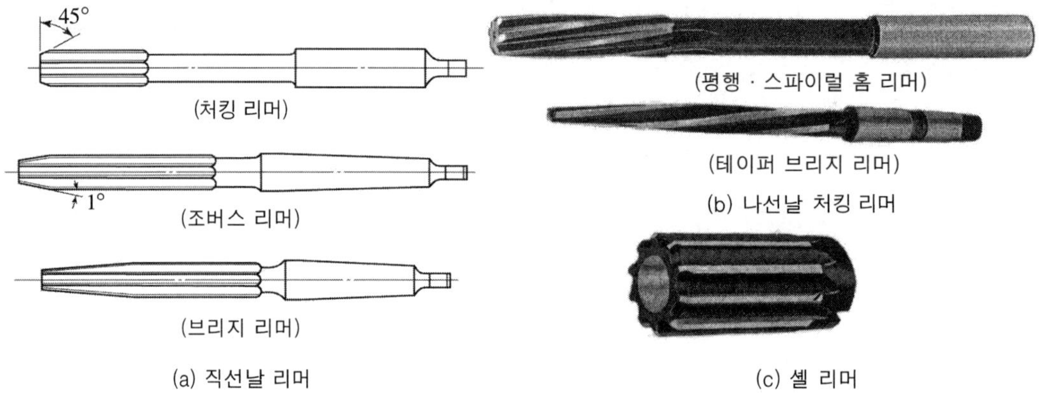

그림 4-38 기계 리머의 종류

b) 조버스 리머(jober's reamer) : 정확한 구멍 다듬질용으로 사용하며, 자루가 테이퍼 생크로 되어 있을 뿐 날부분은 핸드 리머와 같다.

c) 브리지 리머(brigde reamer) : 조선, 제관, 교량공사 등에서 리벳 구멍, 볼트 구멍을 다듬거나 엇갈린 구멍을 수정하는 공구로 손으로 작업하는 경우도 있으나 주로 전기 드릴에 장착하여 공사 현장에서 사용한다. 브리지 리머는 챔퍼부가 조버스 리머보다 길고, 각도도 크고, 날도 강인하다.

d) 나선날 리머 : 드릴링한 구멍을 리밍하는 그림 4-38 (b)와 같은 평행 스파이럴 홈 기계 리머(parallel spiral fluted machine reamer)와 나선 브리지 리머(spiral fluted bridge reamer)가 있다.

e) 셸 리머(shell reamer) : 가공 구멍이 큰 지름용으로, 그림 4-38 (c)와 같이 직선날이 있는 원통 셸을 아버에 조립하여 사용한다. 원통 셸의 날은 스트레이트형과 스파이럴형이 있다.

4) 나사 절삭용 공구

(1) 나사 탭

1 나사 탭의 구조

비교적 작은 지름의 암나사를 내는데 사용되는 공구를 탭(tap)이라 하며, 그 구조와 각부의 명칭은 그림 4-39와 같다. 나사 탭에는 길이 방향에 세로홈이 파여 있는데, 이 세로홈은 절삭날을 형성하고, 칩을 빠져 나오게 하며, 절삭부에 윤활제를 공급하는 기능을 한다. 탭의 절삭각은 공작물의 재질에 따라 다른데, 보통 연강은 8~12°가 표준이다.

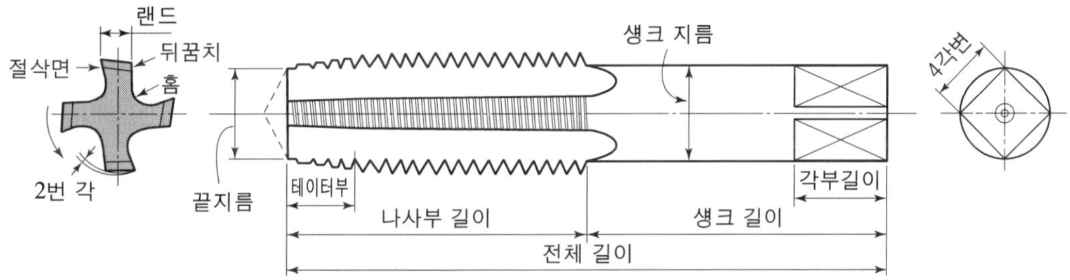

그림 4-39 탭의 구조와 각부 명칭

2 나사 탭의 종류

● **핸드 탭**

그림 4-40 (a)는 가장 일반화되어 있는 표준 탭이며, 그림 4-40 (b)는 새로운 형식으로 1번 탭이 파일럿 안내(first with pilot guide)로 구성되어 있어 시작이 용이하다.

a) 표준 탭 : 1번 탭(거친 탭), 2번 탭(중간 탭), 3번 탭(다듬 탭)이 한 조로 되어 있는데, 이

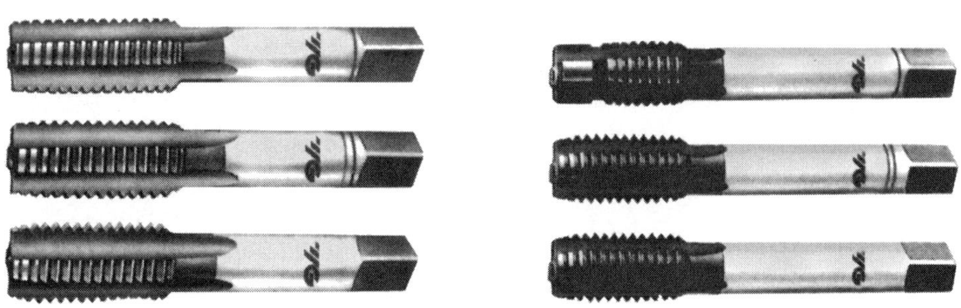

(a) 일반형 (b) 파일럿 안내형

그림 4-40 표준 핸드 탭

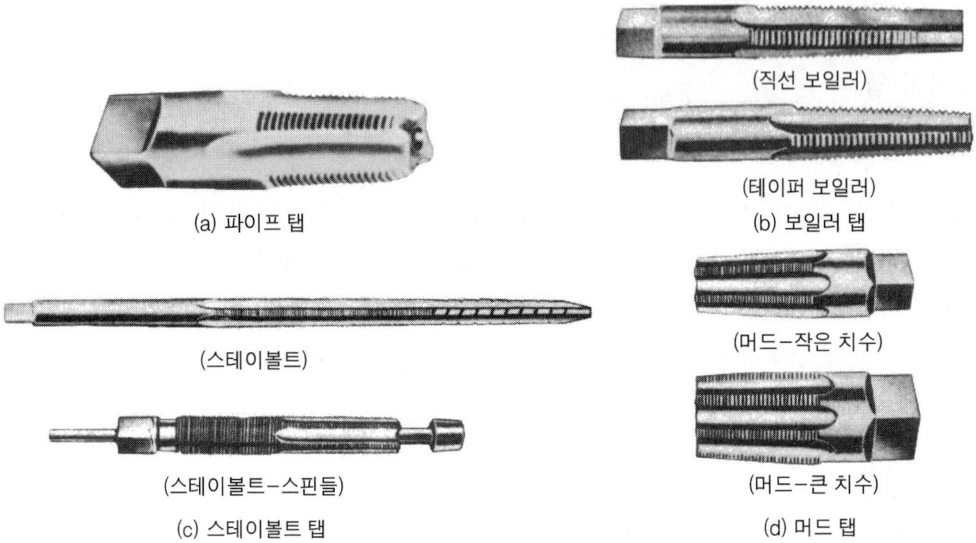

그림 4-41 그 밖의 핸드 탭

그림 4-42 기계 탭

를 first, second 및 bottoming이라고도 부른다. 표준 탭은 나사의 외경, 유효경, 홈경 등이 3개 모두 동일하다.

b) 파이프 탭 : 테이퍼 파이프 탭(taper pipe tap)은 그림 4-41 (a)와 같은 구조로 파이프 피팅(pipe fitting)이나 극히 팽팽히 끼워야 하는 곳에 사용된다.

c) 보일러 탭 : 그림 4-41 (b)와 같은 직선 보일러 탭(straight boiler tap)과 테이퍼 보일러 탭(taper boiler tap)이 있으며 챔퍼된 부분이 시작 깎기를 쉽게 한다.

d) 스테이볼트 탭(staybolt tap) : 주로 보일러의 내측 판과 외측 판의 스테이볼트 구멍에 나사를 낼 때에 사용된다. 그림 4-41 (c)는 스테이볼트 스핀들이 있고 그 길이가 상당히 길어 한 번의 작업으로 내측 판과 외측 판에 나사를 낼 수 있다.

e) 머드 탭(mud tap) : 워시아웃 탭(washout tap)이라고도 하며, 그림 4-41 (d)와 같이 나사부가 테이퍼로 되어 있어 배수 구멍에 나사를 낼 때에 사용된다.

● 기계 탭

드릴 프레스, 선반 또는 나사 전용 기계에 설치하여 암나사를 깎는 공구로 그림 4-42와 같이 날과 섕크의 길이가 길고, 섕크의 지름은 날의 지름보다 약간 작다. 보통 1개의 탭으로 나사 깎기를 완성한다.

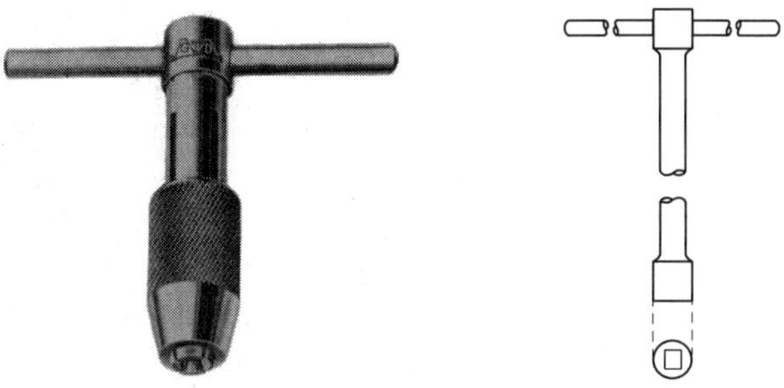

(a) 척 조정형

(b) T형 핸들

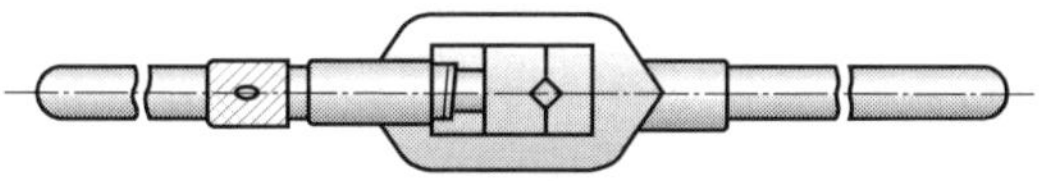

(c) 조정형

그림 4-43 탭 렌치의 종류

3 탭 렌치

탭 렌치(tap wrench)는 손 탭의 자루를 4각 구멍에 끼워 놓고 양 끝을 손으로 잡아 돌리면서 암나사를 절삭가공하는 데 사용하는 공구이며, 이를 탭 핸들(tap handle)이라고도 한다. 탭 렌치에는 그림 4-43과 같이 척 조정형, T형 핸들 및 조정형 등이 있다.

(2) 나사 다이

1 나사 다이의 구조와 명칭

그림 4-44 (a)와 같이 일체형 나사 다이는 기본적으로 나사에 직각인 세로홈을 만들고 여기에 절삭용 날을 만들어 이를 열처리 경화한 너트와 같은 구조를 갖고 있다. 나사 다이의 나사 수는 탭의 나사 수보다 적으나 세로홈은 많은 칩이 빠져 나갈 수 있도록 탭보다 크게 되어 있

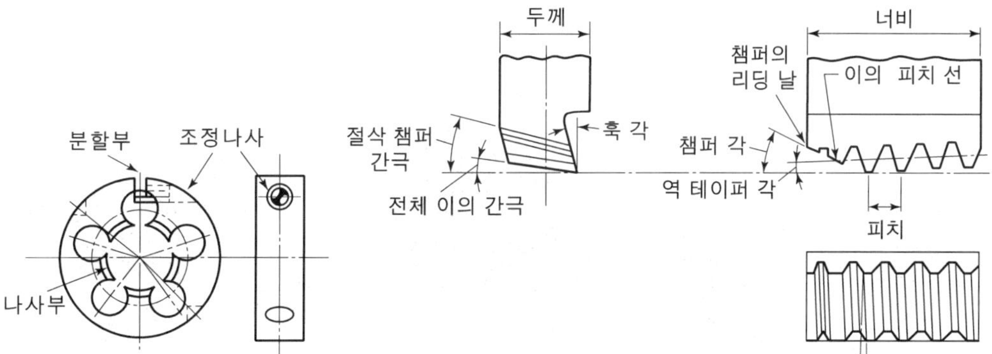

(a) 구 조

(b) 날의 구성과 명칭

그림 4-44 다이의 구조와 날의 구성

다. 다이 나사의 양쪽에는 그림 4-44 (b)와 같이 챔퍼가 있다.

표준 테이퍼 나사 다이에서는 앞면의 챔퍼 이 수가 2~3이고, 뒷면에는 없는 것이 일반적이다. 챔퍼가 길면 나사 내기 시작과 작업이 용이하다.

2 나사 다이의 종류

다이는 여러 가지 형식과 종류가 있는데, 외형의 구조에 따라 단체형(solid die)과 분할형(slit die)이 있으며, 외형에 따라 그림 4-45와 같이 4각형(四角形), 6각형(六角形) 및 환형(丸形) 등이 있다. 또 작업 형식에 따라 보통 손작업에 사용되는 손나사 다이(hand threading die)와 기계 나사 다이(machine threading die)로 크게 분류할 수 있다.

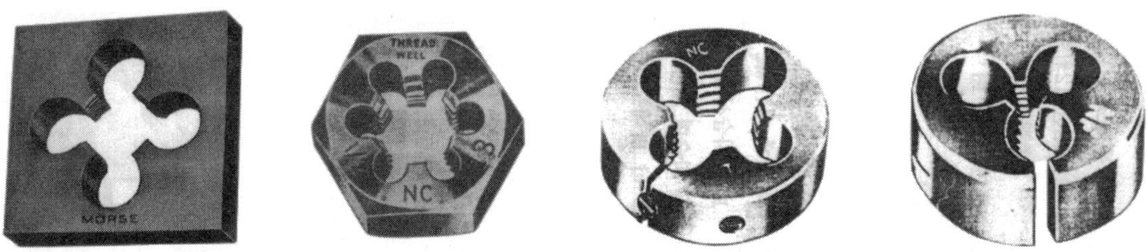

(4각형) (6각형) (나사 조정형) (개방 조정형)

(a) 단체형 (b) 조정형

그림 4-45 나사 다이의 종류

3 파이프 나사 다이와 다이 스톡

그림 4-46 (a)와 같은 투피스 구형 파이프 다이(two piece rectangular pipe die)는 파이프 나사 절삭용으로 사용하는데, 다이 스톡(die stock) 또는 그림 4-46 (b)와 같은 래칫 다이 스톡(ratchet die stock)에 끼우고 사용하며, 다이의 조는 고정 나사로 조정하게 되어 있다. 그림 4-46 (c)는 파이프 나사 내기용 오스터형 다이 스톡(oster type die stock)의 보기이다.

(a) 투피스 구형 파이프 다이 (b) 대형 래칫 다이 스톡 (c) 오스터형 다이 스톡

그림 4-46 파이프 나사가공용

4 나사 다이 스톡

다이 스톡은 나사 다이를 조립하여, 손작업으로 회전시키면서 나사를 내는 공구로, 이를 다이 핸들(die handle)이라고도 한다. 나사 다이 외형에 따라 그림 4-47 (a)와 같은 원형 다이 스톡과 그림 4-47 (b)와 같은 각형 다이 스톡이 사용되고 있다. 그림 4-47 (b)는 다이 스톡과 다이 및 탭 랜지와 탭을 세트로 한 보기이다.

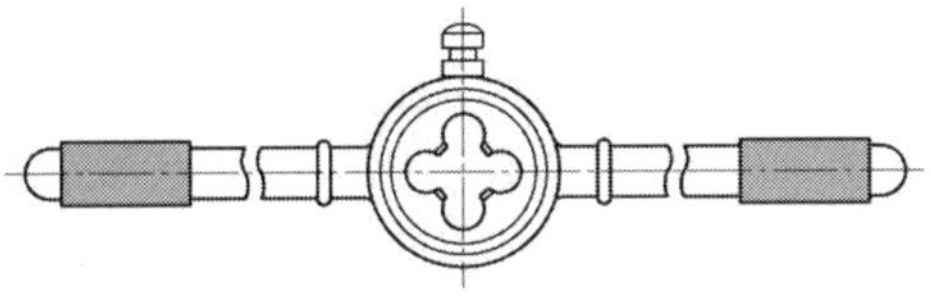

(a) 원형 다이용

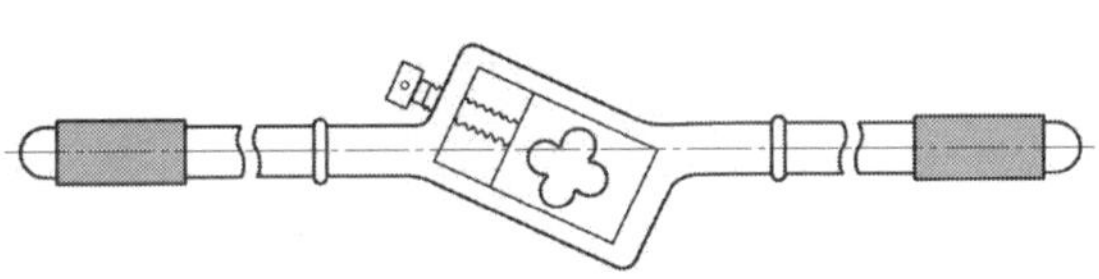

(b) 각형 다이용

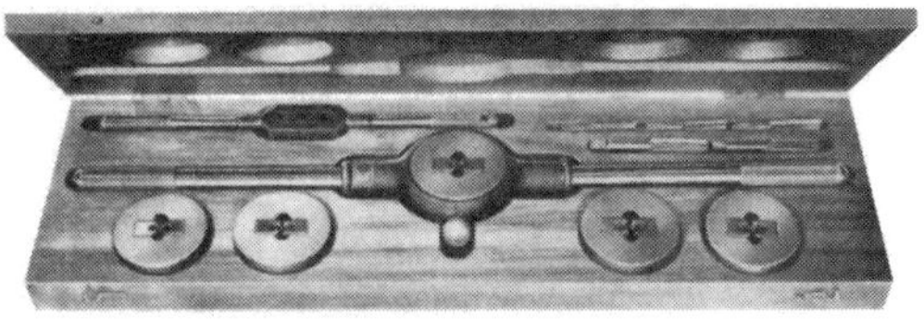

(c) 스톡과 다이 세트

그림 4-47 나사 다이 스톡과 다이 세트

(3) 나사 절삭용 바이트와 커터

1 나사 절삭용 바이트

나사 절삭용 바이트는 주로 선반에서 사용되며, 삼각 나사의 수나사 또는 암나사를 절삭가공하는 데 사용된다.

삼각 나사 절삭용 바이트는 그림 4-48과 같이 크게 수나사용과 암나사용으로 분류한다. 수나사용에는 단체형, 탄력(스프링)형, 완성 바이트와 홀더형, 총형 바이트 등이 있으며, 암나사

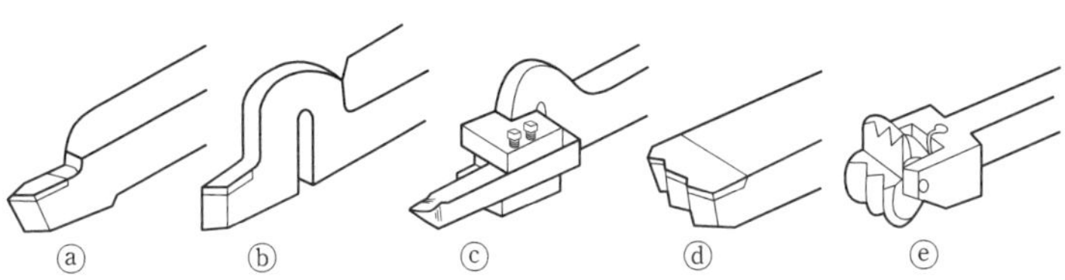

(a) 수나사용

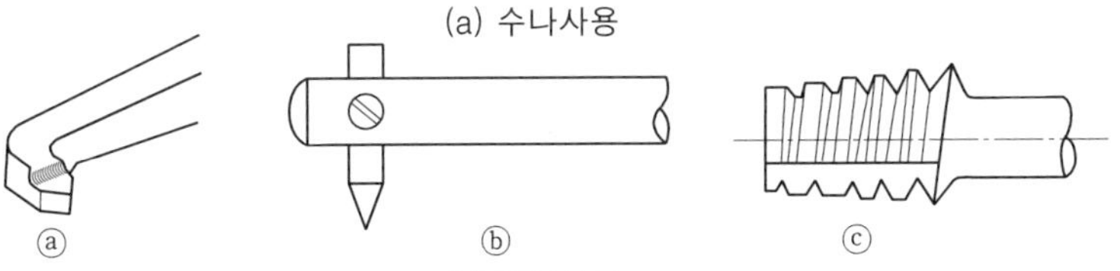

(b) 암나사용

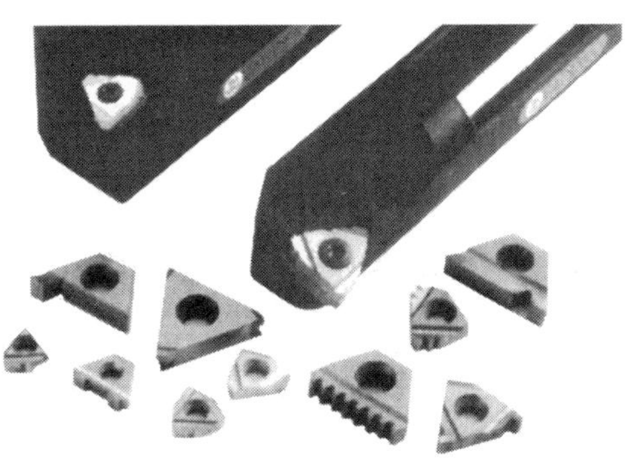

(c) 인서트날 바이트와 팁

그림 4-48 삼각 나사 바이트의 종류

용으로는 그림 4-48 (b)와 같이 단체형, 바형(bar type), 머리빗형 바이트 등이 있다. 그림 4-48 (c)는 최근에 많이 사용되고 있는 나사 절삭용 삽입날 바이트와 팁의 보기이다.

2 나사 절삭용 커터

밀링 머신에서 사용되는 나사 절삭용 커터에는 그림 4-49 (a)와 같은 단산(單山) 나사 커터와 그림 4-49 (b)와 같은 다산(多山) 나사 커터가 있다.

단산 나사 커터는 바이트와 같이 나사의 전 길이에 걸쳐 이송하면서 나사를 절삭하는데 비해, 다산 나사 커터는 공작물이 1회전하여 나사의 전장(커터의 너비)을 절삭가공할 수 있는 능률적인 공구이다.

(a) 단산 나사 깎기용 (b) 다산 나사 깎기용

그림 4-49 나사 절삭용 커터의 종류

5) 기어 절삭용 공구

(1) 기어 절삭용 바이트와 커터

1 기어 절삭용 바이트

● **단인 바이트**

단인공구(單刃工具, single point tool)인 바이트는 치형을 절삭하는 바이트이며 형판(型板, template)을 사용한 모방 절삭을 하게 된다. 따라서 바이트의 날끝각과 여유각이 치형에 따라 적절한 모양으로 형성되어야 한다.

● **총형 바이트**

기어 이홈과 같은 윤곽을 갖고 있는 총형 바이트이며, 셰이퍼와 슬로터 또는 플레이너에서 대형 기어, 특히 대형 내치차의 기어 절삭에 이용된다. 총형 바이트는 모듈과 이수에 따라 이홈 윤곽이 일치된 것을 사용한다.

2 기어 절삭용 커터

● **총형 커터**

총형 커터는 밀링 머신에서 소량의 기어, 또는 사이클로이드 기어(cycloid gear) 절삭용 커터이며 기어의 이홈은 기어의 모듈과 이수에 따라 다르다.

그림 4-50은 밀링 머신에서 사용되는 기어 가공용 커터와 엔드밀의 보기이다.

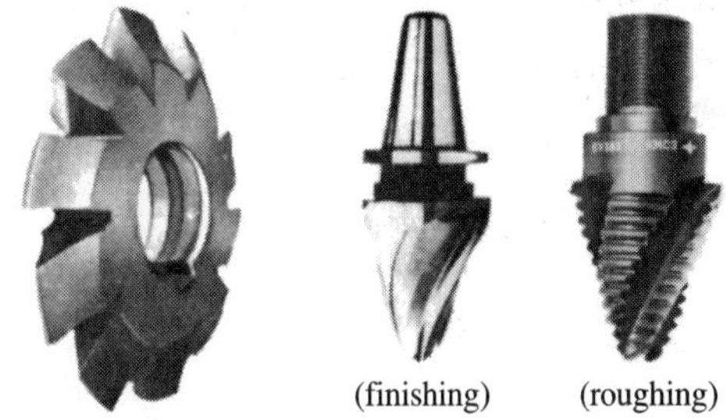

(a) 인벌류트 커터 (b) 인벌류트 엔드밀

그림 4-50 총형 기어 커터와 엔드밀

● **피니언 커터**

피니언 커터는 기어 형삭기(gear shaping machine)에 사용하는 매우 능률적인 기어가공용 공구로, 자동차 공업 및 그 밖의 대량 생산 공장에서 각종 기어가공에 폭넓게 사용되고 있다.

(2) 호 브

1 호브의 구조와 기능

호브(hob)는 밀링 커터와 같은 회전 절삭공구이며 그림 4-51과 같이 원통형의 공구에 치형 곡선의 윤곽을 가지는 나선홈이 있는 날을 만들기 위하여 원통의 축 방향으로 몇 줄의 홈을 파놓고, 날의 후부에는 여유각을 둔 것이다. 따라서 호브를 회전시키면 축을 포함하는 한 평면상에서는 호브 단면의 윤곽이 축 방향으로 이동하게 되어 있다.

이에 따라 호브에 회전 절삭 운동을 주고, 호브의 단면의 랙과 기어 소재가 이론적인 상대 운동을 하도록, 기어 소재에 회전 운동을 주어 기어를 절삭가공한다. 즉 호브는 무한히 긴 랙에

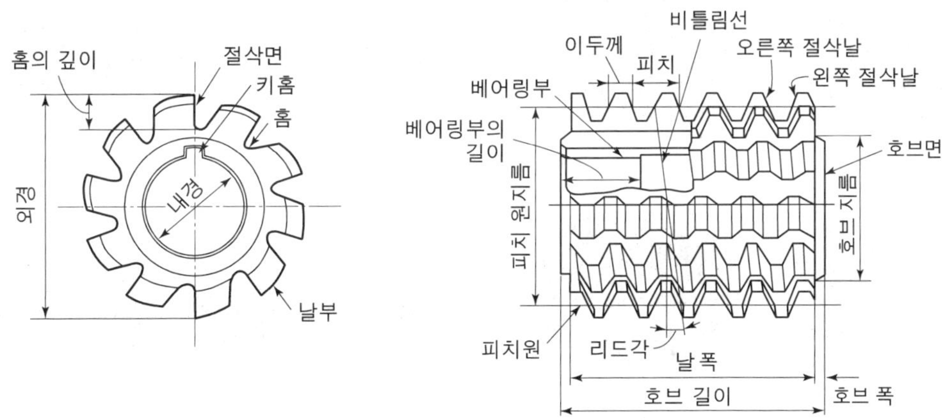

그림 4-51 호브의 구조와 각부 명칭

상당하다고 볼 수 있으며, 호브가 한 줄 나사이면 호브의 1회전당 랙이 1피치 전진하게 되므로 기어 소재에는 이에 상응하는 회전을 주면 된다. 또한 소재의 회전에 따라 호브를 소재의 축 방향으로 이동시키면 기어 폭의 전장을 절삭할 수 있게 된다.

호브는 기어 절삭 전용 공작기계인 호빙 머신(hobbing machine)에 사용된다.

2 호브의 종류

● 스퍼 기어용 호브

그림 4-52 (a)와 같이 랙형 치형으로 가장 기본적인 호브이며, 날 수가 많을수록 좋으나 기어의 크기에 따라 제한을 받는다.

● 헬리컬 기어용 호브

그림 4-52 (c)와 같이 나선각이 있으며, 기어의 나선 방향과 같은 방향의 호브를 선택 사용하여야 한다.

● 웜 기어용 호브

그림 4-52 (d)와 같은 hole type와 그림 4-52 (g)와 같이 자루가 달린 shank type 호브가 있다.

● 기타 특수 호브

Roller chain sprocket 또는 timing belt pulley와 같이 특수한 형상 및 피치를 갖는 기계 요소의 가공용으로는 그림 4-52 (e), (f)와 같은 특수 호브가 사용된다.

(a) 스퍼 기어용 호브

(b) roughing gear hob

(c) 헬리컬 기어용 호브

(d) 웜 기어용 호브 (hole type)

(e) roller chain sprocket hob

(f) timing belt hob

(g) worm hob(shank type)

그림 4-52 호브의 종류

4.2 절삭가공용 공작기계

공작기계를 사용하여 공작물(被加工物)을 요구되는 모양과 치수의 기계 부품으로 가공하는 작업을 기계가공(機械加工, machining)이라 한다. 이 중에서 바이트나 밀링 커터 등의 절삭공구에 의해 소재로부터 절삭작용에 따라 생성되는 절삭분인 칩을 제거하여 요구되는 치수와 모양으로 가공하는 방법을 절삭가공(切削加工, cutting work)이라 하며, 여기에 사용되는 공작기계를 절삭가공용 공작기계(切削加工用工作機械)라 한다. 공작기계는 사용하는 절삭공구에 따라 가공 방식이 다르다. 예를 들면 선반, 보링 머신, 플레이너, 셰이퍼, 슬로터는 바이트를 사용하여 가공하고, 드릴 머신은 드릴(drill)을 사용하여 구멍을 뚫는다. 밀링 머신은 여러 가지 밀링 커터(milling cutter)를 사용하여 가공하는 것을 기본으로 한다.

1. 선 반

선반(lathe)은 주축에 고정한 공작물에 회전 운동을 시키고 공구대에 설치된 바이트에 절삭 깊이와 이송(feed motion)을 주며 주로 원통면(圓筒面)을 절삭하는 가장 기본이 되는 공작기계이며, 선반에서 이루어지는 절삭가공을 선삭가공(旋削加工, turning)이라 한다.

선반은 오래전부터 폭넓게 실용되어 온 공작기계로서 그 가공으로는 원통 깎기(turning), 정면 깎기(facing), 구멍뚫기(drilling), 보링(boring), 나사 깎기(threading), 절단(cut off) 등 모든 기본 가공이 포함된다. 이들 가공에는 각각 알맞은 형상의 바이트가 사용된다. 그리고 특수 장치나 공구 등을 사용하면 총형 깎기, 널링 등 다양한 가공도 할 수 있다.

선반은 가공할 수 있는 폭이 넓어 공작기계 중 가장 많이 사용되고 있으며, 그림 4-53과 같이 다양한 가공을 할 수 있다. 이 밖에도 특수 장치를 설치하게 되면 태핑, 초정밀가공, 연삭 그리고 기어가공, 대형 실린더의 보링도 가능하다.

1) 선반의 구조와 부속 장치

(1) 선반의 구조

1 선반의 주요 구조와 크기

● 선반 주요부의 명칭

선반은 공작기계 중에서 가장 많이 사용되고 있으며, 그 종류도 많다. 일반적으로 선반이라 하면 보통 선반(普通旋盤, engine lathe)을 말한다. 보통 선반은 각종 선반 중에서도 특히 작업 영역이 넓은 범용 공작기계(汎用工作機械)로 공작기계의 기본적인 구조와 기능을 갖고 있는 대

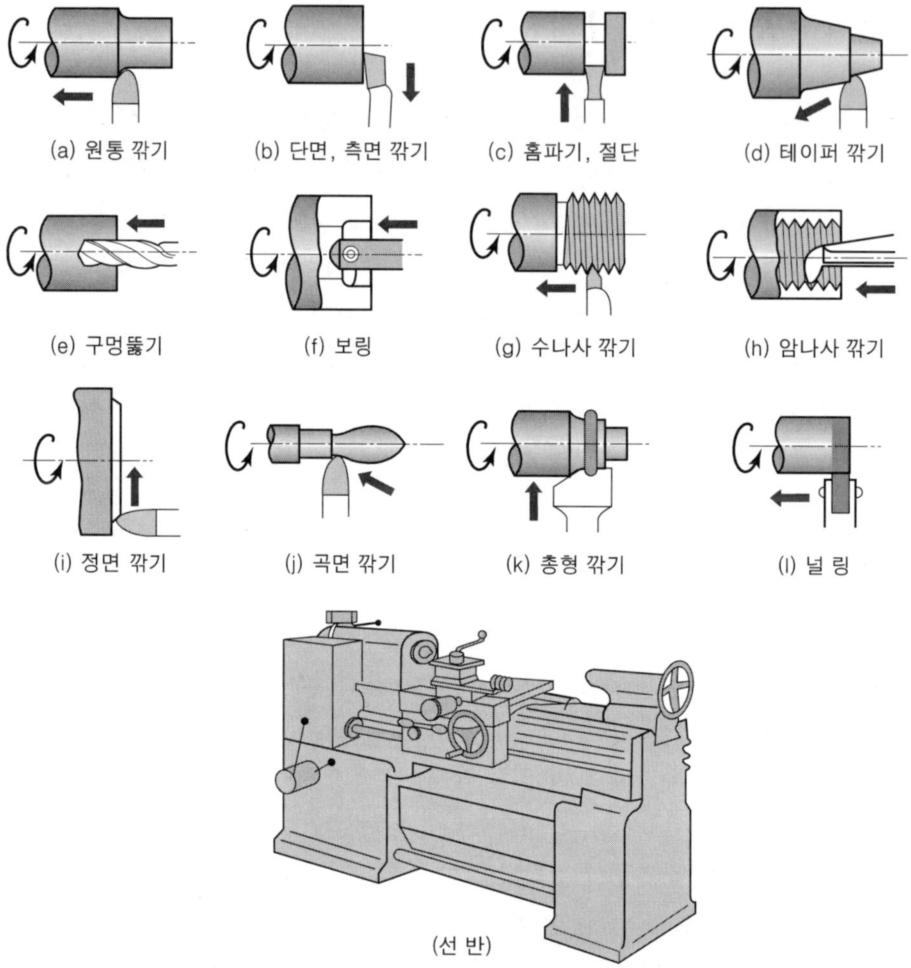

그림 4-53 선반에 의한 가공

그림 4-54 선반 주요 구조

표적인 기종이다. 선반의 주요 부분은 그림 4-54와 같이 베드(bed), 주축대(headstock), 왕복대(carriage), 심압대(tail stock) 등으로 구성되어 있다.

최근의 공구 재료의 연구 발전에 따라 보통 선반은 고속화되는 동시에 중절삭에도 충분히 견딜 수 있는 구조로 발전하고 있다.

● **선반의 크기**

선반의 크기를 나타낼 때에는 그림 4-55와 같이 나타내는데, 베드 상의 스윙 d_1은 그 선반에 고정할 수 있는 공작물의 최대 지름을, 왕복대 상의 스윙 d_2는 왕복대에 접촉 없이 조정할 수 있는 공작물의 최대 지름이다. 센터 간의 최대 거리 l_1은 고정할 수 있는 공작물의 최대 길이를 알 수 있다. 이 밖에 선반의 길이 l_2는 선반의 외형 크기, 즉 전체 길이를 나타낸다.

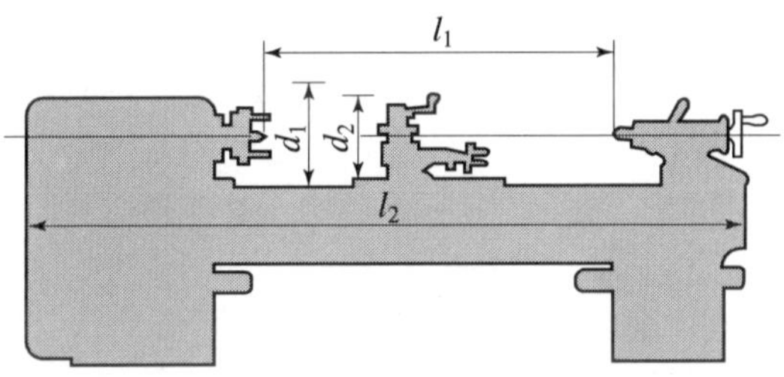

〈예〉
베드 상의 스윙(d_1) : 400 [mm]
왕복대 상의 스윙(d_2) : 255 [mm]
양 센터 간의 최대 거리(l_1) : 800 [mm]
베드의 길이(l_2) : 1,770 [mm]

그림 4-55 선반의 크기

② 주축대

주축대는 상자형으로 주축(spindle)과 베어링(bearing) 그리고 공작물의 재질 또는 지름 크기에 따라 알맞는 절삭 속도를 얻기 위한 주축 속도 변환 장치가 내장되어 있다. 주축 전동 방식에는 주로 기어 전동 방식이 사용된다. 주축은 절삭 저항과 진동에 견딜 수 있는 강도와 정밀도가 요구되므로, 중공축인 합금강(Ni-Cr강)이 사용되며, 가공 후 담금질과 연삭가공한다. 주축의 끝 부분은 모스 테이퍼(Morse taper) 구멍으로 되어 있다. 또한 면판 등을 고정할 수 있도록 그림 4-56과 같이 여러 가지 형식의 구조로 되어 있다. 주축의 베어링은 종전에는 미끄럼 베어링을 사용하였으나 최근에는 고속화에 따라, 앞뒤 모두 볼 베어링을 사용하고 있다.

주축 속도의 변환은 보통 계단 변속으로 등비 급수적 속도열을 이용하고 있으며, 변환수는 6~12가지로 많다. 주축 속도는 변환 레버를 조작하여 변환하는데, 그 내용이 그림 4-57과 같이 전환판에 표시되어 있어 레버로 조절할 수 있다.

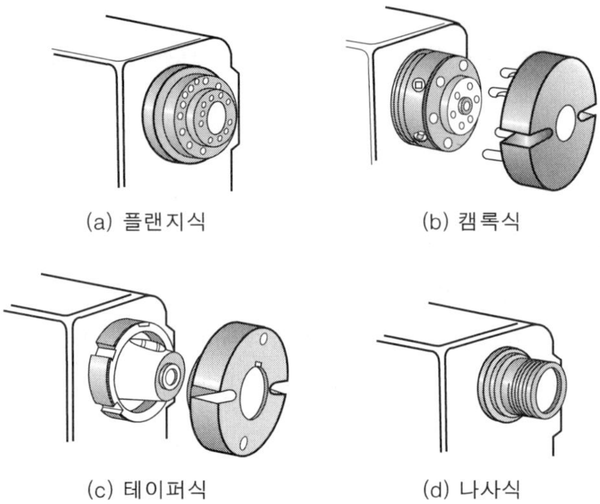

그림 4-56 주축끝의 형식

그림 4-57 주축대

3 심압대

심압대(tail stock)는 공작물의 길이가 비교적 긴 경우, 그 길이에 따라 베드 상의 적당한 위치에서 심압대 클램프 레버로 고정하고, 공작물을 주축과 심압대 사이에 고정할 때에는 심압대축(tail stock spindle)을 조정하여 바인딩 레버(binding lever)로 고정한다. 심압대는 본체와 베이스가 분리되어 있으므로, 각도 조정 나사로 베드와 직각 방향으로 10～20 mm 이동할 수 있으므로, 중심축의 편위(偏位)를 조정하면 테이퍼 절삭도 할 수 있다. 심압대축의 끝은 모스 테이퍼 구멍으로 되어 있어 센터, 드릴척, 드릴, 리머 등을 끼워 사용할 수 있다. 그림 4-58은 심압대의 구조를 나타낸 것이다.

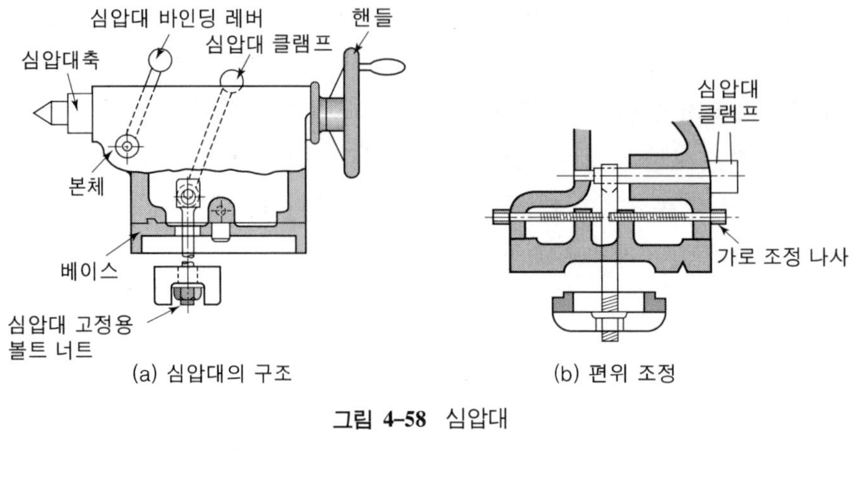

그림 4-58 심압대

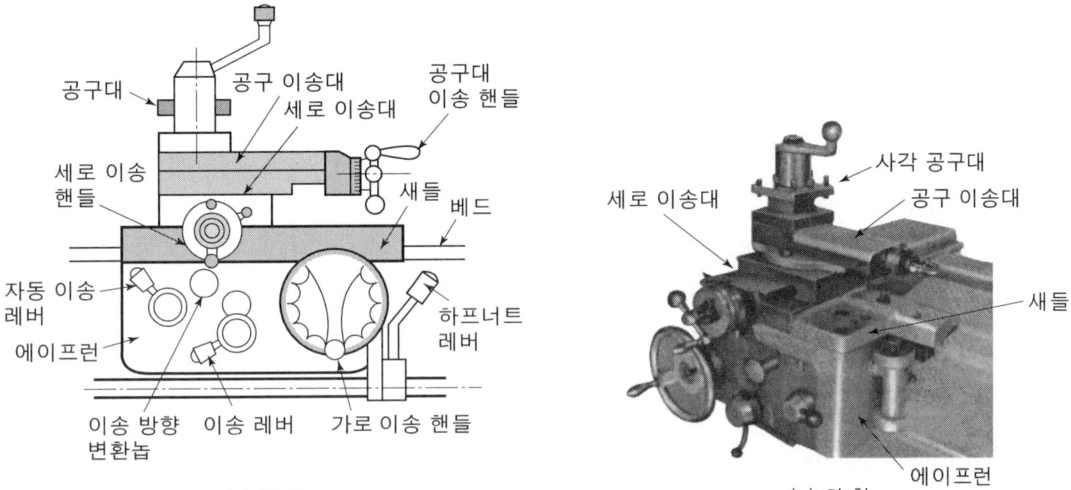

그림 4-59 왕복대와 에이프런

4 왕복대

왕복대(carriage)는 그림 4-59와 같이 새들(saddle)과 에이프런(apron) 및 공구대(tool post) 등으로 구성되어 있으며, 베드 상에는 바이트의 이송과 절입을 위해 가로 이송과 세로 이송을 할 수 있는 장치로 되어 있다. 공구대는 회전할 수 있는 복식 공구대와 회전할 수 없는 단식 공구대가 있다.

5 선반 베드

선반 베드(lathe bed)는 그 위에 작동부인 주축대, 이동하는 왕복대와 심압대 등을 설치하여 운전하는 선반의 몸체에 해당한다. 베드 위에서 절삭가공이 이루어지므로 여러 가지 외력에 견딜 수 있고, 변형과 진동이 적게 설계되어야 한다. 칩의 처리가 쉽도록 구조면에도 유의해야 한다. 베드의 재질로는 미하나이트 주철 등의 고급 주철을 사용하며, 내마멸성을 높이기 위하여 화염 경화, 고주파 경화 등의 표면 경화처리를 한다. 미끄럼면은 연삭가공 또는 스크레이핑(scraping)하여 정밀도를 높이고, 미끄럼면의 단면 모양은 삼각형 모양의 산형이 많이 사용되며, 이 밖에 평탄한 평형 및 이들을 복합시킨 복합형이 있다(그림 4-4 (a) 참조).

(2) 선반용 부품과 부속 장치

1 센 터

선반에 사용되는 센터에는 주축에 끼워서 공작물과 함께 회전하는 회전 센터(live center)와 심압대축에 꽂아 사용하는 정지 센터(dead center)가 있다. 센터의 자루는 모스 테이퍼이며, 3

~5번의 것이 많이 쓰이고, 센터의 각도는 보통 60°이며, 75°, 90°를 사용할 때도 있다. 주축대에 사용하는 회전 센터에는 그림 4-60 (a)와 같이 표준 센터가 사용되나 심압대에 사용되는 정지 센터에는 공구강 외에 그림 4-60 (c)와 같이 끝 부분에 고속도강 또는 초경 합금을 경납땜하여 사용한다. 그림 4-60 (d)와 같은 심압대축에 꽂고 공작물과 함께 회전하는 베어링 센터(bearing center)가 있다. 이 밖에 끝면 깎기에 쓰이는 하프 센터(half center), 구멍이 있는 공작물의 센터 작업에 사용되는 그림 4-60 (d)와 같은 파이프용 센터도 있다.

2 돌림판, 돌리개, 면판 및 맨드릴

● 돌림판

돌림판(driving plate)은 그림 4-61 (a)와 같은 두 종류가 있으며, 주축의 끝 나사에 끼워놓고 양 센터 작업 시 주축의 회전을 공작물에 전달하기 위하여 돌리개와 함께 사용된다.

● 돌리개

돌리개(lathe dog)는 그림 4-61 (b)와 같은 것이 있으며 센터 작업에서 돌림판의 회전을 공

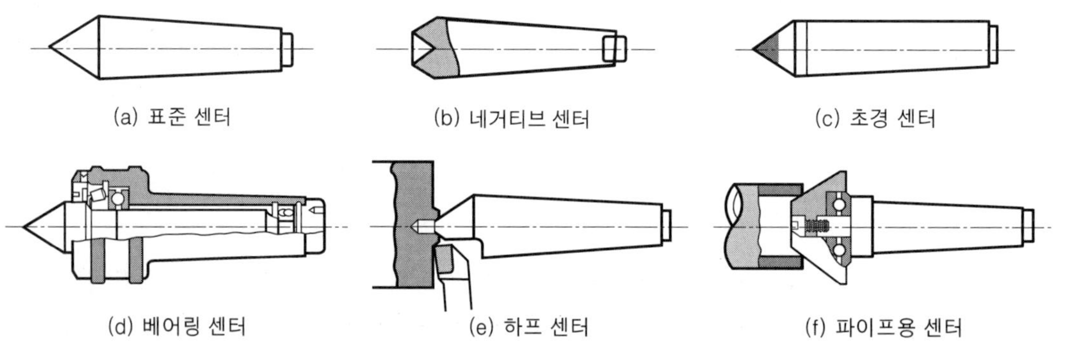

(a) 표준 센터 (b) 네거티브 센터 (c) 초경 센터

(d) 베어링 센터 (e) 하프 센터 (f) 파이프용 센터

그림 4-60 센터의 종류

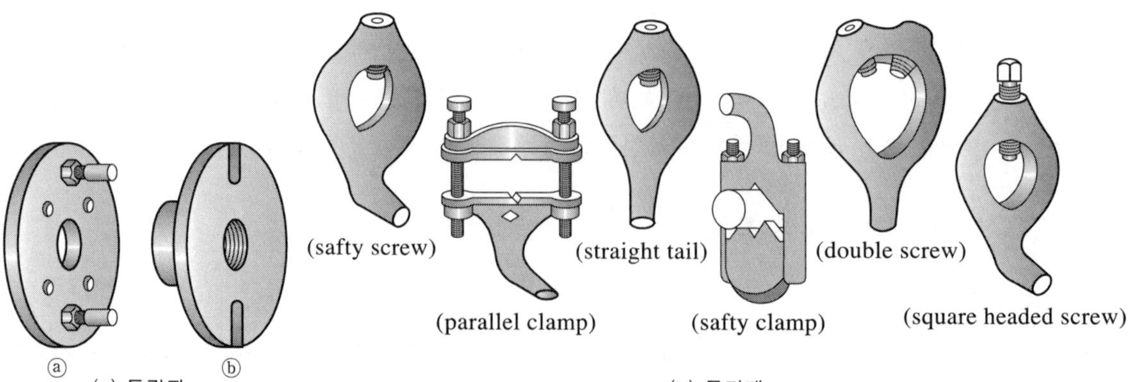

(a) 돌림판 (b) 돌리개

그림 4-61 돌림판과 돌리개의 종류

작물에 전달하는 역할을 한다.

● 면 판

면판(face plate)은 돌림판과 유사하고 주축 끝에 고정하여 사용하지만 그림 4-62와 같이 면의 넓이가 크고, 여러 가지 조립 구멍이 있는 것이 다르다. 모양이 복잡하여 면판이나 척작업으로 고정할 수 없는 공작물을 고정할 때에는 뚫려 있는 구멍을 이용하여 직접 고정하거나 앵글 플레이트, 블록 등의 보조물을 이용하여 공작물을 고정한다.

● 맨드릴

기어나 V벨트 풀리의 소재와 같이 구멍이 뚫린 공작물의 바깥 원통면이나 측면을 가공할 때는 그림 4-63과 같은 맨드릴(mandrel)에 끼워 고정시킨 다음, 이 맨드릴을 공작물과 같이 센터로 지지하여 센터작업을 하면 편리할 경우가 많다.

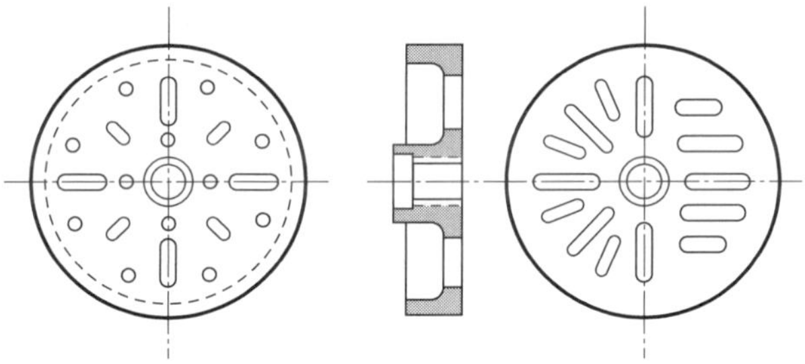

그림 4-62 면 판

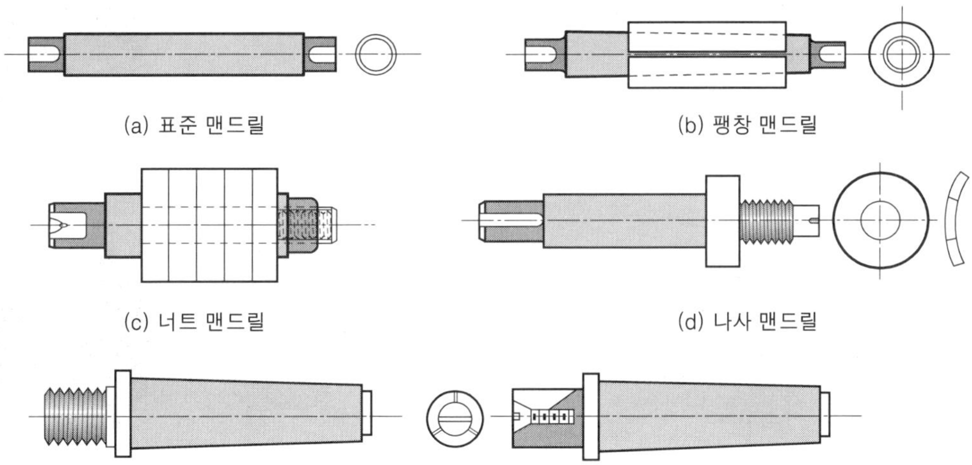

(a) 표준 맨드릴 (b) 팽창 맨드릴

(c) 너트 맨드릴 (d) 나사 맨드릴

(e) 테이퍼 자루 맨드릴

그림 4-63 맨드릴의 종류

3 선반척

사방으로 움직이는 3~4개의 조(jaw)로 공작물을 체결하는 부속장치로, 주축의 끝부에 조립하여 사용한다.

● 단동척

단동척(單動척, four jaw independent chuck)은 그림 4-64 (a)와 같이 4개의 조(jaw)가 각각 단독으로 움직이도록 되어 있어 불규칙한 모양의 공작물을 고정하는 데 편리하다. 중심을 정확하게 맞추기 위해서는 인디케이터 또는 서페이스 게이지를 사용하며, 오랜 시간 숙련이 필요하다.

● 연동척

연동척(universal chuck)은 그림 4-64 (b)와 같이 3개 조가 동시에 움직이도록 되어 있어 원형, 정삼각형, 정육각형 등의 공작물을 고정하는 데 편리하다. 고정력은 단동척에 비해 약하며, 조가 마멸되면 척의 정밀도가 떨어지는 결점이 있다. 척의 조는 내경용과 외경용으로 사용할 수 있어 용도에 따라 방향을 바꾸어 사용할 수 있다.

이 밖에 단동척과 연동척의 두 가지 기능을 갖고 있는 양용척(combination chuck), 원판 안에 전자석을 설치한 마그네틱척(magnetic chuck), 가는 지름의 봉재, 각봉재 등을 고정하여 절삭하는 데 편리한 콜릿척(collet chuck) 등이 있다. 또한 공압(空壓) 또는 유압(油壓)을 이용하여

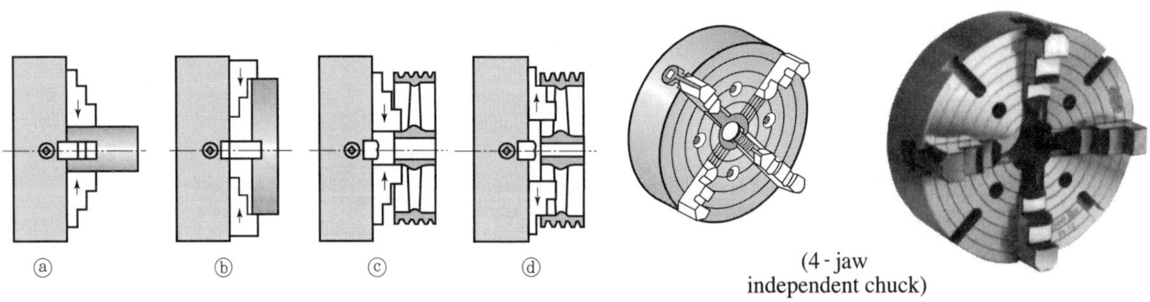

(a) 단동척

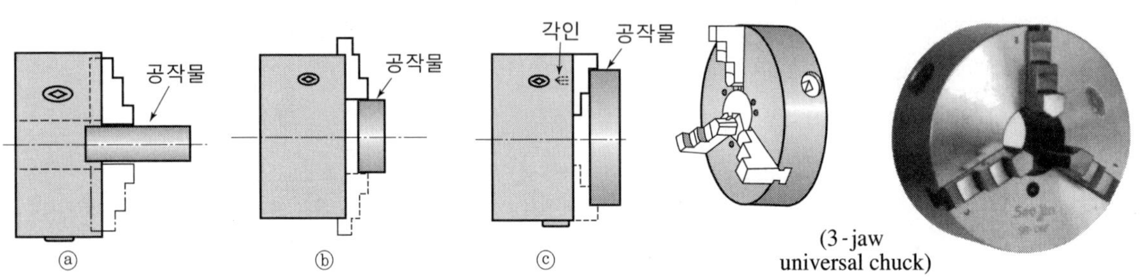

(b) 연동척

그림 4-64 단동척과 연동척

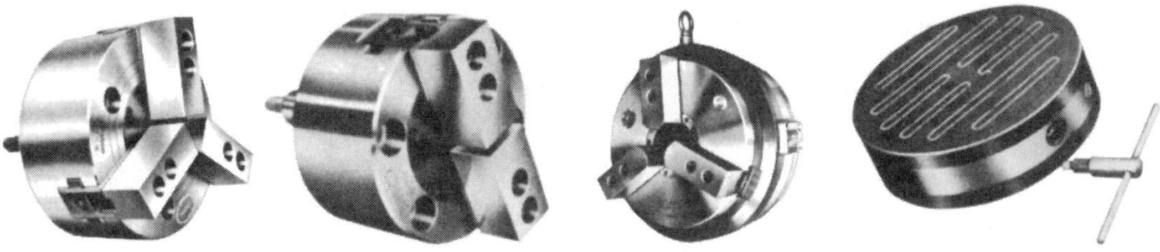

(a) 유압척 (b) 2조 유압척 (c) 공압척 (d) 마그네틱척

그림 4-65 특수 척의 종류

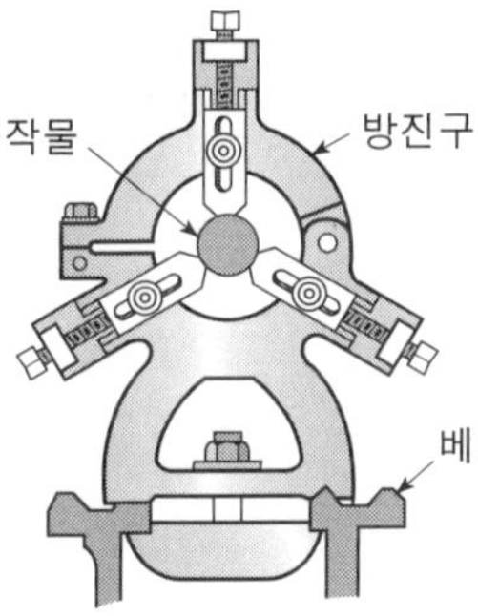

(구 조)

(작업의 보기)

(a) 고정식

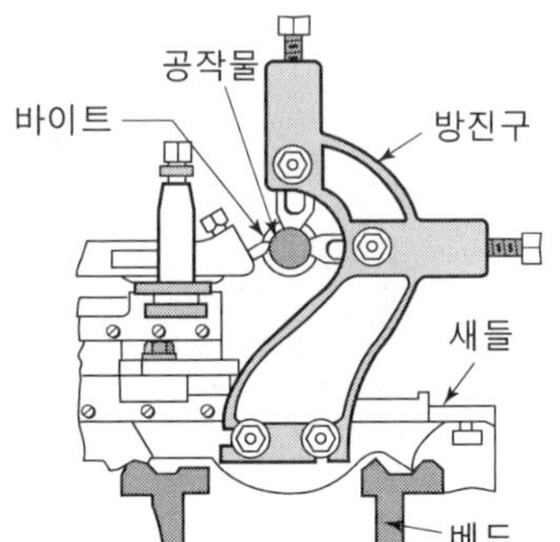

(구 조)

(작업의 보기)

(b) 이동식

그림 4-66 방진구

공작물을 고정하는 자동식 공압(유압)척(compressed air(oil) operated chuck)이 있다. 그림 4-65는 특수 선반척의 보기이다.

4 방진구

가늘고 긴 공작물은 절삭력과 자중에 의하여 휘거나 처짐 또는 떨림이 일어나기 쉬워 정확한 치수로 가공하기 어렵다. 이와 같은 처짐이나 휨을 방지하는 부속 장치를 방진구(work rest)라 한다. 방진구에는 고정 방진구와 이동 방진구가 있다.

● **고정 방진구**

고정 방진구(steady rest)는 그림 4-66 (a)와 같이 베드에 고정시키고 미리 가공한 공작물의 중앙부를 방진구로 지지한 상태에서 끝면 깎기, 원통면 깎기, 구멍뚫기 등의 작업을 한다.

● **이동 방진구**

이동 방진구(follower rest)는 그림 4-66 (b)와 같이 새들 위에 설치하고, 방진구의 조를 바이트 끝과 가까운 가공된 공작물의 외경에 닿게 조절하여 왕복대와 함께 이동하면서 공작물을 가공한다. 가늘고 긴 스핀들을 보다 정밀하게 절삭가공하기 위해 고정 방진구와 이동 방진구를 동시에 사용하기도 한다.

2) 선반가공

(1) 선반가공의 절삭 조건

선반가공에 의한 공작물의 표면 거칠기와 치수 정밀도는 사용하는 바이트의 각도와 모양뿐만 아니라, 절삭 깊이, 이송량, 절삭 속도, 절삭유제 등에 따라 영향을 받는다.

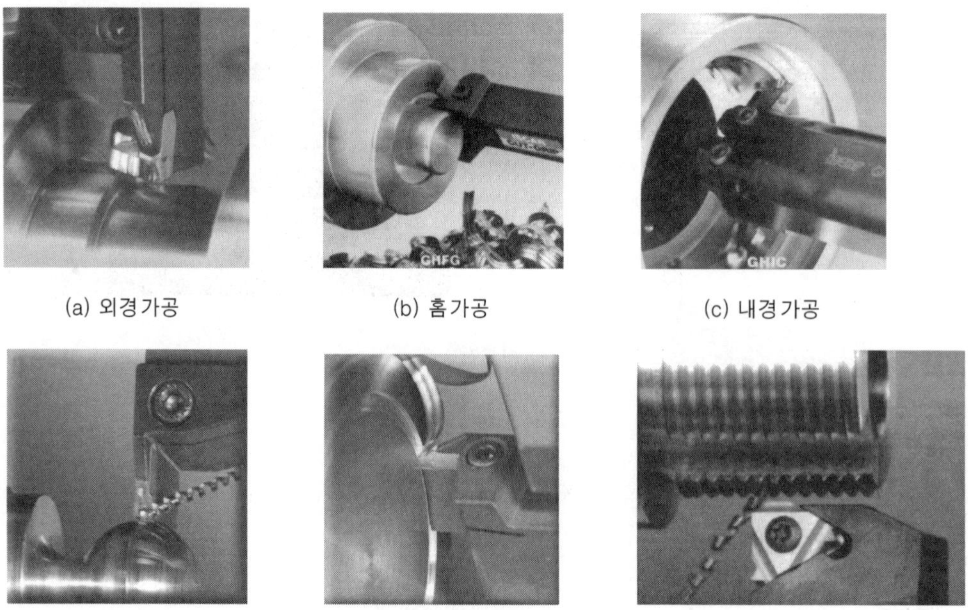

(a) 외경가공 (b) 홈가공 (c) 내경가공

(d) 총형가공 (e) 절단가공 (f) 나사가공

그림 4-67 선삭의 보기

절삭 조건을 정확히 선택하지 못할 때에는 가공 표면 거칠기, 치수 정밀도가 나빠지고, 바이트의 수명도 짧아지며, 절삭 능률도 저하된다. 그림 4-67은 초경 합금 삽입날 바이트(inserted bite)에 의한 선삭의 보기이다.

1 절삭 속도

절삭 속도(cutting speed)는 바이트에 대한 공작물의 원둘레 또는 표면 속도이며, 선반가공의 경우에는 절삭된 공작물면 위에서 측정한다.

절삭 속도 v [m/min]와 주축 회전수 n [rpm]은 다음 식으로 계산한다.

$$v = \frac{\pi d n}{1{,}000} \text{ [m/min]} \tag{4-7}$$

$$n = \frac{1{,}000 v}{\pi d} \text{ [rpm]} \tag{4-8}$$

여기서 d : 공작물의 지름 [mm]

절삭 속도는 표면 거칠기, 절삭 능률, 바이트의 수명 등을 좌우하는 중요한 요소로서, 절삭 속도가 클수록 표면 거칠기는 좋아지고, 절삭 시간도 단축된다. 그러나 절삭 속도가 증가함에 따라 절삭 온도가 올라가고, 바이트의 수명이 급격히 저하된다.

보통 가공에서는 바이트의 수명이 60～120분이 되도록 절삭 속도를 선택하며, 이것을 경제적 절삭 속도라 한다. 표 4-4, 표 4-5는 일반 선반작업에 알맞는 절삭 조건을 제시한 것이다.

보기 1

지름 d : 50 mm의 탄소강(연)의 공작물을, 절삭 속도 35～43 m/min로 거친 절삭을 할 때의 주축 속도를 계산하여라. 여기서 사용하는 선반의 주축 속도열은 52, 87, 157, 261, 499, 665, 1,200, 2,000 [rpm]로 한다.

풀이 최저 절삭 속도 35 m/min와 최고 절삭 속도 43 m/min에서 각각의 주축 속도 n_1, n_2를 계산하면 식 (4-8)에서

$$n_1 = \frac{1{,}000v}{\pi d} = \frac{35 \times 1{,}000}{\pi \times 50} \fallingdotseq 223 \text{ [rpm]}$$

$$n_2 = \frac{1{,}000v}{\pi d} = \frac{43 \times 1{,}000}{\pi \times 50} \fallingdotseq 274 \text{ [rpm]}$$

(답) $n_1 = 223$ rpm

$n_2 = 274$ rpm

표 4-4 절삭 속도(고속도강)

공작물의 재료	인장강도 [kgf/mm^2] 또는 경도 [HB]	거친 절삭 절삭 깊이 : 1~3 mm 이송 : 0.2~0.4 mm/rev	다듬 절삭 절삭 깊이 : 1.0 mm 이하 이송 : 0.05~0.2 mm/rev
탄소강	50 이하 (연) 50 ~ 70 (경)	35 ~ 43 30 ~ 38	45 ~ 55 35 ~ 45
주 철	HB 200 이하 (연) HB 200 ~ 240 (경)	25 ~ 33 20 ~ 28	35 ~ 45 30 ~ 40
동 합금	HB 100 이하 (연)	70 ~ 90	90 ~ 120
알루미늄 합금	30 이하	80 ~ 120	120 ~ 160

표 4-5 절삭 속도(초경 합금)

공작물의 재료	인장강도 [kgf/mm^2] 또는 경도 [HB]	거친 절삭 사용 분류	거친 절삭 절삭 깊이 : 1~3 mm 이송 : 0.2~0.4 mm/rev	다듬 절삭 사용 분류	다듬 절삭 절삭 깊이 : 1.0 mm 이하 이송 : 0.2~0.4 mm/rev
탄소강	50 이하 (연) 50~70 (경)	P10 P10	100~160 80~130	P10 P10	140~220 100~160
주 철	HB 200 이하 (연) HB 200~240 (경)	K20 K20	50~80 40~60	K20 K20	70~100 50~70
동 합금	HB 100 이하 (연)	K10	250~300	K10	300~400
알루미늄 합금	30 이하	K10	200~400	K10	300~600

보기 2

보기 1 에서 주축 속도 499 rpm를 사용하고, 이때의 절삭 속도를 구하여라.

풀이 $$v = \frac{\pi dn}{1,000} = \frac{\pi \times 55 \times 499}{1,000} = \frac{78,343}{1,000} \fallingdotseq 78 \text{ [m/min]}$$

(답) 78 m/min

2 절삭 깊이

그림 4-68과 같이 바이트가 공작물을 절삭한 깊이를 절삭 깊이(depth of cut)라 한다.

절삭 깊이는 절삭할 면에 대하여 수직 방향으로 측정하고, 단위는 mm로 나타낸다. 원통 깎기를 할 때 공작물의 지름이 작아지는 양은 절삭 깊이의 2배가 된다.

3 이 송

공작물의 회전마다 바이트가 절삭 방향과 직각 방향으로 이동하는 거리를 이송(feed)량이라

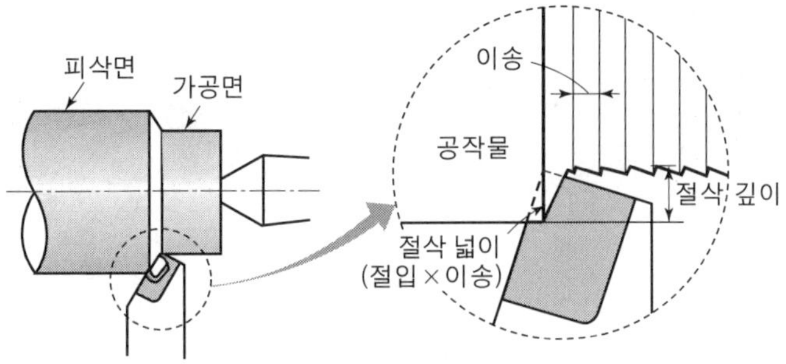

그림 4-68 이송과 절삭 깊이

하며, mm/rev으로 나타낸다. 이론적으로는 이송이 적을수록 표면 거칠기는 좋아진다.

절삭 깊이와 이송량의 곱을 절삭 넓이라 하며, 절삭 넓이가 커지면 절삭 능률은 좋아지지만 날끝에 가해지는 절삭 저항이 커지면서 절삭 온도가 올라가며 바이트의 수명이 짧아진다. 일반적으로 절삭 넓이가 넓어지면 절삭 속도를 줄여야 한다.

(2) 공작물의 고정

선반가공에서는 공작물이 고속으로 회전하게 되므로 공작물의 형상, 가공 부분, 가공 공정에 따라 안전한 설치가 이루어지도록, 각종 공구, 부속품 또는 특별한 장치 등이 사용된다. 기본적인 공작물의 고정 방법으로는 그림 4-69 (a)와 같이 센터작업에 적용되는 방법과 그림 4-69 (b)와 같이 척작업에 사용되는 방법이 있다.

1 센터 사이에 고정하는 방법

주축의 회전 센터와 심압대의 정지 센터의 사이에 공작물을 고정하는 방법으로, 공작물의 지름에 비해 길이가 긴 공작물의 가공에 적합한 고정 방법이다. 이 방법에는 맨드릴 외주에 공작물을 압입하거나 고정하고 이를 양 센터로 지지하는 방법이 있다. 그림 4-70은 맨드릴에 의한 고정 방식의 보기이다.

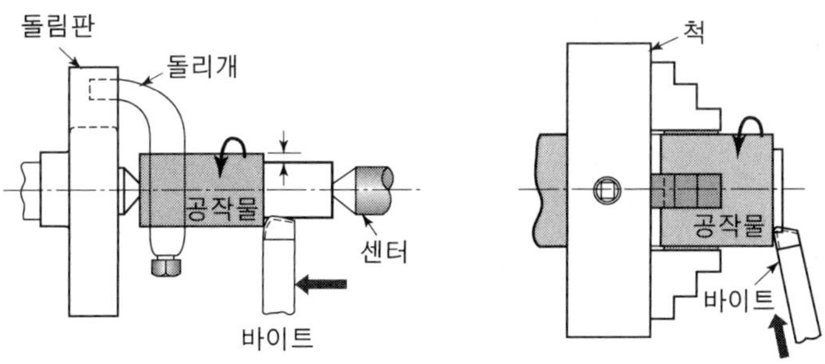

(a) 양센터 고정 (b) 척 고정

그림 4-69 공작물의 고정 방식

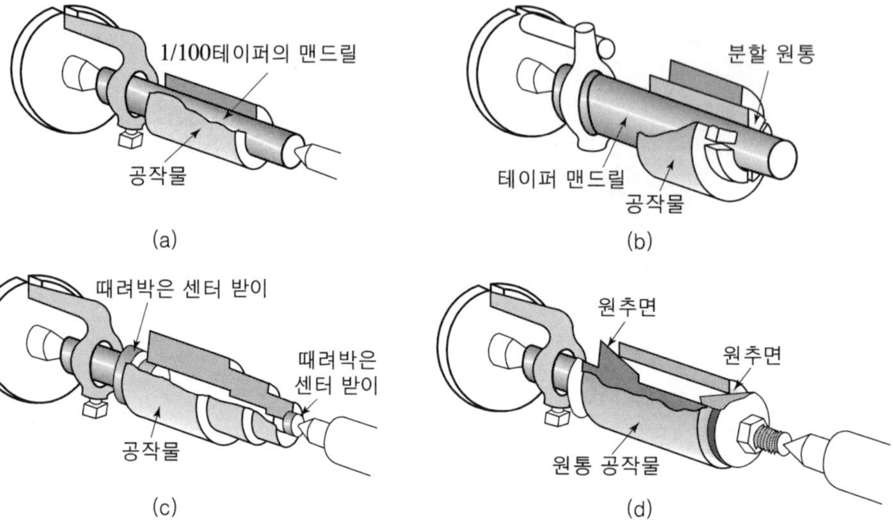

그림 4-70 맨드릴에 의한 고정 방식

2 척에 고정하는 방법

척에 공작물을 고정하는 방법으로 주로 원통형 공작물을 고정하는 방법이다. 길이가 긴 공작물의 경우에는 척 고정으로 하되 우측 끝을 심압대의 정지 센터로 지지해 두거나, 방진구로 지지하는 고정법이 있다.

3 면판에 고정하는 방법

면판을 사용한 고정 방법에는 그림 4-71 (a)와 같이 앵글 플레이트(angle plate)를 이용하여 공작물 W를 고정하는 방법이 있다. 이 경우에는 가벼운 측에 균형추(balance weight) G를 고정하여 균형을 잡아 준다.

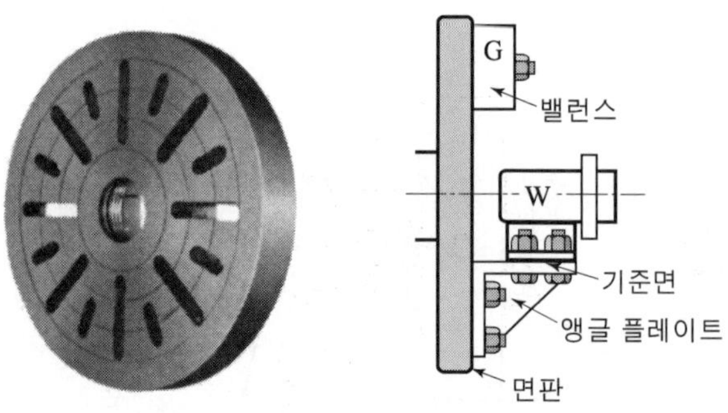

(a) 면 판 (b) 면판의 사용

그림 4-71 면판을 이용한 고정

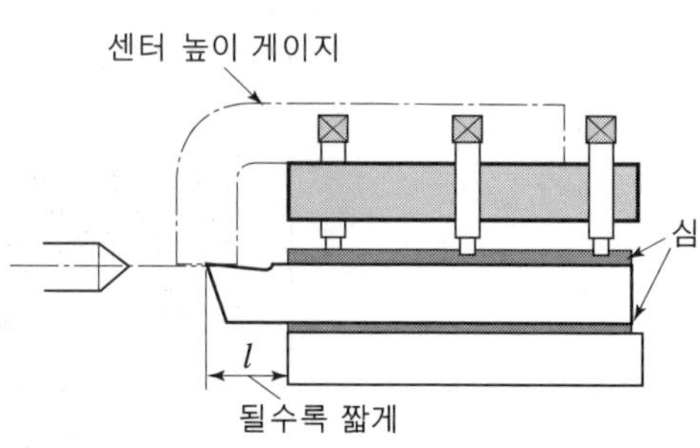

그림 4-72 바이트의 설치

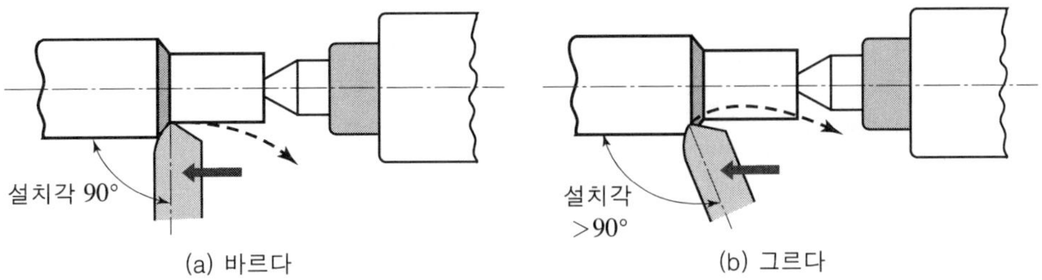

그림 4-73 바이트의 설치 위치

(3) 바이트의 고정

정확하게 연삭한 바이트를 그림 4-72와 같이 중심 높이 게이지를 사용하여 공구대에 확실하게 설치하여야 한다. 이때 바이트의 돌출 거리 l은 고속도강 바이트일 때 자루의 높이 h의 2배, 초경 바이트일 때에는 1.5배를 넘지 않도록 한다.

바이트의 자루를 그림 4-73 (b)와 같이 설치각이 90° 이상이고 깎는 방향으로 경사지게 설치하면 절삭 저항에 의하여 바이트가 회전하여 깊이 깎이거나 파손되므로, 그림 4-73 (a)와 같이 깎는 방향에 수직(90°)이 되도록 설치하여야 한다.

(4) 센터작업

길이가 긴 공작물은 한쪽을 척에 고정하고 다른 끝은 센터로 지지하거나 양 센터 작업을 하게 된다. 이 경우에는 공작물의 한쪽 또는 양쪽에 그림 4-74 (a)와 같이 센터 드릴로 센터 구멍을 뚫어야 한다. 이때 사용되는 센터 드릴은 그림 4-74 (b)와 같으며 구멍의 길이와 구조는 그

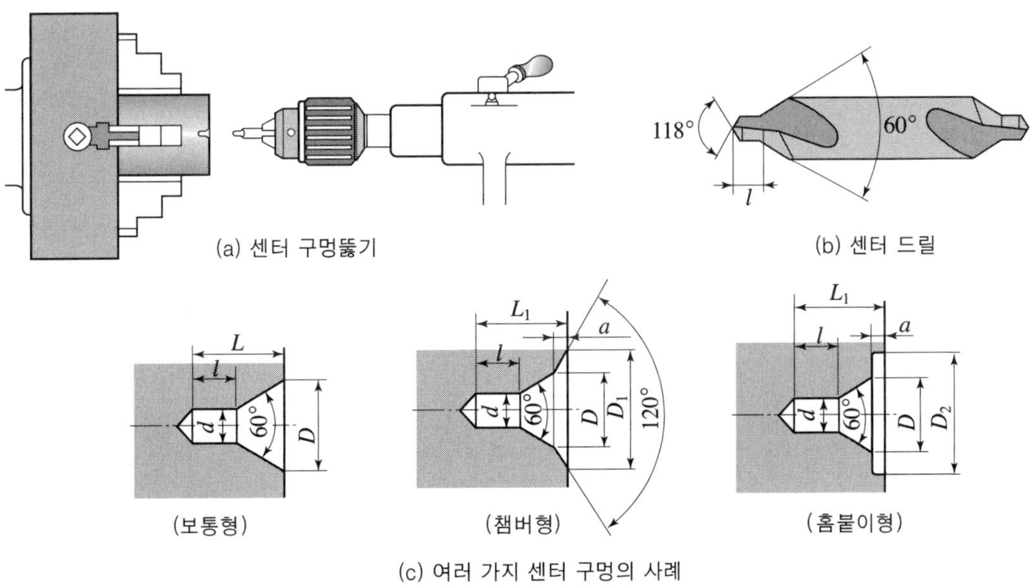

그림 4-74 센터 구멍뚫기

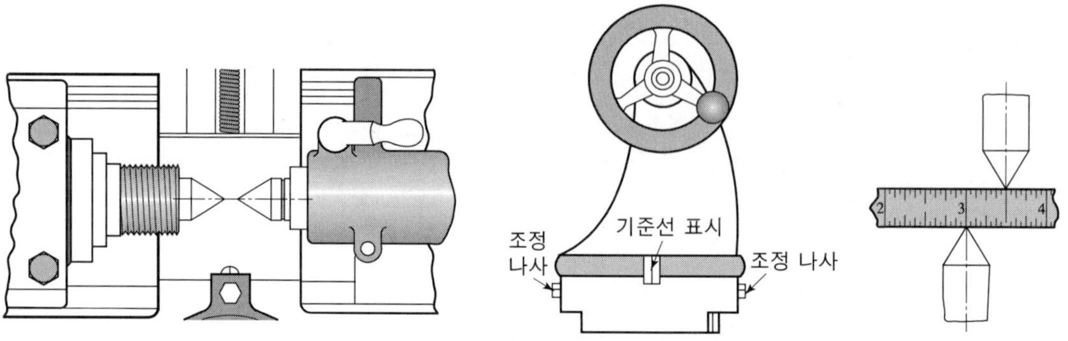

(a) 센터의 일치 (b) 심압대의 조정 (c) 조정량

그림 4-75 양 센터의 조절 방법

림 4-74 (c)와 같이 가공한다.

바른 센터 작업을 위해서는 그림 4-75 (a)와 같이 양 센터의 중심선이 일치되도록 심압대를 조정하여야 한다. 이때 그림 4-75 (b)와 같이 기준선에 일치시키고, 필요할 때는 그림 4-75 (c)와 같이 편위량을 조정한다.

(5) 원통면의 절삭가공

공작기계에 의한 원통면의 가공은 주로 선반(lathe)이 이용된다. 원통면은 평행한 원통면과 테이퍼 또는 각도, 그리고 단이 있는 원통면으로 크게 나눌 수 있다. 이 밖에도 원통 외면에 모양을 내는 널링(knurling)가공도 포함된다.

1 평행 원통면의 절삭가공

주로 선반에서 공작물을 양 센터 사이에 설치하거나 주축의 척에 고정하여, 회전 운동을 주고, 공구대에 설치한 절삭공구에 전후 또는 좌우의 직선 이송 운동을 주면서 평행 원통면을 가공한다.

2 테이퍼의 절삭가공

공작기계의 주축에는 일정한 규격의 테이퍼 구멍이 있고, 공구의 자루에도 이와 같은 테이퍼로 되어 있는 것이 많이 있다. 이들 테이퍼는 공구의 자루를 끼우는 슬리브나 소켓을 공작기계의 주축 구멍에 끼운 상태에서 회전력(절삭력)을 전달할 수 있어야 한다. 테이퍼의 절삭가공은 주로 선반을 사용한다.

● 테이퍼의 규격

테이퍼는 보통 표 4-6과 같은 규격의 모스 테이퍼(morse taper : M.T)가 사용되며, 3~5번이 많이 사용된다.

표 4-6 모스 테이퍼의 규격

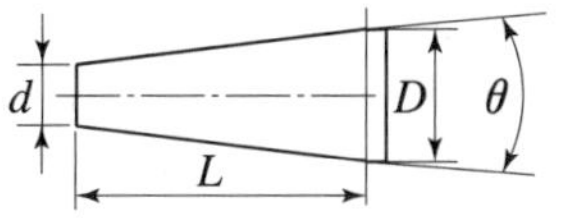

번 호	테이퍼[TPI]	θ	D[mm]	d[mm]	L[mm]
2	1/20.020 = 0.04995	2° 51′ 18″	17.781	14.534	65
3	1/19.922 = 0.05020	2° 52′ 34″	23.826	19.760	81
4	1/19.254 = 0.05194	2° 56′ 38″	31.269	25.909	103.2
5	1/19.002 = 0.05263	3° 0′ 6″	44.401	37.470	131.7

● **테이퍼 절삭가공**

a) 심압대를 편위하는 방법 : 선반에서는 그림 4-76과 같이 양 센터 사이에 공작물을 고정하고 심압대를 편위시킨다. 이 방법은 주로 원통의 테이퍼 깎기에만 이용되는데, 공작물이 길고 테이퍼가 작을 때 적합하다.

그림 4-77 (a)에서 테이퍼의 양 끝 지름 중에서 큰 지름을 D[mm], 작은 지름을 d[mm], 테이퍼 부분의 길이를 l[mm], 공작물 전체 길이를 L[mm]이라 하면, 심압대의 편위량 e[mm]는 식 (4-9)로 구할 수 있다.

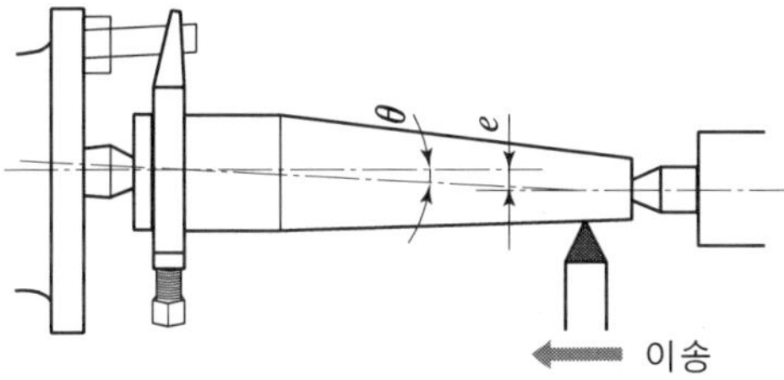

(a) 양 센터작업

(b) NC 선반에서 테이퍼 가공

그림 4-76 심압대의 편위에 의한 테이퍼 가공

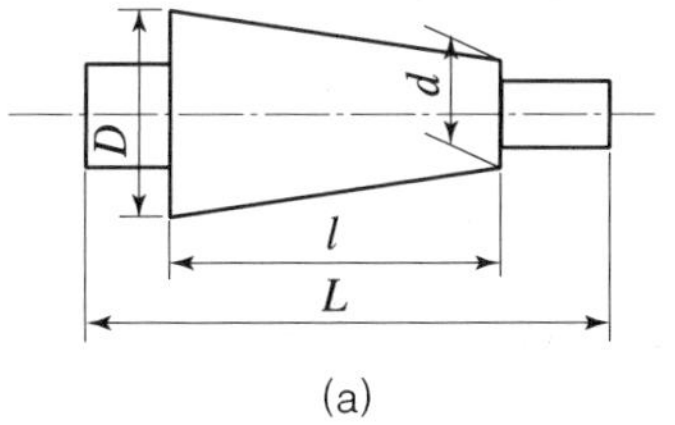

(a)

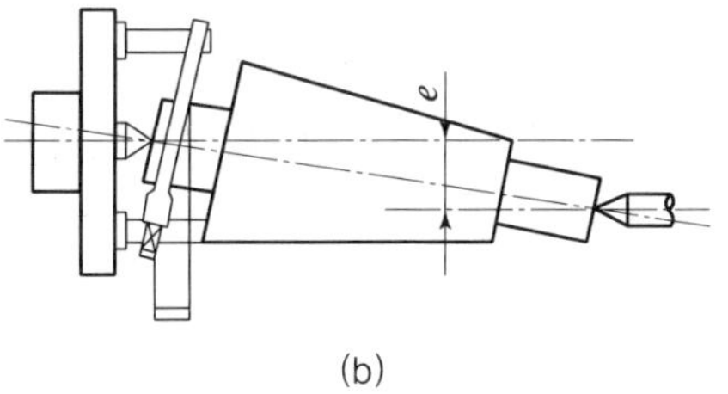

(b)

그림 4-77 심압대 중심의 편심량

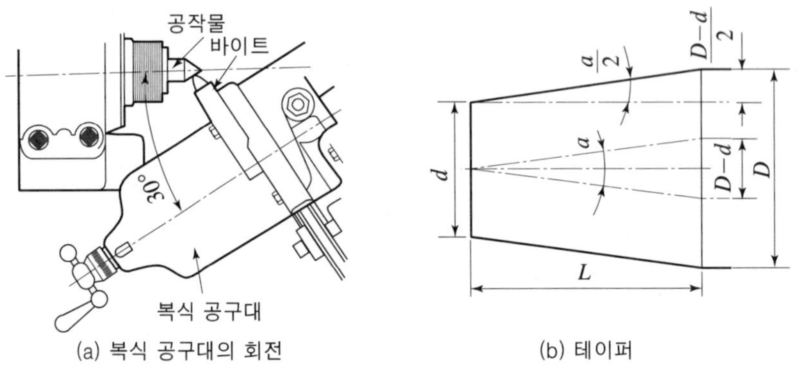

그림 4-78 복식 공구대를 사용한 각도 가공

$$e = \frac{L(D-d)}{2l}\ [\text{mm}] \tag{4-9}$$

b) 복식 공구대를 사용하는 방법 : 테이퍼 부분의 길이가 짧고 경사각이 큰 공작물의 테이퍼 가공으로 선반의 복식 공구대를 필요한 각도만큼 돌려 놓는 방법이다. 예를 들면 베벨 기어의 소재, 금형 등의 테이퍼 부분 깎기 등에 이용되며, 그림 4-78 (a)와 같이 60°센터의 절삭가공에서는 복식 공구대를 필요한 각도만큼 돌려 고정하고, 손으로 이송 나사의 핸들을 돌려 공작물을 가공한다.

그림 4-78 (b)에서 큰 지름을 D [mm], 작은 지름을 d [mm], 테이퍼의 길이를 L [mm]이라 하면, 복식 공구대의 돌리는 각도 $\frac{\alpha}{2}$는 식 (4-10)으로 구할 수 있다.

$$\begin{aligned} \text{테이퍼} &= \frac{D-d}{L} \\ \tan\frac{\alpha}{2} &= \frac{D-d}{2L} \end{aligned} \tag{4-10}$$

c) 테이퍼 절삭 장치를 사용하는 방법 : 그림 4-79와 같이 테이퍼 절삭 장치(taper attachment)를 사용하여 왕복대를 길이 방향으로 이송하면 안내판의 각도에 따라 바이트는 베드에 대하여 경사진 방향으로 이동한다.

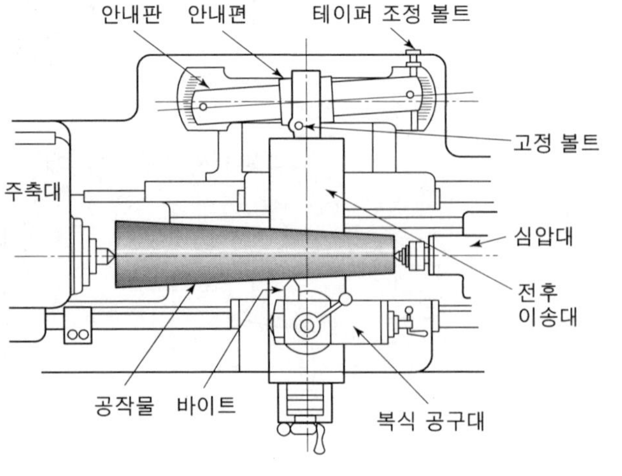

그림 4-79 테이퍼 절삭 장치

(6) 나사가공

선반에서 나사 절삭은 매우 중요한 작업이다. 나사작업에서는 나사의 산수에 따른 변환 기어가 선택되어야 하고, 나사산의 규격에 따른 바이트의 각을 연삭하게 된다. 나사는 1회의 절삭으로 완성되지 않으므로, 처음에 깎은 자리를 되풀이하여 깎아 완성하게 된다. 이와 같이 같은 자리를 깎기 위해서는 그림 4-80 (a)와 같은 체이싱 다이얼(chasing dial)을 사용하며, 바이트의 절입 방향은 그림 4-80 (b)와 같이 바로 보내기(straight in)와 경사 보내기(angler) 방식이 있다.

나사 바이트를 설치할 때에는 그림 4-81 (a)와 같이 센터 게이지를 사용한다. 그림 4-81 (b)

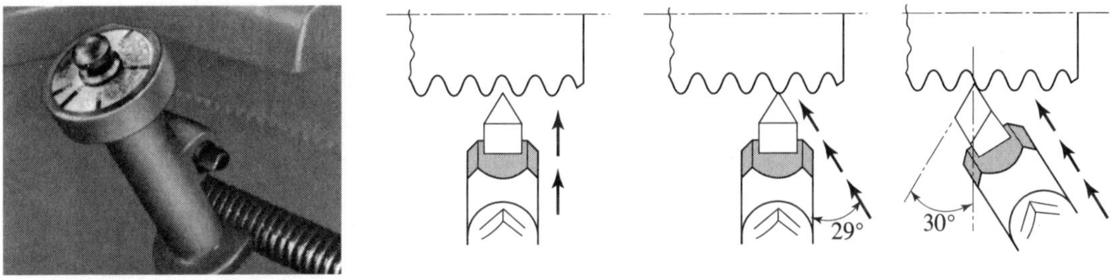

(a) 체이싱 다이얼 (b) 바로 보내기 (c) 경사 보내기

그림 4-80 나사가공 방식

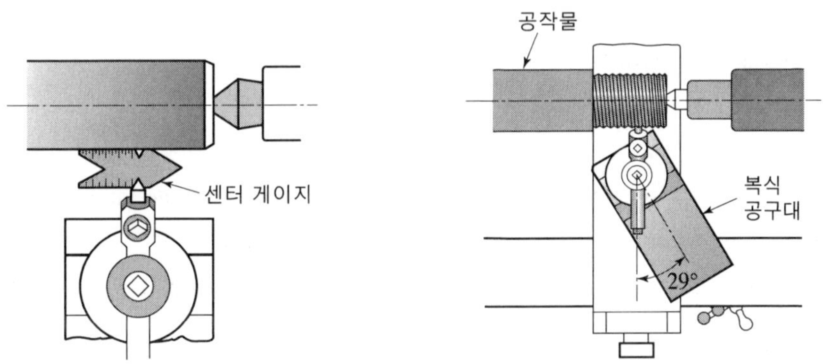

(a) 센터 게이지의 사용 (b) 복식 공구대의 위치

그림 4-81 나사가공 방법

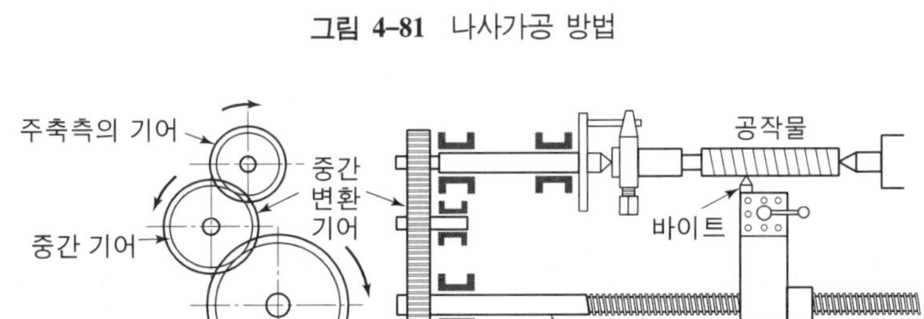

그림 4-82 바이트에 의한 나사 깎기의 기구

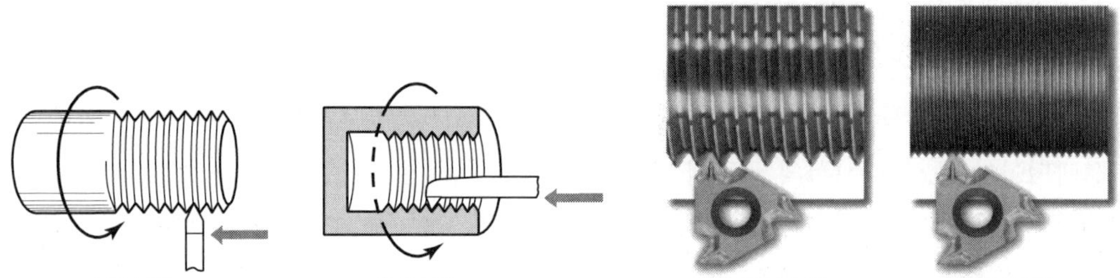

(수나사) (암나사) (보통 나사) (세 나사)

(a) 보통 나사 바이트 (b) 나사 인서트

그림 4-83 바이트에 의한 나사가공

는 복식 공구대를 29° 회전시켜 놓고 바이트를 설치한 사례로 경사 보내기 방식의 경우이다.

선반에서 바이트에 의한 나사 절삭기구는 그림 4-82와 같이 주축의 회전이 변환 기어에 의해, 중간 변환 기어를 거쳐, 리드 스크루에 전달된다. 다음에 왕복대와 연결된 하프 너트가 리드 스크루에 물리면 바이트에 자동 이송이 주어지게 된다. 공작물이 1회전 하였을 때, 바이트는 깎으려는 나사의 1피치(pitch)만큼 이송되어 나사 절삭이 이루어진다. 이상과 같은 나사 절삭기구를 이용하면, 선반작업에서 각종 나사 절삭을 할 수 있다. 그림 4-83은 선반에 의한 나사가공의 보기이다.

3) 선반의 종류와 특징

(1) 보통 선반과 터릿 선반

1 보통 선반

보통 선반(普通旋盤)은 공작기계 중 가장 많이 사용되며, 이를 engine lathe라고 하는데, 이는 초기에 기관을 운전하여 회전 동력을 얻은 데서 연유된 이름이다.

초기 보통 선반의 구동 방식으로 그림 4-84 (a)와 같은 벨트 단차식 선반이 사용되었는데,

(a) 벨트 단차식 (b) 기어 전환 방식

그림 4-84 보통 선반

절삭공구 재료의 발전과 기계를 구성하는 재료의 개선에 따라 고속화되고, 기어 전환 방식이며 강력한 중절삭이 가능하도록 개선된 그림 4-84 (b)와 같은 고속 선반으로 발전하였다.

2 터릿 선반

터릿 선반(turret lathe)은 6각 터릿 헤드(hexagonal turret head)에 가공 순서로 공구를 고정하여, 각 공정이 끝날 때마다 터릿을 돌리고, 소요의 공구가 가공 위치에 오도록 구성된 선반이다. 따라서 원통 깎기, 면 깎기, 구멍뚫기, 나사 내기, 절단하기 등 여러 공정을 터릿의 회전으로 순서에 따라 가공할 수 있다.

작업 능률을 더욱 높이기 위하여, 공작물의 공급, 착탈(着脫), 각 행정에 있어서의 속도 변환 등의 작업을 전부 또는 일부를 자동화하면 자동 선반(automatic lathe)이 될 수 있다.

터릿 선반에서 제품을 가공하려면 공작물을 그림 4-85 (a)와 같이 척에 고정하고 그림 4-85

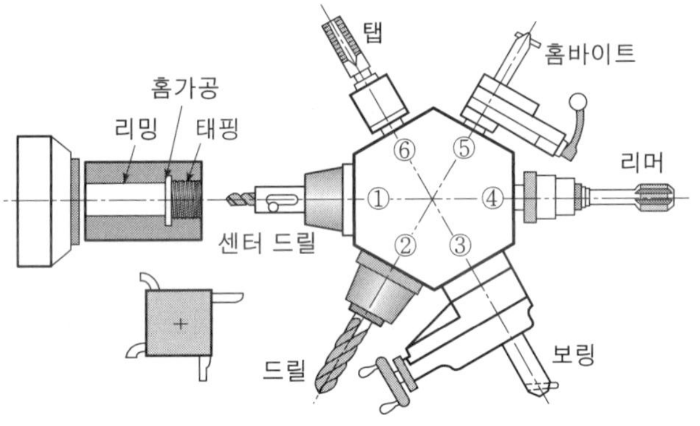

(a) 공작물 (b) 터릿 헤드 (c) 터릿작업

그림 4-85 터릿 헤드

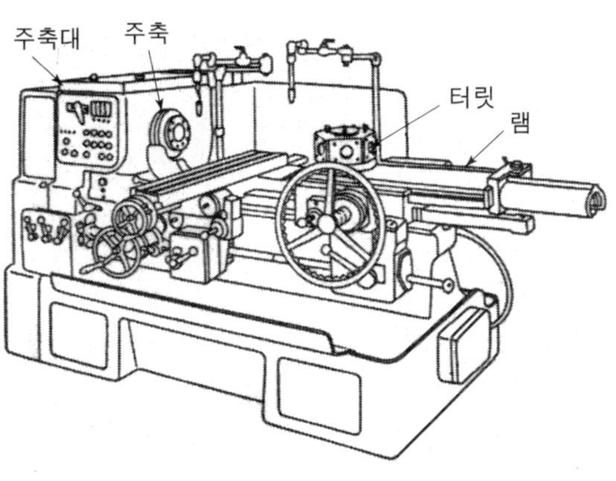

(a) 터릿 선반의 구조 (b) 터릿 선반의 보기

그림 4-86 램형 터릿 선반

(b)와 같은 터릿 헤드에 소요 공구를 가공 순서에 따라 고정하고, 공정에 따라 터릿 헤드를 선회시키면 그림 4-85 (c)와 같이 6행정이 터릿 헤드의 공구에 의해 가공된다. 그림 4-86은 터릿 선반의 구조와 보기이다.

(2) 자동 선반과 모방 선반

1 자동 선반

자동 선반(automatic lathe)은 선반의 조작을 캠이나 유압 기구를 이용, 자동화한 것으로 대량 생산에 적합하다. 보통 선반이나 터릿 선반은 1대에 한 사람의 작업자가 필요하지만, 자동 선반에서는 한 작업자가 여러 대의 선반을 조작 관리할 수 있다.

자동 선반은 작업 방식에 따라 척작업용, 바작업용으로 나누어지며, 주축의 수에 따라 단축 자동 선반, 다축 자동 선반으로 분류하고 있다.

공작물의 고정과 제거는 수동으로 하고, 가공만을 자동으로 하는 반자동식과 모든 작업을 자동으로 하는 전자동식이 있다. 단축 자동 선반에서는 공작물이 고정되면 공정 순서에 따라 공구가 필요한 가공을 계속하여 자동적으로 작업을 완료한다. 주로 핀, 볼트에서부터 시계 및 자동차 부품 등의 대량 생산에 이용되고 있다.

2 모방 선반

모방 선반(copying lathe)은 자동 모방 장치를 이용하여 모형이나 형판을 따라 바이트를 안내하며, 턱붙이 부분, 테이퍼 및 곡면 등을 모방 절삭하는 선반이다. 자동 모방 장치로는 유압식, 유압 공압식, 전기식, 전기 유압식 등이 있다.

유압식 모방 장치는 제품의 단면이 형판에 의하여 유도된다. 형판과 공작물 외형 사이에는 트레이서(tracer)로 조정하고, 트레이서가 움직인다. 이때 이것과 연결된 파일럿 밸브가 개폐하

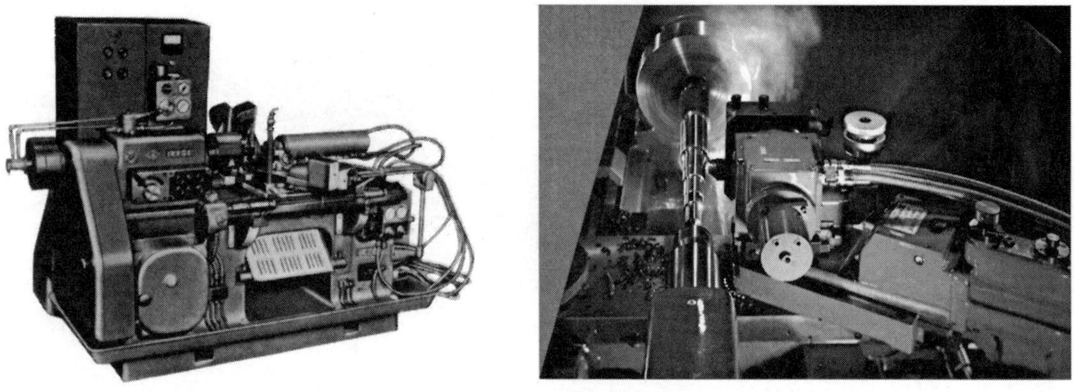

(a) 모방 선반 (b) 모방가공

그림 4-87 단축형 자동 모방 선반

여 기름 펌프에서 작동 실린더로 가는 압력유의 유량을 조절하여 작동 피스톤을 움직이게 되고, 이에 따라 바이트가 이송 또는 절입하게 된다. 작동 실린더와 파일럿 밸브의 실린더는 직결되어 있으므로, 바이트의 움직임은 곧 파일럿 밸브의 실린더에 되돌아가(feedback)게 된다. 따라서 바이트의 변위와 트레이서의 변위에 편차가 없어지면 작동 실린더는 정지한다.

이와 같은 구조의 모방 절삭 장치를 설치한 왕복대는 이송됨에 따라 공작물을 형판 모양에 따라 가공을 하게 된다.

그림 4-87 (a)는 자동 모방 선반의 외형을, 그림 4-87 (b)는 모방가공의 보기이다.

2. 플레이너와 셰이퍼 및 슬로터

1) 플레이너

비교적 큰 공작물의 평면을 바이트의 기계적인 직선 운동에 의해 가공하는 절삭 방법을 플레이너가공, 또는 평삭가공(平削加工, planing)이라 하며, 여기에 사용되는 공작기계를 플레이너(planer), 또는 플레이닝 머신(planing machine)이라 한다.

플레이너가공은 공작물을 테이블 위에 고정시키고 수평 왕복 운동을 하며, 바이트는 공작물의 운동 방향과 직각 방향으로 단속적으로 이송된다.

특수한 경우에는 바이트 대신에 밀링 헤드에 정면 밀링 커터를 사용하거나, 글라인딩 헤드를 사용하여 정밀 평면 연삭도 하고 있다. 그림 4-88은 평삭가공과 형삭가공의 보기로, 플레이너에서는 공작물이 직선 운동을, 셰이퍼에서는 바이트가 직선 운동을 하게 된다.

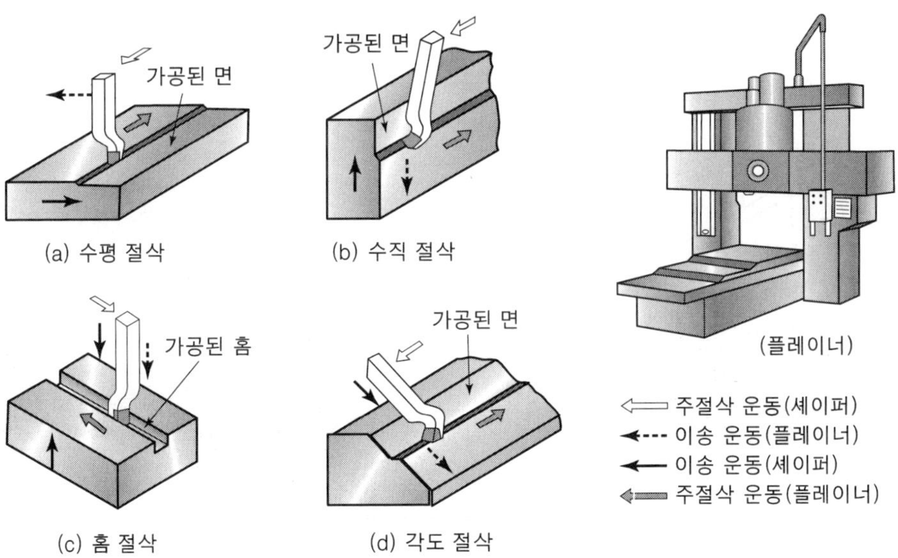

그림 4-88 평삭가공과 형삭가공

(1) 플레이너의 구조와 기능

플레이너는 그림 4-89와 같이 베드(bed), 테이블(table), 칼럼(column or housing), 크로스 레일(cross rail), 새들(saddle), 공구대(tool slide), 급속 귀환기구(quick return mechanism), 이송기구(feed mechanism) 등으로 구성되어 있다. 이들 중에서 크로스 레일은 수평으로 설치하고, 기둥의 미끄럼면을 따라 상하로 이동한다. 크로스 레일에는 1개 또는 2개의 정면 공구대가 장치되어 있어 이송을 할 수 있다. 때로는 기둥 아래쪽에 수평 방향으로 공구대를 장치하여 공작물의 측면을 절삭한다.

테이블은 긴 베드의 미끄럼 홈 위에 놓이고 그 위에 공작물을 고정하여 왕복 직선 운동을 할 수 있는 구조이며, 운동 부분의 중량이 커서 미끄럼 홈에는 큰 압력이 작용한다. 따라서 절삭 속도를 높일수가 없을 뿐 아니라 왕복 운동 중 귀환 행정에서는 피절삭재를 이송하는 공전(空轉)을 하게 되어 가공 능률이 나쁘다. 이를 만회하기 위한 수단으로 급속 귀환기구(急速歸還機構, quick return mechanism)를 사용하여 귀환 행정을 단축시킨다.

플레이너의 능력과 용량은 절삭할 수 있는 공작물의 크기(길이×너비×높이), 공구대의 수평 및 위아래 이동 거리, 테이블 윗면부터 공구대까지의 최대 높이, 즉 절삭 능력과 견인력(牽引力, tractive force), 공작물 허용 중량(工作物許容重量, admissible weight of work)으로 나타낸다.

플레이너의 특징은 넓은 표면을 높은 정밀도로 가공할 수 있으며, 평면도(平面圖)로 1 m에 대해 0.01 mm 이내의 고정도(高精度) 가공이 가능하다. 테이블의 운동은 유압 구동(油壓驅動)의 경우와 테이블의 뒷면에 고정한 래크 그리고 이와 물려 있는 피니언을 사용하는 기어식이 있다. 유압 구동은 과부하 없이 원활한 무단 속도 변환(無段速度變換)이 가능하며, 급속 귀환 운동이 용이하게 이루어진다. 또한 이송 기구의 구조도 간단해지므로 조작성이 향상된다.

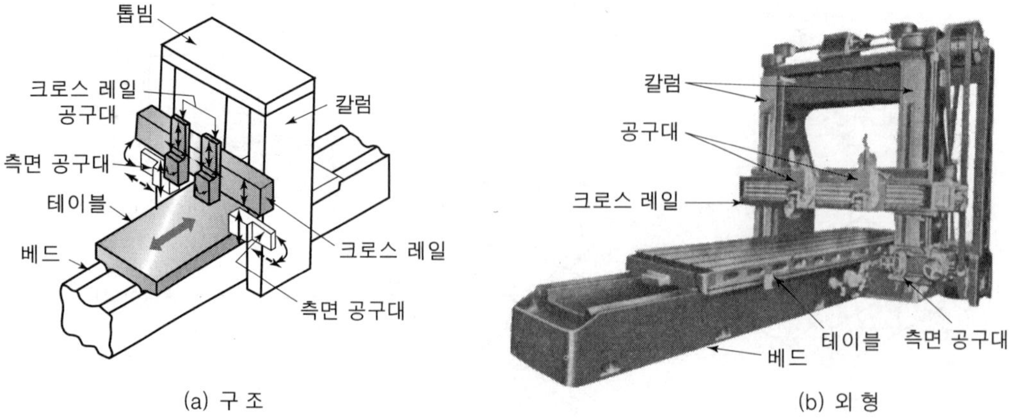

그림 4-89 플레이너

(2) 플레이너 가공

1 절삭 속도

테이블의 왕복 운동 중에서 테이블의 후진 운동이 절삭 행정이며, 전진 행정이 귀환 행정이다. 귀환 행정은 절삭 속도보다 빠른 속도로 하여 가공 시간의 손실을 줄이고 있다.

플레이너에서 절삭 행정과 귀환 행정의 속도를 각각 일정하다고 가정하면, 식 (4-11)에 의해 테이블 1회 왕복에 소요되는 시간으로 평균 속도가 계산된다.

$$v_n = \frac{2L}{t} = \frac{2v_s}{1+\frac{1}{n}} \text{ [m/min]} \tag{4-11}$$

$$v_s = \frac{L}{v_s}, \ t_r = \frac{1}{v_r}$$

$$t = t_s + t_r = \frac{L}{v_s} + \frac{L}{v_r}$$

여기서
v_n : 평균 속도 [m/min]
v_r : 귀환 속도 [m/min]
L : 행정 [m]
t : 1회 왕복 소요 시간 [min]
t_s : 절삭 행정 소요 시간 [m/min]
t_r : 귀환 행정 소요 시간 [m/min]
v_s : 절삭 속도 [m/min]
n : 속도비 $= \frac{v_r}{v_s}$ (보통 3~4)

평균 속도를 알면 가공 시간은 식 (4-12)로 구할 수 있다.

$$T = \frac{2bL}{\eta s v_n} \text{ [m/min]} \tag{4-12}$$

여기서
T : 가공 시간 [mm]
η : 절삭 효율
b : 공작물의 너비 [mm]
s : 이송 [mm/stroke]
L : 행정 [m]
v_n : 평균 속도 [m/min]

가공 시간을 짧게 하려면 절삭 속도를 높이는 것이 효과적이다.

표 4-7은 일반적으로 쓰이고 있는 플레이너의 절삭 속도를 나타낸 것이다.

보기 3

플레이너에서 초경 합금 바이트를 사용하여 보통 주철을 절삭할 때 절삭 속도, 귀환 속도, 평균 속도를 구하여라. 다만 절삭 깊이는 10 mm, 이송 거리 1.5 mm/stroke, 속도비는 4이다.

풀이 표 4-7에서 $v_s = 55$ [m/min]

$$n = \frac{v_r}{v_s} \text{ 에서 } v_r = 4 \times 55 = 220 \text{ [m/min]}$$

식 (4−11)에서

$$v_n = \frac{2v_s}{1+\frac{1}{n}} = \frac{2\times 55}{1+\frac{1}{4}} = 88 \text{ [m/min]}$$

(답) 88 m/min

보기 4

플레이너에서 너비 550 mm, 길이 1 m의 주철제 정반을 절삭할 때의 가공 시간을 구하여라.
여기서 초경 합금 바이트를 사용하고 행정은 공작물의 길이보다 80 mm 길게 하고, 절삭 깊이는 3 mm, 이송은 1.5 mm/행정으로 한다. 그리고 절삭 효율은 80%, 속도비 n은 3으로 한다.

풀이 표 4−7에서 $v_s = 35$ [m/min]

$$v_m = \frac{2v_s}{1+\frac{1}{n}} = \frac{2\times 35}{1+\frac{1}{3}} = 52.5 \text{ [m/min]}$$

식 (4−12)에서

$$T = \frac{2bL}{\eta s v_n} = \frac{2\times 550\times(1+0.08)}{0.8\times 1.5\times 52.5} = 377 \text{ [min]}$$

(답) 377 min

표 4-7 플레이너의 절삭 속도 [단위 : m/min]

바이트의 재질		고속도강			초경 합금			
절삭 조건	절삭 깊이 [mm]	3	6	12	1.5	2.5	3	10
	이송 [mm/stroke]	1	1.5	2.5	1	1	1.5	1.5
공작물의 재질	주철(연)	30	25	20	100	80	65	55
	주철(경)	15	11	8	55	43	35	−
	보통강	23	18	13	100	75	58	43
	특수강	13	10	8	70	53	40	−
	청 동	50	50	40	※	※	※	※
	알루미늄	70	70	50	※	※	※	※

注 ※ 표는 테이블의 최대 속도를 사용한다.

2 공작물의 고정

플레이너작업에서 가장 중요한 일은 가공할 공작물을 테이블에 고정하는 작업이다.
테이블에는 T홈과 핀 구멍이 많으므로, 각종 체부판(締付板), 볼트 등을 이용하여 공작물을

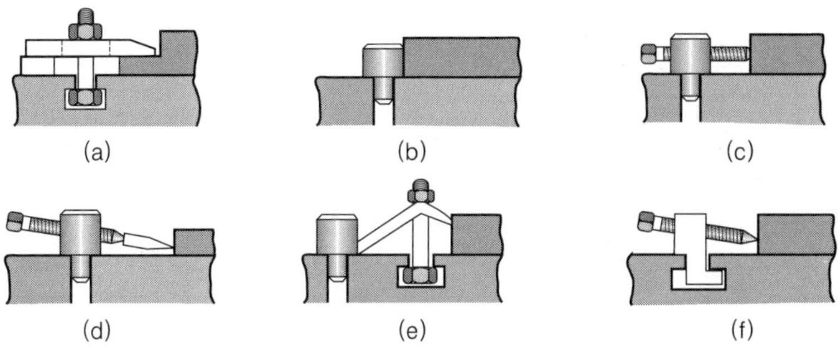

그림 4-90 플레이너작업에서 공작물의 고정 사례

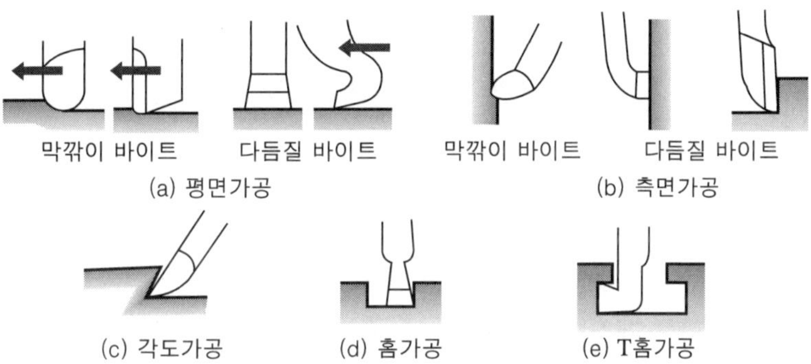

그림 4-91 플레이너에 의한 가공

그림 4-90과 같이 테이블에 고정한다.

크고 넓거나, 얇거나, 모양이 불규칙한 공작물 등은 체결에 의해 변형된다. 따라서 가공 후 테이블에서 떼어내면 평면이 변형되는 경우가 있으므로, 공작물의 고정에 주의해야 한다. 그림 4-91은 플레이너 작업에서 할 수 있는 절삭가공의 보기를 나타낸 것이다.

(3) 플레이너의 종류와 특징

플레이너는 기둥의 수에 따라 크게 쌍주형 플레이너(雙柱形平削盤, double housing column planer)와 단주형 플레이너(單柱形平削盤, open side planer)가 있다.

1 쌍주형 플레이너

쌍주형 플레이너는 그림 4-92 (a)와 같이 기둥(칼럼)이 베드 양쪽에 배치되고, 톱 빔(top beam)으로 문 모양을 한 구조로, 이를 문형(門形) 플레이너라고도 한다.

일반적으로 3~4개의 공구대를 크로스 레일과 지주에 설치한다. 쌍주형 플레이너는 기둥 사이의 거리에 따라 공작물의 크기가 제한되지만, 구조상 강력 절삭이 가능하다. 이 형식의 플에이너는 테이블의 크기(길이×너비), 공구대의 수평과 상하 운동 거리, 테이블 상면부터 공구 날끝까지의 최대 거리로서 크기를 표시한다.

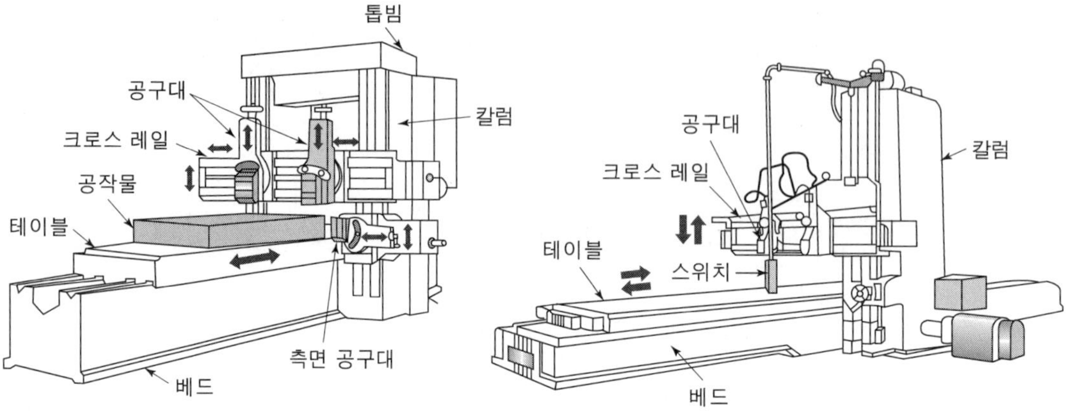

(a) 쌍주형 (b) 단주형

그림 4-92 플레이너의 종류(형식)

2 단주형 플레이너

단주형 플레이너는 그림 4-92 (b)와 같이 칼럼이 베드의 한쪽 옆면에 있고, 크로스 레일(cross rail)이 외팔보로 되어 있어 이를 편지형 플레이너(片持形平削盤)라고도 한다. 단주형 플레이너는 공작물의 너비에 제한을 받지 않는다. 즉 지주의 반대측으로 테이블을 넘기는 것도 가공할 수 있으며, 필요하면 롤링 테이블(rolling table)을 설치하고 그 위에 공작물의 일부분을 올려 놓을 수 있다. 이와 같이 단주형 플레이너에서는 너비가 넓은 공작물을 깎을 수 있으나, 강력 절삭을 할 때에는 정밀도에 주의하여야 한다.

2) 셰이퍼와 슬로터

(1) 셰이퍼

셰이퍼(shaper)는 주로 평면, 단면, 홈 등의 가공에 사용되며, 구조가 간단하고 취급이 용이

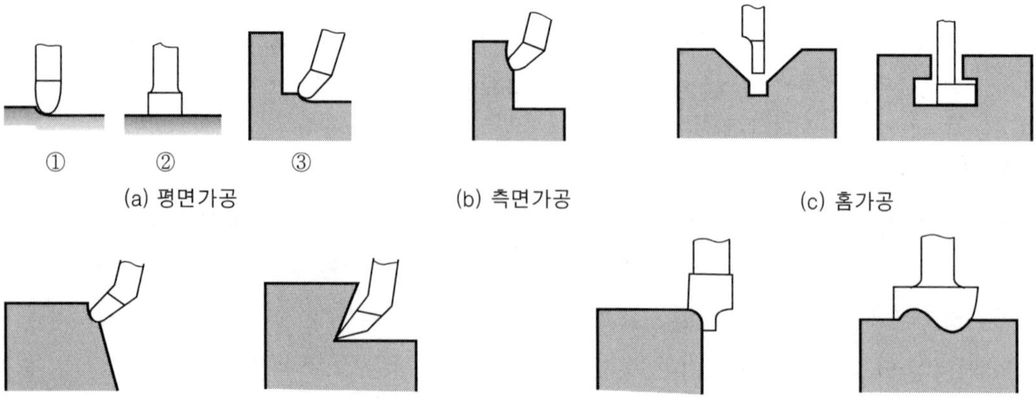

(a) 평면가공 (b) 측면가공 (c) 홈가공

(d) 각도가공 (e) 더브테일가공 (f) 곡면가공 (g) 총형가공

그림 4-93 셰이퍼가공의 보기

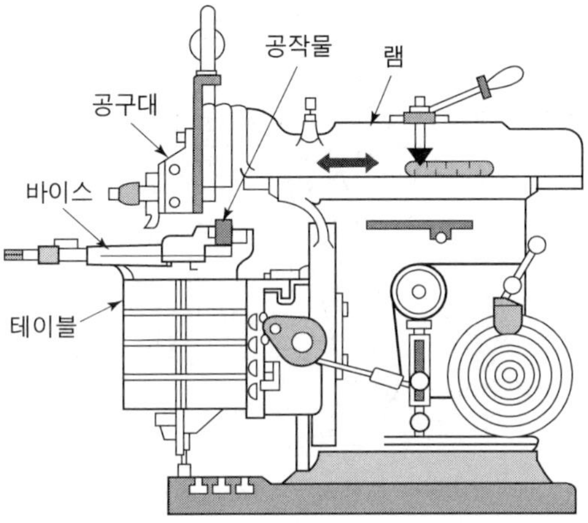

(a) 셰이퍼의 구조

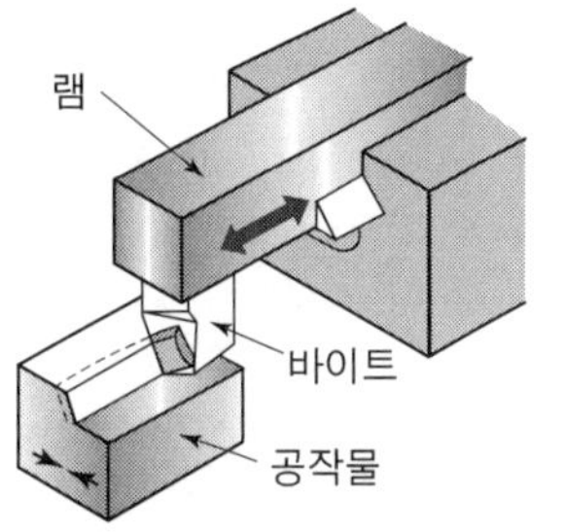

(b) 세이퍼의 가공기구

그림 4-94 셰이퍼의 주요부와 가공기구

하여 오래전부터 기계 부품을 비롯하여 금형 제작, 기계 수리 등에 많이 사용되었다. 그러나 높은 정밀도를 얻기 어렵고, 바이트의 왕복 운동에서 전진할 때에만 절삭을 하므로, 귀환 행정에 의한 시간 손실로 작업 능률이 떨어진다. 유압 모방 장치를 사용하면 복잡한 모양의 제품도 가공할 수 있다.

셰이퍼에서는 수평면의 가공 외에 그림 4-93과 같이 여러 가지 가공을 할 수 있다. 이 밖에도 특별한 장치를 사용하면 곡면이나 기어가공이 가능하다.

1 셰이퍼의 구조와 기능

셰이퍼(shaper, shaping machine)는 램, 공구대, 왕복 운동기구가 설치되어 있는 몸체(프레임)와 이송 장치, 테이블, 베이스 등으로 구성되어 있다.

램 앞에 공구대가 있고, 여기에 고정한 바이트가 램과 같이 수평 왕복 운동을 하면서 절삭가공을 한다.

테이블은 새들에 고정되어 있고, 램의 운동 방향과 직각으로 수평 이송할 수 있다. 새들은 프레임의 미끄럼면에 따라 상하로 이동할 수 있으며, 높이도 조절할 수 있다. 그림 4-94는 셰이퍼의 주요부와 가공기구를 나타낸 것이다.

2 셰이퍼기구

● 급속 귀환기구

급속 귀환 운동기구는 그림 4-95 (a)와 같이 큰 기어(gear)와 로커 암(rocker arm)에 의한 것이 널리 사용된다. 이 기구는 큰 기어에 크랭크(crank) *b*를 조합한 것으로, 슬라이더(slider)인

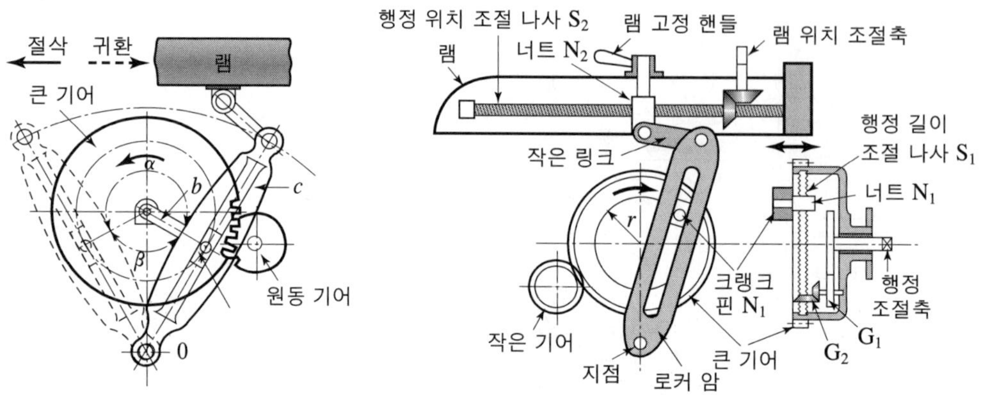

(a) 급속 귀환기구 (b) 램의 운동기구의 내부 구조

그림 4-95 급속 귀환기구와 램의 운동기구

크랭크 핀 a는 세창(細窓) 링크인 로커 암 C의 홈에 따라 이동할 수 있는 구조로 되어 있다. 큰 기어를 원동 기어에 의해 등속 회전(等速回轉)시키면, 절삭 행정에서는 슬라이더는 각 α만큼 회전하고, 귀환 행정에서는 각 β만큼 회전하게 된다. 따라서 항상 $\alpha > \beta$이므로, 절삭 행정에 비하여 귀환 행정의 속도를 빠르게 하여 귀환 행정에서의 시간을 단축할 수 있는 기구이다.

● 램의 운동기구

그림 4-95 (b)는 램의 운동기구의 내부 구조를 나타낸 것으로, 공작물의 길이에 맞추어 램의 행정 길이를 조절할 때에는 행정 조절축을 돌리면 G_1-G_2를 거쳐 너트(크랭크핀) N_1이 이동하여 크랭크의 반지름 r이 변하고, 이에 따라 램의 행정 길이가 변화한다. 이때 크랭크핀은 로커 암의 홈 안을 미끄러지면서 회전 운동을 한다.

3 셰이퍼가공

● 공작물의 고정

셰이퍼에서는 테이블 위에 설치한 셰이퍼 바이스에 공작물을 고정하는 경우가 많다. 셰이퍼 바이스가 정확하게 설치되지 않으면 정밀한 가공이 어렵다. 따라서 가공하기 전에 그림 4-96 (a)와 같이 공구대에 고정한 서피스 게이지나 다이얼 인디케이터로, 램 또는 테이블을 이동시켜보면서 바이스의 밑면과 고정조의 직각도 및 평행도를 점검 조정한다.

바이스로 공작물을 고정할 경우에는 그림 4-96 (b)와 같이 바이스의 고정조의 방향을 바이트의 운동 방향에 대하여 직각이 되도록 설치하는 것이 원칙이다.

또한 공작물의 두께가 얇거나 돌기부가 있는 공작물은 알맞은 두께의 평행대를 사용하고, 필요하면 연질 해머로 가볍게 타격하여 밑이 밀착되게 한다.

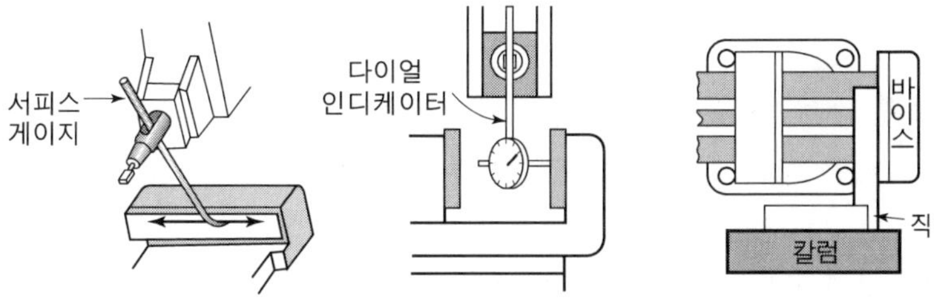

(a) 바이스의 점검

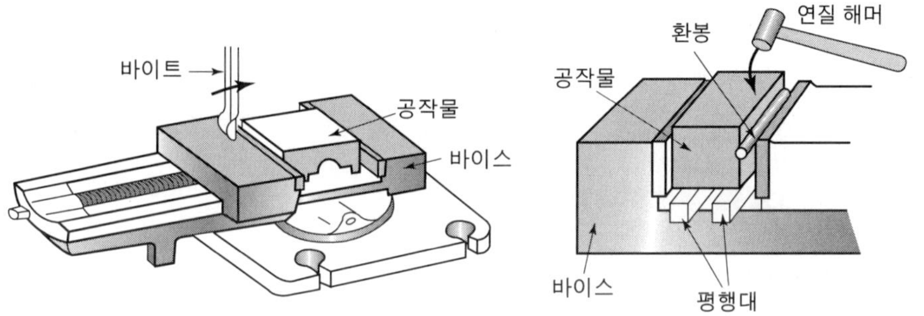

(b) 공작물의 고정

그림 4-96 바이스의 점검과 공작물의 고정

● **수평면가공**

수평면가공은 셰이퍼가공 중에서 가장 기본적인 절삭가공이다. 절삭 길이는 처음에 공구 헤드를 조절하여 바이트 끝의 위치를 정하고, 수평 이송은 그림 4-97 (b)와 같이 램의 행정 길이로 조정한 다음 테이블에서 수동 또는 자동으로 한다.

주철 등을 절삭할 때에는 공작물의 모서리가 행정 말단에서 떨어져 나가는 일이 있으므로 그림 4-97 (a)와 같이 절삭할 부분의 모서리를 45° 정도로 모떼기를 하는 것이 좋으며, 다듬기 가공에서는 경절삭을 하는 것이 일반적이다.

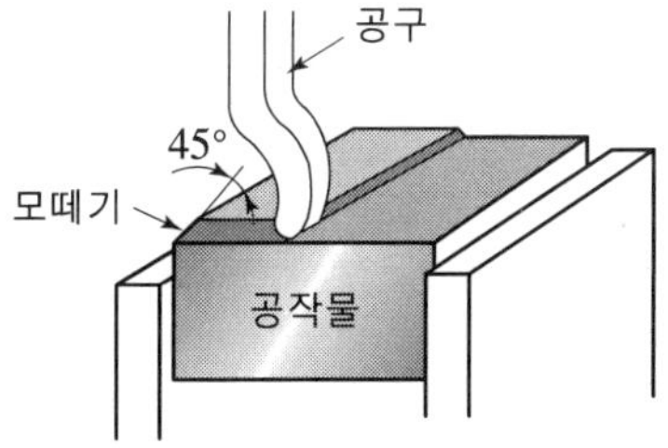

(a) 수평가공

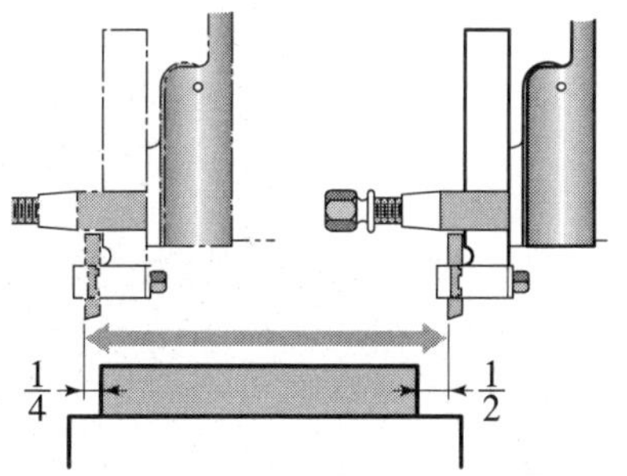

(b) 램의 행정 길이

그림 4-97 수평 가공과 램의 행정 길이

● **경사면 깎기**

셰이퍼로 경사면을 깎는 방법은 다음과 같이 여러 가지가 있다.

① 테이퍼드 스트립(tapered strip)을 사용하여 공작물을 기울여 고정하고 수평면을 가공하는 방법

② 회전 바이스로 공작물을 물리고 바이스를 돌려서 가공하는 방법

③ 유니버설 테이블(universal table)에 공작물을 물리고 테이블을 기울여 가공하는 방법

④ 공구대를 필요한 각도로 돌리고 수직 이송 핸들로 이송하여 가공하는 방법

정확한 각도로 깎기 위해서는 다이얼 게이지와 각도기를 사용하여 공구대를 정확한 각도로 고정한 다음, 공작물을 절삭가공한다. 그림 4-98은 셰이퍼작업에서 측면, 각도, 더브테일가공

(a) 측면가공

(b) 각도가공

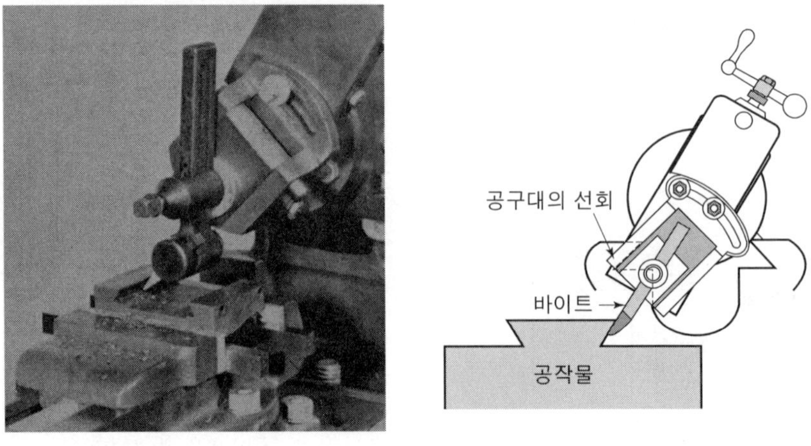

(c) 더브테일가공

그림 4-98 셰이퍼로 경사면 가공의 보기

의 사례이다.

4 셰이퍼의 종류와 특징

● 수평형 보통 셰이퍼

수평형 보통 셰이퍼(plain horizontal shaper)는 램이 일정한 안내면을 따라 앞뒤로 왕복하고 테이블은 좌우로 이송되며 평면을 깎는다. 램이 앞으로 움직일 때만 깎는 것이 보통이다. 그림 4-99 (a)는 가장 많이 사용되고 있는 보통 셰이퍼의 보기이다.

● 수평형 만능 셰이퍼

보통 셰이퍼의 테이블은 좌우 및 상하 방향으로만 이동하는 데 대하여 만능형에서는 테이블의 칼럼면에서 회전하고, 회전 바이스와 함께 사용하면 공작물을 회전시킬 수 있어서 편리하다. 그림 4-99 (b)는 모방 장치가 설치된 유압식 셰이퍼의 보기이다.

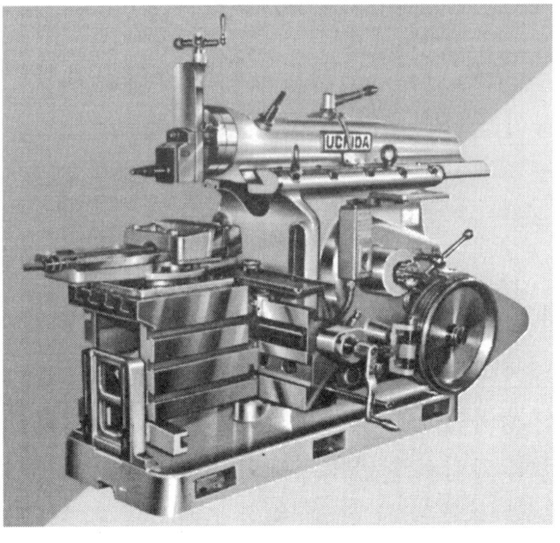

(a) 보통 셰이퍼

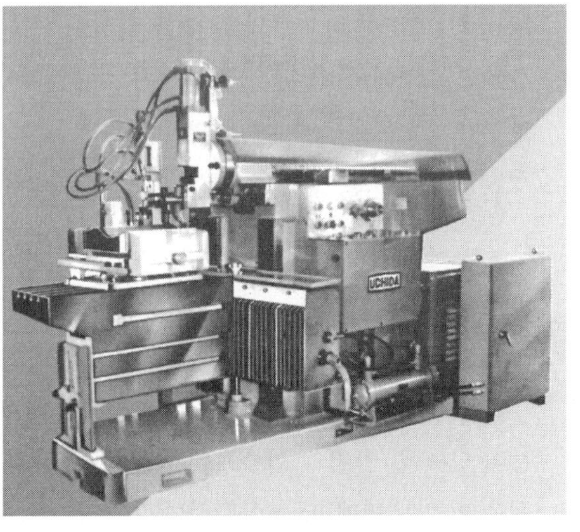

(b) 유압식 모방 셰이퍼

그림 4-99 셰이퍼의 종류

● 후진 절삭형 셰이퍼

램이 후진(歸還行程)할 때 절삭하는 수평형 셰이퍼로 큰 공작물을 가공할 때 사용한다. 절삭할 때 공작물이 칼럼면에 튼튼히 닿게 하므로 크로스 레일(cross rail)과 새들 면의 변형을 감소시킬 수 있다. 절삭 행정에서 램에 인장력이 작용하므로 진동이 일어나지 않으며, 공작물의 가공면에 바이트의 떨림자리가 나타나지 않는다. 비교적 큰 총형 공구도 사용할 수 있다.

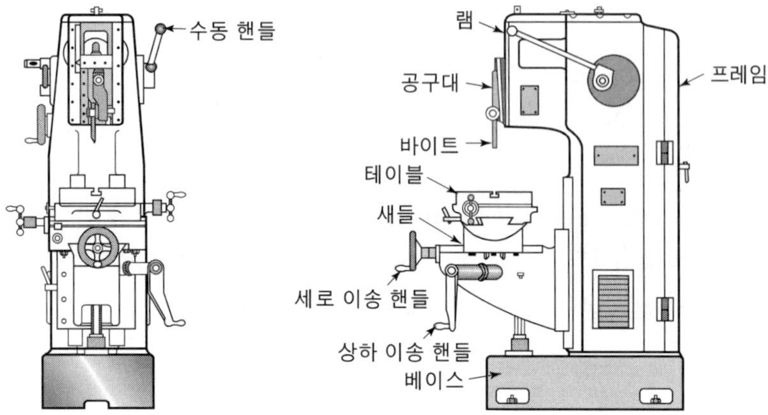

그림 4-100 슬로터의 구조

(2) 슬로터

슬로터(slotter, slotting machine)는 수직 또는 수직에 가까운 각도의 왕복 운동을 하는 램(ram)에 고정한 바이트와, 전후 · 좌우로 이송할 수 있으면서 수직축을 중심으로 회전 운동이 가능한 테이블에 고정한 여러 가지 공작물의 내면을 주로 가공하는 공작기계이다. 이 기계를 사용하는 공작법을 슬로팅(slotting) 또는 슬로터가공이라 한다.

1 슬로터의 구조와 기능

슬로터는 셰이퍼의 램 운동을 수평에서 수직으로 바꾸어, 직립형으로 한 공작기계이며, 그 운동기구도 유사하다. 슬로터는 그림 4-100과 같이 베드, 칼럼, 램의 안내면이 일체로 되어 있다. 베드 위에는 이중으로 된 새들이 있으며, 그 위에 원형 테이블이 놓여 있다.

칼럼의 내부에는 원동기의 회전 운동을 램의 직선 왕복 운동으로 변환시키는 크랭크와 링크 등이 있으며, 칼럼의 외부에는 기어 전동 장치가 있다. 칼럼의 전면에는 램의 안내면이 있어서 램은 이 안내면에 따라 상하 왕복 운동을 할 수 있는 구조로 되어 있다. 램의 아래쪽에 공구대가 있어 여기에 바이트를 고정한다. 램의 운동기구로는 링크에 의한 것과 크랭크를 사용한 것이 있으며, 크랭크를 사용한 것이 기구는 간단하고 완고하지만 급속 귀환 운동기구는 없다. 슬로터의 크기는 램의 최대 행정, 테이블의 크기, 테이블의 이동 거리 및 테이블의 지름으로 나타낸다.

2 슬로터가공

● 슬로터가공의 특징

램 끝의 공구대에 고정한 바이트의 상하 왕복 운동에 의해 내면의 키홈, 여러 가지 각의 구

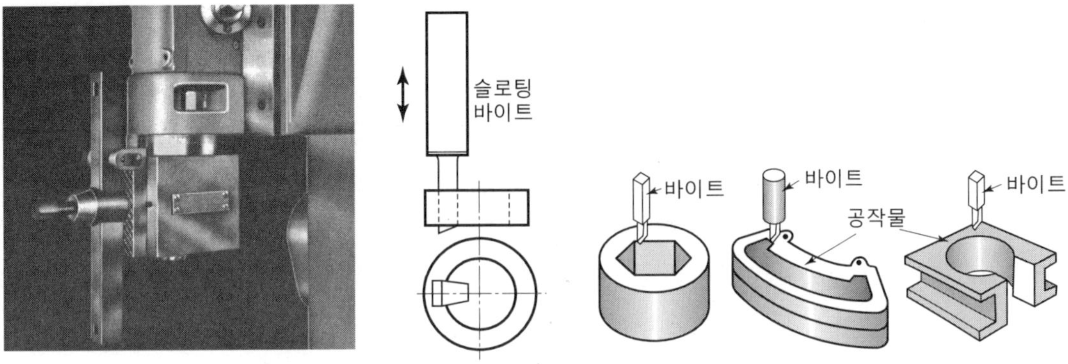

(a) 공구대 (b) 슬로팅 (c) 슬로터 가공의 보기

그림 4-101 공구대와 슬로팅의 보기

멍, 스플라인 구멍, 그 밖의 수직면 절삭이 가능하다. 회전 테이블을 조작하여 기어 또는 특수한 원통의 절삭도 할 수 있다.

또한 셰이퍼에 비해, 공작물 가공면을 위에서 보면서 가공할 수 있는 장점이 있다. 그러나 구조상, 강력한 절삭이 어려워 대량 생산에는 불리한 가공법이다.

그림 4-101은 공구대와 슬로터에 의한 가공의 보기이다.

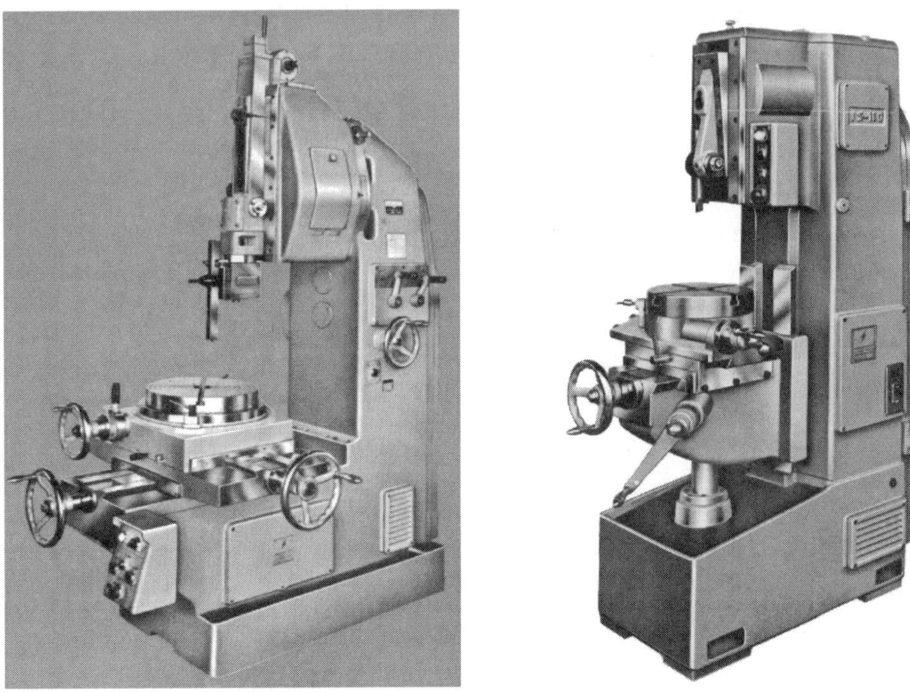

(a) 베드형 (b) 니 형

그림 4-102 슬로터

3 슬로터의 종류와 특징

슬로터는 테이블의 구조와 기능에 따라 구분하고 있는데, 그림 4-102 (a)와 같이 테이블이 고정된 베드형(bed type)과 그림 4-102 (b)와 같이 테이블이 상하로 이동할 수 있는 니형(knee type)이 있다. 니형은 테이블을 상하 이동 및 각도를 15°까지 기울일 수 있으며, 바이트를 고정한 램을 핸들 조작으로 상하 이동할 수 있으므로 불규칙한 공작물의 설치와 가공이 용이하고 능률적이다. 한편 베드형은 테이블의 이동 범위가 넓고, 분할대를 설치하고 있으며, 램을 15°까지 기울일 수 있어 공작물 특성에 따라 사용하면 생산성을 높일 수 있다.

3. 드릴링 머신과 보링 머신

1) 드릴링 머신

(1) 드릴링 머신의 구조와 부속 장치

1 드릴링 머신의 구조와 기능

드릴링 머신(drilling machine, drill press)은 주축의 드릴 척에 드릴을 끼워 놓고, 이를 동력으로 회전 절삭 운동하여 주축에 직선 이송 운동을 주어 공작물에 구멍을 뚫는 공작기계이다.

그림 4-103은 가장 일반적인 탁상 드릴의 기본 구조의 보기로서 주축의 회전은 전동기로, 회전수는 벨트 단차에 의해 변환할 수 있다. 드릴의 이송은 수동으로 조작하며 테이블은 칼럼에 따라 상하 이동한다. 그림 4-104는 드릴 머신에서 가공할 수 있는 작업의 보기를 나타낸 것이다.

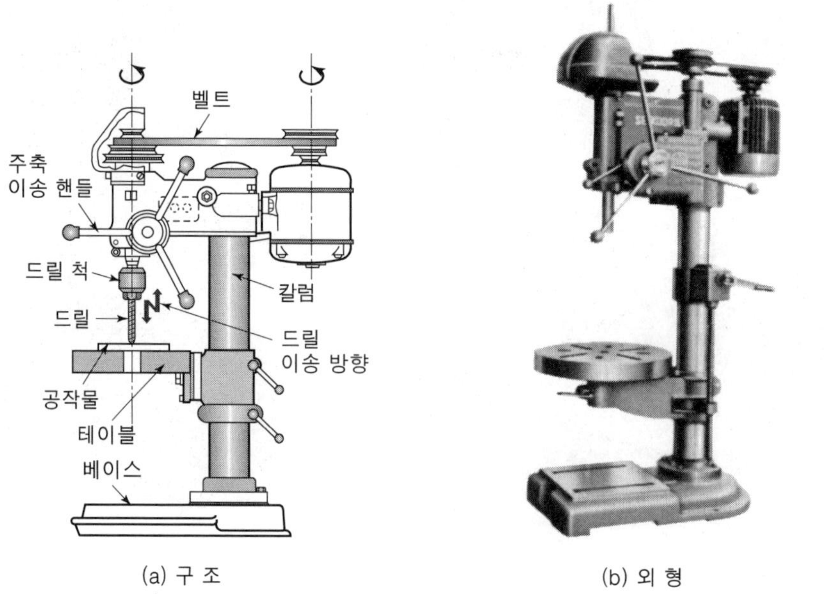

(a) 구 조 (b) 외 형

그림 4-103 드릴링 머신의 구조

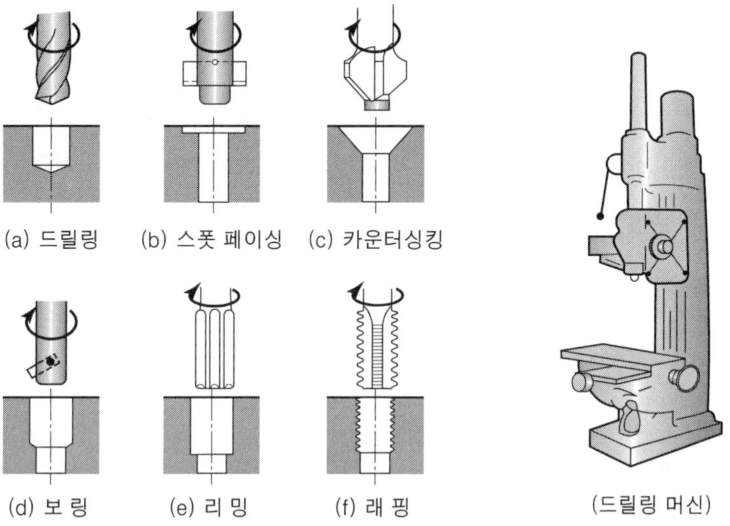

그림 4-104 드릴가공 분야의 보기

2 드릴링 머신의 부속 장치

● 드릴 척

지름이 곧은 자루(straight shank)이면서 13 mm 이하인 비교적 작은 드릴을 사용할 때에는 그림 4-105 (a)와 같은 드릴 척(drill chuck)을 사용한다.

● 슬리브와 소켓

드릴의 자루부가 테이퍼 자루(taper shank)로 된 13~75 mm인 비교적 큰 드릴은 자루가 모스 테이퍼(morse taper)로 되어 있으며, 그림 4-105 (b)와 같은 슬리브(sleeve) 또는 소켓(socket)을 사용하여 스핀들의 테이퍼 구멍에 직접 꽂아서 사용한다.

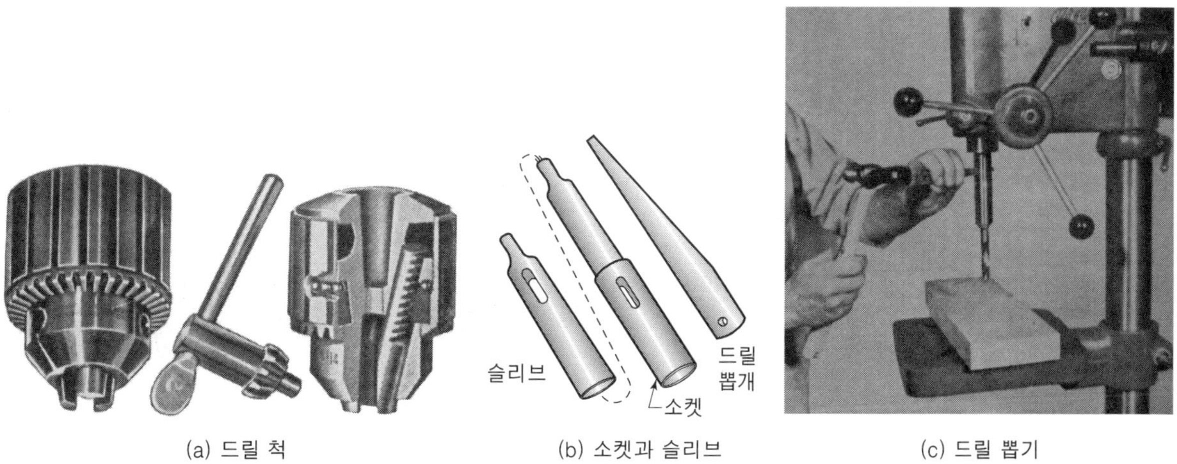

그림 4-105 드릴 고정구

● **드릴 바이스와 클램프**

소형 공작물은 바이스에 고정하고 이를 테이블 위에 놓고 사용하며, 수량이 많은 경우에는 토글 클램프(toggle clamp)를 사용한다. 중형 이상일 때에는 바이스를 테이블에 고정하거나 공작물을 테이블에 직접 고정하기도 한다.

(2) 드릴가공

1 드릴의 선단각

드릴의 선단각은 표준 드릴에서는 118°이지만, 공작물의 재질에 따라 표 4-8과 같이 적절한 각도를 선택하여야 한다.

그림 4-106 (a)와 (b)는 드릴날의 선단각과 여유각을 그림 4-106 (c)와 (d)는 치즐포인트각에 따른 절삭날의 모양을 나타낸 것으로 120~135° 일 때 직선이 된다.

2 절삭 속도와 이송

절삭 속도는 드릴의 바깥둘레의 속도로 나타내며, 이송은 드릴 1회전마다 드릴의 축 방향 이동 거리로 나타낸다. 절삭 속도와 이송의 크기는 드릴과 드릴의 지름, 공작물의 재질 등에 따라 달라진다.

드릴가공이 진행되어 구멍이 깊어지면 칩의 배출이 곤란하므로 절삭 속도와 이송을 줄여야

표 4-8 드릴 날끝의 각도

공작물의 재질	선단각	여유각	비틀림각
주 철	90~118	12~15	20~32
강(저탄소강)	118	12~15	20~32
동 및 동 합금	110~113	10~15	30~40
알루미늄 합금	90~120	12	17~20
표준 드릴	118	12~15	20~32

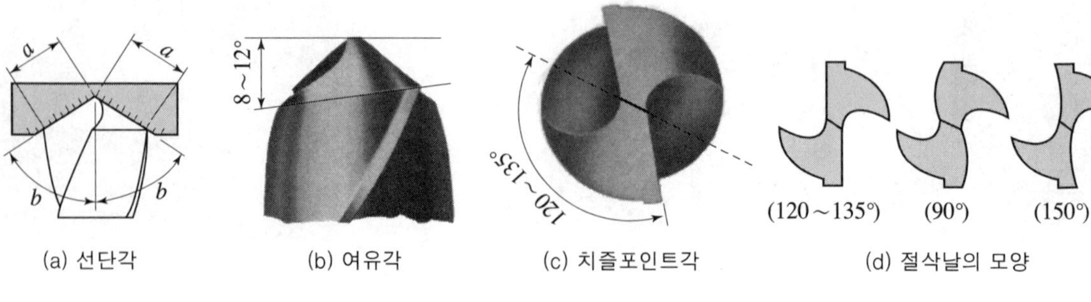

(a) 선단각 (b) 여유각 (c) 치즐포인트각 (d) 절삭날의 모양

그림 4-106 드릴 선단부의 날각과 모양

한다. 예를 들면 구멍의 깊이가 드릴 지름의 3배 정도로 되면 속도를 10% 정도 감소시킨다.

드릴의 절삭 속도는 식 (4-13)으로 나타낸다.

$$v = \frac{\pi dn}{1{,}000} \tag{4-13}$$

여기서 v : 절삭 속도 [m/min]
n : 드릴의 회전수 [rpm]
d : 드릴의 지름 [mm]

드릴이 1회전 하는 동안의 이송 거리를 s [mm]라 하고, 드릴 끝 원뿔의 높이를 h [mm], 구멍의 깊이를 t [mm]라 하면, 이 구멍을 뚫는 데 소요되는 시간 T [min]는 식 (4-14)와 같이 나타낼 수 있다.

$$T = \frac{t+h}{ns} = \frac{\pi d(t+h)}{1{,}000\,vs} \tag{4-14}$$

표 4-9는 많이 쓰이는 고속도강 드릴의 절삭 속도와 이송량을 나타낸 것이다.

연강을 드릴가공할 때의 절삭유는 수용성 절삭유 또는 불수용성 절삭유를 사용하며 주철에는 사용하지 않는다.

3 드릴의 연삭

새로 연삭한 드릴도 일정 시간 사용하면 드릴날이 마멸되어 절삭 능률이 저하되므로, 적절한 때 재연삭하여 사용한다. 드릴의 절삭날이 심하게 마멸되면, 생산 능률의 저하, 가공면의 정밀

표 4-9 고속도강 드릴의 절삭 속도와 이송량 (v : 절삭 속도 [m/min], s : 이송 [mm/rev])

재 료	단위	드릴의 지름 [mm]				
		2~5	6~11	12~18	19~25	25~50
강(인장강도 50 kg/mm^2)	v	20~25	20~25	30~35	30~35	20~30
	s	0.1	0.2	0.25	0.3	0.4
강(인장강도 50~70 kg/mm^2)	v	20~25	20~25	20~25	25~30	25
	s	0.1	0.2	0.25	0.3	0.4
주철(인장강도 18~30 kg/mm^2)	v	12~18	14~18	16~20	16~20	16~18
	s	0.1	0.15	0.2	0.3	0.4
황동, 청동(무른 것) HB 65~95	v	≤50	≤50	≤50	≤50	≤50
	s	0.15	0.15	0.3	0.45	–
청동(굳은 것) HB 95~125	v	≤35	≤35	≤35	≤35	≤35
	s	0.05	0.1	0.2	0.35	–
알루미늄	v	150~200	150~200	150~200	150~200	150~200
	s	0.1	0.2	0.25	0.3	0.4

주 탄소 공구강 드릴의 절삭 속도는 위의 40~50%로 한다.

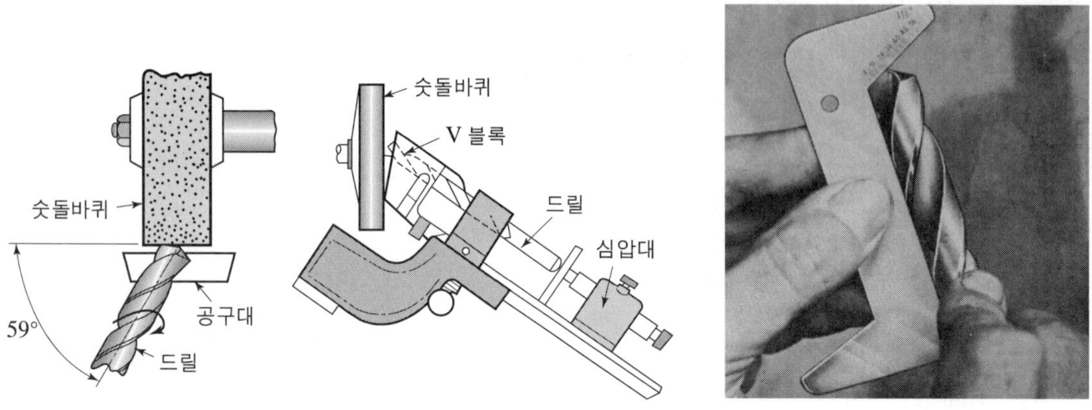

(a) 손작업 (b) 드릴 연삭 장치의 사용 (c) 선단각의 검사

그림 4-107 드릴 날끝의 연삭과 검사

도 불량, 드릴의 손상 등으로 가공면을 헤치는 결과를 가져온다.

재연삭을 할 때에는 일반적으로 그림 4-107 (a), (b)와 같이 연삭하고, (c)와 같이 선단각을 검사하며, 다음과 같은 점에 주의를 한다.

① 절삭날의 좌우 길이를 같게 한다.

② 절삭날이 중심선과 이루는 선단각의 반각을 같게 한다.

③ 절삭날의 여유각은 공작물의 재질에 맞게 한다.

4 공작물의 고정

드릴작업에서 공작물을 손으로 잡고 작업하거나 바이스 또는 테이블에의 고정이 불안전할 때 안전 사고가 발생하는데 이는 매우 위험하다. 손작업에서는 그림 4-108 (a)와 같이 블록을 사용하고 적어도 한 곳에는 정지 장치를 설치해야 한다. 공작물을 테이블에 직접 고정할 때에는 그림 4-108 (c)와 같이 드릴이 테이블의 홈구멍과 일치하도록 고정한다. 그림 4-108 (b)와 같이 바이스를 사용할 경우에는 작은 구멍은 바이스의 무게와 손의 힘으로 충분하지만 구멍이 큰 것은 테이블과의 고정을 볼트로 확실하게 하는 것이 안전하다.

5 드릴링

● 작업량이 많은 구멍

드릴 구멍을 뚫을 공작물의 수가 많고, 한 공작물에 여러 개의 구멍을 뚫어야 할 때에는 그림 4-109와 같이, 구멍의 위치에 드릴을 안내하는 지그(jig)를 사용하면 작업이 쉽고, 구멍의 위치도 정확하며 제품 간의 호환성도 보장된다.

(a) 손작업　　(b) 바이스 고정　　(c) 테이블 고정

그림 4-108 공작물의 고정 방법

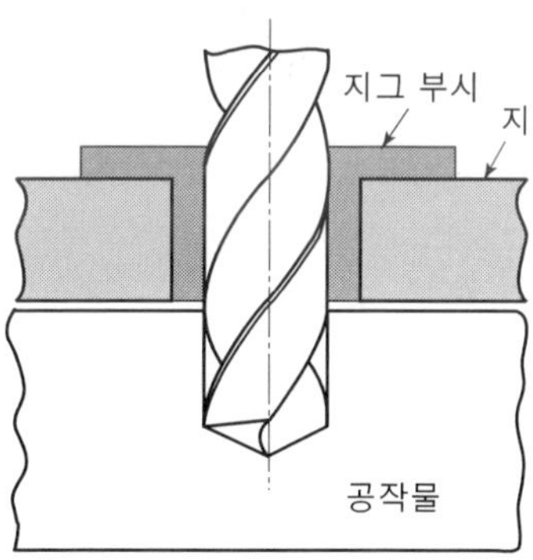

그림 4-109 지그를 사용한 구멍뚫기

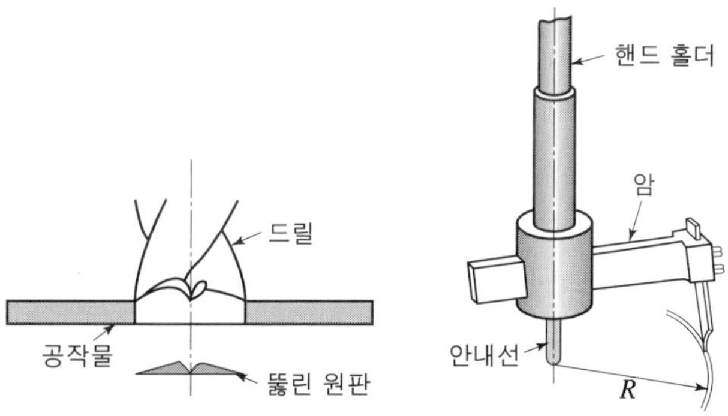

(a) 드릴링　　(b) 회전 바이트

그림 4-110 얇은판의 구멍뚫기

● 얇은 판의 구멍

얇은 판에 드릴가공을 할 때에는 그림 4-110 (a)와 같은 드릴을 사용하고, 아주 큰 구멍에는 그림 4-110 (b)와 같이 회전 바이트를 사용한다.

● 깊은 구멍

깊은 구멍을 뚫을 때에는 디프홀 드릴(deep hole drill)을 사용한다. 총신, 중공 주축, 사출기의 실린더 등과 같이 지름에 비해 구멍의 깊이가 깊을수록 공작물과 드릴을 지지하기 곤란하며, 칩의 배출도 어렵다.

(3) 드릴링 머신의 종류와 특징

1 전기 드릴

전기 드릴(electric drill)은 소형$\left(\frac{1}{4}\sim\frac{1}{2}\text{HP}\right)$ 전기 모터를 회전시켜 척에 고정한 드릴로 구멍을 뚫는 것으로 전동 드릴이라고도 한다. 한손으로 손잡이와 스위치를 조작할 수 있으며 휴대가 간편하다. 규격은 일반적으로 척의 호칭 치수로 나타내며, 소형은 6.5 mm 이하의 드릴을, 중형은 13 mm의 드릴을 사용할 수 있다. 13 mm 이상의 드릴에 사용되는 전기 드릴은 양손으로 조작하기도 한다. 그림 4-111은 다목적용 전기 드릴의 보기이다.

(a) 속도 조절 및 정 · 역회전 기능 (b) 5단계 토크 조절 및 충전 기능

그림 4-111 다목적용 드릴의 종류

2 탁상 드릴링 프레스

탁상 드릴링 프레스(bench type drilling press)는 작업대 위에 설치하여 사용하는 소형의 드릴링 머신이다(그림 4-103 참조).

드릴의 지름이 13 mm 이하로 비교적 작고 뚫는 구멍이 깊지 않은 드릴 구멍에 적합한 것으로, 드릴의 이송은 수동으로 한다.

3 직립 드릴링 머신

직립 드릴링 머신(up right drilling machine)은 그림 4-112와 같으며, 각종 공작물의 드릴가공에 널리 사용된다. 동력 전달과 주축의 속도 변화는 단차식 또는 기어식이 있다.

직립 드릴링 머신에는 기어식 속도 변환 장치가 있으며, 탭가공도 할 수 있도록 주축이 역회전할 수 있게 되어 있는 것도 있다. 직립 드릴링 머신의 크기는 스윙(주축의 중심부터 칼럼 표면까지의 거리의 2배), 테이블의 크기, 주축 구멍의 모스 테이퍼 번호, 드릴 가공을 할 수 있는 최대 지름, 주축 끝에서 테이블 면까지의 최대 거리 등으로 나타낸다.

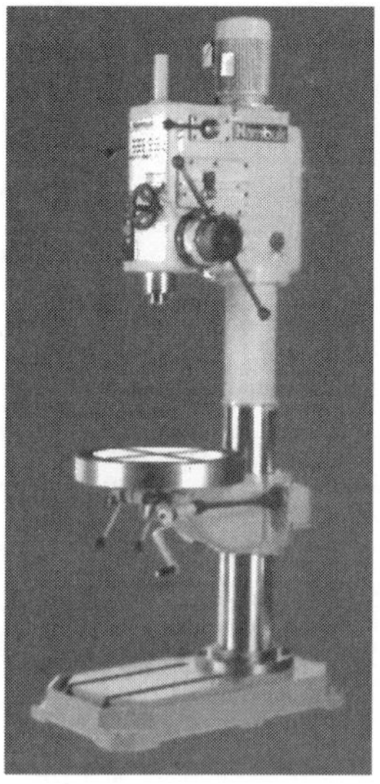

그림 4-112 직립 드릴링 머신

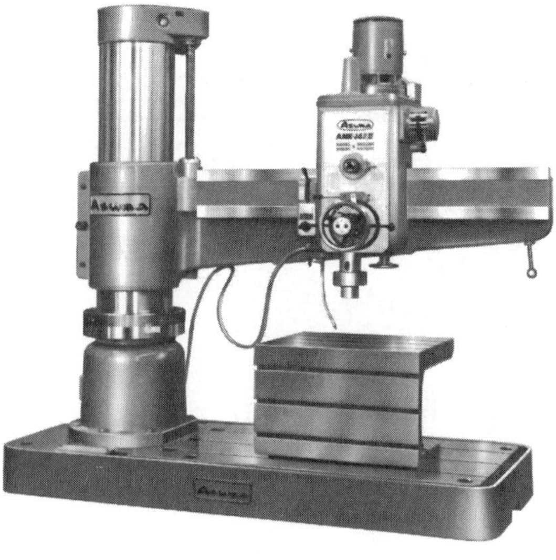

그림 4-113 레이디얼 드릴링 머신

④ 레이디얼 드릴링 머신

공작물이 클 때에는 그림 4-113과 같은 레이디얼 드릴링 머신(radial drilling machine)이 사용된다. 이것은 수직의 기둥을 중심으로 암을 선회시킬 수 있고, 주축 헤드는 암을 따라 수평으로 이동하므로, 주축은 그 범위 안에서 임의의 위치까지 도달할 수 있다.

레이디얼 드릴링 머신의 크기는 보통 드릴 가공이 가능한 최대 지름과 기둥의 표면으로부터 주축 중심까지의 최대 거리로 표시한다.

2) 보링 머신

보링 머신은 주로 뚫려 있는 구멍을 가공하기 위하여 주축에 고정한 보링 바이트를 회전시키고, 공작물에 이송과 절삭 깊이를 주어 구멍을 넓히거나 정밀도를 높이기 위해 절삭가공하는 공작기계이다.

보링 머신에서 가공할 수 있는 보링 방식에는 주조할 때 뚫린 구멍이나 드릴로 뚫은 구멍을 크게 가공하거나 정밀도를 높이기 위한 가공을 포함하며, 그림 4-114와 같이 면깎기 구멍뚫기, 엔드밀 깎기, 바깥지름 깎기, 나사 깎기, 태핑 등 여러 가지 작업을 할 수 있다.

(1) 보링 머신의 구조와 기능

보링 머신 중에서 가장 기본이 되는 수평 보링 머신(horizontal boring machine)은 그림 4-115 (a)와 같이 오른쪽에는 주축과 속도 변환기구 등을 구비한 주축 헤드(主軸頭)가 칼럼에 설치되어 있으며, 안내면에 따라 상하 이동이 가능하다. 또한 칼럼과 상대쪽에 지주(支柱, boring

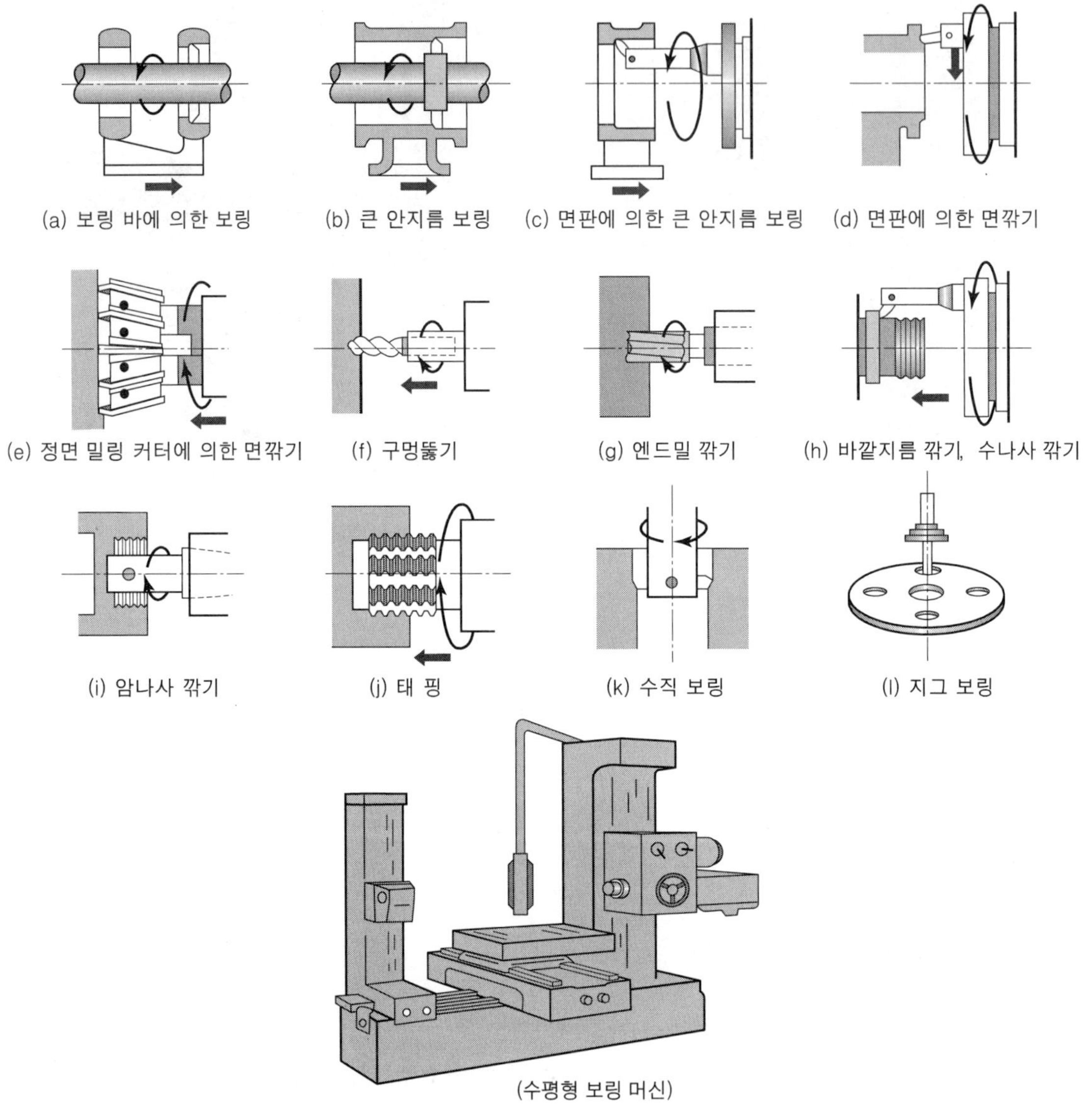

그림 4-114 보링의 보기

stay)가 있으며, 지지대에 보링 바(boring bar)를 끼워 사용한다. 보링 바이트는 이 보링 바에 고정하며, 주축의 회전력을 전달받아 회전 절삭 운동을 하게 된다.

공작물은 베드 위를 이동하는 테이블의 상면에 고정하여, 여기에 이송 운동을 주면서 가공한다. 주축측에 이송 운동이 가능한 보링 머신도 있다.

일반적으로 공작물의 형상이 복잡하여 이를 면판이나 회전 테이블에 고정하기가 어려운 경우, 또는 부피가 크거나 무게가 많이 나가는 경우에는 수평 보링 머신이 편리하다.

그림 4-115 (b)는 수평 보링 머신의 보기이다.

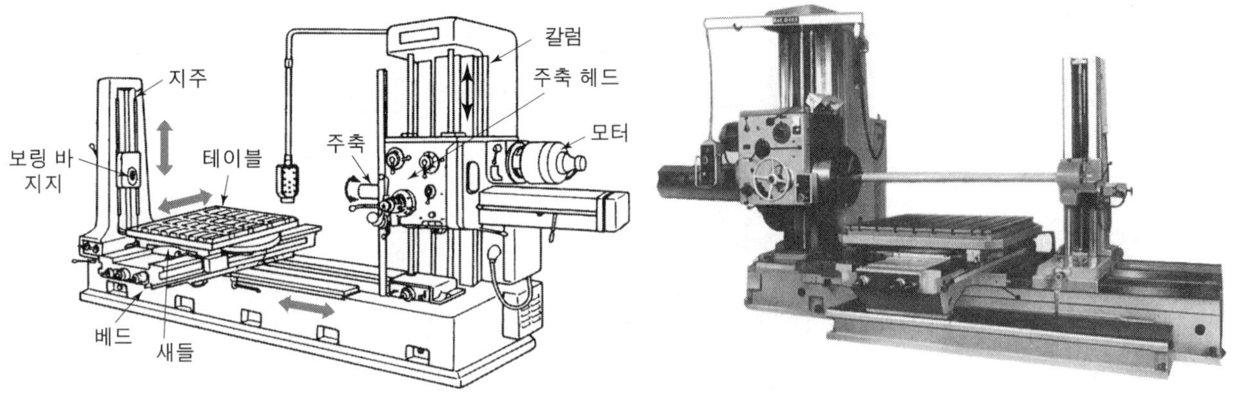

(a) 구 조

(b) 외 형

그림 4-115 수평 보링 머신

(2) 보링가공

1 보링 바이트와 보링 바

● **보링 바이트**

보링 머신에 사용하는 바이트는 선반용 바이트와 구조가 거의 같지만 구멍의 내면을 가공하기 때문에 가공하는 구멍의 지름에 알맞은 충분한 여유각을 두어야 한다. 보링 바이트는 보링 바(boring bar) 또는 보링 스너트(boring snut)에 고정하여 사용한다.

● **보링 바**

지름이 작고 길이가 짧은 경우에는 그림 4-116 (c)와 같은 한쪽 지지용 바이트인 스터브 보링 바 또는 그림 4-116 (b)와 같은 보링 스너트를 사용한다. 일반적으로 보링 머신에서는 그림 4-116 (a)와 같은 보링 바에 직접 보링 바이트를 나사로 고정하여 사용한다.

큰 구멍에 대해서는 그림 4-116 (a)의 ⓓ와 같이 보링 헤드(boring head) 또는 블록형 커터를 이용하고, 여기에 2개 이상의 바이트를 고정하여 사용한다. 주로 선반에서 사용되는 비교적 작은 구멍 보링용 내경 보링 바(internal boring bar)는 보링 바이트라고도 한다.

2 보링 조건

일반적으로 절삭 깊이와 이송량을 적게 하고, 절삭 속도를 빠르게 하면 가공면이 깨끗해지며, 치수의 정밀도도 높아진다. 이 원리를 구멍을 다듬질할 때에 응용하여 드릴로 뚫은 구멍이나 보링으로 거칠게 가공된 구멍을 대상으로, 바이트를 고속으로 회전시키고, 이송량을 적게 하여 보링을 하면, 진원이면서 매끈한 면으로 정밀가공할 수 있다.

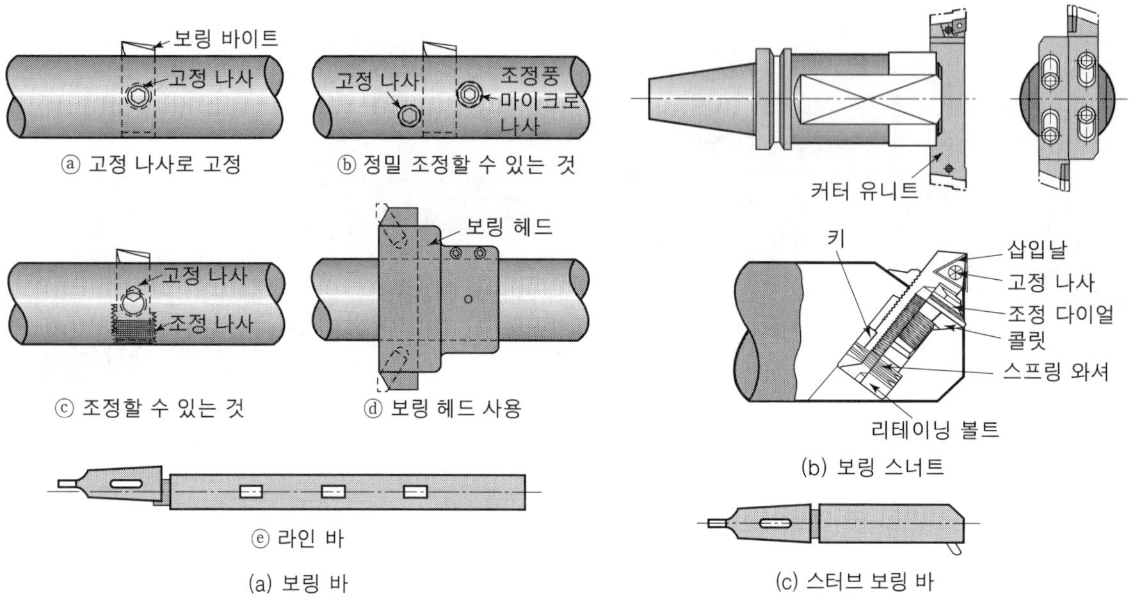

그림 4-116 보링 바이트의 종류와 바이트의 고정 사례

3 공작물과 공구의 고정

● **스터브 보링 바의 사용**

가공할 구멍의 위치를 주축 가까이 이동할 수 있거나 끝이 막힌 구멍 또는 정면 가공에는 그림 4-117과 같이 길이가 짧은 스터브 보링 바(stub boring bar) 또는 보링 스너트(boring snut)를 주축에 끼우고 사용한다.

● **라인 바(線棒, line bar)의 사용**

그림 4-118과 같이 테이블에 고정한 공작물의 구멍에 보링 바를 끼우고, 스핀들의 반대쪽은 별도의 지지부로 지지한다. 중심을 조절할 수 있는 지지대는 베어링 블록이 있어서 중심 맞추기가 편리하다.

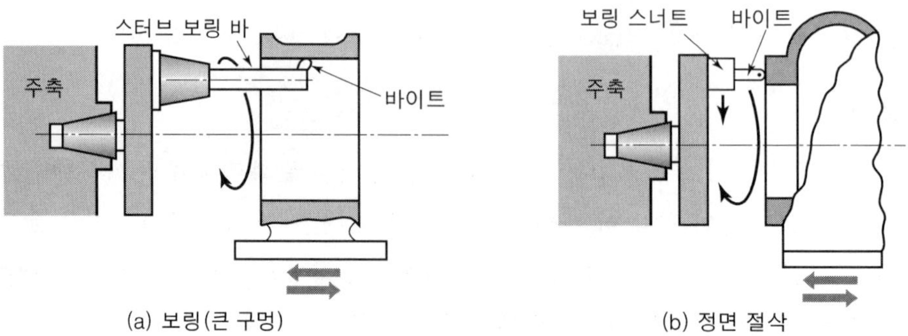

그림 4-117 스터브 보링 바 작업

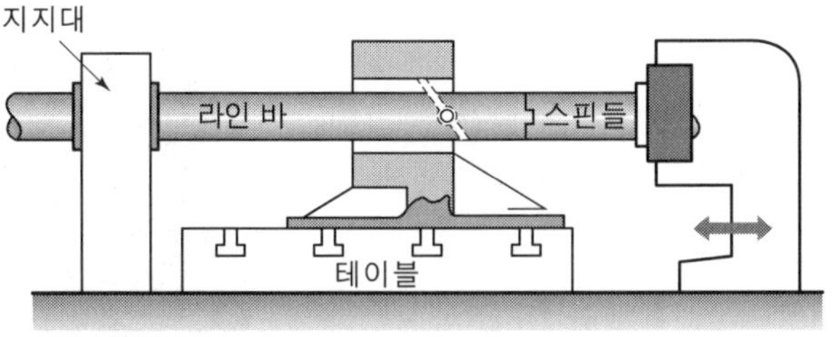

그림 4-118 라인 바에 의한 보링

(3) 보링 머신의 종류와 특징

보링 머신은 기능이나 구조에 따라 수평 보링 머신(horizontal boring machine), 정밀 보링 머신(fine boring machine), 지그 보링 머신(jig boring machine) 등으로 나뉜다.

보링 머신의 크기는 테이블의 크기, 주축의 이동 거리, 주축 머리의 상하 이동 거리 및 테이블의 이동 거리 등으로 나타낸다.

1 수평 보링 머신

수평 보링 머신의 일종인 테이블형 수평 보링 머신(table type horizontal boring machine)은 베드의 한 끝에 기둥이 있으며, 그 앞쪽의 안내면에 따라 주축대가 상하 운동을 한다. 베드의 활동면 위에 새들이 있어 좌우로 이동하고, 그 위의 테이블도 앞뒤로 이동할 수 있으며, 회전도 할 수 있다. 테이블을 사이에 두고 기둥과 반대쪽에 보링 바 지지대가 있다. 주축대에는 주축과 이송 기구가 있으며, 그 앞면에서 기계의 모든 운동을 제어한다.

2 정밀 보링 머신

정밀 보링 머신(fine boring machine)은 고속도 경절삭으로 정밀한 보링을 하는 기계로서, 주로 다이아몬드 또는 초경 합금 공구를 사용하며, 가공한 구멍의 진원도, 진직도가 매우 높다. 정밀 보링 머신의 주축은 수평형과 직립형이 있다. 수평형은 소형 제품에, 직립형은 실린더의 정밀 보링에 사용된다. 초경합금이나 다이아몬드 바이트에 의한 고속 정밀 보링을 하면 종래의 연삭가공에 상응하는 정도의 높은 정밀도의 가공면을 얻을 수 있다. 그림 4-119는 대형 직립형 보링 머신의 보기이다.

그림 4-119 대형 직립형 보링 머신

3 지그 보링 머신

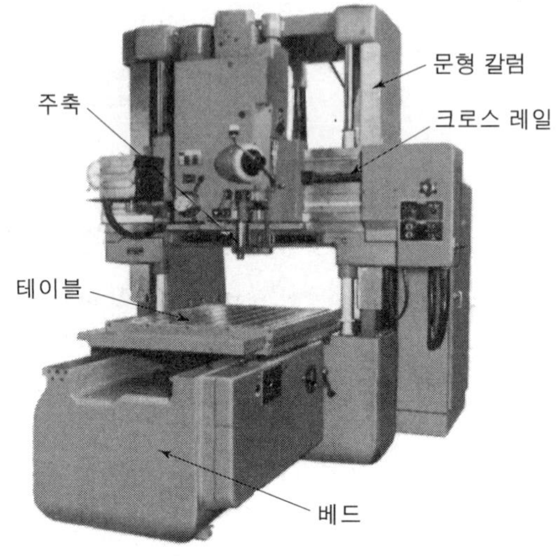

그림 4-120 지그 보링 머신

높은 정밀도가 요구되는 치공구(治工具, jig and fixture)와 같은 공작물의 정밀 가공에 사용되는 보링 머신이다. 지그 보링 머신(jig boring machine)은 기계 전체가 높은 정밀도로 만들어져 있으며, 주축은 높은 정밀도로 위치를 조정하는 장치가 구비되어 있어, 공작물의 위치를 XY좌표에 대하여 1 μ의 정밀도로 가공할 수 있다. 지그 보링 머신은 위치를 정할 때 주축대 또는 테이블의 이동량을 마이크로미터(micrometer), 막대 게이지(bar gauge), 다이얼 게이지(dial gauge), 광학 장치 등으로 정확하게 검사할 수 있는 좌표 측정기(座標 測程器)와 정밀 보링 머신을 1대의 공작기계로 조합한 것이다. 그림 4-120은 문형(門形) 지그 보링 머신의 보기로서, 주축대는 기둥의 앞에서 상하로 이동하고 테이블은 세로, 가로로 이동한다.

지그 보링 머신은 항온 항습의 실내에 설치하고, 외부로부터의 열과 습기, 진동, 먼지 등으로부터 격리된 분위기의 실내에서 사용한다. 또 정기적으로 수평도를 검사 유지하여 항상 정밀도가 높은 작업을 할 수 있도록 관리하여야 한다. 기계의 크기는 테이블의 크기, 주축 베드와 테이블의 이동 거리, 주축 베드에서 테이블면까지의 거리 등으로 나타낸다.

4. 밀링 머신

많은 절삭날을 가진 밀링 커터(milling cutter)를 회전시키고 테이블 위에 고정한 공작물에 이송을 주면서 절삭하는 공작법을 밀링가공(milling)이라 하고, 여기에 사용되는 공작기계를 밀링 머신(milling machine)이라 한다.

선반은 공작물을 회전시키면서 깎으므로 공구는 고정되어 있으나, 밀링 머신에서는 회전하는 공구로 고정된 공작물을 깎는다. 따라서 선반과는 달리 여러 가지 모양의 공작물을 가공할 수 있는 것이 특징이다.

밀링 머신에서는 밀링 커터나 부속품과 부속 장치를 사용하는 방법에 따라 여러 가지 가공을 할 수 있다. 평면은 물론, 불규칙하고 복잡한 면을 깎을 수 있고, 드릴의 홈, 기어의 치형 가공 등 사용 범위가 매우 넓다.

특히 초경 합금을 커터의 날로 이용함으로써 강력 절삭할 수 있으며, 최근에는 초경 합금공구의 성능이 개선되고, 밀링 머신의 기능도 향상되어, 공작 정밀도나 표면 거칠기 면에서 연삭 작업에 못지 않게 정밀가공을 할 수 있게 되었다.

주축 속도 변환에는 프리셀렉터 방식(preselector system), 그리고 테이블의 구동에는 급속 이송 · 절삭 이송 등의 연관 관계를 자유로 할 수 있는 자동 사이클 장치(automatic cycle attachment) 등을 채용함으로써, 한층 작업 능률을 높일 수 있게 되었다.

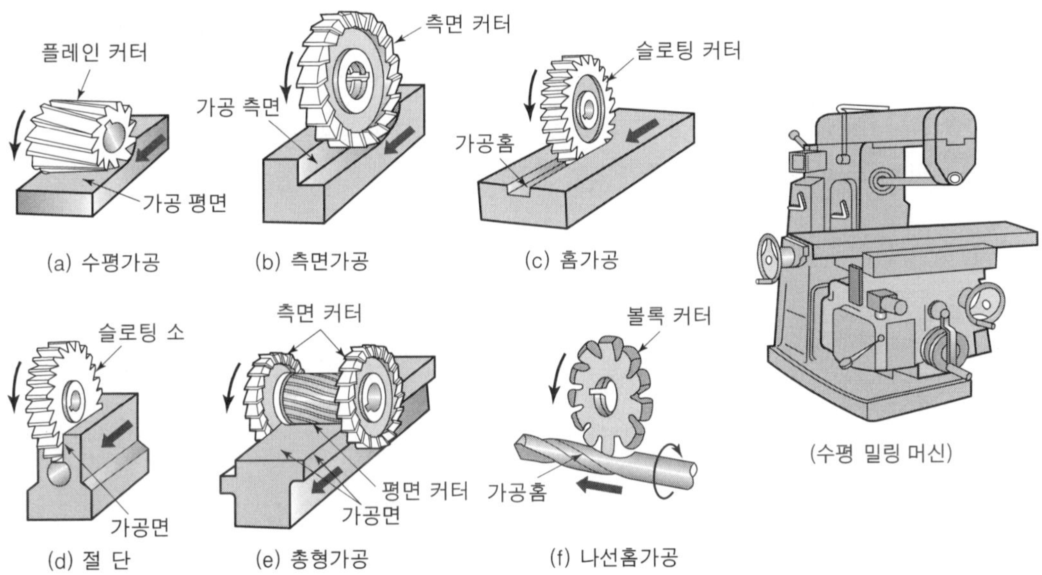

그림 4-121 수평 밀링가공의 보기

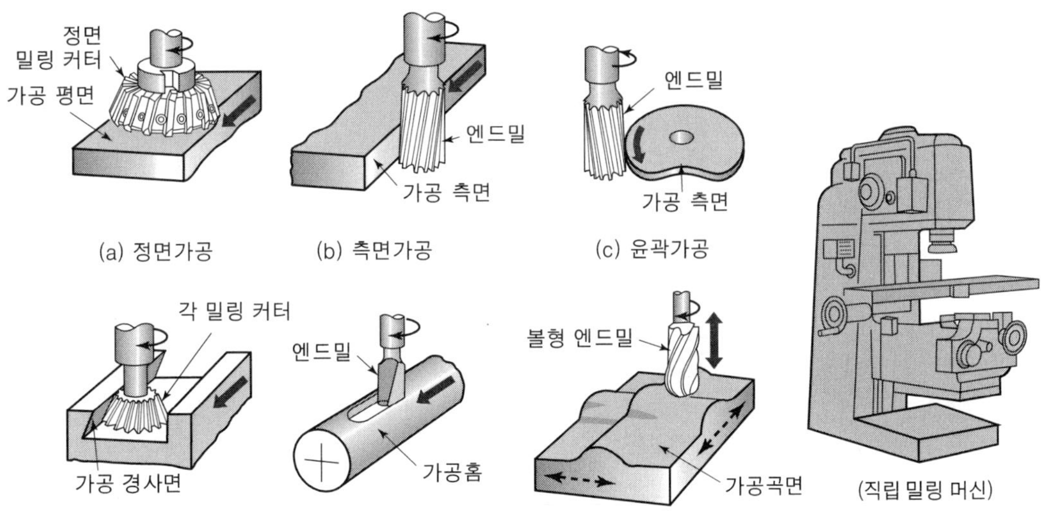

그림 4-122 직립 밀링가공의 보기

금형과 같이 복잡한 가공을 할 때에는 모방 장치(copying attachment) 또는 수치 제어(numerical control) 등의 자동 제어(automatic control)에 의하여 자동 가공을 하고 있다.

그림 4-121은 수평 밀링가공, 그림 4-122는 직립 밀링가공의 보기이다.

1) 밀링 머신의 구조와 부속 장치

일반적으로 가장 많이 사용되고 있는 밀링 머신은 니 칼럼형 밀링 머신(knee column type milling machine)으로 기둥(column), 니(knee), 테이블(table) 등으로 구성되어 있다. 공작물을 고정하는 테이블은 좌우, 전후, 상하 방향으로 이동할 수 있어 공작물을 입체적으로 가공할 수 있는 구조이다. 밀링 머신은 수평 밀링 머신(horizontal milling machine)과 직립 밀링 머신(vertical milling machine)에 따라 그 구조를 달리하고 있다.

(1) 밀링 머신의 구조

수평 밀링 머신을 예로 하면 그 구조는 그림 4-123과 같이 주축이 칼럼 상부에 있으며 오버암(over arm)을 수평 방향으로 장치하고 니는 칼럼 앞면을 상하로 미끄러져 이동하며, 니 위의 새들은 앞뒤 방향으로 이동할 수 있는 구조이다.

테이블은 새들 위에서 좌우로 이송되므로, 테이블은 칼럼의 앞면을 전후, 좌우, 상하 세 방향으로 이동할 수 있는 구조로 되어 있다. 아버(arbor)의 한쪽은 주축 구멍에, 다른쪽 끝은 아버 지지대(arbor supporter)로 지지하여 아버에 고정한 밀링 커터를 회전시켜 가공한다.

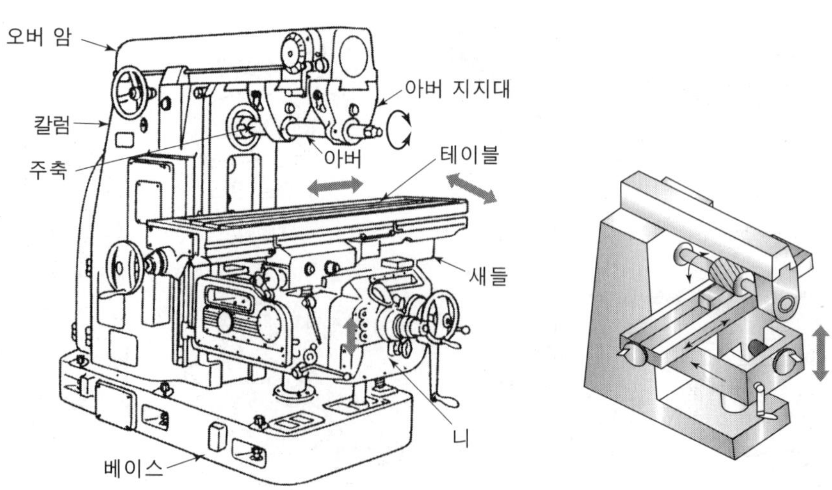

(a) 구 조 (b) 가공기구

그림 4-123 수평 밀링 머신의 구조

주축의 속도 변환은 기둥 내부에 있는 속도 변환 기어 장치로 하며, 테이블 이송을 위한 속도 변환은 니 내부에 장치한 변환 기어로 한다.

최신형에서는 테이블의 절삭 이송, 급속 이송, 급속 귀환 장치 등을 자동 사이클로 완성하게 하는 구조로 되어 있다.

(2) 밀링 머신의 부속 장치

밀링 머신에 각종 부속 장치를 부착하면 작업이 능률적이면서 가공 범위도 더욱 넓어진다.

1 직립 밀링 장치(vertical milling attachment)

수평 밀링 머신의 헤드에 수직 밀링 장치를 부착하여 수평 주축의 회전을 수직 방향으로 바꾸면, 수직 밀링 머신에서 할 수 있는 작업을 할 수 있다. 예를 들어 정면가공(face milling), 키 홈가공(end milling), 드릴링, 보링, T홈가공 등이 가능하다.

이 장치를 수평 및 만능 밀링 머신의 칼럼 면에 설치하고 수평 방향의 주축 회전을 기어를 거쳐 수직 방향으로 전환시키는 장치이다.

주축 헤드는 그림 4-124 (a)와 같은 상하 이동과 선회가 가능한 구조, 그림 4-124 (b)와 같은 고정식, 그리고 그림 4-124 (c)와 같이 전후 방향의 위치에 고정할 수 있는 것 등이 있다.

(a) 선회식

(b) 고정식

(c) 위치 이동식

그림 4-124 직립 밀링 헤드

2 만능 밀링 장치

테이블의 선회대와 분할대 등 만능 밀링 장치(universal milling attachment)를 부착하면 그림 4-125와 같이 헬리컬 홈과 래크 등을 가공할 수 있다.

(a) 테이블의 선회

(b) 분할대의 사용

(c) 스퍼 기어가공

(d) 헬리컬 기어가공

그림 4-125 만능 밀링 장치

(3) 밀링 머신의 고정구

1 밀링 커터 고정구

● **수평 밀링용**

수평 밀링 머신이나 만능 밀링 머신에서 플레인 밀링 커터나 옆면 밀링 커터 등 구멍이 있는 밀링 커터를 고정시키는 데는 그림 4-126 (a)와 같은 아버(arbor)가 필요하다. 아버는 오랫동안 사용해도 휘지 않고 흠집이 나지 않도록 구조용 합금강으로 만들며, 열처리가 되어 있다. 그림 4-126 (b)는 아버를 조립한 상태를 보여주고 있다.

● **직립 밀링용**

직립 밀링 머신에는 주로 정면 커터, 엔드밀 등을 사용하는데, 이들 공구를 주축인 밀링 헤드에 고정할 수 있는 어댑터(adapter), 콜릿(collet), 정면 밀링용 아버 등이 필요하다.

그림 4-127은 직립 밀링용 고정구의 보기로, 그림 4-127 (a)는 엔드밀을 고정한 어댑터, 그림 4-127 (b)는 곧은 자루의 엔드밀을 고정시킬 때 쓰이는 스프링 콜릿의 보기이다.

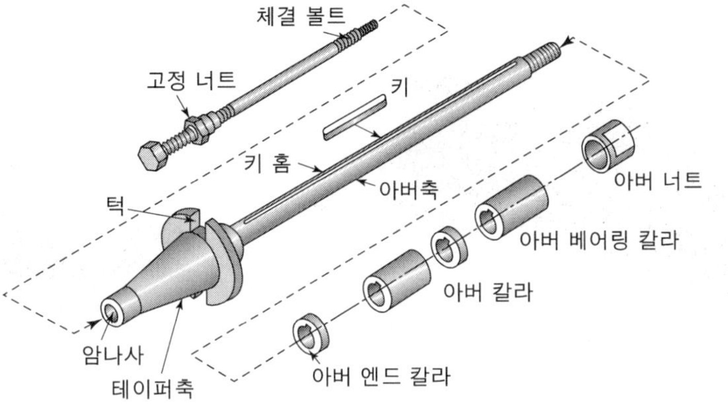

(a) 아버와 조립품

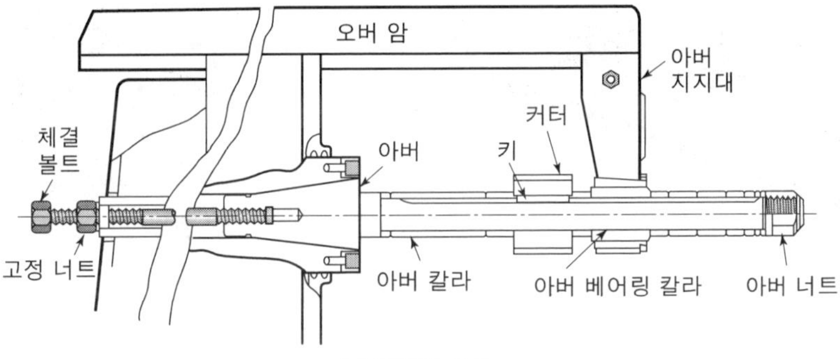

(b) 아버의 조립

그림 4-126 아버와 조립 구조

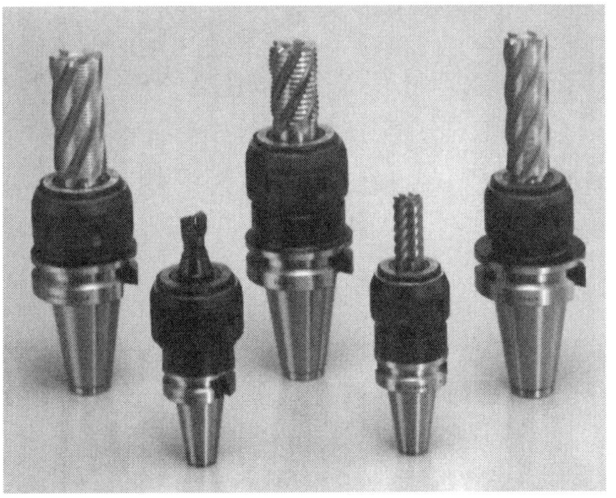

(a) 엔드밀을 고정한 어댑터

(b) 스프링 콜릿

그림 4-127 직립 밀링용 엔드밀 고정구

이들의 아버나 어댑터를 주축에 고정시킬 때에는 주축의 뒤 끝에서 주축 구멍에 끼운 체결 볼트로 고정한다. 특히 밀링 커터를 자주 교환하는 가공에서는 이 조작이 번거러워진다. 따라

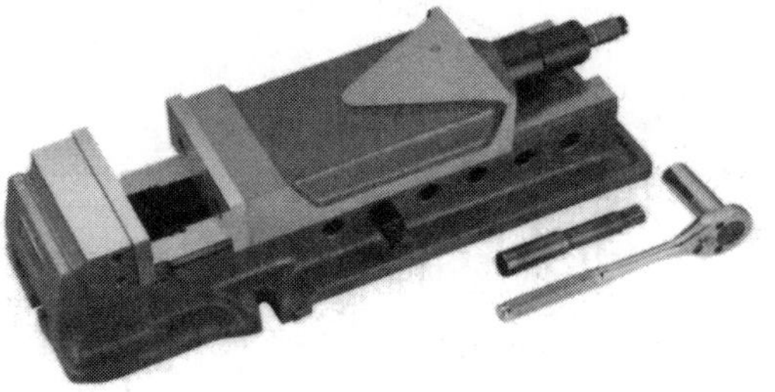

(a) 오픈 파워 바이스

(b) 앵글록 바이스

(c) 더블록 바이스

(d) 정밀 만능 바이스

그림 4-128 밀링 바이스의 종류

서 교환 어댑터를 사용하면 엔드밀, 페이스 커터 및 체이스밀 등의 탈착이 용이하므로 여러 종의 툴 홀더와 콜릿을 사용하면 고정하고 풀기가 편리하다.

2 밀링 바이스

밀링가공에서 공작물을 테이블 위에 직접 고정할 수 있으나 일반적으로 밀링 바이스(milling vise)를 사용한다. 그림 4-128 (a)와 같은 바이스(plane vice)는 조의 방향이 테이블의 이송 방향과 평행 또는 직각으로 밖에 설치할 수 없지만, 그림 4-128 (b)와 같은 회전 바이스(swivel vise)는 회전대에 의하여 수평 방향으로 360° 회전시킬 수 있으므로, 조의 방향을 임의의 방향으로 돌려 고정시킬 수 있다.

그림 4-128 (c)는 별개의 공작물을 동일 가공면 상에 고정할 수 있다. 그림 4-128 (d)와 같은 만능 바이스(universal vise)는 수평면 회전과 동시에 90°까지 기울일 수 있어서 공작물의 가공면에 따라 임의의 방향으로 고정할 수 있다.

3 원형 테이블

그림 4-129 (a)와 같은 원형 테이블(circular table)은 주로 수직 밀링가공에서 많이 사용된다. 원형 테이블을 수동 이송 또는 자동 이송에 의하여 회전시킬 수 있으므로, 그림 4-129 (b)와 같은 원호형의 홈이나 바깥둘레 부분을 원형으로 가공하는 데 쓰인다.

(a) 원형 테이블

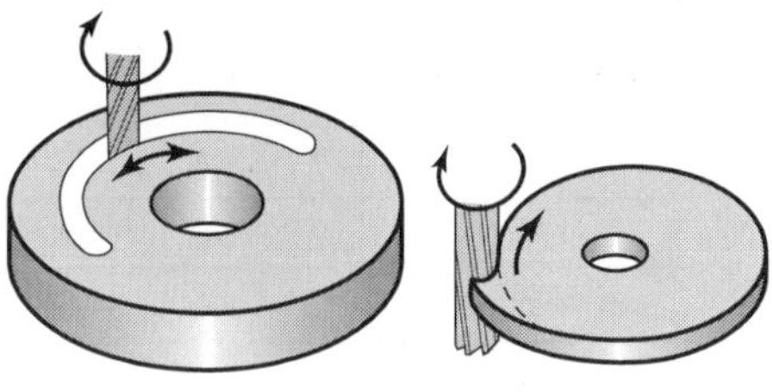

(b) 원형 테이블 작업

그림 4-129 원형 테이블과 작업의 보기

(4) 분할대와 분할법

1 분할대

분할대에는 간단한 분할을 할 수 있는 그림 4-130 (a)와 같은 직접 분할대(direct index head)와 그림 4-130 (b)와 같은 준 만능 분할대(semi-universal index head) 그리고 나선 기어가공, 나선 홈가공, 캠가공 등의 광범위한 분할작업에 쓰이는 그림 4-130 (c)와 같은 만능 분할대(universal index head)가 있다.

2 분할법

● 직접 분할법

직접 분할법(direct indexing)은 주축의 앞면에 있는 분할판을 사용하여 직접 분할하는 방법이다. 이 방법은 웜과 웜휠의 물림을 풀어서 주축이 자유롭게 회전할 수 있도록 한 후, 주축에 직접 고정 설치된 분할판 자체를 회전하여 분할한다.

분할판 주위에는 24개의 구멍이 있으며, 원주 분할은 24의 인수(因數), 즉 2, 3, 4, 6, 8, 12, 24로 등분할 수 있다. 즉 원주를 T 등분하려면 직접 분할판의 노치핀을 뺀 다음, 구멍수를 24/T개 만큼 회전시키면 된다. 따라서 24/T가 정수일 때만 가능하다.

(a) 직접 분할대

(b) 준 만능 분할대

(c) 만능 분할대

그림 4-130 분할대의 종류

표 4-10 직접 분할수

분할판 구멍수	직접 분할법으로 가능한 수
24	2 3 4 6 8 12 24
30	2 3 5 6 10 15 30
36	2 3 4 6 9 12 18 36

그러나 표 4-10과 같이 직접 분할판에 24개 외에 30, 36개의 것이 있어, 정수가 아닌 분할이 가능한 분할판도 있다.

● 단식 분할법

단식 분할법(simple indexing)은 직접 분할법으로 분할할 수 없는 수의 분할에 쓰인다. 분할 크랭크의 분할판을 사용하여 분할하는 방법으로, 분할 핸들을 40회전시키면 주축은 1회전 하는 구조로, 주축을 $\frac{1}{N}$ 회전시키면 된다.

분할 핸들의 회전수 n은 식 (4-15)로부터 구한다.

$$n = \frac{40}{N} = \frac{h}{H} \tag{4-15}$$

여기서 N : 공작물을 등분할 수
n : 분할 회전수
H : 분할판에 있는 구멍 수
h : 크랭크를 돌리는 구멍 수

즉 분할 핸들은 H 구멍 중에서 h 구멍 수만큼 돌리면 된다.

분할판의 구멍 수는 분할대의 형식에 따라 다르나, 많이 쓰이고 있는 분할판의 구멍 수는 표 4-11과 같다.

또한 공작 도면에 각도로 표시된 공작물을 분할하려면 분할 핸들 1회전에서 주축의 회전각은 360/40 = 9°이므로 식 (4-16)으로부터 분할할 수 있다.

표 4-11 분할판의 구멍 수

종 류	분할판	구멍 수
신시내티형	앞 면	24 25 28 30 34 37 38 39 41 42 43
	뒷 면	46 47 49 51 53 54 57 58 59 62 66
브라운 샤프형	No. 1	15 16 17 18 19 20
	No. 2	21 23 27 29 31 33
	No. 3	37 39 41 43 47 49

$$n = \frac{x}{9} \qquad n = \frac{y}{540} \tag{4-16}$$

여기서 n : 분할 핸들의 회전수
x : 분할 각도(단위: 도)
y : 분할 각도(단위: 분)

실제 분할작업을 할 때 분할판의 구멍을 각 공정마다 세어가면서 분할하는 것은 불편하므로, 그림 4-131 (a)와 같은 섹터(sector)를 사용하여 필요한 구멍 수만큼 벌려 고정시켜 놓고 이를 기준으로 사용하면 편리하다.

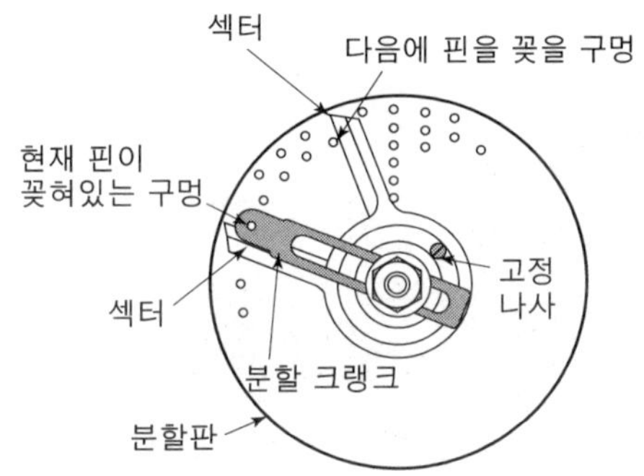

(a) 섹터의 사용

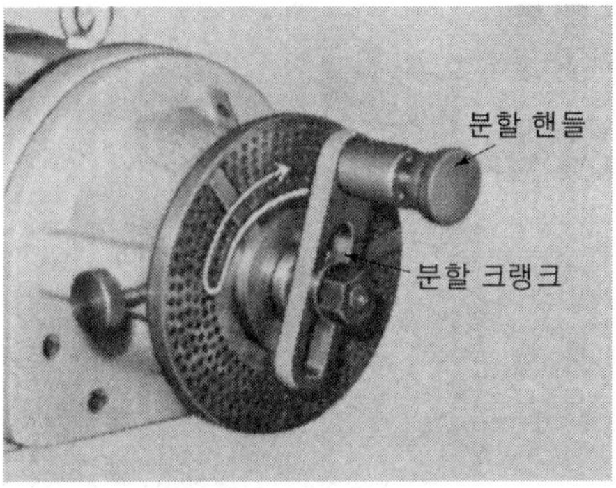

(b) 분할 핸들의 사용

그림 4-131 섹터와 분할 핸들의 사용법

보기 5

원주를 16 등분하여라.

풀이 $n = \frac{40}{16} = 2\frac{8}{16} = 2\frac{12}{24}$

즉 신시내티형 24구멍의 분할판을 선택하여 분할대에 끼우고, 분할 핸들을 2회전하고 12구멍을 더 회전하면 원주를 16 등분할 수 있다.

보기 6

원주를 40°씩 등분 분할하여라.

풀이 $n = \frac{40}{9} = 4\frac{4}{9} = 4\frac{8}{18}$

즉 브라운 샤프형 분할판(No. 1)의 18구멍을 선택하여 분할대에 끼우고, 분할 핸들은 4회전하고 8구멍을 더 회전하면 원주를 40°씩 등분 분할할 수 있다.

(a) 헬리컬 기어의 가공　(b) 베벨 기어의 가공

(c) 헬리컬 밀링 커터의 홈가공　(d) 원통캠의 홈가공

그림 4-132 분할대를 사용한 밀링가공의 보기

3 분할대를 사용한 밀링가공

밀링가공에서 공작물의 원주를 등분가공하거나, 곡면 또는 나선형 홈을 가공할 때에는 분할대를 사용한다. 그림 4-132는 분할대를 사용한 밀링가공의 보기로, 그림 4-132 (a)는 헬리컬 기어의 가공, 그림 4-132 (b)는 베벨 기어의 가공, 그림 4-132 (c)는 헬리컬 밀링 커터의 홈가공, 그리고 그림 4-132 (d)는 원통 홈가공의 보기를 나타낸 것이다.

2) 밀링가공

(1) 밀링 조건

1 절삭 속도와 밀링 커터의 회전 속도

그림 4-133과 같은 밀링 커터를 사용할 경우의 절삭 속도는 밀링 커터의 날끝의 주속도로 나타낼 수 있으므로 식 (4-17)로 계산할 수 있다.

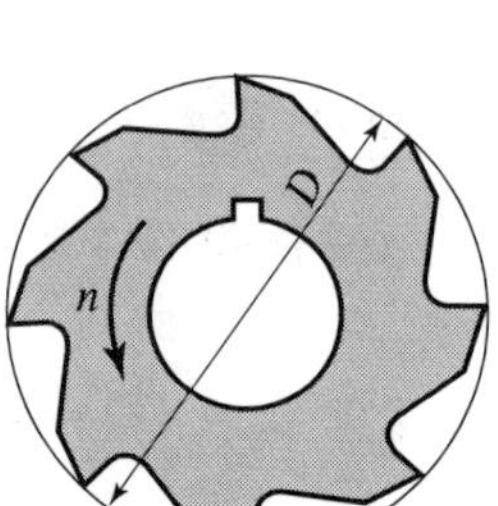

그림 4-133 밀링 커터

$$v = \frac{\pi D n}{1{,}000} \tag{4-17}$$

여기서 v : 절삭 속도 [m/min]
D : 밀링 커터의 외경 [mm]
n : 밀링 커터의 회전 속도 [rpm]

일반적으로 밀링가공에서 절삭 속도로부터 밀링 커터의 회전수를 알아야 할 때가 많이 있는데, 이 경우에는 식 (4−18)로 구할 수 있다.

$$n = \frac{1{,}000 v}{\pi D} \tag{4-18}$$

여기서 v의 값은 밀링 커터의 재질, 종류, 공작물의 재질 및 가공면의 거칠기 등에 따라 정해진다. 일반적으로 연질 재료에는 크고, 경질 재료에는 작은 값이 선택된다.

2 이송 속도

밀링가공에서는 공작물에 이송을 부여하면서 밀링 절삭을 하는 경우가 많이 있으나, 테이블의 이송 속도는 커터날끝 1개당의 이송을 기준으로 식 (4−19)로 구할 수 있다.

$$u_f = S \cdot z \cdot n \tag{4-19}$$

u_f : 테이블의 이송 속도
S : 날 1매당의 이송 [mm/날]
z : 밀링 커터의 날 수
n : 밀링 커터의 회전 속도 [rpm]

3 절삭 깊이

절삭 깊이는 거친 절삭과 다듬 절삭에 따라 달라진다. 거친 절삭의 경우, 커터의 회전 속도와 날 1매마다의 이송이 일정한 경우에는 절삭 깊이를 크게 하면 단위 시간당 절삭 칩의 양이 많아져서 절삭 능률이 향상된다. 그러나 지나치면 절삭에 소요되는 동력이 밀링 머신의 기본 동력 이상이 되어 절삭가공이 불가능해진다.

최대 절삭 깊이는 밀링 머신의 강성과 동력의 크기, 밀링 머신의 종류, 공작물의 고정 상태 등에 따라 달라질 수 있으나 일반적으로 5 mm 이하로 하고, 그 이상의 경우에는 2회 이상으로 나누어 가공하는 것이 좋다. 다듬 절삭일 때에는 절삭 깊이를 너무 작게 하면 날끝의 마멸이 커지므로 0.3~0.5 mm 이상으로 한다.

(2) 밀링가공기구

1 상향 밀링과 하향 밀링(up&down milling)

밀링 절삭은 커터의 회전 방향과 공작물의 이송 방향의 관계로부터 상향 밀링과 하향 밀링으로 나누어진다. 즉 원주날 밀링가공에 있어서 그림 4-134 (a)와 같이 절삭력이 수평보다 위를 향하여, 밀링 커터의 회전 방향과 반대 방향으로 공작물을 이송하는 것을 상향 밀링(up milling)이라 하고, 그림 4-134 (b)와 같이 절삭력이 수평보다 아래를 향하여 밀링 커터의 회전 방향과 같은 방향으로 공작물을 이송하는 것을 하향 밀링(down milling)이라 한다.

상향 밀링에서는 그림 4-134 (a)와 같이 앞쪽의 날끝 'Ⅰ'이 *ab*면을 절삭한 다음, 다음의 날끝 'Ⅱ'가 *ced*면을 절삭하게 된다. 기하학적으로 날끝 'Ⅱ'는 *c*에서 공작물에 접촉하게 되고, *c*, *e*와 절삭이 진행됨에 따라 절삭 칩의 두께가 증가하여, *e*에서 최대가 된 다음, 점차 감소하여 *d*에서 공작물과 떨어지게 된다.

그러나 실제에 있어서는 아버나 그 밖의 각부 변형에 의해 날끝은 *c*의 위치에서 절입이 안된 상태에서 *c*′의 위치까지 미끄러진 다음에 절삭이 이루어진다. 이와 같은 미끄럼작용은 절삭 날끝을 마멸시키고, 마찰열을 발생하여 동력을 낭비하는 원인이 된다. 미끄럼량은 날끝의 절삭성과 아버의 변형에 좌우되며, 절입이나 이송이 작은 경우에도 잘 일어난다.

하향 밀링에서는 그림 4-134 (b)에서와 같이 앞끝은 미끄럼없이 점 *a*에서 곧바로 절입하여, 점 *b*에서 절삭 칩의 두께가 최대가 되고, 그 후 점차 감소하여 점 *c*에서 절삭이 완료된다. 이 경우 절삭력은 항상 공작물을 아래쪽으로 밀어붙이는 작용을 하게 된다.

2 백래시와 제거 장치

나사 이송 기구에서는 그림 4-135와 같이 테이블 이송용 암나사와 이송 나사의 플랭크(flank)면과의 사이에 뒤틈이 생기게 된다. 이 뒤틈을 백래시(backlash)라고 하는데 절삭력을 받았을 때 파고드는 등의 영향을 받게 된다. 밀링에는 이와 같은 백래시를 제거하는 장치가 있다.

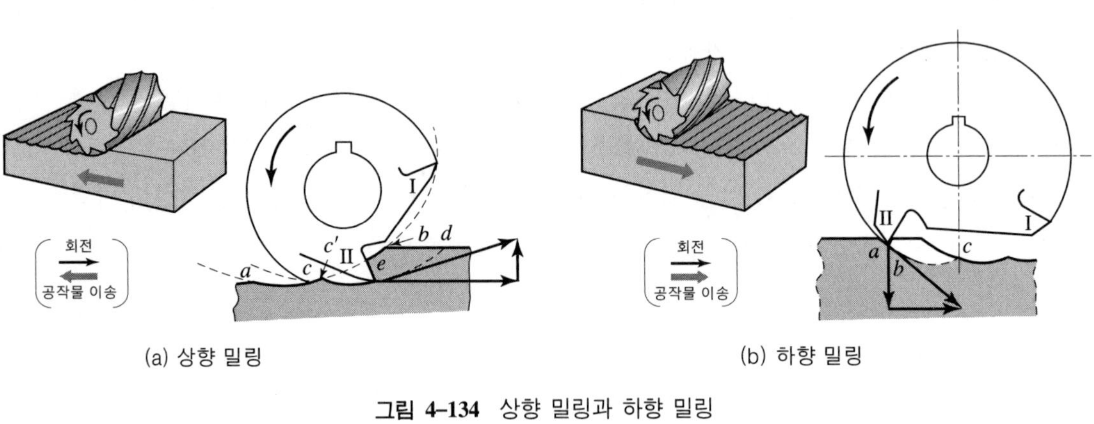

(a) 상향 밀링 (b) 하향 밀링

그림 4-134 상향 밀링과 하향 밀링

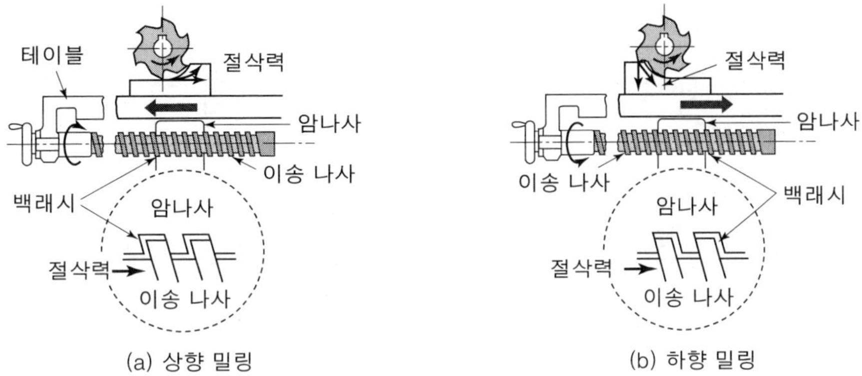

(a) 상향 밀링 (b) 하향 밀링

그림 4-135 이송 나사의 백래시

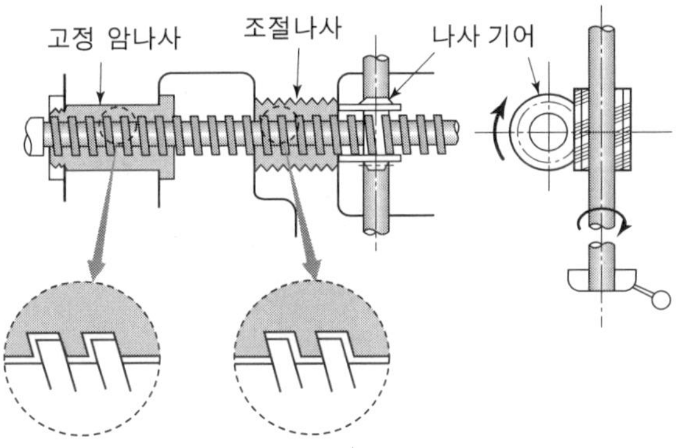

그림 4-136 백래시 제거 장치

그림 4-137 볼 스크루

상향 밀링에서는 그림 4-135 (a)와 같이 이송 나사의 백래시가 절삭력을 받아도 절삭에 영향을 주지 않도록 되어 있다. 그러나 하향 밀링 때에는 그림 4-135 (b)와 같이 절삭력을 받아 공작물에 절삭력을 가하여 백래시량만큼 이동하므로 이송량이 급격하게 증가하여 절삭 상태가 불안정해진다. 이러한 경우에는 백래시를 제거해야 한다.

그림 4-136은 백래시 제거 장치(backlash eliminator)의 기구를 나타낸 것으로, 고정 암나사 외에 또 다른 백래시 제거용 암나사가 있어, 핸들을 돌리면 나사 기어에 의하여 암나사가 회전한다. 외주에도 가는 암나사가 있어, 이것으로 축 방향 이동을 하여 백래시를 제거한다. 지금은 백래시가 없는 그림 4-137과 같은 볼 나사(ball screw)를 이송기구에 많이 사용하고 있다.

(3) 공작물의 고정

1 기계 바이스의 설치 고정

밀링 머신에 사용되는 기계 바이스는 바이스의 저면과 조(jaw)의 수직도와 저면과의 평행도가 매우 높다. 따라서 기계 바이스를 밀링 테이블에 설치 고정할 때에는 그림 4-138과 같이 테이블

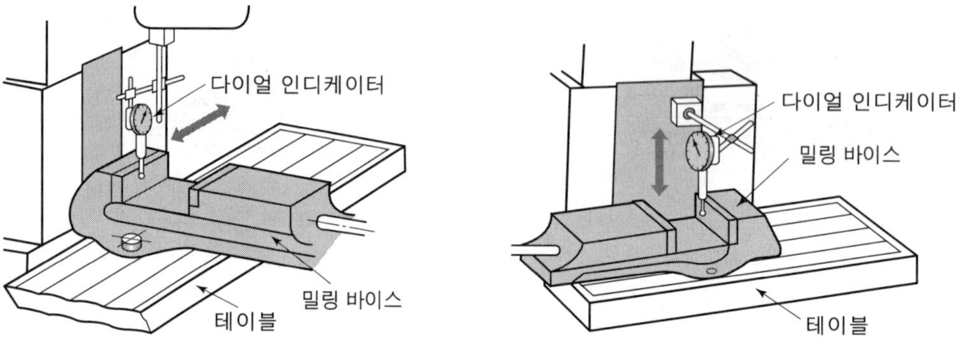

(a) 테이블과 수평 여부 (b) 테이블과 수직 여부

그림 4-138 기계 바이스의 점검

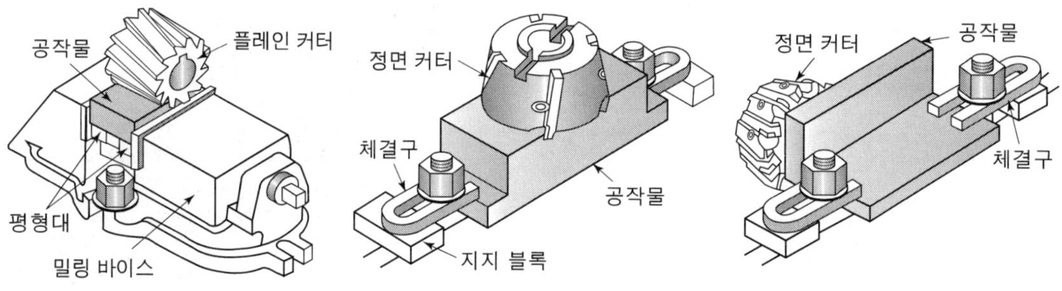

(a) 바이스에 고정 (b) 테이블에 고정 (c) 앵글 플레이트의 테이블에 고정

그림 4-139 공작물 고정의 사례

과의 수평 여부와 수직 여부를 다이얼 게이지를 사용하여 점검하여 정확하게 고정하여야 한다.

2 공작물의 고정 사례

공작물의 형태, 가공 목적, 가공의 특수성 등에 따라 여러 가지 방법이 이용된다. 가장 기본적인 방법은 그림 4-139 (a)와 같이 밀링 바이스를 사용하는 경우이고, 그림 4-139 (b), (c)와 같이 테이블에 직접 고정하거나, 전자척을 사용하거나, 특수 보조 홀더를 사용하기도 한다.

3) 밀링 머신의 종류와 특징

(1) 니형 밀링 머신

1 수평 밀링 머신

수평 밀링 머신은 그림 4-140 (a)와 같이 주축이 기둥인 칼럼(column)의 측면에 있고 여기에 아버(arbor)를 수평으로 한쪽은 주축에, 다른 끝은 아버 지지대로 고정한다. 여기에 고정된 밀링 커터가 정 위치에서 회전하고 공작물은 테이블에 고정하여 이송하면서 평면, 홈 등의 절

(a) 수평형 (b) 직립형 (c) 직립 · 수평형

그림 4-140 니형 밀링 머신의 종류

삭가공에 사용되는 범용 공작기계이다.

2 직립 밀링 머신

직립 밀링 머신은 주축이 테이블에 대하여 수직으로 되어 있는 것 외에는 수평 밀링 머신과 구조와 기능이 같다. 직립 밀링 머신은 그림 4-140 (b)와 같이 주축 헤드가 수직으로 되어 있어 주로 정면 밀링 커터(face milling cutter)를 사용하여 평면 절삭을 하고, 엔드밀(end mill)로 홈 또는 외형 등을 깎는 데 적합하다.

직립 밀링 머신은 강력 절삭가공, 고정밀도 및 가공 능률을 높일 수 있도록 설계 제작된 밀링 머신이다. 새로운 형식은 무단 변속 장치와 테이블의 절삭 이송, 급속 이송, 정지 등의 연결이 자동적으로 작동할 수 있는 자동 사이클 장치로 되어 있다.

3 직립 · 수평 밀링 머신

직립 · 수평 밀링 머신(vertical & horizontal milling machine)은 그림 4-140 (c)와 같이 수평축이 있어서, 수직 밀링과 수평 밀링을 겸할 수 있다. 새들 위에 회전대가 있어 수평면 상에서 필요한 각도로 테이블을 선회시킬 수 있다. 따라서 테이블을 필요한 각도만큼 회전시켜 이송할 수 있으므로, 분할대나 헬리컬 절삭 장치를 사용하면 헬리컬 기어(helical gear), 트위스트 드릴(twist drill)의 비틀 홈 등을 가공할 수 있다.

수직 헤드를 떼어내고 슬로팅 헤드를 장착하면 슬로팅가공을 할 수 있다. 이와 같이 여러 가지 밀링 기능이 있어, 일명 만능 밀링 머신(universal milling machine) 또는 터릿 밀링 머신

(turret milling machine)이라고도 한다.

(2) 특수 밀링 머신

1 모방 밀링 머신

모방 밀링 머신(profile milling machine)은 그림 4-141과 같이 형판 또는 모형을 사용하는 모방 장치로 프레스, 단조, 주조용 금형 등의 복잡한 모양을 정밀도가 높고 능률적으로 가공할 수 있는 구조로 되어 있으며 유압, 전기, 공기 · 유압 병용 등에 의한 피드백(feed-back) 자동 제어를 응용한다.

최근에는 CAD/CAM이 이를 대신하고 있어 그 이용이 줄어들고 있다.

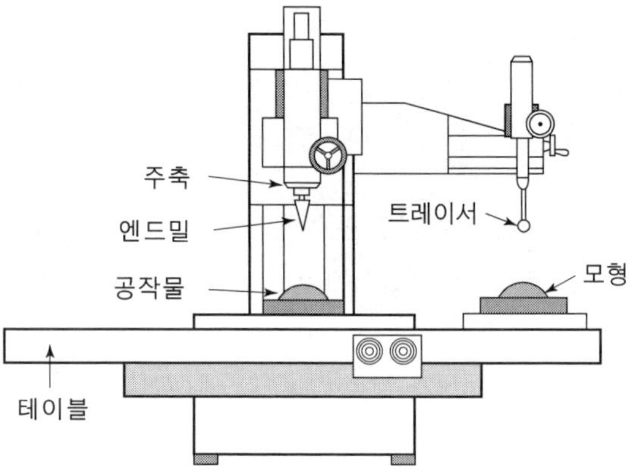

그림 4-141 모방 밀링 머신

2 나사 밀링 머신

나사 밀링 머신(thread milling machine)은 나사 깎기 전용 밀링 머신으로, 작동이 간단하고 가공 능률이 좋으며, 다듬질면이 깨끗한 나사를 가공할 수 있다. 나사 깎기 전용 밀링 머신에 사용하는 커터에는 단산형(單山形) 나사 커터와 다산형(多山形) 나사 커터가 있다.

이 밖에도 공구가공 전용 만능 공구 밀링 머신(universal tool milling machine), 그리고 윤곽 제어에 의한 평면 캠, 원통 캠, 판 게이지 등을 가공하는 데 효과적인 수치 제어 밀링 머신(NC milling machine) 등이 있다.

3 조각기

팬터그래프(pantagraph)를 이용하여 스핀들 커터로 모형을 확대 또는 축소시킨 상사형(相似形)을 조각하는 기계로 주로 선, 문자 등을 조각하는 전용 공작기계이다. 이러한 원리를 밀링 머신에 응용하여 각종 총형 공작물에 적용하고 있는데 그 보기로는 다양한 NC controller를 적용한 mock-up & engraving machine이 사용되고 있다.

5. 기어가공기계

기어 휠(齒車, gear wheel)은 기계 요소로 널리 사용되고 있으며, 스퍼 기어(spur gear), 헬리컬 기어(hellical gear), 베벨 기어(bevel gear) 웜 기어(worm gear) 및 웜 휠(worm wheel) 등 종류가 많다. 기어의 제작은 기계 공작 중에서 중요한 위치를 차지하고 있는데, 기어가공은 주조나 전조에 의한 방법도 있으나, 절삭가공에 의하면 능률적이고 정밀도가 높은 기어를 제작할 수 있다.

⬆ 호브에 의해 가공되는 초대형 스퍼 기어가공 사례
(Illinois Gear, a Household Internatinal Co.)

절삭가공 방법으로는 밀링 머신이나 셰이퍼, 선반 또는 슬로터 등을 이용하여 가공할 수도 있으나, 정밀도와 능률을 높이기 위하여 주로 전용 기어가공기계(gear cutting machine)를 사용한다. 절삭된 기어는 다시 기어 연삭기로 연삭하거나 래핑 또는 기어 셰이빙(gear shaving) 등으로 기어의 정밀도를 높이고 있다.

기어가공기계는 주절삭 운동 방식과 사용하는 절삭공구 등에 따라 분류하고 있는데, 기어 전용 절삭기에는 호빙 머신, 기어 셰이퍼, 베벨 기어 절삭기 등이 있다.

1) 호빙 머신

(1) 호빙 머신의 기본 구조

호빙 머신(hobbing machine)은 래크 커터의 변형으로 볼 수 있는 호브를 기어 잇수에 대응하는 회전 이송을 기어 소재에 주어 창성법으로 기어의 치형을 절삭하는 기어 절삭 전용 공작기계이다. 호빙 머신은 그림 4-142와 같이 베드, 테이블, 칼럼, 호브대, 베드, 아버 지지대로 구성되어 있다.

호브의 회전과 소재의 상대 운동에 의하여 기어 절삭이 가능하도록 다음 네 가지 기본 운동 조정이 필요하다.

① 변속 장치에 따라 호브의 회전과 절삭 속도를 선택한다.

② 변환 기어로 호브의 이송량을 조절한다.

(a) 호빙 머신

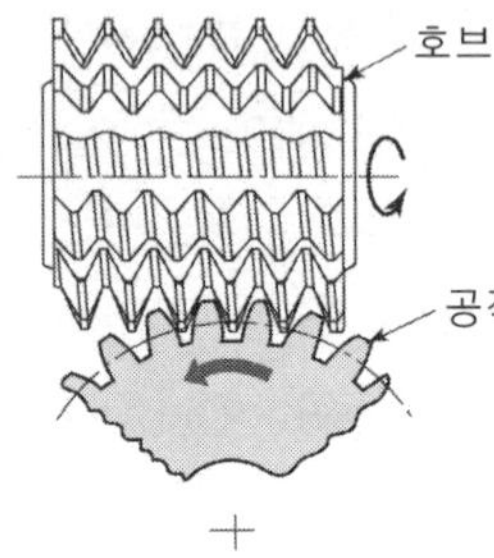

(b) 호브와 기어 소재

그림 4-142 수평형 호빙 머신

③ 분할 변환 기어를 사용하며 호브가 1회전할 때 기어 소재가 1피치 회전되도록 테이블을 회전한다.

④ 헬리컬 기어를 절삭할 때에는 차동 기어 장치를 사용하여 나선각에 적합한 테이블의 회전 등이 가능한 구조로 한다.

호빙 머신에는 직립형과 수평형이 있는데, 일반적으로 대형 기어는 직립형으로, 소형 기어는 수평형으로 절삭가공한다.

절삭한 기어의 정밀도는 호브의 정밀도에 따라 결정되며, 피치의 정밀도는 호빙 머신의 테이블을 회전시키는 웜 기어의 정밀도에 따라 결정된다.

(2) 호빙 머신에 의한 기어가공

그림 4-143 (b)에서처럼 호브가 회전하면, 래크의 이 모양은 축 방향으로 이송되며, 호브가

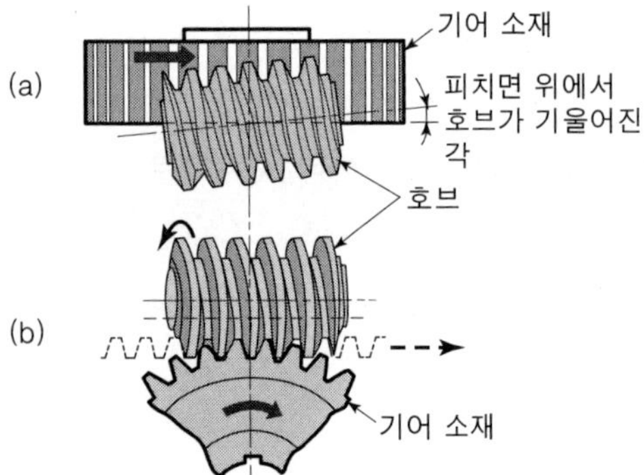

그림 4-143 호브와 기어 소재의 관계

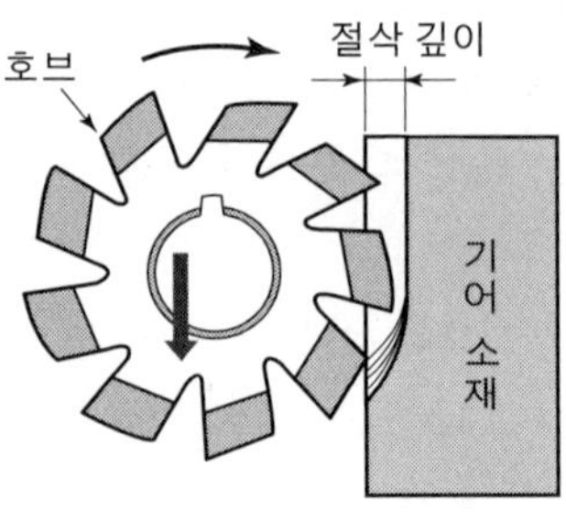

(a) 상향 호빙

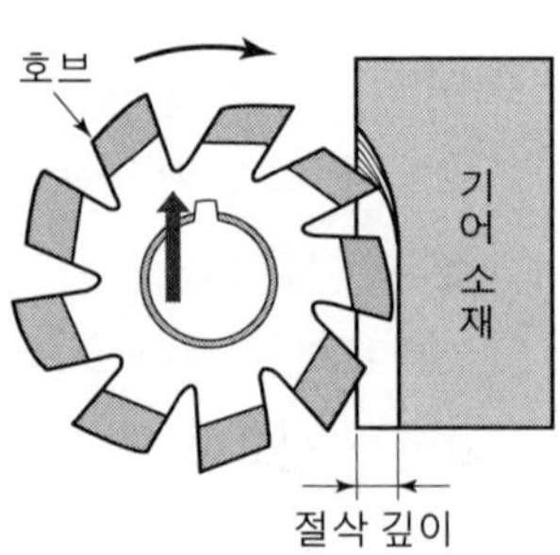

(b) 하향 호빙

그림 4-144 호브의 절삭 방향

1회전하면 호브가 한줄 나사일 때에는 1피치만큼, 두줄 나사일 때에는 2피치만큼 이동하게 된다. 따라서 기어 소재에 적절한 회전을 주면 그림 4-143 (a)와 같이 호브를 기울어진 각만큼 기울이는 것 외에는 마치 웜과 기어와의 물림과 같은 관계가 되며, 호브의 날로 인벌류트 기어가 창성된다. 호빙 머신에 의한 기어 깎기는 연속적으로 절삭되므로 능률적이며, 비교적 정밀도가 좋은 기어를 가공할 수 있으므로 널리 사용된다.

호브 절삭법에 의한 가공 기어의 종류에는 여러 가지가 있으나 이들 기어의 모듈 또는 지름피치와 압력각이 같으면, 잇수에 관계없이 하나의 호브로 기어를 깎을 수 있는 특징이 있다.

호브를 기어 소재에 대하여 축 방향으로 이송하는 방법에는 그림 4-144 (a)와 같이 호브를 호브의 회전 방향과 같은 방향으로 이송하는 상향 호빙과 그림 4-144 (b)와 같이 호브를 호브의 회전 방향과 역 방향으로 이송하는 하향 호빙의 두 가지가 있으며, 밀링 커터로 절삭하는 경우와 같다. 일반적으로 상향 호빙을 적용하고 있으나, 호빙 머신의 성능, 호브의 재질 등의 개선으로 중절삭이 가능한 하향 호빙을 적용하고 있다. 특히 경질의 소재를 가공할 때에는 하향 호빙이 호브의 마멸이 적은 이점이 있다.

2) 기어 셰이퍼

기어 셰이퍼는 피니언 공구 또는 래크형 공구를 왕복 운동시켜, 기어 소재와 공구에 적당한 이송을 주면서 기어를 가공하는 공작기계이다. 이 기계는 단붙이 기어 및 내접 기어를 쉽게 가

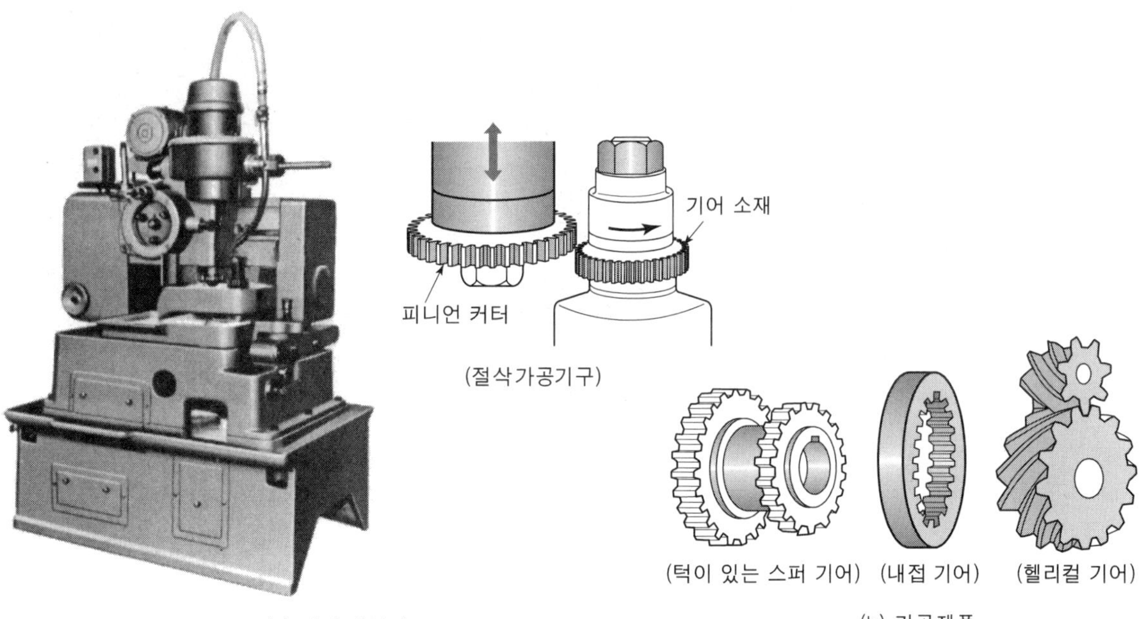

(a) 기어 셰이퍼 (b) 가공제품

그림 4-145 펠로즈 기어 셰이퍼

공할 수 있으며, 사용 커터에 따라서 피니언 커터형과 래크 커터형이 있다.

(1) 피니언 커터형 기어 셰이퍼의 구조

피니언 커터형 기어 셰이퍼(pinion cutter type gear shaper)는 2개의 기어와 맞물고 돌아가는 것과 같이 기어형 피니언 커터와 기어의 소재가 회전 이송을 주고 피니언 커터에는 왕복 운동도 동시에 주면서 기어 절삭을 하는 방법으로 내접 기어(internal gear)도 가공할 수 있다.

대표적인 기어 절삭기에는 그림 4-145와 같은 펠로즈 기어 셰이퍼(fellows gear shaper)가 있다. 펠로즈 기어 셰이퍼는 피니언 커터의 회전과 왕복 운동을 주는 램(ram)이 소재를 고정한 스핀들에 대하여 움직인다. 절삭할 때에는 먼저 커터를 소재에 적당한 깊이로 접근시키고, 커터와 소재를 한 쌍의 기어와 같은 회전 운동을 시킨다. 커터의 가공 행정에서 절삭을 하면 귀환 행정 때 커터가 후퇴하여 소재에 닿지 않도록 한다. 커터의 왕복 속도는 소정의 절삭 속도를 낼 수 있도록 하는데, 1분 간 1,500회 왕복하는 것도 있다. 커터축과 기어 소재축 간에는 커터의 잇수와 기어의 잇수에 의하여 변환 기어를 정하고, 쌍방의 피치원의 원주 속도를 같이 한다.

(2) 피니언 커터에 의한 가공

커터의 원주 이송은 커터 1회전 중에서 커터축의 행정 수로 표시하며, 행정 수가 적으면 이송이 적다. 이 기어 셰이퍼는 본래 창성법에 의한 스퍼 기어 깎기용이나, 턱이 있는 기어, 내접 기어, 헬리컬 기어 등도 가공할 수 있다.

그림 4-146 기어 셰이퍼에 의한 대형 내접 기어가공 사례

헬리컬 기어를 깎기 위해서는 헬리컬 기어의 피니언 커터를 헬리컬 안내(helical guide)로 나선 운동을 시키면서 상하 운동을 하게 한다. 헬리컬 안내는 보통 비틀림각이 15°, 23°, 30°인 것을 깎을 수 있다. 그림 4-146은 피니언 커터형 기어 셰이퍼로 대형 내접 기어를 가공하는 보기이다.

4.3 공작측정과 수기가공

1. 공작측정

제조 과정이거나 가공된 기계 부품은 모양과 치수, 정밀도, 가공면의 거칠기 그 밖의 가공 상태 등이 도면의 요구대로 가공되었는가를 확인하기 위해서 검사나 측정을 해야 한다. 이를 공작측정(工作測定) 또는 부품측정(部品測定)이라 한다. 측정은 기계 부품의 모양, 치수를 도면에 제시된 치수와 정밀도에 따라 정확히 측정하여 측정값을 구하는 일이고, 검사는 측정한 값이 주어진 도면에 따라 만들어졌는지를 판정하는 일이다. 검사를 할 때 공작물의 크기를 수치적으로 계측할 필요는 없다. 또한 생산 공정에서 실시하는 측정은 거의 검사를 위한 측정이다.

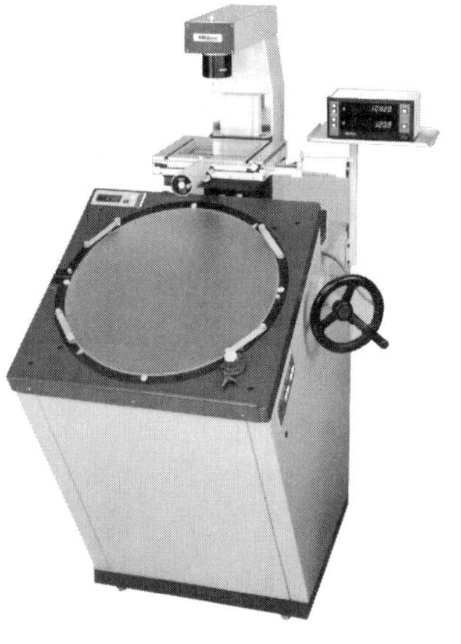

투영기

그 동안 가공 기술의 발전으로 다양하고 정밀한 제품들이 만들어지면서 이에 맞는 정확한 측정과 신속한 검사가 요구되고 있다. 따라서 측정기구도 일반적인 것으로부터 고도의 정밀 측정기에 이르기까지 그 종류가 매우 다양해졌다. 윤곽의 측정에는 공구 현미경, 투영기, 3차원 측정기가 사용되고 있다.

1) 측정의 기초

길이를 강철자로, 질량을 천칭(balance)으로 측정하는 경우와 같이 측정량(測定量)[5]과 기준량(基準量)[6]을 비교하여, 수치(數値)로 나타내는 것을 측정(測定, measurement)이라 한다. 측정에서는 단위를 나타내는 표준기나 눈금 또는 단위와 관계가 있는 눈금이 마련된 기기를 사용한다.

기계제품은 치수, 모양, 직각도(直角度), 평행도(平行度), 평면도(平面度), 진직도(眞直度), 표면 거칠기 등이 지정한 대로 가공되었는지를 확인하기 위하여 기계가공 중이거나 가공이 완료된 후에 측정하여 제품을 평가한다. 부품측정은 일반적으로 길이, 각도 및 다듬면의 거칠기를 측정한다.

(1) 측정 오차

일정한 관계에 있는 몇 가지 서로 독립된 측정량에 대해서 각각 직접 측정을 하고, 그로부터

5) 측정량(測定量) : 사물의 치수, 형상 등 측정하려는 양 또는 상태
6) 기준량(基準量) : 측정량과 같은 종류의 일정량으로, 단위(單位, unit)라 한다.

수치를 유도하여 간접 측정을 할 수 있다. 숙련자가 주의하여 측정하더라도 기기는 완벽하지 못하고 관측자의 판단력에도 한계가 있으므로, 정확한 측정값을 얻기는 어렵다. 같은 조건하에서 몇 번이고 되풀이 하여 측정하여도 측정값에 다소 오차가 발생하기도 한다. 오차를 줄이면서 빠르고 정확한 측정값을 쉽게 읽을 수 있도록 눈금(scale)에서 지침(dial)으로, 그리고 최근에는 디지털(digital)로 바뀌고 있다.

측정값을 얻더라도 측정하려는 본래의 값, 즉 참값과는 약간의 차이가 생긴다. 측정값과 참값과의 차이를 절대 오차(絕對誤差) 또는 오차(誤差)라 하고, 오차의 참값 또는 측정값과의 비율을 상대 오차(相對誤差)라 하며, 다음과 같이 나타낼 수 있다.

$$\left.\begin{aligned} \text{오차} &= \text{측정값} - \text{참값} \\ \text{상대 오차} &= \text{오차}/\text{참값 또는 측정값} \end{aligned}\right\} \qquad (4-20)$$

여기서 상대 오차는 보통 백분율[%]로 표시하여 백분율 오차라고도 한다. 오차는 발생 원인을 기준으로 하여 그림 4-147과 같이 분류한다.

- 오 차
  - 계통 오차(systematic error)
    - 계기 오차(instrumental error)
    - 환경 오차(environment error)
    - 이론 오차(theoretical error)
    - 개인 오차(personal error)
  - 과실 오차(erratic error)
  - 우연 오차(accidental error)

그림 4-147 오차의 분류

1 계통 오차

측정값에 어떤 일정한 영향을 주는 원인에 의하여 생기는 오차를 계통 오차(系統誤差)라 하며, 다음과 같이 구분하고 있다.

- **계기 오차(計器誤差)**

측정기가 불완전하거나 사용상의 제한 등으로 생기는 오차

- **환경 오차(環境誤差)**

온도, 압력, 습도 등 측정 환경의 변화에 의해 측정기나 측정량이 규칙적으로 변화하기 때문에 생기는 오차

- **개인 오차(個人誤差)**

관측자의 개인적인 버릇으로 인하여 생기는 오차

● 이론 오차(理論誤差)

사용하는 공식이나 근사 계산 등으로 인하여 생기는 오차

이상과 같은 오차들은 기기의 특성, 관측자 자신의 습성 등을 잘 파악하고 기기의 점검 및 이론적 검토 등을 통해서 어느 정도 줄일 수 있다.

2 과실 오차

측정자의 부주의로 생기는 오차를 과실 오차(過失誤差)라고 한다. 이것은 주의해서 측정하고, 또 결과를 정리하면 줄일 수 있다.

3 우연 오차

측정자와는 관계없이 우연하고도 필연적으로 생기는 오차이다. 따라서 이 오차는 아무리 노력해도 원인을 찾아낼 수 없고, 보정(補正)하여도 항상 측정값에 남게 된다. 우연 오차(偶然誤差)는 그 성질상 같은 측정을 몇 번이고 되풀이하면 어떤 측정에서는 정(+), 다른 측정에서는 부(−)로 우연적으로 나타나며, 계통 오차와 같이 일방적으로만 나타나지는 않는다.

(2) 측정기의 성능

1 측정기의 감도와 정도

● 측정기의 감도

지침(指針)이 나타내는 지시량(指示量)의 변화의 단계를 측정기의 감도(感度, sensitivity)라 한다. 감도를 나타내는 방법은 여러 가지가 있으나, 보통은 측정기의 최소 눈금(1目盛)으로 나타낸다. 예를 들면 1목성이 0.01 mm인 다이얼 게이지의 감도는 1눈금에 대해 0.01 mm이다. 1눈금이 작을수록 감도가 좋다고 한다. 디지털형은 0점 이하의 자릿수가 많을수록 감도가 좋다.

● 측정기의 정도

측정기의 정도(精度)는 측정기를 최대량의 상태에서 사용하였을 때 얻어진 측정값의 오차 또는 오차율(誤差率)의 최대치로 나타낸다. 예를 들면 블록 게이지로 마이크로미터의 정도를 검사할 때, 측정 범위의 어떤 위치에서 (+)측의 최대 오차가 0.02, (−)위치에서는 −0.01의 최대 측정 오차가 나타났을 때, 이 마이크로미터의 정도는 $^{+0.02}_{-0.01}$ 과 같이 따로 나타내거나 ±0.02로 나타낸다. 측정기는 (+)측과 (−)측의 오차가 같이 되도록 제작 · 조정되어 있다. 그러나 측정기를 오래 사용함에 따라 각 부분의 마멸 등에 의해 측정기의 정도가 떨어지게 된다.

2 정도와 감도의 관계

정도가 좋은 측정 결과를 얻으려면, 감도가 좋은 측정기를 사용해야 한다. 그러나 감도가 좋은 측정기가 정도가 좋은 측정기라 말할 수는 없다. 감도는 확대율을 크게 할 수 있으나 측정 결과로 지시된 값이 측정량의 정확한 값을 나타낸다고 할 수는 없다.

감도가 측정기의 정도에 비해 필요 이상으로 확대되면, 그 지시가 불안정해진다. 이에 따라 측정 범위가 좁아져서 사용이 불편해진다. 따라서 측정기는 정도에 알맞는 감도를 갖고 있어야 한다.

(3) 측정 대상과 분류

1 측정 대상과 측정기의 분류

기계 부품을 측정할 때는 먼저 측정할 부품의 모양과 정밀도에 따라 적합한 측정기기를 선택

표 4–12 측정 대상과 측정기기의 분류

측정 대상	측정기기의 분류
외경, 길이 측정	버니어 캘리퍼스, 외경 마이크로미터, 축용 한계 게이지, 공기 마이크로미터, 외경 지침 측미기 등
내경 측정	내경용 한계 게이지, 내경 마이크로미터, 내경 지침 측미기 등
각도 측정	만능 각도기, 사인 바, 각도 게이지 등
나사 측정	나사 마이크로미터, 공구 현미경 등
기어 측정	기어 시험기, 치형 버니어 캘리퍼스, 기어 스냅 게이지, 기어 물림 시험기 등
다듬면의 측정	옵티컬 플랫, 스트레이트 에지, 정반, 정밀 수준기, 오토콜리미터 등

표 4–13 길이 측정용 기기와 특징

측정 방법	측정 내용	측정기기	측정기기의 특징	비 고
직접 측정	실제 치수를 측정하는 것	버니어 디지털 캘리퍼스, 마이크로미터 측장기, 투영기	기준이 되는 치수 눈금이 있는 것으로, 실제 치수를 직접 읽을 수 있다. 직접 측정 또는 실장 측정이라고도 한다.	scale indicater 디지털화 추세
비교 측정	실제 치수와 표준 치수와의 차를 측정하는 것	다이얼 인디케이터, 공기 마이크로미터	블록 게이지 등의 표준 게이지와 같이 표준 치수가 있는 것에 맞추어 실제 치수와의 차를 비교, 측정하는 것이며, 양산적 측정에 적합하다. 간접 측정 또는 비교 측정이라고도 한다.	다이얼과 인디케이터 및 센서를 도입한 자동화 추세
한계 측정	부품의 치수가 허용차 안에 있는지를 측정하는 것	한계 게이지(축용, 구멍용, 길이용, 깊이용 등)	부품의 치수를 직접 측정할 수는 없으나, 부품의 치수가 허용 공차 안에 있는지를 판정하는 데 편리하다. 대량 생산, 품질 관리 등의 분야에서 치수 검사에 쓰인다.	로봇, 센서 및 컴퓨터를 종합한 관리 시스템에 통합 추세

하여야 한다. 표 4-12는 기계 부품을 주 대상으로 하는 측정기기들을 측정 대상별로 분류한 것이다.

2 길이 측정용 기기와 특징

각종 기계 부품의 길이를 측정할 때 쓰이는 주요 측정기기를 분류하면 표 4-13과 같다.

3 다듬면 측정

기계 부품의 다듬면은 기계가공 정밀도가 높아질수록 그 정밀도는 더욱 중요한 요소가 된다. 다듬면의 좋고 나쁨은 다듬면의 형상 정밀도와 표면 정밀도를 고려하여 이들이 어느 정도까지 허용되는지에 따라 결정된다. 여기서 형상 정밀도란, 다듬면 전체의 정확한 형상에서 이탈된 정도를 뜻하며, 측정물에 따라 평면도, 진직도, 진원도, 원통도, 구면도 등이 포함된다. 표면 정밀도는 표면 거칠기와 표면의 파형으로 나타낸다. 측정기로는 옵티컬 플랫, 스트레이트 에지, 정반, 정밀 수준기, 오토콜리미터 등이 있다.

2) 부품의 측정과 측정기의 종류

(1) 내 · 외경 측정

부품의 내 · 외경 측정에는 일반적으로 캘리퍼스, 버니어 캘리퍼스, 마이크로미터 등이 사용되는데, 대량 생산 공정에서는 측미계(測微計)를 응용한 내 · 외경 측정 전용(內外徑測定專用)의 측정기가 사용되고 있다.

이것은 주로 실제 치수화 표준 치수와의 차를 측정하는 데 사용되므로, 외경의 치수를 직접 읽을 수는 없다.

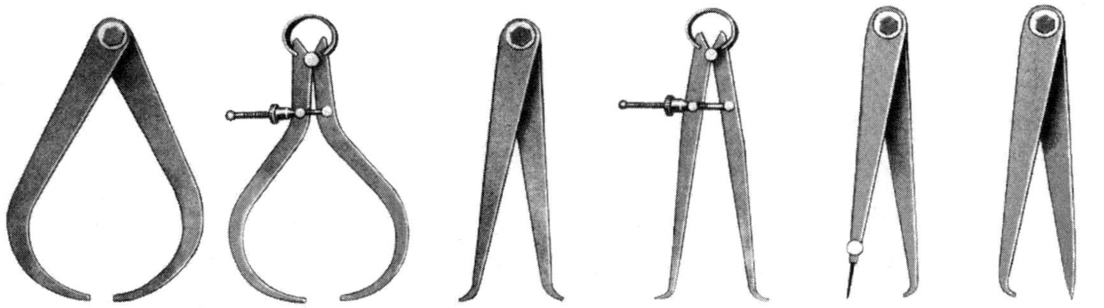

(퍼엄 조인트) (스프링) (퍼엄 조인트) (스프링) (조정 포인트) (고정 포인트)

(a) 외측 캘리퍼스 (b) 내측 캘리퍼스 (c) 허매프로다이트 캘리퍼스

그림 4-148 일반 캘리퍼스의 종류

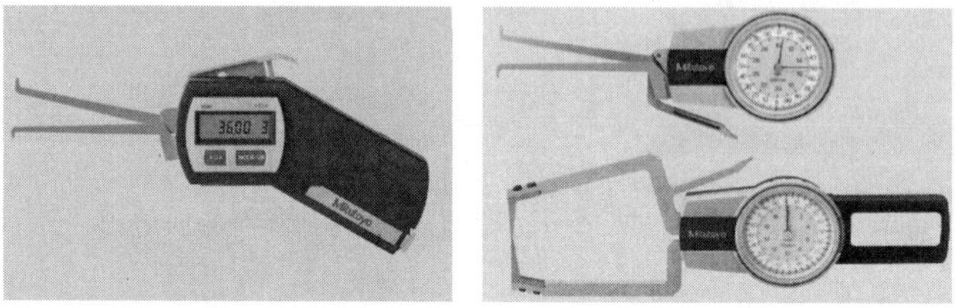

(a) 디지털형 (b) 다이얼형

그림 4-149 디지털 및 다이얼형 캘리퍼스와 사용

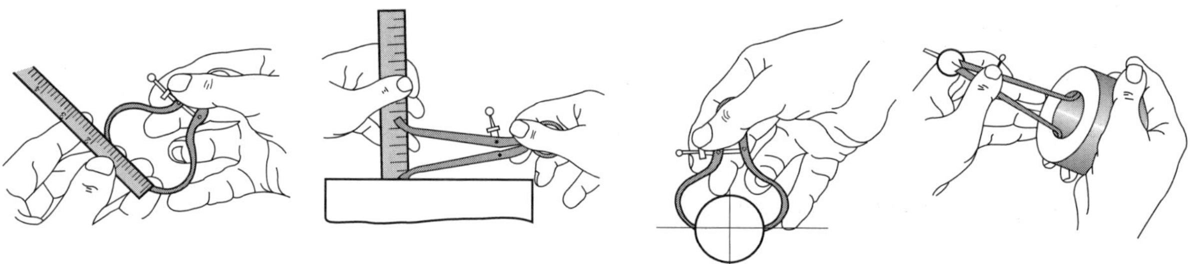

(a) 캘리퍼스의 설정 (b) 사용 사례

그림 4-150 캘리퍼스의 사용

1 캘리퍼스

보통 캘리퍼스(calipers)는 그림 4-148과 같으며, 원통 공작물의 지름이나 길이의 측정, 또는 설정한 치수나 크기를 자의 눈금과 같이 표준이 되는 것과 비교하는 데 사용된다.

캘리퍼스는 버니어 캘리퍼스나 마이크로미터와 같이 자눈이 있어 측정 결과를 직접 읽을 수 있는 것과 구별하여 이를 '파스' 라고 한다. 그림 4-149와 같이 다이얼 또는 디지털이 있어 직접 읽을 수 있는 것도 있다. 그림 4-150은 캘리퍼스의 사용 사례이다.

2 버니어 캘리퍼스

버니어 캘리퍼스(vernier calipers)는 본척(本尺) 상에 부척(副尺)이 이동할 수 있는 구조로, 부척의 눈금을 사용하여, 주척의 한 눈금보다 작은 치수 범위를 어느 정도 정확하게 측정할 수 있다. 특히 공작물의 길이, 외경, 깊이 등을 측정할 수 있고, 측정 범위도 상당히 넓어 대단히 편리한 측정기구이다. 캘리퍼스에는 밀리용, 인치용 또는 밀리용과 인치용의 눈금이 상하로 나누어 새겨져 있는 겸용이 있다. 밀리용에서는 1/20 mm 및 1/50 mm까지, 인치용에서는 1/128 in, 1/200 in 및 1/1,000 in까지 측정할 수 있다. 형식에 따라 M형 캘리퍼스, CB형 캘리퍼스, CM형 캘리퍼스가 있으며, 최근에는 그림 4-151 (b)와 같은 다이얼형에서 그림 4-151

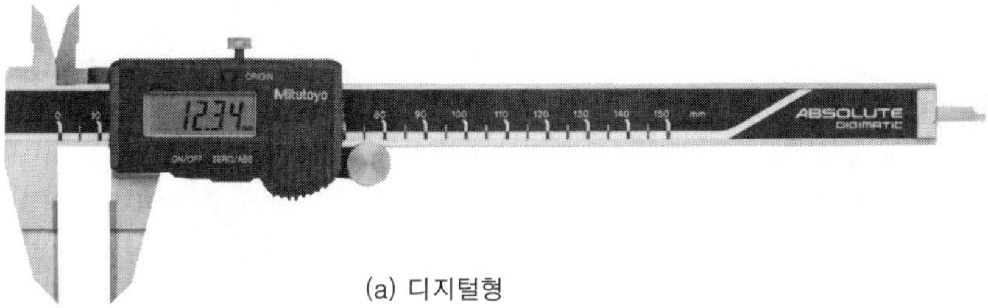

(a) 디지털형

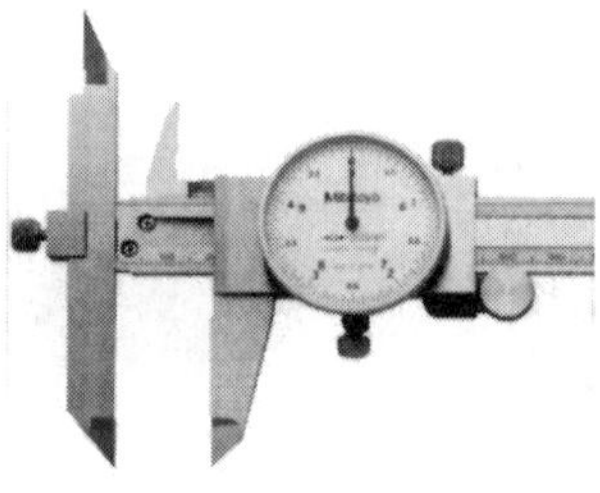

(b) 다이얼형

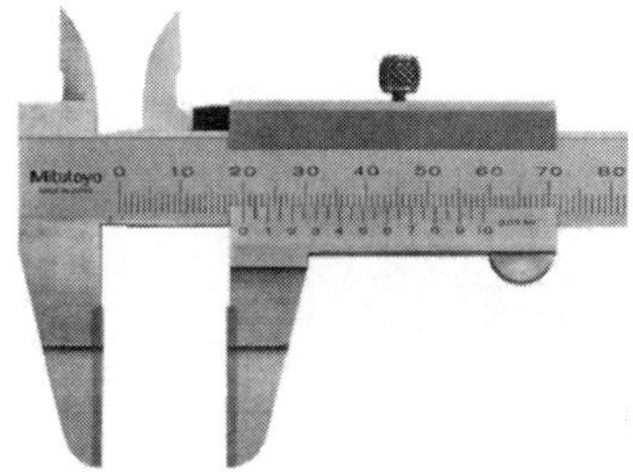

(c) 버니어형

그림 4-151 캘리퍼스의 형식

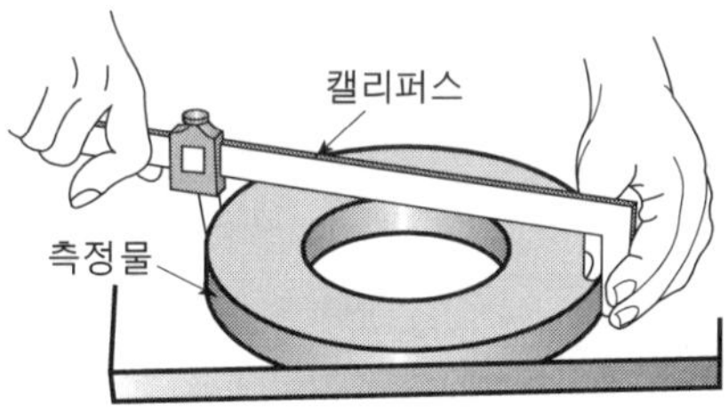

(a) 외경의 측정

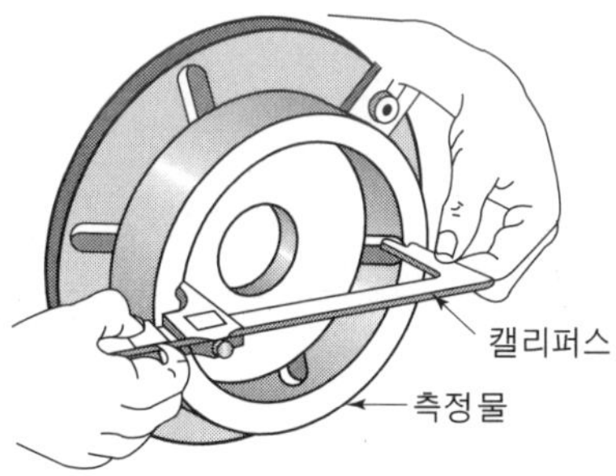

(b) 내경의 측정

그림 4-152 버니어 캘리퍼스의 사용

(a)와 같은 디지털형이 일반화되고 있다. 그림 4-152는 비교적 큰 외경과 내경을 측정하는 보기로, 측정부의 길이가 길어서 상당한 숙련이 요구된다.

3 마이크로미터

● 외측 마이크로미터

외측 마이크로미터에는 그림 4-153 (b)와 같이 표준형 외에 측정값을 제시하는 형식에 따라 그림 4-153 (a)와 같은 디지털형 등이 있다. 다이얼형은 측정물의 한계 치수를 다이얼 게이지가 지시할 수 있어 편리하다.

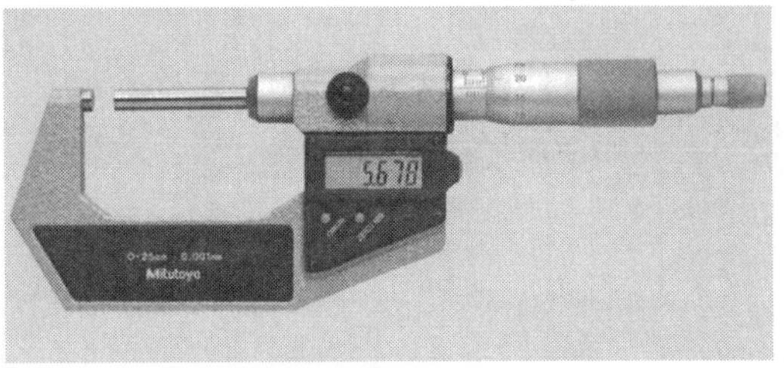

(a) 디지털형

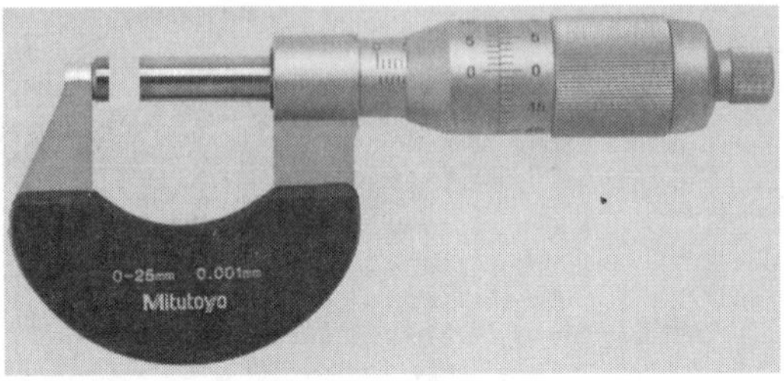

(b) 표준형

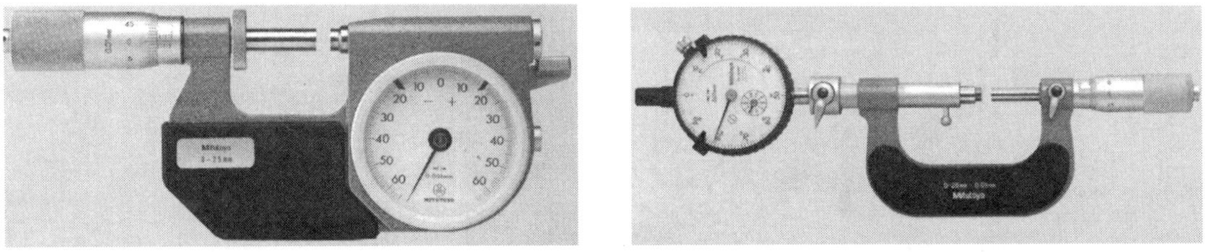

(c) 다이얼형

그림 4-153 외측 마이크로미터의 형식

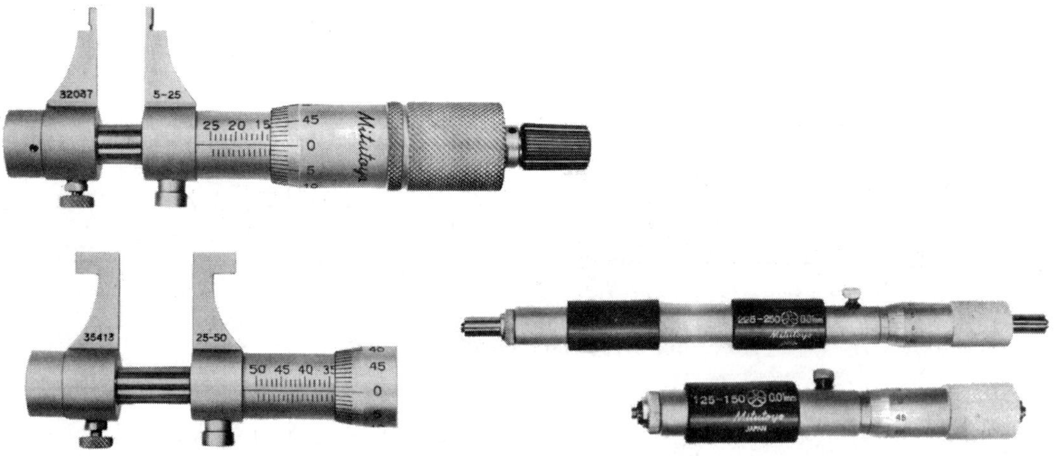

(a) 캘리퍼스형 (b) 로드형

그림 4-154 내측 마이크로미터

● 내측 마이크로미터

내측 마이크로미터(inside micrometer)에는 그림 4-154 (a), (b)와 같은 캘리퍼스형과 로드형의 2종류가 있다. 캘리퍼스형의 측정 범위는 5∼50 mm이고 그 이상의 것은 로드형을 사용한다. 로드형에는 연장대(extension)를 사용하여 측정 범위를 크게 하는 것이 많으나 단체형에 비하여 정도가 낮다. 그림 4-155 (b)는 지름이 큰 경우로서 로드형에 연장대를 끼우고 구멍의

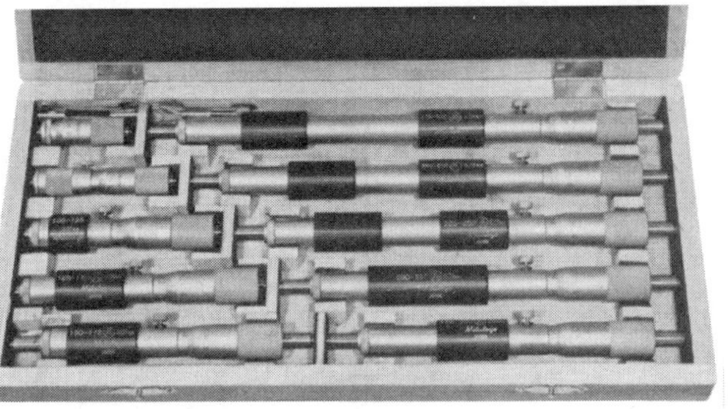

(a) 세 트

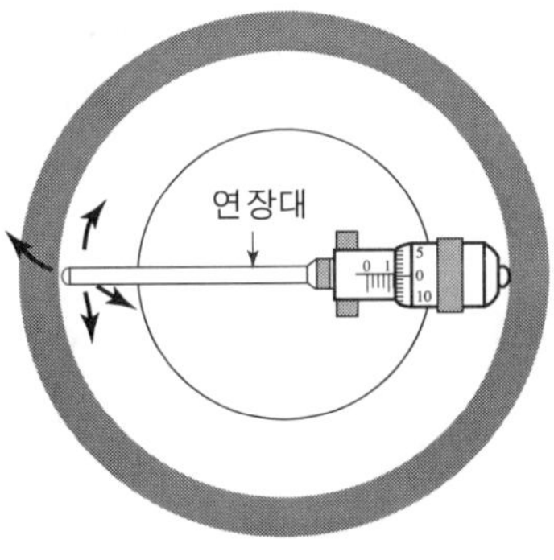

(b) 사 용

그림 4-155 로드형 내측 마이크로미터와 사용

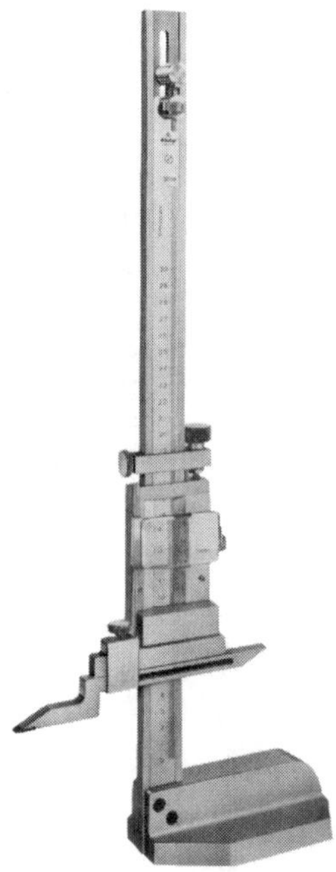

그림 4-156 버니어 하이트 게이지

지름을 측정하는 보기이다.

(2) 높이 측정

지그(jig)나 부품에 마름질을 할 때, 또는 구멍 위치나 표면의 점검 등에 사용하는 측정기를 버니어 하이트 게이지 또는 하이트 게이지(height gauge)라고 한다.

1 버니어 하이트 게이지

버니어 하이트 게이지의 크기는 정반 위에서 측정할 수 있는 높이로 구분되며 호칭 치수는 보통 150 mm, 300 mm, 600 mm, 1,000 mm 등이 있다. 그림 4-156은 버니어 하이트 게이지의 보기로, 버니어 캘리퍼스처럼 미터식에서는 부척의 눈금으로 1/20 mm 또는 1/50 mm까지 읽을 수 있다.

그림 4-157은 하이트 게이지로 공작물을 측정하는 보기로 초경 합금 금긋기를 설치한 하이트 게이지의 보기이며 유리, 경화강 또는 기타 경도가 높은 물질을 대상으로 마름질 선을 그을 때에 사용된다.

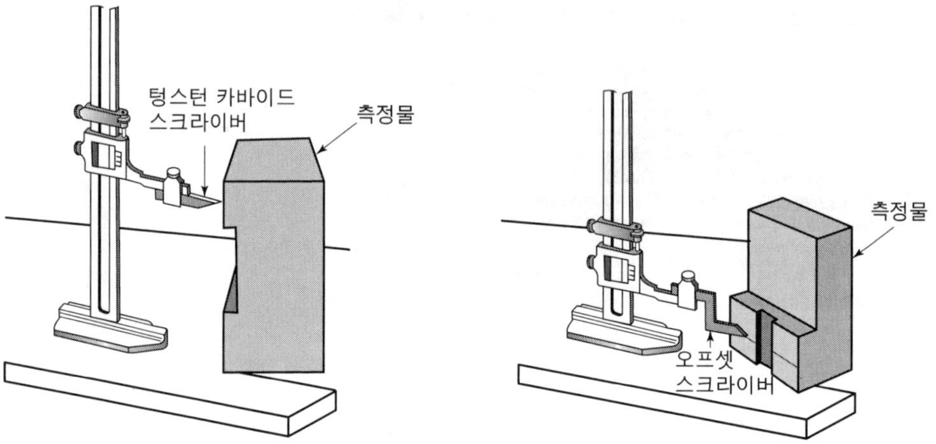

(a) 스크라이버의 설치 (b) 오프셋 스크라이버의 설치

그림 4-157 버니어 하이트 게이지의 사용

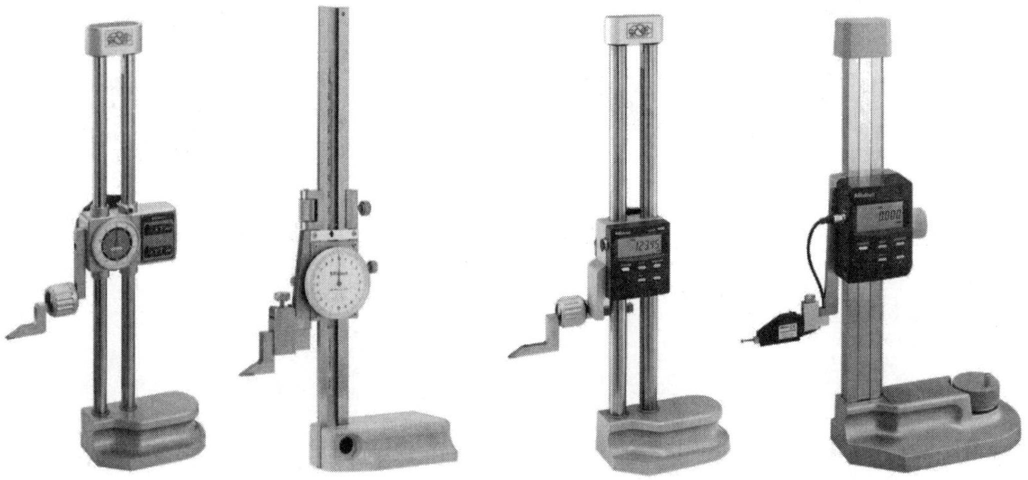

(a) 다이얼형 (b) 디지털형

그림 4-158 다이얼 및 디지털 높이 게이지

2 다이얼 및 디지털형 하이트 게이지

그림 4-158 (a)는 하이트 게이지에 다이얼 테스트 인디케이터를 부착하여 사용하는 다이얼 하이트 게이지(dial height gauge)이고, 그림 4-158 (b)는 정밀 측정용으로 현재 위치를 1/100 mm 또는 1/1,000 mm 단위로 나타낼 수 있는 초정밀 디지털 높이 게이지(high precision digital height gauge)의 보기이다.

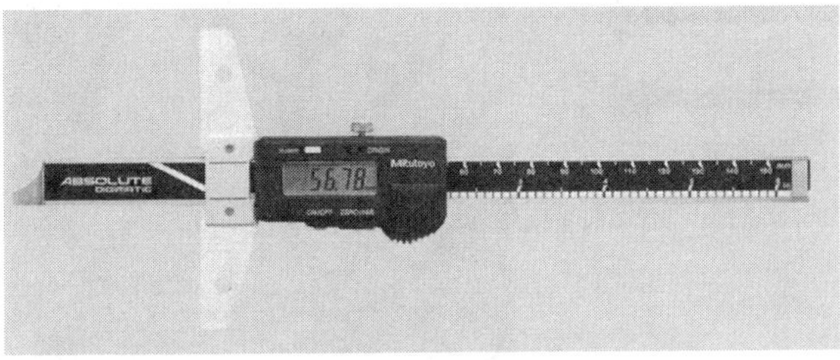

(a) 디지털형

(b) 디지털 깊이 게이지의 사용

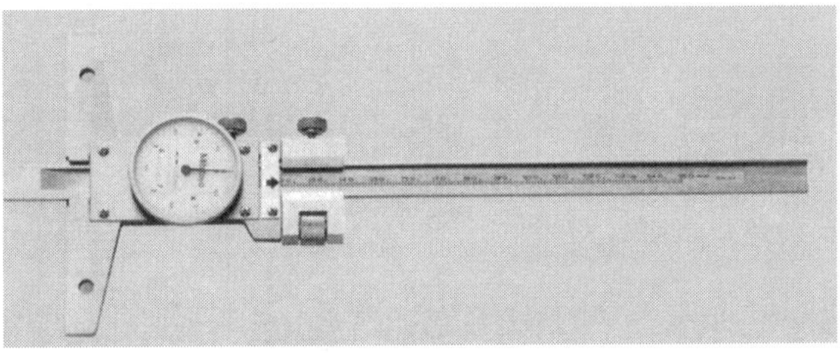

(c) 다이얼형

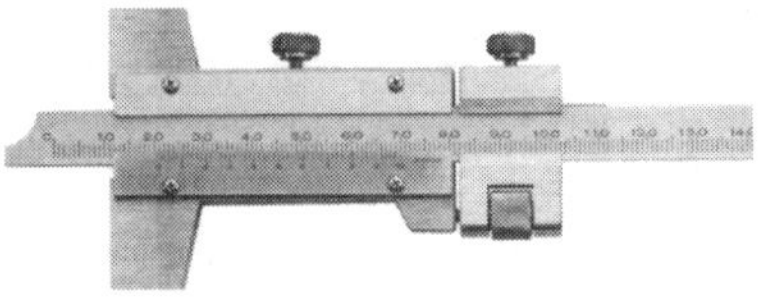

(d) 버니어형

그림 4–159 깊이 게이지의 형식과 사용

(3) 깊이 측정

1 버니어 깊이 게이지

깊이 게이지는 구멍, 홈(slot), 카운터보어(counter bore), 리세스(resesse) 등의 깊이 측정에 사용된다.

그림 4–159 (a)는 디지털 깊이 게이지(digital depth gauge), 그림 (b)는 디지털 깊이 게이지를 사용한 구멍의 턱 깊이를 측정하는 보기로, 정밀도는 1/100 mm이다.

그림 4–159 (c)는 다이얼 깊이 게이지(dial depth gauge)의 보기이다. 깊이 게이지의 측정 범위는 0∼150 mm, 0∼200 mm, 0∼300 mm가 있으며 큰 것은 0∼1,000 mm의 것도 있다.

그림 4–159 (d)는 버니어 깊이 게이지(vernier depth gauge)의 보기로 눈금이 새겨 있는 150 mm, 200 mm 또는 300 mm의 본척과 부척으로 되어 있다.

2 깊이 측정 마이크로미터

깊이 측정 마이크로미터(micrometer depth gauge)는 마이크로미터 깊이 게이지라고도 하며, 그림 4–160과 같이 플랫 베이스(flat base)와 헤드로 구성되어 있으며, 여러 개의 연장대가 있다. 측정 범위는 연장대의 사용에 따라 0∼225 mm 정도이고, 플랫 베이스의 크기는 63.5∼

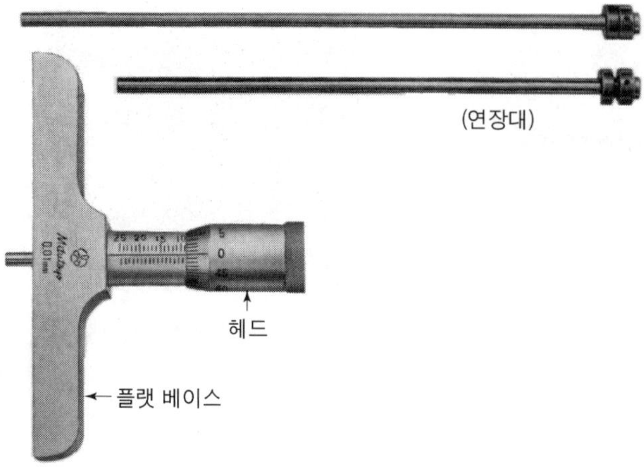

그림 4-160 깊이 마이크로미터

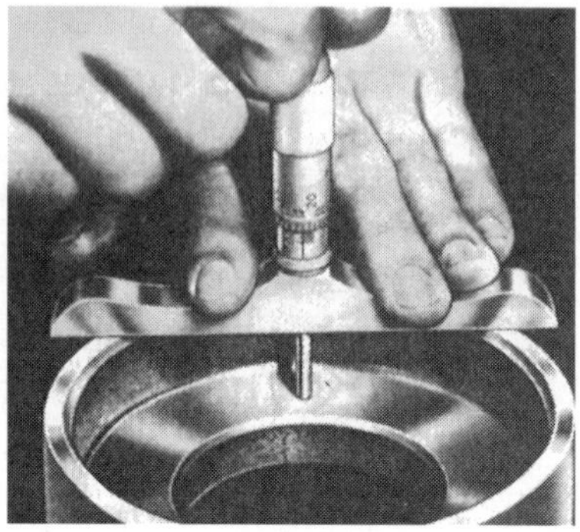

(a) 실린더의 길이 측정

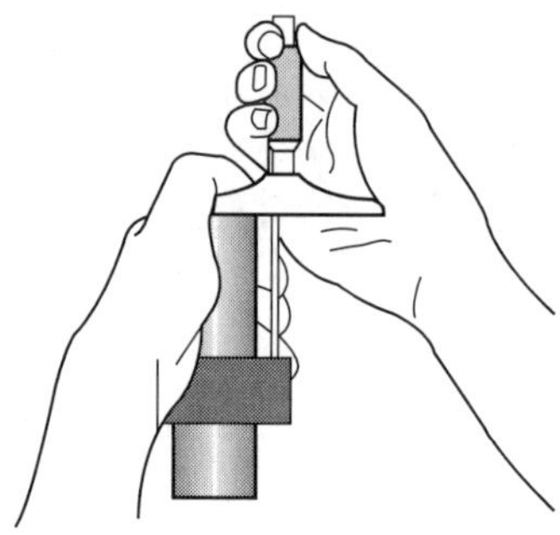

(b) 단축의 길이 측정

그림 4-161 깊이 마이크로미터의 사용

150 mm이다. 그림 4-161은 깊이 측정 마이크로미터의 사용 보기이다.

3) 게이지

(1) 표준 게이지와 한계 게이지

1 표준 게이지

표준 게이지(standard gauge)를 사용하는 비교(간접) 측정법은 동종의 공작물 또는 끼워맞춤 공작물의 크기의 차를 구하는 방법으로 측정이 용이하고 정확하다.

표준 게이지는 비교 측정에 대한 기준이 되므로 제품의 생산성을 높이려면 기준이 될 크기의 것을 만들고 이것과 비교해 가며 제작하는 것이 간단하고 확실하며 능률적이다.

● **블록 게이지**[7)]

가장 널리 사용되는 표준 게이지인 블록 게이지(block gauge)는 길이의 기준이 된다. 블록 게이지는 그림 4-162 (b)와 같이 여러 가지 두께의 합금 공구강의 직육면체를 조합하여 한 조로 만든 것으로 육면 중에서 마주보는 두 면이 정확하게 평행 평면으로 만들어져 있으며, 서로 반대의 면을 측정면으로 한다.

● **표준 원통 게이지**

표준 원통 게이지(標準圓筒게이지, standard cylindrical gauge)는 그림 4-163과 같이 표준 플

---

7) 블록 게이지 : 스웨덴의 Carl Edward Johanson이 1896년에 처음 제작하였다.

(a) 세 트 (b) 종 류

그림 4-162 블록 게이지

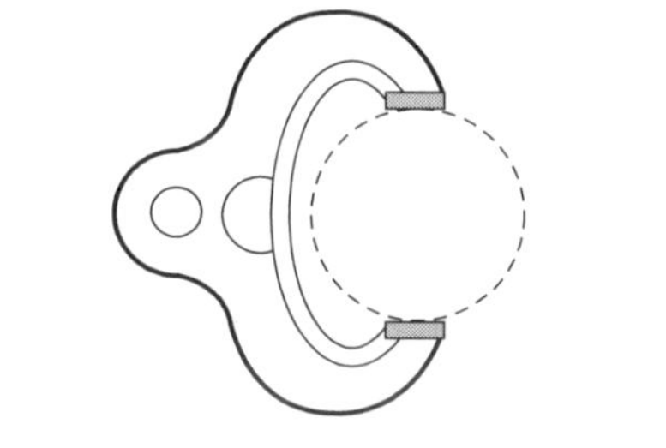

(a) 외경용 (b) 내경용

그림 4-163 표준 원통 게이지

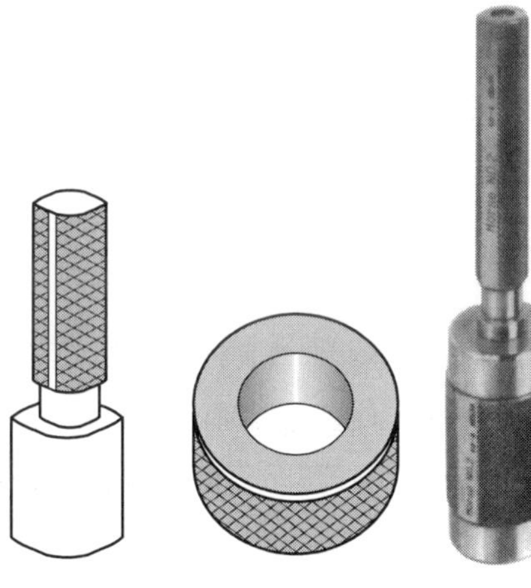

(a) 플러그형 (b) 링 형

그림 4-164 표준 캘리퍼스 게이지

러그 게이지(standard plug gauge)와 링 게이지(ring gauge)가 한 짝으로 되어 있는 것이 보통이다. 플러그 게이지는 외면을 정확한 호칭 치수로, 링 게이지는 내경을 정확한 호칭 치수로 정밀가공한 것이다. 플러그 게이지는 공작물 구멍의 지름을 검사하며, 링 게이지는 가공된 외경을 검사하는 기준이 된다.

● 표준 캘리퍼스 게이지

표준 캘리퍼스 게이지(standard calipers gauge)는 그림 4-164와 같이 내경 게이지와 외경 게이지가 한 짝을 이루고 있으며, 이것이 일체로 만들어진 것도 있다. 내경용 게이지의 측정면은 원통의 일부를 이루고 있으며, 주로 내 · 외 퍼스의 기준 치수로 사용된다. 외경용은 주로 한계 게이지를 사용하지 않는 공장에서 많이 사용되며, 일명 C게이지라고도 한다.

● 표준 테이퍼 게이지

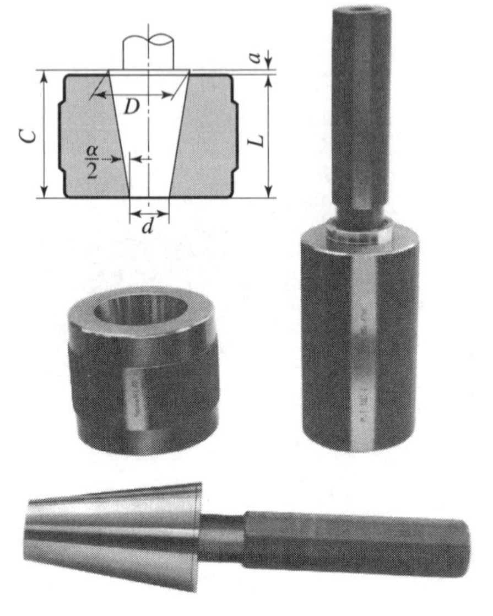

그림 4-165 표준 테이퍼 게이지

표준 테이퍼 게이지(standard taper gauge)는 그림 4-165와 같이 원통형의 플러그 게이지 및 링 게이지와 유사한 한 짝의 게이지를 말한다. 테이퍼는 모스 테이퍼(Morse taper) 또는 브라운 샤프 테이퍼(Brown & sharpe taper)의 번호(규격)에 맞추어 제작한다.

2 한계 게이지

한계 게이지는 2개의 게이지를 조합하여 각각 최대 및 최소 치수로 만들고, 제품의 치수가 그 두 한계 내에 있는가를 검사하는 게이지이다. 한계 게이지에 의한 생산 체제는 제품의 정밀도를 확보하면서, 각 부품의 호환성을 갖고 분업화 할 수 있으며, 우수한 성능의 기계를 제작할 수 있는 동시에 대량 생산에서 품질 관리의 일부를 원활히 수행할 수 있다.

일반적으로 구멍용과 축용이 있으며 각각 통과 게이지(通過게이지, go gauge)와 정지 게이지(停止게이지, not go gauge)로 구분되어 한계 게이지를 구성한다. 구멍용 한계 게이지(internal limit gauge)에는 플러그 게이지(plug gauge)와 판 게이지(plate gauge)가 있다. 축용 게이지

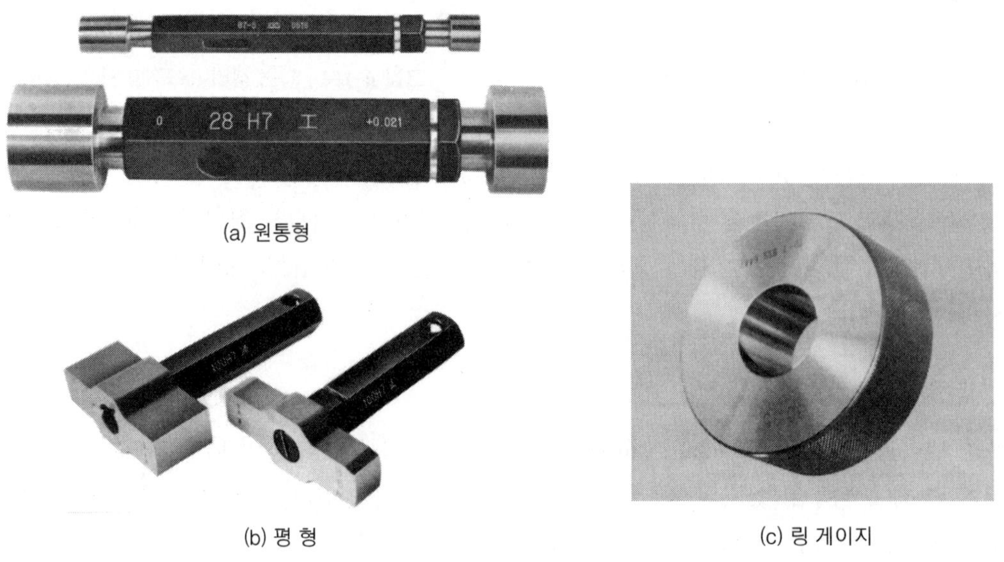

(a) 원통형

(b) 평 형

(c) 링 게이지

그림 4-166 플러그 게이지의 종류

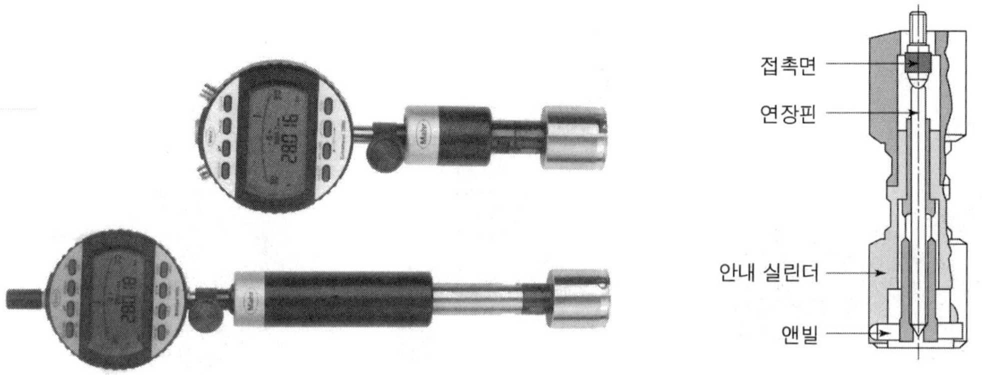

(a) 디지털형 (b) 안내 실린더

그림 4-167 인디케이팅 플러그 게이지

(external limit gauge)에는 링 게이지(ring gauge)와 캘리퍼 게이지(caliper gauge)가 사용된다.

그림 4-166은 플러그 게이지의 종류로, 원통형과 평형의 보기로서 go, no-go의 한계 치수가 표기되어 있다. 그림 4-166 (c)는 링 게이지의 보기이다.

(2) 인디케이터

1 인디케이팅 플러그 게이지

부품의 내경이나 구멍을 정확하고 빠르게 측정 · 점검할 수 있는 플러그 게이지로 그림 4-167과 같은 인디케이팅 플러그 게이지(indicating plug gauge)가 있다. 그림 4-167 (a)는 디지털형으로, 안내 실린더(guide cylinder)는 그림 4-167 (b)와 같은 구조이며 대량 생산 라인에서 정밀 측정 · 점검에 사용되고 있다.

2 인디케이팅 스냅 게이지

축, 볼트, 스핀들의 원통과 길이 및 공작물의 두께의 측정과 검사용으로, 측정 결과가 인디케이터 또는 디지털에 지시된다. 그림 4-168은 인디케이팅 스냅 게이지(indicating snap gauge)의 보기로, 그림 4-168 (a)는 수평형, 그림 4-168 (b)는 직립형의 보기이며, 모두 이동할 수 있어 생산 현장과 실험실에서 편리하게 사용된다.

3 전기 인디케이터

가공물을 검사할 때 한계 게이지의 기능을 전기적으로 no-go(red), go(green) 그리고 no-go는 재작업(re-work-yellow) 등의 램프 시퀀스(lamp sequence) 스위치가 있는 측정기를 전기 인디케이터(electrical indicator)라 하며, 생산제품 검사에 사용된다. 그림 4-169는 전기 인디케이터의 보기이다.

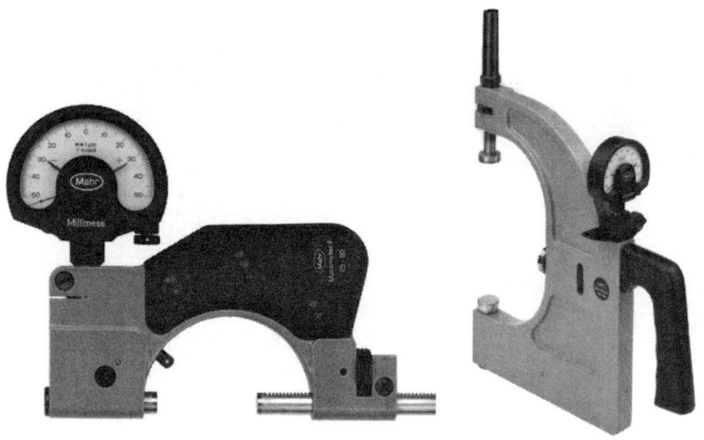

(a) 수평형 (b) 직립형

그림 4-168 인디케이팅 스냅 게이지

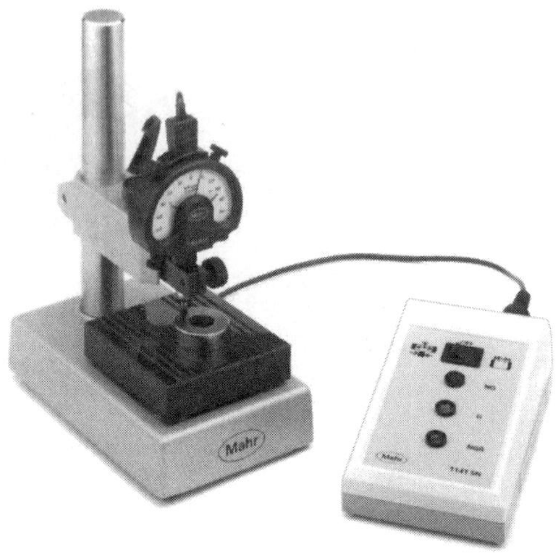

그림 4-169 전기 인디케이터

(3) 기타 게이지

1 틈새 · 반지름 게이지

● 틈새 게이지

접점 또는 작은 틈새의 간극 점검과 측정에 사용되는 게이지를 틈새 게이지, 간극 게이지(間隙 gauge, clearance gauge) 또는 필러 게이지(feeler gauge)라고 한다. 이 게이지는 그림 4-170 (a)와 같이 너비가 약 12 mm, 길이 약 65 mm의 서로 다른 두께의 강편에 각각의 두께가 표시되어 있으며, 게이지 각 편의 두께는 보통 0.025~0.5 mm로 되어 있다. 특수 측정용으로 낱개로 된 것(너비 5 mm 정도, 길이 150~200 mm)도 있으며 이러한 것을 특히 필러 게이지라 부

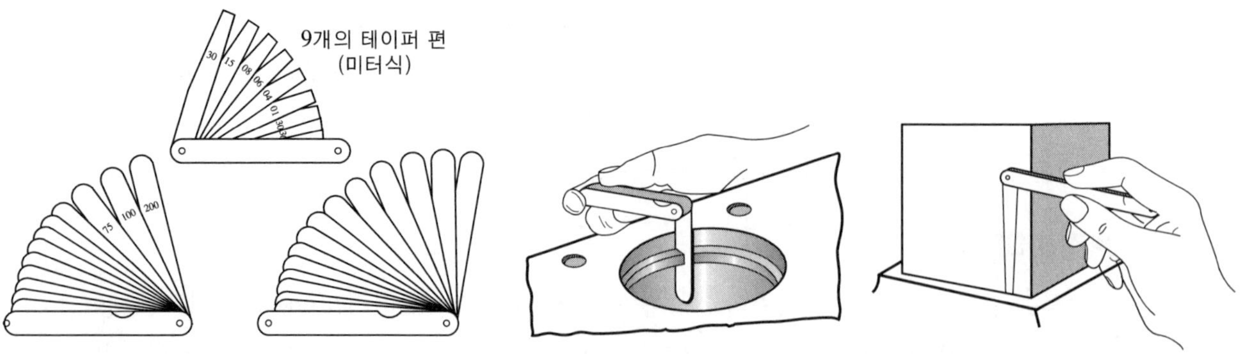

13편 26편 (피스톤링의 간극 점검) (조립물의 접촉 틈새의 간극 점검)

(a) 틈새 게이지 (b) 사용 사례

그림 4-170 틈새 게이지와 사용

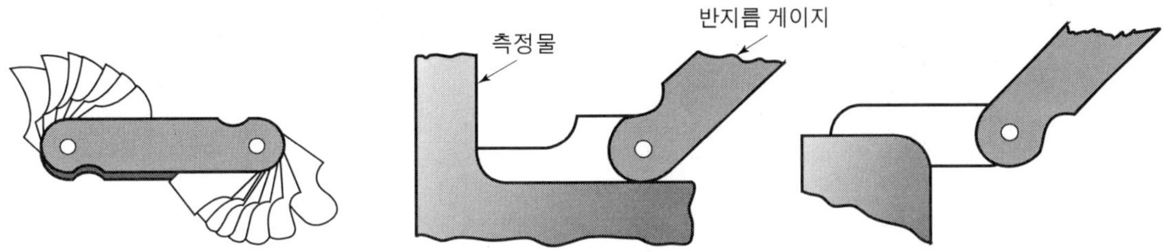

(a) 반지름 게이지 (b) 내측 반지름 측정 (c) 외측 반지름 측정

그림 4-171 반지름 게이지와 사용

른다. 그림 4-170 (b)는 틈새 게이지의 사용 사례를 보여주고 있다.

● **반지름 게이지**

반지름 게이지(radius gauge)는 R 게이지라고도 하며, 그림 4-171 (a)와 같이 여러 치수의 것이 조합되어 있다. 그림 4-171 (b)는 양쪽 반지름 게이지(double ended radius gauge)를 사용하는 것으로 게이지의 안쪽과 바깥쪽의 반지름은 같다.

2 나사 피치 게이지

나사의 피치 또는 나사의 산수를 알아보는 게이지를 나사 피치 게이지(screw pich gauge)라 한다. 그림 4-172 (a)와 같이 얇은 강판에 각종 나사 피치의 산형을 조합한 측정용 게이지로 인치(inch)식 휘트워드 나사용과 미터나사(metric thread)용이 있다. 그림 4-172 (b)와 (c)는 그 사용 사례를 보여주고 있다.

3 와이어 · 드릴 게이지

● **와이어 게이지**

쇠줄의 굵기와 판재의 두께 측정에 사용되는 게이지를 와이어 게이지(wire gauge)라 한다.

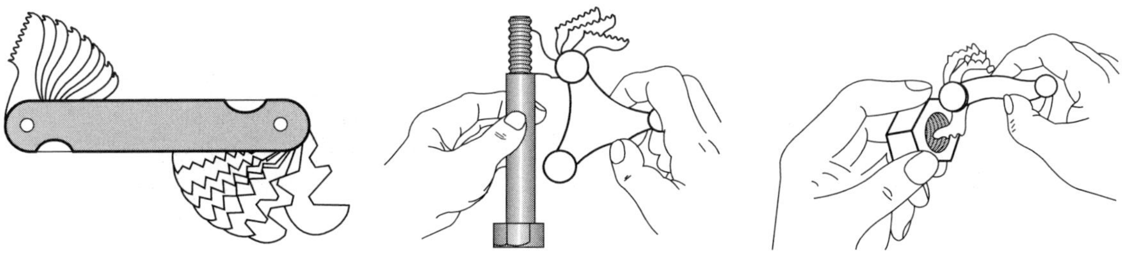

(a) 나사 피치 게이지 (b) 수나사의 점검 (c) 암나사의 점검

그림 4-172 나사 피치 게이지와 사용 사례

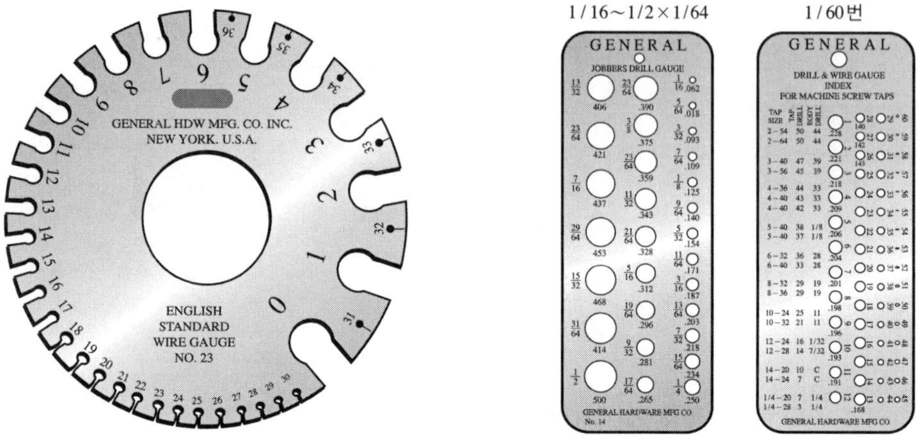

(a) 와이어 게이지 (b) 드릴 게이지

그림 4-173 와이어 게이지와 드릴 게이지

측정값은 번호로 나타내며 모양이 그림 4-173 (a)와 같이 둥글고 그 원둘레에 측정용 홈이 파여 있다. 이 틈새를 쇠줄이 적당한 끼워맞춤 정도로 통과할 때 그 틈새에 표기된 숫자로 굵기를 읽을 수 있다.

● 드릴 게이지

드릴의 지름을 알아 보고, 알맞은 크기의 드릴날을 찾을 때에 사용하는 게이지를 드릴 게이지(drill gauge)라 한다. 게이지의 구멍을 보통 12.5 mm 이하이고, 그림 4-173 (b)와 같이 드릴날의 크기가 숫자로 표시되어 있다.

4 두께 게이지

그림 4-174는 새로운 형식의 두께 게이지(thickness gauge)로 종이, 가죽, 와이어, 플라스틱,

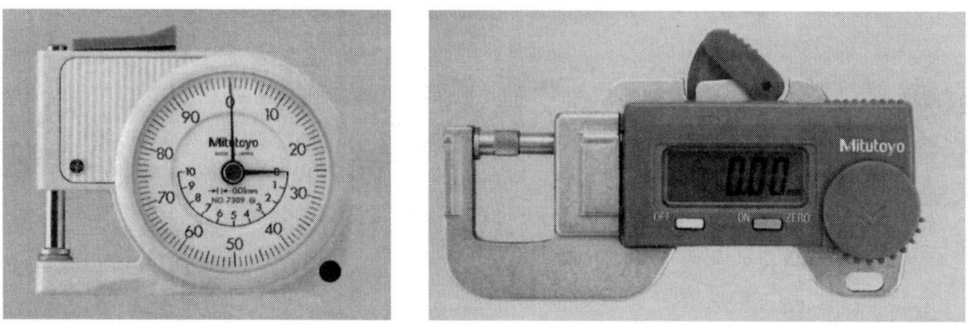

(a) 다이얼형 (b) 디지털형

그림 4-174 두께 게이지

판금 소재 등을 대상으로 측정 검사할 수 있으며, 그림 4-174 (a)는 다이얼형, (b)는 디지털형의 보기이다.

2. 수기가공과 조립작업

1) 수기가공

수기가공은 공작기계에 의한 가공작업에 비해 가공 능률이 떨어진다. 또한 작업자의 높은 숙련이 요구되어 그 이용이 줄어들고 있다. 그러나 특수 기계의 소량 생산, 새로운 시작 제품(試作製品)의 제작, 또는 기계의 정비와 수리 보수 등, 수기가공이 필요한 경우도 적지 않다. 특히 자동차 엔진과 같이 대량 생산이 요구되는 부품 가공에는 지그와 고정구(固定具) 등이 필요하다.

(1) 금긋기

주조품, 단조품, 용접 구조물 등의 소재를 가공하기에 앞서 잘라내거나 깎아낼 분량을 어림잡는 기준선을 긋거나 구멍을 뚫을 위치에 펀칭하고 필요한 중심선, 기준선, 가공선 등을 표시하는 작업을 금긋기(macking off lay out)라 한다. 금긋기는 보통 정반 위에서 한다. 그림 4-175는 기본 금긋기 용구를 사용한 금긋기의 보기를 예시한 것이다.

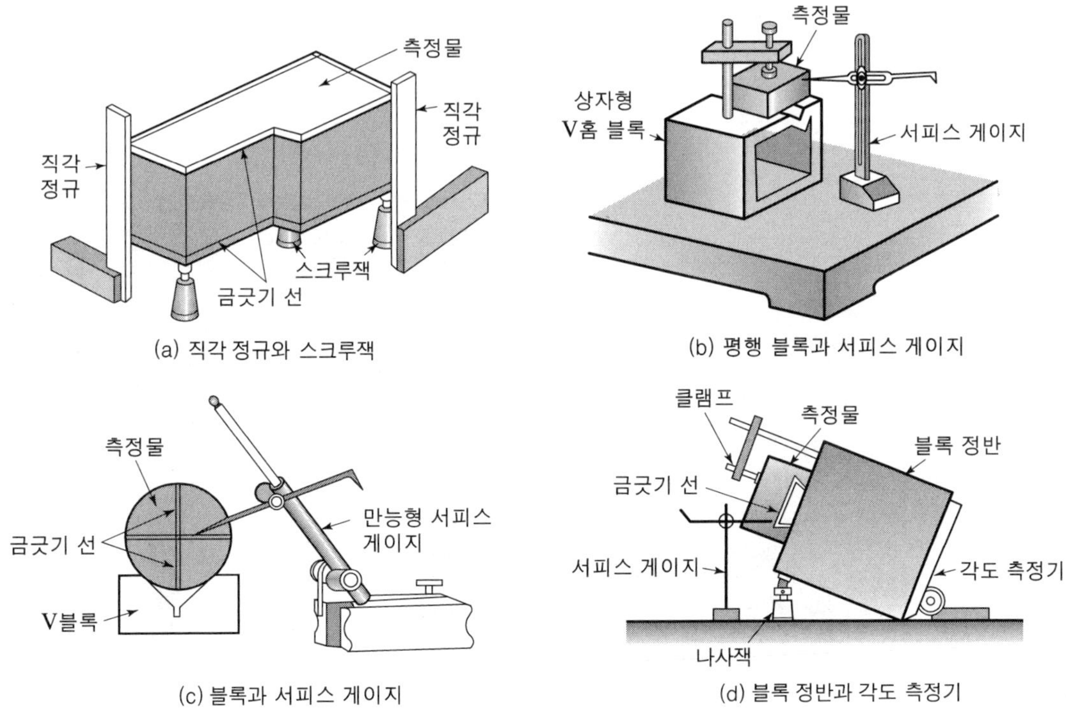

그림 4-175 각종 금긋기 방법

(2) 정작업

공작물의 여유 표면에 정(chisel)을 대고 해머로 타격을 가하여 깎아내는 작업을 정작업이라 한다. 공작기계나 줄로 깎아내기 힘든 여분의 부분을 깎거나, 주물이나 단조품의 거스러미 제거, 가는 둥근 막대나 판금의 절단, 베어링 메탈의 기름 홈가공 등 기계가공 및 조립의 보조 기능을 하는 수기가공이다. 그림 4-176은 정의 종류를 나타낸 것이다.

(3) 줄과 줄작업

수공구인 줄(file)을 사용하여 공작물의 평면 또는 곡면을 손 다듬질하는 작업을 줄가공(filing) 또는 줄작업(file work)이라 한다. 기계가공과 비교하면 매우 비능률적인 가공법이지만, 수량이 적은 기계 다듬질의 보조적인 작업 외에 게이지류, 치공구(治工具), 금형의 마무리

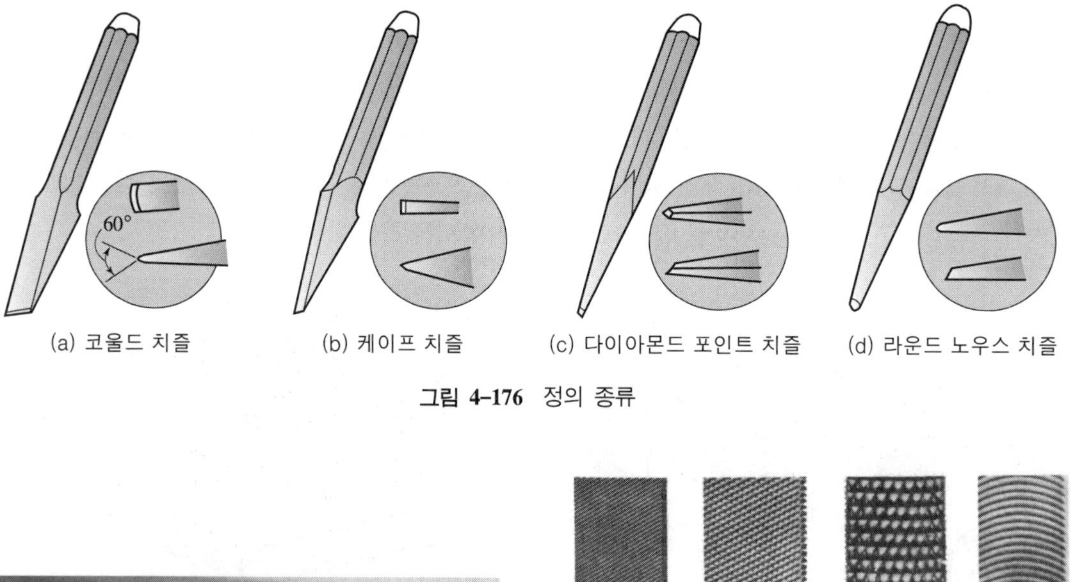

(a) 코울드 치즐 (b) 케이프 치즐 (c) 다이아몬드 포인트 치즐 (d) 라운드 노우스 치즐

그림 4-176 정의 종류

그림 4-177 줄에 의한 세공작업

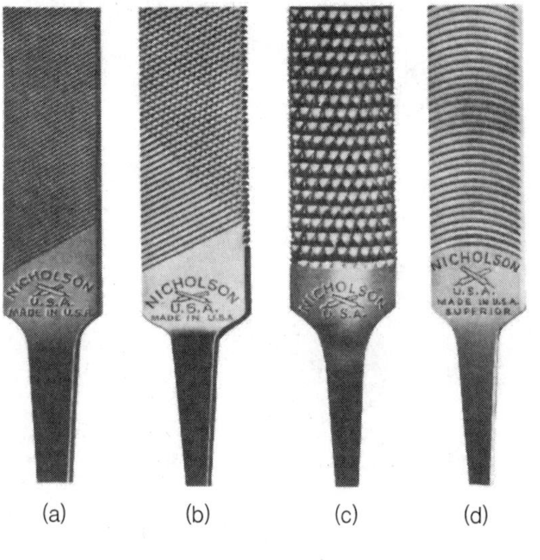

(a) (b) (c) (d)

그림 4-178 줄의 종류

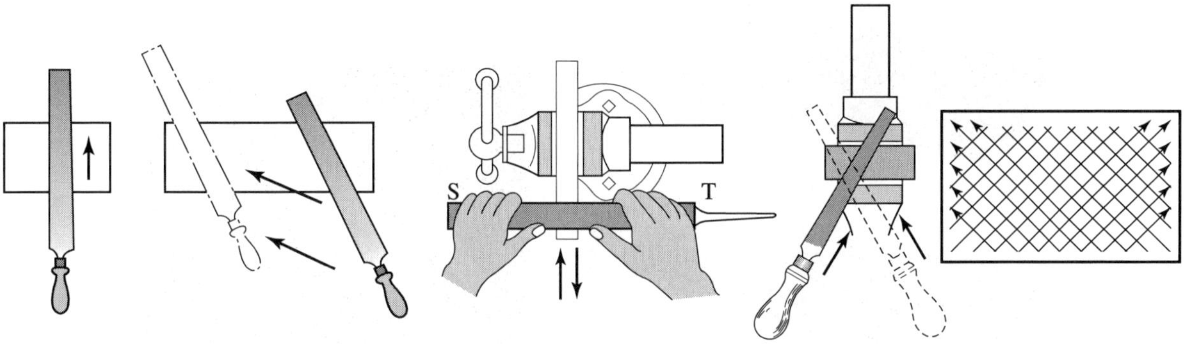

(a) 직진법 (b) 사진법 (c) 횡진법 (d) 교차 사진법과 줄질 방향

그림 4-179 평면 줄작업

가공에서는 줄에 의한 정교(精巧)한 가공이 필요하고, 기계 조립, 조정, 수리에서도 줄에 의한 다듬질가공이 필요하다. 그림 4-177은 금형, 마무리작업에서 줄작업의 보기, 그림 4-178은 줄의 종류의 보기이다.

평면을 다듬질할 때의 줄작업 방법은 그림 4-179와 같이 직진법(直進法, straight filing), 사진법(斜進法, diagonal), 횡진법(橫進法, draw filing) 등이 있다.

(4) 스크레이퍼와 스크레이핑

공작기계로 가공한 평면 또 베어링면을 기준이 되는 평면 또는 축과 문지르면 닿는 부분에 자국이 생기는데 이 자국을 깎아내는 손공구를 스크레이퍼(scraper)라 하며, 스크레이퍼로 다듬는 작업을 스크레이핑(scraping)이라 한다. 기준면과 비벼 생긴 자국인 높은 부분을 되풀이 하여 스크레이핑하면 원활한 면에 작은 굴곡이 분포되므로, 윤활면이나 베어링의 윤활에 적합한 면을 얻을 수 있는 오래된 정밀 손가공법이다.

1 스크레이핑공구

스크레이핑에 사용되는 공구에는 스크레이퍼 외에 기름 숫돌과 정반 및 스트레이트 에지 등이 필요하다.

● **스크레이퍼의 종류와 모양**

스크레이퍼는 공구강을 단조 성형한 다음, 날은 담금질하고, 뜨임을 하지 않는 상태에서 연삭 후 기름 숫돌에서 예리하게 갈아 사용한다. 스크레이퍼는 그림 4-180과 같이 사용 목적에 따라 여러 가지가 있다.

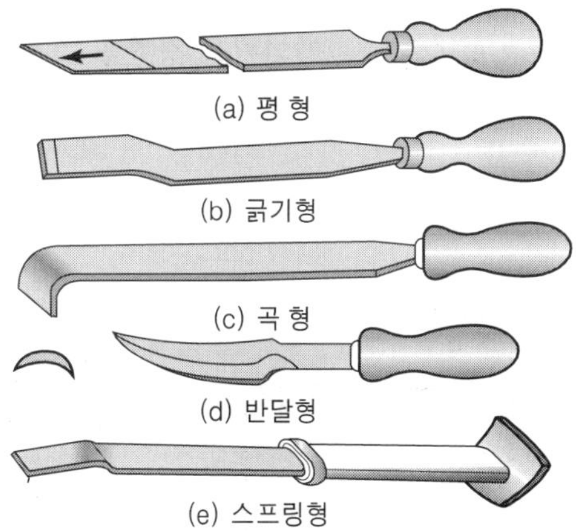

그림 4-180 스크레이퍼의 종류

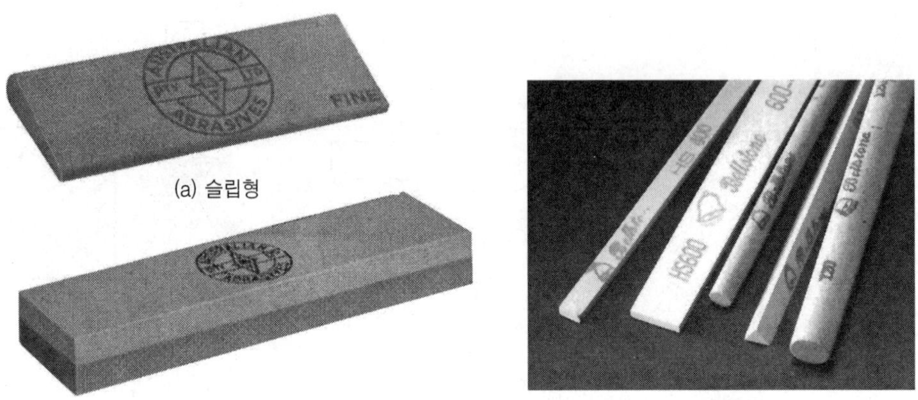

(a) 슬립형 (b) 벤치형 (c) 스틱형

그림 4-181 숫돌의 종류

● **기름 숫돌**

기름 숫돌(oil stone)에는 천연산과 인조산이 있다. 인조 숫돌은 알루미나(Al_2O_3)와 탄화규소(SiC)의 결정체를 분쇄하여 일정한 모양으로 소결하여 만든 것으로, 질에 있어서는 천연산에 미치지 못하나 값이 매우 저렴하여 많이 사용되고 있다. 그림 4-181은 인조 숫돌의 종류를 나타낸 것이다.

● **정반과 스트레이트 에지**

스크레이퍼작업에는 평면 정밀도(平面精密度, flatness)와 직선 정밀도(直線精密度, straightness)를 검사하는 기준으로 정밀 정반(精密定盤)과 스트레이트 에지(straight edge)를 사용한다.

2 스크레이핑

● **평면의 스크레이핑**

평면의 스크레이핑은 정반을 기준면으로 사용하여 정반면에 적색 페인트, 광명단 그리고 산

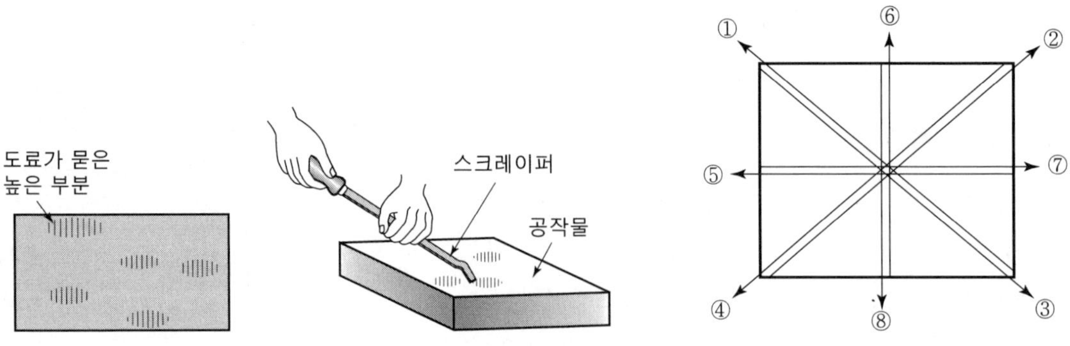

(a) 가공할 부분 (b) 면 스트레이핑 자세 (c) 평면 스트레이핑 절삭 방향

그림 4-182 평면의 스크레이핑

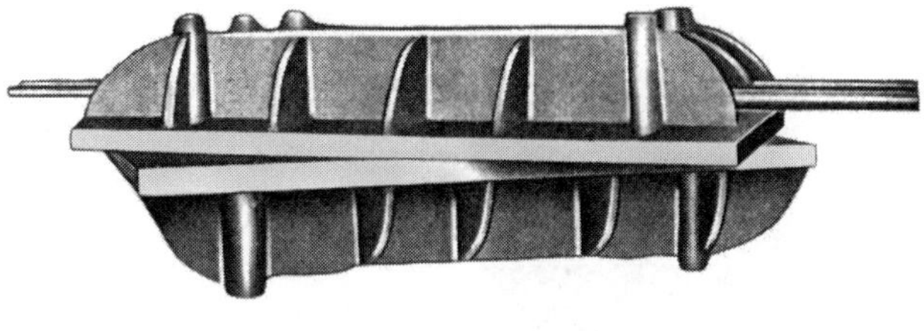

⬆ 고급 정밀 습합 정반

화철 등의 분말을 개서 만든 도료를 기준면에 얇게 바른 다음, 공작물의 표면을 맞대고 문지르면, 공작물의 높은 부분에 도료가 묻게 된다. 이 부분을 스크레이퍼로 제거하는 다듬질작업이다. 공작기계의 습동면(미끄럼면)을 보면 장식(裝飾)과 윤활유를 잠기게 할 목적으로, 모양(spotting)을 새길 때가 있다.

그러나 이와 같은 모양을 무리하게 만들면 정밀도를 해칠 수 있으므로, 가공 과정에서 자연적으로 모양이 형성되도록 하여야 한다. 4각형 정반의 경우에는 그림 4-182 (b)와 같이 처음부터 능직(綾織) 무늬 모양이 되도록 스크레이핑한다. 그림 4-182 (c)는 그 순서와 방향을 나타낸 것이다.

● 작은 면의 스크레이핑

작은 면의 스크레이핑은 그림 4-183과 같이 공작물을 바이스에 고정하여 다듬질한다. 이 경우에는 가공할 면을 상대 기준면과 문지르고, 높은 부분을 깎아내는 작업을 되풀이 한다.

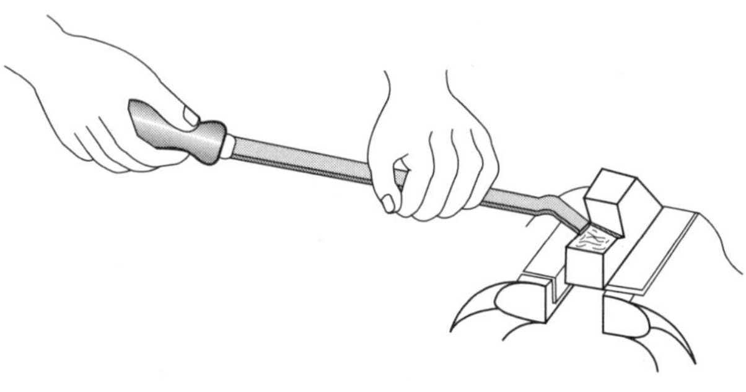

그림 4-183 작은 면의 스크레이핑

● 곡면의 스크레이핑

주로 내곡면을 대상으로 하게 되는데, 곡면에 알맞은 크기의 곡면 스크레이퍼를 사용하여 그림 4-184 (a)와 같은 방향과 순서로 스크레이핑한다.

내곡면의 스크레이핑의 주 대상이 되는 미끄럼 베어링[8]은 상하 2개로 분할되어 있으며 그림 4-184 (b)는 하형 베어링의 내곡면을 스크레이핑하는 보기이다.

---

8) 미끄럼 베어링 : 상하 2개의 분할된 청동 주물을 상하의 접합면을 평삭한 다음, 납땜으로 일체화하고, 이것을 선반에서 내 · 외주를 치수대로 가공한 다음 가공이 완료되면 땜한 것을 분리하여 상하 두 개로 하고, 아래쪽에는 기름 홈을, 위쪽에는 기름 구멍을 뚫으면 스크레이핑 준비가 완료된다.

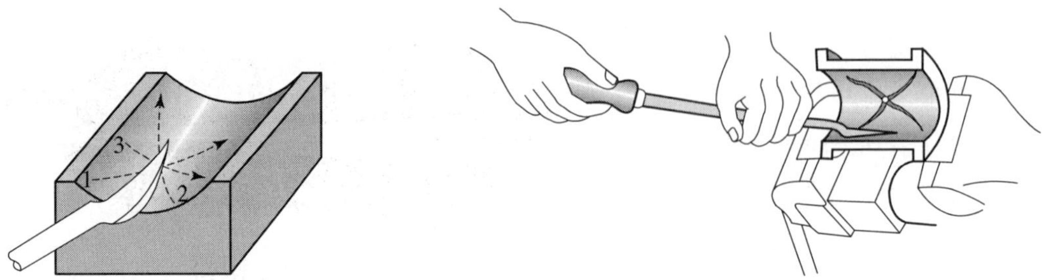

(a) 곡면의 스크레이핑 (b) 베어링 내면의 스크레이핑

그림 4-184 내곡면의 스크레이핑

2) 기계의 분해 조립

과학 기술의 발달과 소비자의 다양한 요구에 따라 공산품, 특히 기계제품의 수명이 짧아지면서 기계 부품의 분해 · 조립의 개념도 많이 달라지고 있다. 즉 고장에 대한 수리작업이 단위 부품을 분리한 다음 각 요소들을 분해하여 마모되거나 파손된 부품을 교환 수리하기 위한 종전의 분해와 수리에서, 수명이 다 되었거나 파손된 단위 부품을 수리하거나 보수하지 않고 새 것으로 교환하는 분리 · 조립작업으로 단순화되고 있다.

이러한 추세는 모든 시설과 기계의 부품들을 1회용 소모 부품으로 단위화하여 고장에 대한 대처가 새로운 부품을 교환하는 작업으로 바뀌고 있다.

기계가공이나 수기가공이 완료된 부품들은 조립도와 사양서에 맞게 조립 완성하게 되는데, 조립 방법과 순서는 기계의 종류와 형식 등에 따라 다르나, 일반적으로는 각 부품별로 부분 조립을 하고, 이들을 기계 본체에 조립하여 완성하게 된다.

조립된 기계는 정적인 검사와 시운전을 하여, 미비한 곳이 발견되면 소정의 성능을 발휘할 수 있도록 조정작업을 한다. 또한 사용하는 기계는 베어링 또는 미끄럼 부분이 마멸되거나 풀림으로 인하여 떨림이 발생하면 분해하여 수리하거나 조정하여야 한다.

(1) 조립의 기본 작업

기계를 조립하는 데 기본이 되는 작업에는 나사의 체결, 스터드 볼트의 고정, 나사 풀림 방지, 키 결합, 부시 또는 베어링의 삽입 등을 들 수 있다. 이들 작업이 기술과 기능면에서 정확하면 성능이 좋고, 정밀도가 높은 기계가 조립될 수 있다.

또한 고장이나 마멸에 따른 분해, 수리 조정을 하는 경우에는 조립의 순서를 역으로 진행하면 분해와 수리를 손쉽게 할 수 있다.

(2) 분해 · 조정작업

기계의 수명을 늘이고, 정밀도를 유지하기 위해서는 정기적으로 또는 알맞는 시기에 분해 수리하거나 조정작업을 해야 한다. 고장이나 손상 등으로 사용할 수 없는 경우에도 분해하여 교체 수리를 해야 한다.

브레이크의 분해작업

1 분해작업

분해작업에서는 각 부품을 검사하여 사용할 수 없게 된 부품을 골라 내고, 새로운 부품과 교환하여 수리 · 조정하면 소정의 성능과 정도를 갖게 되는 경우가 많으므로 그 기계의 구조와 각 부품의 기능 및 기구 등을 확인 후 분해하도록 한다. 그림 4-185는 기어 풀러를 사용하여 축의 기어를 분해하는 보기이다.

2 조정작업

공작기계 각 부의 조정은 기계의 종류, 형식, 구조 등에 따라 달라지므로, 실제의 조정에는 각 기계의 취급 설명서와 전문가의 지시에 따르는 것이 좋다. 일반적으로 공작기계는 사용하는 동안에 사용자의 부주의에 의한 고장 외에도 진동에 의한 나사의 풀림, 회전 부분과 습동 부분의 베어링과 미끄럼면의 마멸에 의한 떨림, 마찰면의 소모에 따른 클러치와 브레이크의 고장, 클램프의 작동 불량, 유압 장치의 고장 등이 일어나게 되는데, 이들에 대한 수리와 조정이 필요하다. 조정 방법으로는 부품의 위치 조정, 체결 볼트와 너트의 조정, 스프링의 압축 또는 장력 조정, 압력의 가감, 부품의 청소 등이 필요하다.

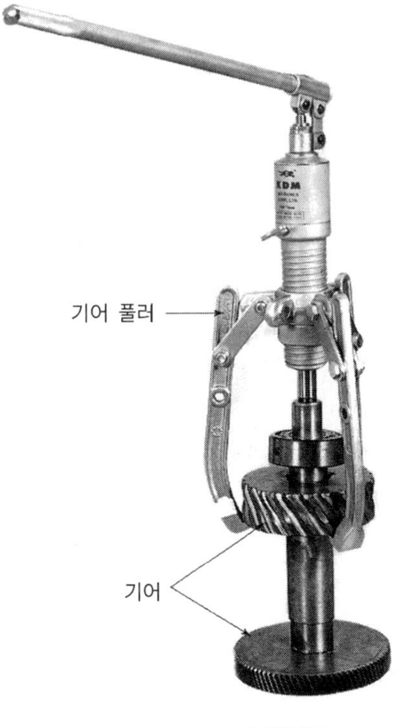

그림 4-185 기어 분해작업

연습문제

4.1 절삭가공의 개요

1. 공작기계를 생산 양식에 따라 분류하고 특징을 설명하시오.
2. 테이블과 칼럼의 기능을 비교 설명하시오.
3. 절삭용 바이트를 분류하고 특징을 설명하시오.
4. 플레인 밀링 커터와 정면 밀링 커터의 특징과 용도를 설명하시오.
5. 절삭유제의 구비 조건을 설명하시오.
6. 절삭용 공구 재료의 종류와 특성을 설명하시오.
7. 드릴의 종류와 특징을 말하시오.
8. 리머의 종류와 특징을 말하시오.

4.2 절삭가공용 공작기계

9. 선반의 종류와 용도 및 특징을 설명하시오.
10. 플레이너의 구조와 용도를 설명하시오.
11. 드릴링 머신의 종류와 용도를 설명하시오.
12. 보링 머신의 종류와 특징을 설명하시오.
13. 밀링 장치의 종류와 기능에 대하여 설명하시오.
14. 기어가공법을 설명하시오.

4.3 공작측정과 수기가공

15. 측정 오차의 종류와 특징을 설명하시오.
16. 마이크로미터와 버니어 캘리퍼스의 원리를 설명하고 장단점을 비교하시오.
17. 다음 측정기의 원리를 비교 설명하시오.
    ① 디지털 게이지 ② 인디케이터 ③ 다이얼 게이지
18. 한계 게이지의 특징과 종류를 설명하시오.
19. 스크레이퍼의 종류와 용도를 설명하시오.
20. 수기가공의 중요성을 설명하시오.

연구과제

1. 선반용 심압대의 구조와 기능을 설명하시오.
2. 선반 척의 종류와 구조 및 특징을 설명하시오.
3. 자동 선반과 모방 선반의 특징을 비교 설명하시오.
4. 키 홈가공이 가능한 공작기계를 들고 장단점을 비교하시오.
5. 밀링 머신의 종류와 특징을 비교하시오.
6. 기어가공기계의 종류와 특징을 설명하시오.
7. 기계 제조 공정에서 측정과 검사의 중요성을 설명하시오.
8. 측정 오차를 분류하고 각각의 특징을 설명하시오.
9. 금긋기작업의 중요성을 설명하시오.

5장

연삭과 숫돌 입자가공

5.1 연삭가공
5.2 숫돌 입자가공

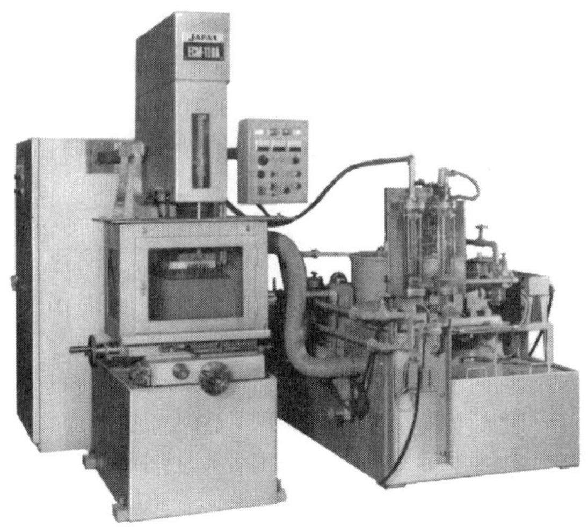

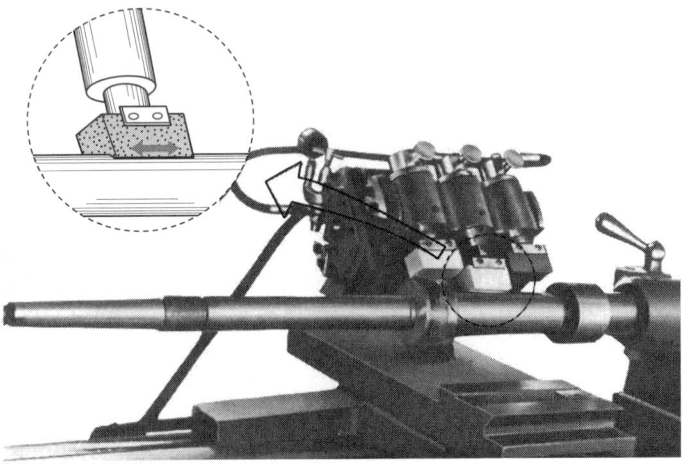

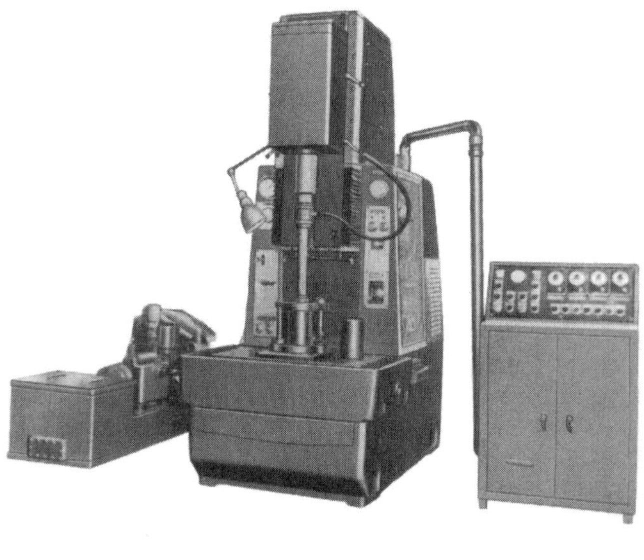

5장

연삭과 숫돌 입자가공

연삭가공은 넓은 의미에서 절삭가공의 한 분야로서 가공 정밀도가 높고 적용 범위가 넓은 중요한 가공 기술 분야로 다루어지고 있다. 연삭가공은 매우 단단한 숫돌 입자를 사용하여 그 예리한 모서리의 각을 날로 사용하여 절삭하는 가공으로, 고정 연마 입자(固定研磨粒子, loose abrasive)와 유리 연마 입자(遊離研磨粒子, bonded abrasive)에 의한 가공으로 분류한다.

고정 입자에 의한 가공은 숫돌바퀴, 숫돌 또는 입자를 한 면에 접착한 연마포(지)에 의한 가공이다. 유리 입자에 의한 가공은 숫돌 입자를 고정하지 않고, 입자 그대로의 상태 또는 별도의 알맞은 액체와 혼합하여 사용하는 가공이다.

여기서는 숫돌바퀴에 의한 기계가공 영역을 연삭가공으로, 숫돌과 그 밖의 정밀 입자가공을 숫돌 입자가공으로 구분하여 다루기로 하겠다.

5.1 연삭가공

연삭가공(研削加工, grinding)은 연삭 숫돌바퀴(grinding wheel)를 고속으로 회전시켜 공작물의 가공면을 미세하게 연삭하는 가공법으로, 절삭가공의 한 분야라 할 수 있다.

연삭가공은 매우 단단하고 예리한 숫돌 입자 하나하나가 각기 밀링 커터의 날과 같은 절삭날의 기능을 하게 되며, 일반 바이트나 밀링 커터로는 가공할 수 없는 담금질한 강이나 경도가 큰 합금강과 같은 공작물의 가공에 사용된다.

또한 정밀가공이 가능하므로 정확한 치수와 정밀한 가공면이 요구되는 기계 부품의 가공 생산에 필수적인 가공법이다. 이상과 같은 특성을 가지고 있는 연삭가공은 단단한 숫돌바퀴를 사용하여 손작업에 의한 주물의 표면과 용접물의 비드면을 다듬질하는 거친 연삭에서부터 정밀한 평면과 원통면 그리고 나사나 기어 연삭과 같은 정밀 연삭 등 적용 범위가 매우 넓은 가공법으로, 기계가공 분야에서 매우 중요한 위치를 차지하고 있다.

연삭가공에 사용되는 공작기계를 연삭기(grinding machine)라 하며 평면 연삭, 원통 연삭, 공구 연삭 등 각종 연삭가공에 알맞은 공작기계가 있다.

이 밖에 수기가공과 금형 제작 등의 마무리가공의 능률화를 목적으로 한 수동 전동 연삭기에 의한 다듬질 연삭, 특수한 숫돌바퀴를 사용한 재료의 고속 절단 등에 사용되는 연삭기가 있다.

1. 연삭가공과 숫돌 재료

1) 연삭가공의 기초

(1) 연삭가공의 특징

연삭가공은 선반, 밀링 등에 의해 1차 가공한 기계 부품을 최종적으로 다듬질가공하는 데 이용하는 가공법이다. 그러나 주조나 단조품에 따라서는 1차적 절삭가공을 생략하고 직접 연삭하는 가공법도 있다. 연삭가공의 공통적인 특징을 다음과 같이 요약할 수 있다.

① 절삭할 수 없는 경한 재료의 가공이 가능하다.
② 높은 정밀도의 가공면을 얻을 수 있다.
③ 숫돌바퀴의 자생작용(自生作用)에 의해 미려한 가공면을 얻을 수 있다.

그러나 다음과 같은 문제점도 있다.

① 숫돌 입자의 끝이 절삭공구의 날끝에 비해 단위 부피를 제거하는 데 소요하는 에너지는 절삭의 경우보다 매우 크다.
② 절삭에 비해 가공 능률이 떨어진다. 즉 같은 부피를 제거하는 데 시간이 많이 필요하다.

이상과 같은 점을 고려하여 연삭가공이 사용되는 사례에는 재료가 경하고, 요구되는 정밀도

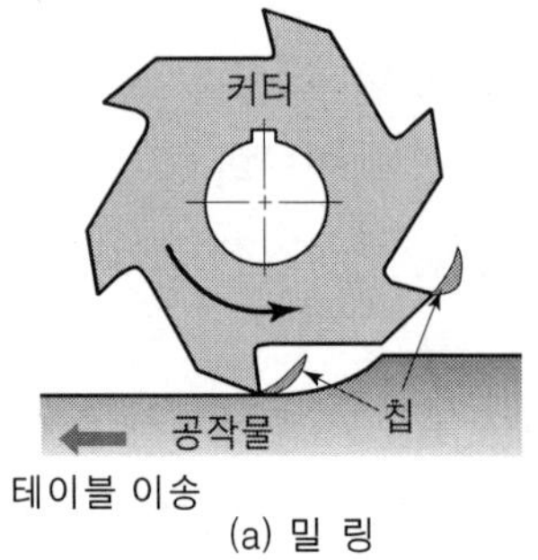

(a) 밀 링

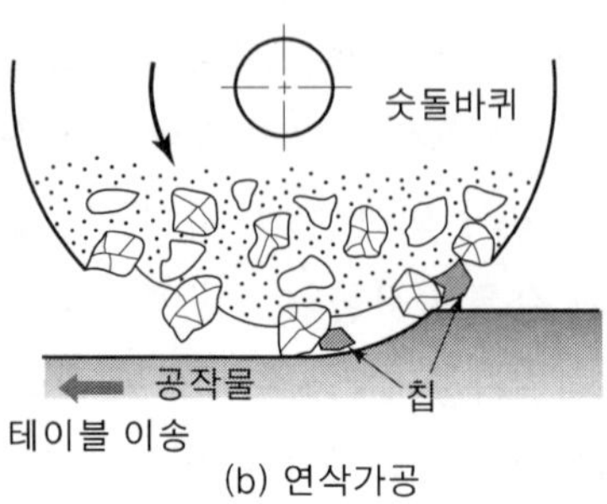

(b) 연삭가공

그림 5-1 밀링과 연삭가공

가 높거나, 정밀도는 무관하나 가공 조건이 가혹하여 공구가 손상되는 등의 이유로 절삭공구를 사용할 수 없을 때 적용된다.

1 숫돌바퀴에 의한 연삭

연삭가공은 그림 5-1과 같이 밀링과 유사한 가공법이다. 그러나 밀링에 비하면, 절삭 속도, 절삭 깊이, 이송 등에는 크게 차이가 있으며 숫돌바퀴(grinding wheel)를 구성하고 있는 입자로 공작물의 평면이나 원통면을 극히 소량씩 가공하는 정밀가공법의 하나이다.

연삭가공은 선반이나 밀링 머신에서 1차 가공한 공작물을 보다 높은 정밀도로 가공할 때 사용되며, 절삭가공이 어려운 담금질한 강이나 초경 합금과 같은 단단한 금속 재료는 1차 가공부터 연삭하게 된다.

2 연삭의 가공 분야

연삭가공 분야에서 주로 이루어지는 가공에는 그림 5-2와 같이 바깥면, 내면, 정면, 측면 등을 비롯하여 평면, 수직면, 경사면, 홈 등을 연삭할 수 있다.

특수 연삭으로는 나사, 기어, 크랭크축, 캠 등 여러 가지 부품도 연삭한다.

이 밖에도 주조품의 거친 표면을 제거할 때, 특수 숫돌바퀴에 의한 고속 절단작업, 소형 자동차의 구상 흑연 주철제인 크랭크샤프트를 절삭가공 없이 직접 연삭가공하여 완성하는 경우가 있다.

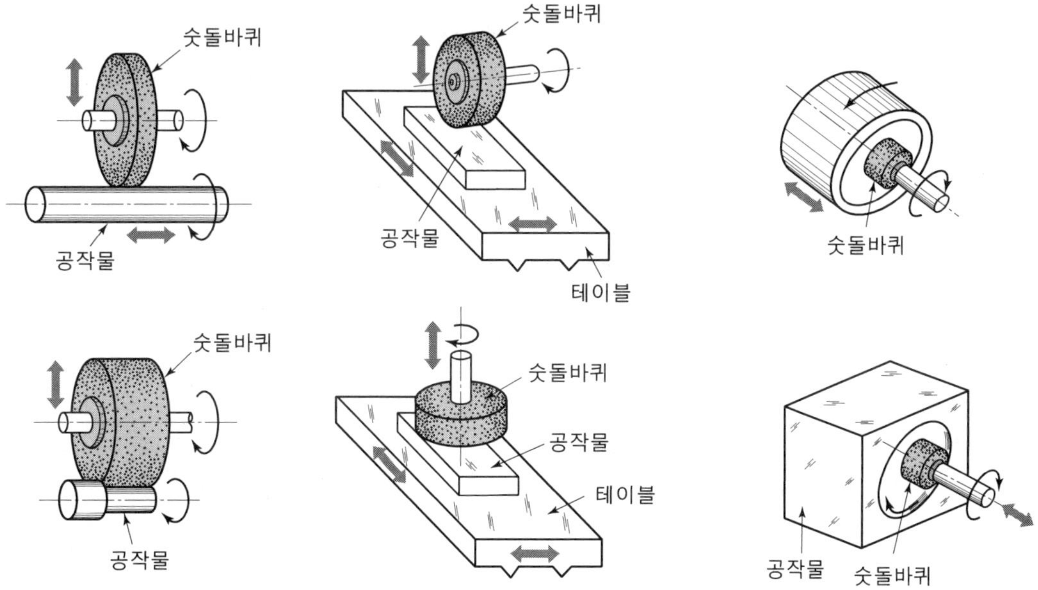

(a) 원통 연삭 (b) 평면 연삭 (c) 내면 연삭

그림 5-2 연삭의 가공 분야

3 건식 연삭과 습식 연삭

● 건식 연삭

평면 연삭을 할 때 공작물과 숫돌의 접촉면에 연삭액을 주지 않고 그대로 연삭하는 것을 건식 연삭(dry grinding)이라 한다. 보통 건식 연삭기에는 숫돌바퀴의 안전 커버 옆에 흡수 노즐을 장치하여, 이것을 플랙시블 파이프(flexible pipe)로 연결, 연삭 과정에서 발생하는 분진을 흡수하여 제거한다.

● 습식 연삭

공작물과 숫돌의 접촉면에 연삭액을 공급하면서 연삭하는 방식을 습식 연삭(wet grinding)이라 한다. 습식 연삭은 연삭 중에 발생하는 열을 냉각시키며 절삭분과 먼지를 제거할 수는 있으나, 모든 연삭작업에 적용되는 것은 아니다.

(2) 연삭작용과 재생작용

1 연삭작용

원통 연삭에서 숫돌바퀴와 원통 공작물 사이에서 일어나는 연삭작용은 그림 5-3 (a)와 같다. 즉 숫돌바퀴와 공작물을 화살표 방향으로 회전시키면, 점 O에 있는 숫돌이 일정 시간 뒤에는 점 Q로 이동하게 된다. 그 사이에 공작물 상의 점 Q는 공작물의 회전에 의해 점 W로 이동하게 된다. 이에 따라 점 O로 숫돌 입자는 공작물로부터 OWQ의 사선 부분을 연삭하게 된다.

이와 같이 숫돌 입자의 절입은 숫돌 입자가 공작물에 절입되기 시작하는 점 O에서는 0(zero)이지만 점차 증가하여 점 S에서 최대 깊이가 된다. 최대가 되는 절입(切込) 깊이 WS를 숫돌 입자의 절입 깊이 또는 연삭 깊이(grain depth of cut : GDC)라 한다.

숫돌바퀴의 절입을 증가시키면 숫돌바퀴가 받는 저항력(연삭 저항)이 커진다.

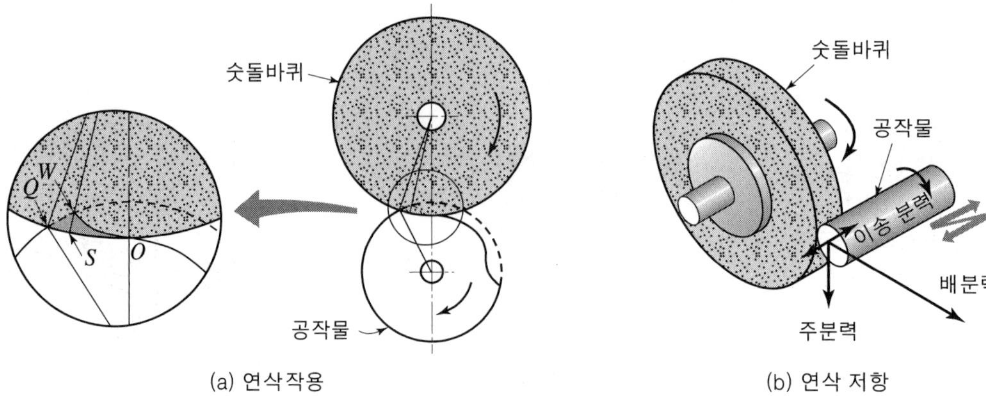

그림 5-3 연삭작용과 연삭 저항

연삭 저항은 숫돌바퀴의 접선 방향의 주분력과 반지름 방향의 배분력(背分力)으로 나누어 조사하면 그림 5-3 (b)와 같이 바이트에 의한 절삭 저항과는 다르게 배분력이 주분력의 거의 2배 정도가 된다.

2 자생작용

일반 절삭공구는 날이 마멸되면 절삭 작업을 계속할 수 없으나, 숫돌바퀴는 연삭이 계속됨에 따라 입자의 날끝이 마멸되면 그 숫돌 입자에 가해지는 연삭 저항이 증가하여 그림 5-4와 같이 입자의 일부가 부서져 나가고 예리한 날이 새로 생기거나, 숫돌 입자 자체가 숫돌에서 탈락하는 현상이 일어난다.

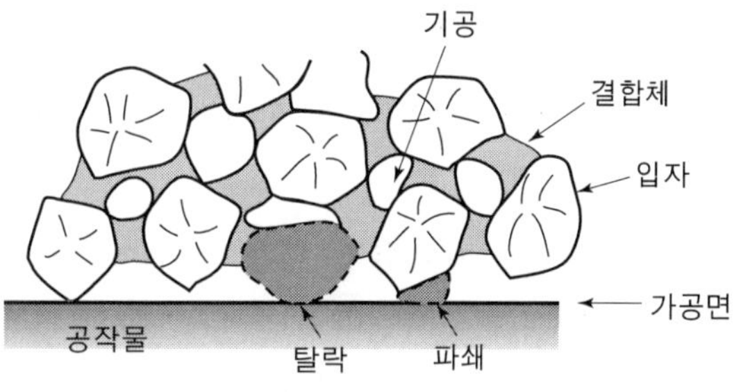

그림 5-4 자생작용

이와 같이 연삭이 진행됨에 따라 둔해진 날이 새로운 날로 바뀌는 것을 숫돌 입자의 자생작용(自生作用, self sharpening)이라 하는데, 숫돌바퀴가 갖는 큰 특징이다. 연삭 과정에서 숫돌바퀴에 적당한 자생작용이 일어나게 되면 장시간 좋은 가공면을 얻을 수 있으며 절삭공구에 필요한 공구 교환이나 재연삭 등의 공정이 생략된다. 그러나 자생작용을 지속시키기 위해서는 각 연삭가공에 상응하는 숫돌바퀴의 선택과 연삭 조건 등이 적정하게 이루어져야 한다.

2) 숫돌 재료와 숫돌바퀴

(1) 연삭 숫돌

1 숫돌 입자와 입도

● 숫돌 입자

연삭제의 입자를 연삭 입자(研削粒子, abrasive grain) 또는 숫돌 입자라 한다. 숫돌바퀴의 날을 구성하는 부분이므로, 공작물보다 단단하고 적당한 인성을 구비해야 한다.

a) A계 숫돌 입자 : 알루미나를 전기로에서 가열 용융한 다음 서랭하여 결정으로 만든 것으로, 첨가 성분이나 결정 구조를 병행시켜 여러 가지 용도에 알맞게 제조한 것으로 기호 WA, A로 표시한다. 순도에 따라 4A, 3A, 2A, 1A 등이 있으며 4A는 가장 순도가 높다. A계 숫돌 입자는 인장강도가 큰 강재의 연삭과 래핑 등에 많이 사용된다.

b) C계 숫돌 입자 : 탄화규소계(SiC)의 결정으로, SiC와 C를 전기로에서 가열 반응시켜 제조한다. 탄화규소질 인조 숫돌 입자는 기호 GC, C로 표시하며, 순도에 따라 4C, 3C, 2C,

표 5-1 연삭 숫돌의 재질과 인조 숫돌 입자의 종류

계	숫돌 입자		인조 숫돌 입자의 종류
	재 질	기 호	
A계	백색 알루미나 갈색 알루미나	WA A	4A 2A
C계	녹색 탄화규소 흑색 탄화규소	GC C	4C 2C

* WA : White alundum, A : Alundum, GC : Green Carborundum, C : Carborundum

1C 등이 있는데, 4C는 다른 것에 비하여 순도가 높다. C계 숫돌 입자는 강 이외의 비금속(유리, 석재, 고무, 피혁 등)의 연삭과 래핑에 널리 사용된다. 표 5-1은 연삭 숫돌의 재질과 인조 숫돌 입자의 종류를 나타낸 것이다. WA와 A 연삭 숫돌은 일반적으로 탄소강, 합금강, 공구강, 스테인리스강 등 인장강도가 큰 강철 계통의 재료를 연삭하는데, GC와 C 숫돌은 주철, 황동, 초경 합금 등 인장강도가 작은 재료의 연삭에 적합하다.

c) 다이아몬드 숫돌 입자 : 다이아몬드는 지상에 존재하는 물질 중에서 가장 경질의 숫돌 입자로서 우수한 성능을 갖고 있다. 그러나 값이 고가이므로 초경 합금, 유리, 석재, 세라믹스, 반도체 등과 같이 경질이거나 가공 능률을 높이고자 할 때 이용된다.
   다이아몬드는 고온의 철과 반응하기 쉬우므로 강의 가공에는 적합하지 않다. 다이아몬드 숫돌 입자에는 천연 다이아몬드(D), 합성 다이아몬드(SD) 그리고 금속을 피복한 합성 다이아몬드(SDC) 등 여러 종류가 있다.
   다이아몬드 숫돌 입자는 고정 숫돌 입자 외에 유리 숫돌 입자로서 또는 유지(油脂)와 혼합한 페이스트(paste)상으로 한 래핑용이 있다.

d) CBN 숫돌 입자 : CBN 숫돌 입자[1)]는 다이아몬드와 유사한 경도를 갖고 있으며, 또한 철과 반응이 어려우므로 연삭 숫돌로서 공구강이나 열처리강의 연삭에 사용된다. 값은 고가이나 경질 재료의 가공이 용이하고 숫돌의 경우 마모가 적어 대량 생산에서 치수의 정밀도를 장시간 유지할 수 있는 장점이 있어 그 사용이 증가되고 있다.

● 숫돌 입도

숫돌 입자의 크기를 나타내는 단위를 입도(粒度, grain size, grit)라고 하며, 입도 번호로 표시한다. 입도의 호칭은 치수뒤에 "번"을 붙여서, #8은 8번, #220은 220번으로 부른다.

KS L규격에 따르면 입도는 표 5-2와 같이 #8~220을 거친 입자, #240~8,000을 고운 입자

---

1) CBN 숫돌 입자 : 입방정 질화붕소(立方晶窒化硼素, cubic boron nitride : CBN)의 미결정 입자(微結晶粒子)

표 5-2 입도의 종류

구 분	입도의 종류
거친 입자	#8 #10 #12 #14 #16 #20 #24 #30 #36 #46 #54 #60 #70 #80 #90 #100 #120 #150 #180 #220
고운 입자	#240 #280 #320 #360 #400 #500 #600 #700 #800 #1,000 #1,200 #1,500 #2,000 #2,500 #3,000 #4,000 #6,000 #8,000

로 분류하고 있으며, 거친 입자는 표준체를 사용하여 규정에 따라 분류한다.

인조 숫돌 입자는 최종 공정에서 분쇄함에 따라 크기와 모양이 여러 가지로 나타나게 된다. 인조 연삭제 및 그 밖의 일반 연마제의 입도에 대하여 KS L 6001로 규정하고 있다.

② 결합제, 결합도 및 조직

● 결합제

a) 비트리파이드 결합제(vitrified bond : V) : 유리질의 결합제로, 숫돌 입자를 장석 점토와 혼합하여, 성형하고 건조한 다음 노에서 약 1,300℃로 소성하여 결합도를 광범위하게 조절할 수 있다. 이 결합제는 다른 것에 비해 숫돌 입자의 보지력이 강하고, 연삭 저항에 의한 탄성변형이 적어, 정밀 연삭에 적합하다. 또 열에 강하며, 연삭액에 대해서도 안전하므로 광범위하게 사용되고 있다.

b) 실리케이트 결합제(sillicate bond : S) : 결합제의 주성분이 물유리(규산나트륨)이며, 입자와 혼합한 것을 성형하고 가열한 것이다. 비트리파이드 결합제에 비해 결합도는 낮고, 천연 숫돌과 같은 성질을 가지며, 주수(注水)하여 사용하면 계속 미량의 물유리가 용출하여 알칼리성 윤활작용을 나타낸다. 비트리파이드 숫돌로는 제조할 수 없는 대형의 숫돌(바깥지름 1 m 이상)도 만들 수 있다.

c) 레지노이드 결합제(resinoid bond : B) : 페놀 수지(베이크라이트 등) 결합제이며, 각종 용제, 기름, 증기 등에 안전하고, 열에 의한 연화도 적다. 인장, 굽힘, 충격 등에 강하므로 절단용 숫돌과 강괴의 결함 제거, 기타 자유 연삭용에 숫돌바퀴의 결합제로 널리 사용되고 있다.

d) 러버 결합제(rubber bond : R) : 천연 고무 또는 인조 고무에 유황, 그 밖의 첨가제를 혼합한 결합제로, 숫돌 입자와 충분히 혼합하여 다지고, 박판을 원형으로 따내거나 롤로 성형하여 가열 고화시킨다. 절단용 숫돌이나 센터리스 연삭기의 조정 숫돌용으로 사용된다.

e) 셸락 결합제(shellac bond : E) : 천연의 셸락 수지 분말이며, 여기에 숫돌 입자를 혼합하여 압축 성형하고 150℃ 정도로 가열 성형한다. 절단용이거나 리머의 날이나 톱날 같은 얇은 날의 공구 연삭 및 롤의 경면(鏡面) 다듬질용 숫돌바퀴의 결합제로 적합하다.

f) 바이닐 결합제(vinyle bond : PVA) : 폴리바이닐알코올(PVA)의 아세탈화한 스폰지상의 바이닐 입자를 지지하는 결합제로 미세한 구상의 기공이 분포된 것이 특징이다.
이상의 c, d, e, f를 통틀어 탄성 결합제(elastic bond)라 한다. 즉 이들은 모두 유기질의 결합제로 숫돌바퀴에 탄성을 주고 얇은 숫돌바퀴를 만들 수 있으나 열에는 약한 공통점이 있다.

g) 옥시클로라이드 결합제(oxychloride bond) : 산화마그네슘(MgO)과 염화마그네슘($MgCl_2$)을 복합한 결합제로, 연삭 입자를 시멘트와 같이 굳히며, 소성은 하지 않고, 60℃ 정도로 유지하여 고화시킨 것으로 실리케이트 결합제와 유사한 성질을 갖고 있다. 공구 연삭용 결합제로 사용되나 내수성이 약하다.

h) 금속 결합제(metal bond : M) : 주로 다이아몬드나 CBN과 같은 고가의 숫돌 입자의 결합제로, 철, 동, 황동, 니켈 등의 작은 입자의 숫돌 입자를 혼합하여 압력을 가하여 성형한다. 이것은 소결하는 것(M)과 전착(電着)하는 것(P)이 있다.

● 결합도

결합제가 숫돌 입자를 결합하는 강도를 숫돌의 결합도(grade)라 하며, 연삭 중에 숫돌 입자에 걸리는 연삭 저항에 대하여 숫돌 입자를 유지하는 힘의 크고 작음을 나타낸다. 결합도를 경도(硬度, hardness)라고 부를 때도 있으나 숫돌 입자 또는 결합제 그 자체의 경도를 말하는 것은 아니다. 숫돌 입자가 숫돌 표면에서 쉽게 이탈하는 숫돌을 결합도가 낮은 숫돌 또는 연한 숫돌이라 하며, 이와 반대인 것을 결합도가 높은 숫돌 또는 단단한 숫돌이라 한다. 결합도는 결합제의 종류와 함유량에 따라 여러 가지 등급이 있으며, 표 5-3과 같이 결합도가 낮은 쪽부터 높은 쪽으로 알파벳 순으로 표시한다. 즉 끝의 기호일수록 결합도가 높다.

● 조 직

숫돌바퀴 용적당 입자의 양, 즉 입자의 조밀 상태를 나타내는 숫돌의 특성을 조직(structure)이라 한다. 입자의 크기가 같을 때, 동일한 용적 중에 들어 있는 입자의 수로 구별할 수 있다. 그림 5-5와 같이 숫돌 입자의 일정 용적 중의 수가 그림 5-5 (a)와 같이 작은 것을 거친 조직, 숫돌 입자의 수가 그림 5-5 (c)와 같이 많은 것을 치밀한 조직이라 한다. 그리고 그림 5-5 (b)와 같이 중간의 것을 중간 조직이라 한다. 연삭 숫돌의 전체 부피에 대한 숫돌 입자의 전체 부

표 5-3 연삭숫돌의 결합도

결합도	E, F, G	H, I, J, K	L, M, N, O	P, Q, R, S	T, U, V, W, X, Y, Z
호 칭	극히 연한 것	연한 것	중간 것	단단한 것	매우 단단한 것

그림 5-5 숫돌의 조직

표 5-4 조직의 기호

호 칭	조 직	숫돌 입자율[%]	기 호
치밀한 것(dense)	0, 1, 2, 3	50 이상	c
중간 것(medium)	4, 5, 6	42～50	m
거친 것(open)	7, 8, 9, 10, 11, 12	42 이하	w

피의 비율을 숫돌 입자율(容積比率, grain percentage)이라 하며, 표 5-4와 같이 50% 이상인 것을 치밀한 것(dense), 42～50%의 것을 중간 것(medium), 42% 이하의 것을 거친 것(open) 등 세 가지로 구분하고, 이들은 각기 c, m, w의 기호로 표기하고 있다.

(2) 숫돌바퀴

1 숫돌바퀴의 구성 요소

숫돌바퀴는 많은 숫돌 입자를 결합제(結合劑)로 굳힌 것으로서, 숫돌 입자의 예리한 끝이 절삭날이 되어 공작물을 연삭한다. 숫돌바퀴는 그림 5-6과 같이 숫돌 입자와 결합제, 기공(氣孔)의 세 가지로 구성되어 있는데, 이를 숫돌바퀴 구성의 3요소(要素)라 한다. 숫돌바퀴의 성능은 숫돌 입, 입도, 결합도, 조직, 결합제 등의 다섯 가지 요소에 의하여 결정된다. 숫돌바퀴를 사용하여 작업을 할 때에는 이와 같은 요소에 대하여 정확한 지식을 가지고 있어야 한다.

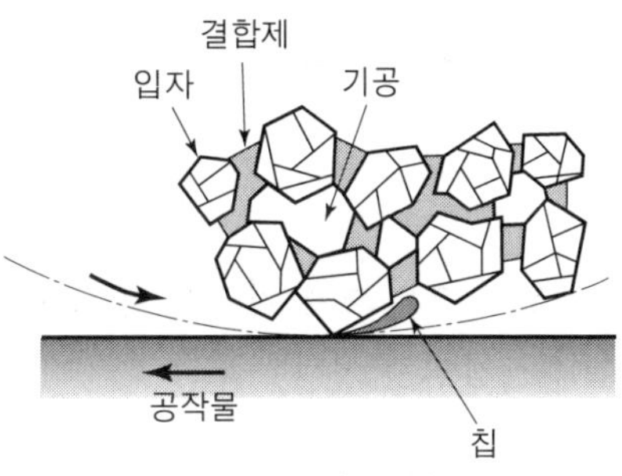

그림 5-6 숫돌바퀴의 구성 요소

2 숫돌바퀴의 모양과 치수

연삭용 숫돌바퀴의 모양과 치수는 KS L 6517 연삭 숫돌의 모양 및 치수(shape and dimensions of grinding wheels)에서 규정하고 있다.

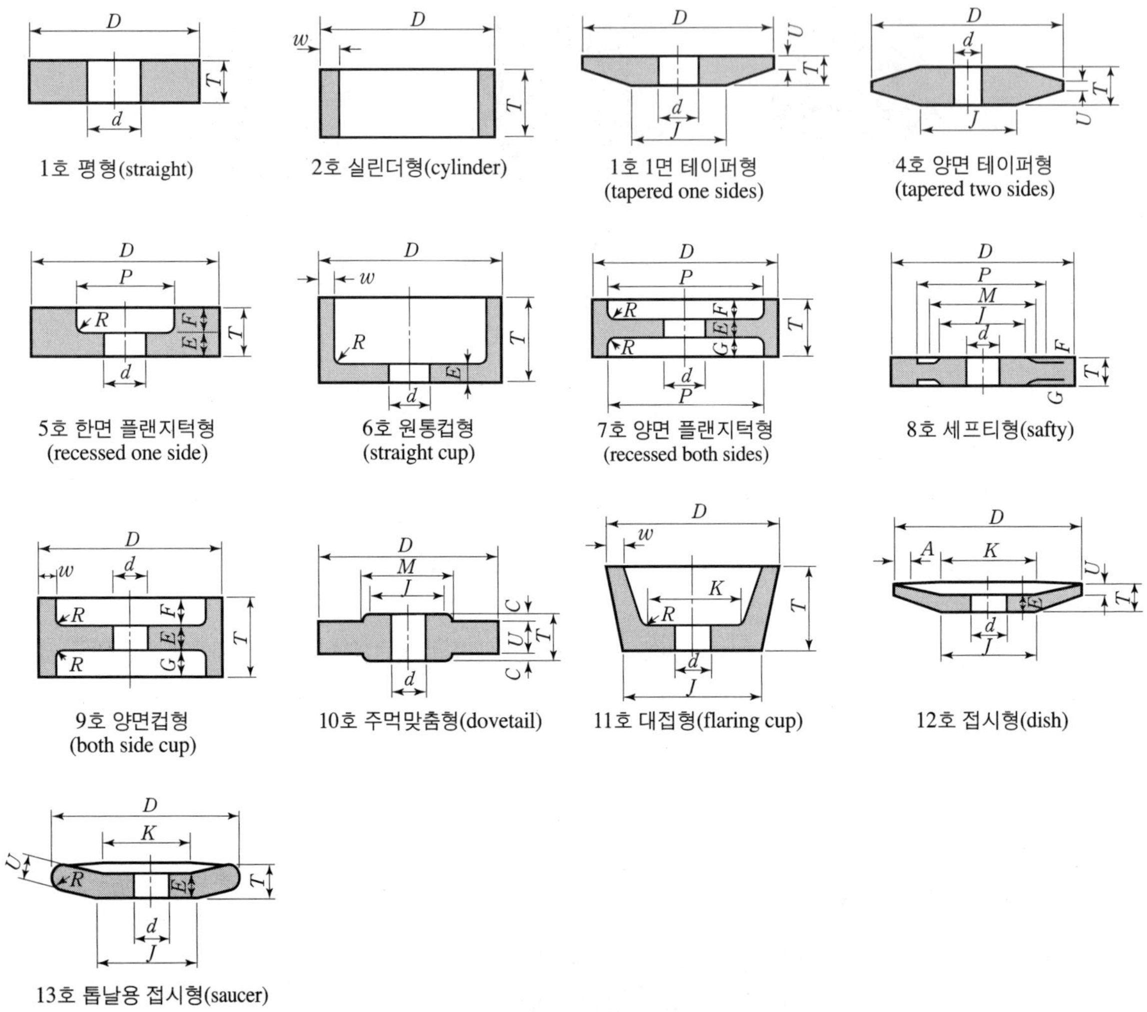

그림 5-7 연삭 숫돌바퀴

그림 5-7은 그 보기로서 총 28호 중 표준이 되는 13종을 나타낸 것으로, 같은 치수로 만들도록 규격화하고 있다.

3 연삭 숫돌바퀴의 표시

숫돌바퀴를 표시할 때 KS L 6501에서 규정과 표시 보기를 제시하고 있는데 그 사항은 숫돌 입자, 입도, 결합도, 조직, 결합제, 모양 및 연삭면의 모양, 치수(바깥지름×두께×구멍 지름), 회전 시험 원주 속도 및 사용 원주 속도 범위, 제조자 이름, 제조 번호, 제조 연월일 등이며, 그 사례는 그림 5-8과 같다.

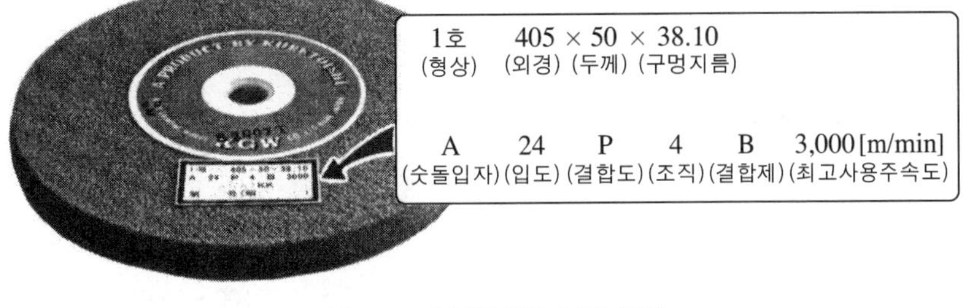

그림 5-8 숫돌바퀴의 표시 사례

2. 연삭가공

1) 연삭 조건과 숫돌바퀴의 설치

(1) 연삭 조건

숫돌바퀴의 원주 속도, 공작물의 원주 속도, 절삭 깊이, 이송 속도와 이송량 등은 서로 관계를 가지고 연삭작용에 영향을 끼친다. 따라서 공작물의 재질이나 연삭 방법에 따라 이들을 적절히 결정하여야 한다.

1 원주 속도

● **숫돌바퀴의 원주 속도**

숫돌바퀴의 원주 속도는 연삭 능률에 크게 영향을 주는 인자로 작용한다. 따라서 원주 속도가 지나치게 빠르면 원심력에 의하여 파괴될 위험이 있으며, 이와 반대로 속도가 느리면 숫돌바퀴의 마멸이 심하다.

Norton 사가 추천하는 일반적인 숫돌바퀴의 원주 속도는 비트리파이드 숫돌바퀴일 때에는 표 5-5를 기준으로 한다.

숫돌바퀴의 회전수 n은 식 (5-1)로 구할 수 있다.

$$n = \frac{1{,}000v}{\pi d}\ [\text{rpm}] \tag{5-1}$$

여기서 v : 원주 속도 [m/min]
d : 숫돌바퀴의 바깥지름 [mm]

실제의 연삭 속도는 숫돌바퀴의 원주 속도와 공작물의 운동 방향의 원주 속도를 합성한 것이어야 한다.

표 5-5 숫돌바퀴의 원주 속도

가공의 종류	원주 속도[m/min]
원통 외면 연삭	1,700 ~ 2,000
내면 연삭	600 ~ 1,800
평면 연삭	1,200 ~ 1,800
공구 연삭	1,400 ~ 1,800
나이프 연삭	1,100 ~ 1,400
습식 공구 연삭	1,500 ~ 1,800
초경 합금 연삭	1,400 ~ 1,650

● 공작물의 원주 속도

공작물의 원주 속도는 숫돌바퀴의 원주 속도와 깊은 관계를 가지고 있는데, 일반적으로 숫돌바퀴 원주 속도의 $\frac{1}{100}$ 정도로 한다. 그러나 이 값은 공작물의 재질 등에 따라 일정하지 않다.

원통 연삭의 경우에는 공작물의 원주 속도에 축 방향의 이송을 생각하여야 하나, 축 방향의 이송은 느리므로 무시하여도 좋다. 표 5-6은 대체적인 공작물의 원주 속도값을 나타낸 것이다. 평면 연삭에서는 테이블의 이동 속도를 공작물의 속도로 한다.

표 5-6 공작물의 원주 속도 [단위 : m/min]

구 분	연 강	담금질강	주 철	동 합금	경 합금
거친 연삭	9 ~ 15	10 ~ 16	9 ~ 15	15 ~ 20	24 ~ 40
다듬 연삭	6 ~ 10	6 ~ 10	6 ~ 10	14 ~ 16	18 ~ 20
정밀 연삭	5 ~ 8	5 ~ 8	5 ~ 8	–	–

2 연삭 깊이와 이송

연삭 깊이와 이송은 숫돌바퀴의 종류, 공작물의 형상, 가공 정도, 재질 등에 따라 달라지므로 그때의 상태 조건에 따라 알맞은 값을 정하여 실시한다.

● 연삭 깊이

연삭 깊이는 공작물의 재질, 연삭 방법, 연삭 정밀도 등에 따라 적절하게 가감하여야 한다. 일반적으로 다듬질 연삭일 때의 연삭 깊이는 얕게 하고 거친 연삭을 할 때에는 될 수 있는 대로 깊게 준다. 강의 연삭 깊이는 보통 표 5-7에 제시한 값을 취하는 것이 좋다.

표 5-7 강의 연삭 깊이 [단위 : mm]

구 분	원통 연삭	내면 연삭	평면 연삭	공구 삭
거친 연삭	0.01～0.04	0.02～0.04	0.01～0.07	0.07
다듬질 연삭	0.0025～0.005			0.02

● 이송량

원통 연삭에서 공작물 축 방향 이송(세로 이송)은 공작물 1회전에 대하여 숫돌바퀴의 너비(B) 이하로 하여야 한다.

일반적으로 강의 거친 연삭에서 공작물 1회전마다 숫돌바퀴 너비의 1/2～3/4으로 한다. 이 송량이 커지면 숫돌바퀴 면의 양끝이 빨리 마멸되어 “凸”형이 된다.

다듬질 연삭에서는 1/8～1/3 또는 그 이하로 한다. 주철의 경우에는 강에 비해 크게 하며, 거친 연삭에서는 3/4～5/6 정도로 한다. 이송 속도가 너무 빠르면 연삭면에 이송 표시가 나타나는 원인이 된다. 표준으로 하고 있는 이송은 다음과 같다.

거친 연삭 : 1～2 m/min
다듬질 연삭 : 0.2～0.4 m/min

● 연삭 여유

연삭 여유는 전(前) 가공에 의한 면의 거칠기, 공작물의 모양, 치수, 열처리 등에 따라 다르나 작을수록 좋다. 그러나 연삭 여유를 너무 작게 하면 전 가공에서 시간이 많이 걸리므로, 여러 가지 여건을 감안하여 정한다. 표 5-8과 표 5-9는 원통 연삭과 평면 연삭의 연삭 여유 기준값을 나타낸 것이다.

표 5-8 원통 연삭의 연삭 여유 [단위 : mm]

공작물 지름	공작물의 길이										
	50	100	150	200	250	350	450	600	750	900	1,000
6	0.15	0.20	0.25	–	–	–	–	–	–	–	–
9	0.17	0.20	0.25	0.30	0.33	–	–	–	–	–	–
12	0.20	0.22	0.28	0.30	0.33	0.38	0.40	–	–	–	–
25	0.22	0.25	0.30	0.33	0.35	0.40	0.45	0.48	0.50	–	–
50	0.30	0.33	0.35	0.40	0.43	0.45	0.48	0.53	0.55	0.60	0.66
75	0.38	0.40	0.43	0.45	0.48	0.50	0.55	0.60	0.63	0.68	0.70
100	0.43	0.45	0.48	0.50	0.53	0.58	0.63	0.68	0.70	0.75	0.80
150	0.50	0.53	0.58	0.60	0.63	0.68	0.73	0.78	0.80	0.85	0.90

표 5-9 평면 연삭의 연삭 여유 [단위 : mm]

공작물의 재 질	공작물의 길이					
	100 이하	200 이하	500 이하	1,000 이하	1,500 이하	2,000 이하
강	0.5	1.0	1.5	2.0	2.5	3.0
주 철	0.3	0.5	0.8	0.8	1.0	1.0

3 연삭액

연삭 중에 연삭 부위에 주입하는 연삭액(研削液, grinding fluid, coolant)은 절삭유제(切削油劑)에 포함되는 것으로, 다른 점은 연삭 부위의 냉각 기능과 세척작용이 특징이라 하겠다.

연삭에서는 연삭액을 사용하지 않는 건식 연삭과 연삭유를 사용하는 습식 연삭이 있으나, 일반적으로 습식 연삭이 많이 사용되고 있다. 특히 정밀 연삭에서는 연삭액을 사용하지 않으면 좋은 연삭면을 얻을 수가 없다. 연삭가공에서 연삭액은 공작물의 가공면의 상태나 숫돌의 마멸에 직접적인 영향을 미치게 되므로, 다음과 같은 조건을 갖춘 것이 좋다.

① 냉각성, 윤활성, 유동성이 좋아야 한다.
② 부식, 변질되지 않고, 다른 기름과 화학 반응을 일으키지 않는 것이어야 한다.
③ 탈락된 숫돌 입자나 연삭칩이 완전 분리된 깨끗한 연삭액이 주유되어야 한다.

일반적으로 사용되고 있는 연삭액으로는 물, 수용액, 유화유 및 불수용성유 등이 있는데, 보통 사용하고 있는 것은 냉각성이 좋은 알칼리성 수용액 또는 물 $\frac{1}{50} \sim \frac{1}{100}$ 의 유지를 혼합하여 황화 촉진제를 첨가한 황화유 등 물을 주성분으로 한 수용성 유제(油劑)가 사용된다.

(2) 숫돌바퀴의 설치와 관리

인조 숫돌바퀴는 소성하여 성형한 것으로 균열이 생기기 쉬우므로 보관에서 설치 사용에 이르기까지 항상 주의해야 한다. 특히 고속 회전에서 사용 중 파괴되는 일이 발생하면 큰 사고로 이어질 수 있으므로 취급에 주의가 요구된다.

1 숫돌바퀴의 검사와 균형

● 숫돌바퀴의 검사

숫돌바퀴의 종류와 크기 및 모양 등이 선택되면 검사를 하게 된다. 가장 간단한 방법은 육안으로 외관을 검사하고, 표면에 흠이나 균열이 있는지를 확인한다. 일반적으로 음향 검사, 회전 검사가 있다.

a) 음향 검사 : 나무 해머로 가볍게 타격하였을 때 반응하는 소리로 음향을 검사한다. 완전한 것은 짧은 소리가 난다.

b) 회전 검사 : 숫돌바퀴를 사용 연삭기에 설치하고, 숫돌바퀴에 표시된 안전 사용 속도의 1.5 배에서 3~5분 동안 시험 회전한다. 결함이 있는 숫돌바퀴는 원심력에 의해 파손된다.

● 균형 조정

숫돌바퀴는 그 조직의 불균형, 성형 과정에서의 두께의 불균일, 그리고 중심 구멍의 편심 등이 있을 수 있으므로 작업 전에 숫돌바퀴를 그림 5-9 (b)와 같은 균형용 콜릿이 있는 플랜지에 조립한다. 그리고 그림 (c)와 같은 균형봉을 끼워, 그림 (a)와 같은 균형대를 사용하여 그림 (d)와 같이 균형(balancing)을 조정하여야 한다. 숫돌바퀴의 균형은 숫돌의 편심과 무게의 불균형으로 일어나는 진동을 방지하여 정밀 연삭을 하기 위해서이다.

2 숫돌바퀴의 설치

● 숫돌바퀴의 고정

평형 숫돌바퀴의 경우에는 그림 5-10과 같이 숫돌바퀴의 크기에 따라 양쪽에서 플랜지를 대고 나사로 죈다. 죄는 힘은 숫돌바퀴가 회전 중에 풀리지 않는 정도로 한다.

(a) 균형대　(b) 숫돌 플랜지　(c) 균형봉　(d) 균형작업

그림 5-9 균형대와 균형작업

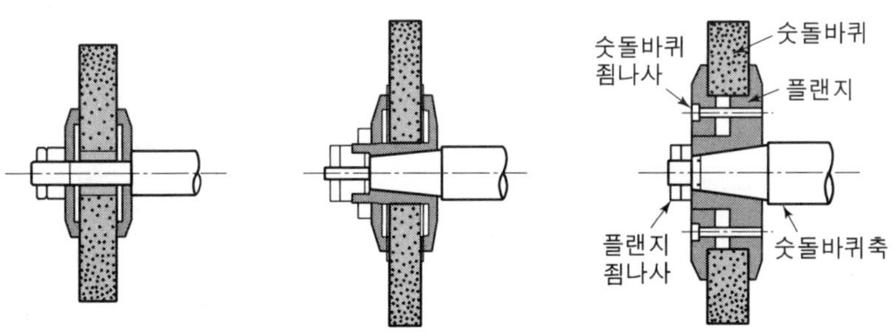

(a) 소 형　(b) 중 형　(c) 대 형

그림 5-10 숫돌바퀴 설치의 보기

숫돌바퀴의 양측면에 붙어 있는 라벨(label)은 그대로 놓고 죈다. 라벨이 없는 경우에는 두꺼운 종이나 얇은 고무판으로 좌판(坐板)을 만들어 서로 밀착되도록 한다. 숫돌바퀴의 조립축과 중심 구멍의 틈새는 0.1～0.15 mm로 한다.

● **숫돌바퀴의 덮개**

숫돌바퀴는 회전 중에 파손되었을 때의 큰 상해를 방지하기 위하여 반드시 덮개를 설치하여 사용한다.

(3) 숫돌바퀴의 수정

1 드레싱

숫돌바퀴에서 눈메움(loading)이나 무딤(glazing)이 일어나면 연삭 상태가 나빠지므로, 숫돌바퀴의 표면에서 이러한 숫돌 입자를 제거하여야 한다. 이 작업을 드레싱(dressing)이라 하며, 이때 사용하는 공구를 드레서(dresser)라 한다.

드레서로는 그림 5-11과 같이 강철 막대의 끝에 다이아몬드를 삽입한 다이아몬드 드레서가 많이 사용되고 있다.

2 트루잉

연삭가공을 할 때 숫돌바퀴의 표면은 그 질이 균일하지 못하거나, 공작물의 영향을 받아서 숫돌바퀴의 모양이 점차 변하게 된다. 따라서 항상 정확한 모양으로 수정하여 사용하는데, 이 작업을 트루잉(truing)이라 한다. 트루잉을 하면 동시에 드레싱도 이루어진다. 트루잉에도 다이아몬드 드레서를 사용한다.

심한 눈메움이나 무딤을 일으켜 가공면이 나빠진 숫돌바퀴는, 그림 5-12와 같은 기계적 드레서(mechanical dresser)로 트루잉한다.

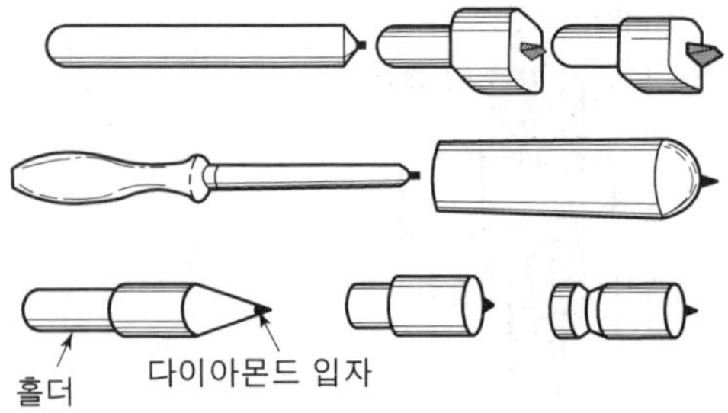

(a) 단 석

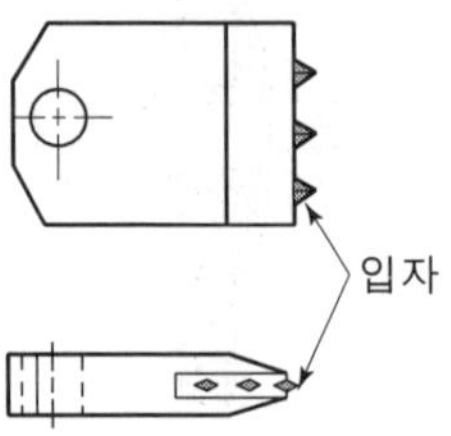

(b) 다 석

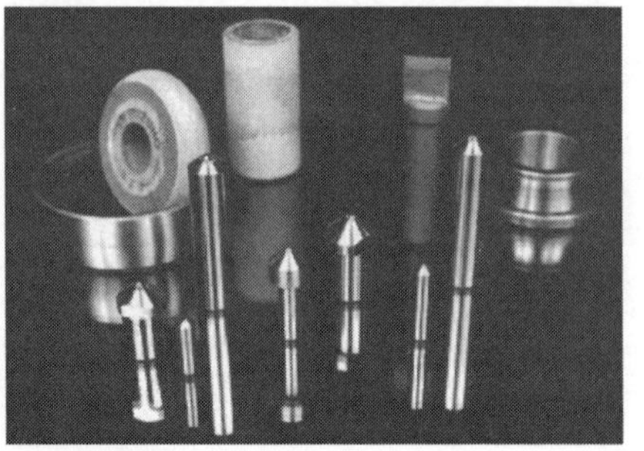

(c) 보 기

그림 5-11 다이아몬드 드레서의 종류

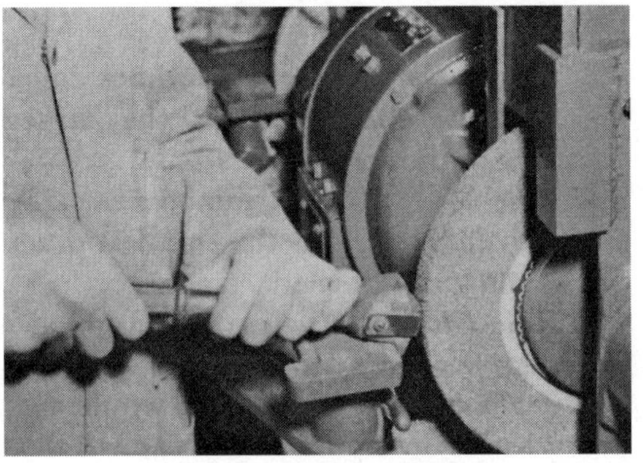

그림 5-12 트루잉용 드레서

3 드레서의 사용

다이아몬드 드레서의 고정 방법은 일반적으로 평면 연삭기에서는 그림 5-13 (a)와 같이 자석 척 위에 고정하고, 원통 연삭기의 경우에는 그림 5-13 (b)와 같이 다이아몬드 드레서를 심압대에 고정한다. 원통 연삭기에는 테일스톡의 앞상단에 그림 5-13 (c)와 같이 고정구가 있는 것이 일반적이다. 필요에 따라서는 그림 5-13 (d)와 같은 고정 장치가 사용된다.

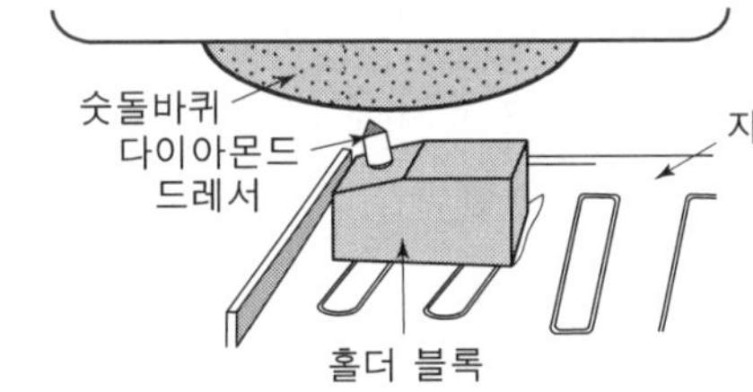

(a) 자석 척에 고정

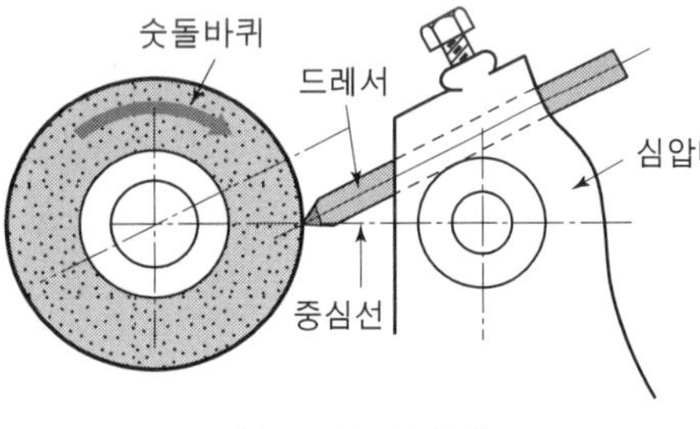

(b) 심압대에 고정

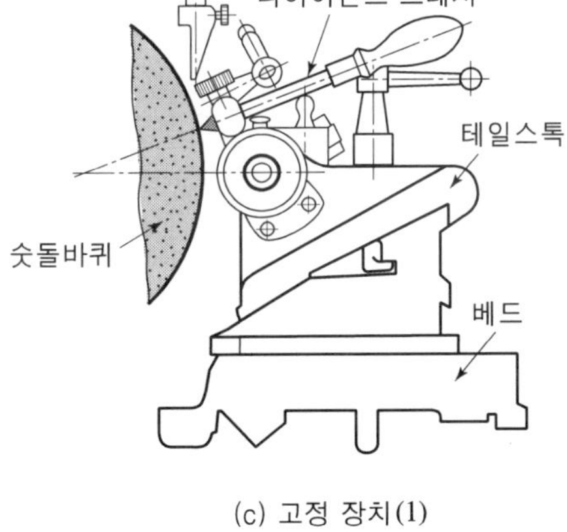

(c) 고정 장치(1)

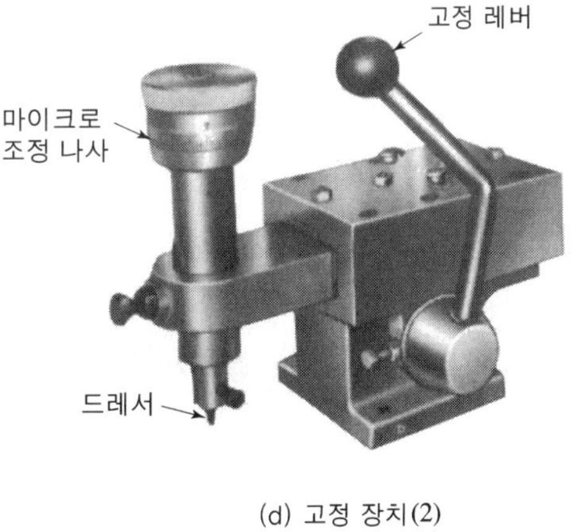

(d) 고정 장치(2)

그림 5-13 드레서 공정 방법과 장치의 보기

2) 평면 연삭기와 그 가공

(1) 평면 연삭 방식

공작물의 평면을 연삭하는 평면 연삭은 숫돌바퀴의 바깥둘레를 사용하는 방식과 숫돌바퀴의 측면을 사용하는 방식으로 크게 나뉜다. 공작물을 고정하는 테이블은 각형과 원형이 있는데, 그 운동기구는 그림 5-14 (a), (c), 및 (d)와 같이 왕복 직선 운동을 하는 것과 (b), (e), (f)와 같이 회전 운동을 하는 것이 있다.

또한 숫돌축에는 그림 5-14 (a), (b), (c)와 같은 수평축과 (d), (e), (f)와 같은 직립축이 있는데, 이들을 조합하면 여러 가지 연삭작업을 할 수 있다.

평면 연삭 중에서 그림 5-14 (a), (b)와 같이 숫돌바퀴의 바깥둘레를 사용하여 연삭하는 방식은 연삭량은 비교적 적으나 표면 거칠기 및 치수 정밀도는 매우 좋다. 반대로 (c), (d), (e), (f)와 같이 숫돌바퀴의 측면을 사용하는 연삭 방식은 숫돌바퀴가 공작물의 다듬면과 면접촉을 하기 때문에 동시에 많은 연삭을 할 수 있으며, 거친 연삭작업에 적합하다.

(2) 공작물의 고정과 평면 연삭

1 공작물의 고정법

평면 연삭기에서 공작물을 고정할 때에는 간혹 테이블 위에서 바이스 또는 V블록을 이용하거나 직접 볼트로 고정하는 경우가 있다. 일반적으로 강철이나 주철 등과 같은 자성체인 공작물은 테이블 위에 설치된 자석 척(magnetic chuck)을 사용하여 고정한다. 비금속이나 비철 금속과 같은 비자성체인 공작물도 자성체인 부속 공구를 사용하면 고정할 수 있다.

자석 척에는 전자 척(electro-magnetic chuck)과 영구자석 척(permanent magnetic chuck)의

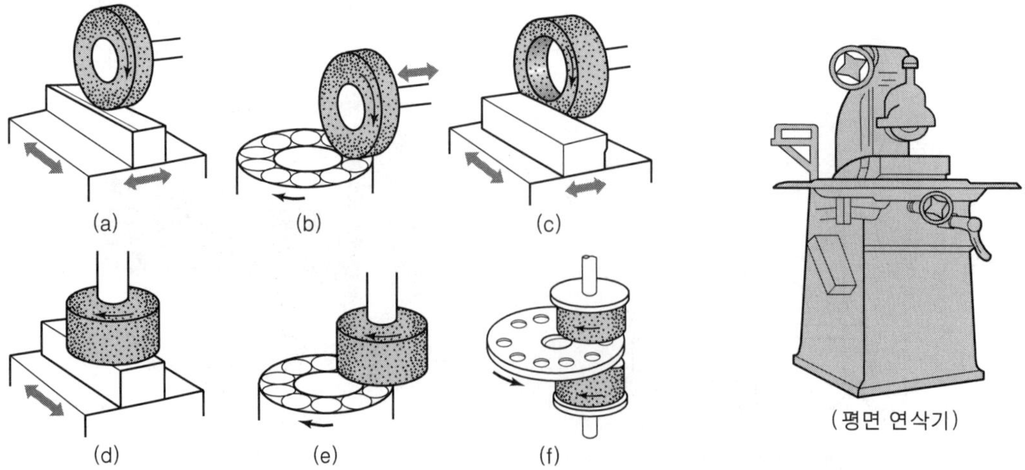

그림 5-14 평면 연삭 방식

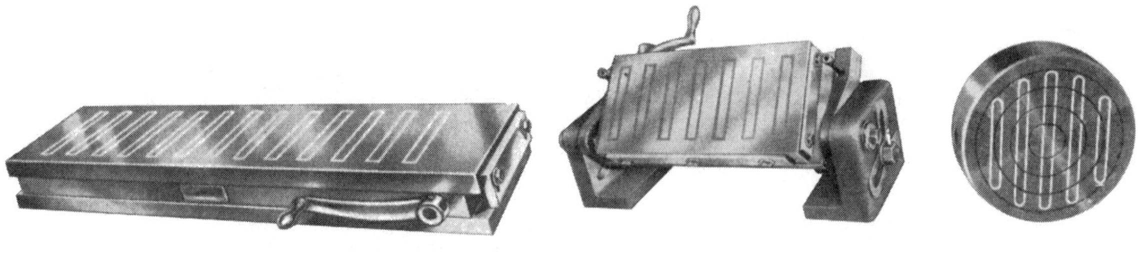

(a) 직사각 척 (b) 기울기 척 (c) 원 척

그림 5-15 평면 연삭용 전자 척

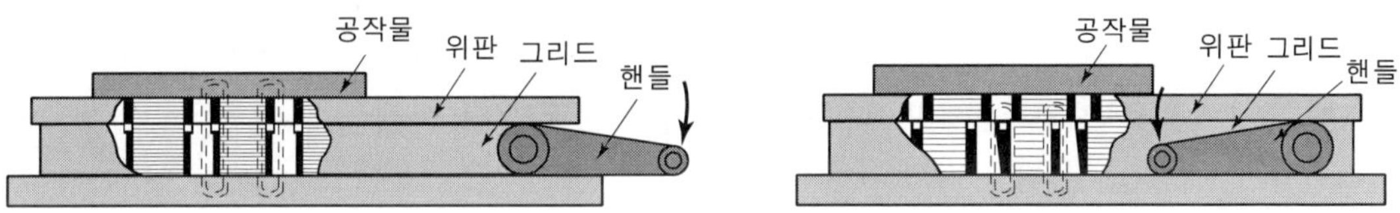

(a) ON (b) OFF

그림 5-16 자석 척의 작용

두 종류가 있으며, 전자 척은 그림 5-15와 같이 직사각 척(rectangular chucks), 기울기 척(swivelling chucks), 원 척(circular chucks)이 있다.

공작물을 고정할 때에는 그림 5-16 (a)와 같이 핸들을 'ON'의 위치에 두면 자력이 공작물에 작용한다. 반대로 핸들을 180° 돌려 (b)와 같이 'OFF'의 위치에 두면 자력은 위판에만 작용하고 공작물은 고정되지 않는다.

2 평면 연삭

● 수평형 평면 연삭

수평형 평면 연삭에서는 그림 5-17 (a)와 같이 테이블 위에 고정한 공작물을 숫돌바퀴를 아래로 미소량 이송하여 연삭 깊이를 주고, 테이블을 왕복 운동하면서 연삭한다.

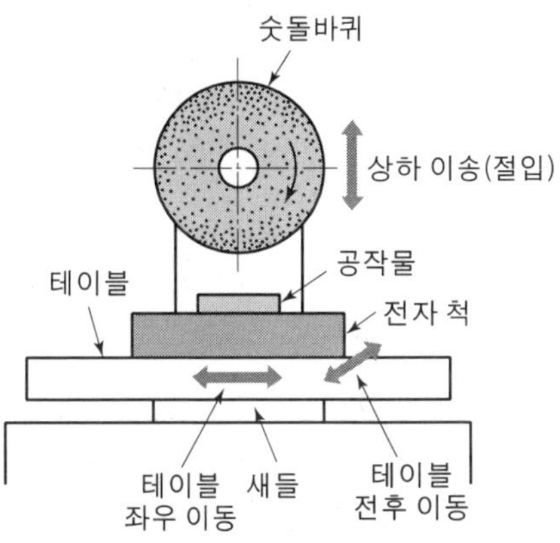

그림 5-17 평면 연삭

● 직립형 평면 연삭

직립형 평면 연삭에서는 숫돌축이 테이블의 운동면에 정확하게 수직이 되어야 한다. 이 경우에는 그림 5-18 (a)와 같은 연삭 자국이 생긴다. 숫돌축이 그림 5-18 (b)와 같이 θ만큼 조금이라도 경사되어 있으면 그림과 같은 연삭 자국이 나타나고, 다듬질면은 중앙부가 오목해진다. 거친 연삭의 경우는 능률을 향상시키기 위하여 일부러 숫돌축을 기울일 때도 있다.

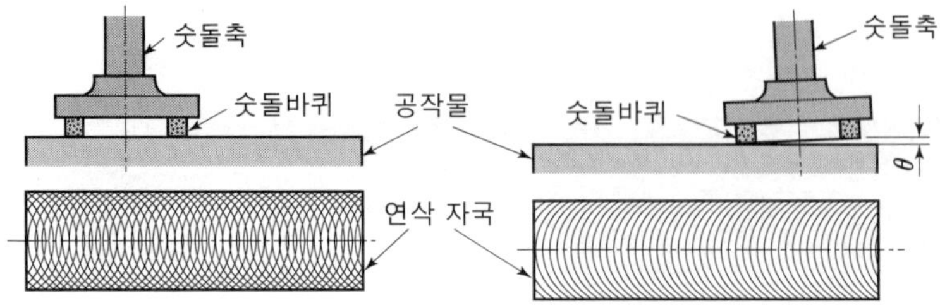

(a) 수직형 숫돌축 (b) 경사된 수직형 숫돌축

그림 5-18 직립형 평면 연삭 자국

(3) 평면 연삭기

평면 연삭기(surface grinding machine)는 숫돌바퀴의 연삭면, 그 위치 및 공작물과의 관계 운동 등에 따라 그림 5-19 (a)와 같은 수평형과 그림 5-19 (b)와 같은 직립형이 있으며, 테이블의 구동 형식에 따라 테이블 왕복식과 테이블 회전식 등이 있다. 그림 5-20 (a)는 테이블 왕복식 수평형 평면 연삭기, (b)는 테이블 회전식 직립형 평면 연삭기의 보기로서 공작물은 회전 테이블에 고정하고, 숫돌 지지대는 수동 또는 자동으로 위아래로 이송하여 연삭한다.

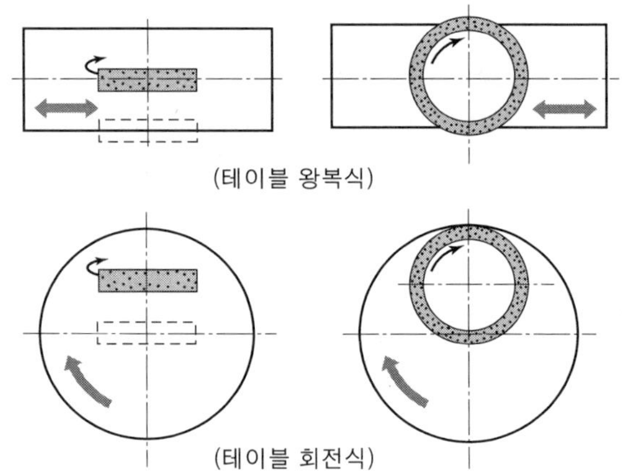

(a) 수평형 (b) 직립형

그림 5-19 평면 연삭기의 형식

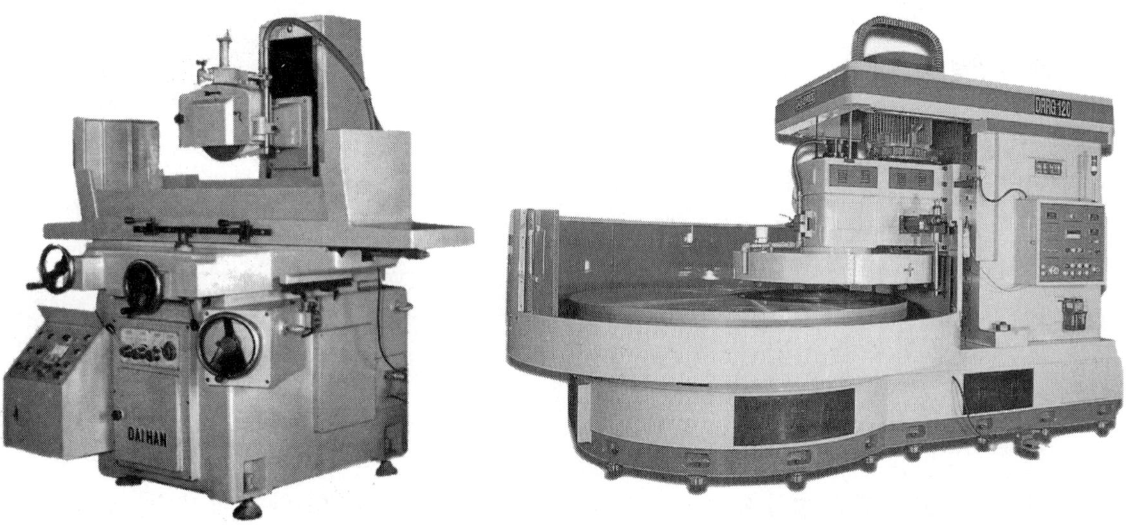

(a) 수평형(테이블 왕복식) (b) 직립형(테이블 회전식)

그림 5-20 평면 연삭기의 종류

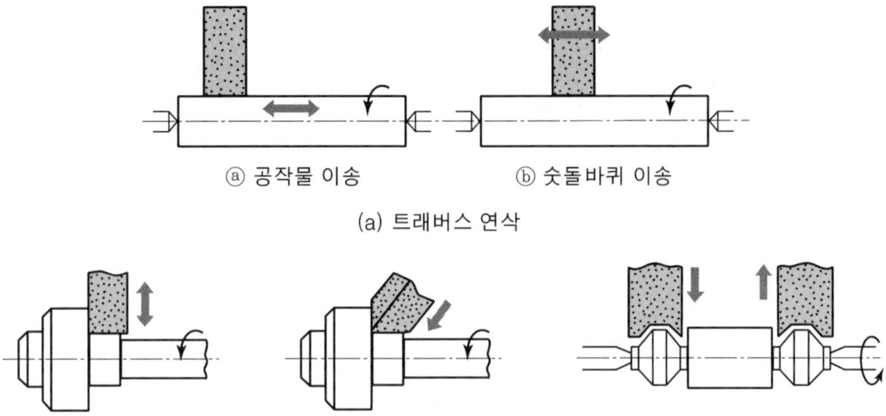

(a) 트래버스 연삭

(b) 플런지 연삭

(c) 총형 연삭

그림 5-21 원통 연삭기의 구조와 연삭 방식

3) 원통 연삭기와 그 가공

(1) 원통 연삭 방식

원통형의 공작물의 외경을 연삭하는 작업을 원통 연삭(cylindrical grinding)이라 하며, 연삭 방법에는 그림 5-21과 같이 트래버스(traverse) 연삭과 플런지(plunge grinding) 연삭이 있다. 플런지 연삭은 그림 5-21 (c)와 같은 성형과 숫돌바퀴에 의한 총형 연삭(formed grinding)에 편리하다.

(2) 공작물의 고정과 원통 연삭

1 공작물의 고정법

원통 연삭을 위한 공작물의 고정은 기본적으로는 선반작업에서와 같이 척에 의한 방법, 양 센터에 의한 방법, 척과 심압대를 이용하는 방법, 맨드릴을 이용하는 방법 등이 있다. 선반가공과 다른 점은 선삭에 비해 절삭량이 적으면서 정밀한 치수와 가공 표면이 요구되는 점이다. 그림 5-22는 원통 연삭기에 사용하는 자석 척의 보기로, 주로 측면 연삭용으로 사용된다.

그림 5-22 자석 척

● **양쪽 센터와 테이블의 평행도 맞추기**

정확하고 정밀한 원통 연삭작업을 위해서는 주축대와 심압대의 중심을 일치시키고, 여기에 테이블을 평행하게 조정해야 한다.

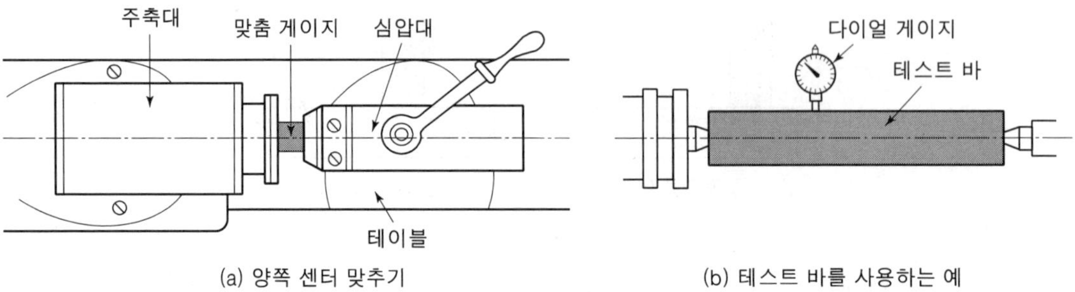

그림 5-23 양쪽 센터와 테이블의 평행도 조정

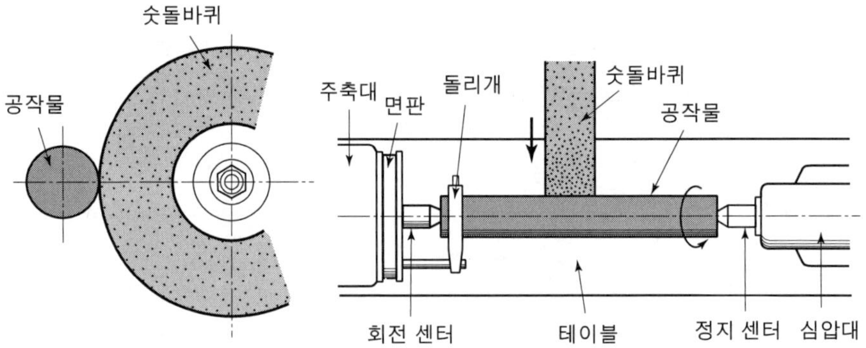

그림 5-24 공작물의 고정

그림 5-23은 그 보기로서 그림 5-23 (a)는 주축대와 심압대의 양 센터 중심 맞추기, 그림 5-23 (b)는 테스트 바를 사용한 테이블의 평행도 조정의 보기이다.

● **양 센터 사이에 공작물 설치**

그림 5-24와 같이 공작물을 고정한다.

2 원통 연삭

● **맨드릴을 이용한 원통 연삭**

맨드릴을 사용한 원통 연삭에는 공작물의 모양과 연삭 방법에 따라 여러 형식의 맨드릴이 사용된다. 맨드릴의 사용에는 그림 5-25 (a)와 같이 선반작업에서와 같은 방법으로, 맨드릴에 공작물을 알맞은 세기로 끼운 다음 양 센터 사이에 공작물을 고정하여 원통면을 연삭하는 경우이다.

● **측면 연삭**

공작물의 측면을 중심축에 대해 수직인 평면으로 연삭할 때에 숫돌의 원주면 또는 측면을 이

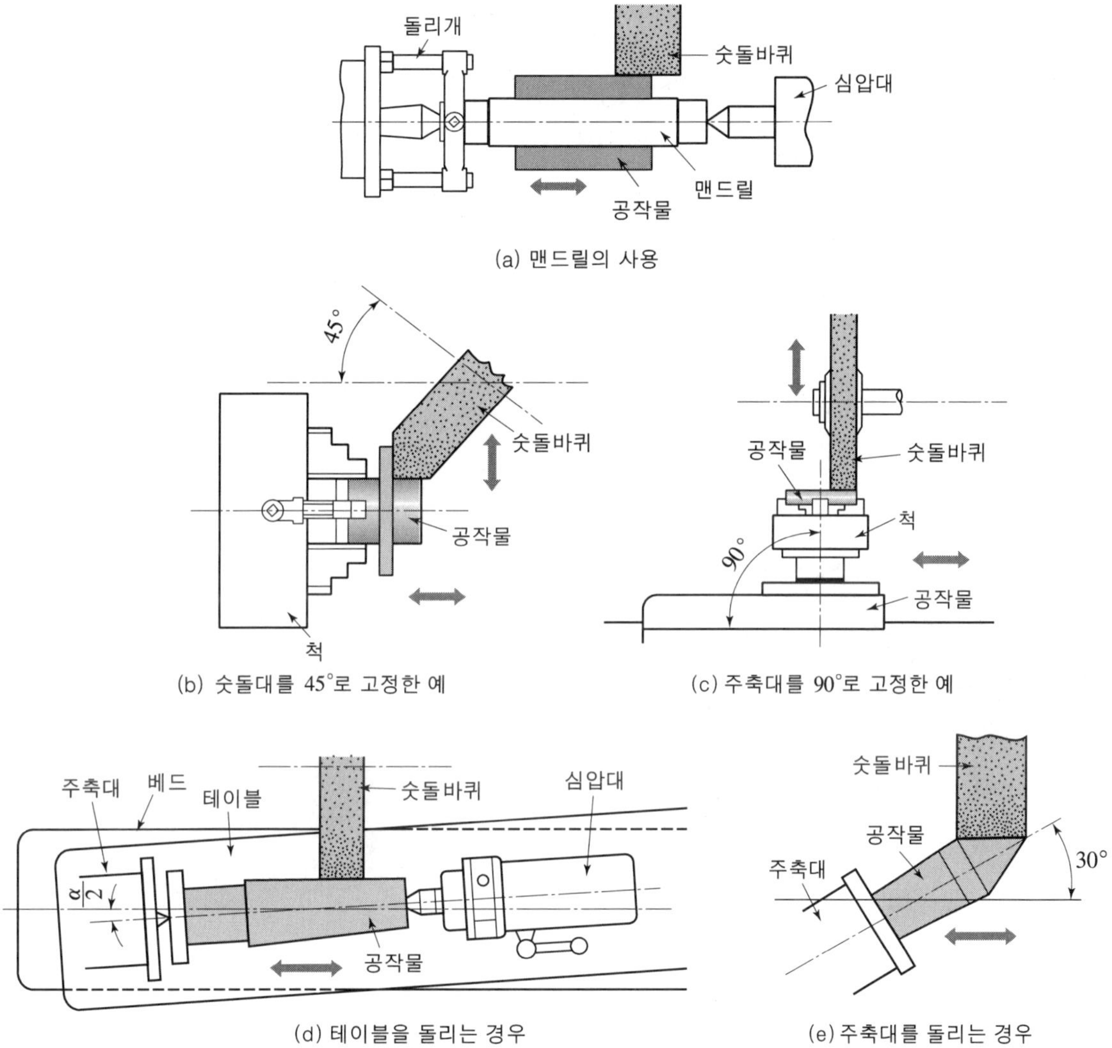

그림 5-25 원통 연삭

용하면 된다. 그 특수한 예로는 그림 5-25 (b)와 같이 숫돌대를 회전시킨 경우, 그림 5-25 (c)와 주축대를 90° 로 고정한 경우 등이 있다.

● **테이퍼 연삭**

테이퍼의 연삭 방법은 공작물의 모양과 크기에 따라 그림 5-25 (d), (e)와 같은 연삭 방식이 있다.

(3) 원통 연삭기

원통 연삭기는 원형 공작물의 원통면, 단붙이, 테이퍼 등의 연삭 다듬질가공을 주 목적으로

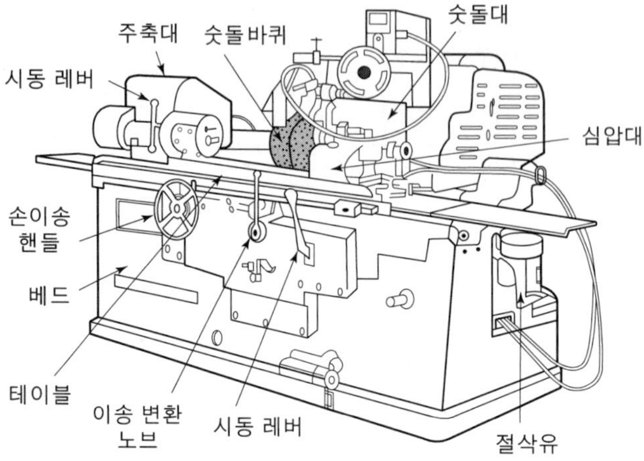

그림 5-26 원통 연삭기의 기본 구조

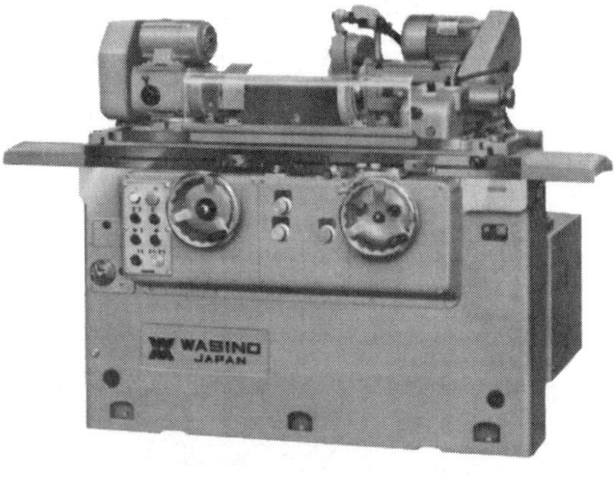

(a) 테이블 왕복형 원통 연삭기

(b) 만능 연삭기

그림 5-27 원통 연삭기와 만능 연삭기

하는 연삭기이다. 기본 구조는 그림 5-26과 같이 베드, 테이블 위에 설치된 주축대와 심압대, 숫돌대, 이송기구, 유압식 구동기구, 절삭유 펌프 등으로 구성되어 있다.

그림 5-27 (a)는 테이블 왕복형의 한 보기로, 소형 공작물의 연삭에 적합하다.

특히 만능 연삭기(universal grindering machine)는 그림 5-27 (b)와 같이 구조는 보통 원통 연삭기와 대체로 같으나, 테이블, 숫돌대, 주축대가 각각 회전할 수 있어 작업 범위가 넓다. 또한 내면 연삭도 할 수 있으며, 테이퍼 연삭, 정면 연삭 등의 특수 작업도 할 수 있다.

4) 내면 연삭기와 그 가공

뚫려 있는 구멍의 내경을 연삭하는 가공을 내면 연삭(internal grinding)이라 한다. 공작물이 소형이면서 모양이 단순한 것은 그림 5-28과 같이 척으로 공작물을 고정하여 회전시키고, 회전하는 작은 지름의 숫돌바퀴를 공작물의 내면에서 축 방향으로 이동하여 연삭한다. 이에 대해 대형 공작물이나 지그 연삭(jig grinding)의 경우에는 공작물은 정지하고 숫돌바퀴에 유성 운동(遊星運動)을 작용하여 연삭한다.

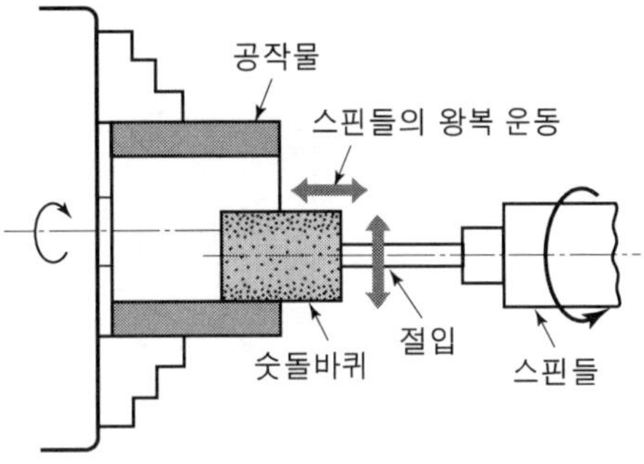

그림 5-28 내면 연삭기구

(1) 내면 연삭 방식

1 보통형

그림 5-29 (a)와 같이 공작물과 숫돌바퀴 모두에 회전 운동을 주어 연삭하는 방식으로, 비교적 작고 모양이 단순한 공작물에 적용된다.

2 유성형

그림 5-29 (b)와 같이 공작물을 고정하고, 숫돌축이 회전 연삭 운동과 유성 운동을 하는 플래니터리형(planetary type) 연삭 방식으로, 공작물의 형상이 복잡하거나 대형이라 척이나 면판 또는 회전 테이블에 고정하여 회전 운동을 가하기 어려운 경우에 공작물을 고정하기 위해 사용된다.

3 센터리스형

그림 5-29 (c)와 같이 공작물을 고정하지 않은 상태에서 연삭하는 방식이다.

(2) 내면 연삭

1 원통의 내면 연삭

척을 사용할 경우에는 주축에 척을 고정하고, 그림 5-30 (a)와 같이 다이얼 게이지를 사용하

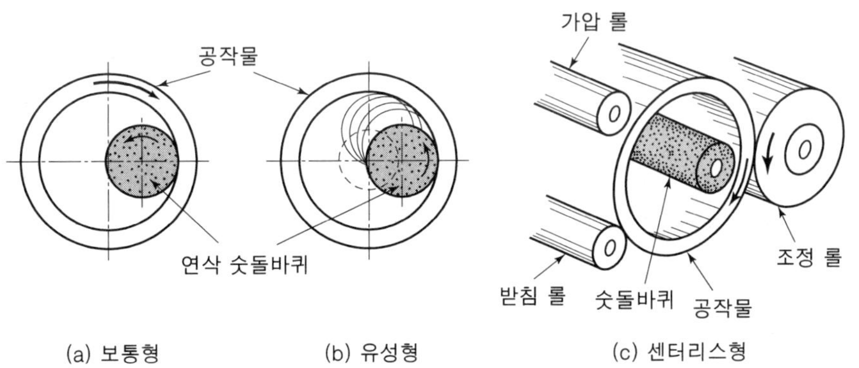

그림 5-29 내면 연삭 방식

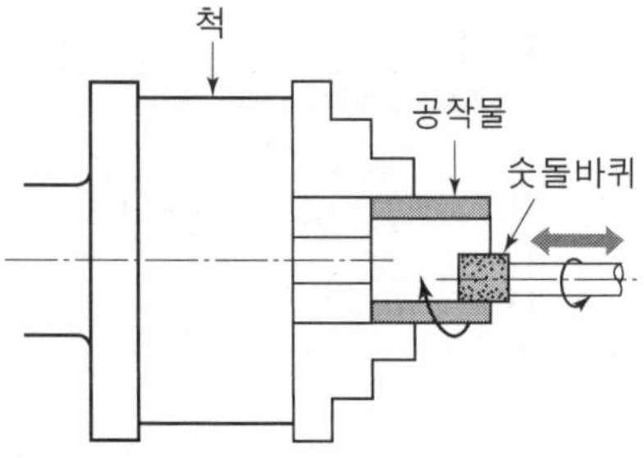

(a) 척 사용

(b) 내면 연삭

그림 5-30 원통의 내면 연삭

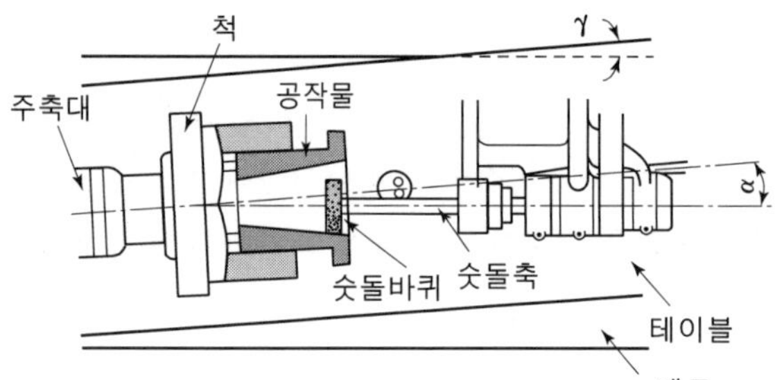

(a) 테이퍼의 크기가 작은 경우

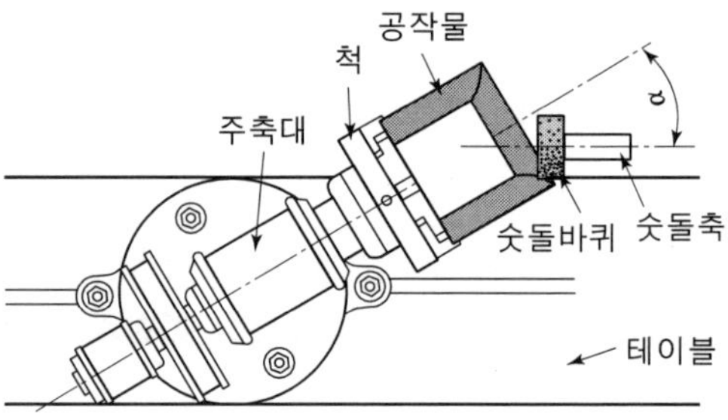

(b) 테이퍼의 크기가 큰 경우

그림 5-31 테이퍼 내면 연삭

여, 공작물을 정확하게 고정한 다음 원통의 내면을 연삭한다.

2 테이퍼 내면 연삭

테이퍼의 크기가 작을 때는 그림 5-31 (a)와 같이 테이블을 테이퍼각(2α)의 1/2인 α만큼 돌려 놓고 연삭하고, 테이퍼의 크기가 클 때는 그림 5-31 (b)와 같이 주축대를 α만큼 돌려 놓고 연삭한다.

(3) 내면 연삭기

내면 연삭기의 구조는 그림 5-32와 같이 원통 연삭기와 유사하다. 다른 점은 내면 연삭용 숫돌바퀴를 조립하여 이것을 고속 회전시키는 장치인 내면 연삭 헤드(內面硏削頭, internal grinding head)가 있으며, 특수한 것은 유성 운동기구(遊星運動機構)를 갖고 있다.

내면 연삭기는 구조적으로 보통 내면 연삭기(普通內面硏削機, conventional internal grinding machine)와 내연 기관의 엔진 블록(engine block)과 같이 대형이고 균형이 잡히지 않은 공작물

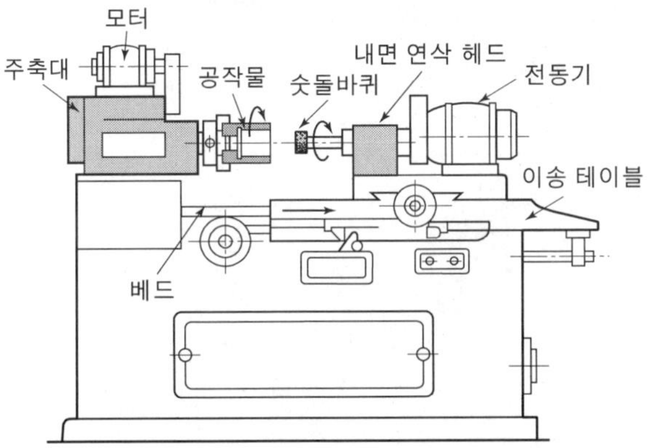

(a) 구 조

(b) 외 형

그림 5-32 내면 연삭기

에 적합한 유성 내면 연삭기(遊星內面研削機, planetary motion internal grinding machine)로 나눌 수 있다.

5) 그 밖의 연삭

(1) 센터리스 연삭

센터리스 연삭(centerless grinding)은 센터나 척을 사용하지 않고 공작물의 바깥면 또는 내면을 연삭하는 가공 방법이며, 그림 5-33과 같이 연삭 숫돌바퀴(grinding wheel), 조정 숫돌바퀴(regulating wheel) 그리고 받침날(work rest blade)의 3요소가 공작물의 위치를 유지한 상태에서 연삭 숫돌바퀴로 공작물의 바깥둘레를 연삭하는 방식이다.

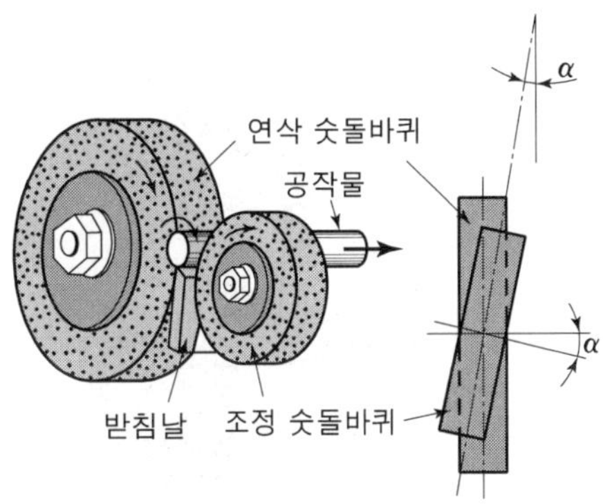

그림 5-33 센터리스 연삭

센터리스 연삭은 공작물을 연속적으로 밀어 넣을 수 있고, 한 번 조정하여 자동으로 가공이 이루어지므로, 원형 단면을 가지는 공작물, 즉 피스톤 핀, 베어링 레이스, 롤 같은 부품과 테이퍼 핀 및 드릴 자루와 같이 테이퍼진 부품의 대량 생산에 적합하다.

센터리스 연삭기는 특성에 따라 알맞은 공작물의 연삭에 선택적으로 적용되어야 생산성을 높일 수 있다.

그림 5-34는 가장 대표적인 센터리스 연삭기의 외형, 그림 5-35는 센터리스 연삭기로 베어

그림 5-34 센터리스 연삭기

그림 5-35 통과 이송법에 의한 베어링 레이스의 연속 연삭 (센터리스 연삭기)

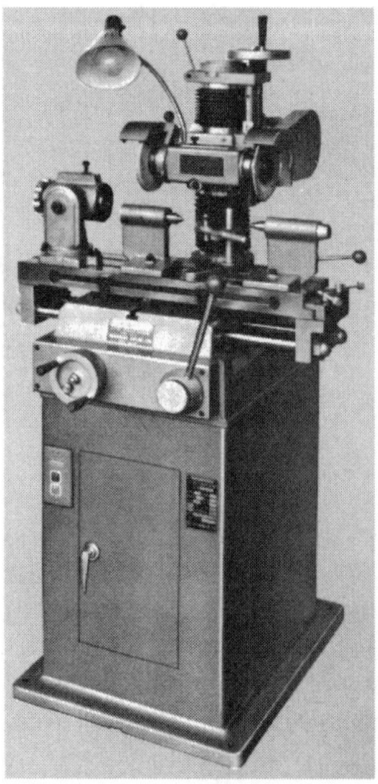

(a) 만능 공구 연삭기

(b) 측면 밀링 커터의 연삭

그림 5-36 만능 공구 연삭기와 밀링 커터의 연삭

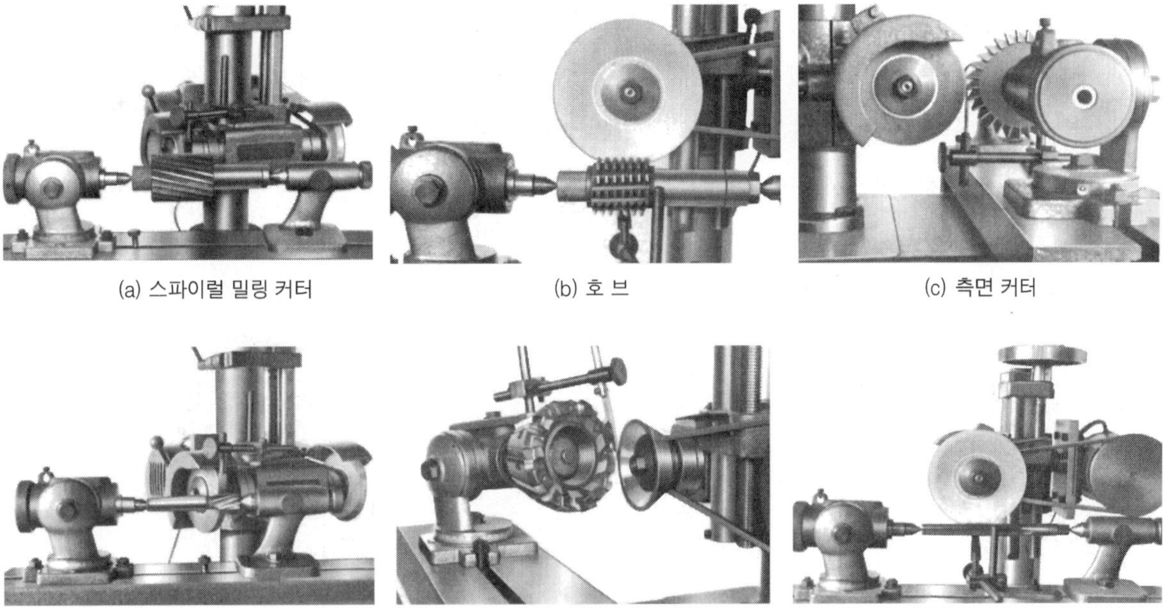

(a) 스파이럴 밀링 커터 (b) 호 브 (c) 측면 커터

(d) 엔드밀 (e) 정면 커터 (f) 리 머

그림 5-37 여러 가지 공구의 연삭 사례

링 레이스(bearing race)의 외면을 통과 이송 방법에 의해 연속적으로 다량 연삭하는 보기를 나타낸 것이다.

(2) 만능 공구 연삭기

만능 공구 연삭기(universal tool cutter grinding machine)는 여러 가지 부속 장치를 사용하면 밀링 커터, 호브, 리머 등 여러 종류의 절삭공구를 연삭할 수 있는 연삭기로 정밀도가 높다.

그림 5-36은 만능 공구 연삭기와 밀링 커터 연삭의 보기, 그림 5-37은 여러 가지 공구의 연삭 사례를 보여주고 있다.

5.2 숫돌 입자가공

절삭가공과 연삭가공에 의해 가공된 공작물을 그 치수와 정밀도 및 표면의 정도를 한층 높이기 위해 정밀가공(精密加工)을 하는데 이를 숫돌 입자가공, 또는 정밀 입자가공이라고 한다. 정밀 입자가공법은 선삭이나 연삭가공을 전가공(前加工)으로 하고 그 후에 실시되는 가공이다. 따라서 가공량이 적고 다듬질 면이 곱고 매끄러운 것이 특징이다. 숫돌 입자가공은 일정한 절입과 이송을 위하여 강제적으로 필요한 절삭이 이루어지므로 강제 절삭(强制切削)이라고도 한다. 그러나 숫돌 입자가공에서는 가공량이 매우 적기 때문에 공구를 공작물에 일정한 압력을 가하여, 이 압력에 상응하는 절삭량을 제거하는 방법인 가압 절삭(加壓切削)이라 할 수 있다.

숫돌 입자가공은 다음과 같은 가공 조건에 따라 분류하고 있다.

a) 숫돌에 의한 정밀가공 : 호닝, 슈퍼 피니싱 등

b) 숫돌 입자에 의한 정밀가공 : 래핑, 연마포(지) 가공, 버핑, 배럴가공(barrel finishing), 분사가공, 쇼트 피닝, 액체 호닝 등

1. 호닝과 슈퍼 피니싱

1) 호 닝

호닝(honing)은 그림 5-38과 같이 혼(hone)이라는 몇 개의 숫돌에 스프링이나 유압으로 가공면에 압력을 가한 상태에서 회전 운동과 축 방향의 왕복 운동에 의해 접촉면을 가공하는 방법이다. 호닝은 연삭에 비하면 가공 능률은 떨어지나 열 변질층과 가공 변질층이 작고 내마멸성과 윤활성이 우수한 다듬질면을 얻을 수 있다. 그러나 제거 능률이 낮으므로 절삭 또는 연삭 후의 2차 가공에 사용된다. 호닝은 연삭에 비해 다음과 같은 특징을 갖고 있다.

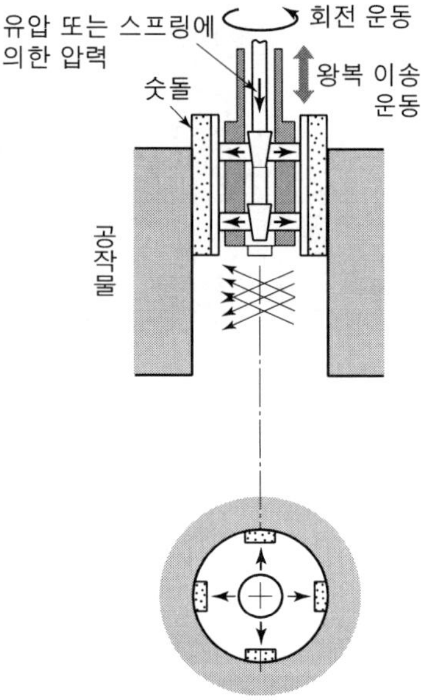

그림 5-38 호 닝

(1) 혼

혼의 형식은 다양하나 보통 3개 이상의 호닝 숫돌을 같은 간극으로 배열하고, 동시에 반지름

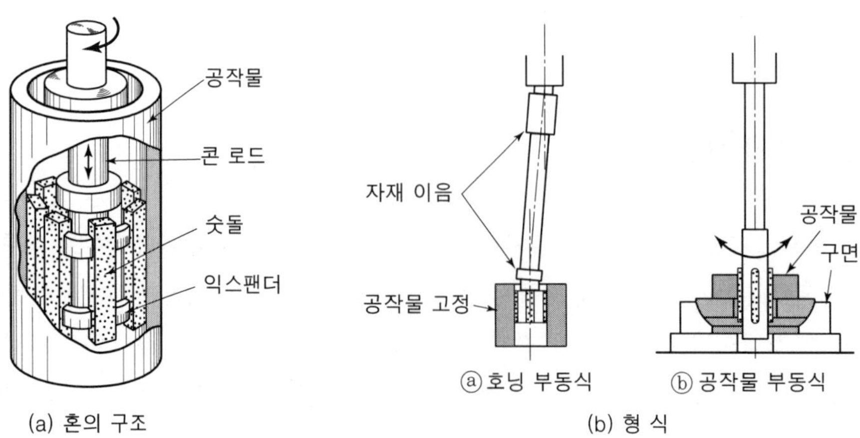

그림 5-39 혼의 구조와 형식

방향으로 이동할 수 있는 구조로 되어 있다. 이들 숫돌에 압력을 가하는 방법으로는 그림 5-39 (a)와 같이 테이퍼부가 있는 콘 로드(cone rod)를 축 방향으로 움직이면, 이것과 접촉하고 있는 익스팬더(expander)에 의해 숫돌을 반지름 방향으로 밀어낸다. 콘 로드를 가압하는 데에는 스프링, 유압 그리고 나사에 의한 방식이 있다.

혼의 형식에는 그림 5-39 (b)와 같은 자재 이음을 사용하는 호닝 헤드 부동식(浮動式)과 공작물을 부동대(浮動臺) 위에 고정하는 공작물 부동식이 있다.

(2) 호닝 머신

호닝 머신(honing machine)은 혼을 주축에 고정하고, 이것을 회전 운동과 축 방향으로 왕복할 수 있는 구조로, 공작물은 테이블 위에 고정한다. 호닝 머신에는 직립식과 수평식이 있으나, 최근에는 자동 치수 조정 장치를 구비한 전자동 호닝 머신이 있다. 그림 5-40은 직립식 호닝 머신의 보기이다.

그림 5-40 직립식 호닝 머신

2) 슈퍼 피니싱

슈퍼 피니싱(super finishing)은 미세하고 연한 숫돌을 낮은 압력으로 가공면의 표면에 가압하고, 공작물에 이송 운동을 주는 동시에 숫돌에 진동을 주어 거칠기 0.5 μ 이하의 경면(鏡面) 다듬질에 사용하는 가공법이다. 호닝과 유사하지만 보다 양호한 가공면을 단시간에 얻을 수 있으면서 가공에 의한 변질층(變質層, affected layer)[2]이 매우 적은 특징이 있다. 이 가공법은 원통의 바깥면은 물론 내면, 평면까지도 다듬질할 수 있다.

정밀 롤, 저널, 볼 베어링의 레이스, 그 밖의 게이지의 정밀 다듬질에 이용된다. 슈퍼 피니싱은 치수에 변화를 주기 위한 가공이라기보다는 높은 정밀도의 표면을 얻는 것이 주목적이다.

슈퍼 피니싱의 가공 운동 기구는 원리적으로는 호닝과 같으나, 공작물의 축 방향으로 숫돌에 작은 진동을 주는 것이 다르다.

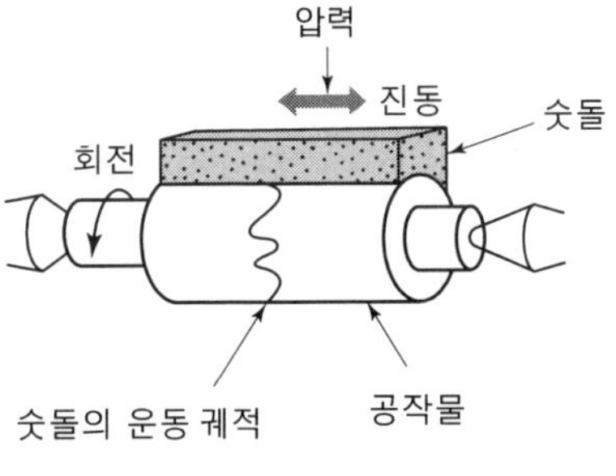

그림 5-41 슈퍼 피니싱의 가공 운동 기구

2) 변질층(變質層, affected layer) : 가공에 의해 표면에 변질이 나타난 부분의 두께

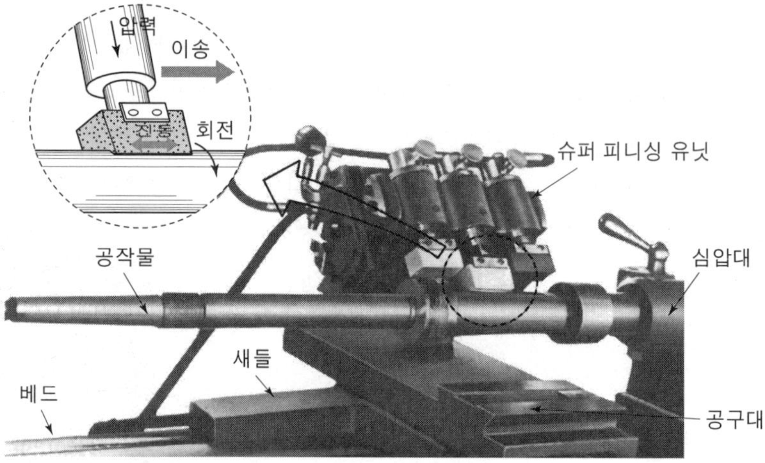

그림 5-42 슈퍼 피니싱 유닛

슈퍼 피니싱은 공작물이 원통의 경우에는 그림 5-41과 같이 회전하는 넓은 면과 접촉하는 숫돌을 스프링으로 가압하면서 동시에 회전축 방향에 아주 작은 저주파 진동을 준다.

(1) 슈퍼 피니싱 숫돌

일반적으로 주철, 알루미늄, 구리 합금 등에는 GC 숫돌, 고탄소강, 합금강 등에는 WA 숫돌이 사용된다. 입도는 400～1,000번 범위에서 가공 표면 정밀도에 따라 선택한다.

(2) 슈퍼 피니싱 머신

그림 5-42는 선반의 공구대에 장치한 슈퍼 피니싱 유닛(super finishing unit)의 보기로 널리 사용되고 있는 장치이다. 숫돌의 진동 장치와 가압기구(加壓機構)로 구성된 간단한 유닛으로, 이를 슈퍼 피니싱의 헤드(super finishing head)라고도 한다. 특수 공작물을 다량으로 생산하는 데는 전용 슈퍼 피니싱 머신(super finishing machine)이 사용된다.

2. 래 핑

래핑(lapping)은 랩(lap 또는 lapper라고도 함)이라고 하는 공구와 공작물의 가공면과의 사이에 적당한 숫돌 입자와 기름을 혼합한 랩제(lapping compound, lapping powder)를 넣고, 공작물을 적당한 압력으로 공구에 가압한 상태에서 상대 운동을 함으로써 숫돌 입자에 의해 공작물이 표면을 깎아내어 정밀도가 높고 매끈한 표면으로 다듬질하는 가공법이다.

래핑은 가공액을 사용하느냐, 아니냐에 따라 그림 5-43 (a) 또는 (b)와 같이 습식법(濕式法, wet lapping)과 건식법(乾式法, dry lapping)이 있다.

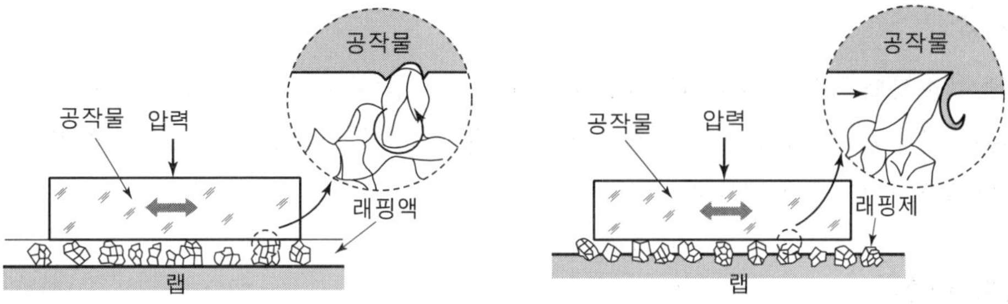

(a) 습식법 (b) 건식법

그림 5-43 래핑 방법

1) 랩과 래핑

(1) 랩

랩의 기본적인 형상은 평면가공에서는 그림 5-44 (a)와 같은 평면 랩을 사용하며, 내경용에는 그림 5-44 (b)와 같이 테이퍼 슬리브로 조정하는 내경용 랩이 사용된다. 그리고 외경에는 그림 5-44 (c)와 같이 분할된 부분을 나사로 조정할 수 있는 외경용 랩이 사용된다. 이 밖에는 공작물의 모양이나 특성에 따라 특별하게 설계된 공작물 고정구(work holder), 나사용 랩 등이 있다.

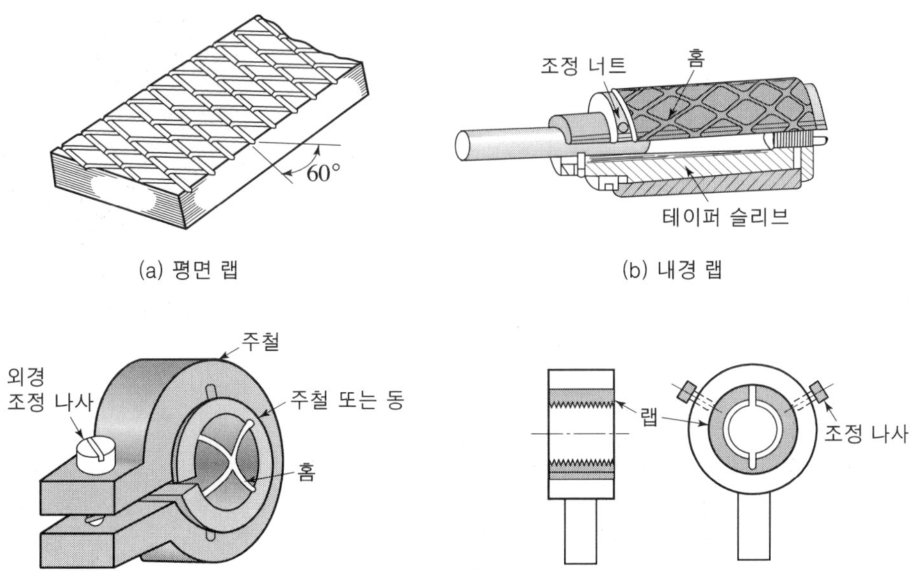

그림 5-44 랩의 종류

(2) 래 핑

래핑에는 손작업으로 하는 손 래핑(hand lapping)이 있다. 손 래핑은 선반이나 드릴링 머신 등을 이용하기도 한다. 제품의 생산 수량이 적을 때, 전용 래핑 머신으로는 작업이 어려운 고정밀 부품의 최종 다듬 등에 적합하다.

2) 래핑 머신

기계 래핑은 생산 능률을 높여 대량 생산을 목적으로 하는 전용 래핑 머신과 가공면의 특성에 따라 평면, 원통, 원뿔, 볼, 기어 등의 래핑 머신이 있다. 래핑축의 방향에 따라 또는 평면 래핑에는 직립식 래핑 머신이 널리 사용되고 있다. 직립 래핑 머신에는 2면 랩식과 1면 랩식의 2종류가 있다. 또 위아래의 랩판은 서로 반대 방향으로 회전하는 것과, 위 랩판은 회전하지 않고 아래 랩판만 회전하여 공작물에는 편심 운동을 주도록 한 것 등 여러 가지 형식이 있다. 그림 5-45 (a)는 직립식 래핑 머신의 구조, 그림 5-45 (b)는 래핑 머신의 보기이다. 이 밖에도 스냅 게이지 래핑 머신(snap gauge lapping machine), 센터리스 래핑 머신(centerless lapping machine) 및 센터홀 래핑 머신(center hole lapping machine) 등이 있다.

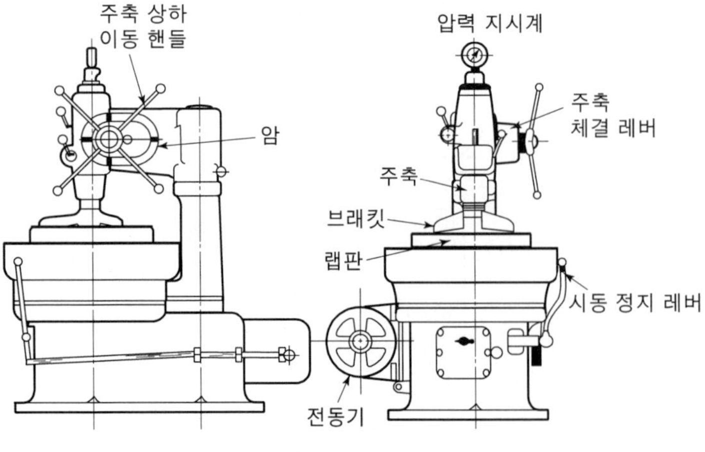

(a) 구 조

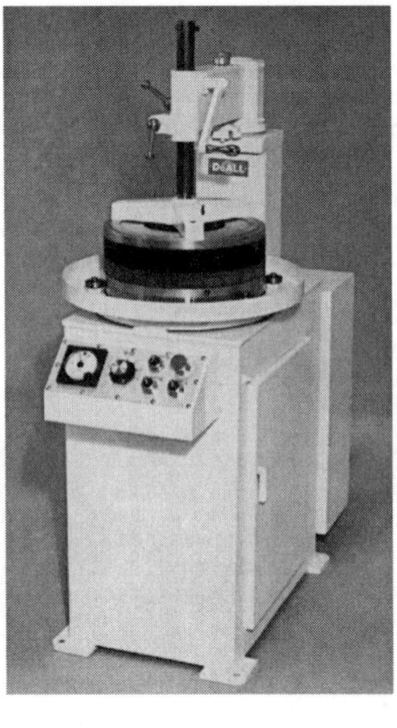

(b) 외 형

그림 5-45 래핑 머신

연습문제

5.1 연삭가공

1. 건식 연삭과 습식 연삭을 비교 설명하시오.
2. 숫돌 입자의 자생작용에 대해 설명하시오.
3. 숫돌 입자의 종류를 들어 설명하시오.
4. 평면 연삭 방식의 특징을 설명하시오.
5. 원통 연삭기의 종류와 특징을 설명하시오.
6. 만능 연삭기의 특징과 용도를 말하시오.
7. 센터리스 연삭 방식을 들어 특징을 설명하시오.

5.2 숫돌 입자가공

8. 연삭에 비해 호닝은 어떠한 특징이 있는지 설명하시오.
9. 슈퍼 피니싱의 가공 운동기구를 설명하시오.
10. 래핑의 종류와 특징을 설명하시오.

연구과제

1. 기계가공 분야에서 연삭가공의 중요성을 설명하시오.
2. 연삭가공에서 일어나는 자생작용에 대하여 설명하시오.
3. 숫돌바퀴에 사용하는 결합제의 종류와 특성에 대해 설명하시오.
4. 평면 연삭 및 평면 연삭기의 정밀도 검사법을 조사하시오.
5. 공구 연삭기의 종류와 가공 사례를 조사하시오.

6장

특수 정밀가공과 기계공작의 자동화

6.1 특수 정밀가공
6.2 기계공작의 자동화

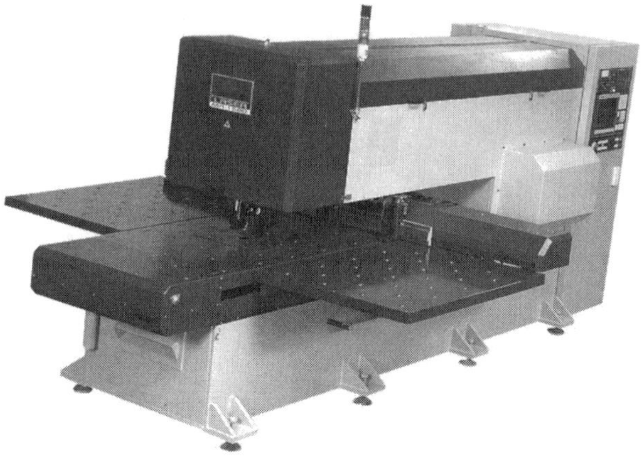

6장

특수 정밀가공과 기계공작의 자동화

6.1 특수 정밀가공

새로운 산업의 출현과 개발은 여기에 필요한 새로운 재료를 요구하고 있다. 특히 원전 산업, 우주 관련 사업, 해양 개발 산업 등의 발달에 따라 재료의 특성은 경도, 강도, 크리프 한도(creep limit), 연신율, 내열성, 내마멸성 등에 대한 요구가 엄격해지고 있다. 이러한 요구를 구비하고 있는 재료는 항상 피삭성이 나쁘고, 절삭과 연삭에 의한 가공이 어려우므로, 이에 대한 방안으로 종래의 가공법과는 원리와 방법이 전혀 다른 제거가공법(除去加工法)이 발달하고 있다. 이와 같은 새로운 가공법을 총칭하여 특수 가공(特殊加工, non-traditional machining) 또는 열적 제거가공(熱的除去加工)이라 부른다. 이 밖에도 정밀한 가공이 이루어지므로 이를 특수 정밀가공(特殊精密加工)이라고도 한다.

1. 방전가공과 전자빔가공

1) 방전가공

방전가공(放電加工, electric discharge machining : EDM)은 기계가공이 어려운 합금 또는 담금질한 강의 구멍뚫기, 조각, 절단, 그 밖의 가공에 널리 사용되고 있는 가공법이다. 최근에는 NC 제어 와이어 커트(wire cut) 방전 방식이 실용화되면서 종래의 형각 방전가공기(型却放電加工機)와 병용하게 되었으며, 그 응용 분야도 넓어지고 있는 가공 방법이다.

(1) 방전가공의 원리와 특징

1 방전가공의 원리

방전가공은 등유 등 절연성이 있는 가공액 중에 공구(電極)와 가공물을 넣고 공구를 음극(陰極, cathode), 피가공물인 공작물을 양극(陽極, anode)으로 하고, 이 사이에서 약 100 V의 직류 전압을 주어 양자의 거리를 서서히 접근시켜, 음극과 양극 사이가 작아지면 그림 6-1 (b)와 같이 스파크 방전이 일어난다.

스파크의 온도는 5,000℃ 정도로 매우 높으므로, 이것이 발생한 미소한 영역(放電点)에서는 스파크에 의해 절연유(絕緣油, dielectric fluid)도 동시에 국부적으로 가열되어 기름은 기화되어 부피를 팽창하려 하나, 주위에 있는 기름의 폐쇄작용에 의해 매우 큰 고압이 되면서 충격력을 발생하게 된다. 이와 같은 충격력에 의해 피가공물이 용융되거나 증발한다. 이렇게 된 재료는 가공액의 유동에 의하여 표면에서 급속히 제거된다.

그림 6-1 (a)는 방전가공의 원리를 나타낸 것이며, 실제로 방전가공은 1초 사이에 수백 내지 수십만 회의 방전을 한다.

2 방전가공의 특징

방전가공에서 전압이 올라가 전극과 공작물 사이의 절연액의 절연이 파괴되면 방전을 일으켜 공작물이 가공된다. 콘덴서의 용량이 크면 가공 속도는 빨라지지만 가공면과 치수 정밀도가 좋지 못하다. 한편 콘덴서의 용량이 적으면 시간이 많이 걸리나 깨끗한 가공면을 얻을 수 있다.

전극인 공구 자체도 스파크 방전에 의하여 소모되므로, 전극 재료로는 구리 또는 열전도가 좋고 융점이 높은 흑연을 사용한다. 이 밖에 은, 텅스텐, 텅스텐 소결 합금 등을 사용할 때도 있다.

방전가공은 다음과 같은 특징이다.

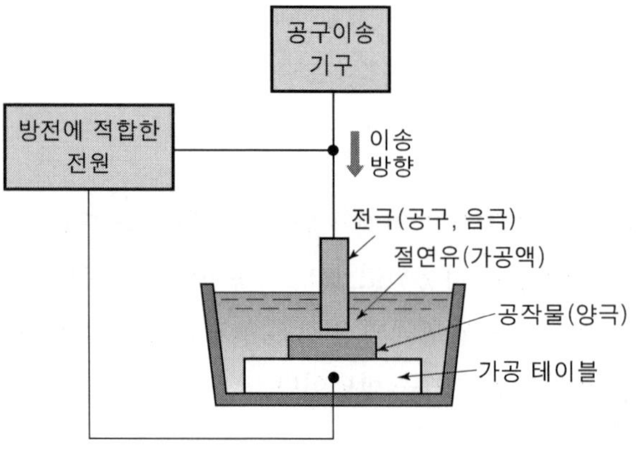

(a) 가공 원리

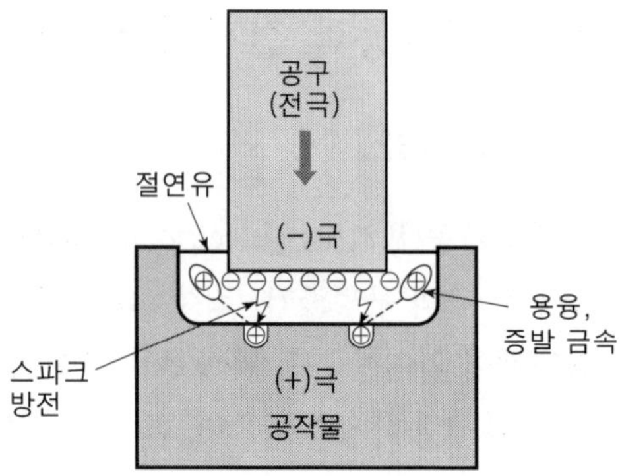

(b) 스파크 방전

그림 6-1 방전가공

① 재료의 경도나 인성에 관계 없이 전기 도체이면 모두 쉽게 가공할 수 있다.
② 전극으로는 구리나 흑연 등의 연한 재료를 이용하므로 가공이 쉽다.
③ 다듬질면은 전혀 방향성이 없고, 다듬질면의 거칠기는 가공 속도를 조정하여 가공한다.
④ 가공 정밀도는 방전가공기나 전극의 정밀도 등 기계적 요인과 방전 현상에 관련된 전기적 요인에 관계되지만, 전극이 정밀하면 높은 정밀도로 가공된다.

방전가공의 용도로는 인발, 단조, 유리 제조, 분말 야금, 프레스용 다이와 플라스틱 금형 등 그 응용 범위가 매우 넓다.

(2) 방전가공기

방전가공기(放電加工機, electrical discharge machine : EDM)는 정밀 금형에서 각종 정밀기계 부품의 방전가공을 목적으로 하는 용량이 작은 소형과 단조형, 다이 캐스트형, 주형용 원형 등의 가공을 목적으로 하는 범용기(汎用機)와 극히 정밀한 가공에 이용되는 와이어 컷 방전기 등이 있다. 그림 6-2는 방전가공제품, 그림 6-3 (a)는 수치 제어를 도입한 CNC 와이어 방전가공기이고, 그림 6-3 (b)는 가공제품의 보기이다.

2) 전자빔가공

진공 중에서 고온의 텅스텐 필라멘트 음극에서 열전자 방출(熱電子放出, thermionic emission)된 전자가 한 방향으로 흘러가는 것을 전자빔(electron beam)이라 한다. 전자는 질량을 갖고 있으므로, 물체에 충돌하면 전자의 운동 에너지가 열 에너지로 변하여 고온을 얻을 수 있다. 이때 발생하는 고온을 이용하여 절단, 구멍뚫기 등의 제거가공에 이용한 가공 방법을 전자빔가공(electron beam machining)이라 한다.

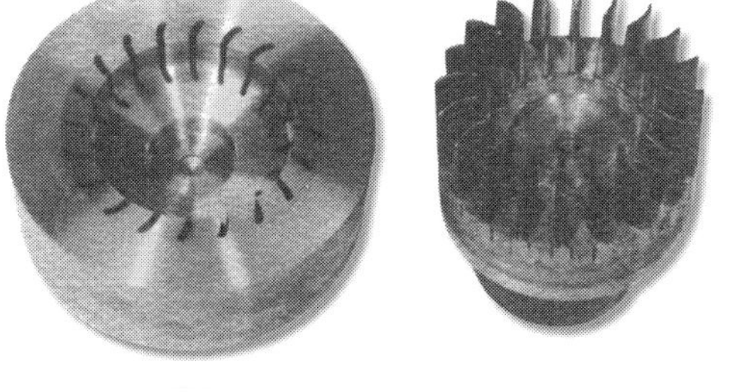

(a) 송풍기 임펠러(impeller) 금형

(b) 소형 내연 기관의 냉각핀 금형

그림 6-2 방전가공제품(다이 캐스트형)

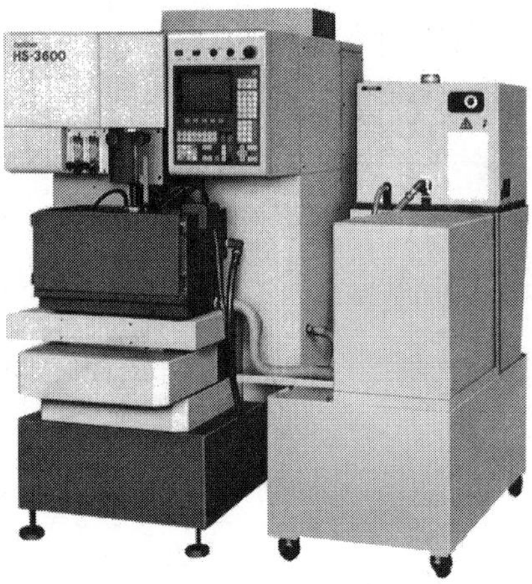

(a) 방전가공기

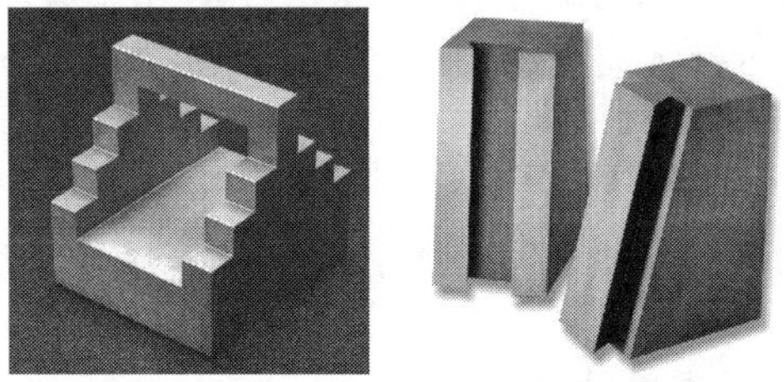

(단가공) (테이퍼가공)

(b) 가공제품의 보기

그림 6-3 CNC 와이어 방전가공기

(1) 전자빔가공의 작용과 특징

1 전자빔의 가열작용

그림 6-4 (a)와 같이 전자총에서 사출된 전자류(電子流)는 10~150 kV의 가속 전압에 의해 가속되고, 전자 렌즈와 편향 코일에 의해, 지름 10 μ 정도의 가는 빔이 되어 10^{-6} mmHg 정도의 진공실에 놓인 공작물의 표면에 집속 조사(集束照射)된다. 이 전자빔이 공작물에 충돌하면 그 부분은 순간적으로 용융, 증발되어 구멍이나 곡면을 가공할 수 있는데, 이와 같은 현상을 전자빔의 가열작용(加熱作用)이라 한다. 이와 같은 고열에 의한 순간적인 열적 제거가공을 반복함으로써 정밀한 구멍뚫기, 홈가공 및 윤곽 절단 등을 할 수 있다.

2 전자빔가공의 특징

공작물 표면의 가공은 보통 0.05 mm의 구멍가공, 너비 0.05 mm의 홈가공이 가능하다. 구멍가공에서는 지름의 200배의 깊이 가공이 가능하다. 지름 0.12 mm까지는 구멍의 크기에 따라 전자빔의 지름을 조정하여 가공한다. 지름 또는 너비가 그 이상이 되는 구멍이나 홈가공에서는, 전자빔을 조정한 프로그램에 의해 주사(走査)할 필요가 있다. 전자빔가공은 여러 가지 장점이 있으나 한편으로는

① 높은 진공 장비가 필요하고,

② 가공 속도가 느리며,

③ 구멍가공의 경우 입구의 정밀도가 떨어지며,

④ 조작에 숙련이 필요하고,

⑤ 장비가 고가이고 유지비가 많이 든다는 등의 단점이 있다.

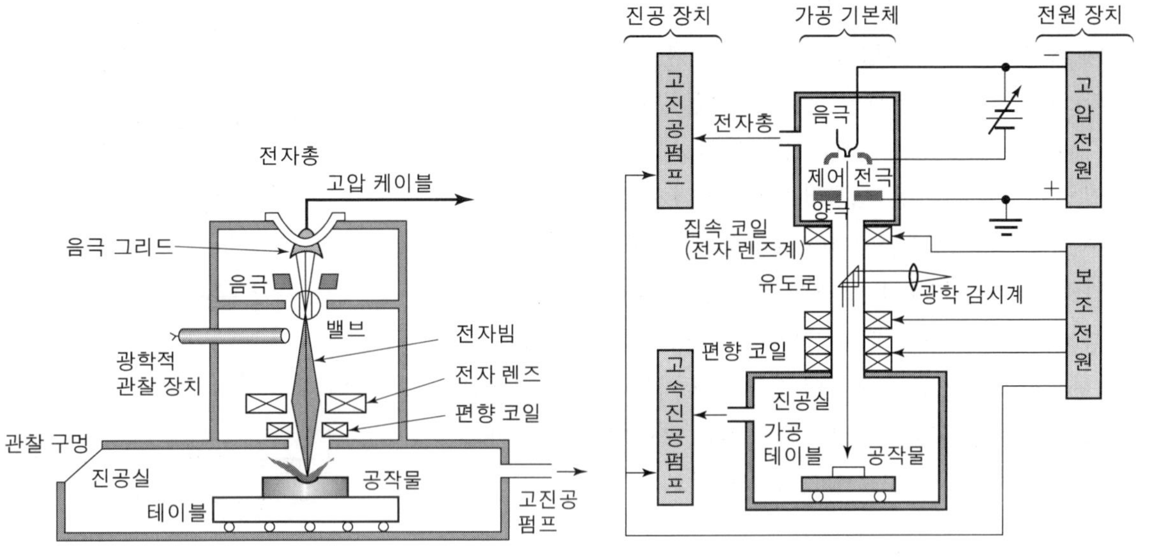

(a) 전자빔가공기구

(b) 전자빔가공 장치

그림 6-4 전자빔가공

(2) 전자빔가공 장치

전자빔가공 장치는 그림 6-4 (b)와 같이 기계 본체에 전원 장치와 진공 장치가 설치되어 있다. 음극에 50~150 kV의 부전압(負電壓)을 걸고, 음극 전류(陰極電流)에 의해 고온으로 가열되면 열전자가 방출된다. 이때 방출되는 전자빔의 크기는 제어 전극을 흐르는 전류에 의해 조정될 수 있다. 양극에서 가속된 전자빔은 집속(集束) 코일에서 조여지며, 진공실 내의 공작물의 표면상에 집점(集点)되어 모인다. 편향 코일은 전자빔의 위치를 변경할 때 사용되며, 전자총에서 공작물까지의 거리는 보통 100 mm 정도로 한다.

2. 레이저가공과 플라즈마가공

1) 레이저가공

(1) 레이저가공의 원리와 특성

1 레이저가공의 원리

그림 6-5는 레이저가공의 원리를 나타낸 것으로서, 고밀 광도의 에너지로 공작물의 국부를 가열, 용융, 증발시키는 열적 제거가공 방법이다. 레이저광은 일종의 평행 광선이며, 이를 렌즈로 작은 넓이에 집속하여 가공에 이용한다.

레이저가공은 전자빔가공과 같이 각종 난가공재(難加工材)의 미세가공에 적합하며 또한 대출력 광원의 개발에 따라 일반 열가공용으로도 보급되고 있다. 레이저가공은 전자빔가공과는 다르게 진공실을 필요로 하지 않는 장점은 있으나 출력이 작은 단점이 있다. 따라서 깊이가 얕은 매우 작은 지름(최소 지름 0.1 mm 정도)의 구멍뚫기와 절단가공, 크기가 작은 용접 등에 이용된다. 최근에는 출력이 향상되면서 파장이 짧은 자외 레이저광 등은 높은 광량자(光量子) 에너지를 이용하여 선택적인 화학 반응을 이용한 생체 세포의 무가열 절단이라고 하는, 레이저가공이 아니면 불가능한 분야로 그 영역이 확대되고 있다.

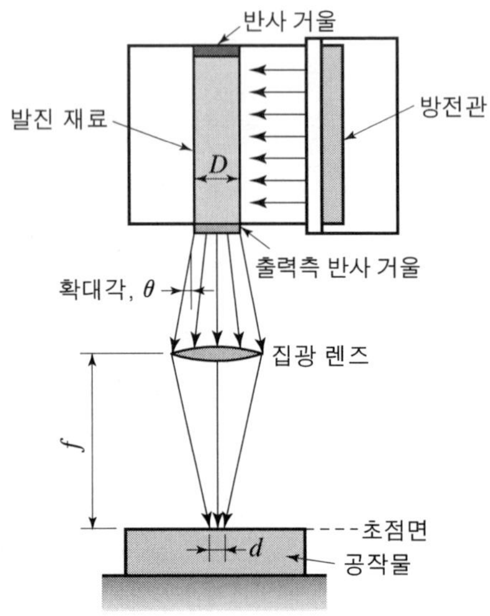

그림 6-5 레이저가공의 원리

2 레이저가공의 특징

레이저(laser)[1]에서 방출되는 빛 에너지인 레이저 빔(laser beam)은 위상(位相)이 균일하고, 분광(分光, spectre) 폭이 좁고, 간섭성(干涉性, coherent light)이 높은 순수한 단색광(單色光)으로, 지향성(指向性), 집속성(集束性) 등이 매우 뛰어나, 렌즈계로 미소 면적으로 집속할 수가 있다. 그리고 조사면(照査面)에서 빛 에너지가 열 에너지로 변환되고, 그 에너지 밀도는 매우 높다.

이와 같은 레이저를 집속하여, 그 고에너지 밀도에 의해 공작물을 국부적으로 가열 용융, 기화하여 제거가공에 응용한 것을 레이저가공(laser beam machining : LBM)이라 한다.

(2) 레이저가공 장치

레이저가공 장치는 그림 6-6과 같이 레이저빔 발진 장치(發振裝置), 집속용 광학계(集束用光學系), 관측용 광학계(觀測用光學系), 공작물의 위치 결정 테이블 등으로 구성된다. 관측용 광학계는 공작물의 위치 결정과 초점 맞추는 데 사용되며, 육안으로 관찰하는 것과 비디오 모니터(video monitor)를 병용한 것이 있다. 공작물 테이블에는 공작물의 이동과 레이저 발진을 연동시킨 NC 제어로 한다. 여기 광원(勵起光源)에는 제논 램프(xenon lamp)[2]가 사용된다. 가스 레이저 발진 장치에서는 레이저 발진 재료인 레이저 로드(laser rod)를 가스가 충만된 방전관으로 교환해 놓는다. 레이저는 고주파 무전극 방전(高周波無電極放電)을 사용하여 발진시킨다. 그림

1) 레이저(laser) : 유도 방사(誘導放射)에 의한 광증폭(光增幅), 즉 'light amplification by stimulated emission of radiation'의 머리글자를 딴 것으로, 가시광선(可視光線)과 전자파(電磁波)에 공명(共鳴)하여 빛을 내는 물질의 총칭이다.
2) 제논 램프(xenon lamp) : 고압의 제논(Xe) 가스 속의 발진에 의해 발광시키는 방전등(放電燈)

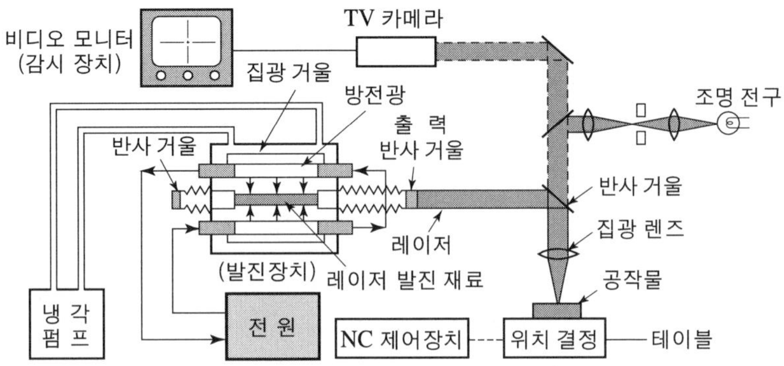

그림 6-6 레이저빔가공(LBM) 장치의 구성

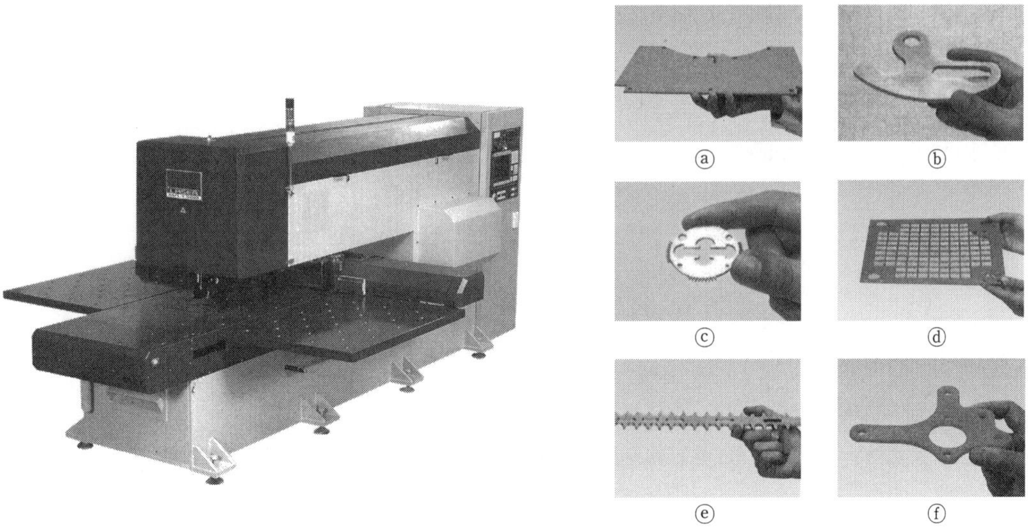

(a) 레이저가공기 (b) 레이저가공품

그림 6-7 레이저가공기와 제품

6-7은 레이저가공기와 가공제품의 보기이다.

2) 플라즈마가공

기체가 고온으로 가열됨에 따라 기체 분자나 금속 증기가 자유 전자와 양 이온으로 해리(解離)된 상태를 플라즈마(plasma)라 하며, 전극과 공작물 사이에 아크를 발생시키고, 이 아크를 좁히면 구속(拘束) 플라즈마가 된다. 구속 플라즈마의 에너지 밀도는 전자빔, 레이저빔 다음으로 높아, 이 플라즈마의 에너지를 이용한 가공법을 플라즈마가공(plasma beam machining : PBM) 또는 plasma arc cutting(PAC)이라 한다.

(1) 플라즈마 발생 원리

전극과 공작물 사이에 발생한 아크를 노즐(nozzle)에 의해 조이거나 기류에 의해 냉각하여 구속 플라즈마를 얻는 기구를 플라즈마 토치(plasma torch)라 한다.

그림 6-8 (a)는 플라즈마가공의 원리를 나타낸 것으로, 텅스텐의 음극(陰極)과 동제 양극간(銅製陽極間)에 아크를 발생시키고, 발생한 아크의 접선 방향으로 작동 가스를 불어 넣어 선회시키게 되면, 작동 가스의 냉각작용에 의해 아크가 가늘어진다.

이 현상을 열적 핀치 효과(thermal pinch effect)라 한다. 이와 같이 아크의 지름이 감소하면 이온은 서로 인합(引合)하면서 다시 지름이 감소하는데, 이 현상을 전자적(電磁的) 핀치 효과(electro-magnetic pinch effect)라 한다. 이들 핀치 효과에 의해 지름이 축소된 플라즈마는 수만도에 달하여 이것이 작동 가스의 압력에 의해 노즐을 통하면서 제트화하여 고속, 고강도(hight intensity)의 힘으로 분사하여 플라즈마 제트(plasma jet)가 된다.

양극이 토치 내부에만 존재하므로, 이를 비이행 아크형 플라즈마 제트(non-transfered arc jet) 또는 단순히 플라즈마 제트라 한다. 그림 6-8 (b)는 공작물을 양극으로 하고 있으며 이행 아크형 플라즈마 제트(transfered arc plasma jet) 또는 플라즈마 아크라 하여 구분하고 있다.

(2) 플라즈마가공

플라즈마가공은 전자의 에너지 변환과 분자 결합, 2,000℃ 이상의 고온 플라즈마 제트의 대류 등에 의해서 공작물이 가열되고, 가공부가 용융점에 달하면 용융부는 고속의 가스 흐름(stream)으로 제거된다.

따라서 플라즈마가공은 경도나 내열성 재료에 관계없이 거의 같은 능률로 가공되며, 가공면이 복잡하지 않고 정밀도를 요하지 않는 가공에 이용된다. 초기에는 스테인리스강, 모넬 등의

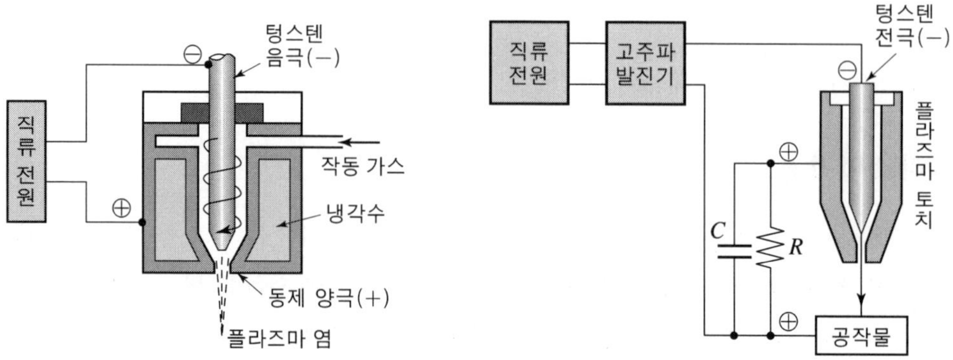

(a) 플라즈마 발생 원리

(b) 플라즈마 아크 발생 회로

그림 6-8 플라즈마가공 원리와 발생 회로

절단에 사용하는 정도였으나, 최근에는 선삭, 밀링, 플레이너작업 등에 까지 그 응용이 확대되고 있다.

3. 전해가공과 초음파가공

1) 전해가공

(1) 전해가공의 원리

양극(陽極)을 용출(溶出)하는 전기 화학적 용해작용을 공작물의 일정한 부분으로 제한하여 소요의 형상, 치수, 표면의 성상(性狀)으로 가공하는 방법을 전해가공(電解加工, electrolytic machining)이라 하며, 이를 전기 화학가공(ECM)이라고도 한다.

전해가공의 원리를 전기 도금과 비교하면 반대 현상임을 알 수 있다. 즉 그림 6-9 (a)와 같이 전해액(電解液, electrolytie) 중에 두 개의 금속판을 담그고, 직류 전원으로 접속한다. 전해액은 양(+)이온과 음(−)이온 (식염수용액의 경우는 Na^+와 Cl^-)으로 분리한 다음 그림 6-9 (b)와 같이 직류 전류를 통전(通電)하면 Fe인 양극 금속(陽極金屬)은 $FeCl_2$로 되어 전해액 중으로 용해한다.

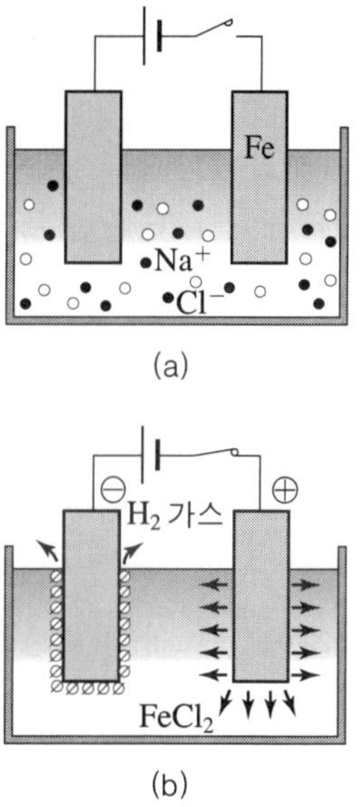

그림 6-9 전해가공의 원리

(2) 전해가공의 특징

전해가공은 공작물의 경도, 인성에 관계없이 일정한 속도로 가공할 수 있으며, 공구 전극의 소모가 전혀 없는데, 이 현상은 방전가공과 크게 다른 점이다. 가공 속도가 빠르고 복잡한 형상을 한 공정으로 가공할 수 있으며, 열이나 기계력이 작용하지 않으므로 가공면에 응력이나 변형이 나타나지 않을 뿐만 아니라, 가공면은 거울과 같은 거울면을 얻을 수 있는 특징이 있다.

(3) 전해가공기

전해가공용 기계에는 가공 방식과 용도에 따라 전해가공기, 전해 평면 연삭기, 전해 총형 연삭기 그리고 전해 거스럼 제거기 등이 있다. 구조는 일반적으로 가공기 본체, 가공 전원과 제어 장치, 전해액 공급 장치가 있으며, 특별 부속 장치로는 가공액 냉각 장치와 자동 이송 장치 등이 있다. 그림 6-10은 전해가공기의 보기이다.

2) 초음파가공

전기적(電氣的)인 고주파 발진기(高周波發振器)에 의해 여진(勵振, exitation)되는 초음파 진동(超音波振動)을 에너지원으로 이용하여 상하 방향으로 초음파 진동을 하는 공구(horn)와 공작물 사이에 연삭 입자를 두어 피공작물을 정밀하게 다듬는 방법을 초음파가공(超音波加工, ultrasonic machining)이라 한다. 이와 같이 전기 에너지가 기계적 에너지로 변환됨으로써 공작물은 전기의 양도체, 부도체를 불문하고 담금질 경화한 강, 다이강, 수정, 보석, 유리, 자기 등 금속 · 비금속을 망라한 공작물을 정밀가공하는 데 광범위하게 이용되고 있다.

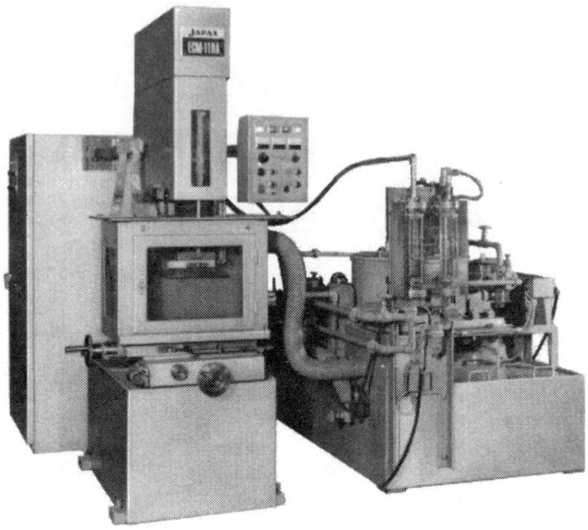

그림 6-10 전해가공기

(1) 초음파가공의 원리

초음파가공의 원리는 그림 6-11과 같이 고주파 발전기에서 고주파 전류를 초음파 발생 장치로 보내면 고주파 진동으로 변환되어 기계적인 상하 방향(上下方向)으로 진동한다.

초음파가공은 혼의 끝에 고정한 공구와 공작물 사이에 숫돌 입자와 혼합한 가공액을 넣어 가볍게 압력을 가한 상태에서 공구에 진동을 주어 가공하는 방법이다. 이때 진동은 타격작용으로 공작물의 가공면을 미세하게 파쇄한다. 공작물은 침식작용을 받게 되어, 초음파가공은 이 두 가지의 복합작용에 의해 가공이 이루어진다.

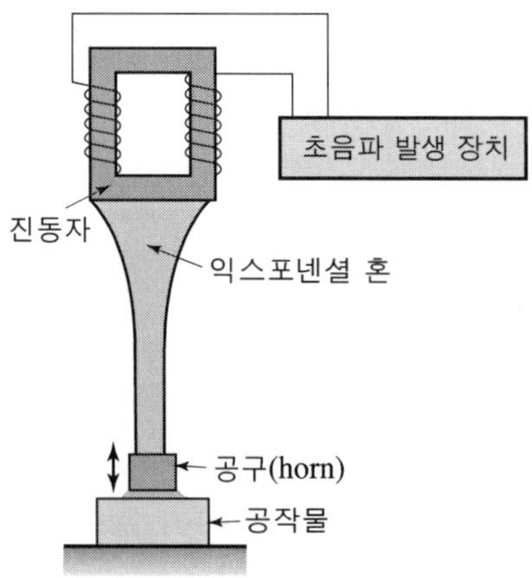

그림 6-11 초음파가공의 원리

(2) 초음파가공법

초음파가공에는 큰 진폭(振幅)으로 공구를 초음파 진동시킬 필요가 있다. 이를 위해서는 초음파 진동의 발생 장치로서 고주파 발진기(高周波發振器)와 진동자(振動子, transducer), 증폭 장치(增幅裝置)로는 콘(cone)과 혼(horn)이 사용된다.

그림 6-12는 혼의 여러 형식을 나타낸 것으로, 진폭 확대비는 단부형(段付型), 익스포넨셜형, 원추형의 순으로 작아진다.

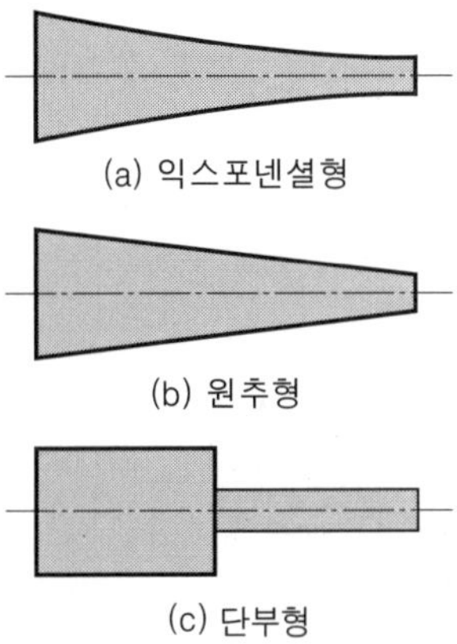

그림 6-12 혼의 형상

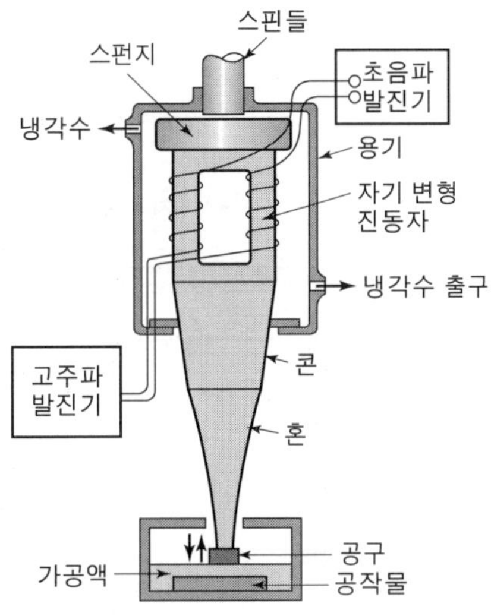

그림 6-13 초음파가공 장치의 구조

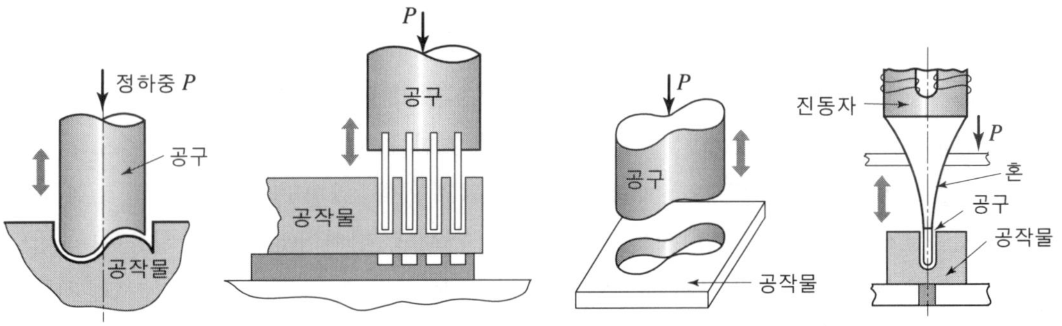

그림 6-14 초음파가공의 보기

일반적인 초음파가공 장치의 구조는 그림 6-13과 같다. 초음파가공에서 가공작용의 주운동은 공구가 직접 입자에 되풀이 충격을 가하면서 가공면을 연타하는 해머작용이다.

초음파가공공구는 회전하지 않아도 되므로, 공구와 가공 조건을 적당히 선택하면 그림 6-14와 같이 형조각, 구멍뚫기, 홈파기, 절단 등 여러 가지 가공이 가능하다.

초음파가공은 입자가 1회 충돌하는 데서 얻을 수 있는 가공량은 매우 적지만, 반복 충격이 크므로 가공 속도가 매우 높다. 그림 6-15는 초음파가공기의 보기이다.

3) 기타 특수 가공

(1) 배럴가공

배럴가공(barrel finishing)은 배럴(회전하는 상자)에 공작물과 숫돌 입자, 공작액, 컴파운드

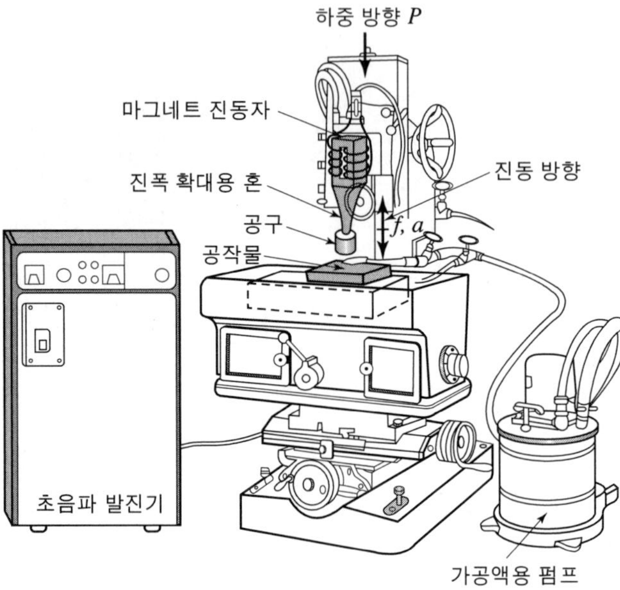

그림 6-15 초음파가공기

등을 함께 넣어 공작물이 입자와 충돌하는 동안에 그 표면의 요철을 제거하여 매끈한 가공면을 얻는 방법이다. 배럴가공은 소형 주물 또는 단조물의 표면을 청정 및 연마하는 데 주로 사용되었으나 점차 개량되어 정밀가공의 일부분으로 사용되고 있다. 완성 가공을 촉진 및 조절할 수 있는 매개물로서 숫돌입자, 석영, 모래, 금속, 나무, 가죽 등 미디어(media)가 사용된다. 미디어의 가공작용은 연삭의 효과, 녹이나 스케일의 제거(descaling), 표면의 광택 등이다. 배럴가공은 회전형과 진동형으로 구분할 수 있다.

1 회전형 배럴

그림 6-16 (a)와 같이 매분 100~200회전하는 터릿 위에 배럴을 설치하고 터릿의 회전에 의

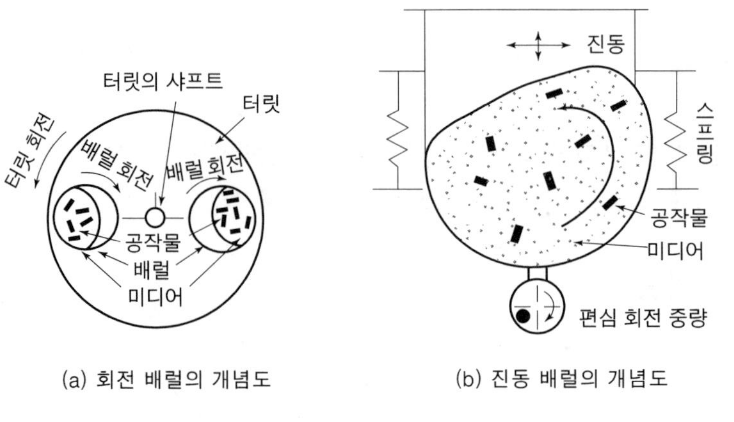

(a) 회전 배럴의 개념도 (b) 진동 배럴의 개념도

그림 6-16 배럴가공의 개념도

한 원심력과 터릿 내에서 자전하는 배럴에 의해 가공을 한다. 배럴 형상은 보통 6~8각이다.

② 진동형 배럴

배럴을 진동시킴으로써 다듬질가공하는 것으로서 그림 6-16 (b)와 같이 U형 단면의 용기 하부에 고정된 편심 회전체에 의해 상하, 좌우로 진동을 주어 가공한다. 회전형에 비해 가공 능률은 10배 정도로서 거친 다듬질에 적합하다. 진동 조건은 진폭 3~9 mm, 진동수 20~60사이클이 일반적이다.

(2) 버니싱과 롤 다듬질

① 버니싱

버니싱(burnishing)은 그림 6-17과 같이 이미 가공되어 있는 구멍에 다소 큰 볼을 압입(壓入)하여 절삭가공에서 생긴 가공 흔적을 밀어 없애고 거울면(鏡面, mirror surface)과 같이 정밀도를 높이는 가공이다. 일반적으로 연질 재료에는 강구(鋼球, steel ball)를 강재에는 초경 합금 볼을 사용한다. 가공면은 압축응력이 발생하여 피로강도가 향상되는 효과도 얻을 수 있다. 버니싱은 브로치가공한 다음에도 2차 가공으로 이용된다.

② 롤 다듬질

롤 다듬질(surface roll finishing)은 그림 6-18과 같이 롤러를 회전하는 공작물에 압착 이송하여 공작물 표면에 소성변형을 일으키면서 요철을 감소시켜 매끈한 다듬면을 얻는 다듬질가공이다. 즉 전가공(前加工)에서 생긴 거친 요철(凹凸)면을 매끈하게 하고 치수 정밀도를 향상시키는 가공법이다.

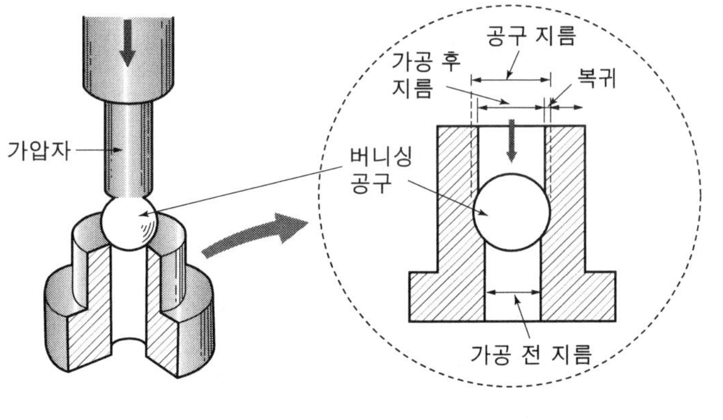

그림 6-17 버니싱가공물

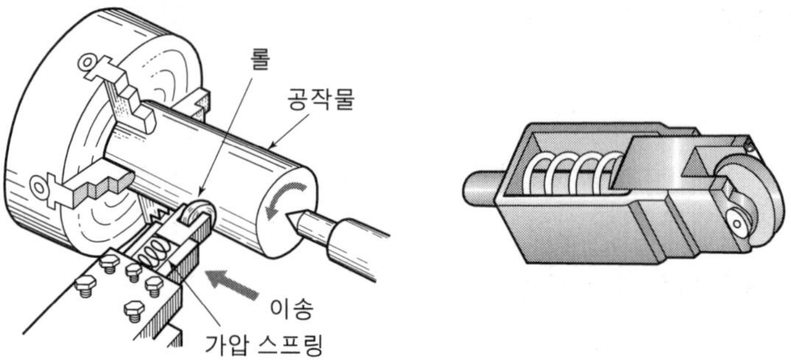

(a) 롤 다듬질기구 (b) 롤공구

그림 6-18 롤 다듬질

6.2 기계공작의 자동화

1. 공작기계의 자동화

제조 계통은 부품과 제품을 생산하도록 조직된 생산 현장이라고 말할 수가 있는데, 그 제조 계통의 조직은 생산을 위한 계획으로 시작한다. 즉 기계(machines), 재료(material), 돈(money) 그리고 인력(manpower)을 필요로 하는데, 이것들은 적절한 가격과 적시에 생산 인도하는 부품 또는 제품이 요구되는 양과 설계에 적합하여야 한다. 시스템 공학(systems engineering)에 있어서는 소프트웨어(software)를 조절하는 치공구(治工具, jigs and fixtures), 공구 설계, 프로그래밍, 불량 개소의 점검 제거 및 보수 그리고 요구되는 예비 부품 등의 간접 비용 및 주변 설비 등 모든 것을 포함한다.

또한 군생산 또는 자동화, 로봇 사용, 규모 또는 설비의 흐름 레이아웃 그리고 로트의 특별한 연속가공 등은 전형적인 계획에 포함된다.

자동화란 용어는 1947년 Ford 자동차회사에서 만들어낸 것으로서 단위 작업의 자동적 처리를 기계적으로 연속 공정과 결합한 기술이며, 그 특성과 규모의 차이는 있으나 식품과 음료 제조 공정, 석유 및 화학공업 그리고 전화 서비스 등에 적용 발전되어 왔으며, 오늘에는 모든 산업 활동에 적용되고 있는 그 역사가 오래된 기술이다.

1) 공작기계의 자동화와 생력화

자동화(自動化, automation)는 기계 사이에서 공작물을 자동으로 운반하고, 각 공작기계는 계속적으로 생산 공정을 이행함으로써 생력화(省力化, elimination of labor)를 기하는 데 있다. 연속 및 자동적 요소는 자동화를 기계화와 구분할 필요가 있다. 예를 들면 단일기계는 기계화할 수 있으며, 따라서 완전한 자동화라고 할 수 있으나 넓은 의미의 자동화의 개념은 아니다. 자동화의 정의에 따르면, "자동화는 다만 관련된 작업의 그룹이 기계적 또는 전자적으로 또는 컴퓨터나 로봇의 도움으로 모두 연합되어 이루어질 때"라고 정의하고 있다. 자동화가 되기 위해서 컴퓨터와 로봇이 필요한 것은 아니다. 즉 컴퓨터 제어가 있기도 하고 없기도 하는 트랜스퍼 라인을 포함한다. 그러나 아크 용접과 부품 운반 등의 자동화에는 로봇이 포함되고 있다.

(1) 생산성 향상과 공작법

1 생산 방식에 따른 공작법의 선택

산업 활동에 필요한 여러 가지 제품을 제조 생산하는 데는 여러 가지 수단과 방법이 이용된다. 따라서 이들이 여러 가지 가공 조건, 즉 가공 재료의 성질, 크기, 모양, 가공기계의 기능과 특성 등에 따라 생산성이 달라진다. 일반적으로 제품의 생산 목적에 따라 생산성을 높일 수 있는 방법을 구안하고 채택한다. 따라서 다음과 같은 목표를 만족시킬 수 있어야 한다.

① 능률적으로 생산할 것
② 제품의 품질이 균일할 것
③ 제품의 가공 정밀도가 높을 것
④ 경제적일 것

또한 생산 방식이 대량 생산 또는 소량 생산이냐에 따라 그에 알맞는 공작법을 선택하여야 한다. 소량 생산의 경우에는 제품별 종류에 따라 특정한 공작법을 선택하면 된다. 그러나 균일한 품질의 동일 제품을 다량으로 생산하게 되는 경우에는 전체를 통하여 생산성을 고려한 생산 방식을 바탕으로 하나하나의 공정에 적합한 공작법을 선택할 필요가 있다. 절삭가공에서는 공작기계 자체의 성능 향상을 기할 수 있으면서 기계의 자동화, 전용화를 도입함으로써 생산비의 절감을 가져와야 한다.

2 생산 방식의 전환

기계 기술의 발전에 따른 가공 기술의 발달, 수요자의 요구가 고도화 · 다양화되고, 제품의 상품 수명이 짧아지면서, 지금까지 생산되고 있는 제품의 디자인 변경과 성능 개량이 요구되고 있다. 이에 따라 생산 방식과 가공 형태를 바꿔야 하는 필요성이 발생한다.

이와 같은 경우 연속 생산 방식으로의 전환이나, 수치 제어 공작기계 또는 전용 공작기계 등을 새롭게 도입함으로써 가공 형태가 새로워져야 할 필요가 생기게 된다. 생산 방식의 전환이 이루어져야 할 경우에는 생산 설비를 재배치하거나 새롭게 신설하게 된다. 이 기간 동안에는 생산이 중단되는 경우가 많으므로 이 기간을 되도록 단축시키는 노력이 필요하다. 따라서 생산 방식과 가공 형태의 전환에 있어서는 생산 조직, 생산비, 작업자의 기술 수준 등을 전반적으로 고려한 면밀한 계획하에 실시하는 일이 매우 중요하다.

(2) 생산성과 생력화

제품 생산에 있어서 생산성은 이루 말할 수 없이 중요한 항목이다. 일반적으로 생산성에는 재료, 동력, 노동, 가치 등에 대해 생각할 수 있으며, 또한 이들의 생산성을 높이기 위해서는 생력화(省力化)가 이루어져야 한다. 또한 노동력 부족이 심각한 현실 문제로 대두되고 있어, 특히 노동의 생산성과 생력화에 유념할 필요가 있다.

1 공정의 생력화

제품 제작에서 개별적인 가공 공정은 공작물의 모양, 재질, 가공비 등을 고려하여 공작법을 선택하게 되는데, 실제 대량 생산 공정에서는 정밀도의 확보와 가공의 능률화 등 생산 관리의 입장에서 공정 순서가 결정된다. 가공 능률을 높이기 위해서 작업을 되도록 기계화 · 자동화하여 인력에 의하는 작업을 생략하여 생산성을 높이는 일을 생력화(省力化, elimination of labor, labor saving)라 한다. 현재 이루어지고 있는 기계의 자동화는 가공 공정의 흐름 전체를 자동화하지 않는 경우가 많으며, 특히 공정과 공정 간에 공작물의 반입, 고정과 떼어내기 등은 아직까지도 손작업으로 하고 있는 경우가 많다. 대량 생산 방식을 채택할 경우에는 그것이 부품가공이든, 조립제품이든 간에 부분적이든 전체적으로 자동화의 방향으로 일관되게 실시하여 생력화를 기할 수 있도록 하여야 한다.

2 대량 생산 체제에서의 생력화

대량 생산 체제에서 기계화는 자동차 판금작업에서의 트랜스퍼다이, 업세트와 금속 변형에서의 냉간 헤더, 기계가공에서의 자동 나사 절삭기 등이 있다. 유리 및 플라스틱 컨테이너를 제조하는 병제작 공정은 오래된 자동화 사례로, 기계화에서 생력화를 이룬 자동화로 전환한 사례이다. 가공 부품은 기계적 방법으로 스테이션에서 스테이션으로 움직이고 남아 있는 손동작은 소재의 새로운 가공 재료군을 기계에 적하(積荷, loading)하는 일을 하게 된다.

종전에는 각종 원료 가스나 원료 소재를 유개화차(有蓋貨車) 또는 용기로 운반하던 것을 대형 저장소에서 파이프를 통하여 안전하게 제조 라인까지 직접 운반하는 공급 구조를 이루면서 생력화하고 있다. 그림 6-19는 석유 화학 공업 단지의 가스 저장 탱크와 공급 파이프 라인의 보기이다.

2) 생산 방식과 공작기계의 자동화

(1) 생산 방식과 공작기계의 기능

1 생산 방식과 공작기계

시작품(始作品)의 생산 또는 다양한 제품 수준에 대응해야 하는 소규모 공장에서는 가공 내

(a) 저장 탱크

(b) 공급 파이프

그림 6-19 LPG 저장소

용이 자주 변하므로, 여러 가지 요구에 대응할 수 있는 만능 공작기계가 많이 사용되고 있다.

제품이 여러 가지라도 가공 기능이 한정되어 같은 종류로 볼 수 있는 나사 절삭, 핀가공과 같이 단일 기능만으로 충분한 가공의 경우에는 단능 공작기계(전용 공작기계)를 사용하면 불필요한 기구가 생략되어 조작이 간편하여 능률적인 가공이 가능하다.

소종 대량 생산 방식에서는 한정된 종류의 규격제품을 다량으로 생산하므로, 가공 기능이 단능 공작기계 또는 특정 부품을 전문으로 가공하는 전용 공작기계를 사용하는 것이 유리하다.

특히 한 종류의 규격제품을 다량으로 생산하는 경우에는 기계의 융통성이나 가공을 위한 준비, 공구의 변환 등을 생략할 수가 있어 자동화가 용이하므로, 대량 생산 방식에서 전용화된 공작기계가 많이 사용되고 있다.

2 공작기계의 자동화 기능

공작기계의 자동화를 계획할 때에는, 여러 가지 가공 공정 가운데 어느 부분이 자동화할 수 있느냐를 조사 분석하고, 자동화하기 위한 기구(機構)가 되도록 많아지도록 구안하여야 한다. 공작기계를 자동화하려면 여러 가지 방법과 단계를 생각할 수 있다. 일반적으로 공작기계를 자동화할 수 있는 기능은 다음과 같다.

① 재료를 공급하는 데 필요한 기능
② 가공에 필요한 기능
③ 공작물과 공구 등을 고정하고 떼어내는 데 필요한 기능

이상의 기능 모두를 자동화하는 경우는 많지 않으나 그 일부분만이라도 자동화하게 되면 작업 능률을 향상시킬 수 있다.

공작기계 공정에서 절삭공구의 전진 → 절삭가공 → 후퇴 또는 정지 등이 가공 사이클을 자동화하고, 여기에 재료 자동 공급 장치(材料自動供給裝置) 등을 사용하여 공작물(소재)의 고정과 떼어내기작업도 자동화한 공작기계를 전자동 공작기계(全自動工作機械, full automation tool machine)라 한다. 이에 비해 가공 사이클은 자동화하고, 공작물의 고정과 떼어내기를 손작업으로 하는 공작기계를 반자동 공작기계(半自動工作機械, semi-automatic tool machine)라고 한다. 전자동 공작기계에 있어서, 절삭작업 중에 치수를 측정하고, 소정의 치수로 가공되면 기계가 멈추는 자동 치수 장치를 설치한 공작기계가 많아지고 있다.

공작기계의 자동화에 적용되고 있는 기구와 장치에는 유체압 기구, 파워 유닛(power unit), 재료 자동 공급장치, 동력 척, 전자(電磁) 클러치 등이 있다.

(2) 유닛과 전용 공작기계

1 유 닛

대량 생산을 위한 자동기계 또는 장치는 대상 가공품의 기본적인 요소 작업을 모아서 이것을 연속적으로 작업할 수 있게 꾸민 것이다. 따라서 각 요소 작업을 하나의 공작기계로 통합하여 단능화(單能化)한 것을 유닛(unit) 또는 파워 유닛(power unit)이라고 한다.

유닛은 절삭가공을 하기 위한 주축의 회전과 자동 이송 등의 기구를 가지고 있는 기계적 단위 기구이며, 목적에 따라 적합한 절삭공구와 공작물의 설치구를 구비하게 되면 공작기계로서의 기능을 갖고 단독의 공작가공을 수행할 수 있다. 따라서 이 기구의 성능은 공작기계의 성능에 크게 영향을 끼친다.

그림 6-20 (a)는 한 대의 유닛으로 여러 개의 드릴을 사용할 수 있는 다축 유닛과 다축 드릴 헤드, 그림 6-20 (b)는 드릴과 탭을 사용할 수 있는 드릴/탭 유닛의 보기이다.

사용 목적에 따라 여러 가지 형식의 유닛이 자동화 기계의 일부분으로 사용되고 있다. 예를

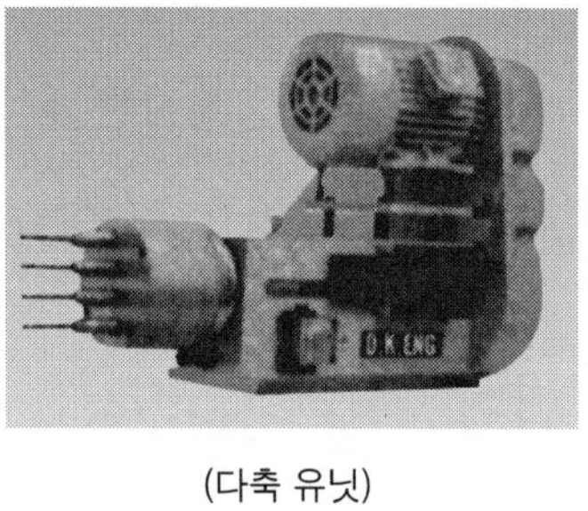

(다축 유닛)

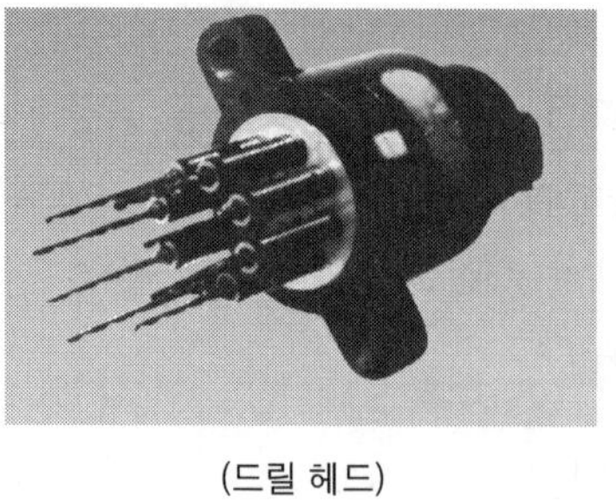

(드릴 헤드)

(a) 다축 유닛과 헤드

(b) 드릴/탭 유닛

그림 6-20 드릴 유닛

들면 밀링 커터를 사용하는 밀링 유닛(miling unit), 제품에 부품을 압입하는 데 사용되는 압입 유닛(壓入 유닛) 등이 있다. 또한 자동화 기계에 필요한 작은 부품을 일정하게 규칙적으로 공급하는 파트피더(parts feeder), 부품을 반송하는 반송 장치(搬送裝置), 자동 이송 장치, 자동 치수 장치, 모방 장치(模倣裝置), 자동 정지 장치(自動停止裝置), 반전 장치(反轉裝置) 등도 유닛의 개념으로 자동화 공작기계의 지원 장치로 다루고 있다.

2 전용 공작기계

전용 공작기계는 드릴링 프레스와 같이 한 면에 구멍을 뚫는 것에서부터 십여 개의 공정을 한 공정으로 자동 가공이 가능한 기계 등 그 종류가 다양하다. 각종 파워 유닛을 이용하여, 그림 6-21과 같이 배치를 변경함으로써 제품 생산 방식을 변경할 때 비교적 용이하게 이루어질 수 있는 장점이 있다. 적당한 지그, 고정구를 장치하면 다른 부품 가공을 위한 전용 기계로도 개량할 수 있어 기능의 범위가 넓고 다능화되고 있다. 전용 공작기계에는 주로 크랭크축 선삭, 차륜 선삭, 롤 연삭, 크랭크축 연삭에 사용된다. 1대로 한 공정의 가공만을 하는 1스테이션 공작기계와 두 공정 이상의 가공을 하는 다 스테이션 공작기계로 분류된다.

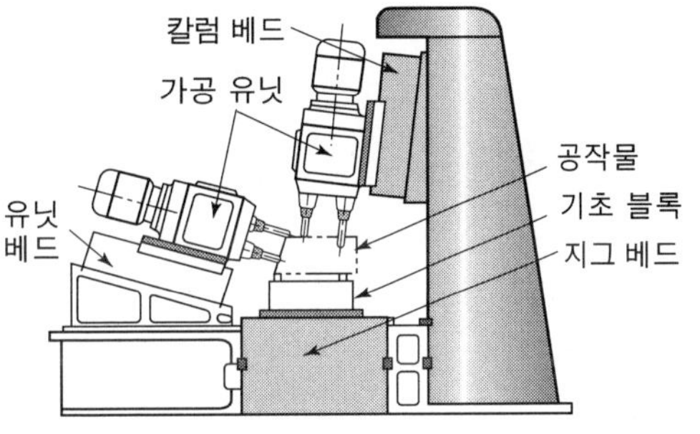

그림 6-21 유닛 배치의 보기

● 스테이션 기계

공작물은 일정한 곳에 고정하고 가공 유닛을 1방향 또는 여러 방향에서 전진하여 가공을 하는 전용 공작기계를 스테이션 기계라 한다. 스테이션 기계는 방향수에 따라 1방향형, 2방향형, 3방향형 및 다방향형이 있다. 그림 6-22 (a)는 1방향형, 그림 6-22 (b), (c), (d)는 2방향형을 나타낸 것이다.

● 다 스테이션 기계

다 스테이션 기계에서는 공작물은 처음 1공정의 가공이 끝나면 자동적으로 다음 공정으로 이송되어 가공이 이루어진다. 이상과 같은 공정이 3공정, 4공정 과정을 거치면서 자동적으로 가공이 진행되어 소정의 모든 가공이 완료된다. 다 스테이션 기계에는 1개의 부품 가공이 완료될 때마다 정지하는 공작기계와 반송과 가공을 자동적으로 반복하면서 정지하지 않고 계속적으로 가공이 이루어지는 방식이 있다. 특히 후자를 다 스테이션 다 사이클 기계라 하며 여기에는 다음과 같은 트랜스퍼 머신(transfer machine), 다이얼 머신(dial machine) 및 트러니온 머신(trunnion machine)이 있다.

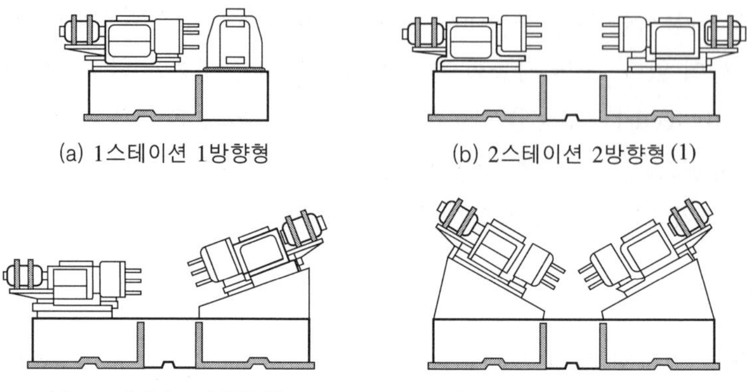

(a) 1스테이션 1방향형
(b) 2스테이션 2방향형 (1)
(c) 2스테이션 2방향형 (2)
(d) 2스테이션 2방향형 (3)

그림 6-22 스테이션 기계의 보기

a) **트랜스퍼 머신(transfer machine)** : 공작물이 직선적으로 반송되며, 다 공정의 가공이 병행하여 이루어진다. 트랜스퍼 머신은 공작물의 위치와 반송 방식에 따라 직접 이송식과 팰릿(pallet)[3] 이송식이 있다. 직접 이송식은 자동차 기관의 실린더 블록과 같이 기준면과 기준 구멍이 가공되어 있는 공작물이 직선적으로 이송되면서 여러 공정의 가공이 병행하여 이루어지는 기계이다. 그림 6-23은 트랜스퍼 머신의 배치와 소형 자동차의 실린더 블록을 가공하는 실제의 보기이다.

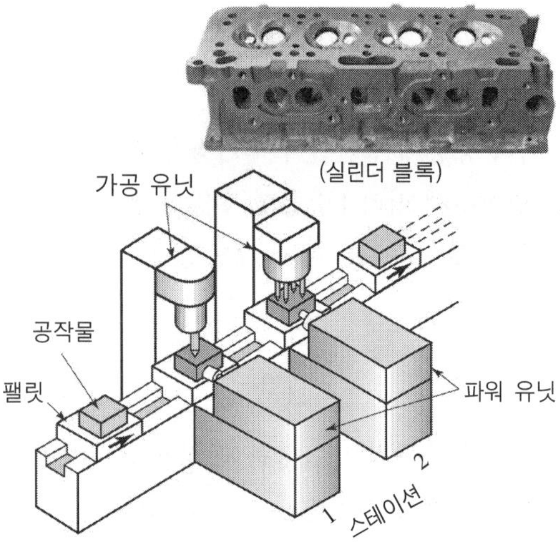

(a) 배 치

(b) 실린더 블록 가공 현장

그림 6-23 트랜스퍼 머신의 보기

3) 팰릿(pallet) : 짐을 일정 단위로 운반하는 데 사용하는 하대(荷臺)로, 기계가공과 조립작업에서 가공물을 실어 각 공정에 보내는 데 사용된다.

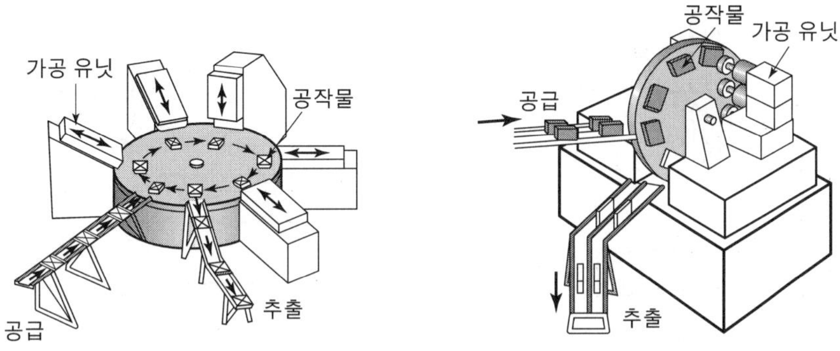

그림 6-24 다이얼 머신과 트러니언 머신

b) 다이얼 머신(dial machine) : 그림 6-24 (a)와 같이 공작물이 인덱스 테이블의 원주 상의 정해진 위치에 반송되고, 그 외주 상에 배치된 여러 대의 가공 유닛이 공작물을 연속적으로 가공한다. 카메라 또는 시계 부품과 같이 작은 부품 가공에 사용된다.

c) 트러니언 머신(trunnion machine) : 그림 6-24 (b)와 같이 다이얼 머신의 테이블 축을 90° 로 눕혀서 횡축을 수평축으로 한 것으로, 테이블 대신 드럼(drum)의 외측에 고정한 공작물을 가공한다.

3) 치공구와 조립작업의 자동화

(1) 치공구

1 지그와 고정구의 특징

공작기계에 공작물을 고정하여 절삭가공하거나 검사 조립할 때, 가공 부분의 위치 결정 또는 공구를 안내하는 기구를 지그(jig) 또는 고정구(fixture)라 하며, 이 기구를 사용하면 가공 공정을 간소화하면서 정밀하고 작업의 능률화를 기할 수 있다.

지그와 고정구를 구별하기는 어려우나, 일반적으로 절삭가공에서 그림 6-25 (a)와 같이 공작물을 고정하는 동시에 절삭공구를 안내하는 기능을 가진 것을 지그라 하고, 그림 6-25 (b)와 같이 단지 공작물을 설치, 고정하는 목적에만 사용되는 것을 고정구라 한다. 그러나 지그와 고정구를 구별하기 어려운 경우가 많으므로, 총칭하여 치공구(治工具, jigs and fixture) 또는 지그라고 한다. 본서에서는 총괄적인 의미에서는 치공구로, 개별적인 의미에서는 지그와 고정구로 구분하여 사용하였다.

그림 6-26 (a)와 같은 공작물에 드릴링을 할 때 일반적으로는 그림 6-26 (b)와 같이 구멍 위치를 금긋기하고 그림 6-26 (c)와 같이 구멍을 뚫게 되지만, 지그를 사용하면 그림 6-26 (d)와 같이 구멍의 위치가 정해지고, 드릴을 안내하게 되므로 그림 6-26 (e)와 같은 정확한 구멍

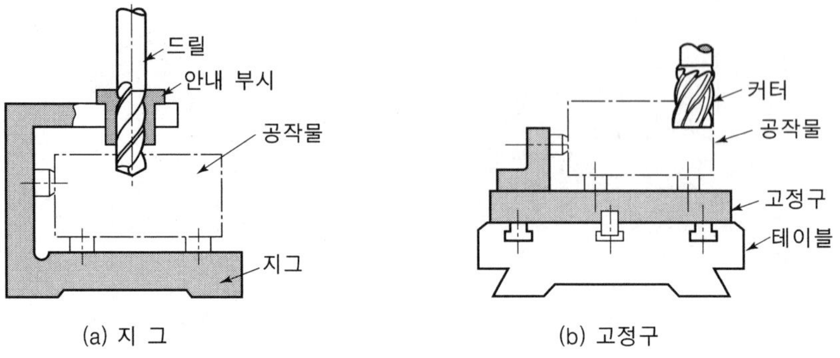

그림 6-25 지그와 고정구

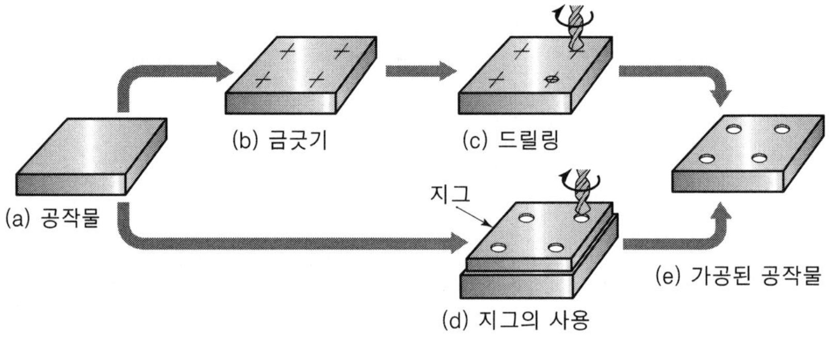

그림 6-26 구멍뚫기의 비교

을 가공할 수 있다. 지그와 고정구의 사용 목적을 요약하면 다음과 같다.

① 공작기계 기능을 확대시킨다.
② 공작물을 고정하고 떼어내는 시간을 단축하여 생산성을 높인다.
③ 숙련공이 할 일을 용이하게 할 수 있다.
④ 제품의 정밀도를 높여 호환성이 향상된다.
⑤ 작업자의 피로, 작업 중의 부상 등이 감소된다.
⑥ 재료의 낭비가 적고, 불량품이 감소된다.
⑦ 검사의 일부를 생략할 수 있다.

2 치공구의 종류

치공구는 주로 기계가공작업에서 공작물을 일정한 위치에 고정하고, 공구를 안내하는 데 많이 사용하고 있지만, 그 밖에도 용접, 조립 및 검사용으로, 그리고 열처리할 때 열에 의한 변형을 방지하기 위한 고정구 등으로 널리 사용되고 있다. 치공구의 형태는 공작물의 모양과 작업의 성질에 따라 선정한다. 각 작업에 대한 특성 치공구는 그 분류 방법에 따라 여러 가지가 있으나 일반적으로 그림 6-27에 예시한 것이 많이 사용된다.

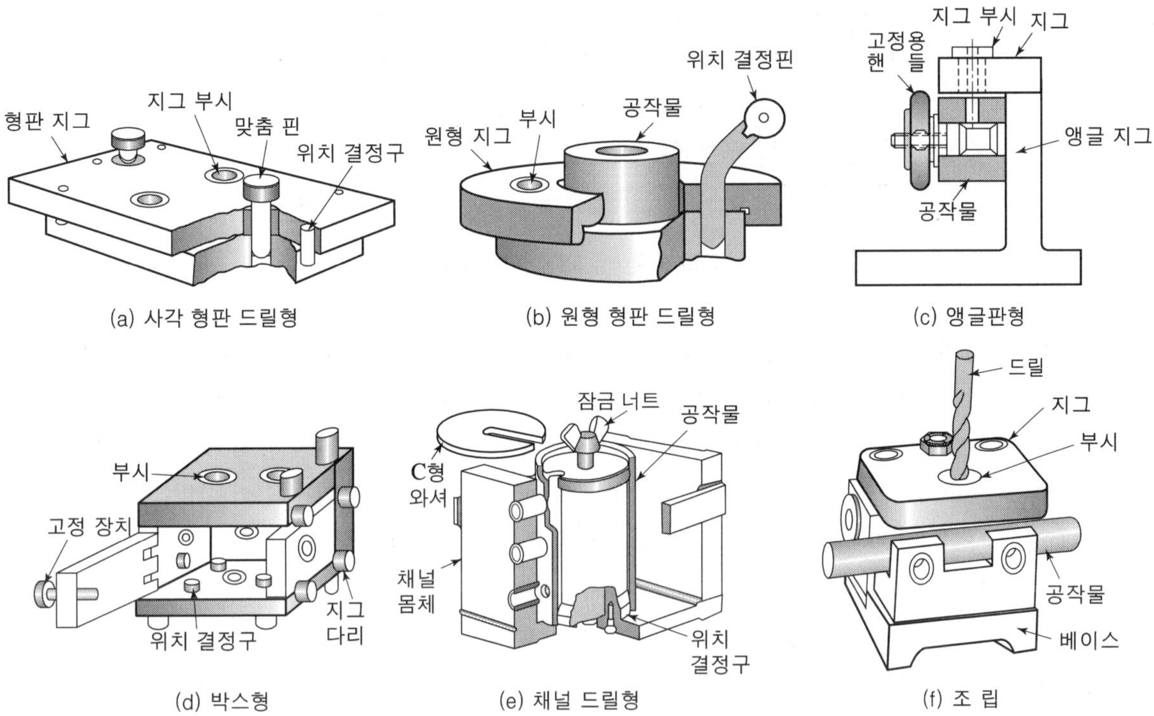

그림 6-27 치공구의 종류

(2) 조립작업의 자동화

1 조립의 기본 기능

기계 공업에서 완성품이 제작되는 공정에는 조립작업이 필수적으로 이루어지게 되는데, 여기에 별도의 공정에서 가공된 두 개 이상의 부품을 영구적 또는 일시적인 결합 수단을 사용하여 지시에 따라 결합하는 작업을 조립(組立, assembly)이라 한다.

조립의 기본 기능은 부품의 공급, 이송 그리고 조립(結合)이다. 일반적인 조립 라인에서는 기판 부품(dominant base element)이 컨베이어 시스템(conveyer system)에 놓여 이동되는 과정에 다른 부품들이 필요한 장소에 차례로 공급되면서 순서에 따라 조립된다. 이 과정에는 발견되는 불량 조립품을 검사하는 지점이 있으며, 이 지점에서 발견된 결함이 있는 제품은 작업 라인에서 제거하여 재작업에 투입되거나 분리된다. 그림 6-28은 일반적인 조립 라인의 기능을 도식화한 것이다. 기계 또는 부품 생산 공정에서는 가공된 부품 또는 조립된 부품들이 제 위치에 공급되고, 나사와 볼트 등으로 조립되어 제품화된다.

2 자동 조립 라인

자동 조립에서 사용되는 많은 요소는 기계화 생산의 경우와 같으며, 또한 기계식 제어, 전자

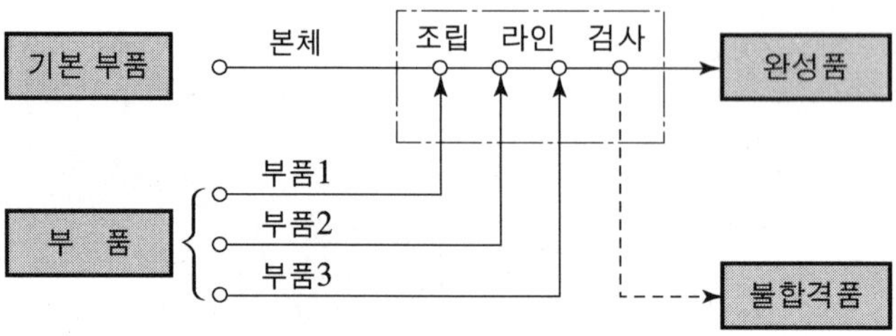

그림 6-28 조립의 기본 기능

기계식 제어, 유체식 제어, 또는 수치식, 즉 컴퓨터 제어 등으로 조립작업이 자동화되고 있다.

이와 같이 조립작업을 자동화한 생산 공정을 자동 조립 라인(automatic assembly line)이라 한다. 조립작업에서 부품과 제품의 이송 방식에는 테이블 또는 컨베이어 등의 구조에 따라 직선 형태로 이송하는 직선식 이송 방식과 원형 경로에 따라 이송하는 회전식 이송 방식이 있다. 또한 이송 사이클에는 고정 사이클 이송 방식과 자유 사이클 이송 방식 등이 있다.

복잡한 제품이나 기계 부품을 조립하는 데 처음 단계는 조립품을 작은 단위로 분리하여 공정화하는 일이다. 이것은 부품을 적당한 장소에 순서에 따라 공급하여 재료의 취급과 조립작업을 능률화하기 위해서이다. 재료의 취급은 크기, 모양, 무게, 특성 등에 따라 여러 방법이 사용된다. 크거나 무거운 제품과 재료는 문형 크레인, 천장 크레인, 이동 암 전자 척, 전동 트럭 그 밖의 간단한 컨베이어 등이 사용된다. 조립은 제품을 생산하기 위하여 각 개별 부품을 조립하게 되는데, 부품은 처음 소형 조립품으로 결합하고 다음에 반조립품 그리고 끝으로 최후 조립품으로 완성된다. 그림 6-29 (a)는 조립 라인의 각 부문에 필요한 부품을 케이스 단위로 자동적으로 공급해 주는 오토런 시스템(autorun system)의 보기이다.

그림 6-29 (b)는 1947년에 미국의 Ford 자동차회사가 착안하여 처음으로 도입하여 자동차 부품을 생산한 컨베이어 조립 라인으로, 대량 생산 체제의 상징이었다. 그러나 산업 구조가 변하면서 단순 조립 라인인 컨베이어 조립 라인이 추방되고 그 대신 몇 명이 한 팀이 되어 제품 조립의 시작에서 완성까지를 담당하는 셀(cell)방식이 도입되고 있는 추세이다. 현대 산업에서는 중소기업과 농수산물 가공공장에서 볼 수 있는 방식이다.

3 플렉시블 조립 라인

조립 라인의 자동화는 소품종 대량 생산을 목적으로 하는 소형 자동차 조립 생산을 비롯하여 전자제품 조립 등에 적용하면서 많은 발전이 이루어졌다. 그러나 제품에 대한 수요자의 요구가 변화되면서 생산 구조가 다품종 소량화를 지향하는 생산 패턴의 변화 추세에 따라 조립 라인에도 유연성이 있는 자동 조립 방식이 필요하게 되었다. 이와 같은 유연성이 있는 조립 방식을 플렉시블 조립 방식(flexible assembly system : FAS)이라 하며, 개별적인 프로그램 또는 컴퓨터에 의해 제어되는 기계적인 팔(mechanical arm)과 산업 로봇 그리고 조립 라인에 필요한 기기

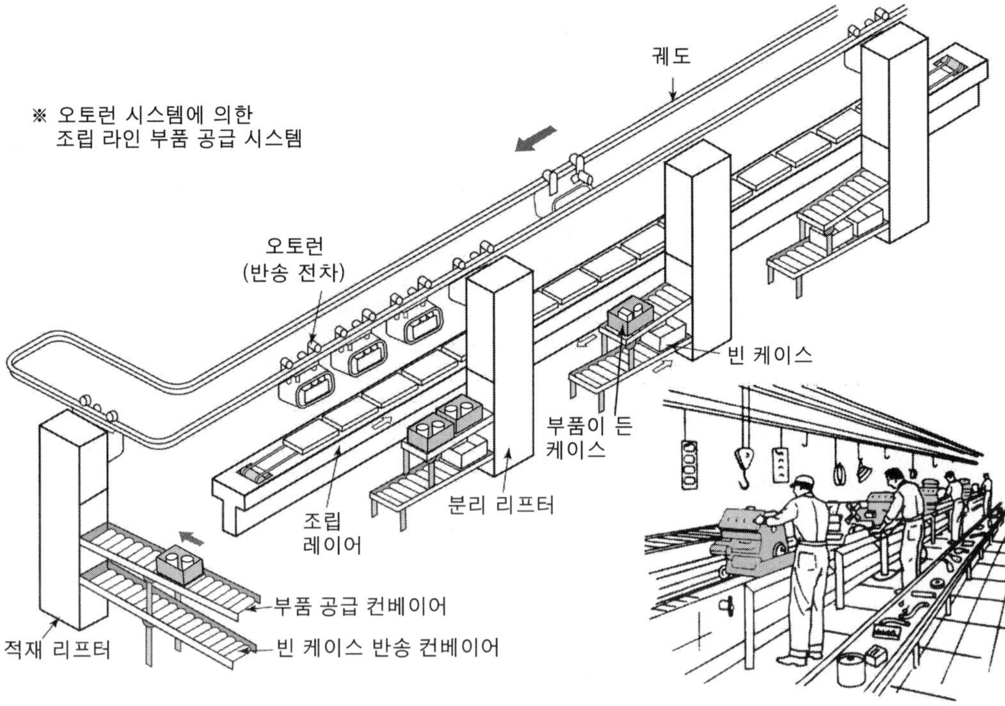

(a) 자동화 조립 라인 (b) 노동집약적 컨베이어 조립 라인

그림 6-29 조립 라인

나 설비를 제어하는 제어 시스템(control system)으로 구성되어 있다.

4) 자동화 공작기계

(1) 공작기계의 제어 방법

공작기계의 동작과 순서를 정확하고 자동으로 제어하기 위해서는 제어 장치가 필요하다. 제어 장치는 제어 방법에 따라 여러 가지 형식이 있으며, 제어 방법은 생산 방식에 따라 달라진다. 소품종 대량 생산의 경우에는 동일 형상과 치수의 공작물을 대상으로 하므로 가공 내용이 얼마간 복잡하더라도, 동일한 동작이 반복 제어가 된다. 이에 비해 다품종 소량 생산의 경우에는 가공 내용에 따라 동작도 달라진다.

따라서 다품종 소량 생산을 하는 공작기계의 제어는 소품종 대량 생산에 비해 복잡하고 어렵다.

1 모방 제어

모방 제어(模倣制御, tracer control, copying control)는 아날로그 제어의 일종으로 가공할 제품과 같은 모형이나 형판 등에 차동 변압기의 철심에 끼워 있는 트레이서(tracer)를 접촉시키

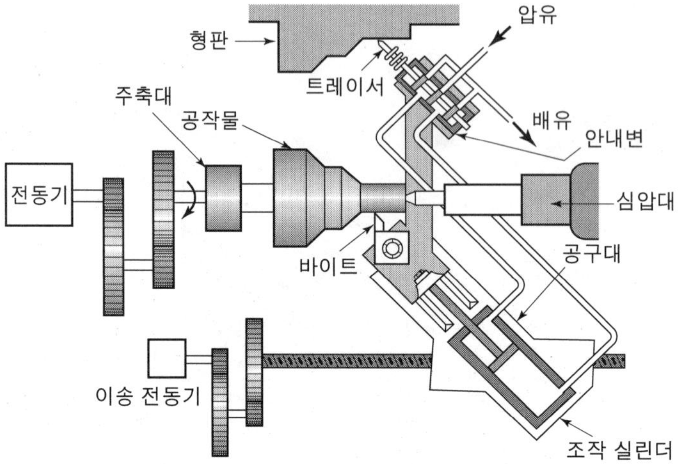

그림 6-30 유압식 모방 절삭기구

면, 차동 변압기 몸체와 일체로 연결된 공구가 모형의 형상에 따라 발생하는 신호의 크기에 의해 연속적으로 제어하면서 절삭하는 방식이다. 그림 6-30은 안내변식 유압 서보기구의 보기로서, 모방 제어 장치를 이용한 모방 선반(copying lathe)에서 많이 이용된다.

② 플러그 보드를 이용한 프로그램 제어

그림 6-31과 같은 플러그 보드(plug board)를 사용하여 전기적으로 제어하는 방식을 프로그램 제어(program control)라 한다. 플러그 보드에는 주축 회전 속도의 변환, 주축의 상하 움직임, 테이블의 좌우 이송, 이송 속도의 변환 및 정지 위치 등의 지령이 설정되어 있다. 따라서 이것에 플러그를 삽입함으로써 공정의 순서와 내용을 기계에 지령(指令)할 수 있다. 플러그 보드의 배열은 조합하는 방법에 따라 수십 공정의 작업을 할 수 있다. 프로그램 제어를 공작기계에 적용하면 프로그램된 순서에 따라 자동으로 가공, 조립, 측정 등을 전용기에서 행하는 것과 같은 제어 장치를 구성한 시퀀스 제어의 자동 운전 방식이 된다. 그러나 이 방식은 직선 제어에 한정되며 선반, 드릴링 머신, 연삭기, 밀링 머신 등에 적용된다.

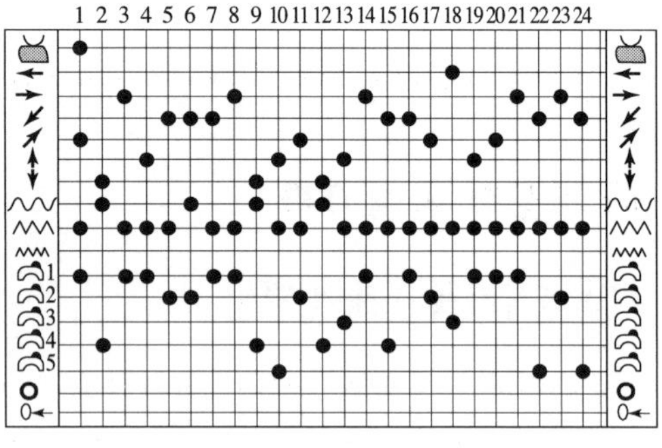

그림 6-31 프로그램 보드

③ 수치 제어

공작기계에서 공작물의 가공에 필요한 작업 순서와 작업의 개시점, 그리고 경로 및 종점 등을 나타내는 위치 정보 또는 작업 정보를 수치화하고, 이를 종이 테이프나 자기 테이프, 표로 정리된 카드, 디스켓 또는 직접 컴퓨터로 저장된 수치 데이터 등의 정보를 매체로 수치 제어 장치에 입력하여 정해진 작업을 자동적으로 제어하는 방법으로, 수학적 정보를 사용하기 때문에 이를 수치 제어(numerical control) 또는 머리글자를 따서 NC라 한다. NC는 공작기계와 그 밖의 작업기계를 부호로 구성된 NC 프로그램에 의해 운전한다. NC는 가공 방법이 아니라 기계의 조작 수단이다.

4 적응 제어

NC 공작기계에 의한 가공에서 절삭 능률을 최대로 하고 공구 또는 기계의 이상 현상이 발생하였을 때 신속히 대처할 수 있도록 하며, 가공 환경이 여러 가지로 변화하는 상태에서 절삭 조건을 적절하게 유지하면서 가공이 이루어지도록 하는 것을 적응 제어(適應制御, adaptive control)라 한다. NC 공작기계에서는 공구의 경로 이송이나 주축 회전 속도 등 절삭에 관한 정보만 지령할 뿐, 실제 절삭되고 있는 상황을 피드백할 수는 없다.

적응 제어는 공작기계 또는 공구에 검출기를 부착하여, 주축의 회전력(torque), 기계 및 공구의 온도, 공구의 변위, 진동 등을 검출 감지하여, 최적의 절삭 조건에서 가공이 이루어질 수 있도록 주축 속도, 이송 속도 등을 변화시킨다. 이때 검출된 자료의 해석에는 컴퓨터를 사용한다. 적응 제어는 가공의 능률화, 경제적 최적화, 가공 재료의 절약, 가공 중의 불량화 방지, 공구와 기계의 보호, 가공 정밀도의 향상, 검사 공수의 감소 및 작업자의 노력 경감 등을 목적으로 하고 있다. 적응 제어는 기계 절삭가공과 연삭뿐 아니라 판금 성형, 조립 및 용접작업에도 적용되고 있다.

(2) NC 및 CNC 공작기계

1 NC의 특징

NC(數値制御, numerically control)는 선반, 밀링 머신 등 일반 범용 공작기계의 작업에 필요한 치수, 모양, 이송 속도, 주축의 속도 등에 대한 정보를 제공함으로써 기계가공과 작업을 제어하는 자동화 장치이다.

NC 장치는 다음과 같은 특징과 장점이 있다.

① 작업자가 하던 여러 가지의 손조작이 자동화로 바뀐다.
② 수동으로는 매우 어려웠던 복잡한 모양의 공작물을 가공할 수 있다.
③ 범용 공작기계와 비교하여 생산능률이 높다.
④ 가공상의 유연성이 좋아서 작업의 전환이 용이하고, 다품종 소량 생산에 유리하다.
⑤ 입력된 수치 정보 테이프의 지령으로 움직이며, 컴퓨터는 기술실에서 작성되는 기계의 운전과 계획의 결정이 경영진의 통제하에 개방된다.

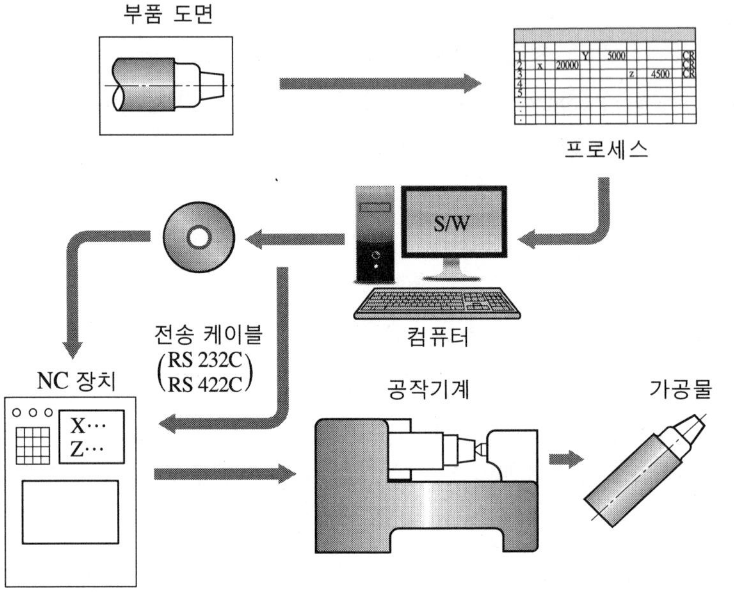

그림 6-32 NC 공작기계의 작업 흐름

이상과 같은 이유에서 공작기계의 NC화가 확대되면서 각 공작기계의 자동화에 머물지 않고, 여러 대 또는 수십 대를 공작기계군(工作機械郡) 시스템으로 제어하거나 관리할 수 있어 능률적이면서 생산적이다. 그림 6-32는 도면에서 제품이 가공 생산되기까지의 NC 공작기계의 작업 공정의 흐름을 보여주고 있다. 최근에는 CNC 장치에서 내부 기억 장치의 확장과 개인용 컴퓨터에서 DNC를 통하여 NC 프로그램을 전송하고 관리하는 기술의 발달로 천공기의 이용이 점차 줄어들고 있어 NC 테이프의 사용이 사라지고 있는 추세이다.

2 NC 공작기계

NC 공작기계는 범용 선반과 밀링 머신에서 가공이 까다로운 각종 기계 부품, 엔진 블록의 구멍가공, 곡선을 포함한 캠, 헬리콥터의 날개, 터빈 블레이드(blade) 등의 곡면가공에 널리 활용되고 있다. 특히 NC 장치를 이용한 산업용 로봇은 자동차 산업 분야에서 차체의 조립, 페인팅, 간단한 기계 부품의 조립 등의 자동화 작업에 이용된다. 그 밖에 섬유 직물의 재단, 조선소에서 강철판의 자동 재단과 절단에도 활용되고 있는 등 그 용도에 따라 종류도 다양하다.

● NC 선반

공구의 전후 이송과 주축 기능, 보조 기능 등을 수치 제어함으로써 여러 가지 모양과 치수의 공작물을 자동화 작업으로 가공할 수 있도록 한 선반을 NC 선반(數値制御旋盤, NC lathe)이라 하며, 일반적으로 터릿 헤드를 구비한 터릿 선반 형식이 많이 있다. 보통 선반과 비교하면 절삭 소요 시간은 비슷하나 조작과 준비를 위한 시간을 크게 단축시킬 수 있어 총 가공 소요 시간이

그림 6-33 NC 선반(Doosan Co. brochure)

단축되고 가공자의 숙력도에 따른 제품의 정밀도와 균일성 등에서 생산성이 높다. 최근에는 컴퓨터의 발달로 CNC 선반으로 대치되면서 단종 상태에 이르고 있다. 그림 6-33은 선삭의 후가공으로 엔드밀과 드릴 등에 의한 구멍가공이 가능한 터닝 센터(turning center)라 부르는 복합가공용(復合加工用) NC 선반의 보기이다.

● NC 밀링 머신

NC 밀링 머신(NC milling machine)은 용도가 다양하여 현장에서 가장 많이 사용되었으며, 형식에 있어서는 위치 결정 직선 절삭 제어가 되는 것과 윤곽 제어에 의한 평면 캠, 원통 캠 등의 가공에 효과적인 방법으로 사용되었다. 그러나 NC 밀링 머신도 NC 선반과 같은 이유로 CNC 밀링 머신이 생산되면서 단종 상태에 있다.

3 CNC 공작기계와 그 특징

● CNC 시스템

CNC(computer NC)는 미니 컴퓨터를 NC 공작기계에 내장한 것으로, NC의 제어 기능을 수행하는데 그림 6-34와 같이 독자적인 컴퓨터 시스템을 사용함으로 이를 컴퓨터 NC(computer NC) 또는, CNC(computerized numerical control) 시스템이라 한다.

CNC는 지령 프로그램의 내용을 기억시키는 기억(memory) 장치가 있어 기억된 내용을 읽음으로써

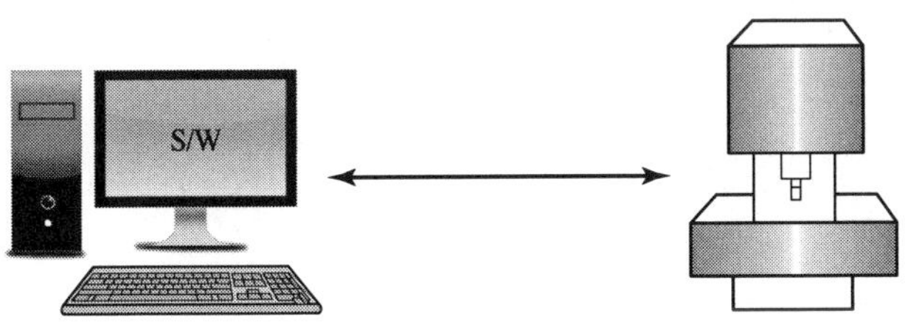

(a) 컴퓨터　　(b) NC 기계

그림 6-34 CNC 구성

NC 가공을 되풀이 할 수 있다. 지령 테이프에 잘못이 있으면 기억된 내용을 수정할 수도 있다.

CNC는 기존의 NC에 비해 프로그램밍만으로 쉽게 기능이 변경되므로 유연성이 높고 계산 능력도 훨씬 뛰어나다. 그리고 기타 시스템 명령이 소프트웨어상에서 수정되므로 이를 soft-wired NC라 부르기도 한다.

● CNC 공작기계의 종류

CNC 공작기계는 범용성이 있는 소형 컴퓨터를 내장하고 있어서 직선보간(直線補間), 원호보간(圓弧補間), 공구경보간(工具徑補間) 등을 입력으로 조정할 수 있다.

또한 3차원 공구 중심 통로의 보정, NC에서의 모방가공, 윤곽가공 등의 기능을 갖고 있다.

그림 6-35는 CNC 공작기계의 종류를 나타낸 것이다.

(3) 머시닝 센터와 터닝 센터

1 머시닝 센터

머시닝 센터(machining center)는 각 공정에 필요한 절삭공구의 교환과 가공 위치의 변

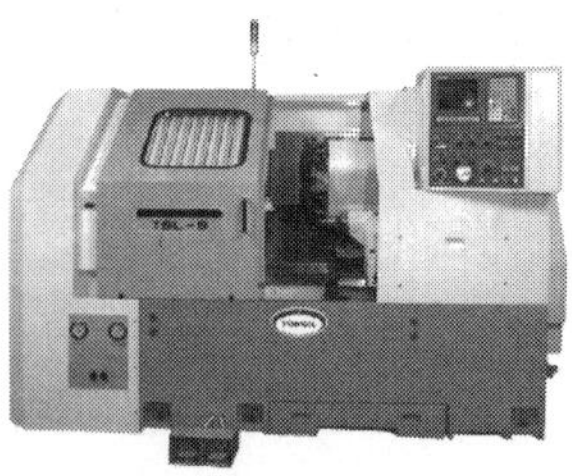

(a) 수평형 CNC 선반

(b) 직립형 CNC 밀링 머신

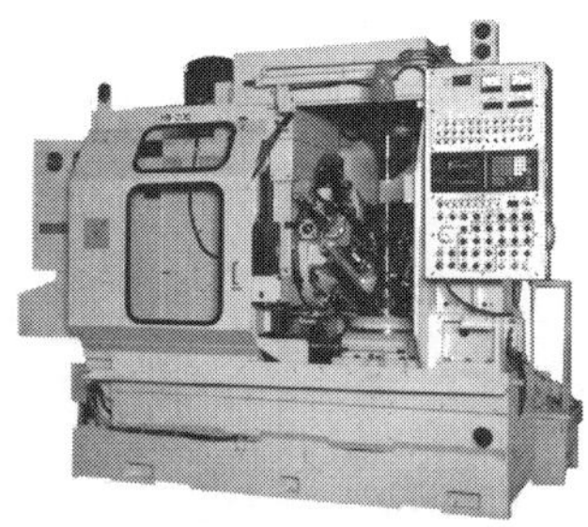

(c) CNC 기어 호빙 머신

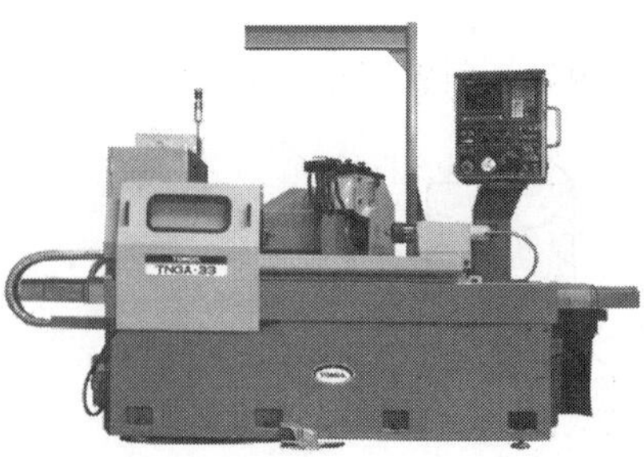

(d) 수평형 CNC 원통 연삭기

(e) 수평형 CNC 평면 연삭기

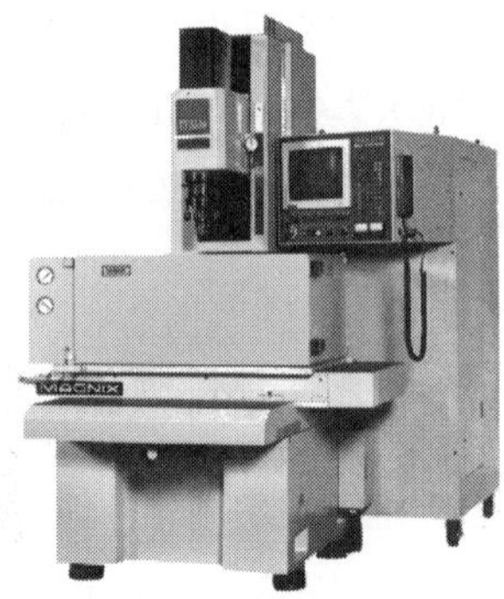

(f) CNC 방전가공기

그림 6-35 CNC 공작기계의 보기

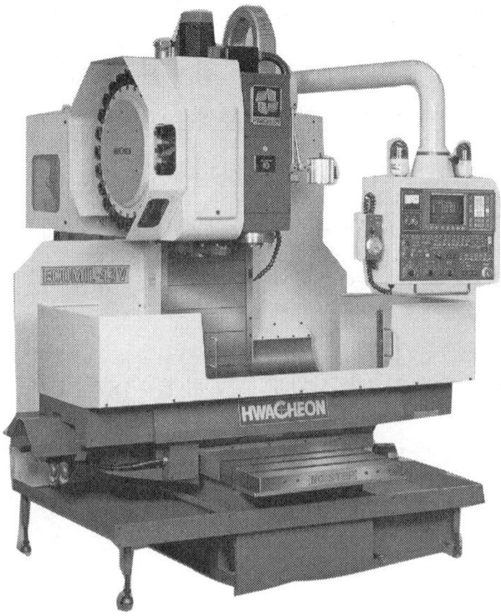

(a) 직립형

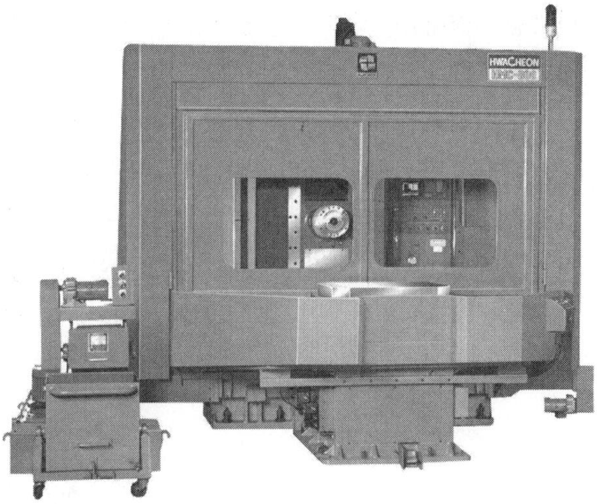

(b) 수평형

그림 6-36 머시닝 센터의 종류

환을 자동으로 할 수 있는 자동 공구 교환 장치(automatic tool changer : ATC)와 분할 테이블 또는 각도 분할 테이블(index table)을 구비하고 있다.

머시닝 센터는 원하는 공구를 자유롭게 자동으로 교환할 수 있고 프로그램에 의해 3차원 가공이 가능하여, 복잡한 가공을 보다 효율적으로 할 수 있는 기계 · 전기 · 전자 · 통신 분야 기술이 통합되어 만들어진 수치 제어 공작기계이다.

머시닝 센터는 주축의 방향에 따라 그림 6-36 (a)와 같이 테이블면에 대하여 주축이 수직으로 된 직립 머시닝 센터(vertical machining center)와 그림 6-36 (b)와 같이 주축이 수평으로 된 수평 머시닝 센터(horizontal machining center)가 있다.

머시닝 센터는 직선 원호, 나선 절삭 등 여러 대의 공작기계가 작업해야 할 많은 가공 부분을 한 대의 기계로 가공할 수 있다.

2 터닝 센터

터닝 센터(turning center)는 NC 선반에 여러 가지 새로운 기능을 부여한 복합가공(複合加工)이 가능한 수치 제어 공작기계이다.

NC 선반이 등장한 후, 공작물의 탈착이 용이하도록 공구대를 작업자와 반대측에 놓이게 하였으며, 칩의 제거를 용이하게 하기 위하여 베드를 경사 베드(slant bed)로 변환하였다. 그 후 공구대의 회전기구가 도입되어, 드릴가공과 엔드밀가공이 가능하게 되었다. 주축에 분할 기능을 갖게함으로써 원통 상의 일정한 위치에 구멍과 홈을 가공할 수 있다. 여기에 회전공구도 사용할 수 있게 되면서 NC 선반에서 터닝 센터라 불리게 되었다.

터닝 센터는 ATC 기능이 있으며, 축외면에 홈이나 구멍을 뚫고, 임의의 각도 분할에 의한 사면가공(斜面加工), 경사 구멍뚫기가 가능하다. 여기에 동시 · 동소가공(同時 · 同所加工)을 위해 배면가공용(背面加工用) 제2주축을 심압대와 바꾸어 장착하고 있다. 공구대도 제2공구대, 제3공구대를 선회할 수 있게 되어, 한 대의 기계로 연삭가공과 호브가공도 가능하다.

최근에는 터닝 센터와 머시닝 센터를 융합하게 되었으며, 한 개의 공작물을 동시 · 동소에서 가공하여 가공 시간을 단축할 뿐 아니라, 준비 과정 없이 최종 가공이 한 대의 기계로 가공하는 것을 목표로 하는 가공기계로 탈바꿈하고 있다.

그림 6-37은 제어수가 많은 11축 제어의 다기능 터닝 센터의 기구이고, 그림 6-38은 터닝 센터의 보기이다.

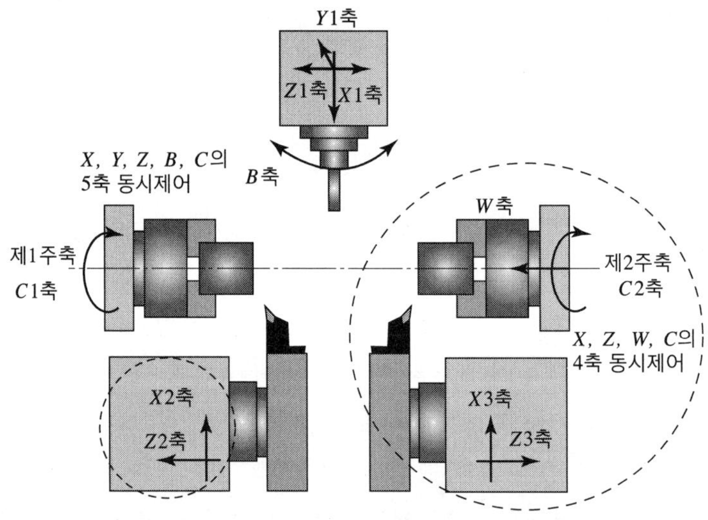

그림 6-37 3계통 11축 제어의 다기능 터닝 센터의 기구

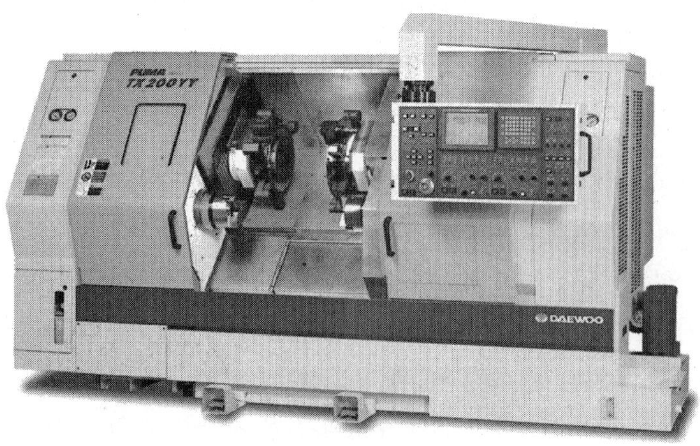

그림 6-38 터닝 센터

(4) 군관리 시스템

NC에 필요한 정보를 1대의 대형 컴퓨터로 제어하여 여러 대 또는 20, 30대의 NC 기계를 제어하는 시스템을 군관리(郡管理)시스템, 군관리 NC(direct NC, DNC) 또는 DNC(direct numerical control)라고 한다. 군관리 시스템은 지금까지의 공작기계별 NC화에서 시스템화로 이행한 것을 뜻하며 새롭게 생산 관리도 같이 수행하게 된다.

즉 제품의 개수, 기계의 고장 횟수 및 공구 교환 횟수 등 관리에 대한 정보도 제공하며 생산 상황을 확인하고, 필요한 조치를 자동으로 수행한다. 또 공작기계의 성능을 기억하고 있어, 제품에 따른 정밀도의 정보에 따라 기계에 알맞는 가공법을 지령하게 된다. 또 기계의 운전 상황에 따라 재료의 흐름을 조정하고, 공구의 교환도 지령한다. 한마디로 기계 공장 전체의 자동화와 생력화를 위하여 개발된 시스템이다.

그림 6-39는 선반의 군관리 시스템의 보기로, 각 수치 제어 선반을 각기 몇 종의 다른 공정을 처리하는 것으로 하여 합계의 모든 종류의 정보가 컴퓨터의 자기 드럼에 기억되어 있다. 가공 정보는 테이프에 의해 각 공작기계에 전달된다. 특히 이 경우에 작업자에게서도 가공에 관한 정보가 자동적으로 작업 표시기에 영상으로 나타나게 되어 있다.

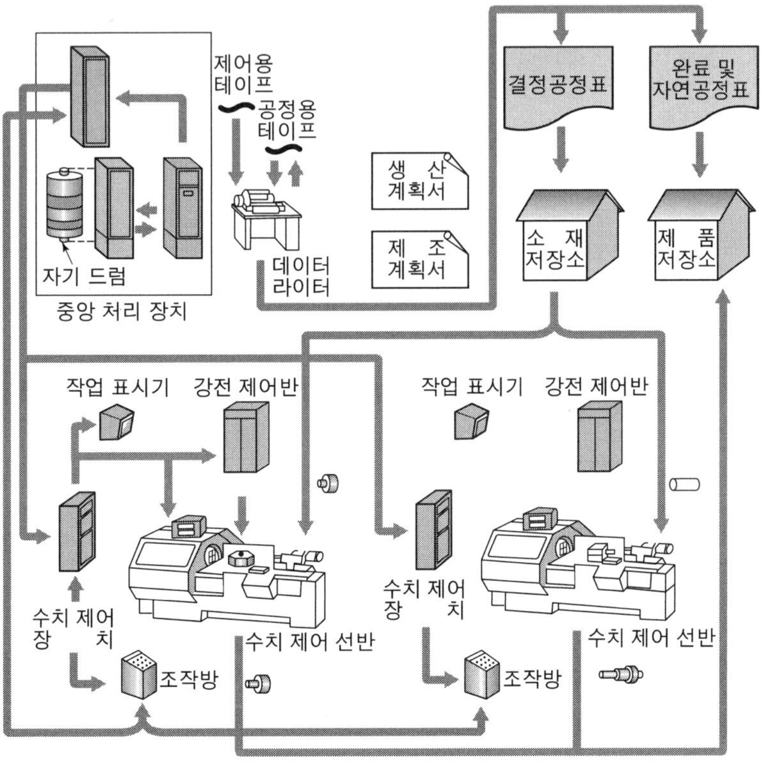

그림 6-39 군관리 시스템의 보기

5) CAE/CAD/CAM 시스템

(1) CAE/CAD/CAM의 의미

생산 공정의 최소화, 효율화를 통한 생산 원가의 절감과 품질 향상 등이 컴퓨터에 의해 실현되면서 컴퓨터에 의한 설계 제도와 가공 생산을 상징하는 CAD/CAM은 CAD(computer aided design)와 CAM(computer aided manufacturing)을 복합한 핵심 기술 요소로 발전하여 왔다.

특히 CAD는 단순히 설계 도면을 컴퓨터에 의해 작성하는 computer aided drafting 기술에서 제품의 설계와 분석까지 가능한 CAD와 CAE(computer aided engineering)로 발전하면서 그 의미가 확대되었다.

이에 따라 CAD, CAM, CAE를 합해서 CAE/CAD/CAM 또는 CAD/CAM/CAE로 표기하고 있는데 이것은 이들을 해석, 설계로부터 생산까지의 모든 기술과 공정을 유기적으로 통합하는 의미로 사용되고 있다.

(2) CAE/CAD/CAM 시스템의 구성

일반적으로 CAD 시스템, CAE 시스템, CAM 시스템을 묶어서 CAD/CAM 시스템 또는 CAE/CAD/CAM 시스템이라 부르고 있다. 그러나 CAD 기능에 대해서도 CAD/CAM 시스템이라 하고, CAM에 대해서도 마찬가지로 CAD/CAM 시스템이라는 용어가 명확한 구별없이 사용되고 있다. 따라서 본장에서도 명확한 구분에 의한 것보다는 각 시스템에 주안점을 두고 설명하겠다.

1 CAD 시스템

컴퓨터를 이용한 설계를 CAD(computer aided design)라고 하며 공작기계를 비롯한 각종 제조, 건설, 섬유, 의장 등의 여러 산업 분야에서 이미 입력해 놓은 많은 자료를 통해 새로운 제품 구상과 설계를 더욱 빠르고 정교하게 설계해 낼 수 있는 시스템의 하나이다.

컴퓨터에 설계 자료를 입력시키면 논리적 단계를 거쳐 도면이나 도형을 모든 방향으로 다양하게 이동시키면서 축소, 확대는 물론 치수선이나 기호, 문자의 입력 등을 자유 자재로 할 수 있다. 즉 컴퓨터에 의한 설계는 사람이 지닌 창조성과 컴퓨터의 빠르고 정확한 계산 능력을 조화시킨 자동 설계법으로서, 원하는 형태를 자동으로 그려낸다.

컴퓨터를 이용한 설계에서는 설계에 필요한 여러 가지 자료를 입력하면 컴퓨터가 신속하게 자료를 처리하고, 도면 작성용 프로그램을 작동시켜 화면에 도면을 나타낸다.

컴퓨터가 그림을 그리는 원리는 음극선관 화면에 전자빔이 움직여 그림 6-40 (a)와 같이 화살표 방향으로 선을 긋는 것이다. 평행선을 여러 개 그릴 때는 그림 6-40 (b)와 같이 전자빔 왼쪽에서 오른쪽으로 움직여 한 줄을 긋고 내려와 반복하여 줄을 긋는다. 그림 6-40 (c)는

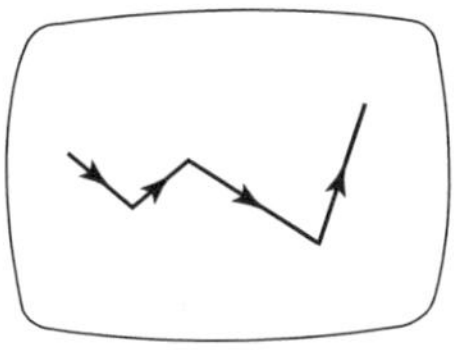

(a)

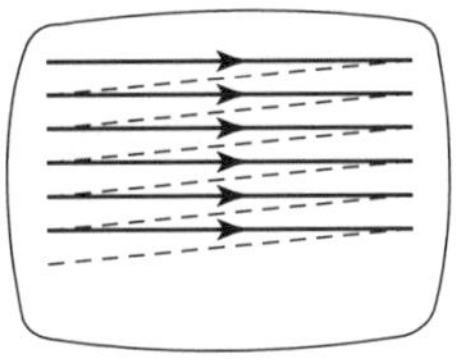

(b)

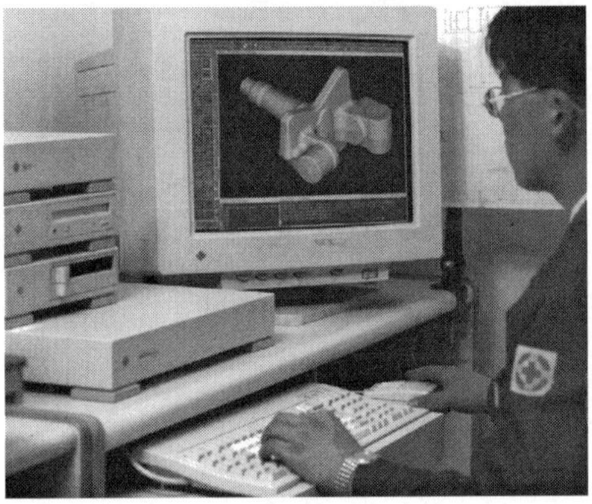

(c) CAD 사례

그림 6-40 CAD에 의한 설계

CAD에 의해 설계한 기계 부품의 보기이다.

2 CAE 시스템

설계의 초기 단계에서 설계 제도를 위한 설계 해석 및 시뮬레이션(simulation) 과정을 통합한 기술을 CAE(computer aided engineering)라 한다.

CAE는 기본 설계에 필요한 기능이 만족되도록 제품 전체의 형상과 구성을 검토하여 성능 예측, 강도 해석, 기구 해석 등의 해석 시뮬레이션을 하는 것이다. 이 과정에서 컴퓨터는 입력되어 있는 과거의 설계 사례와 문헌 등을 참조하게 되는데, 컴퓨터는 이들의 자료를 모은 데이터베이스(data base)로부터 필요한 자료를 검색하게 된다.

이와 같이 CAE를 도입하여 설계 시행착오를 조기에 확인, 검토함으로써 시제품(始製品)의 제작 횟수를 감소시키고, 여러 가지 대안을 시뮬레이션을 통하여 현실감을 가지고 비교, 검토, 수정, 보완할 수 있게 되었다. 따라서 초기 단계 설계 해석과 다음 공정작업을 능률적으로 대응할 수 있게 된다.

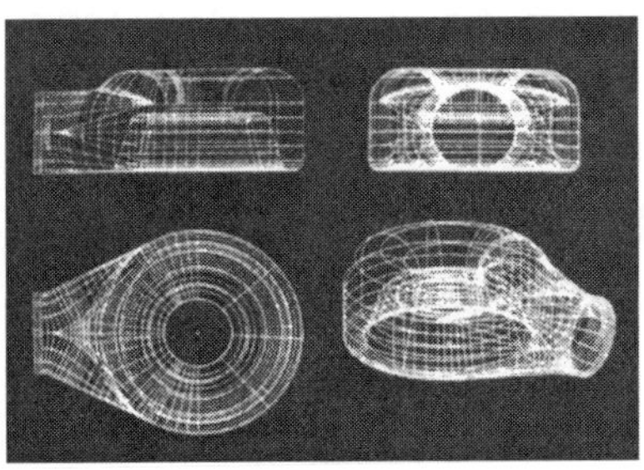

(a) 복잡한 면 형태의 다양한 위치와 형태

(b) 곡률 분석(curvature analysis)의 모델

그림 6-41 CAE에 의한 해석 · 시뮬레이션의 보기

그림 6-41은 CAE에 의한 시뮬레이션의 보기를 나타낸 것이다.

3 CAM 시스템

CAM(computer aided manufacturing)은 컴퓨터와 수치 제어 공작기계를 연결한 시스템으로, 컴퓨터에 수록된 설계 정보를 이용하여 부품 가공, 조립, 운반, 검사 등의 생산 과정을 자동화하는 시스템이다. 특히 CAD 소프트웨어는 공구 경로 확인과 편집 기능을 비롯한 모의가공, 마스터 모델 기능 등을 갖추고 있으며, 모방 밀링 방식의 단점을 근본적으로 해결할 수 있어, 금형 제작의 품질 향상과 생산성 제고에 기여하고 있다.

2. 산업용 로봇

1) 산업용 로봇과 메커트로닉스 및 FA

(1) 산업용 로봇

최근에 선보이고 있는 로봇은 동물의 운동 기능처럼 유연한 동작 기능과 지적 기능을 갖추고 있는 등 사람의 요구에 따라 동작할 수 있다. 로봇 중에서도 주로 생산 공장에서 사람의 힘을 덜거나 위험한 일을 대신하고 생산성 향상을 위하여 사용되는 로봇을 산업용 로봇(industrial robot)이라 한다.

한편 미국 로봇협회는 산업용 로봇을 "여러 가지 임무를 수행하기 위하여 프로그램된 다양한 동작을 통하여 재료, 부품, 공구, 그 밖의 특수 장치를 움직이도록 설계된 재프로그램이 가능한 다기능 자동 조정 장치"라고 정의하고 있다.

로봇에게 미리 작업 순서를 입력시켜 놓으면 산업용 로봇은 주어진 명령이나 지시에 따라 작업을 처리하게 된다.

(2) 메커트로닉스

메커트로닉스(mechatronics)란 기계학(machanics)과 전자공학(electronics)의 융합기술(融合技術)로서, 이들 학문의 영어명을 조합한 명칭이다. 종래의 기계는 기구(機構, machanism)에 의해 만들어졌으나 여기에 전자 부품이 접목된 데서 온 일본식 영어이다. 마이크로컴퓨터나 센서로 이루어지는 일렉트로닉스를 기계에 꾸며 넣은 제품 및 기술을 말하며, 세계적으로 명성이 높은 일본 FANUX Co. 사에서 맨처음 시도하였다.

이것은 철을 주체로 하는 금속으로 제작된 기계 속에, 전자 부품을 조합한 새로운 지능 주입형 공작기계이다. 이것의 기초가 되는 새로운 기술 분야로 부상한 것이 바로 메커트로닉스이다.

여기서 전자 부품이란, 집적 회로(集積回路, integrated circuit : IC)와 대규모 집적 회로(大規模集積回路, 高密度集積回路, large scale integration : LSI) 등의 초소형 전자 부품을 말한다. 이들 부품의 개발과 회로 설계 및 응용에 관한 기술을 마이크로일렉트로닉스(microelectronics)라 한다. 이들 전자 부품은 극히 소형이면서 신뢰성이 높고 값이 저렴하므로, 기계에의 조합이 용이하고, 또한 기계의 동작과 조화를 이루므로 그 보급이 급속하게 신장되고 있다.

메커트로닉스의 주역은 지능 부분을 구성하는 IC 등으로 만들어지는 소형 컴퓨터로 마이크로 프로세서(microprocessor)라 부른다. 이 밖에도 전기 입력을 기계적 출력으로 변화하기 위한 소형의 전동기, 전자 장치(電子裝置), 정밀기계, 유압 또는 공기압 장치, 서보 기구 등의 기계에 관한 기술, 또 여러 가지 물리량 화학량을 계측하는 센서기술, 기계 · 전기 분야 기술의 융합을 위한 시스템 기술, 또한 생물의 신경과 감각 등의 기능을 기계나 지능 부분에 실현하려는 사이버네틱스(cybernetice) 등의 과학 기술이 메커트로닉스의 발전에 기여하고 있다. 메커트로닉스는 사무실 관리를 위한 OA(office automation), 생산 자동화와 로봇화 또는 메커트로닉스 관련 신제품의 개발, 통신과 운송 등 응용 범위가 확대되고 있다.

메커트로닉스 상품으로 정착된 것으로는 시계와 재봉틀, 카메라, 냉방 장치 등이 있다. 전자시계는 기계 부분이 대폭 전자화되어 그 구조가 크게 변화되었으며, 값이 싸고 성능이 좋은 것이 개발되고 있다. 또한 기계 부분에 전자 부품을 접목시키는 정도에 따라 성능이 향상되면서 부가 가치가 높아진다. 이러한 경향은 제조 기업에 있어서 신제품 개발의 기본으로 정착되고 있는 추세이다.

(3) FA

현대화된 석유화학이나 철강공업과 같은 장치산업(裝置産業)에서는 산업 구조의 자동화로 극히 적은 인원의 감시원과 보수 요원을 제외하면, 넓은 산업현장은 거의 무인 운전이 이루어지고 있다. 그러나 현대화된 자동차 공업과 전자 공업에서의 생산 공정은 최신의 자동화 기기가 채용되고 있음에도 불구하고 사람의 손작업에 의한 공정이 많다.

어떤 일정한 제품을 다량으로, 장기간 생산하는 공정에서는, 현재 사용되고 있는 전용 자동화 기계에 의해 고속이면서 고능률의 자동 생산 체제가 활용되고 있다.

그러나 이와 같은 소품종 대량 생산 체제의 고정적 전용 자동화(fixed automation)로는 소비자의 다양한 요구에 부응할 수 없다. 따라서 높은 부가 가치를 부여하기 위한 방안으로 라이프 사이클(life cycle)이 짧은 다품종 제품을 소량으로 생산하는 자동화 기술이 각광을 받으면서 급성장하고 있는데, 이를 FA(flexible automation) 또는 PA(programable automation)라 한다.

2) 산업용 로봇에 의한 생산의 자동화

우리나라는 70년대 말 자동차 생산이 본격화되면서 산업용 로봇(industrial robot)[4]이 자동차 차체 용접 조립 공정에 도입되기 시작하여, 전기, 전자산업에서 일반 기계산업, 각종 제조산업 그리고 물류 시스템에 이르기까지 수요가 증가되고 있다.

(1) 도장용 로봇

도장 로봇은 자동차 차체의 도장을 시작으로 가전제품인 냉장고, 세탁기, 각종 철제 사무기구와 목공 도장, 재료의 표면 처리 공정에서 사람의 손을 대신하고 있다.

도장작업은 유기 용제(有機溶劑)를 사용하는 악조건의 환경에서 이루어지며, 일정 수준의 도장 기술을 갖기에는 많은 경험과 시일이 소요되었던 문제를 로봇이 감당하고 있다.

그림 6-42 (a)는 자동차 보디(body)의 도장 상태, 그림 6-42 (b)는 자동차의 내장을 도장하는 보기를 나타낸 것이다. 일반적으로 문을 열어 안쪽을 도장할 때에는 지그를 사용한다. 로봇이 지그를 끌어당겨 열어서 도장하는데, 그림 6-42 (b)와 같이 치공구 없이 로봇의 손목에 센서를 부착하여 이것이 문의 손잡이 틈에 끼워서 자동으로 열어 놓고 도장할 수 있다.

(2) 용접용 로봇

용접의 자동화는 두꺼운 판이나 용접선이 긴 용접에 일렉트로 슬래그 용접 또는 서브머지드 아크 용접이 사용되었으며 그 뒤에 조선, 고압 가스, 액체 저장 탱크와 같이 대형 구조물의 제

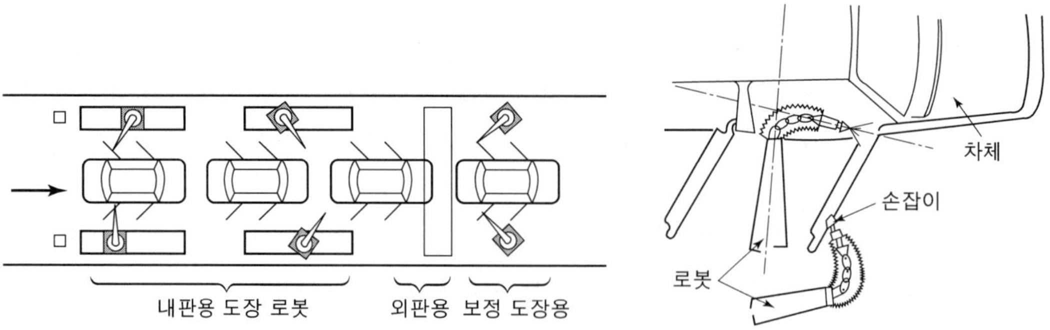

(a) 차체의 도장 (b) 내부의 도장

그림 6-42 도장용 로봇의 보기

4) 산업용 로봇(industrial robot) : 프로그램된 동작으로 재료, 부품, 공구 그 밖의 장치들을 다루거나 여러 가지 일들을 하도록 설계된 반복 프로그램이 가능한 다기능의 머니퓰레이터(manipulator)이다. 1960년대 초에 소개된 최초의 산업용 로봇은 지루하고(dull), 지저분하며(dirty), 위험한(dangerous) 일들인 3D와 뜨겁고(hot), 무거우며(heavy), 유해한(hazardous) 일들인 3H의 생산공장에서 작업자의 안전을 위하여 사용되었으며 그 후 모든 산업 분야로 이용이 확대되고 있다.

작에 이용되면서 절단작업도 자동으로 이루어지고 있다.

또한 이산화탄소 아크 용접과 미그 용접(MIG welding) 등의 자동 또는 반자동 용접이 보급 확대되었다. 용접은 높은 열과 강한 광선, 분진 등에 의한 열악한 환경에서 반복작업이 이루어지기 때문에 자동화의 필요성이 강조되었다.

따라서 용접의 자동화는 열악한 작업 환경에서 벗어나고, 동시에 생산성과 품질을 향상시키며 노동력을 감축할 수 있다. 이에 따라 용접의 자동화를 한층 높이기 위한 수단으로 용접작업에 산업용 로봇을 도입하게 되었다. 로봇을 이용한 용접은 자동차의 차체 조립 라인에서 스폿 용접에 적용한 것이 최초이며, 이어 이산화탄소 아크 용접 로봇이 개발되면서 그 수요가 공장을 시스템화 무인화하는 데 기여하게 되었다.

그림 6-43 자동차의 차체 조립(용접 조립)

그림 6-43은 로봇군에 의한 자동 용접 조립 라인의 무인화 공장의 보기이다.

(3) 기계 가공용 로봇

메커트로닉스의 발전과 더불어 로봇 산업이 확대 적용되면서 기계가공에 있어서도 본격적으로 산업용 로봇이 활용되고 있다. 기계가공 자동화는 NC 공작기계, CNC, CAM 등의 자동 공작기계에 의하여 가능하나 가공의 부대작업인 공작기계에 대한 공작물의 로딩과 언로딩이나 공구의 착탈, 칩의 제거 등에 대한 자동화는 이루어지지 못한다. 따라서 이들의 작업을 자동화하기 위한 수단으로 산업용 로봇이 이용되었다.

NC 공작기계와 조합하여 공작물의 로딩과 언로딩을 행하기 위한 로봇은 그에 적합한 기능의 것이 개발되어 기계가공용 로봇으로서 상품화되어 있다. 그리고 NC 공작기계와 모니터와 이 기계가공용 로봇이 조합되어 FA 시스템의 기본 구성 요소인 기계가공셀을 구성하고 있으며, FMS와 FA의 필수 구성 요소로서 중요한 비중을 차지하고 있다.

그림 6-44 (a)는 NC 선반과 로봇에 의한 기계가공셀의 보기이며, 그림 6-44 (b)는 머시닝센터와 로봇에 의한 기계가공셀의 보기를 나타낸 것이다.

(a) NC 선반과 로봇

(b) 머시닝 센터와 로봇

그림 6-44 기계가공셀의 보기

3. 무인화 공장

1) FMC

FMC는 flexible manufacturing cell의 약자로 CNC 공작기계에 공작물의 자동 착탈 장치(自動着脫裝置), 가공 동작의 이상 감시 장치(異常監視裝置)를 장착하여, 장시간의 무인 운전(無人運轉)을 가능케 한 최소의 기능 단위(機能單位)를 말하며, 이를 가공셀(FMC)이라고도 하는데 이는 1대의 NC 공작기계를 수 시간 이상 무인으로 가동할 수 있도록 한 것이다. 가공셀은 그림 6-45와 같이 CNC 공작기계, 로봇, 공구 이상(工具異常) 모니터로 구성되는 FMS의 기본 단위를 말한다. 즉 가공셀은 서로 독립하고 있으므로 설비에 단계적 확장이나 배치의 변경이 용이하여, 설비 투자에 유연성이 있다. 따라서 가공셀은 자체도 FMS라고 생각할 수 있다. 또 다수 조합시킨 대규모 시스템을 만들 수 있고 생산 규모에 적응한 시스템을 실현할 수 있다.

가공셀에는 보내오는 소재에 대한 프로그램이 미리 기억되어 있으므로, 반송 시스템으로부터 공급된 소재를 가공하게 된다. 가공셀 중의 로봇이 부품 공급 장치 위의 부품을 하나씩 집어

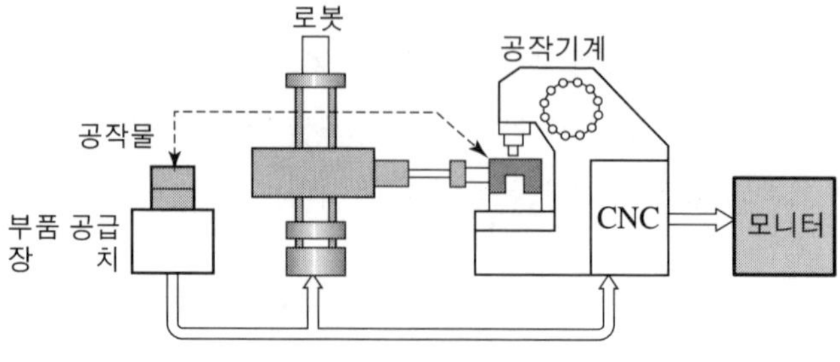

그림 6-45 가공셀(FMC)

공작기계에 착탈시킨다. 이 로봇의 손은 여러 크기의 원통 공작물을 정밀하게 잡을 수 있으며, 척 고정의 정밀도도 향상되도록 설계되어 있다. 부품 공급 장치에 센서를 붙여서 부품의 종류를 식별하여 그에 따라 가공 프로그램을 선택할 수도 있다. 중량 50 kg 이상의 무거운 대형 부품에 대하여는 로봇 대신 공작물 자동 공급 장치(pallet changer)를 사용하여 부품을 착탈한다.

2) FMS

(1) FMS의 특징

FMS는 유연화 생산 체제(flexible manufacturing system)의 약자로, 이를 미래의 생산 시스템(future manufacturing system)이라 부르기도 하였으나 현재 실현되고 있는 생산 체제이다.

FMS의 대상으로는 공작기계가 가장 많으므로, 이를 유연가공 시스템(flexible machining system)이라고 한다. FMS가 갖는 유연성에는 다음과 같은 3가지 특징이 있다.

a) 품종의 유연성 : 다품종의 생산이 가능하다.
b) 생산량의 유연성 : 생산량의 조절이 용이하다.
c) 설비 투자의 유연성 : 생산 능력의 확장이 가공셀 단위로 가능하다.

이와 같은 특징 외에 FMS는 반송, 소재 핸들링, 시스템 제어 등 주요 기능에 대하여 자동화를 이룬 시스템이다.

이상과 같은 특징을 갖고 있는 FMS는 산업사회의 급속한 발전에 따라 사용자의 요구가 다양해지고 제품 수명이 짧아지면서 이에 대응하기 위한 생산 방식으로 개발한 시스템이며, 같은 목적으로 조립작업을 하는 로봇은 인공 지능의 연구에서 발전하였으나 FMS는 시스템 공학적 접근으로 개발된 것이다.

(2) FMS의 구성과 기능

그림 6-46에는 가공셀(FMC)을 단위로 한 FMS의 개념도를 나타낸 것이다. 시스템은 생산 관리용 컴퓨터, 물류 시스템 그리고 다수의 가공셀로 구성되어 있다. 생산 관리용 컴퓨터는 생산 계획에 따라 각각의 가공셀의 일정(日程)을 작성한다. 이 지령은 각각의 가공셀로 보내져 가공셀로부터 물류 시스템에 요구하게 된다. 물류 시스템은 제어용 컴퓨터, 자동 창고, 무인 반송차로 구성되고, 요구가 있는 가공기계에 필요한 소재, 지그, 공구를 자동으로 출고

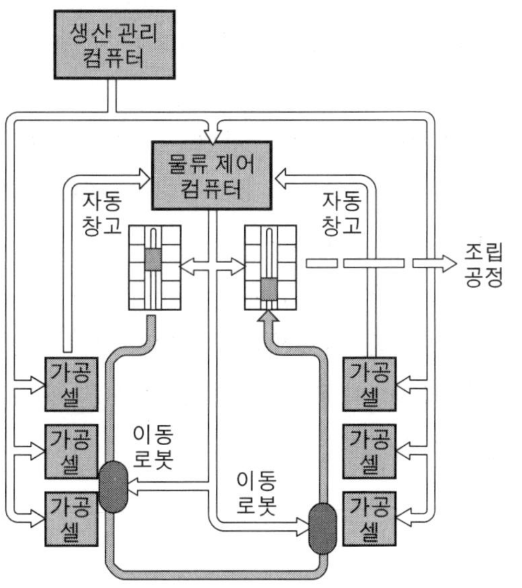

그림 6-46 FMS의 시스템 구성

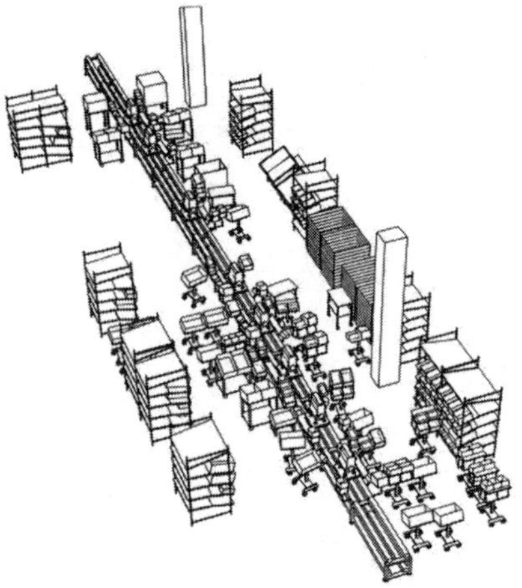

(a) 현장 스케치(기존 설비)

(b) 완성된 조립 라인의 보기

그림 6-47 FMS의 구상과 보기

하여 무인 반송차(이동 로봇)에 의하여 각각의 가공셀의 로딩스테이션에 보내진다. 제2공정 이후의 가공에서는 앞의 공정의 가공셀에 무인 반송차가 가서 다음 공정의 가공셀로 옮겨서 가공을 계속하며 가공이 끝나면 검사 후 자동 창고에 입고된다. 이와 같은 FMS에서는 장치의 가동률을 높이고 생산성을 향상시키기 위하여 야간에도 시스템의 무인 운전을 하게 된다. 즉 사람은 주간의 8시간은 최소의 인원으로 기계가공, 준비 프로그래밍을 하고, 야간에는 중앙 관리실의 한 사람에 의해 운전한다.

그림 6-47 (a)는 FMS를 설계 제작하기 전에 현장의 요구와 문제점 등을 반영하기 위하여 기존의 생산 라인을 스케치한 보기이며, 그림 6-47 (b)는 새롭게 설계 제작한 조립 라인의 보기이다.

또한 이러한 FMS가 실현되는 과정에서는 그림 6-48과 같은 오프라인 프로그래밍 시스템(off-line programing system)을 사용하면 생산 설비의 모델 구축과 배치(layout)의 사전 검토가 가능하며, 시뮬레이션에 의한 제작 공정 기간을 예측하거나 기기간의 간섭과 문제점 등을 검출할 수 있다.

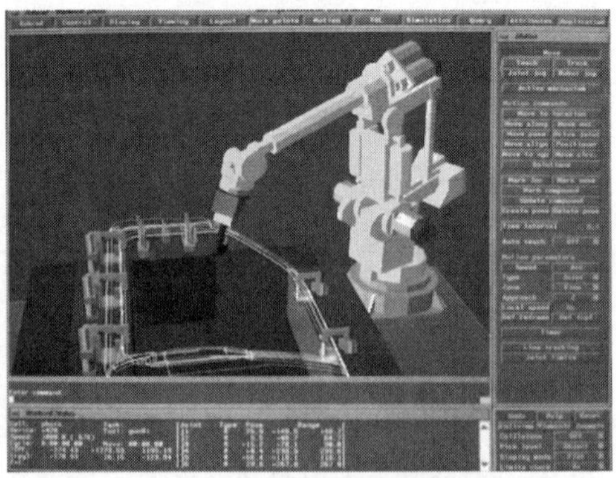

그림 6-48 오프라인 프로그래밍 시스템

3) 공장의 무인화

(1) 무인화 공장의 도입

1 FA

FMS에 더하여 공장 전체를 자동화함으로써 생산 향상을 도모하려는 시스템을 FA(factory automation)이라 한다. FA는 물류(物流)를 중요시한 표현으로, 각종 장치와 기계를 컴퓨터에 접속하여 관리하는 공장 자동화 시스템의 총칭이다. 그림 6-49는 FA 공장으로 자동 창고(Ⅰ)에서 반입된 재료가 반출되고, 가공 라인, 조립 라인, 검사 라인을 거쳐 생산된 제품이 자동 창고(Ⅱ)에 입고, 관리되면서 필요에 따라 출하된다. 제품의 반송은 무인 반송차가 수행한다.

2 중앙 통제실

생산 공장이 무인화로 생산 라인의 조작 기능이 자동화 기기의 중앙 집중 조작 방식으로 바뀌면서 현장의 기술 인력은 대폭 감축되었다. 그림 6-50에서와 같이 중앙 통제실에서 몇 명의 기술 인력만으로 기능을 통제하고 있다.

(2) 무인 공장과 운반 시스템

1 무인 공장

그림 6-51은 로봇을 이용한 VTR DECK의 무인 조립 라인의 보기이며, 그림 6-52는 무인 공장에서 로봇이 소재 공급에서 가공 후 공작물을 팰릿상에 적재하는 공작물의 착탈작업의 보기이다.

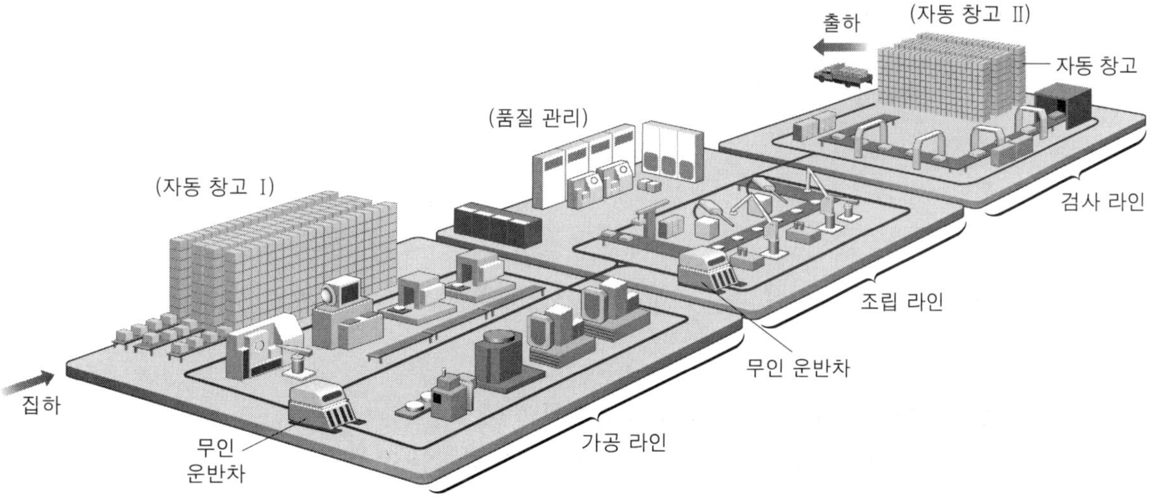

그림 6-49 FA 공장

그림 6-50 중앙 통제실

그림 6-51 로봇을 이용한 VCR DECK의 무인화 조립 라인

그림 6-52 로봇에 의한 공작물의 착탈작업

2 무인 운반 시스템

생산 라인의 공정 간에 소재 또는 중간 제품의 운반을 적시에 실현할 수 있는 새로운 운반 장치(운반차)로서 특히 제조업의 생산 라인에서 많이 채용되고 있다. 그림 6-53과 같이 화물에 따라 3종류가 있다.

① 구동 롤 방식(roller type) : 롤의 회전으로 화물을 적재

② 푸시 풀 방식(puch-pull type) : 암(arm)을 사용한 확실한 적재

③ 리프트 방식(lift type) : 적재 위치의 구조가 간단한 적재

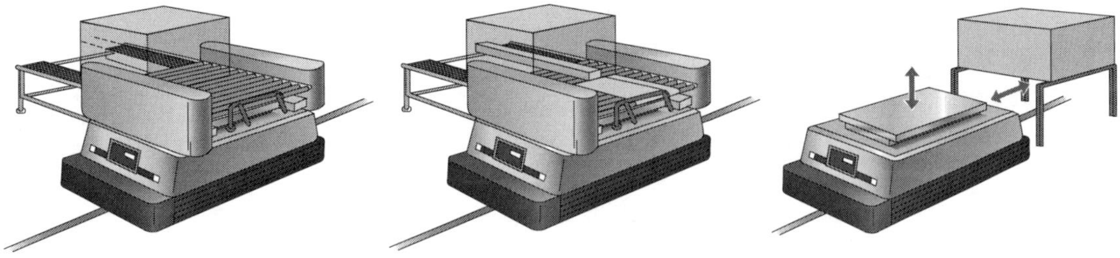

(a) 구동 롤 방식 (b) 푸시 풀 방식 (c) 리프트 방식

그림 6-53 무인 운반차의 적재 방식

(3) 창고의 무인화

최근 시장 요구의 다양화에 따라 장기 보관에서 일시 보관으로 기능이 변화하면서 이름도 무인 창고(無人倉庫) 또는 자동화 창고(自動化倉庫, automated warehouse)로 불리고 있다. 1965년경에 상품 보관을 위한 창고로서 도입된 자동 창고(自動倉庫)는 또한 그 동안 대형 기종을 중심으로 발전하였으며, 최근에는 생산 분야에서 일시 보관을 위해 사용되는 소형 공정 창고(工程倉庫)로 전환되고 있다. 그리고 공장 내에서 사용되는 무인 창고는 부품이나 완성품을 보관하

ⓐ 컴비네이션 팰릿(다용도용)

ⓑ 오픈 팰릿(base open pallet)

ⓒ 부품 팰릿(자동 창고형)

ⓓ 전용 팰릿(auto lever)

(a) 팰릿의 종류

(b) 입출고의 자동화 사례

그림 6-54 팰릿의 종류와 자동화 창고

는 기능에 그치지 않고 가공 공정이나 조립 공정을 연결하는 역할을 하는 예가 많고 생산의 흐름을 제어하는 요소로서 위치가 확대되고 있다.

보관의 단위도 유통 분야(流通分野)에서 널리 사용되고 있는 로트(lot) 단위의 보관에서 보다 소형이고 격납수가 많은 각종 팰릿(pallet)을 이용하여 버킷(bucket) 단위로 격납하는 자동 창고의 수요가 급속히 증가되고 있다. 또한 자동 창고가 작업장에 인접하여 설치되며 생산 라인에 직결되어 있는 경우가 많다.

그림 6-54는 팰릿의 종류와 자동화 창고 내부의 보기이다.

산업 현장에 물류 시스템이 도입되면서 자동 창고는 온라인 시스템의 비중이 크게 확대되면서, 하루가 다르게 정보 창고화가 이루어지고 있다. 사용 분야도 종전의 창고형에서 생산 라인 직결형으로 첨단화하고 있으며, 운용 방식도 다양화 · 디지털화되고 있다.

자동화의 범위도 크레인 중심형에서 시스템 전체를 통합한 완전 자동화가 매우 중요시되고 있으며 자동 창고 시스템 전체의 고기능화가 급속하게 실현되고 있다.

그림 6-55는 물류 자동화의 개념도로, 무인 창고에 의해 각종 소재와 제품의 보관, 관리, 출고 등이 무인 관리 시스템에 의해 이루어지는 물류 자동화 시스템의 조감도이다.

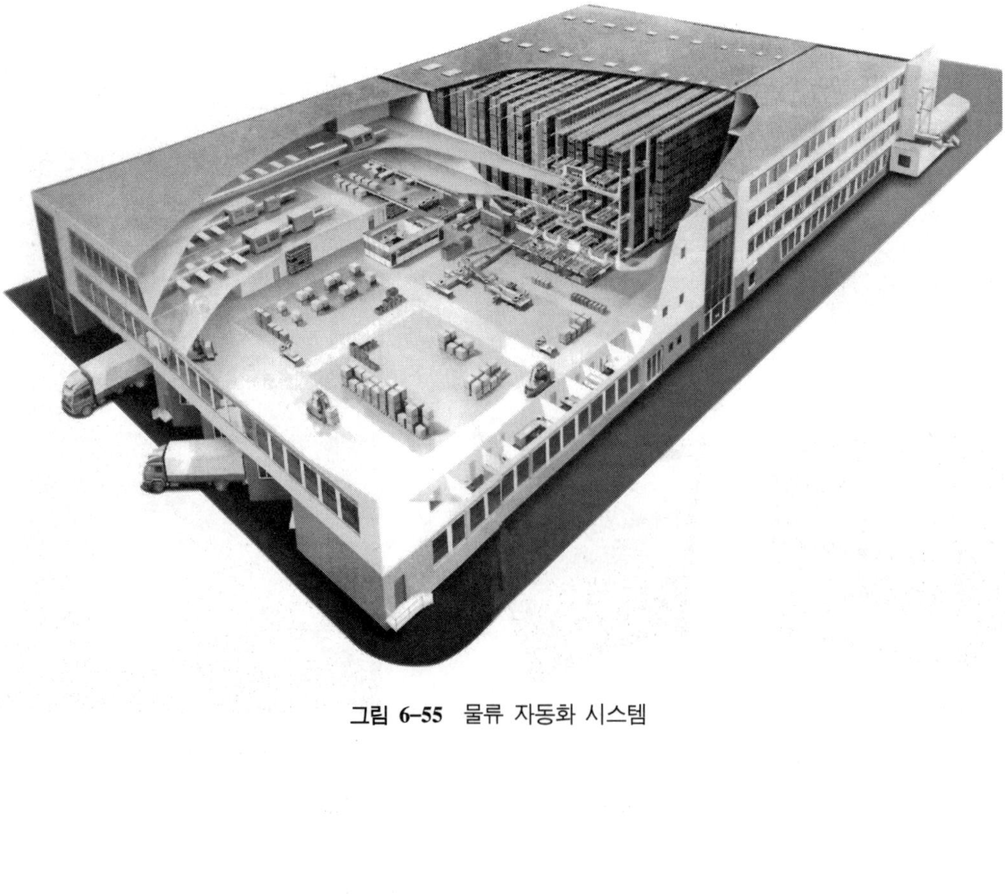

그림 6-55 물류 자동화 시스템

연습문제

6.1 특수 정밀가공

1. 방전가공의 원리와 특징을 설명하시오.
2. 전자빔가공법의 장단점을 설명하시오.
3. 레이저가공의 원리에 대해 설명하시오.
4. 플라즈마 발생 원리와 가공에 대해 설명하시오.
5. 전해 연마와 특징을 설명하시오.
6. 초음파가공의 원리와 이용 사례에 대해 설명하시오.
7. 배럴가공의 효과와 특징에 대해 설명하시오.

6.2 기계공작의 자동화

8. 기계 제작 공정에서 생력화에 대해 설명하시오.
9. 다음 용어에 대해 설명하시오.
   ① 다 스테이션기계 ② 팰릿 ③ 다이얼 머신 ④ 드릴 유닛
10. 치공구의 사용 목적을 설명하시오.
11. 수치 제어란 무엇인지 이용 사례를 들어 설명하시오.
12. 산업용 로봇을 이용 사례를 들어 설명하시오.
13. FMS의 구성과 기능에 대해 설명하시오.
14. 무인 운반 시스템에서 무인 유도 방식을 들어 설명하시오.

연구과제

1. 특수 정밀가공의 종류와 사용 사례를 조사하시오.
2. 레이저가공의 원리와 사용 사례를 조사하시오.
3. 현재 산업 현장에서 적용되고 있는 자동화에 대하여 설명하시오.
4. 공작기계의 자동화 기능을 설명하시오.
5. 소재 공급 장치의 형식과 사용 사례를 조사하시오.
6. CNC 공작기계에 대해 설명하시오.
7. CAD/CAM의 특징을 설명하시오.
8. 무인 창고의 특징과 역할에 대해 설명하시오.

부 록

I. 원소의 물리적 성질

원소명	국어명	원소 기호	원자 번호	원자량	밀도(20℃) [g/cc]	융점 [℃]	비등점 [℃]	비열(20℃) [cal/g/℃]	융해열 [cal/g]	결정구조
Actinium	악티늄	Ac	89	227	–	1050	–	–	–	–
Aluminum	알루미늄	Al	13	26.98	2.699	660	2450	0.215	94.5	fcc
Americium	아메리슘	Am	95	243	11.7	–	–	–	–	–
Antimony	안티모니	Sb	51	121.76	6.62	630.5	1380	0.049	38.3	rhombohedral
Argon	아르곤	Ar	18	39.994	1.784×10^{-3}	−189.4	−185.8	0.125	6.7	fcc
Arsenic	비소	As	33	74.91	5.72	817	613	0.082	88.5	rhombohedral
Astatine	아스타틴	At	85	211	–	302	–	–	–	–
Barium	바륨	Ba	56	137.36	3.5	714	1640	0.063	–	fcc
Berkelium	버클륨	Bk	97	247	–	–	–	–	–	–
Beryllium	베릴륨	Be	4	9.013	1.848	1277	2770	0.45	260	hcp
Bismuth	비스무트	Bi	83	209	9.8	271.3	1560	0.029	12.5	rhombohedral
Boron	보론	B	5	10.82	2.34	2030	–	0.309	–	orthorhombic
Bromine	브로민	Br	35	79.916	3.12	−7.2	58	0.070	16.2	orthorhombic
Cadmium	카드뮴	Cd	48	112.41	8.65	320.9	765	0.055	13.2	hcp
Calcium	칼슘	Ca	20	40.08	1.55	838	1440	0.149	52	fcc
Californium	캘리포늄	Cf	98	251	–	–	–	–	–	–
Carbon	탄소	C	6	12.011	2.25	3727	4830	0.165	–	hexagonal
Cerium	세륨	Ce	58	140.13	6.77*	804	3470	0.045	8.5	fcc
Cesium	세슘	Cs	55	132.91	1.903	28.7	690	0.048	3.8	bcc
Chlorine	염소	Cl	17	35.457	3.214×10^{-3}	−100.99	−34.7	0.116	21.6	tetragonal
Chromium	크로뮴	Cr	24	52.01	7.19	1875	2665	0.11	96	bcc
Cobalt	코발트	Co	27	58.94	8.85	1495	2900	0.099	58.4	hcp
Copper	구리	Cu	29	63.54	8.96	1083	2595	0.092	50.6	fcc
Curium	큐륨	Cm	96	247	–	–	–	–	–	–
Dysprosium	디스프로슘	Dy	66	162.51	8.55	1407	2330	0.041	25.2	hcp
Einsteinium	아인슈타늄	Es	99	254	–	–	–	–	–	–
Erbium	에르븀	Er	68	167.27	9.15	1497	2630	0.043	24.5	hcp
Europium	유로피움	Eu	63	152	5.245	826	1490	0.039	16.5	bcc
Fermium	페르뮴	Fm	100	253	–	–	–	–	–	–
Fluorine	플루오린	F	9	19.00	1.696×10^{-3}	219.6	−188.2	0.18	10.1	–
Francium	프란슘	Fr	87	223	–	27	–	–	–	–
Gadolinium	가돌리늄	Gd	64	157.26	7.86	1312	2730	0.071	23.5	hcp

(* : 0°C에서 측정)

원소명	국어명	원소기호	원자번호	원자량	밀도(20°C) [g/cc]	융점 [°C]	비등점 [°C]	비열(20°C) [cal/g/°C]	융해열 [cal/g]	결정구조
Gallium	갈륨	Ga	31	69.72	5.907	29.8	2237	0.079	19.2	orthorhombic
Germanium	저마늄	Ge	32	72.60	5.323	937.4	2830	0.073	–	diamondcubic
Gold	금	Au	79	197.0	19.32	1063	2970	0.031	16.1	fcc
Hafnium	하프늄	Hf	72	178.58	13.09	2222	5400	0.035	–	hcp
Helium	헬륨	He	2	4.003	0.1785×10^{-3}	−269.7	−268.9	1.25	–	hcp
Holmium	홀뮴	Ho	67	164.94	6.79	1461	2330	0.039	24.9	hcp
Hydrogen	수소	H	1	1.008	0.0899×10^{-3}	−259.19	−252.7	3.45	15.0	hexagonal
Indium	인듐	In	49	114.82	7.31	156.2	2000	0.057	6.8	f.c.tetragonal
Iodine	아이오딘	I	53	126.91	4.94	113.7	183	0.052	14.2	othorhombic
Iridium	이리듐	Ir	77	192.2	22.5	2454	5300	0.031	–	fcc
Iron	철	Fe	26	55.85	7.87	1536.5	3000	0.11	65.5	bcc
Krypton	크립톤	Kr	36	83.8	3.743×10^{-3}	−157.3	−152	–	–	fcc
Lanthannum	란타넘	La	57	138.92	6.19	920	3470	0.048	17.3	hexagonal
Lead	납	Pb	82	207.21	11.36	327.4	1725	0.0309	6.3	fcc
Lithium	리튬	Li	3	6.94	0.534	180.5	1330	0.79	104.2	bcc
Lutetium	루테튬	Lu	71	174.99	9.85	1652	1930	0.037	26.3	hcp
Magnesium	마그네슘	Mg	12	24.32	1.74	650	1107	0.245	88	hcp
Manganese	망가니즈	Mn	25	54.94	7.43	1245	2150	0.115	63.7	cubic
Mendelevium	멘델레븀	Mv	101	256	–	–	–	–	–	–
Mercury	수은	Hg	80	200.61	13.546	−38.36	357	0.033	2.8	rhombohedral
Molybdenum	몰리브데넘	Mo	42	95.95	10.22	2610	5560	0.066	69.8	bcc
Neodymiun	네오디뮴	Nd	60	144.27	7.00	1019	3180	0.045	11.8	hexagonal
Neon	네온	Ne	10	20.18	0.8999×10^{-3}	−248.6	−246	–	–	fcc
Neptunium	넵투늄	Np	93	237	–	637	–	–	–	–
Nickel	니켈	Ni	28	58.71	8.902	1453	2730	0.105	73.8	fcc
Niodium	니오븀	Nb	41	92.91	8.57	2468	4927	0.065*	69	bcc
Nitrogen	질소	N	7	14.01	1.25×10^{-3}	−209.97	−195.8	0.247	6.2	hexagonal
Nobelium	노벨륨	No	102	247	–	–	–	–	–	–
Osmium	오스뮴	Os	76	190.2	22.57	2700	5500	0.031	–	hcp
Oxygen	산소	O	8	16.0	1.429×10^{-3}	−218.83	−183	0.218	3.3	cubic
Palladium	팔라듐	Pd	46	106.7	12.02	1552	3980	0.058*	34.2	fcc
Phosphorus	인	P	15	30.98	1.83	44.3	280	0.177	5.0	cubic
Platinume	백금	Pt	78	195.09	21.45	1769	4530	0.031*	26.9	fcc
Plutonium	플루토늄	Pu	94	242	19.36	640	3235	0.033	–	monoclinic
Polonium	폴로늄	Po	84	210	–	254	–	–	–	monoclinic
Potassium	포타슘(칼륨)	K	19	39.1	0.86	63.7	760	0.177	14.6	bcc
Praseodymium	프라세오디뮴	Pr	59	140.92	6.77	919	3020	0.045	11.7	hexagonal
Promethium	프로메튬	Pm	61	145	–	1027	–	–	–	–
Protactinium	프로탁티늄	Pa	91	231.1	15.4	1230	–	–	–	–
Radium	라듐	Ra	88	226.05	5.0	700	–	–	–	–
Radon	라돈	Rn	86	222	9.96×10^{-3}	−71	−61.8	–	–	–
Rhenium	레늄	Re	75	186.22	21.04	3180	5900	0.033	–	hcp
Rhodium	로듐	Rh	45	102.91	12.44	1966	4500	0.059*	–	fcc
Rubidium	루비듐	Rb	37	85.48	1.53	38.9	688	0.080	6.5	bcc
Ruthenium	루테늄	Ru	44	101.1	12.2	2500	4900	0.057*	–	hcp

원소명	국어명	원소기호	원자번호	원자량	밀도(20℃) [g/cc]	융점 [℃]	비등점 [℃]	비열(20℃) [cal/g/℃]	융해열 [cal/g]	결정구조
Samarium	사마륨	Sm	62	150.35	7.49	1072	1630	0.042	17.3	rhombohedral
Scandium	스칸듐	Sc	21	44.96	2.98	1539	2730	0.134	84.5	hcp
Selenium	셀레늄	Se	34	78.96	4.79	217	685	0.084	16.4	hexagonal
Silicon	규소	Si	14	28.09	2.33*	1410	2680	0.162*	432	diamondcubic
Silver	은	Ag	47	107.88	10.49	960.8	2210	0.056*	25	fcc
Sodium	소듐(나트륨)	Na	11	22.99	0.971	97.8	892	0.295	27.5	bcc
Stontium	스트론튬	Sr	38	87.63	2.60	768	1380	0.176	25	fcc
Sulfur	황	S	16	32.07	2.07	119	444.6	0.175	9.3	orthorhombic
Tantalum	탄탈럼	Ta	73	180.95	16.6	2996	5425	0.034	38	bcc
Technetium	테크네튬	Tc	43	98	–	2130	–	–	–	–
Tellurium	텔루륨	Te	52	127.61	6.24	449.5	989.8	0.047	32	hexagonal
Terbium	터븀	Tb	65	158.93	8.25	1356	2530	0.044	24.5	hcp
Thallium	탈륨	Tl	81	204.39	11.85	303	1457	0.031	5.0	hcp
Thorium	토륨	Th	90	232.05	11.66	1750	3850	0.034	19.8	fcc
Thulium	툴륨	Tm	69	168.94	9.31	1545	1720	0.038	26.0	hcp
Tin	주석	Sn	50	118.70	7.30	231.9	2270	0.054	14.5	tetragonal
Titanium	타이타늄	Ti	22	47.90	4.51	1668	3260	0.124	104	hcp
Tungsten	텅스텐	W	74	183.86	19.3	3410	5930	0.033	44	bcc
Uranium	우라늄	U	92	238.07	19.07	1132.3	3818	0.028	–	orthorhombic
Vanadium	바나듐	V	23	50.95	6.1	1900	3400	0.119	–	bcc
Xenon	제논	Xe	54	131.20	5.896×10^{-3}	−11.9	−108	–	–	fcc
Ytterbium	이터븀	Yb	70	173.04	6.96	824	1530	0.035	12.7	fcc
Yttrium	이트륨	Y	39	88.92	4.47	1509	3030	0.71	46	hcp
Zinc	아연	Zn	30	65.38	7.133	419.5	906	0.092	24.1	hcp
Zirconium	지르코늄	Zr	40	91.22	6.489	1852	3580	0.067	60	hcp

주 fcc : face centered cubic lattice,面心立方晶, bcc : body centered cubic lattice,體心立方晶,
hcp : hexaganal close packed, 稠密六方晶
rhombohedral : 三方晶, orthorhombic : 斜方晶, hexagonal : 六方晶, tetragonal : 正方晶
diamondcubic : 다이아몬드 立方, f.c.tetragonal : 面心正方, monoclinic : 單斜晶

II. 단위환산계수

1) 힘(力)

단위	N	dyn	kgf
1 N =	1	1×10^5	$1.019\,72 \times 10^{-1}$
1 dyn =	1×10^{-5}	1	$1.019\,72 \times 10^{-6}$
1 kgf =	9.806 65	$9.806\,65 \times 10^5$	1

2) 응력(應力)

단위	Pa 또는 N/m^2	MPa 또는 N/mm^2	kgf/mm^2	kgf/cm^2
1 Pa 또는 N/m^2 =	1	1×10^{-6}	$1.019\,72 \times 10^{-7}$	$1.019\,72 \times 10^{-5}$
1 MPa 또는 N/mm^2 =	1×10^{6}	1	$1.019\,72 \times 10^{-1}$	$1.019\,72 \times 10$
1 kgf/mm^2 =	$9.806\,65 \times 10^{6}$	9.806 65	1	1×10^{2}
1 kgf/cm^2 =	$9.806\,65 \times 10^{4}$	$9.806\,65 \times 10^{-2}$	1×10^{-2}	1

3) 압력(壓力)

단위	Pa	KPa	MPa	bar	kgf/cm^2	atm	mmH_2O	mmHg 또는 Torr
1 Pa =	1	1×10^{-1}	1×10^{-6}	1×10^{-5}	$1.019\,72\times10^{-5}$	$9.869\,23\times10^{-4}$	$1.019\,72\times10^{-1}$	$7.500\,62\times10^{-3}$
1 KPa =	1×10^{3}	1	1×10^{-3}	1×10^{-2}	$1.019\,72\times10^{-2}$	$9.869\,23\times10^{-3}$	$1.019\,72\times10^{2}$	7.500 62
1 MPa =	1×10^{4}	1×10^{3}	1	1×10	$1.019\,72\times10$	9.869 23	$1.019\,72\times10^{5}$	$7.500\,62\times10^{3}$
1 bar =	1×10^{5}	1×10^{2}	1×10^{-1}	1	1.019 72	$9.869\,23\times10^{-1}$	$1.019\,72\times10^{4}$	$7.500\,62\times10^{2}$
1 kgf/cm^2 =	$9.806\,65\times10^{4}$	$9.806\,65\times10$	$9.806\,65\times10^{-2}$	$9.806\,65\times10^{-1}$	1	$9.678\,41\times10^{-1}$	1×10^{4}	$7.355\,59\times10^{2}$
1 atm =	$1.013\,25\times10^{5}$	$1.013\,25\times10^{2}$	$1.013\,25\times10^{-1}$	1.013 25	1.033 23	1	$1.033\,23\times10^{4}$	$7.600\,00\times10^{2}$
1 mmH_2O =	9.806 65	$9.806\,65\times10^{-3}$	$9.806\,65\times10^{-6}$	$9.806\,65\times10^{-5}$	1×10^{-4}	$9.678\,41\times10^{-5}$	1	$7.355\,59\times10^{-2}$
1 mmHg 또는 Torr =	$1.333\,22\times10^{2}$	$1.333\,22\times10^{-1}$	$1.333\,22\times10^{-4}$	$1.333\,22\times10^{-3}$	$1.359\,51\times10^{-3}$	$1.359\,51\times10^{-3}$	$1.359\,51\times10$	1

주 1 Pa = 1 N/m^2

4) 일 · 에너지 · 열량(熱量)

단위	J	kW · h	kgf · m	kcal
1 J =	1	$2.777\,8 \times 10^{-7}$	$1.019\,72 \times 10^{-1}$	$2.388\,89 \times 10^{-4}$
1 kW · h =	3.600×10^{6}	1	$3.670\,98 \times 10^{6}$	$8.60\,00 \times 10^{2}$
1 kgf · m =	9.806 65	$2.724\,07 \times 10^{-6}$	1	$2.342\,70 \times 10^{-3}$
1 kcal =	$4.186\,05 \times 10^{3}$	$1.162\,79 \times 10^{-3}$	$4.268\,58 \times 10^{2}$	1

주 1 J = 1 W · s, 1 J = 1 N · m
1 cal = 4.186 05 J(계량법에 따름)

5) 공률

단위	W	kgf · m/s	PS	kcal/h
1 W =	1	$1.019\,72 \times 10^{-1}$	$1.359\,62 \times 10^{-3}$	$8.600\,00 \times 10^{-1}$
1 kgf · m/s =	9.806 65	1	$1.333\,33 \times 10^{-2}$	8.433 71
1 PS =	7.355×10^{2}	7.5×10	1	$6.325\,29 \times 10^{2}$
1 kcal/h =	1.162 79	$1.185\,72 \times 10^{-1}$	$1.580\,95 \times 10^{-3}$	1

주 1 W = 1 J/s, PS : 불(佛) 마력 1 PS = 0.9863 HP
1 PS = 0.735 5 Kw(계량법 시행법에 따름) 1 HP = 1.013 PS
1 cal = 4.186 05 J(계량법에 따름)

6) 열전도율(熱傳導率)

단위		W/(m · K)	kcal/(h · m · ℃)
1 W(m · K)	=	1	$8.600\,0 \times 10^{-1}$
1 kcal/(h · m · °C)	=	1.162 79	1

㈜ 1 cal = 4.186 05 J(계량법에 따름)

7) 열전달 계수(熱傳達係數)

단위		W/(m² · K)	kcal/[℃](h · m² · ℃)
1 W(m² · K)	=	1	$8.600\,0 \times 10^{-1}$
1 kcal/(h · m² · °C)	=	1.162 79	1

㈜ 1 cal = 4.186 05 J(계량법에 따름)

8) 비열(比熱)

단위		J/(kg · K)	kcal/(kg · ℃) cal/(g · ℃)
1 J/(kg · K)	=	1	$2.388\,89 \times 10^{-4}$
1 kcal/(kg · °C)	=	$4.186\,05 \times 10^{3}$	1

㈜ 1 cal = 4.186 05 J(계량법에 따름)

9) 점도(粘度)

단위		Pa · s	cP	P
1 Pa · s	=	1	1×10^{3}	1×10
1 cP	=	1×10^{-3}	1	1×10^{-2}
1 P	=	1×10^{-1}	1×10^{2}	1

㈜ 1 P = 1 dyn · s/cm² = 1 g/cm · s
1 Pa · s = 1 N · s/m², 1 cP = 1 mPa · s
P = poise, cP : centipoise

10) 동점도(動粘度)

단위		m²/s	cSt	St
1 m²/s	=	1	1×10^{6}	1×10^{4}
1 cSt	=	1×10^{-6}	1	1×10^{-2}
1 St	=	1×10^{-4}	1×10^{2}	1

㈜ 1 St = 1 cm²/s, 1 cSt = 1 mm²/S

III. 단위의 접두어

접두어	기호	값	내용
tera	T	10^{12}	1 000 000 000 000
giga	C	10^{9}	1 000 000 000
mega	M	10^{6}	1 000 000
kilo	k	10^{3}	1 000
hecto	h	10^{2}	100
deca	da	10	10
deci	d	10^{-1}	0.1
centi	c	10^{-2}	0.01
milli	m	10^{-3}	0.001
micro	μ	10^{-6}	0.000 001
nano	n	10^{-9}	0.000 000 001
pico	p	10^{-12}	0.000 000 000 001

IV. SI 단위계

구분	물상 상태의 양	단위명	단위 기호	다른 단위에 의한 표시
기초 단위	길이	meter (미터)	m	
	질량	kilogram (킬로그램)	kg	
	시간	second (초)	s	
	전류	ampere (암페어)	A	
	열역학적 온도	kelvin (켈빈)	K	
	물질량	mole (몰)	mol	
	광도	candela (칸델라)	cd	
추가 단위	평면각	radian (라디안)	rad	
	입체각	steradian (스테라디안)	sr	
유도 단위	주파수	hertz (헤르츠)	Hz	
	힘(역량)	newton (뉴턴)	N	
	압력	pascal (파스칼)	Pa	N/m^2
	에너지, 일, 열량	joule (줄)	J	N · m
	동력	watt (와트)	W	J/s
	전기량	coulomb (쿨롬)	C	A · s
	전압, 기전력	volt (볼트)	V	W/A
	전기 용량	farad (패럿)	F	C/V
	전기 저항	ohm (옴)	Ω	V/A
	전기 컨덕턴스	simens (지멘스)	S	Ω^{-1}, A/V
	자력 선속	weber (웨버)	Wb	V · s
	자력 선속 밀도	tesla (테슬러)	T	Wb/m^2
	인덕턴스	henry (헨리)	H	Wb/A
	광선속	lumen (루멘)	lm	cd · sr
	광조도	lux (럭스)	lx	lm/m^2
	방사능	becquerel (베크렐)	Bq	—
	흡수 조사량	gray (그레이)	Gy	J/kg
	조사 상당량	sievert (시버트)	Sv	J/kg

㈜ 시간의 min, h, d, 평면각의 도(°) 분(′) 초(″), 부피의 l, 질량의 t 등은 일반적으로 병용된다.

V. 단위 기호 및 환산

양의 종류	단위 기호	종래 단위와의 환산
길이	m	$1\ \mu = 10^{-6}$ m, 1 mm $= 10^{-3}$ m, 1 cm $= 10^{-2}$ m
넓이	m^2	1 $mm^2 = 10^{-6}\ m^2$, 1 $cm^2 = 10^{-4}\ m^2$
부피	m^3	1 $mm^3 = 10^{-9}\ m^3$, 1 $cm^3 = 10^{-6}\ m^3$
질량	kg	1 g = 0.001 kg, 1 t = 10^3 kg
시간	s	1 min = 60 s, 1 h = 3.6 ks, 1 d = 86.4 ks
속도	m/s	1 cm/min = 0.16×10^{-3} m/s, 1 km/h = 0.27 m/s
동 점도	m^2/s	1 cm^2/s = 1 St = $10^{-4}\ m^2/s$
역량(힘)	N(=kg · m/s^2)	1 kgf = 9.806 65 N, 1 dyn = 10^{-5} N = 1 g · cm/s^2
압력(응력)	Pa(=N/m^2)	1 bar = 10^5 Pa, 1 atm = 101.325 kPa
		1 torr = 133.3 Pa, 1 kgf/mm^2 = 9.806 65 MPa
점도	Pa · s	1 poise = 10^{-1} Pa · s
mol 농도	mol/m^3	1 mol/l = $10^3\ mol/m^3$
일, 에너지	J(=N · m)	1 cal_{th} = 4.184 0 J, 1 cal_{th} = 4.186 8 J
		1 kWh = 3.6 MJ, 1 erg = 10^{-7} J
몰 에너지	J/mol	1 cal/mol = 4.218 4 J/mol
		1 erg/atom = 6.022×10^{16} J/mol
표면 에너지	J/m^2	1 $erg/cm^2 = 1 \times 10^{-3}\ J/m^2$
온도	K	K = −273.15 ℃
엔트로피	J/K	1 cal/edg = 4.184 J/K
저항률	Ωm	1 Ωcm = 10^{-2} Ωcm
전도율	S/m	1 $\Omega^{-1}cm^{-1} = 10^2$ s/m
평면각	rad	1° = (π/180) rad ≒ 17.45×10^{-3} rad

VI. 그리스 문자

대문자	소문자	읽기		대문자	소문자	읽기	
A	α	알파	Alpha	N	ν	뉴	Nu
B	β	베타	Beta	Ξ	ξ	크사이	Xi
Γ	γ	감마	Gamma	O	o	오미크론	Omiron
Δ	δ	델타	Delta	Π	π	파이	Pi
E	ε	엡실론	Epsilon	P	ρ	로	Rho
Z	ζ	지타	Zeta	Σ	σ	시그마	Sigma
H	η	이타	Eta	T	τ	타우	Tau
Θ	θ, ϑ	시타	Theta	γ	υ	입실론	Upsilon
I	ι	요타	Iota	Φ	ϕ, φ	파이	Phi
K	κ	카파	Kappa	X	χ	카이	Chi
Λ	λ	람다	Lambda	Ψ	ψ	프사이	Psi
M	μ	뮤	Mu	Ω	ω	오메가	Omega

찾아보기

가공 경화 85
가단성 93
가열작용 406
가융성 15
각형 기계 끌 31
강 167
강철 파쇠 61
강화 플라스틱 152
개방 주형 42
개별 생산 11
개인 오차 336
개재물 195
건식 연삭 368
건조형 42
게이지 블록 346
결정의 슬립선 83
결합도 372
결합제 371
겹침형 23
경납 189
계기 오차 336
고온가공 87
고정구 423
고정 연마 입자 365
고주파 담금질 209
고주파 아크 용접기 177
골격형 23
공구강 240
공기 해머 96
공작측정 335
공형 압연 110
과실 오차 337
광고온계 58
구름 베어링 225
규사 39
금속 결합제 372
금속 아크 절단 192
금속 원형 25
금속 원형 재료 27
금속 재료 12
기계 띠톱 31
기계 리머 258
기계 목공 대패 31
기계 설계 7
기계 실톱 31
기계적 접합 165
기계 조형 44
기계 탭 260
기계판금 124
기어전조 122
기울기 척 383
끝손질 127

납접 188
내면 연삭 388
냉가압실형 71
냉간 압연 101
냉간압출 114
너클 프레스 140
노멀라이징 201
노칭 127
눈메움 380

다스테이션 기계 421
다이아몬드 숫돌 입자 370
다이얼 머신 423
다이얼 하이트 게이지 344
다이 홀더 137
단동척 274
단련 92
단련효과 92
단조 89
단조용 프레스 97
단주형 플레이너 294
단체형 23
담금질 202
대형 회전 조형 24
도가니로 53
도형제 40
돌리개 272
돌림판 272
동 167
동 합금 167
드레서 380
드레싱 380
드롭 해머 97
드릴 게이지 352
뜨임 202

래핑 396
랩 397
러버 결합제 371
레이저가공 407
레지노이드 결합제 371
레진 인젝트 성형 159
롤링 테이블 294
리머 256
링크 프레스 141

마이크로미터 341
마이크로 블라스팅 214
마찰 프레스 142
만능 공구 연삭기 393
만능 목공기 31
만능 밀링 장치 317
만능 연삭기 388
맨드릴 273
머시닝 센터 432
메커트로닉스 438
면판 273
모루 89
모방 선반 288
모방 제어 427
목공 드릴링 머신 31
목형 25
목형 재료 27
무인 공장 445
문형 플레이너 293
미끄럼 베어링 225
밀링가공 314
밀링 머신 314
밀링 유닛 421
밀링 커터 314
밀폐 단조 98

반건조형 42
반자동 공작기계 420
반지름 게이지 351
반편형 23
방전가공 403
방전가공기 405
방진구 275
배럴가공 413
배분력 369
버니어 캘리퍼스 340
벤딩 롤러 135
보링 바 311
보조제 39
보통 선반 267
볼전조 123
봉재 압연 111
부분형 23
부품측정 335
분괴 압연기 105
분할형 23
블랭킹 126
블로 성형 156
블록 게이지 346
비금속 재료 13
비트리파이드 결합제 371

4단 연속식 압연기 107
사출 · 블로 성형 157
사출 성형법 155
사포 연마기 31
산사 39
산소 아크 절단 192
산업용 로봇 438
생력화 418
생형 41
섕크 255
서멧공구 재료 243
석고 28
석고형 26
선반 베드 271
선반척 274
선재 압연 111
선철 61
성형가공 124
세라믹 공구 재료 242
센지미어 압연기 107
센터리스 연삭 391
셰라다이징 211
셰이퍼 294
셸락 결합제 371
소결 경질 합금 242
소성가공 81
소성변형 81
손 래핑 398
손 조형 44
쇼트 피닝 214
수공판금 124
수축공 50
수치 제어 428
수평 머시닝 센터 433
숫돌바퀴 373
숫돌 입자율 373
슈퍼 피니싱 395
슈퍼 피니싱 머신 396
슈퍼 피니싱의 헤드 396
슈퍼 피니싱 유닛 396
스퀴즈 조형기 46
스탬핑 145
스터드 용접 186
스테이션 기계 421
스프레이업 성형 158
스프링 백 129
슬로터 300
슬로팅 커터 252
슬립 앵글 137
습식 연삭 368
신재료 13
실리케이트 결합제 371
심압대 270
심 용접 181
쌍정 84

쌍정 방향 84
쌍주형 플레이너 293

아크로 56
아크 용접 174
아크 현상 174
알루미늄 167
압연 101
압연 공정 102
압출가공 112
압출 성형 156
압출 · 블로 성형 157
압탕 33
앞날 227
액압 프레스 142
야금적 접합 165
언더컷 195
업셋 용접 182
엔드밀 252
엠보싱 145
연납 189
연동척 274
연삭가공 365
연삭기 366
연삭 깊이 376
연삭 숫돌바퀴 365
연삭액 378
연삭 여유 377
연삭 입자 369
연속 생산 11
열가소성 수지 148
열가압실형 71
열간 압연 101
열간압출 114
열경화성 수지 148
열적 제거가공 403
열적 핀치 효과 410
열전쌍 고온계 59
영구자석 척 382
옆날 227
오차 336
오토런 시스템 426
옥시클로라이드 결합제 372
와이어 게이지 351
와이어 드로잉 117
왁스형 26
왕복대 271
용접성 167
우연 오차 337
원료사 39
원심 주조 69
원주 속도 375
원 척 383
원통 연삭 385
원형 21
유니버셜 압연기 107
유닛 420
유도로 56
유리 연마 입자 365
유성 압연기 107
유연가공 시스템 443
유연화 생산 체제 443
6단식 압연기 107
응고 수축 50
이론 오차 337
이송량 235
인베스트먼트법 67
입도 370

자동 선반 288
자동 조립 라인 425
자동화 416
자동화 창고 447
자생작용 369
자석 척 382
재결정 86
재결정 온도 86
적응 제어 429
적층 성형 154
전단가공 124
전방압출 112
전연성 15
전자동 공작기계 420
전자빔 405
전자빔가공 405
전자 척 383
전해가공 411
전해 질화법 212
점결제 39
절대 오차 336
절삭가공 267
절삭기구 220
절삭성 15
절삭 운동 220
접종 62
접합가공 124
접합성 15
정량화 93
정면가공 317
정반형 23
정수압압출 116
정지 센터 271
제관 124
조립 425
조정 숫돌바퀴 391
졸트 조형기 47
주물 3
주물사 38
주조 3
주조 경질 합금 241
주조 응력 50
주축 224
주축대 269
주축 베어링 224
주축용 정압 베어링 225
주철 167
주형 틀 45

지그 423
지그 연삭 389
직립 머시닝 센터 433
직립 밀링 장치 317

초음파가공 412
총형 연삭 385
충격압출 114
측면 밀링 커터 252
측면 연삭 386
치공구 423

칼로라이징 211
캘리퍼스 340
컴퓨터 NC 431
코이닝 145
콘 412
쾌삭강 243
큐폴라 52
크랭크 프레스 140
크로마이징 212
키홈가공 317

탄성변형 81
탄소공구강 240
탄소 아크 절단 192
탈산 52
탈산제 52
탕구비 32
탭 렌치 261
터릿 선반 287
테르밋 용접 187
테이퍼 연삭 387
토글 프레스 141
톱 연마기 31
트랜스퍼 성형법 154
트랜스퍼 머신 422
트러니언 머신 423
트루잉 380
트리밍 127
특수 가공 403
특수사 39
틈새 게이지 350

파워 유닛 420
판금 · 프레스가공 123
판형 24
펀칭 126
평면 연삭기 384
폐속 단조 98
표준 게이지 346
표준 캘리퍼스 게이지 347
풋 프레스 140
풀림 201
풀 몰드법 69
프레스 단조 90
플라스틱형 26
플라즈마 409
플라즈마가공 410
플라즈마 제트 410
플래시 용접 182
플러그 보드 428
플레인 밀링 커터 251
플렉시블 조립 방식 426
피복 초경 합금 242
피트식 55

하이트 게이지 343
한계 게이지 348
해머 단조 90
핸드 레이업 성형법 158
핸드 리머 257
핸드 탭 259
핸드 프레스 139
헤딩 100
헬리컬 안내 334
현형 22
현형 주형 43
형강 압연기 106
형 단조 99
호닝 394
호닝 머신 395
혼 394
홈 커터 253
화염 담금질 208
환경 오차 336
회복 86
회전 센터 271
회전 주형 44
후방압출 112
후판 압연기 105

편저자

강기주 · 김경년 · 김문경 · 김순경
민용기 · 배춘익 · 손선천 · 송기홍
안태환 · 이재철 · 홍민성 · 황시원
(가나다순)

저자와 협의에 의해 인지를 생략함

신편 기계공작법

2006년 3월 5일 1판 1쇄 발행
2011년 8월 25일 1판 8쇄 발행
2025년 3월 15일 개정판 13쇄 발행

편저자 ◎ 기계공작법 교재편찬위원회
발행자 ◎ 조 승 식
발행처 ◎ (주)도서출판 북스힐
서울시 강북구 한천로 153길 17
등 록 ◎ 제 22-457 호

TEL (02) 994-0071
FAX (02) 994-0073
E-MAIL bookhill@bookshill.com
www.bookshill.com

값 30,000원

잘못된 책은 교환해 드립니다.

ISBN 978-89-5526-866-9